普通高等教育“十一五”国家级规划教材

储藏物害虫与防治

（第二版）

主　　编　白旭光

编写人员　（以姓氏笔画为序）

王殿轩　白旭光　吕建华　周玉香

赵英杰　曹　阳　鲁玉杰

科学出版社

北　京

内 容 简 介

本书为普通高等教育"十一五"国家级规划教材，全书分为两篇：第一篇为"储藏物昆虫学"，讲述储藏物昆虫的形态学、分类学、生理学、生物学、行为学、生态学及重要的储藏物害虫；第二篇为"储藏物害虫综合治理"，讲述储藏物害虫的综合防治原理与技术，包括虫情检测、管理防治、检疫防治、物理防治、生物防治、化学防治原理、储粮保护剂与熏蒸剂的应用技术及杀虫剂的毒力与药效测定。两篇相互关联又自成体系，可以作为一门课程学习，也可各自独立讲授和学习。各章开头有本章内容提要，结尾有思考题和主要参考文献，便于学生自学和复习。

本教材即可作为食品科学与工程专业本科生的教材，也可作为植物保护、植物检疫、粮食、食品、物流、仓储等专业大、中专院校师生及相关行业技术人员的参考书。

图书在版编目(CIP)数据

储藏物害虫与防治/白旭光主编. —2版. —北京：科学出版社，2008
普通高等教育"十一五"国家级规划教材
ISBN 978-7-03-021448-5

Ⅰ. 储… Ⅱ. 白… Ⅲ. 仓库害虫-防治-高等学校-教材 Ⅳ. S379.5

中国版本图书馆CIP数据核字(2008)第038393号

责任编辑：王国栋 席 慧/责任校对：陈玉凤
责任印制：赵 博/封面设计：耕者设计工作室

科学出版社出版
北京东黄城根北街16号
邮政编码：100717
http://www.sciencep.com
三河市骏杰印刷有限公司印刷
科学出版社发行 各地新华书店经销
*
2002年9月第 一 版 开本：787×1092 1/16
2008年5月第 二 版 印张：28 1/2
2025年3月第十二次印刷 字数：663 000

定价：98.00元

（如有印装质量问题，我社负责调换）

第二版前言

储藏物害虫是危及人类衣、食、住、行的重要害虫类群，其危害物包括粮食、食品、油料、畜产品、中药材、烟草、皮毛制品、木材、图书档案和动物标本等，经济意义十分重大。

《储藏物害虫与防治》作为河南工业大学的一部特色教材，于2002年在科学出版社出版了第一版。2006年，新版被教育部列入普通高等教育“十一五”国家级规划教材。

为适应普通昆虫学和害虫综合治理理论与技术的发展，本教材在编写过程中广泛参考了国内外有关文献资料，编写内容充分反映了当代储藏物害虫与防治的新理论、新进展，吸纳了新的成果和经验。如在昆虫分类学中，反映了六足总纲的分类体系；增加了储藏物昆虫行为学的内容，并单独列为一章；将储藏物害虫综合整理策略单独列为一章；将第一版的储藏物害虫非化学防治一章划分为管理防治与害虫检测、物理防治和生物防治三章。

本教材按照储藏物害虫与防治课程80～100学时设定内容与篇幅，在教材体系构建方面，分为“储藏物昆虫学”和“储藏物害虫综合治理”两篇。两篇相互关联又自成体系，可以作为一门课程讲授，也可各自独立讲授。

本书的绪论、第一章、第二章、第十章由白旭光编写；第三章、第十三章由赵英杰编写；第四章由曹阳和鲁玉杰编写；第五章由鲁玉杰编写；第六章由王殿轩和吕建华编写；第七章由吕建华和周玉香编写；第八章、第十二章、第十四章由王殿轩编写；第九章由王殿轩和白旭光编写；第十一章由白旭光和吕建华编写；第十五章由曹阳和鲁玉杰编写；书中插图由白旭光和周玉香绘制；全书由白旭光统稿。

本教材的编写力求反映本学科当今国内外的最新进展，但由于编者水平和时间所限，书中难免有谬误和疏漏之处，恳请读者不吝指正，以便再版时修订。

编　者

2007年11月于郑州

第一版前言

本教材是郑州工程学院组织编写的一部“特色优势教材”。《储藏物害虫与防治》是食品科学与工程专业本科生的教学用书，也可作为植物保护、植物检疫、粮食、食品、物流、仓储等专业大、中专院校师生的参考书，以及相关行业技术人员的参考书。

本书分为两编，第一编为“储藏物昆虫学”，讲述储藏物昆虫的形态、分类、生理、生物学、生态学及重要的储藏物害虫；第二编为“储藏物害虫综合治理”，讲述储藏物害虫的综合防治原理与技术，包括虫情检测、检疫防治、物理防治、化学防治原理、储粮保护剂与熏蒸剂的应用技术及杀虫剂的毒力与药效测定。两编相互关联又自成体系，可以作为一门课程讲授，也可各自独立讲授。

书中有关昆虫学的英文专业词，尽可能参照了全国科学技术名词审定委员会2000年公布的《昆虫学名词》。

本书的绪论、第一、第二、第七章由白旭光编写，第三章由赵英杰编写，第四、第十一章由曹阳编写，第五、第八、第十章由王殿轩编写，第九章由赵英杰和曹阳编写，第六章由王殿轩、曹阳、赵英杰、白旭光和周玉香共同编写；书中插图由周玉香和白旭光描绘与制作。书中插图除有注明外，其余为作者原图。

西南农业大学的李隆术教授和郑州工程学院的陆安邦教授仔细审阅了全部书稿，并提出了宝贵的修改意见，最后由白旭光统稿。

本教材的编写力求反映本学科当代国内外的最新进展。但由于编者水平所限，书中难免有谬误和疏漏之处，恳请读者不吝指正，使本教材逐渐臻于完善。

编　者

2002年4月于郑州

目　　录

第二篇 储藏物害虫综合治理

绪　论

一、课程研究的对象和内容

本课程研究的对象主要是储藏物昆虫。

昆虫作为地球上的一类动物，具有漫长的进化历史、繁多的种类、庞大的数量和广泛的分布。

人类的出现仅有200万年左右的历史，而有翅昆虫的历史至少有3.5亿年。无翅亚纲昆虫可能有4亿年或更长的历史。昆虫是动物界物种最为繁盛的一个类群，以前认为昆虫只有300万～400万种，但近年的研究表明，地球上的昆虫可能达1000万种左右。目前已被命名的昆虫在100万种左右，占动物界已知种类的2/3强，约占全球物种的一半。同种昆虫的个体数量有时可能很大，有些昆虫局部的种群数量可达数十万个个体，有时甚至上亿。它们几乎分布于地球的各个角落。

储藏物昆虫仅是整个昆虫纲的一小部分，它们通常栖息在我们人类的生活环境内，取食和危害人类的食品和其他储藏产品，与人类的生活密切相关。由于储藏物昆虫大多体小、色暗，而且活动隐蔽，人们常常忽略它们的存在。

本课程研究的内容分两大部分，即储藏物昆虫学和储藏物害虫综合治理。

储藏物昆虫学(stored product entomology)亦称仓库昆虫学或仓储昆虫学，是昆虫学的一个分支，从研究内容上属于应用昆虫学(applied entomology；又称经济昆虫学economic entomology)的范畴，其研究内容包括：①储藏物昆虫的外部形态；②储藏物昆虫的分类学；③储藏物昆虫的生理学；④储藏物昆虫的生物学；⑤储藏物昆虫的行为学；⑥储藏物昆虫的生态学。

储藏物害虫综合治理(integrated pest management of stored product insects)是研究储藏物害虫防治原理与技术的科学，其主要内容包括：①储藏物害虫综合整理策略；②管理防治与害虫检测；③物理防治；④生物防治；⑤化学防治的基本原理；⑥储粮保护剂及其应用；⑦储粮熏蒸剂及其应用；⑧杀虫剂的毒力与药效测定。

二、储藏物害虫的概念

（一）储藏物昆虫和储藏物害虫的定义

储藏物昆虫(stored product insects)是指能适应储藏物环境，在干燥的储藏物内能正常生活、繁殖的一类昆虫。包括危害储藏物的有害昆虫，以及捕食、寄生这些害虫的天敌昆虫，前者称为储藏物害虫(stored product insect pests)。储藏物昆虫也称为仓库昆虫，简称“仓虫”。

广义的储藏物害虫(stored product pests)也称储藏物有害生物，除昆虫外还包括危害储藏物的螨类、鸟类、啮齿动物、微生物及其他节肢动物等。而习惯上所讲的储藏物害虫主要包括昆虫和螨类。

储藏物昆虫生活的环境有别于其他农、林昆虫。所谓储藏物环境，是指储藏物流通的各个环节或场所，通常情况下是室内环境，如仓库、货栈、加工厂、商店以及人类居住的室内等。因此，从储藏物昆虫栖息的环境来看，储藏物昆虫又属于城市昆虫学(urban entomology)研究的范畴。

从储藏物昆虫的寄主来看，是停止生长的储藏物，而非田间生长中的作物或活体动物。同时这些储藏物含水量较低，是干燥的，而像收获后的新鲜水果和蔬菜等则不属于此处所指的储藏物之列。储藏物包括植物性、动物性物品，有时也包括某些金属材料及其成品和合成材料，因为这些物品偶尔也会受到储藏物害虫的威胁。

另外，真正意义上的储藏物昆虫必须能在储藏物内正常繁殖，即储藏物环境中必须有成虫、幼虫需要的食物。有些昆虫虽然出现于储藏物环境中，但由于缺乏必需的食物而不能繁殖，必须依靠自然界的食物进行繁殖。如豌豆象的成虫在产卵前取食了豌豆的花粉、花蜜或花瓣才能产卵，幼虫主要在生长中的豌豆内发育；还有一些昆虫的生活环境介于室内与室外之间，如仓潜、沙潜等，严格讲它们都不是真正的储藏物昆虫。但习惯上通常也将它们视为储藏物昆虫，亦有人称之为仓库寄居昆虫。

在所有储藏物中，最为重要和数量最大的是收获后的粮食，通常把危害储藏粮食及其产品的昆虫称为储粮害虫(stored grain insect pests)。因此，储粮害虫是储藏物害虫中主要的类群。有时储粮害虫和其他储藏物害虫并没有严格的界限，因为许多储粮害虫除了可以危害储粮外，同时也可以危害其他多种储藏物。

（二）储藏物害虫的经济意义

储藏物害虫与农业害虫重要的区别之一是它们危害的对象不同。农业害虫危害的对象是田间生长中的作物，直接后果是造成作物的减产；而储藏物害虫直接危害的是储藏物，而储藏物通常是农作物收获后的产品，是农作物的精华部分，它凝聚了大量的人类劳动，具有更高的价值。因此，从某种意义上讲，储藏物害虫的经济意义更为重大。

储藏物害虫造成的损失包括由害虫的取食的直接损失、被害虫危害造成的间接损失、由于商品生虫而引起的商品信誉损失以及对人们心理的不良影响等。

巨大的直接损失往往是把大量物品储藏在适于害虫繁殖的环境下引起的。据估计，全世界每年因储藏物害虫造成的粮食、豆类、油料的损失约占总储存量的5%。随着人类社会的进步和科学技术的发展，许多储藏物害虫得到了较为有效的控制，但在发展中国家和热带地区储藏物害虫造成的损失仍然不可忽视。据有关部门调查，我国储藏中的粮食损失，国家粮库为0.2%；农户的储粮损失约为8%～10%，其中引起损失的主要因素之一是储粮害虫的危害。目前我国粮食的年产量在5亿吨左右，而半数以上的粮食储存在农户手中，因此储粮因虫害引起的损失仍是非常巨大的。

储藏物害虫引起的间接损失有时比直接损失更大。例如储粮害虫引起的粮食发热、霉变、品质下降；烟草甲在香烟、雪茄上的蛀孔；衣蛾在毛呢上的蛀孔。因为一支香烟只要穿了一两个孔，一件毛呢服装只要被一头害虫蛀穿，就不得不跌价处理，甚至完全失去使用价值。有时储藏物害虫污染的粮食和食品会引起人畜的疾病，损失就更大。

虫害引起的商品信誉的损失也是难以估价的。只要部分商品生虫，全部商品往往就无法销售；只要一种商品生虫，同一品牌的其余商品即使无虫，也会受到影响。一个国家在对外贸易中发生了这样的问题，影响所及更难估计，不仅影响企业的信誉，甚至会影响到一个国家的信誉。

储藏物害虫对人们心理的不良影响往往很少引起人们的重视，事实上这一影响也是不容忽视的。随着人们生活质量的不断提高，人们对生活环境有了更高的要求。而储藏物害虫在我们的生活环境中无所不在，如在高级宾馆的房间、飞机、车船内常常可以见到蟑螂出没；在舒适的家庭房间内，不时会有蛾子在飞舞。虽然这些害虫有时不会造成明显的危害，但对人们的心理无疑会有不良的影响，成为人们一种额外的心理负担。

三、昆虫纲的基本特征及其在动物界的地位

（一）昆虫纲的基本特征

昆虫纲(Insecta)是动物界中最大的一个纲。在汉语中，“昆”的意思之一是“众多”、“庞大”；而“虫”字所指的范围甚广，以致最初人们把许多节肢动物、环节动物及棘皮动物等都列为昆虫。直到 1825 年，P. A. Latreille 设立了六足纲(Hexapoda)，才将“昆虫”定义规范为“体分头、胸、腹的六足节肢动物”。

科学意义上的昆虫是成虫期具有下列特征的一类节肢动物(图 0-1)。

(1) 体躯由若干环节组成，这些环节集合成头、胸、腹 3 个体段；

(2) 头部是取食和感觉中心，具有口器和触角，通常还具有 1 对复眼；

(3) 胸部是运动和支撑中心，具有 3 对足和不多于 2 对的翅；

(4) 腹部是生殖和代谢的中心，其中包括着生殖系统和大部分内脏，无行走用的附肢。

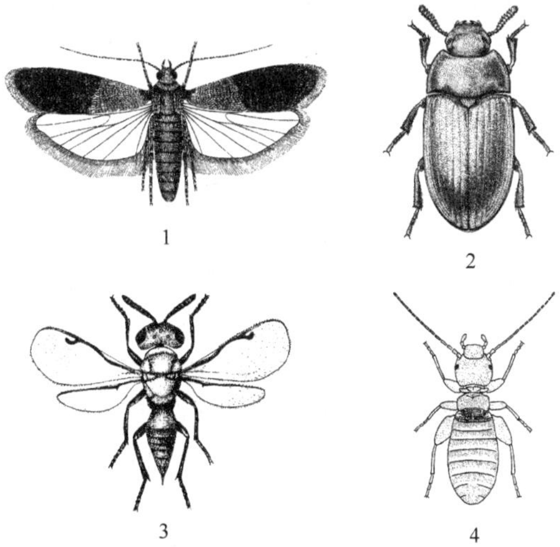

图 0-1　昆虫纲的部分代表

1. 蛾类；2. 甲虫；3. 寄生蜂；4. 书虱

昆虫在生长发育的过程中，通常要经过一系列的外部形态和内部结构的变化才能变成成熟的个体，即昆虫通常有变态。另外，还需要指出的是，并非所有在特定时期具有

3对足的动物都是昆虫，如一些蛛形纲、倍足纲和寡足纲的初龄幼虫就具有3对足。

（二）昆虫纲在动物界的地位

按照新近的分类系统，动物界(Animalia)可以分为33个门，昆虫纲属于节肢动物门(Arthropoda)。大多数学者认为原始的节肢动物是从类似环节动物的蠕虫演化而来。在漫长的进化过程中，原始节肢动物逐渐形成两大分支，即具铗亚门(Chelicerata)与具颚亚门(Mandibulata)。前者包括三叶虫纲、蛛形纲，后者包括甲壳纲、唇足纲、寡足纲、重足纲、结合纲及昆虫纲(图0-2)。

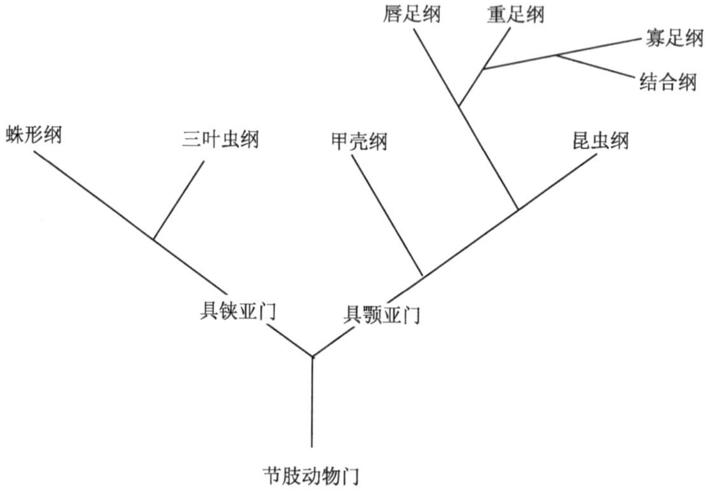

图0-2　节肢动物门的系统发育关系

(1) 三叶虫纲 (Trilobita)：三叶虫(图0-3 A)是一类灭绝了的最原始的海栖节肢动物，曾于寒武纪和奥陶纪盛极一时；其体扁平，背面的两条纵沟把身体分为3部分，故名三叶虫。目前，已知化石三叶虫约4000余种。

(2) 蛛形纲(Arachnida)：无触角，以书鳃、书肺或气管呼吸。此纲包括3个亚纲：蛛形亚纲(Arachnoida)、肢口亚纲(Merostomata)及海蛛亚纲(Pycnogonlda)。蜘蛛、蜱、螨、蝎、鲎等(图0-3 B～D)均属于此纲。

(3) 甲壳纲(Crustacea)：多水生，触角2对，以鳃呼吸；如虾(图0-3 E)、蟹等。它们是节肢动物门中特殊的一类。

(4) 重足纲(Diplopoda)：体节除前方三四节及后方一两节外，每一可见背板下由2节合并而成，所以大部分体节有2对行动足。马陆(图0-3 F)是本纲的典型代表。

(5) 寡足纲(Pauropoda)：体躯11节或12节，部分体节背面愈合，第三至第九节各有1对足(图0-3 G)；其初龄幼虫具3对足。

(6) 唇足纲(Chilopoda)：胴部每一体节具1对足，其中，第一对足特化成毒爪，生殖孔位于体末第二节上；蜈蚣(图0-3 H)、蚰蜒属于此纲。

(7) 结合纲(Symphyla)：状若蜈蚣，但第一对足不特化成毒爪，生殖孔位于体躯前端第四节上(图0-3 I)。此纲动物每一体节上常具1对刺突和1对能翻缩的泡。

值得指出的是，关于节肢动物的起源、演化及分类等还没有统一的认识，如有的学

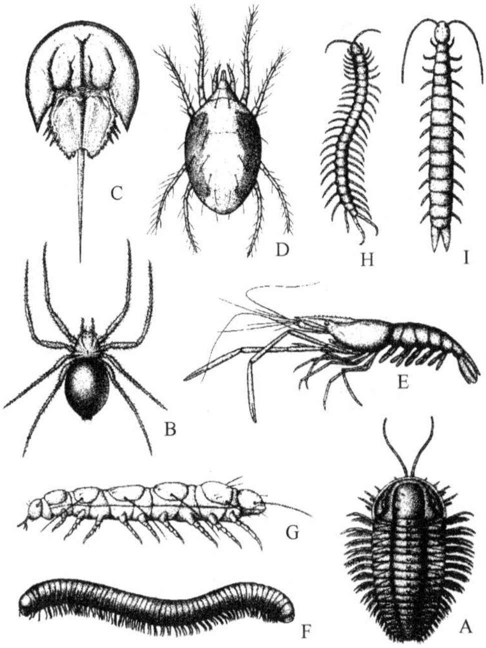

图 0-3　节肢动物门其他纲的代表

A. 三叶虫；B. 蜘蛛；C. 中国鲎；D. 螨；E. 虾；F. 马陆；
G. 烛蚬；H. 蜈蚣；I. 么蚰

者把肢口亚纲作为独立的纲，有的学者把重足纲、寡足纲、唇足纲及结合纲均作为多足纲(Myriapoda)的亚纲等。

四、储藏物螨类的基本特征

螨类(mites)从分类学上属于节肢动物门、蛛形纲。储藏物螨类(stored product mites)也是储藏物中重要的一类害虫，特别是在环境湿度较高时，常常大量发生，可引起储粮水分增加和局部发热。储藏物螨类由于个体较小，往往不易发觉，而且防治较为困难。

在储藏物中较常见、且危害较严重的主要是粉螨，粉螨属于蛛形纲的真螨目(Acariformes)粉螨亚目(Acaridides)粉螨总科(Acaroidea)。另外，在储藏物中还有一些营捕食或寄生生活的螨类，如肉食螨和蒲螨等。

螨类的体躯一般可分为颚体(gnathosoma)和躯体(idiosoma)两部分。颚体构成螨体的前端部分，其上生有螯肢和须肢。躯体位于颚体的后方，可再划分为生有 4 对足的足体和位于后端的末体两部分；生有前面两对足的是前足体，生有后面两对足的是后足体。在前足体和后足体之间，一般有清晰的横沟，以这条横沟为界，整个螨体可分为前后两个部分，前者称前半体，后者称后半体；前半体包括颚体和前足体，后半体包括后足体和末体(图 0-4)。

与昆虫相比，储藏物中的螨类个体微小，通常只有 0.5～1mm。此外，螨类与昆虫的形态区别还有以下几点：

①螨类整个体躯分节不明显，大体上可分为头胸部和腹部两个体段；②无翅；③成

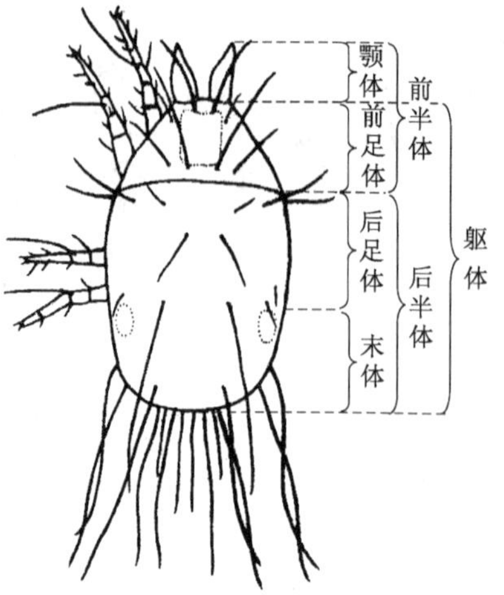

图 0-4　螨类体躯划分（腐食酪螨）

螨具 4 对足(幼螨通常为 3 对足)；④无复眼，有时仅具单眼。

有关储藏物螨类的内容可参阅相关的蜱螨学书籍。

思　考　题

1. 什么叫储藏物昆虫、储藏物害虫、储粮害虫？
2. 储藏物害虫有何经济意义？
3. 昆虫纲有哪些基本特征？其在动物界的分类地位如何？
4. 如何区分昆虫和螨类？

主要参考文献

彩万志等. 2001. 普通昆虫学. 北京：中国农业大学出版社
邓望喜. 1992. 城市昆虫学. 北京：中国农业出版社
江西大学等. 1984. 中国农业螨类. 上海：上海科学技术出版社
雷朝亮等. 2003. 普通昆虫学. 北京：中国农业出版社
赵养昌. 1966. 中国仓库害虫. 北京：科学出版社
郑州粮食学院. 1987. 储粮害虫防治. 北京：中国商业出版社
郑州粮食学院等. 1986. 仓库昆虫学. 北京：中国财政经济出版社

第一篇　储藏物昆虫学

第一章　储藏物昆虫的外部形态

本章提要：

- 昆虫体躯的一般构造
- 昆虫形态特征描述的常用术语
- 昆虫头部的基本形态及口器、触角和复眼等的构造和特征
- 昆虫胸部的基本形态及胸足、翅的构造和特征
- 昆虫腹部的基本形态及成虫外生殖器的构造和特征
- 储藏物鞘翅目和鳞翅目幼虫的形态特征

昆虫种类繁多，体躯构造复杂，是动物界中种类最多的一个类群。昆虫的种类不同，形态构造和生理功能也有差别，这是由于它们在历史演化过程中，长期适应各种不同的生活环境，引起新陈代谢和生理功能的改变，导致体躯构造发生变化。尽管如此，但其基本结构却是一致的，不同的变异类型，只不过是基本结构的特化。了解昆虫的形态结构，不仅是研究昆虫进化、系统分类和认识昆虫的重要依据，而且对于了解昆虫的发生环境、生活方式、习性特征和害虫防治，都具有重要的意义。

第一节　昆虫体躯的分节、分段和体向

一、昆虫体躯的分节和分段

昆虫是左右对称的动物，体躯和其他节肢动物一样，由一系列连续的环节，即体节(segment)所组成。这些体节分别集合成三个体段，称为头部、胸部和腹部。

一般认为昆虫的头部由 6 个胚胎环节愈合而来，但现代昆虫中大多已见不到分节的痕迹。昆虫的头部具有眼、触角及由头部附肢演变而成的口器，是昆虫的取食和感觉中心。

胸部由 3 节组成，每节有足 1 对，大多数类群在第二及第三节各有翅 1 对。所以胸部是昆虫的运动中心。

腹部由 11 节组成，无足。腹部第八、九、十节通常具有特化为交配或产卵的附肢。腹部是昆虫的生殖和代谢中心。

二、昆虫的体向

为描述虫体各部分的相对位置，以一定的体躯部分作为定向的基础，通常有下列术语(图 1-1)。

头向：与头部的方向一致，与体躯纵轴平行，又称为前。

尾向：与头部的方向相反，与体躯纵轴平行，又称为后。

侧向：向着身体侧面的方向，和身体纵轴垂直，分为左向和右向。

背向：向着身体背面的方向，又称为上。

腹向：向着身体腹面的方向，与背向相反，又称为下。

除了上述这些方向之外，在形态描述中也常用到下列部位及名称。

基部和端部：昆虫的附器和外长物，其靠近虫体的部分为基部，远离虫体的部分为端部；前胸背板的后方是近基部，前方是端部，而甲虫类的鞘翅则以靠近前胸的部分为基部，远离前胸的部分为端部。

外和内：昆虫的体部和附器，凡与体躯纵轴比较接近的一边称为内，与体躯纵轴较远的一边为外。

前缘和后缘：昆虫的体部和附器与体躯纵轴垂直的部分，离头部较近的一方为前缘，离头部较远的一方为后缘。

纵(或长)和横(或宽)：昆虫的体部和附器凡与体躯纵轴平行的称为纵或长，与体躯纵轴垂直的称为横或宽。

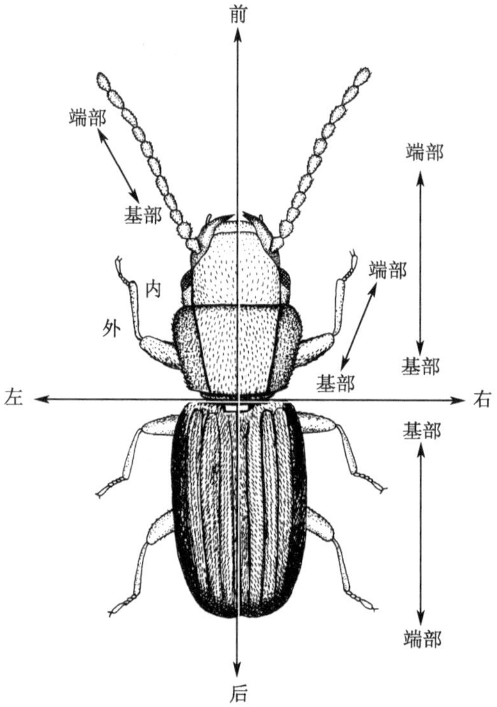

图 1-1　昆虫的体向

第二节　储藏物昆虫的头部

一、头壳的分区和头部的变化

头部(head)是虫体最前方的一个体段，一般认为由 6 个体节构成，但其分节现象仅在胚胎发育前期才能见到，至胚胎发育完成，各节已愈合成为一个完整的头壳。头壳的体壁由一些曲折的脊或沟增强加固。头部生有 3 对附肢演变而成的口器、1 对复眼(有时还具有 1～3 个单眼)和 1 对触角，是取食和感觉中心。

昆虫的头壳是一个完整的、高度骨化的坚硬颅壳，一般呈圆形或椭圆形，通常是昆虫整个体躯中最为坚硬的部分。头部有两个孔，在头部前方的是口孔，其周围有口器；在头部后方的是后头孔，头部的神经、消化器官以及其他器官通过后头孔与胸部相连。

在昆虫形态研究中，常根据头部的陷线和由于体壁内褶而在表面形成的沟将昆虫头部分为若干区域(图 1-2)。

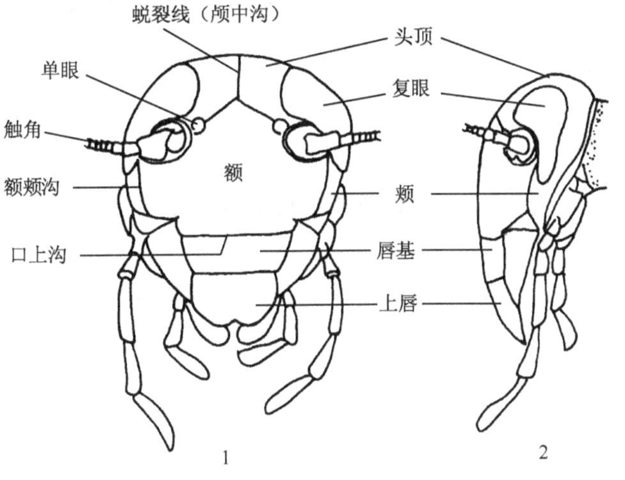

图 1-2　蜚蠊的头部

1. 正面观；2. 侧面观

蜕裂线：亦称头盖缝，是一条倒“Y”形的线，其中干称为冠缝，侧臂也称额缝。它是幼虫蜕皮时头壳裂开的地方，起自胸部或腹部的背中央，直达头部复眼间分叉成倒“Y”形。幼虫期很显著，不完全变态的成虫中有的还部分保留，而完全变态的成虫中则已消失。

头壳上沟的数目和位置，在各类昆虫中变化很大，最常见的有如下几条沟：

(1) 口上沟：也称额唇基沟，位于口器上方，两上颚基部前关节之间。此沟也有上拱呈“∧”形的。它是额和唇基的分界线。

(2) 额颊沟：位于复眼下方至上颚基部之间，是额和颊的分界线。这条沟在储藏物昆虫中见于蜚蠊目和革翅目昆虫中，在其他昆虫中少见。

(3) 颅中沟：有些昆虫头部体壁沿着蜕裂线的中干内陷，表面形成的一条沟。由于其位置与蜕裂线中干重叠，很容易和蜕裂线中干混淆。但蜕裂线一般色浅，不同于具有内脊的沟，而且大多数昆虫的颅中沟常伸过蜕裂线的分叉处。

根据上述的沟和线，可将昆虫的头部划分为以下几个部分：

（1）额：是头部正面位于口上沟上方的一个完整的区域，如有蜕裂线时，则位于蜕裂线侧臂之间，额的两侧与额颊沟为界。触角和单眼位于额区。

（2）唇基：位于额的下缘或前缘，即口上沟之下，上唇就悬挂在唇基的下方。

（3）颊：是头的侧面部分，位于复眼之下，额颊沟之后，颊下沟或上颚基部之上的部分。

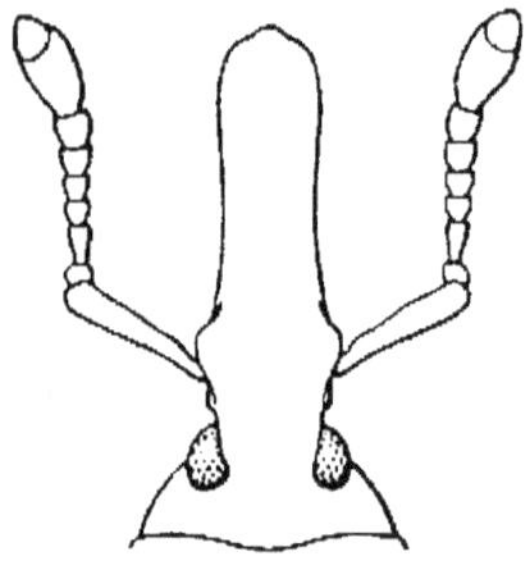

图 1-3　玉米象的头部

（仿 Bousquet）

（4）头顶：位于额之上，两复眼之间的背上方。

有时将颊和头顶合称为颅侧区，将额和唇基合称为额唇基区。

储藏物昆虫头部最易发生变化的是额唇基区。常见的一种形式是延长成象鼻状的“喙”，如象甲科的玉米象、米象和谷象(图 1-3)；有些种类稍有延长成较短的“吻”，如豆象科的绿豆象和豌豆象等。而鳞翅目的幼虫的额区变化为两个狭长的区域，称为“旁额片”，唇基上还有一条沟，将唇基分为前唇基和后唇基。

二、头部的型式

头部的型式简称头式。根据口器的着生位置和方向，昆虫的头式可分为下列 3 类(图 1-4)。

前口式(prognathous type)：头部平伸，颚端向前的头型。如锯谷盗科、扁谷盗科、拟步甲科、步甲科和谷盗科等。

下口式(hypognathous type)：头部与躯干垂直、颚端向下的头型。如长蠹科、豆象科、窃蠹科、蛛甲科和皮蠹科等。

后口式(opisthognathous type)：头部和口器斜向体躯后方的头型。口器静止时，紧贴于身体的腹面。此种类型多见于刺吸式口器的昆虫，如食虫蝽象，蜚蠊的头式也属此类。

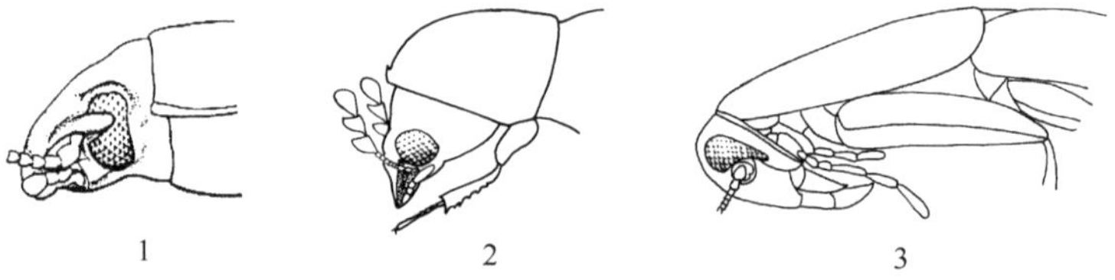

图 1-4　昆虫的头式

1. 前口式（赤拟谷盗）；2. 下口式（谷蠹）；3. 后口式（美洲蜚蠊）

（1. 仿 Bousquet）

昆虫的头部一般为圆形，但下口式则多为前后扁平；前口式则为上下扁平。

昆虫头式的不同，反映了取食方式的不同，这是昆虫对环境的适应。利用头式可区分昆虫大的类别，故在分类学上常有所用。

三、触角的构造与类型

（一）触角的基本构造

触角(antenna)是昆虫头部的重要感觉器官，是一对十分灵活、可转动的分节附肢。昆虫中除高等双翅目和膜翅目幼虫的触角退化外，其他种类都有触角。

触角一般着生在额区，有的位于复眼之前，有的着生在复眼之间，但多数幼虫和若干种类成虫的触角前移到头部前侧方的上颚前关节附近。

触角的基本构造可分为 3 部分(图 1-5)。

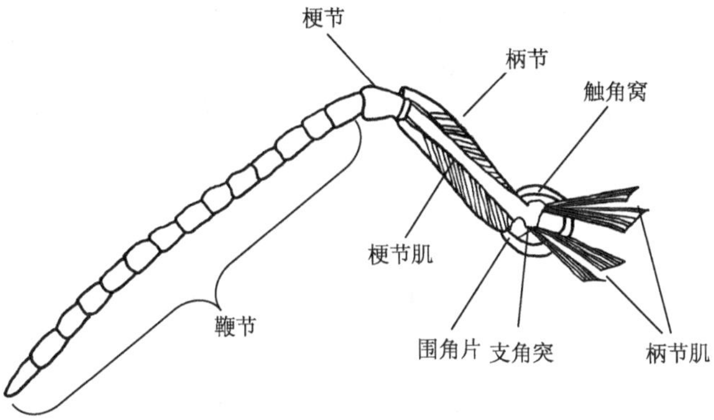

图 1-5　触角的模式构造

(仿管致和等)

柄节：是触角的第一节，着生在膜质的触角窝内，通常比较粗大。

梗节：是触角的第二节，形状、长短常因种类不同而异。

鞭节：是柄节与梗节以外的部分，由若干个小节组成，即触角第三节至末端的各小节。鞭节变化很大，这和昆虫种类有关，同时与性别也有关系，一般雄虫触角较为发达。

（二）触角的类型

触角的形状变化很多，在储藏物昆虫中大体上可分为以下类型(图 1-6)。

丝状(线状)：触角细长，鞭节各小节的直径、形状相似，近似长圆筒形。如步甲、书虱、蛛甲、长角扁谷盗雄虫等。

串珠状(念珠状)：鞭节由近似圆珠形的小节组成，像一串珠子。如白蚁、锈赤扁谷盗等。

锯齿状：鞭节的各小节或部分小节略呈三角形向一侧突出，状如锯齿。如黑菌虫、烟草甲、豌豆象、绿豆象雌虫等。

梳齿状(栉齿状)：鞭节的各小节或部分小节向一侧突出形成梳齿状的构造。如绿豆象雄虫等。

棍棒状：鞭节的各小节向端部逐渐膨大，整个触角形如棍棒。如杂拟谷盗、亚扁粉盗、锯谷盗等。

锤状：触角的末端数节突然膨大且密结，状如锤头。如露尾甲、赤拟谷盗等。

膝状：触角的柄节特别长，梗节及鞭节与柄节呈膝状或肘状弯曲。如玉米象、米象和米象小蜂等。

叶片状：触角的末端数节扩展呈松散的叶片状。如谷蠹、药材甲和咖啡豆象等。

纺锤状：整个触角两端窄小，中部宽大，呈纺锤状。如长头谷盗。

鞭状：触角长，由众多小节组成，并且自基部向端部逐渐变细。如蜚蠊、毛衣鱼等。

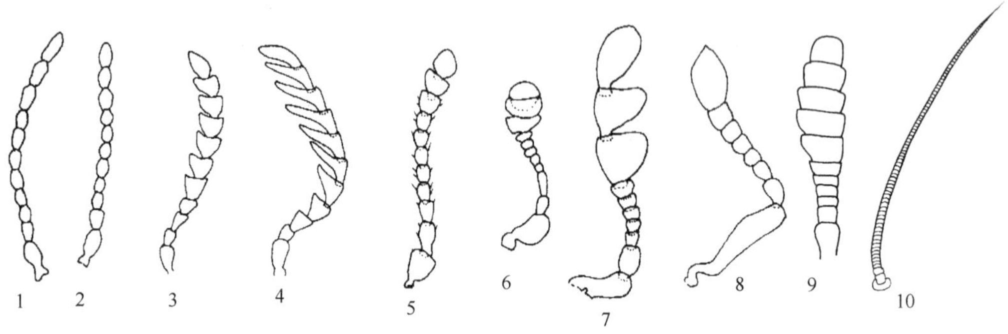

图 1-6　储藏物昆虫触角的类型

1. 丝状；2. 串珠状；3. 锯齿状；4. 梳齿状；5. 棍棒状；6. 锤状；7. 叶片状；8. 膝状；9. 纺锤状；10. 鞭状

(1～8. 仿 Bousquet)

以上触角类型只是大致的划分，每一类型中又有很多变化形式及中间类型。同一类型的触角，常有人认为是甲型，而另一人则认为是乙型，在阅读分类书籍时应当注意。

昆虫触角的类型、分节数目、各小节的大小、颜色和着生位置等随种类的不同而各异。因此，触角是识别昆虫种类的主要特征之一。另外，在一些昆虫中，触角的类型常常也是重要的第二性征，可用于区别同种昆虫的雌雄。如锈赤扁谷盗的雌虫触角为串珠状，雄虫则为丝状；在绿豆象成虫中，雌虫的触角为锯齿状，而雄虫为梳齿状。

四、复眼和单眼

(一) 复眼

眼是昆虫的视觉器官，在昆虫的生命活动中起着重要作用，可分为复眼(compound eye)和单眼(ocellus)。

昆虫的成虫和不完全变态类的若虫一般都具有 1 对复眼，着生于头部的侧上方，大多为卵圆形，也有圆形、椭圆形、肾形和马蹄形等。复眼是昆虫的主要感光器官。

各种昆虫的复眼形状常不相同，但它们均由很多小眼集合而成。每一小眼的表面常呈六角形，叫做小眼面(facet)。小眼面的大小、数目在各种昆虫中有较大的差异。如有些书虱的复眼仅有 1～2 个小眼面；而蜻蜓的复眼则有上万个小眼面。甲虫类的复眼常可分成背区和腹区，侧面观，可见一狭长的区域将复眼不同程度地切割，这个狭长的区域就是甲虫的颊(图 1-7)。甲虫的颊变化很大，颊有时切割复眼，有时止于复眼的前方，有时向复眼的后方延伸，并掩盖复眼的一部分。腹面观，两复眼之间的距离也常因虫种不同而差异很大，是鉴别种类的特征之一(图 1-8)。

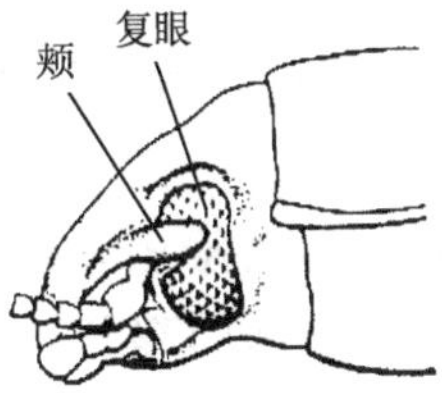

图 1-7 甲虫的复眼（侧面观）
（仿 Bousquet）

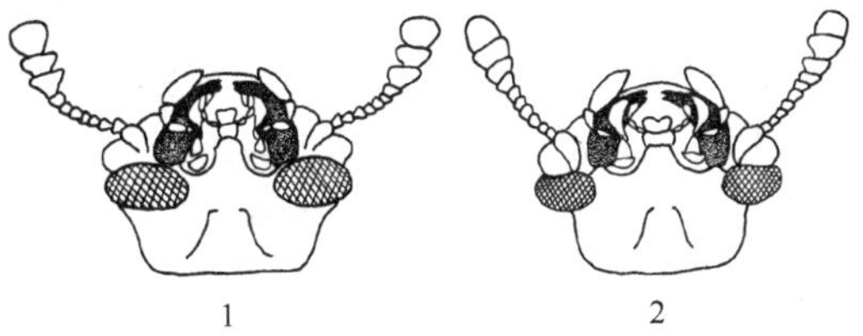

图 1-8 赤拟谷盗和杂拟谷盗的复眼
1. 赤拟谷盗；2. 杂拟谷盗
（2. 仿陈启宗等）

（二）单眼

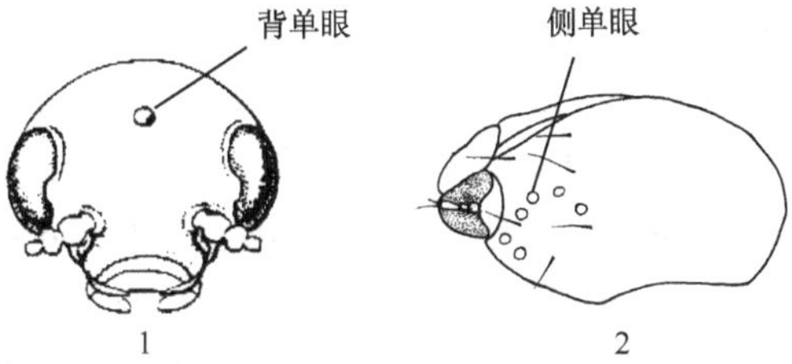

图 1-9 背单眼和侧单眼
1. 甲虫成虫的背单眼；2. 蛾类幼虫的侧单眼
（1. 仿 Bousquet；2. 仿陈启宗）

昆虫的单眼是一种不完善的辅助视觉器官，只能辨别光线的强度和方向，不能造像。单眼分为背单眼和侧单眼两类（图 1-9）。若虫和成虫的单眼，称为背单眼。背单眼通常 1～3 个，如有 3 个，则排列呈倒三角形；如有 2 个，则左右排列；若只有 1 个，则位于中央。背单眼与复眼同时存在，通常为活动能力强的昆虫所具有，但许多昆虫的背单眼已退化或消失。

完全变态类幼虫头部两侧的单眼，称为侧单眼，相当于成虫复眼所占的位置。侧单眼一般有 1～6 个，数量较多时，常排列呈半环形。

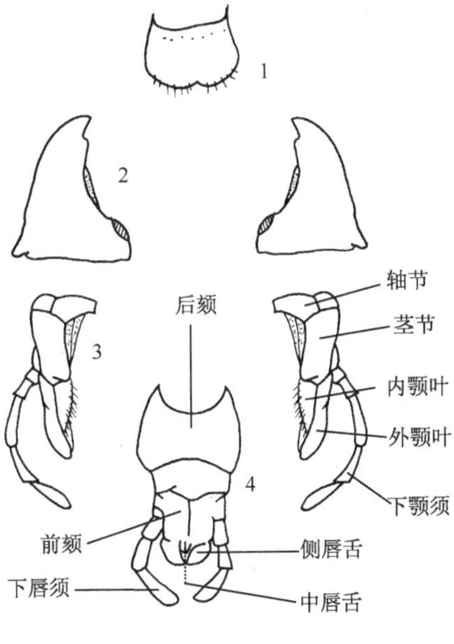

图 1-10 咀嚼式口器的构造
1. 上唇；2. 上颚；3. 下颚；4. 下唇

五、口器的基本构造与类型

昆虫的取食器官称为口器（mouthparts），它是由属于头壳的上唇、舌以及头部的 3 对附肢，即上颚、下颚和下唇组成。

各种昆虫因食性和取食方式不同，口器的类型也不同。取食固体食物的口器为咀嚼式，取食液体食物的为吸收式。在储藏物昆虫中，除了蛾类成虫和部分天敌昆虫为吸收式口器外，绝大多数属于咀嚼式口器。比较形态学表明，咀嚼式口器是最基本、最原始的类型，其他类型都由咀嚼式口器演变而来；它们的各个组成部分尽管外形有很多变化，但都可找到它们之间的同源关系。

（一）咀嚼式口器

咀嚼式口器（chewing mouthparts）的主要特点是有坚硬的上颚，用于咬切和磨碎食物。其基本构造为 1 个上唇、1 对上颚、1 对下颚、1 个下唇和 1 个舌(图 1-10)。

上唇：一般是一块横向的薄片，在唇基下方。外表骨化；内壁柔软，具感觉器，称内上唇。上唇具有推送食物的功能。

上颚：为 1 对坚硬不分节的附肢，位于上唇的后方两侧；上颚通常为宽阔的锥状，外缘略呈弧形，前端有齿状构造，称为端齿；后方有粗糙宽大突起的部分，称为臼齿。上颚的主要功能是咀嚼食物，还可切断、撕破食物和握持食物。

下颚：为一对分节的附肢，位于上颚的后方；基部第一节称为轴节，是一近似三角形的骨片，基部以突起与头壳相连。轴节下方一块略呈长方形的骨片为茎节，有膜与轴节相连，其外缘有一小骨片或小突起，叫做附颚须节，其上生有下颚须。下颚须一般由 3～5 个小节组成，状如触角，有感觉毛，具有嗅觉和味觉的功能。在茎节的端部有两块活动的骨片，在外的称为外颚叶；在内的称为内颚叶，比较坚硬，尖端有齿，有切碎和握持食物的功能。

下唇：为一愈合的分节构造，位于两下颚的后方；基部第一节称为后颏，相当于下颚的轴节，后颏又常被一横沟分为前后两个骨片，后端的称为亚颏，前端的称为颏。与后颏相连的前端为前颏，是下唇前端的部分，相当于下唇的茎节；在前颏的端缘有两对叶片状构造，外侧的一对称为侧唇舌，内侧的一对称为中唇舌。唇舌常有退化现象。

舌：通常附着在下唇内侧，生有司味觉的感觉器，虽然作为口器的一部分来叙述，但按其性质来说，并非头部的附肢，而是头节的一个腹片。

(二) 虹吸式口器

虹吸式口器(siphoning mouthparts)是鳞翅目成虫特有的口器，其主要特点为：上颚退化或消失；下颚的外颚叶延长成虹吸式的喙，食物道即在其中；下唇退化，仅保留 3 节的下唇须。在不取食时，喙像钟表的发条一样，卷曲在头部的下方(图 1-11)。由此可知，蛾类成虫不能取食危害固体状的储藏物，造成危害的是其具有咀嚼式口器的幼虫。

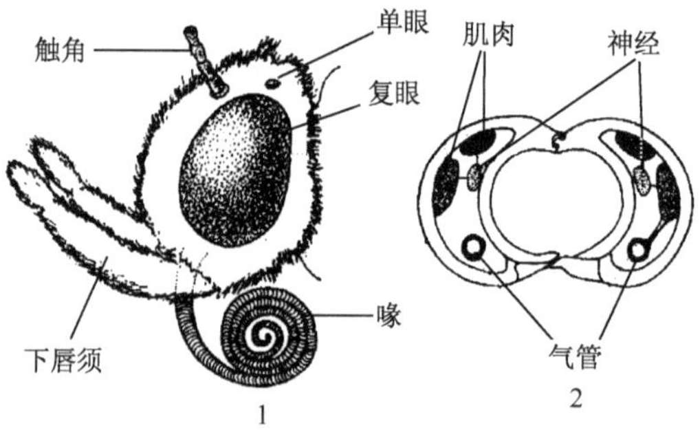

图 1-11 虹吸式口器的构造

1. 蛾类头部侧面观；2. 喙横切面

(1. 仿彩万志等；2. 仿 Eidmann)

(三) 刺吸式口器

刺吸式口器(piercing-sucking mouthparts)适于取食植物的液汁或动物的血液。在储藏物昆虫中，主要是半翅目昆虫所具有，它们可刺破其他昆虫的体壁吸取体液。因此，在储藏物昆虫中具有这类口器的昆虫都属于天敌昆虫。

刺吸式口器的主要特点为：上颚和下颚特化为两对细长的口针，用此刺破动植物的表皮；下唇延长成外鞘，包围着口针，不参加取食。口针与外鞘的整个构造称为喙(图 1-12)。

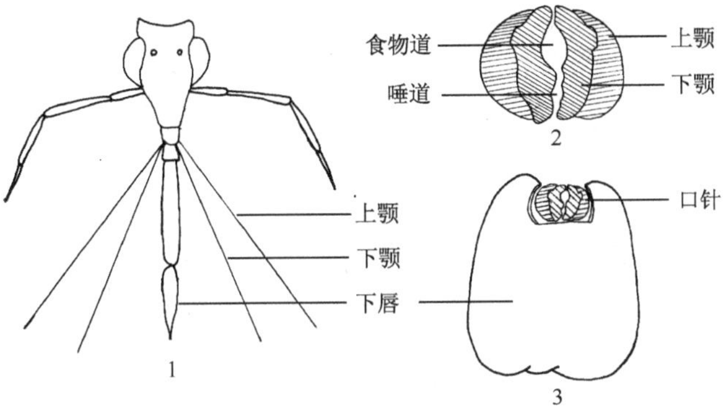

图 1-12　刺吸式口器的构造

1. 蝽象的口器；2. 口针的横切面；3. 喙的横切面

(1. 仿郑州粮食学院等)

另外，刺吸式口器的食管与咽喉部分特化为强有力的抽吸机构，以抽吸液体。一般口针在喙内组成两个管道，在取食时喙内有两个不同方向的液流。上方管道为食物道，食物由此管道流入口内；下方为唾道，唾液由此向外流出。

昆虫口器的类型除上述 3 种之外，还有嚼吸式、锉吸式等，在储藏物昆虫中不常见，故此处从略。

第三节　储藏物昆虫的胸部

胸部(thorax)是昆虫的第二个体段，位于头部与腹部之间。胸部由 3 个体节组成，自前向后依次称为前胸、中胸和后胸。绝大多数昆虫的每一胸节有 1 对足，称胸足；大部分有翅亚纲成虫在中胸和后胸还各生有 1 对翅。足和翅都是昆虫的行动器官，所以胸部是昆虫的运动中心。在有翅昆虫中，前胸无翅，所以前胸与中、后胸在构造上也不同，中、后胸特称为“具翅胸节”或“翅胸节”。每个胸节是由 4 块骨板合成的体节，位于背面的称为背板；位于腹面的称为腹板；两侧的称为侧板。

一、前胸

昆虫的前胸(prothorax)由于无翅，与飞行无关，在构造上比具翅胸节简单。前胸的发达程度与前足的发达程度有关系，如主要以爬行为主的甲虫，其 3 对足的发达程度相似，所以 3 个胸节的发达程度也基本相同；而以飞行为主的鳞翅目、膜翅目和双翅目等成虫，则前胸比具翅胸节要小。

(一) 背板

前胸背板(pronotum)的构造简单，通常为一块完整的骨片。其靠近头部的边缘称为端缘(或前缘)；靠近胸部的边缘称为后缘；两侧的边缘称为侧缘。端缘与侧缘之间形成的角，称为前角；后缘与侧缘之间形成的角，称为后角(图 1-13)。

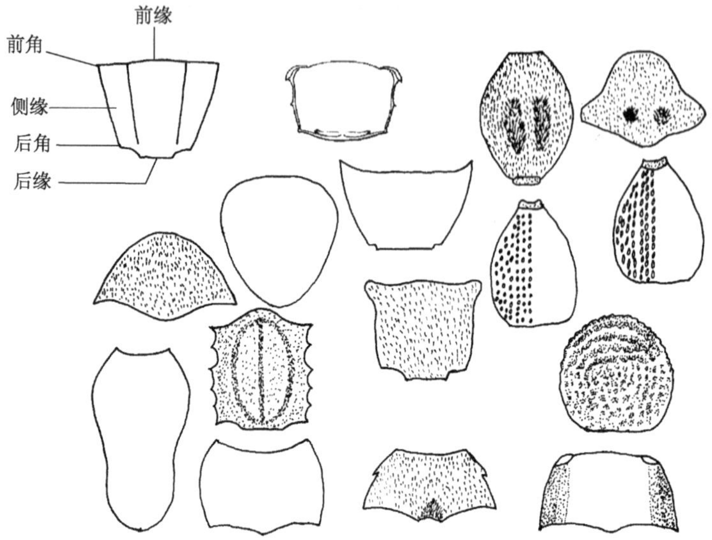

图 1-13　甲虫类前胸背板的形态

(仿郑州粮食学院等)

前胸背板的大小、形状变化很大。如蜚蠊目昆虫的前胸背板向前扩伸，头部几乎完全隐藏在前胸背板下面。特别是甲虫类成虫前胸背板的形状更是多种多样，有长方形、正方形、近三角形、半圆形、卵圆形、椭圆形等等，有的向前延伸，遮盖全部或部分头部；有的自两侧向腹面扩展愈合形成圆筒形；有的隆起、有的平坦；有的具凹陷、有的具隆脊；有的具刻点或瓦状瘤突、有的光滑、有的具毛垫；有的两侧具齿突，等等(图 1-13)。由于前胸背板通常暴露在外面，容易观察，因此是鉴别昆虫种类的重要依据特征。

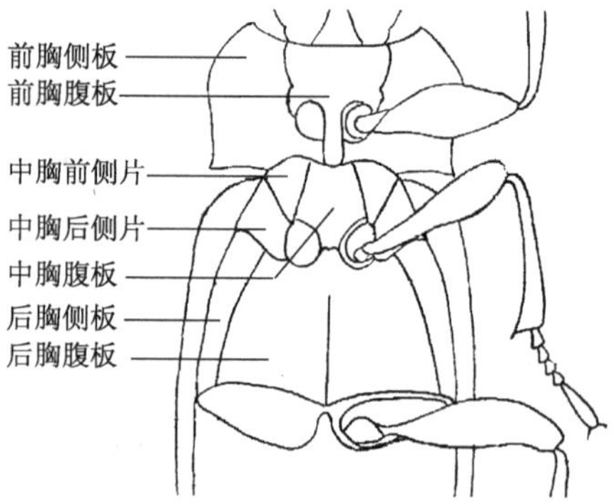

图 1-14　甲虫类胸部腹面观

(二) 侧板

在大多数储藏物昆虫中，前胸侧板(propleuron)仅为一块简单的骨板，没有明显的侧沟将其分为前、后侧片。前胸背板与前胸侧板之间通常以一条沟分界，称为背侧沟。但在许多昆虫中，背侧沟已消失(图 1-14)。

(三) 腹板

前胸腹板(prosternum)一般都不很发达，两侧有沟与前胸侧板相接，此沟称为腹侧沟。腹板的后端有的向下折；有的向后延伸与中胸腹板前端相遇；有的在其后缘与两侧板相遇；有的与侧板分离，等等。这些特征在鞘翅目储藏物昆虫中，常作为分类的重要依据(图 1-14)。

二、具翅胸节

具翅胸节又称翅胸节(pterothorax)，是指成虫的中、后胸节。它直接牵引着翅的运动，所以它们的特点是背板、侧板和腹板都很发达，并且两个胸节彼此紧密结合。

(一) 背板

模式的具翅胸节背板有3条横沟，从前向后依次称为前脊沟、前盾沟和盾间沟。3条横沟将背板分为4个背片，从前向后依次称为端背片、前盾片、盾片和小盾片(图1-15)。由于具翅胸节的背板通常被翅所覆盖，不易观察，所以一般不用来鉴别种类。但值得一提的是中胸的小盾片(scutellum)，它是有翅昆虫唯一暴露在外的一块背片，它的形状在不同种类的昆虫中差异很大，特别是在鞘翅目储藏物昆虫中常被用作分类的特征。

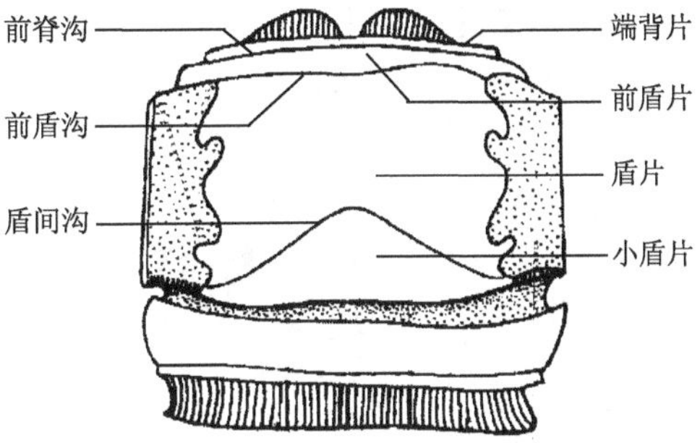

图1-15　具翅胸节背板的模式构造
(仿Snodgrass)

(二) 侧板

具翅胸节的侧板比前胸侧板更为发达，形成显著的侧面板片。腹方有侧基突，与足的基节相连接。背方有侧翅突，用作翅运动的支点。侧基突到侧翅突之间有一条侧沟，也称侧板缝，把侧板分为前后两部分，前部称为前侧片，后部称为后侧片(图1-14)。

(三) 腹板

在模式昆虫中，具翅胸节的腹板也有一些沟将其分为若干骨片，但在较高等的鞘翅目昆虫中，通常看不出分片的现象。但在中、后胸腹板上的一些特殊构造常作为鞘翅目储藏物昆虫分类的依据特征。

三、胸足

胸部各节各有足(leg)1对。前胸的足称为前足，中胸的足称为中足，后胸的足称为后足。它们着生在各胸节侧腹面的侧板与腹板之间，基部由膜与体壁相连，形成一膜质的窝，称基节窝。

典型的胸足由6节组成，从基部至端部依次称为基节、转节、腿节、胫节、跗节和

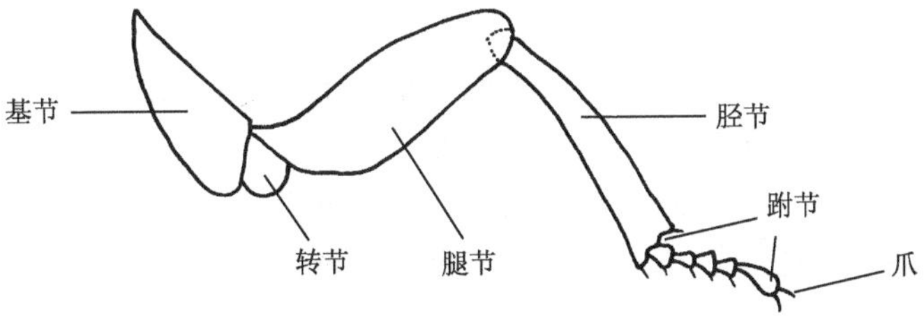

图1-16　胸足的构造

爪(图 1-16)。

(一) 基节与基节窝

基节是足的第一节，着生在基节窝内。基节的形状多样，通常有球形、圆锥形、横板形、卵圆形等多种，有时还具有容纳腿节的沟。

鞘翅目昆虫的基节窝有开放式与封闭式之分，如在前足基节窝的后方，前胸腹板与前胸侧板相遇的，称为封闭式；前胸腹板与前胸侧板不相遇，而基节窝的后方是以膜质相连的，称为开放式(图 1-17)。

1　　2

图 1-17　前足基节窝

1. 封闭式；2. 开放式

(二) 转节

转节是胸足的第二节，也是最短的一节。转节基部与基节以前后关节相接，端部与腿节以背、腹关节相接，但转节与腿节之间一般总是紧密相连而不相对活动的。

(三) 腿节

腿节是胸足的第三节，通常比其他各节都粗大。有时腿节腹面凹入形成腿节胫节沟，可容纳胫节，沟的内、外两侧常具有不同形状的齿突或隆线，是豆象、皮蠹等科分类的重要特征。

(四) 胫节

胫节一般较细长，以两个关节与腿节相连，可折贴于腿节下方或沟内。胫节上常有成排的刺或齿突，一般末端具有 1～2 个可活动的大刺，称为胫节距(tibial spur)。这些刺和距的大小、数目及排列常被用作分类鉴别的依据。

(五) 跗节及类型

跗节与胫节端部相连，由 2～5 个小节组成。各小节之间也都以膜质相连，可以活动。各小节的大小、形状及颜色等常作为分类的依据。昆虫三对足的跗节小节数目常有很多变化，因此可分为许多跗节形式，如 5—5—4 式，是指前足和中足的跗节小节数为 5 个，后足的跗节小节数为 4 个。另外还有 5—5—5 式、4—4—4 式、3—3—3 式等。余类推。

(六) 爪

爪是胸足最末端的构造。储藏物昆虫的成虫大都生有成对的爪，许多昆虫在两爪之间有一生有茸毛的中垫，用于在光滑的表面爬行。

昆虫足的类型有很多种，储藏物昆虫中多数为步行足。另外还有开掘足，如阎虫、金龟子等；跳跃足，如蟋蟀、蝗虫等；携粉足，如蜜蜂；等等，此处不一一赘述。

四、翅

昆虫是无脊椎动物中唯一能飞行的动物，也是动物界中翅出现最早的类群。翅的发生使昆虫在觅食、寻偶、扩大分布和避敌等多方面获得了优越的竞争能力，也是其能成为生物优势类群的最重要因素之一。

（一）翅的构造

一般认为，昆虫的翅(wing)是由背板体壁的延伸物演化而来，有上下两层薄膜，两层薄膜之间有纵横排列的支持组织，叫做翅脉(vein)。

大多数昆虫的翅为三角形(图 1-18)，因此有三个边：在前方的叫做前缘；在后方的叫做后缘，也叫内缘；在翅的端部，连接前缘和后缘的，叫做外缘。同时翅也有三个角：前缘基部的角，叫做肩角；前缘与外缘之间的角，叫做顶角；外缘与后缘之间的角，叫做臀角。由于适应飞翔和折叠，昆虫的翅发生有几条褶，并将翅分成几个区。翅基部的小三角形区域，称为腋区，腋区前面的褶为基褶；与基褶对应至外缘缺刻的褶，称臀褶；臀褶后面的区域，称臀区；臀褶前面较大的区域，称臀前区，是翅脉集中的区域。有些昆虫在臀区后还有一条轭褶，轭褶后方的称轭区。

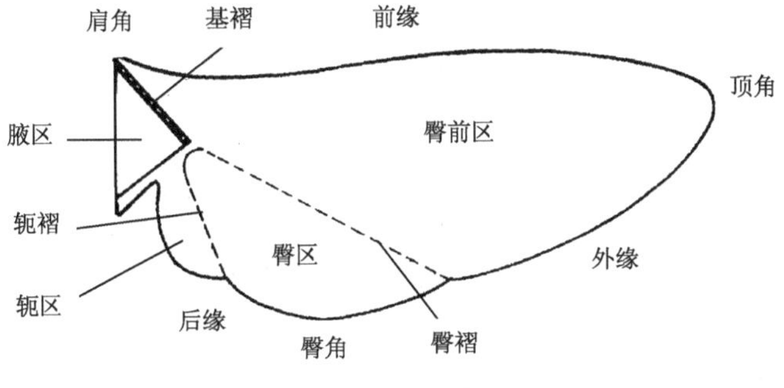

图 1-18　翅的分区
(仿 Snodgrass)

（二）翅的发育

在昆虫中，翅的发育有两种明显不同的方式。

不完全变态类的昆虫如蟑象、蜚蠊等，一般到第二、三龄若虫时，在体外就可见到囊状的翅芽。随着龄次的增加，翅也逐渐增大，到最后羽化为成虫时，翅也达到充分发育的地步。这种翅在体外发育的昆虫，在分类上称为外生翅类。

完全变态类昆虫在幼虫时期体外从来不见翅芽，翅芽发生在幼虫体内，到幼虫化蛹时翅芽才翻出体外，羽化为成虫后，翅芽迅速扩展成翅。这种翅芽在幼虫体内发育的昆虫，在分类上称为内生翅类。

（三）翅的变异

昆虫种类繁多，翅的变化也多种多样。翅的变化包括翅的有无或退化、形状的特化和质地的变化 3 个方面。

1. 翅的消失

多数昆虫成虫一般都有翅，但也有不少无翅的种类。这种没有翅的状况在无翅亚纲昆虫中是原始的特征，如衣鱼目的毛衣鱼；但在有翅亚纲昆虫中，翅的丧失是后生现象，如等翅目中非生殖型的白蚁、啮虫目和革翅目的一些种类。凡属于单性无翅的，大多是雌性无翅，如蜚蠊目鳖蠊科及鞘翅目皮蠹科的一部分，都是雌性无翅。此外，还有很多有翅与无翅之间的过渡型或短翅型，这在革翅目、蜚蠊目和鞘翅目中都不少见。

2. 形状的特化

比较原始的昆虫前、后翅的大小、形状都很相似，如等翅目的有翅型繁殖蚁。而多数昆虫则演变为或前翅大，或后翅大，如鳞翅目和膜翅目。有的则只有一对翅，如双翅目昆虫只有前翅，后翅退化为一对平衡棒。

3. 质地的特化与翅的类型

昆虫的翅除了以上变化外，其质地也有很大差异。大多数昆虫的翅为膜质而透明，但在演化过程中，翅的质地和被物上发生了种种适应性的变化。储藏物昆虫的翅主要有以下几种常见类型。

鞘翅：翅面全部骨化为角质，不透明，没有翅脉。

膜翅：如同薄膜，透明，有翅脉。

半鞘翅：翅的基半部为革质加厚，端半部为膜质。

鳞翅：质地为膜质，但翅面上被覆有一层鳞片状物。

革翅：柔韧如皮革，半透明，翅脉可见。

五、脉序

多数昆虫翅的两层薄膜之间，有纵横分布增强薄膜支持组织的线条，主要从基部通向末端，这种线条叫做翅脉。在各类昆虫中，各有其独特的分布型式，称为脉序（venation）或脉相。由于脉序在不同种类的昆虫之间有着很多的变化，而在同类昆虫中又十分稳定和相近似，所以脉序在昆虫分类学上和追溯昆虫演化关系上都是重要的依据。

昆虫学者们根据现存昆虫与化石昆虫脉序的比较研究，结合昆虫幼期翅芽中的气管分布情况，推论出一个原始脉序或称假想原始脉序。形态学和分类学上普遍采用的为

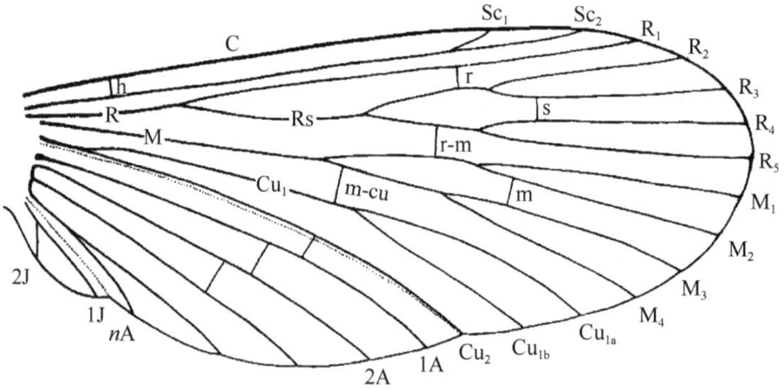

图 1-19 原始脉序图

（仿 Ross）

康、尼两氏脉系，称为康-尼系统(Comstock-Needham system)。各脉都给予一定的名称和符号，横脉的符号用英文小写字母，纵脉的符号用英文大写字母来表示(图 1-19)。

昆虫的翅脉有纵脉和横脉之分，从基部通向边缘的脉，称为纵脉；横列在纵脉之间的短脉，称为横脉。模式脉序的纵、横脉都有一定的名称和缩写代号。现按从前向后的顺序，将纵脉的名称、代号、分支数和特点列入表 1-1。

表 1-1 纵脉名称代号及分支特点

纵脉名称	缩写代号	分支数	特点
前缘脉	C	1	不分支，一般构成翅的前缘
亚前缘脉	Sc	2	端部分二支，分别称为第一、第二亚前缘脉，Sc_1，Sc_2
径脉	R	5	先分二支：第一径脉 R_1 和径分脉 Rs，Rs 再次分支：即第二径脉到第五径脉，R_2，R_3，R_4，R_5
中脉	M	4	先分二支，再分二支，即第一到第四中脉，M_1，M_2，M_3，M_4
肘脉	Cu	3	先分为第一肘脉 Cu_1 和第二肘脉 Cu_2，Cu_1 再分为二支，Cu_1a，Cu_1b
臀脉	A	不定	不分支，即第一到第 n 臀脉，1A，2A，…，nA
轭脉	J	2	不分支，一般二条，即第一、第二轭脉，1J，2J

横脉也有一定的名称和缩写代号，一般根据所连接的前后纵脉而命名。主要的横脉如表 1-2 所示。

表 1-2 横脉名称代号及其连接的纵脉

横脉名称	缩写代号	连接的纵脉
肩横脉	h	在近肩角处，连接 C 和 Sc
径横脉	r	连接 R_1 与 Rs
分横脉	s	连接 R_3 与 R_4；或 R_{2+3} 与 R_{4+5}
径中横脉	r-m	连接 R_{4+5} 与 M_{1+2}
中横脉	m	连接 M_2 与 M_3
中肘横脉	m-Cu	连接 M_{3+4} 与 Cu_1

翅面上由翅脉围成很多小的区域，称为翅室。翅室的命名是以前缘的纵脉而得名，如亚前缘脉后面的翅室称为亚前缘室，中脉后方的翅室即称中室等。四周都有翅脉围绕的翅室，称为闭室；四周的一边没有翅脉，而达翅缘的翅室，称为开室。

一般昆虫的脉序与模式的脉序图比较是有增有减的，但通常以减少的情况较多。这是因为有的翅脉消失，或有几条翅脉互相愈合引起的。消失的翅脉有时还残留着它的片段或痕迹，例如一些蛾类的中脉基部常消失，但还残留着它的端部。由两条翅脉合并成一条的翅脉称为复合脉，用“+”号表示。例如 R_{4+5} 就是表示这个脉是 R_4 与 R_5 合并的脉，$Sc+R_1$ 表示是 Sc 与 R_1 合并的脉。合并的方式有两条翅脉从基部就完全合并的，也有大部分合并的，也有只是末端合并等的情况。

脉序在储藏物鳞翅目成虫分类中经常用到，特别是作为鳞翅目分科的重要依据特征。

六、甲虫类的翅

（一）基本构造

甲虫类的前翅全部骨化为角质，质地坚硬，不能弯曲折叠，翅脉已完全退化。前翅已失去正常的飞行功能，平时覆盖在虫体背面，将中胸背板大部、后胸背板全部和腹部背板全部或一部分覆盖着，仅中胸小盾片外露。因此前翅用来保护后翅和身体，作用如刀鞘，故甲虫类的前翅称为鞘翅（elytron），分类学上命名为鞘翅目。甲虫类的后翅为膜质、透明、翅脉明显，平时折叠隐藏于鞘翅下面。后翅是甲虫的主要飞行器官，但有些甲虫如步行虫、谷象等的后翅已消失，仅存一对鞘翅。

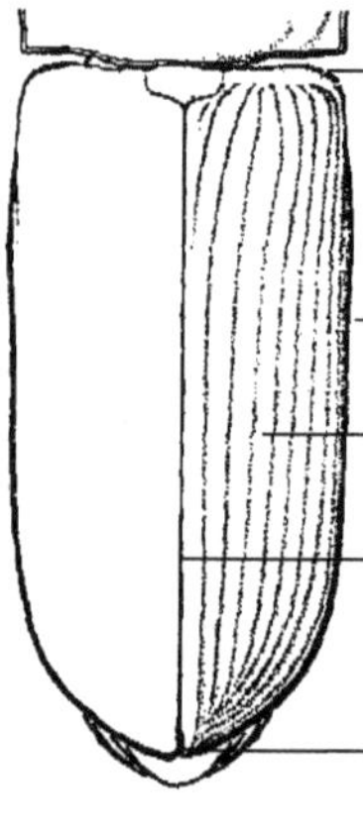

图 1-20　甲虫的鞘翅

鞘翅的形态是甲虫分类鉴定的重要依据特征。为便于特征的描述，常将鞘翅各部位给予一定的名称。鞘翅基部外方的角，称为肩角；鞘翅的末端称为翅尖；由肩角到翅尖的外边称为外缘；从翅基在接近小盾片的内侧到翅尖的直边，称为内缘。鞘翅在静止时，两鞘翅的内缘会合而形成一条直缝，称为中缝（图 1-20）。

（二）鞘翅表面的特殊构造

在甲虫鞘翅的表面常常会形成一些特殊的构造。鞘翅表面一些微小的凹陷，称为刻点。刻点沿纵向有规则的排列，称为刻点行。有时在鞘翅上还会形成一些陷线或凸起的脊纹。两刻点行之间的区域，或两条陷线之间的区域，或两条脊纹之间的区域都称为行间。鞘翅表面微小的凸起，称为颗粒。比颗粒大而隆起的部分，称为瘤状突或瘤突。鞘翅上有时还生有毛或鳞片等外长物。不同种类的甲虫鞘翅的颜色和花斑也不相同，这些颜色或花斑有时是由鞘翅本身的颜色形成，有时是由表面的毛或鳞片的颜色形成。另外，不同甲虫鞘翅的形状也有所不同，这些形态差别在鞘翅目昆虫分类鉴别时都是很重要的特征。

七、蛾类的翅

（一）基本构造

蛾类的前后翅均为鳞翅，它是在膜质翅的上下两面被覆有浓密的鳞片而形成。鳞片是一个扁形角质的囊状物，表面具有复杂的微细脊纹，故常闪耀着各种色彩，从而在翅面上形成不同的花斑。在前后翅的外缘和后缘通常还具有密集的长毛，称为缘毛。翅面鳞片形成的花斑及缘毛的长短是蛾类分类鉴别的重要特征。

（二）翅面的划分

为便于描述蛾类翅面花斑的位置，常人为地将翅面划分为若干条横线。在翅面中部的线，称为中横线；靠近翅基部的称为亚基线；在中横线与亚基线之间的线，称为内横线；在中横线外方的线，称为外横线；沿翅外缘的线，称为外缘线；在外横线与外缘线中间的线，称为亚缘线(图 1-21)。

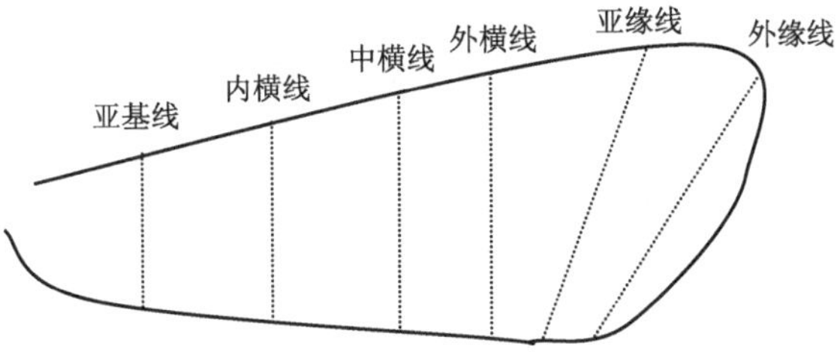

图 1-21　蛾类翅面的划分

(三) 翅的形状

储藏物蛾类翅的形状因虫种而异，大致可分为以下几种(图 1-22)。

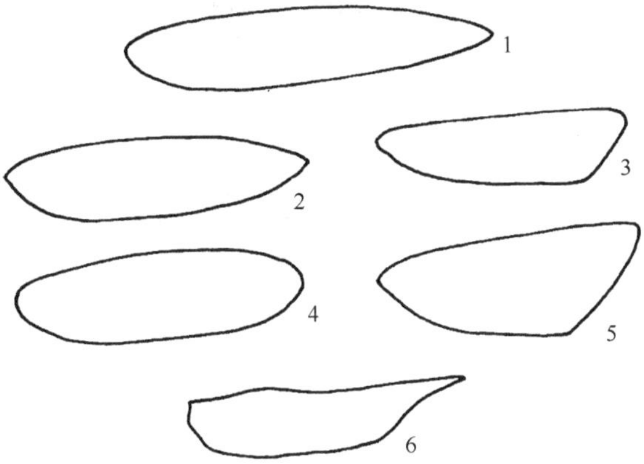

图 1-22　蛾类的翅形

1. 竹叶形；2. 梭形；3. 长三角形；4. 椭圆形；5. 三角形；6. 菜刀形

竹叶形：形状似梭形，唯翅面狭长，翅端较尖似竹叶状。

梭形：翅基稍窄，前后缘平行，翅端部稍尖。

长三角形：翅基稍窄，前后缘较长，外缘较翅基宽，翅面长度与最大宽度之比至少为 3∶1。

椭圆形：翅基和翅端稍圆，前后缘呈弧形或近平行。

三角形：形状类似长三角形，唯翅面长度与最大宽度之比为(2.4～2.5)∶1。

菜刀形：翅的外缘向内凹入，形如菜刀。

(四) 脉序及命名

脉序是储藏物蛾类昆虫分类，特别是分科的重要依据特征。蛾类成虫前后翅的脉序虽然不同，但其共同特点是中脉主干消失而形成“翅中室”(但在谷蛾科中后翅大多数有中脉主干)，有的虫种在翅中室还有小的翅室，称为“副翅室”。同时翅的横脉也较少。后翅在翅基有翅缰 1 至数根，通常雄虫有 1 根，雌虫有数根，这些蛾类在分类学上称为鳞翅目的缰翅亚目。储藏物蛾类脉序的特点及命名方法见表 1-3。

表 1-3　储藏物蛾类脉序的特点

前、后翅	缩写代号	特　点
前翅	C	构成翅的前缘，不表示
	Sc	1 根，终于翅的前缘
	R	3～5 根，分支常共柄，终于前缘或顶角，Rs 不表示
	M	2～3 根，终于翅的外缘
	Cu	2 根，终于翅的外缘下方或臀角
	A	1～3 根，终于后缘，有的消失，有的基部分叉、端部愈合
后翅	C	构成翅的前缘，不表示
	$Sc+R_1$	由 S_c 和 R_1 在基部愈合而成，终于翅的前缘或顶角
	Rs	终于翅的前缘或顶角
	M	2～3 根，终于翅的外缘
	Cu	2 根，终于翅的外缘下方或臀角
	A	1～3 根，终于翅的后缘，消失的不表示

图 1-23 是两种储藏物蛾类的脉序图和命名。

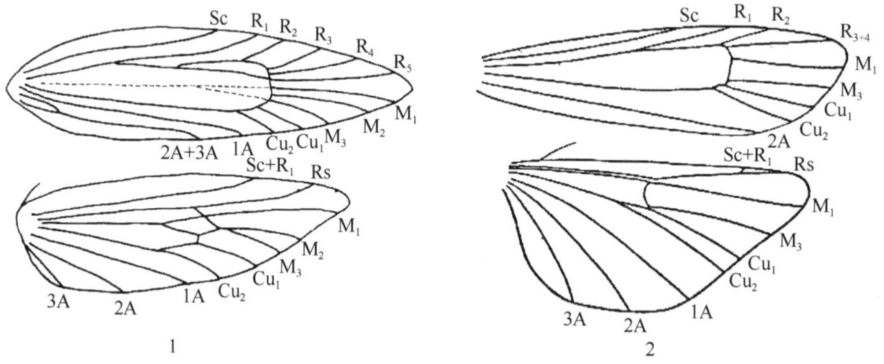

图 1-23　两种储藏物蛾类的脉序图

1. 谷蛾科脉序；2. 斑螟科脉序

（仿陈启宗）

第四节　储藏物昆虫的腹部

一、腹部的基本构造

腹部(abdomen)是昆虫体躯的第三体段，也就是最后一个体段，它的外部结构比头、胸部都要简单。昆虫成虫腹部没有用作步行的足，但昆虫大部分内脏器官和生殖系统都位于腹部，所以腹部是昆虫的生殖和代谢中心。

低等昆虫腹部有 11 节，但多数储藏物昆虫的腹节数已减少，如鳞翅目成虫雌虫可见到 7 节，雄虫可见 8 节；而鞘翅目成虫从背面观可见到 6～8 节，腹面观可见 5～6

节。腹面观可见到的腹节数，称可见腹节，基部第一节称第一腹节，第二节称第二腹节，依次类推。可见腹节数是鉴别昆虫种类的特征之一。

昆虫腹节减少的原因主要是合并和退化，特别是腹末几节往往特化为外生殖器的一部分。雌虫成虫的第八、九腹节和雄虫的第九腹节均具有专司产卵和交配的生殖肢，故它们称为生殖节；生殖节前的腹节，内含大部分内脏器官，称为脏节；生殖节以后各节称为生殖后节，往往合并或退化。

成虫的腹节都是后生节，有很发达的节间膜和侧膜。腹节可以互相套叠，后一腹节的前缘常套入前一腹节的后缘内，所以腹部的伸缩、弯曲或扩张都较方便，借以帮助呼吸、蜕皮、羽化、交配、产卵等活动。腹节有发达的背板和腹板，但没有像胸部那样发达的侧板，只有无翅亚纲的衣鱼目昆虫和少数低等昆虫，腹节侧面具有附肢的肢基片(侧板)，气门位于肢基片和背板间的膜上，这种构造比较原始。多数昆虫的肢基片和腹板愈合成一片，即通常所称的腹板，气门就在背板和腹板之间的膜上。

二、腹部的附肢和附器

腹部的附肢可分为与生殖无关的非生殖型附肢，和由于交尾或产卵等生殖活动而发达起来的生殖型附肢两大类。

(一) 非生殖型附肢

多数成虫除末端数节外，其他各节都没有附肢，但无翅亚纲昆虫的腹部脏节上也有附肢(图 1-24)。例如衣鱼目在第二至九腹节上各有 1 对附肢，每一附肢包括一块位于侧腹面的肢基片，在肢基片前端外侧着生有 1 根可活动的针突，内侧有 1～2 个能伸缩的泡。

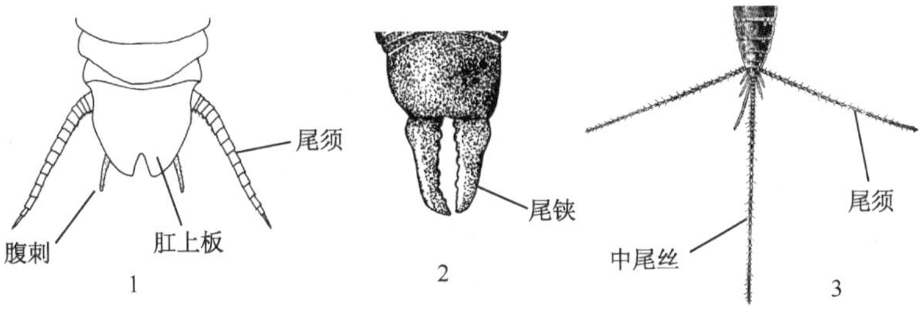

图 1-24 昆虫的非生殖型附肢

1. 美洲蜚蠊雄虫腹末；2. 蠼螋腹末；3. 毛衣鱼腹末

大多数昆虫的第十一腹节的附肢，叫做尾须。尾须通常是一种触觉器官。尾须的形状、构造等变化很大，如衣鱼目的尾须呈细丝状，分成许多节；蜚蠊目的尾须为分节的刺状；等翅目白蚁的尾须非常短小；而革翅目蠼螋的尾须则硬化，形如铗状，称为尾铗，可用于防御。

衣鱼目昆虫在一对细长的尾须间，还有一条与尾须极相似的中尾丝。中尾丝不是真正的附肢，而是第十一腹节背板的延伸物，是附器。

（二）外生殖器

1. 外生殖器的模式构造

外生殖器(genitalia)是昆虫的生殖型附肢。一般雌虫的第八和第九腹节的附肢，构成产卵器，雄虫只有第九腹节的附肢，构成交配器。产卵器和交配器统称为昆虫的外生殖器。外生殖器在昆虫的分类上，尤其在区别近缘种方面，是十分重要的依据。

雌虫的生殖孔多位于第八、九节的腹面，生殖孔周围着生三对产卵瓣，合成产卵器，卵由产卵器产出。产卵瓣是生殖肢，它的基部有一骨片，叫生殖突基节，内有起源于腹节背板的肌肉。第八腹节上的产卵瓣称为第一产卵瓣或腹产卵瓣，它的生殖突基节称为第一载瓣片；第九腹节上的相应称为第二产卵瓣或内产卵瓣及第二载瓣片。在第二载瓣片上向后伸出的瓣状物，称为第三产卵瓣或背产卵瓣。所以第九腹板上有两对产卵瓣(图 1-25)。

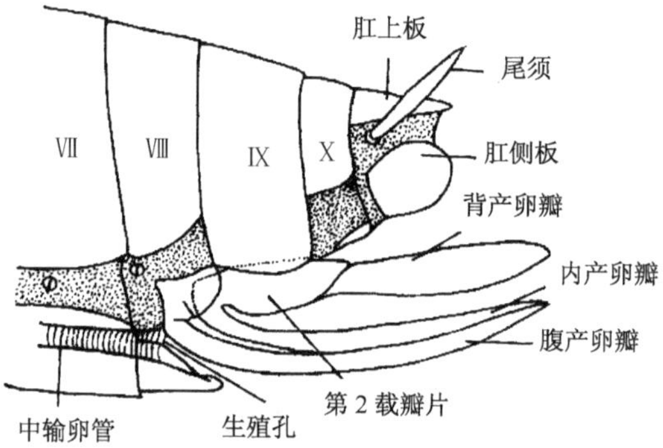

图 1-25　产卵器的模式构造

(仿 Snodgrass)

雄虫的交配器构造比较复杂，而且在各类昆虫中变化很大。雄虫第九腹节附肢通常和它的第九腹节本身的一部分、有时和它的第十腹节的一部分共同形成交配器。雄虫交配器主要包括输送精子进入雌体的阳具和交配时挟持雌虫的抱握器。阳具是第九腹节腹板后节间膜的外长物，生殖孔开口就在其末端。阳具一般为管状或锥状构造，大多包括一个较大的阳茎基，和从阳茎基伸出的一根细长的阳茎。阳具在各类昆虫中有极复杂的变化，最常见的变异是在两侧发生突起，称为阳茎侧叶。抱握器多是第九腹节附肢演变而来，一般不分节，其形状变化很大，在许多种类的昆虫如鞘翅目中已消失。

不同的昆虫类群，外生殖器的结构变化很大。在储藏物昆虫的分类中，较常用到的是甲虫和蛾类的外生殖器的特征，现分述如下。

2. 蛾类的外生殖器

(1) 雄虫的外生殖器

蛾类雄虫的外生殖器由第九腹节的背板和腹板形成了一个环，较发达的背板(又称背兜)和腹板两侧向上延伸与背兜相连接的部分(称基腹弧)组成了雄虫外生殖器的基部；在背兜的末端形成一个略向下弯的突起，称爪形突，实为第十腹节背板演化而成；在爪形突基部的两边各生出一个弯曲的长臂突起，此突起在端部或在一半之处合并为一体，并向上弯，此突起称颚形突，实为第十腹节腹板演化而成；第九腹板的基腹弧在中央向体内延伸成一个柄状的构造，称囊形突；在基腹弧两侧向末端生有两个发达的片状物，称抱握器，其形状因虫种而异；在两片抱握器之间有一根长的棒状物，下端伸至腹内，末端在抱握器内，称阳茎，用于交尾；阳茎末端有能翻缩的膜质部分，称阳茎囊，它的表面往往有骨化的刺，阳茎囊不交尾时缩在阳茎里面，所以阳茎囊上如有刺看起来好像是生在阳茎的里面(图 1-26 1)。

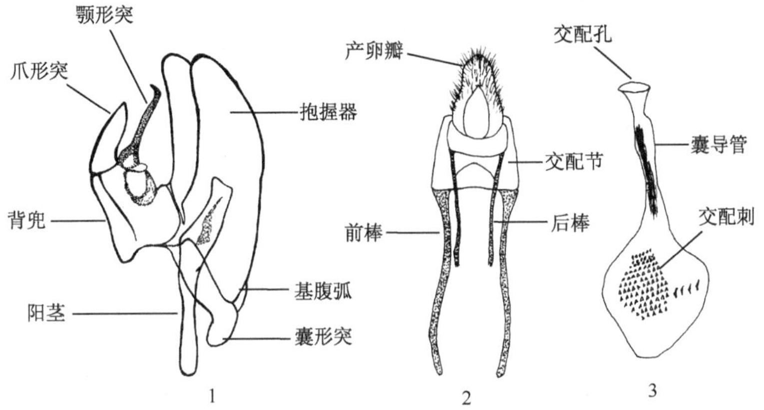

图 1-26　蛾类成虫的外生殖器

1. 雄虫；2. 雌虫产卵器；3. 雌虫交配囊

(仿陈启宗)

(2) 雌虫的外生殖器

蛾类雌虫成虫腹板末端均有两个开口，一个在腹末与前面数节形成产卵器，末端的开口是专用于产卵和排泄的，开口处称产卵孔。另一个开口在腹部第八节腹面的前缘膜质部分，专用于交配，称交配孔。由于腹部末端数节形成管状的产卵器是套叠可以伸缩的，平时收缩着，被发达的第七腹节覆盖着，因此看不见，产卵时才伸出来。

突出在腹末产卵孔开口的两侧有一对瓣状物，称产卵瓣，用于握持产出的卵胶着于物体上。产卵瓣上生有许多毛，在产卵瓣左右的基部两侧生有一对骨化棒，称后棒(内棒)，用于产卵时使腹部伸缩。第八腹节前缘的两侧也生有一对骨化棒伸入腹内，称前棒(外棒)，供肌肉着生起固定作用。第八腹节是构成产卵器的基节，其前缘与第七腹节后缘膜质部分又有一个交配孔，专司交配，称交配节。交配节下方还连接着一个在腹腔内像长颈袋形的囊状物，称交配囊；在交配囊的上端有不同长度和宽度的管道与交配孔相通，此管道称阴道(囊导管)，用于交尾时接纳阳茎，交配囊下端膨大的袋状物用于接收雄虫的精子。有的种交配囊的壁上还有骨化的刻点，在囊内常有骨化的块状物或小刺，均称交配刺(图 1-26 2)。

3. 甲虫的外生殖器

甲虫雄虫的外生殖器基本上由阳茎基和阳茎两部分组成，没有抱握器。阳茎基两侧常发生突起一对，称阳茎侧突(又称阳茎侧叶)，阳茎位于中央，有时可分为内阳茎和外阳茎，而象甲科的外生殖器可分为阳茎和阳茎后突两部分(图 1-27)。

总之，甲虫雄虫的外生殖器在不同的类群之间，形态变化非常之大，很难归纳为一种基本类型。正因为如此，它的特征在分类鉴别中非常重要。甲虫雌虫的外生殖器已高

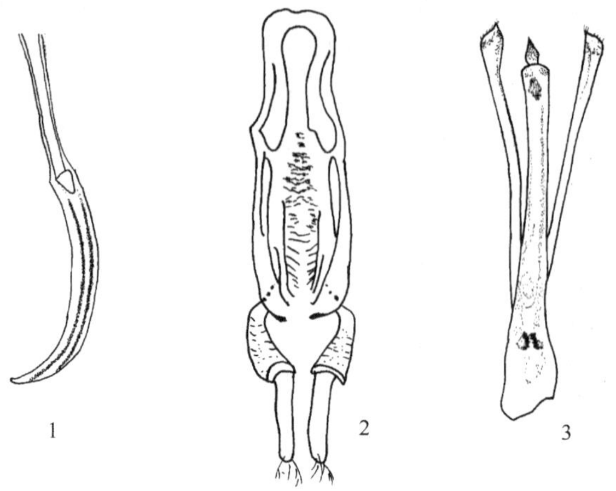

图 1-27 甲虫雄虫的外生殖器

1. 玉米象；2. 锈赤扁谷盗；3. 绿豆象

（仿郑州粮食学院等）

度退化，一些特征只在区别某些近缘种时用到，故此处不过多涉及。

第五节 储藏物昆虫幼虫的形态

昆虫的分类通常以成虫的特征为主。因为成虫期是昆虫发育的成熟时期，其外部形态如体长、体色、体型、各外部器官的特征都比较稳定，不再有明显的变化。但在实际中，幼虫也是经常见到的活动虫期，而且往往是造成危害的主要虫期。幼虫期是取食生长的虫期，外部形态特征虽然不太稳定，但也有规律可循。这里所指的幼虫是严格意义上真正的幼虫(larva)，即完全变态类昆虫的幼虫。这类幼虫在外部形态上与其成虫完全两样，甚至有时在生活习性及行为上与其成虫也大不相同。在储藏物昆虫中，还有一类昆虫属于不完全变态。不完全变态的幼虫与其成虫的外部形态及生活习性基本相似，所不同的只是个体较小、翅及生殖器官尚未完全发育成熟，这类幼虫通常称为若虫(nymph)。由于若虫与其成虫的外部形态较为相似，此处将不作叙述。本节主要介绍与储藏物关系最为密切的、也是最常见的鞘翅目和鳞翅目昆虫的幼虫。

一、鞘翅目幼虫的外部形态

（一）基本形态特征

鞘翅目幼虫与其成虫最大的形态区别是头部无复眼和胸部无翅，虫体呈“肉虫”状。身体由一系列明显的环节组成，也可分为头、胸、腹 3 部分。除头部外，胸部 3 节，腹部 9～10 节。口器为咀嚼式，体型多样。体壁的软硬程度因表皮的骨化程度而异，但均比其成虫期软。胸部通常有胸足 3 对，少数蛀入粮粒内生活的种类胸足退化和缺如，但有时具一些特殊的附属构造。另外，幼虫在身体两侧有较为明显可见的气门，一般有 9 对，第一对位于胸部，其余 8 对分别位于第一至第八腹节的两侧(图 1-28)。

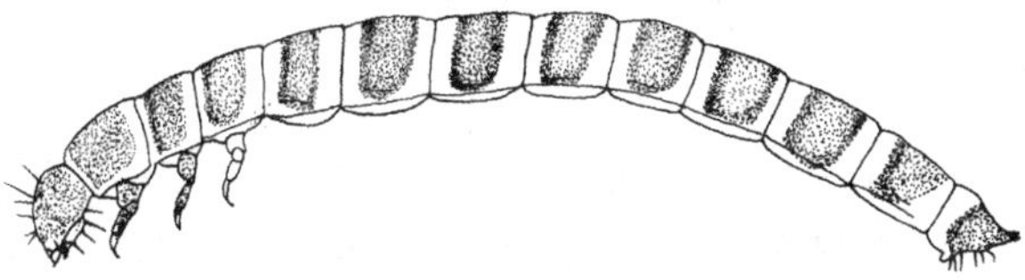

图 1-28　鞘翅目幼虫（黑粉虫）
（仿郑州工学院粮油工业系）

（二）头部

鞘翅目幼虫的头部是整个虫体中骨化程度最高的部分，其形状多样，有圆形、椭圆形、方形等。在头部正面中央有一“人”字形的浅色线缝，称为“蜕裂线”，是幼虫期蜕皮时旧表皮首先裂开的部位。蜕裂线以上的头顶部位称为“颅顶区”；蜕裂线两侧的部位称为“颅侧区”；蜕裂线正下方的区域称为“额区”，鞘翅目幼虫的额区特别广阔；额区下方为“唇基区”。在颅侧区通常生有单眼 1～6 对，单眼较多时常成半环形排列。在颅侧区还生有一对较成虫为短小的触角，触角一般分 3 节(图 1-29)。

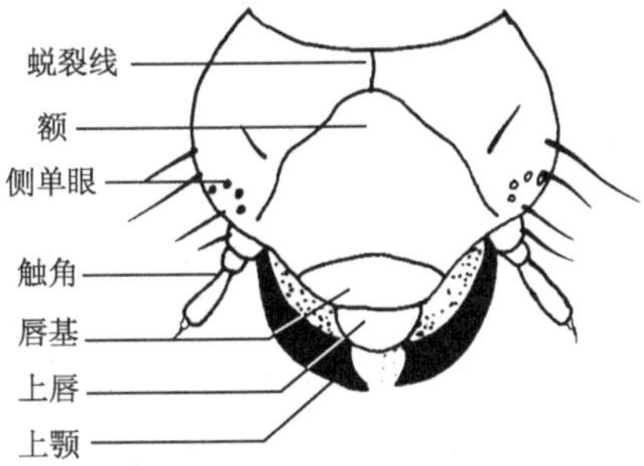

图 1-29　鞘翅目幼虫头部正面观
（仿郑州粮食学院等）

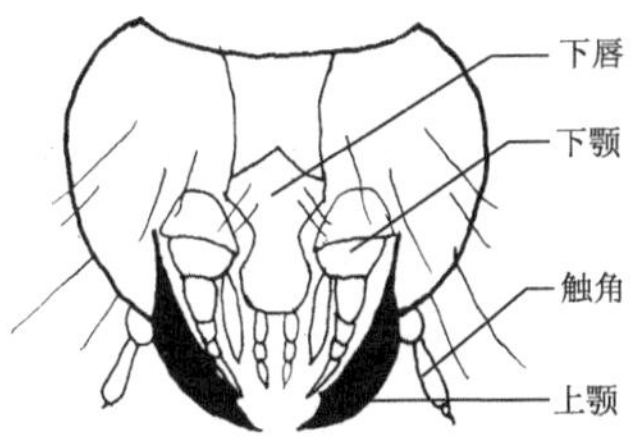

图 1-30　鞘翅目幼虫头部腹面观
（仿郑州粮食学院等）

在幼虫头部的前方生有咀嚼式的口器，其结构与其成虫的口器相似，即一个上唇、一对上颚、一对下颚、一个愈合的下唇和一个舌组成(图 1-30)。

上唇悬挂在唇基下方覆盖在口器的上方。上唇通常生有感觉毛，上唇的内面称为“内上唇”，有些种类还生有感觉棒或感觉环等，这些特征是鉴别幼虫种类的常用特征。另外，口器各部分的结构形态、触角的形态及单眼的数目等都是用于幼虫分类鉴别的形态特征。

（三）胸部

鞘翅目幼虫的胸部分为 3 个体节，从前至后依次称为前胸、中胸和后胸。各胸节腹侧生有一对胸足，依次称为前足、中足和后足。幼虫的胸足较成虫为简单，从基部向端部依次称为基节、转节、腿节、胫跗节和爪(图 1-31)。但生活在寄主内部的蛀食性害虫的胸足常常

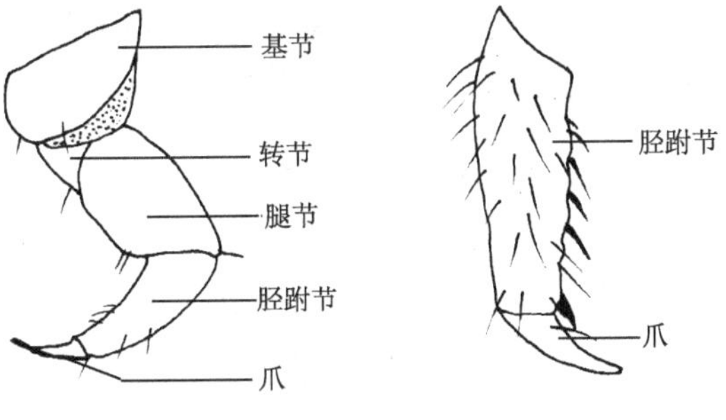

图 1-31　鞘翅目幼虫的胸足
（仿郑州粮食学院等）

退化或消失。

（四）腹部

鞘翅目幼虫的腹部通常为 9～10 节，从前至后依次称为第一腹节、第二腹节……腹部无足，仅部分种类在腹末腹面生有类似足的乳头状突起，称为伪足状突起。有些种类在腹部末节背板形成一骨化的区域，称为臀板。还有些种类在腹末尾端生有不同的骨化突起，称为臀突，其中分叉的称为臀叉；刺状的称为臀刺。有的种类在腹面肛门的前方生有骨化的片状物或环状物，分别称为肛前骨片和环形骨片(图 1-32)。这些附属物的形态不同，常用于鞘翅目幼虫的分类鉴别。

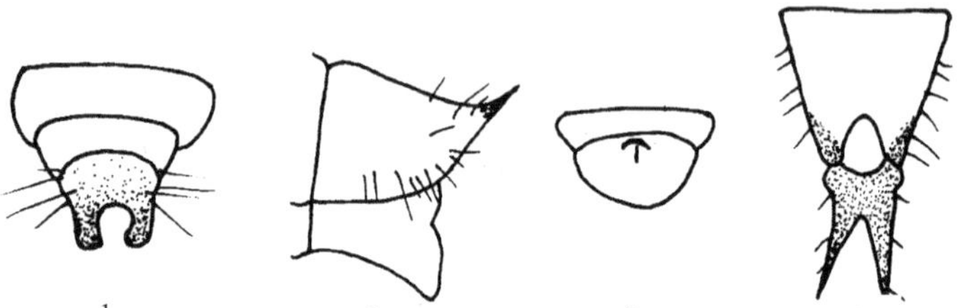

图 1-32　鞘翅目幼虫腹末附属物

1. 臀叉；2. 臀刺；3. 肛前骨片；4. 臀叉及环形骨片

（仿郑州粮食学院等）

许多幼虫的胸腹部的背中央，从前胸至腹末有一条较身体颜色为浅的间断的线，称为背线。背线因幼虫种类不同而有宽窄、长短、明显与不明显之分。

不同种类鞘翅目幼虫体上常生有颜色不同、多少不一、长短各异的刚毛。这些刚毛也常常有多种形状，有光滑单一的刚毛，称为单毛；有分节且末端呈枪头状的刚毛，称枪头毛；还有的刚毛上生有许多枝岔，称带岔刚毛。

（五）体型

因生活环境的不同和胚胎发育阶段的不同，储藏物鞘翅目幼虫的体型有多种形状。大体上可以分为 3 种体型。

1. *无足式*

即无足型。这类幼虫因生活在寄主内部，所以运动器官高度退化。无足式幼虫一般身体肥胖、柔软，背面隆起，白色或乳白色，无胸足，或胸足退化呈肉突状。退化的胸足既不分节，也无爪，行动靠身体的蠕动。虫体上刚毛稀少(图 1-33)。这类幼虫均属于钻蛀式害虫，如象甲科和豆象科的幼虫。

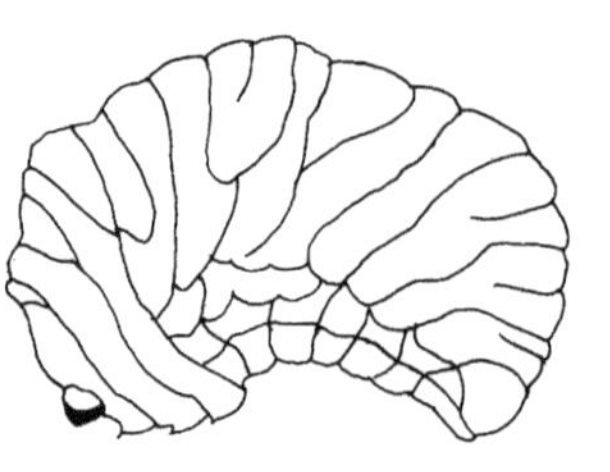

图 1-33　无足式幼虫

（仿郑州工学院粮油工业系）

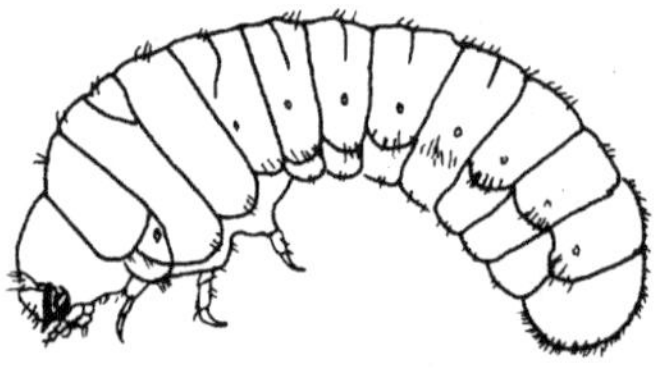

图 1-34　弯弓式幼虫

（仿郑州工学院粮油工业系）

2. 弯弓式

也称“蛴螬”型，属于寡足型幼虫。这类幼虫身体弯曲如弓状，即头、尾两端向腹面弯曲。身体多少被有短毛或较长的毛，体壁骨化程度较低。胸部有 3 对不太发达的胸足，能够爬行，但行动缓慢(图 1-34)。如长蠹科和窃蠹科的幼虫。

3. 爬虫式

也称“蛃”型，属于寡足型幼虫。这类幼虫身体平直，有 3 对发达的胸足，爬行迅速。通常体壁的骨化程度较前两种类型要高，身体常呈黄色至黑褐色，但也有一些种类身体柔软，体色较浅。这类幼虫身体有的光滑，有的被有深色刚毛或无色刚毛。爬虫式幼虫按体型又可以分为长圆筒形、扁长形、纺锤形和圆锥形等(图 1-35)。

长椭圆形幼虫身体较长，其横断面近似圆形，腹部末端常生有臀叉或臀刺等附属物。如拟步甲科昆虫。

扁长形幼虫身体扁而长，其横断面近似扁圆形，通常身体最宽处在第五、六、七腹节。如谷盗科昆虫。

纺锤形幼虫体扁，头部和尾部较窄，中部宽大。这类幼虫在腹末数节两侧常簇生有枪头刚毛，如皮蠹科的部分种类。

圆锥形幼虫身体呈圆筒形，但从前胸至尾端逐渐缩窄。有些种类在尾端背面生有臀叉，有的生有一束较长的刚毛。如皮蠹科的部分种类。

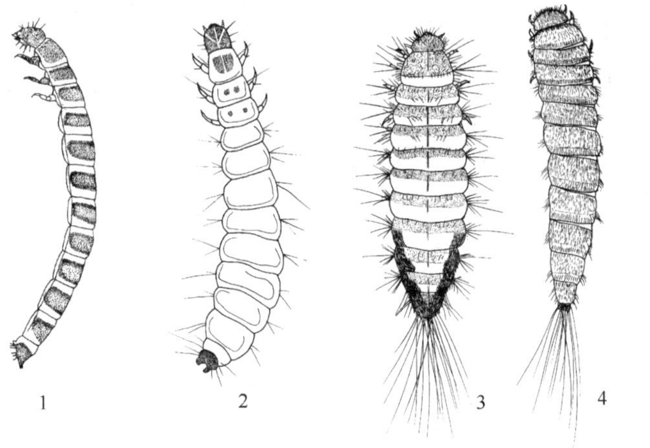

图 1-35　爬虫式幼虫

1. 长圆筒形；2. 扁长形；3. 纺锤形；4. 圆锥形

(仿郑州工学院粮油工业系)

二、鳞翅目幼虫的外部形态

(一) 基本形态特征

储藏物鳞翅目幼虫都是蛾类幼虫，蛾类幼虫的体型单一，均为“蠋”形。储藏物蛾类幼虫体色多为白色，但也有个别种类呈黑褐色至黑色。蛾类幼虫属于多足型幼虫，即除了胸部具有 3 胸足外，在腹部还生有 5 对腹足。身体也可分为头、胸、腹 3 部分，除头部外，胸部 3 节，腹部 10 节。头的前下方生有上颚发达的咀嚼式口器，侧面观，头的两侧近口器的后方生有一对短小的触角，有侧单眼 0～6 对。在幼虫身体两侧有较为明显可见的气门，共有 9 对，第一对位于前胸的近后缘，其余 8 对分别位于第一至第八腹节。各气门通常由一个深色的骨化环包围，此骨化环称为围气门片。蛾类幼虫身体上均生有排列有一定规律的刚毛，故有时也将蛾类幼虫称为“毛虫式”幼虫(图 1-36)。

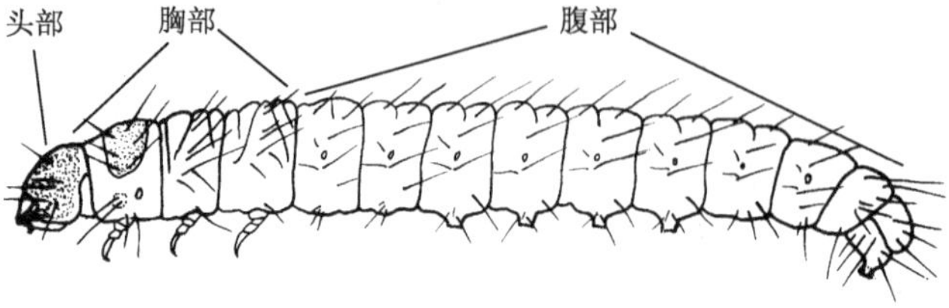

图 1-36　鳞翅目的幼虫
（仿陈启宗）

（二）头部

储藏物鳞翅目幼虫的头部均为球型，头部因高度骨化，色泽较深。在头的顶端部分称为“颅顶区”，两侧称为“颅侧区”，正面有一个三角形的区域为“唇基区”。在唇基与口器的上唇之间还有一横向的区域，称为前唇基。在头的正面从颅顶至唇基区有两条“人”字形的线缝，两个“人”字形线缝中间所夹的两个斜狭片称为“旁额片”。具有旁额片是蛾类幼虫区别于甲虫幼虫的重要特征。位于外侧的“人”字形线缝称为“蜕裂线”，其主干也称为“颅中沟”，两个侧臂称为“蜕裂线侧臂”。位于内侧的“人”字形线缝，其主干称为“额沟”，两侧臂称为“口上沟”，即额唇基沟。不同种类的幼虫由于唇基向上延伸的多少不同，使得颅中沟与额沟的长度形成了不同的比例，颅中沟长度与额沟长度之比是鉴别储藏物蛾类幼虫的常用特征(图 1-37)。

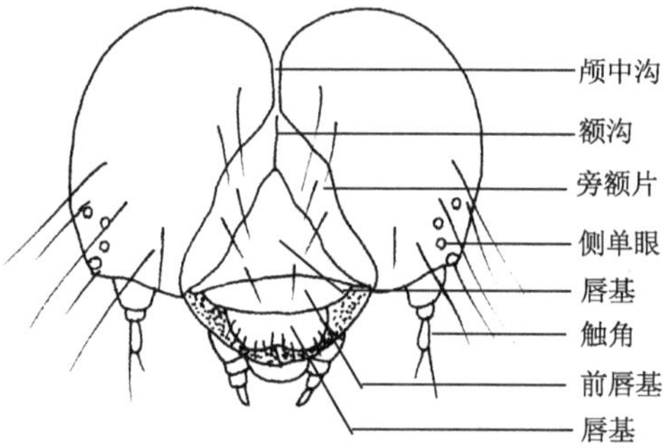

图 1-37　鳞翅目幼虫的头部
（仿郑州粮食学院等）

幼虫的口器为咀嚼式口器，由上唇、上颚、下颚、下唇和舌五部分组成。在口器上方的一片为上唇，连接在前唇基之上。上颚位于上唇之后左右两侧，是高度骨化、质地坚硬、深色而发达具有齿突的块状物，用于咬切、咀嚼食物。下颚、下唇和舌愈合形成一个复合体，两侧为下颚，中央为下唇，在腹面见到的突起称吐丝器。所以蛾类幼虫大多可以吐丝结网连缀食物。口器中上颚端部齿突数目及形状因种类不同而异，是鉴别蛾类幼虫的特征之一。

蛾类幼虫的单眼为侧单眼，位于头部的两侧。单眼的数目 0～6 对，单眼数目多时，常呈环形排列。

在颅侧区的前方有一对短小的触角，触角为 3 节，第一节较粗大。

（三）胸部

蛾类幼虫胸部分 3 节，依次称为前胸、中胸和后胸。前胸的背板通常骨化，称为前胸盾。在前、中、后胸节依次生有前足、中足和后足。胸足的构造与甲虫幼虫相似，由基节、转节、腿节、胫跗节和爪 5 部分组成(图 1-38)。

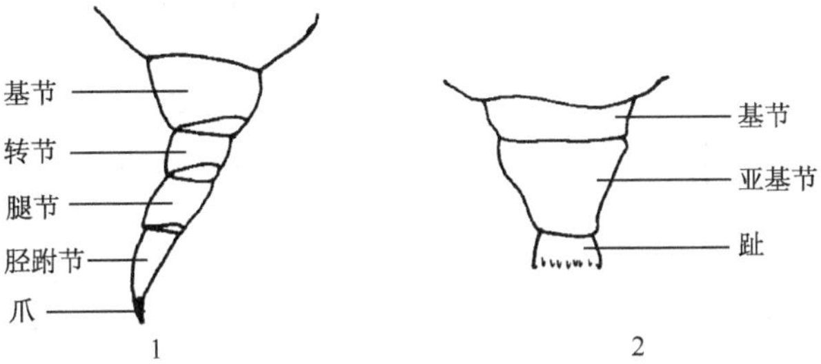

图 1-38　鳞翅目幼虫足的构造

1. 胸足；2. 腹足

（四）腹部

蛾类幼虫的腹部均由 10 节组成，从前向后依次称为第一腹节、第二腹节……第十腹节。腹部末节即第十腹节的背板通常骨化，称为臀板。腹部除在第一至第八腹节两侧各有一对用于呼吸的气门外，在腹部还生有 5 对足，分别位于第三至第六腹节及第十腹节的腹面，称为腹足。腹足的有无是区别蛾类幼虫与甲虫幼虫的最显著特征，甲虫幼虫的腹节均无腹足。

蛾类幼虫的腹足呈圆柱形，由基节、亚基节和趾 3 部分组成(图 1-38)。趾的腹面生有带钩状的刺，称为趾钩，用于抓住物体表面帮助爬行。不同种类的幼虫趾钩的排列形式常常不同，如趾钩的长度近等并排列成一个环形，此称单序环形；有的趾钩有两种不同的长度，即一长一短交错排列成一个环形，称为双序环形；有的趾钩是 3 种不同的长度，即一长、一中长、一短排列成一个环形，称为多序环形；也有的趾钩是一种长度，但未排列成一个完整的环而有一个缺口，此称单序缺环(图 1-39)。由于第十腹节腹足趾钩的排列都不完整，通常观察趾钩的排列形式时都以第三至第六腹节的趾钩为准。

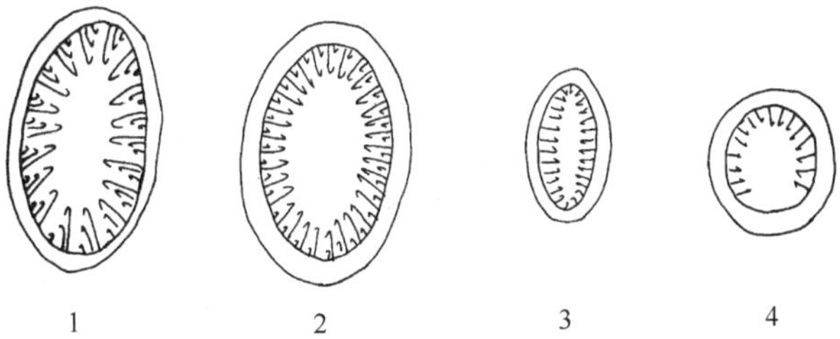

图 1-39　腹足趾钩的类型

1. 多序环形；2. 双序环形；3. 单序环形；4. 单序缺环

(仿郑州粮食学院等)

（五）体刚毛的毛序

由于鳞翅目幼虫的体型单一，表面看彼此都很相像，单从外部形态很难区分鉴别。

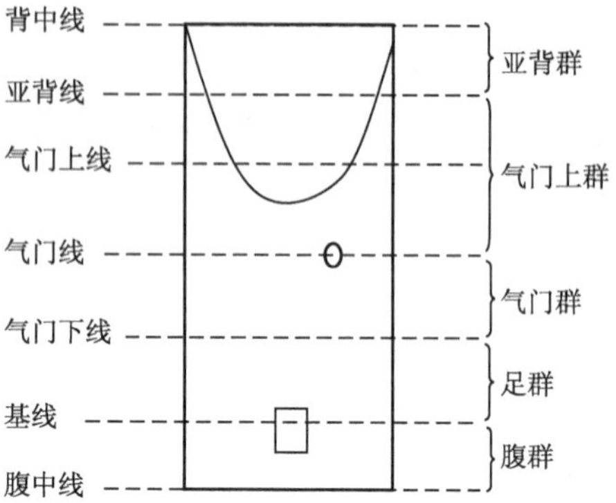

图 1-40　鳞翅目幼虫体刚毛毛群分区

但其身体上均生有刚毛(seta)，而且刚毛的数量与位置有一定的排列规律，刚毛在虫体上的排列系统称为毛序(chaetotaxy)。毛序是鉴别鳞翅目幼虫的重要依据特征。

1. 毛群的划分

为了区分虫体各部位的刚毛，通常按虫体头朝左方、背朝前方的方向将虫体从背中央至腹中央纵向切取一边，在上面人为地划分成7条纵线，从而分成5个毛群区域(图1-40)。

7条纵线的划分：位于背中央的线，称为背中线；腹中央的线，称为腹中线；通过气门的纵线，称为气门线；通过足的纵线，称为基线；在气门上方的纵线，称为气门上线；在气门下方的纵线，称为气门下线；在背中线与气门上线之间的纵线，称为亚背线。

7条纵线将虫体上的刚毛分成5个毛群区域：在背中线与亚背线之间的刚毛称亚背群毛；在亚背线与气门线之间的刚毛称气门上群毛；在气门线与基线之间的刚毛称气门群毛；在气门下线与基线之间的刚毛称足群毛；在基线与腹中线之间的刚毛称腹群毛。

2. 体刚毛的命名

体刚毛较常用的命名方法是Fracker系统或朱弘复系统，分别采用希腊字母和阿拉伯数字命名各毛群的刚毛。

鳞翅目幼虫各毛群刚毛的排列如下(图1-41)。

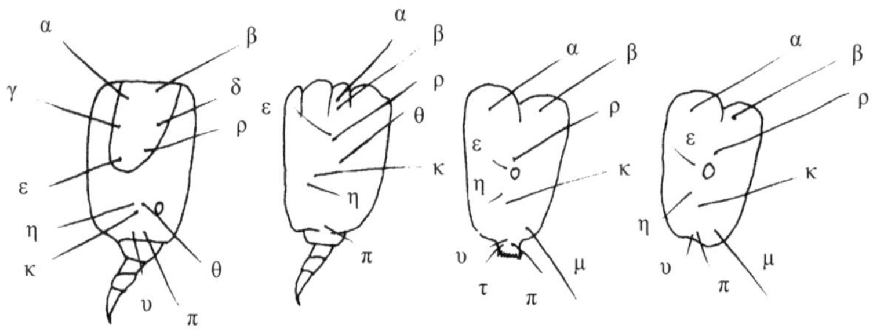

图 1-41　鳞翅目幼虫体刚毛毛序

1. 前胸；2. 中胸；3. 第三腹节；4. 第八腹节

(仿陈启宗)

亚背群：也称β群。在胸、腹部各节上共有2根，即α毛(1毛)和β毛(2毛)。α毛在前，β毛在后，但在中、后胸β毛在α毛的下方呈垂直排列。

气门上群：也称ρ群。在胸、腹部各节上共有2根，即ρ毛(3毛)和ε毛(3a毛)。在前胸均位于前胸盾的下部，ε毛在前，ρ毛在后。在中、后胸ε毛和ρ毛很接近，ε毛在ρ毛上方且短小。在腹部各节位于气门上方，ε毛较短小，位于气门的前上方。有些种类腹节上ε毛消失，仅有ρ毛。气门上群毛在前胸另外还有两根毛，分别称γ毛(9毛)和δ毛(10毛)，γ毛位于α毛和ε毛之间，δ毛位于β毛和ρ毛之间。

气门群：也称 κ 群。在胸、腹部各节上多为 3 根，分别称 κ 毛(4 毛)、η 毛(5 毛)和 θ 毛(6 毛)。该群毛在前胸位于气门前方，其中 κ 毛最长，η 毛在 κ 毛前方，θ 毛在 κ 毛的后方，排列呈三角形，也有时呈水平。如果气门群只有 2 根毛，则无 θ 毛，排列倾斜状或近于垂直状。气门群毛在腹节均为 3 根，都在气门下方，唯 θ 毛在腹节都位于 κ 毛的后下方，所用代号按希腊字母将“θ 毛”改为“μ 毛”，以便和胸节 θ 毛区别。但按朱弘复系统仍命名为 6 毛。

足群：也称 π 群。足群毛在胸节最多为 2 根，在腹节最多为 3 根，多别称 π 毛(7a 毛)、υ 毛(7b 毛)和 τ 毛(7c 毛)。足群毛位于胸足或腹足的附近，在前胸一般为 2 根，无 τ 毛；在中胸、后胸有的有 2 根，有的只有 1 根，只有 1 根时，则无 υ 毛和 τ 毛。在腹部，第三腹节至第六腹节均为 3 根，其余腹节上有 2～3 根不等，因虫种而异。

腹群：也称 σ 群。此群毛较固定，只有 1 根，称 σ 毛(8 毛)，位于各节接近腹中线处。

以上各毛群在同一虫种中中胸与后胸的毛位数量是一致的。腹部第一至八节，除足群毛数量不一样外，其余各毛位与数量也是一致的。唯在前胸、第九腹节及第十腹节刚毛的数量与位置不同。常用来鉴别虫种的毛群以气门上群、气门群、足群的刚毛最为重要。

另外，有的虫种在刚毛基部的体壁上有一色泽较深的骨化小片，称毛片。有的在刚毛基部周围的毛片形成一个较大的空心圈环，此称骨化环，骨化环一般位于中胸或第一腹节及第八腹节 ρ 毛的基部。

思 考 题

1. 学习昆虫的外部形态特征有何意义？
2. 什么叫昆虫的体节和体段？
3. 描述昆虫形态特征的常用术语有哪些？如何解释？
4. 试述昆虫头部的分区及头部各器官的位置。
5. 什么叫昆虫的头式？主要有哪几种类型？
6. 触角的基本构造分哪几节？储藏物昆虫中常见的触角类型有哪些？
7. 复眼和单眼的形态有何区别？什么叫背单眼和侧单眼？
8. 储藏物昆虫的口器有哪几种常见类型？它们的取食方式有何区别？
9. 试述咀嚼式口器的基本构造。
10. 昆虫胸部通常分几节？为什么说胸部是昆虫的运动中心？
11. 请详细描述昆虫前胸的基本构造。
12. 何谓具翅胸节？与前胸相比具翅胸节在形态结构上有何特点。
13. 昆虫成虫胸足的基本构造如何？
14. 什么叫足的跗节形式？储藏物昆虫中有哪些常见的跗节形式？
15. 简述昆虫翅的两种发育形式。
16. 昆虫的翅有哪些变化形式？储藏物昆虫的翅有哪些常见类型？
17. 什么叫翅脉和脉序？
18. 试绘图注明鞘翅的各部位名称。
19. 在鞘翅表面形成的特殊构造有哪些？
20. 储藏物蛾类的翅有哪些形状？如何区分？

21. 绘图注明为描述蛾类翅面花斑而划分的横线位置及名称。
22. 储藏物蛾类脉序的构造有哪些特点。
23. 与胸部相比，昆虫腹部的构造有何特点？
24. 绘图说明储藏物蛾类和甲虫外生殖器的构造。
25. 储藏物昆虫中有哪些常见的非生殖型附肢？
26. 试述甲虫类幼虫的形态特征。
27. 甲虫类幼虫可分为哪几种类型？其腹末有哪些常见的附属物？
28. 蛾类幼虫和甲虫类幼虫在外部形态上有哪些区别？
29. 绘图注明蛾类幼虫头部各部位的名称。
30. 储藏物蛾类幼虫腹足的基本构造如何？其趾钩有哪几种类型？
31. 何谓毛序？蛾类幼虫的体刚毛分哪几个毛群？何谓毛片和骨化环？
32. 如何命名蛾类幼虫体刚毛的毛序？

主要参考文献

北京农业大学. 1999. 昆虫学通论(上册)(第二版). 北京：中国农业出版社
彩万志等. 2001. 普通昆虫学. 北京：中国农业大学出版社
蔡邦华. 1973. 昆虫分类学(中册). 北京：科学出版社
陈启宗. 1988. 我国蛾类仓库害虫的鉴别. 北京：中国农业出版社
陈启宗，黄建国. 1985. 仓库昆虫图册. 北京：科学出版社
陈耀溪. 1984. 仓库害虫(增订本). 北京：中国农业出版社
昆虫学名词审定委员会. 2001. 昆虫学名词 2000. 北京：科学出版社
雷朝亮等. 2003. 普通昆虫学. 北京：中国农业出版社
刘巨元，张生芳，刘永平. 1997. 内蒙古仓库昆虫. 北京：中国农业出版社
刘永平，张生芳. 1988. 中国仓储品皮蠹害虫. 北京：中国农业出版社
南开大学等. 1980. 昆虫学(上册). 北京：人民教育出版社
西北农业大学. 1981. 农业昆虫学. 北京：中国农业出版社
忻介六，刘钟钰译. Weber Weidner. 1982. 昆虫学纲要. 北京：高等教育出版社
忻介六，苏德明，杨庆爽等译. O. W. Richards，R. G. Davies. 1987. 伊姆斯普通昆虫学教程(第10版). 北京：高等教育出版社
姚康. 1986. 仓库害虫及益虫. 北京：中国财政经济出版社
张生芳，刘永平，武增强. 2000. 中国储藏物甲虫. 北京：中国农业科技出版社
赵养昌. 1966. 中国仓库害虫. 北京：科学出版社
郑州工学院粮油工业系. 1975. 储粮害虫图册. 北京：科学出版社
郑州粮食学院，吉林财贸学院. 1986. 仓库昆虫学. 北京：中国财政经济出版社

第二章 储藏物昆虫的分类学

本章提要：

- 昆虫分类的任务和意义
- 分类单元和阶梯
- 昆虫的命名法
- 昆虫分类检索表
- 昆虫纲的分目及储藏物昆虫所属的目
- 储藏物昆虫各目的特征
- 储藏物鞘翅目重要科的分类
- 储藏物鳞翅目重要科的分类

第一节 昆虫分类的基本原理和方法

一、昆虫分类的任务和意义

昆虫分类学(entomological taxonomy)是研究昆虫所属和决定种名及其相互亲缘关系的科学。

分类是认识客观事物的最基本的方法。远在原始时代，人类在生活实践中，就需要辨别周围的事物，如哪些是可吃的，哪些是不可吃的；哪些是有害的，哪些是无害的，就产生了初步的分类概念。随着生产的不断发展，人类对分类的要求也进一步提高，从个别的、表面的现象分类，进入到内在的、本质的分类。尤其是生物的分类，从特性的分类进入到自然系统的分类。特别是随着科学的发展，新的实验手段的应用，分类学已不再是一门古老的学科，而是一门崭新的学科了。

目前地球上已知的昆虫达100余万种，即使在对昆虫有详细研究的国家，也不断有新种发现，估计全世界每年新记载的种类约在1万种以上。因此有人估计，栖息在地球上的昆虫可能约有200万种，甚至1000万种，就是说绝大多数种类我们至今还不知道。物质是可以认识的，但我们要认识它，必须有正确的方法，这就是分类方法。

生物都是由低等到高等进化而来的，都起源于共同的祖先。在这样繁多的昆虫种类中，都有或近或远、或亲或疏的亲缘关系，有着进化上的连续性与间断性的对立统一。生物分类，包括昆虫分类，就是要正确地反映出历史演化的过程，正确地反映这种潜在的系谱关系，这就是自然系统。储藏物昆虫的分类也是如此，每次虫种调查，都会增加新的种类。这并不意味着昆虫种类真的在增加，只是我们认识昆虫的能力在提高，以往许多种类我们没有认识到而已。

昆虫分类和其他动、植物分类一样，有3项主要任务：首先是鉴定，就是确认物种及精确描述分种的工作；其次是分类，就是将物种排列成序，区别并排列出较高级的单元，建立一个分类系统；第三是对物种形成和进化因素进行研究，研究该物种如何发生，物种间的关系如何，以及这种关系具有什么意义等。

同时，昆虫分类在生产实践上也有重要的意义。事实证明，昆虫中血缘关系愈接近的，它们的形态结构愈相近，对环境的要求愈相同，其发生发展的规律也愈相接近。掌握这些，才能采取更有针对性的、更有效的方法来防治害虫，才能更好地发挥益虫的作用。如储藏物鞘翅目害虫的口器均为咀嚼式，都可以危害储藏物；而鳞翅目成虫为虹吸式口器，不会取食危害储藏物，造成危害的是它们的幼虫。

另外，在害虫防治决策时准确鉴别害虫种类也是非常重要的。如不同的害虫种类对同一种杀虫剂的敏感性可能不同，只有确定害虫的种类，才能确定所使用杀虫剂的种类和剂量。不同的害虫种类，我们采取的防治对策也不相同，如赤拟谷盗和杂拟谷盗是两种形态非常接近的害虫，如果在储藏物的一个角落发现了赤拟谷盗，我们必须尽快采取措施，否则它们会很快感染全部储藏物，因为赤拟谷盗有较强的飞行能力；如果是杂拟谷盗，我们会有较多的时间来考虑采取哪种防治措施，因为杂拟谷盗不飞行。如果我们在周围环境中(如在杀蚊蝇的电击杀虫器上)发现了豆象，我们必须马上检查储藏的豆类是否被害虫侵染，因为豆象只危害豆科种子。如果我们在储藏物中发现的昆虫只是外界偶然飞入的非储藏物害虫，就根本不需要采取防治措施。

二、分类阶元

(一) 分类单元和分类阶元

已经命名的昆虫有100多万种。如此众多的种，如果没有分类体系，分类就不能有效地进行。

根据生物进化理论，昆虫是由共同的祖先进化而来的。这样，就必然有些种类之间的亲缘关系比较接近，而有些昆虫之间的亲缘关系比较远。亲缘关系比较近的种，其外形、习性很近似。许多亲缘关系密切的物种合在一起，就组成一个属(genus)；同理，特征近似的属组成一个科(family)，科具有一目了然的特征；近似的科组成目(order)，目之特征更明显；目上有归为纲(class)等。这些属、科、目、纲等就是分类单元(taxon)。这些分类单元按等级排列成分类系统，称为分类阶元(category)或分类阶梯。

分类阶元通常的排列如下：

界 Kingdom
　门 Phylum
　　亚门 Subphylum
　　　总纲 Superclass
　　　　纲 Class
　　　　　亚纲 Subclass
　　　　　　总目 Superorder
　　　　　　　目 Order
　　　　　　　　亚目 Suborder
　　　　　　　　　总科 Superfamily
　　　　　　　　　　科 Family

亚科 Subfamily
属 Genus
亚属 Subgenus
种 Species
亚种 Subspecies

在以上分类单元中，种是分类的基本单元；界、门、纲、目、科、属是分类的主要单元，它们都是昆虫分类必不可少的单元；而亚纲、总目、亚目、总科、亚科、亚种等是分类的次生单元，常根据分类的需要增加或省略。

在所有的分类单元中，种是客观存在的实体，而其他分类单元则是人为划分的抽象分类单位。

在以上分类阶元中，任何一种生物包括昆虫都有自己占据的位置，称为该种生物的分类地位。如米象 *Sitophilus oryzae*(Linnaeus)的分类地位为：动物界(Animalia)、节肢动物门(Arthropoda)、昆虫纲(Insecta)、鞘翅目(Coleoptera)、象甲科(Curculionidae)、象虫属(*Sitophilus*)。

（二）种的概念

种(species)即物种。分类是分与和的对立统一，它的对象是形形色色的物种。因此，分类工作的要点可以用两句话来概括，即“正确区分物种，正确合并物种”。基于这个原因，物种的定义已成为分类学的一个百家争鸣的课题，而且在不同的历史阶段，对物种曾有过不同的定义。

自然分类学的创始人林奈(Carl van Linnaeus)在 18 世纪所下的定义是：“同一种生物，其形态相同，在自然情况下能够交配，生出正常的后代来。”这个定义基本上是正确的，但他认为种的类型是不变的，在其起源与发展上没有任何联系，这是错误的。

达尔文(C. Darwin)1858 年发表了他的进化论，证明了所有生物的种类是由较低等的共同祖先演化来的。不同的种是在不同的环境影响下所产生的，因之生物的种与种之间都存在着血缘关系。这是正确的一面，是他在生物学上的伟大功勋。但他只把种的区别看作环境影响下量的变化和程度的差别，而没有认识到质的不同，并且是不停地变化着的。

物种的定义很多，有关判别的标准也有争议，它既是一个分类学概念，又是一个生物学概念。人们普遍接受的是生物学物种概念，即物种是自然界能够交配、产生可育后代，占有一定生态空间，并与其他种群有生殖隔离的群体。

还有一类种，叫做近缘种或姐妹种(sibling species)，即形态难以区分、而亲缘关系密切的种，它们在构造上仅有细微的差别，但有生殖隔离的不同种。如储藏物昆虫中的米象和玉米象等。

（三）种以下的分类

种不是生物进化的最终分支。种是由种群(众多个体)组成的，同一物种不同种群长期生活在不完全相同的环境条件下，种的特征就或多或少有所变化，这就产生了种以下的分类单元。

亚种(subspecies)：由于地理隔离，不同种群间基因交流降低，各自向不同方向演化，形成较大的差异，但相互间仍能杂交，未达到种隔离的级别，就定为亚种。这一概念目前仅承认地理亚种，在同一地区不存在两个亚种，也就是说亚种之间在地理上是隔离的。一个亚种可以说是一个“未成熟的种”，也是目前国际动物命名法规中承认的唯一种下单元。

变种(variety)：凡与模式标本或原记载的特征不完全符合的，过去都称为变种。这一名称应用比较混乱，自1961年以后就废弃不用了。如果是一个变异的种群，可以作为亚种的，就改为亚种；凡属个体变异的，就取消不用。

型(morph)：种内存在的不同形态类型。可因季节、生境、性别等差异而形成。

生态宗(ecological race)：种内适应本地区生态条件的种群集合。这种变异不能遗传，随着生态条件的恢复，其子代也就失去这种变异而恢复原始性状。

（四）种以上的分类

种以上的分类是指属、亚科、科、总科、亚目、目等。分类上把形态近似、亲缘关系相近的若干种合成一个属；再把亲缘关系相近的属合成一个亚科；相近的亚科合成一个科……。这些单元都反映着生物演化的自然关系。

属是一个分类单元的聚合，包括一群相似或相关的种。属的名称包含在学名中。属的主要特性是形态上的独特性。

科也是一个分类单元，包括一个属或一群具有在系统发育上共同起源的属，它与其他科之间为一定的间断所隔离。科常以某些明显的适应性状来进行区分，它适应于一个特定的略为广泛一些的生态环境。例如豆象科的甲虫，一般都以豆类种子为食，栖息在相似的环境中。科与属不同，属的分布通常限于一个大陆或几个相邻的大陆，而科的分布通常是世界性的。

目、纲、门是分类体系中最稳定的单元，而且都占有特定的且通常是特殊的生态环境。现代动物约有350目、68纲、30门。昆虫纲最多分为33至34个目。

总之，任何一个分类单元，在空间上代表着物种间的差异性与相似性，在时间上代表着血缘的亲疏与起源；它不仅代表着演化的间断性与特殊性，也代表着物种演化的连续性与共同性；它不仅表示了有机世界的多样性，而且也表示了有机世界间本质的、内在的联系。

三、昆虫的命名法

每种昆虫都有两种名称，一种是本国或当地人们通常所用的名称，叫做俗名(common name)。如中文名叫做“谷蠹”的储粮害虫，英文名称叫做“lesser grain borer”，都是一种俗名，只有在使用同一种语言文字的国家或地区通用。由于俗名无固定的规则，很容易造成误会，不便于国内和国际交流。因此，相应的国际命名委员会和命名法规应运而生。最初的生物命名法规是在林奈(Carl van Linnaeus)《自然系统》第十版(1758)中对生物命名原则基础上制定的，在过去的二百多年中逐渐发展与完善。现在昆虫学领域使用的动物命名法规遵循的是1999年修订的《国际动物命名法规》(第4版)，从2000年1月1日起开始实行，昆虫的命名必须严格遵循这一法规。

（一）学名的构成

按照《国际动物命名法规》，昆虫的科学命名只能采用拉丁文。按照动物命名法规给动物命名的拉丁文名称，称为学名(scientific name)。

学名由拉丁文单词或拉丁化的单词构成，通常表示命名的动物或类群的某个特征，也可以用人名、地名等命名。高于属级的学名是拉丁化的名词，复数、主格；属和亚属也是拉丁化的名词，但为单数、主格；种和亚种名可以是名词、形容词或动词的现在分词和过去分词，名词为主格或属格(形容词)，形容词和分词必须与属名同性。

1. 种级单元和名称

1）双名法(binominal nomenclature)

一个昆虫的种名由两个拉丁名词构成，第一个词是属名，第二个词是种本名，它们加在一起组成昆虫的学名。它的次序和用法，和我们的姓名一样，属名在前，种名在后。为了表示负责起见，通常还有第三个词，即定名人的姓氏。如玉米象的学名为 *Sitophilus zeamais* Motschulsky，其中 *Sitophilus* 为属名，*zeamais* 为种本名，Motschulsky 为定名人的姓氏。

属名的第一个字母应大写，种本名第一个字母不用大写，定名人姓氏的第一个字母大写。学名在印刷时采用斜体，定名人姓氏用正体。定名人的姓氏在分类学的著作上应当写上，对于一些较熟悉的定名人的姓氏也可以缩写，如 Linnaeus 可缩写为 Linn. 或 L.。在一般非分类学的著作中定名人的姓氏往往可省去不写。学名则只有在前面已提到的情况下可将属名缩写，如 *L. zeamais*。有时定名人的姓氏被括在括号内，表示这个学名最初的属名已经修订。如米象最初的学名为 *Curculio oryzae* L.，而后来已被修订为 *Sitophilus oryzae*（L.）。

2）三名法(trinominal nomenclature)

对于亚种的名称则使用“三名法”，即将亚种名直接放在种本名之后。如黑毛皮蠹 *Attagenus unicolor japonicus* Reitter 和短角褐毛皮蠹 *Attagenus unicolor simulans* Solskij 就是一个种的两个亚种。

2. 种上单元和名称

种级以上单元的名称是单名，即由 1 个拉丁词组成，第一个字母须大写，排版时属名用斜体，属级以上的单元用正体。

现今通用的惯例，总科、科和亚科等名称都有标准的词尾，这些字尾是加在模式属的学名的词干之后，即总科的词尾是“oidea”，科的词尾是“idae”，亚科的词尾是“inae”。由于多数昆虫有翅，目名大多以“ptera”（翅)结尾。

（二）优先率

每一种昆虫在第一次经过分类学家研究，确定为一科学上新发现的种，给它定上一个学名公开发表以后，没有特殊理由是不允许随意改变的。一种昆虫只能有一个学名，以后任何人所定的学名都叫做(同物)异名(synonym)，是不被采用的；同样，一个学名只能用于一种昆虫，如果用作另一种昆虫(或动物)的名称，就成为(异物)同名(homonym)，也不为科学界所承认。因为科学上采用最早发表的学名为有效名，所以学名后附上定名人的姓氏就很有必要，有时还要注明定名的年代。这就是法规规定的“优先律”，这样就保证了1个学名只能用于1种动物。优先律的有效期公认从林奈的《自然系统》第十版出版的年代1758年开始。

（三）新种和模式标本

在世界范围内第一次发表记载的昆虫种类，称为新种(new species)。记载新种用的标本，即第一次发表新种时所依据的标本，称为“模式标本”（type specimen）；在一批同种的新种标本(全模标本)中，应选出其中一个典型的作为“正模”（holotype），另选一个异性作为“配模”（allotype），同时所参考的其余标本称为“副模”（paratype）。

模式标本是科学上的宝贵财富，常被珍贵地永久保存在博物馆内，以备以后研究者的核对。

如果某种昆虫在世界范围内已有过记载，但在某一国家或地区首次发现，可作为该国家或该地区的新记录种(new record)。

四、检索表

检索表(key)是为便于分类鉴定而编制的引导式特征区别表。检索表是昆虫分类分析的工具，广泛用于鉴定昆虫种类或不同等级分类单元所属地位。学习昆虫分类必须掌握检索表的编制和运用。检索表是用对比分析和归纳的方法，将不同种类昆虫的特征，从中选定比较重大而稳定的特征，作成简短的文字条文排列而成。通过查阅检索表，我们可以简便、快速地确定某一昆虫的分类地位。

检索表的类型有多种，目前较常用的主要有连续式和两项式两种。兹以储藏物昆虫目检索表举例如下：

连续式检索表：

1（10）有翅
2（9）两对翅
3（6）咀嚼式口器
4（5）前翅为鞘翅 ………………………………………… 鞘翅目
5（4）前翅为复翅 ………………………………………… 蜚蠊目
6（3）口器吸收式
7（8）口器刺吸式 ………………………………………… 半翅目
8（7）口器虹吸式 ………………………………………… 鳞翅目
9（2）一对翅 ……………………………………………… 双翅目
10（1）无翅 ……………………………………………… 缨尾目

两项式检索表：

1 无翅 …………………………………………………… 缨尾目
　有翅 ……………………………………………………… 2
2 一对翅 ………………………………………………… 双翅目
　两对翅 …………………………………………………… 3
3 咀嚼式口器 ……………………………………………… 4
　吸收式口器 ……………………………………………… 5
4 前翅为鞘翅 …………………………………………… 鞘翅目

前翅为革翅 ………………………………………………………… 蜚蠊目

5 口器刺吸式 ………………………………………………………… 半翅目

口器虹吸式 ………………………………………………………… 鳞翅目

连续式检索表的优点是各不同单元的关系明显，缺点是相对性状相离较远。

两项式检索表是目前最常用的一种，其优点是每对性状相互靠近，便于比较，循着号码检索，非常便利。主要缺点是各单元的关系有时不明显。

好的检索表应当选用最明显、较稳定的外部特征，而且要用绝对性状，不用“较大”、“较小”、“明些”、“暗些”等相对性状；并且是严格对称的性状，两条对应性状不能重叠；还要用最简明的文体表达出来，以便于读者应用。

在昆虫各目、科的分类描述中，通常采用以下尺度来表示昆虫的体长：2 mm 以下称为微小；2～10 mm 称为小型；10～30 mm 称为中等大；30～50 mm 称为大型；50～80 mm 称为很大；80 mm 以上称为巨大；超过 200 mm 为极大。在储藏物昆虫中，书虱及一些薪甲科的种类只有 1 mm 左右，体型较大的蜚蠊也不足 40 mm。所以，大多数储藏物昆虫的体长在 10 mm 以内，属于小型种类。

五、分类学的发展与趋势

分类学有悠久的历史，甚至原始部落的人，都可能是出色的博物学家。但作为生物理论科学的一个分支学科，是最近两个世纪以来的事情，它是从“博物学”发展起来的。分类学经历了几次革命，到二十世纪五十至七十年代跨入了前所未有的兴旺发达时代。

（一）分类学的发展

昆虫分类学属于动物分类学，从它的发展来看，可分为 4 个阶段。

第一阶段：是研究地方动物区系的时期，从亚里士多德(Aristotle)(公元前 384～前 322 年)到林奈的《自然系统》第十版(1758 年)的发表，创立动物命名法，奠定了第一阶段动物分类的基础。在这个时期，公认林奈的物种不变原则，所有工作都注重于确定模式标本，根据动物形态类似的程度进行分类。这种局限于种的描述与命名的水平，一般称为 α 分类或甲级分类。

第二阶段：以十九世纪中叶达尔文的《物种起源》一书的出版为标志，分类学又进入了一个新的时期，即接受进化论的时期。由于受达尔文等人的进化论影响，在分类中运用系统的概念，“类缘”代替了第一阶段的“类似”。黑格尔(E. Haeckel)首先提出系谱树来表示生物的系统发育。这一时期又有大量的新目、新科、新属被发现。人们集中精力于树立“自然系统”，努力阐明较高分类单元的关系。这种把种级分类单元归纳排列成适当阶元等级的分类系统工作，被称为 β 分类或乙级分类。

第三阶段：是研究种群关系的时期。十九世纪的末期，种群研究在分类学上居重要地位，模式标本的概念完全被抛弃，而认为物种是动态的、多型的。分类学工作者的兴趣回复到地方区系，以研究种群的变异及邻近种群之间的微细变异，其主要目的是在研究种及“种下”分类阶元的系统关系。综合一切生物学的知识，以建立生物种与自然种的概念。这种对于种下分类学以及物种形成和分化进行探讨研究，称为 γ 分类或丙级分类。

第四阶段：二十世纪分类学工作的特点，是将十九世纪发展起来的分类学方法和概念继续加以提高。现在的分类学习惯上称为新系统学，是在赫胥黎(Huxley 1940)的《新系统学》和麦尔(Mayer 1942)的《系统学与物种起源》等著作的影响下形成的。新系统学的特点是：生物学的物种定义取代了纯形态学的物种定义，将生态学、地理学、遗传学以及其他因素一并考虑在内，以足够的标本为代表的种群已经成为基本的分类单位。大部分分类工作都在进行物种的细分，命名的问题在分类工作中仅占附带的地位。分类学家和生物学家所注意的问题趋向一致。

但是许多动物类群目前还是了解得很少，以致较新的分类学原理和技术还未能多方应用。在这种情况下，分类学家的注意力还难免而且必须投入新种的描述、检索表的编制以及类似的甲级工作。尤其我们中国的昆虫区系还很不清楚，尚有大量的甲、乙两级工作等待着要做。

（二）分类学的现状和展望

近三十年来，由于生物学和其他各种科学技术的突飞猛进，分类学也出现了令人喜悦的进展。这个时代的分类学家把理论问题从种下分类转移到种上分类，即属以上的高级单元的分类。在技术上，这个时代的分类学家把电子计算机、电子扫描显微镜、电子显微镜以及生物化学的方法和技术应用于分类工作，使分类学的面貌为之一新。

超微形态学：电子显微镜和电子扫描显微镜的应用出现了超微形态学，这就为微小的近似种类的分类创造了有利条件。

化学分类法：即利用生物化学的方法进行昆虫分类。如血清反应法、层析法和电泳法、蛋白质分子中氨基酸次序的测定、核酸的研究等。

数值分类法：电子计算机在分类上的应用，产生了数值分类法。即将昆虫特征变成数字(包括昆虫体躯各部分的直接量度，和各部分形态性状所转换的数值)，通过电子计算机运算，求出相关数值，称为分浓(phenon)或表型单元，绘成表型图或分浓图，依其相关位置排列，距离愈近，关系愈密切；单元愈高，关系愈远；单元愈低，关系愈近。

总之，电子显微镜与电子扫描显微镜的应用，使分类特征提高到超微的水平；生物化学方法的应用，使分类特征深入到分子的水平；电子计算机的应用，使分类进入了数理统计的水平。过去所不能解决的某些近似种类的区别和种下分类的问题得到了解决；过去所建立的分类系统，得到了验证与修订，这是值得肯定的。但这决不意味着这些新方法可以完全取代原有分类方法，因为在分析鉴定与归纳整理中，如何正确估计“特征”是一个重要问题。特征是不等价的，同一类群的不同特征是不同价值的。同一个特征在不同类群中，其意义也不相同。我们也应当看到这些新技术的局限性。例如数值分类与生物化学分类都需要有大量的标本，并在已有的分类基础上才能进行。尤其是生物化学分类，试验结果出来了，标本也已成为粉齑了。因此，各种分类方法各有其长，也各有所短，彼此是不能完全相互替代的。

第二节　昆虫纲的分类

一、昆虫纲及六足总纲分类简介

人们根据昆虫形态与昆虫化石的研究，建立了昆虫分类系统。昆虫分类系统不断发展变化，各个分类学家分目各有不同。最初林奈把昆虫分为 7 目。以后，勃劳尔(Brauer 1885)根据形态和系统发育将昆虫分为 2 亚纲：原始的无翅亚纲和有翅亚纲，下分 17 目。波尔纳(Borner，1904)根据变态将有翅亚纲分为不完全变态和完全变态两大类，他把昆虫共分为 22 目。布鲁斯和梅兰德(Brues&Melander，1932)将昆虫分为无翅、有翅 2 亚纲，共 34 目。我国的昆虫学者周尧(1947、1950、1964)将昆虫分为 4 亚纲：即蚣虫亚纲、粘管亚纲、无翅亚纲和有翅亚纲，共分 33 目。陈世骧(1958)将昆虫分为 3 亚纲，3 股，5 类，33 目。蔡邦华(1955)将昆虫分为 2 亚纲，3 大类，10 类，34 目。

Richards 与 Davies(1977)修订的《伊姆斯普通昆虫学教程》(Imms' General Textbook of Entomology，第十版)则将昆虫纲分为 29 目。Weidner 修订的 Weber《昆虫学纲要》(Grundriss der Insektenkunde，第五版，1974)将昆虫纲分为 33 目。

根据最新的分类系统，将原来昆虫纲下属的弹尾目、原尾目和双尾目提升为纲。这样六足总纲就包括了弹尾纲(Collembola)、原尾纲(Protura)、双尾纲(Diplura)和昆虫纲(Insecta)4 个纲，所以六足总纲相当于传统的、广义的昆虫纲。

六足总纲的共同衍征：体躯具明显的胸部和腹部；胸部由 3 个体节愈合而成，具 3 对运动足；身体前端的感觉器向头部集中等。

二、昆虫纲的分目

昆虫纲分目所依据的特征主要有：翅的有无及类型、口器的类型、变态的类型、触角的类型、足的跗节类型、尾须的有无及其类型等。

根据昆虫纲是否原生无翅，可将昆虫纲分为无翅亚纲和有翅亚纲，加上 2002 年正式定名的螳螂目，昆虫纲共计 32 个目。

昆虫纲 Insecta

无翅亚纲 Apterygota

1. 石蛃目 Microcoryphia
2. 衣鱼目 Zygentoma

有翅亚纲 Pterygota

外生翅类 Exopterygota(即不完全变态类)

3. 蜉蝣目 Ephemeroptera
4. 蜻蜓目 Odonata
5. 襀翅目 Plecoptera
6. 蜚蠊目 Blattodea
7. 等翅目 Isoptera
8. 螳螂目 Mantodea
9. 蛩蠊目 Grylloblattodea
10. 革翅目 Dermaptera
11. 直翅目 Orthoptera
12. 螳䗛目 Mantophasmatodea
13. 竹节虫目 Phasmatodea

14. 纺足目 Embioptera
15. 缺翅目 Zoraptera
16. 啮虫目 Psocoptera
17. 食毛目 Mallophaga
18. 虱目 Anoplura
19. 缨翅目 Thysanoptera
20. 同翅目 Homoptera
21. 半翅目 Hemiptera

内生翅类 Endopterygota(即完全变态类)

22. 广翅目 Megaloptera
23. 蛇蛉目 Raphidioptera
24. 脉翅目 Neuroptera
25. 鞘翅目 Coleoptera
26. 捻翅目 Strepsiptera
27. 长翅目 Mecoptera
28. 双翅目 Diptera
29. 蚤目 Siphonaptera
30. 毛翅目 Trichoptera
31. 鳞翅目 Lepidoptera
32. 膜翅目 Hymenoptera

三、储藏物昆虫所属的目

在昆虫纲中，我国储藏物昆虫涉及其中的 10 个目。即衣鱼目、蜚蠊目、等翅目、革翅目、半翅目、啮虫目、鞘翅目、鳞翅目、双翅目和膜翅目。其中对储藏物危害最大、种类最多的是鞘翅目的昆虫，其次是鳞翅目的种类。另外，啮虫目、蜚蠊目及等翅目也是较常见的储藏物害虫。而革翅目、半翅目、双翅目及膜翅目的种类在储藏物中大多属于寄生或捕食其他害虫的天敌昆虫，亦有人将它们称为仓库益虫。

储藏物昆虫成虫目检索表

1. 无翅，或具不发达的翅 ………………………………………… 2
   有翅，且发达 ………………………………………… 7
2. 口器刺吸式；中胸小盾片发达，呈三角形 ……………………… 半翅目 Hemiptera
   口器非刺吸式 ………………………………………… 3
3. 腹末无尾须或尾铗；唇基大而突出；触角丝状；小型昆虫 ……… 啮虫目 Psocoptera
   腹末有尾须或尾铗 ………………………………………… 4
4. 腹末具一对坚硬不分节的尾铗 ……………………………… 革翅目 Dermaptera
   腹末具一对分节的尾须 ………………………………………… 5
5. 腹末除具一对长尾须外，还有一根长而分节的中尾丝 ……………… 衣鱼目 Zygentoma
   腹末只有一对尾须 ………………………………………… 6

6. 头部通常被前胸背板遮盖；体躯扁平 …………………………………………… 蜚蠊目 Blattodea
头部绝不被前胸背板遮盖；体似蚂蚁 ………………………………………… 等翅目 Isoptera
7. 腹末有尾须或尾铗 ……………………………………………………………………………… 8
腹末无尾须或尾铗 ……………………………………………………………………………… 10
8. 腹末有一对坚硬的尾铗；前翅短，革质；后翅膜质，静止时常折叠藏于前翅下面；腹部背板大部外露 …………………………………………………………………………… 革翅目 Dermaptera
腹末只有一对分节的尾须 …………………………………………………………………… 9
9. 头部通常被前胸背板遮盖；触角鞭状，长，多节；前翅为半透明的革质，后翅膜质；体躯扁平 …………………………………………………………………………………… 蜚蠊目 Blattodea
头部不被前胸背板遮盖；触角串珠状；前、后翅均为膜质，且大小、形状相似；体似蚂蚁 ………………………………………………………………………………… 等翅目 Isoptera
10. 口器刺吸式或虹吸式 ………………………………………………………………………… 11
口器非刺吸式或虹吸式 ……………………………………………………………………… 12
11. 刺吸式口器；前翅基半部角质，端半部膜质；后翅膜质 ……………………… 半翅目 Hemiptera
虹吸式口器；前、后翅均为膜质，其上被有鳞片 ……………………………… 鳞翅目 Lepidoptera
12. 前翅为鞘翅；后翅膜质，通常折叠藏于前翅下面 ……………………………… 鞘翅目 Coleoptera
前翅为膜质 ……………………………………………………………………………………… 13
13. 仅有一对前翅；后翅退化为一根平衡棒 ……………………………………………… 双翅目 Diptera
有两对膜质的翅，后翅前缘有一列钩刺，用以和前翅相连 ………………… 膜翅目 Hymenoptera

第三节　储藏物昆虫的分类

一、衣鱼目 Zygentoma

本目为中、小型原始无翅昆虫，体软而细长，体表常被有鳞片。咀嚼式口器。触角较长，丝状（或鞭状）。复眼发达或退化。腹部 11 节，腹面具针突若干对；腹部末端有一对长而分节的尾须，尾须间有一条丝状的中尾丝。跗节 2～4 节。表变态。

衣鱼目昆虫多栖息在落叶、石块、树干、青苔下等潮湿场所，以及蚁或白蚁的巢中。也有些种类栖息在房屋及火炉周围等处。该目全世界已知 3 科约 250 种。

该目储藏物中发现的种类均属衣鱼科（Lepismatidae），国内记载 2 种，即毛衣鱼 *Ctenolepisma villosa*（Fabricius）（图 2-1）和家衣鱼 *Lepisma saccharina* Linnaeus。其中毛衣鱼为最常见的种类。

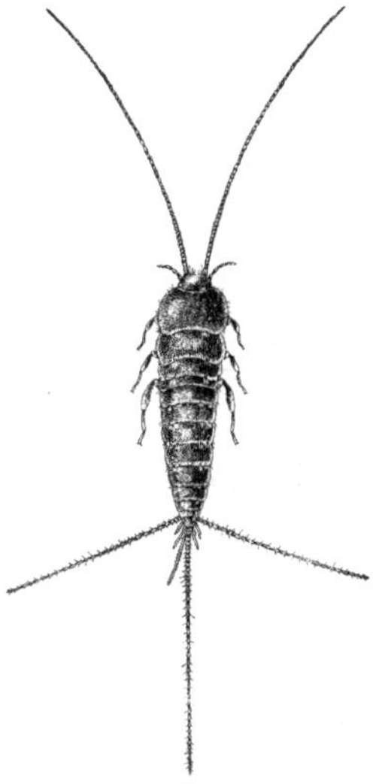

图 2-1　衣鱼科的代表

毛衣鱼 *Ctenolepisma villosa*（Fabricius）

（仿赵养昌）

毛衣鱼广泛发现于谷物、豆类、油料、图书、档案、中药材、纸张及衣物等储藏物中，为图书、档案的重要害虫，对粮食、中药材等危害并不明显。但该虫发现频率很高，并在我国大部分省区均有分布。

二、蜚蠊目 Blattodea

蜚蠊俗称蟑螂。小至大型种类，体扁平。头较小，活动自如，隐藏于前胸背板下，头顶常外露。复眼发达，肾形，位于头顶两侧；单眼 1 对，圆形，位于复眼上内侧。触角鞭状，多节。口器咀嚼式，上唇发达，下缘中央常有缺刻。前胸背板极发达。足的腿节粗大，下缘常具刺列；胫节细长，亦具 2～3 行纵刺；跗节 5 节。前翅革质，后翅膜质，左右相互覆盖，左上右下，静止时后翅呈扇状折叠或纵横几折。有的种类翅退化或缺。通常腹部背板可见 10 节，腹板可见 9 节；第一节背板甚短，第十节背板发达，称肛上板，其两侧着生分节尾须 1 对。腹部末节腹板称下生殖板，雄虫下生殖板着生腹刺 1 对，个别种类腹刺仅有 1 根或缺。

蜚蠊目昆虫属不完全变态类的渐变态。多数卵生，少数卵胎生，卵包在卵鞘内。一般一年完成一代，也有数年才完成一代的。蟑螂喜群集，善爬行，速度极快。不善于飞行，即使是有翅种类，飞翔能力也较弱，有时受到猛烈惊扰才会作短距离的飞行。大多数蟑螂在白昼活动，但危害储藏物的室内种类对光却呈负趋性，活动时间多在夜晚无光时。通常情况下，蟑螂喜高温、高湿，活动适宜温度在 15～35℃ 之间，相对湿度 70％～80％。蟑螂听觉和味觉灵敏，室内种类的视觉白天较差，夜晚较强，当骤然遇强光，则立即逃窜。雄虫在腹部背板第一节常有臭腺，分泌难闻臭味。室内蟑螂取食多在夜晚，常聚集在厨房、仓库、食品堆放场所，以及厕所等处，喜食糖、蔬菜、水果、中药材、人的粪便等。

蟑螂大部分是野生种类，有重要经济意义的大约不到全部种类的 1％。但是，这些少数种类，对环境的适应能力很强，对人类生活影响极大。许多发达国家能有效地控制蚊蝇，而对蟑螂却束手无策。日本人惊呼“日本的卫生害虫问题由蚊子、苍蝇时代变成了蟑螂时代”。在榨油厂、酱油厂、酒厂，更是成群聚集危害，取食油脂、酱菜、酒曲。特别在饭店、食品加工厂、医院、机船上危害尤为严重，其次是宾馆、旅社、火车。

此外，室内蟑螂最主要的潜在危险还在于它们是人类多种疾病的传播媒介。据有关研究报道，蟑螂能携带 30 余种致病菌，如伤寒杆菌、副伤寒甲乙型杆菌、枯草杆菌、绿脓杆菌、黄曲霉菌、结核杆菌、麻风杆菌等。另外，蟑螂体内还带有钩虫、蛔虫、鞭毛虫等人体寄生虫卵。近几年国外有报道，美洲大蠊的分泌物和粪便还含有致癌物质黄曲霉毒素。

蟑螂除了以上有害的一面外，也有几种有益于人类的种类。如中华地鳖若虫及雌成虫就是驰名中外的中药材，其味咸性寒有毒，有破血逐瘀散结作用，主治血带、闭经及跌打损伤等疾病。

蜚蠊目全世界已知约 7000 种。我国有记录的种类 250 余种，其中与储藏物有关的室内种类约 20 余种，分属于 6 个科。较重要有蜚蠊科（Blattidae）、姬蠊科（Blattellidae）和地鳖科（Polyphagidae）。以下是区分 6 个科的检索表。

科 检 索 表

1. 中、后足腿节腹面前、后缘均具有刺列 …………………………………………… 2

中、后足腿节腹面无刺；如有刺或在前缘或在后缘，不同时存在 ……………………………… 4
2. 雌虫第七腹板后方分裂成两瓣；雄虫第十背板略呈四边形，常有凹痕 …………… 蜚蠊科 Blattidae
雌虫第七腹板后方不成瓣 ……………………………………………………………………………… 3
3. 前胸背板和前翅或多或少具黑色点刻；前翅亚前缘脉端部分叉 ……………… 光蠊科 Epilamparidae
前胸背板和前翅无点刻；前翅亚前缘脉缺或端部不分叉 ………………………… 姬蠊科 Blattellidae
4. 唇基常加厚，与额间有明显界限；雄虫具翅，翅脉清晰，后翅臀域折叠时呈扇状，雌虫缺翅；爪间中垫缺，两性单眼都很大 ……………………………………………………… 地鳖科 Polyphagidae
唇基正常，不加厚，与额间无明显界限；后翅臀域折叠时平直，不呈扇状 …………………… 5
5. 雄虫腹刺常是 1 对 ……………………………………………………………… 尖翅蠊科 Oxyhaloridae
雄虫腹刺常见 1 根 ……………………………………………………………… 蔗蠊科 Pycnoscelidae

（一）蜚蠊科 Blattidae

体中至大型，棕红色至黑色种类。面部唇基正常，不加厚，与额间无明显界限。静止时，后翅臀域折叠呈扇状。中、后足腿节下缘具刺，各足跗节爪对称。雄虫下生殖板不特化，横长方形，后缘稍呈弧形凹陷，左右各生有一根细长的腹刺，对称；雌虫下生殖板后端呈一对巨大的瓣状。

本科许多种类生活于室内，是重要的储藏物和卫生害虫。取食多种食品、衣料、杂物，可传播多种致病细菌和寄生虫卵。我国常见的种类有美洲大蠊 *Periplaneta americana* (Linnaeus)(图 2-2)、澳洲大蠊 *P. australasiae* (Fabricius)、黑胸大蠊 *P. fuliginosa* (Serville)、日本大蠊 *P. japonica*(Karny)、东方蜚蠊 *Blatta orientalis* Linnaeus、斑蠊 *Neostylopyga rhombifolia* (Stoll)等。

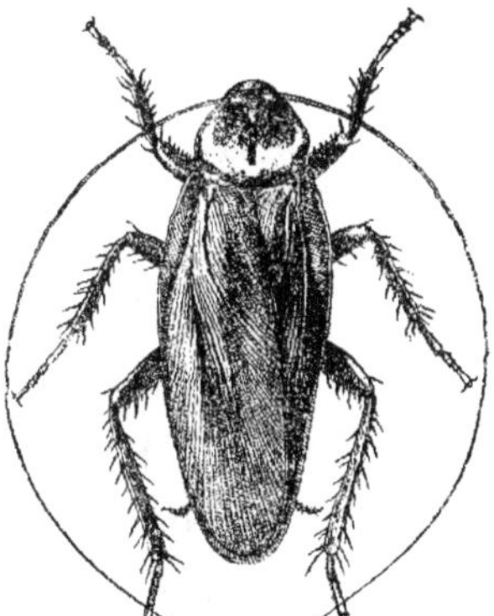

图 2-2　蜚蠊科的代表
美洲大蠊 *Periplaneta americana* (Linnaeus)
(仿 Patton)

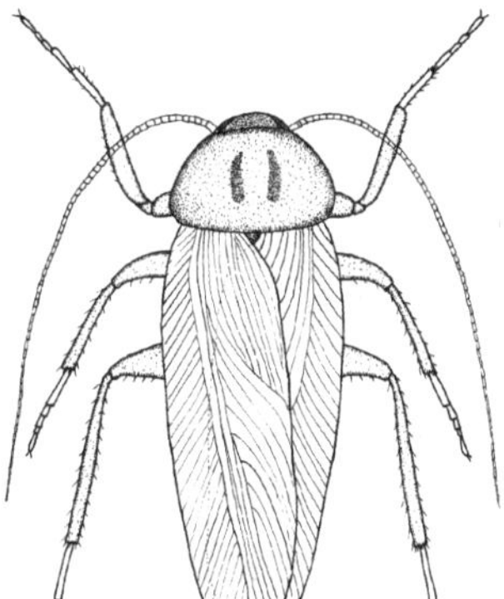

图 2-3　姬蠊科的代表
德国小蠊 *Blattella germanica* (Linnaeus)

（二）姬蠊科 Blattellidae

体小至中型，黄褐色至褐色种类。面部唇基正常，不加厚，与额间无明显界限。前胸背板和前翅一般不具黑色点刻，亚前缘脉端部不分叉。静止时，后翅臀域折叠呈扇状。中、后足腿节前下缘具刺。雄虫下生殖板常变化，不对称；雌虫下生殖板常呈扁圆形，不呈瓣状。

本科包括2000余种，多数生活于野外，主要以腐殖质为食。少数种类为生活在室内的储藏物害虫和卫生害虫。如世界著名的室内害虫德国小蠊 *Blattella germanica* (Linnaeus)(图 2-3)，广布于全世界，在我国从广东、广西到黑龙江及新疆均有分布。与德国小蠊近缘的拟德国小蠊 *B. lituricollis* Walker 和广纹小蠊 *B. latistriga* (Walker)，很长时间误定为一种，实际上它们不但在形态上明显不同，在地理分布上也各有特点，它们仅限于我国南方诸省。另外，在我国部分省区有分布的京都稀蠊 *Parcoblatta kyotensis* Asahina 也常在室内发生。

（三）地鳖科 Polyphagidae

体中型，多毛种类。面部唇基加厚，与额间有明显界限。单眼大。雄虫具翅，雌虫无翅，或仅具很短的翅，静止时，后翅臀域平置，不呈扇状折叠。中、后足腿节下缘无刺，中垫始终缺。雄虫下生殖板后缘呈圆形，具长而对称的腹刺。

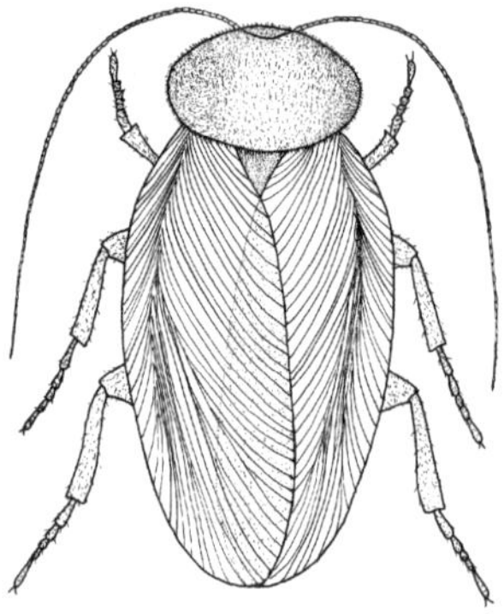

图 2-4　地鳖科的代表
冀地鳖 *Polyphaga plancyi* Boliver

本科多数种类常栖息于野外，隐蔽于落叶、草堆或枯枝树皮下，少数种类生活于室内。食性杂，为储藏物害虫和卫生害虫。我国常见的室内种类有冀地鳖 *Polyphaga plancyi* Boliver(图 2-4)、中华真地鳖 *Eupolyphaga* sinensis (Walker)、云南真地鳖 *E. yunnanensis* (Chopard)和西藏真地鳖 *E. thibetana* (Chopard)。它们可在室内危害多种储藏物，而其若虫和雌虫可入药，有活血散瘀之功，用于治疗跌打损伤、血带及闭经症。

三、等翅目 Isoptera

等翅目昆虫统称白蚁。小型至中型，体软，通常长而扁，白色或淡黄色及赤褐色直至黑色。头前口式或下口式，能自由活动。口器为典型的咀嚼式。触角串珠状。有长翅、短翅及无翅类型，具翅者，2 对翅狭长，膜质，大小、形状及脉序相同，故称“等翅目”。白蚁的翅经一度飞翔后，即行脱落，脱落部位通常在翅基肩缝处，残存部分称为“翅鳞”。跗节 4 或 5 节，有 2 爪。腹部 10 节，第一腹板退化，有短小尾须 1 对，1～8 节。

白蚁是多型性的社群性昆虫，在同一群体内，个体形态与机能上有许多不同类型。

生殖型：能交尾产卵繁殖后代，因其来源与形态的不同又可分为长翅型、短翅型和无翅型三类。长翅型是原始繁殖蚁，每巢内每年出现许多长翅型繁殖蚁，到一定时期，群体出巢飞舞，觅偶交尾，寻找合适的场所建立新的群体，脱翅；短翅型是补充繁殖蚁，常见于地栖种类，只有两对发育不全的翅芽，只有当母蚁夭折或产卵能力减退时，才可以成为生殖个体；无翅型是完全无翅的个体，形似工蚁，仅腹部膨大而已，一般极少见。

非生殖型：不能繁殖后代，形态也与生殖型不同，完全无翅，又可分为工蚁和兵蚁两个类型。工蚁是完全无翅的个体，有雌雄之分，但生殖器官退化，失去生殖能力，在群体中为数最多，其职能是收集食物、筑巢、开路、饲育母蚁与兵蚁、照料若蚁、搬运蚁卵、培养菌圃等；兵蚁也完全无翅，有雌雄之分，但不能生殖，其职能是在群体中起保卫作用，因口器特化而不能取食，由工蚁饲喂。

白蚁是营巢穴生活的昆虫，其巢穴在一定程度上反映了种的生物学特性，营巢的地点、巢穴的结构因种类而异。按巢穴的地点可将白蚁分为3类。

木栖性白蚁：群体不大，蚁巢结构简单，只在木质部分钻蛀孔道为巢。包括比较原始的木白蚁科及原始白蚁科的种类。

土栖性白蚁：建巢于土中，或巢高出地面成塔状。土栖性白蚁大多以死的植物质，如树木、树叶、菌类等为食料。

土木两栖性白蚁：可在干木、生活树干或埋在土中的木材内筑巢。包括鼻白蚁科和白蚁科的许多种类。

白蚁的营养物质主要来源于植物，食性很广，主要包括：生活的植物体、干枯的植物与木材及含纤维的加工品，如纸张、布匹、塑料等。有些种类可危害木质建筑结构，造成重大损失。还有些种类能培养菌圃，繁殖真菌，以菌丝为食。也有白蚁侵入粮仓内危害粮食的现象。

白蚁多分布于热带、亚热带，少数种类分布于温带。因此，是全世界热带、亚热带的重要害虫之一。在我国主要分布于长江以南各省，但在北方部分地区也有发现。

等翅目世界已知种类约3000余种，分属100属，6科。即澳白蚁科(Mastotermitidae)、木白蚁科(Kalotermitidae)、原白蚁科(Termopsidae)、草白蚁科(Hodotermitidae)、鼻白蚁科(Rhinotermitidae)和白蚁科(Termitidae)。其中与储藏物关系密切、种类较多的是鼻白蚁科和白蚁科。

（一）鼻白蚁科 Rhinotermitidae

鼻白蚁是指兵蚁具长鼻状的上唇。本科主要特征为：有额腺，有翅成虫一般有单眼。前翅鳞一般远大于后翅鳞。径脉极小，径分脉少分支或不分支。兵蚁及工蚁前胸背板平，无前部隆起部分。前胸背板较头狭窄。跗节4节。尾须2节。

本科我国储藏物中最常见的种类是家白蚁 *Coptotermes formosanus* Shiraki(图2-5)。

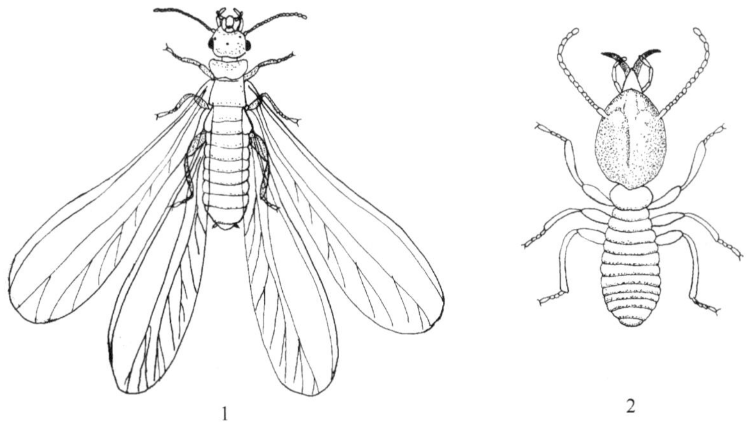

图 2-5　鼻白蚁科的代表

家白蚁 *Coptotermes formosanus* Shiraki

1. 繁殖蚁；2. 兵蚁

（仿郑州粮食学院等）

此虫在我国南方地区危害房屋的情况较为常见，群体较大，个体数量多而较集中，在建筑物上或地下构筑大型复杂的巢，在被害物的表面构筑较粗的泥路。危害严重时，可使建筑物倒塌。

（二）白蚁科 Termitidae

白蚁科的特征与鼻白蚁科较相似。主要不同点是前翅翅鳞短小，不达后翅翅鳞基部。翅面网纹极少，翅缘及翅面有毛，径脉退化或缺如。尾须 1～2 节。兵蚁前胸背板为马鞍形，前缘上翘。

本科我国储藏物中较常见的种类是黄翅大白蚁 *Macrotermes barneyi* Light（图 2-6）和黑翅土白蚁 *Odontotermes formosanus* Shiraki。

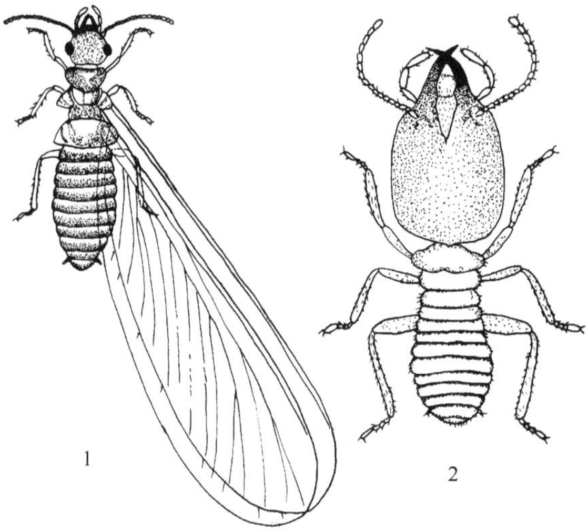

图 2-6　白蚁科的代表
黄翅大白蚁 *Macrotermes barneyi* Light
1. 繁殖蚁；2. 兵蚁
（仿郑州粮食学院等）

四、革翅目 Dermaptera

此目昆虫通称蠼螋，为中、小型昆虫。体狭长，多为黑色或褐色，体表大多光滑发亮。头小前口式，圆形或阔形。复眼和单眼发达、退化或缺如。口器咀嚼式。触角丝状或串珠状。胸部发达，前胸背板大，后胸背板与第一腹节愈合。前翅较腹部为短，呈截断状，革质，无翅脉。后翅膜质，半圆形，纵折成扇形。也有前、后翅退化或缺如的。足短而强壮，跗节 3 节，有爪 1 对。腹部 11 节，第一腹节与后胸愈合。雌虫第七腹板扩大，盖在第八、九两腹节之上；雄虫第九腹板大部盖在第十腹节之上。两性的第十腹板均成一对较小的片状物。尾须坚硬，铗状，不分节。雌虫无明显的产卵器。

渐变态。卵阔卵形，白色，若虫与成虫相似，唯尾铗较简单。蜕皮 4～6 次，翅芽于二龄时出现。以卵越冬。雌虫有护卵育幼的习性，将卵产于土中，伏于卵上或守护其旁，低龄若虫与母体共同生活。

本目昆虫多为夜出性，白天伏于土壤中、石块、树皮下、垃圾、粪便及草丛间。虽有翅，但极少飞翔，少数种类有趋光性。一般为杂食性，以植物的花瓣、嫩叶、动植物尸体等腐败物质为食；也有肉食者，取食昆虫等。栖息于各类储藏物的仓库及加工厂车间内的蠼螋均属天敌昆虫，可捕食其他储藏物害虫。

本目全世界已知种类约 1800 余种。我国储藏物中的种类分属 2 个科，即蠼螋科（Labiduridae）和肥螋科（Psalididae）。

（一）蠼螋科 Labiduridae

身体稍扁平，光滑。具革翅，通常无后翅。触角 25 节以上，复眼发达，上颚适于咀嚼。尾铗不扁平，也不呈镰刀状。后臀板与尾节远小于臀板，形成一显著的硬片；或与第十节背板愈合为一肛突。腿节不呈侧扁形，更不呈龙骨状。前、中胸后缘均不特别狭窄，但中胸后缘近截直状。

本科的代表虫种为日本大蠼螋 *Labidura japonica* de Hocan(图 2-7)。

（二）肥螋科 Psalididae

本科特征与蠼螋科基本相似。其不同之处为：中胸腹板后缘呈圆弧形，触角 25 节以下，有翅或无翅。

本科代表虫种为肥蠼螋 *Anisolabis sp*.（图 2-8)。

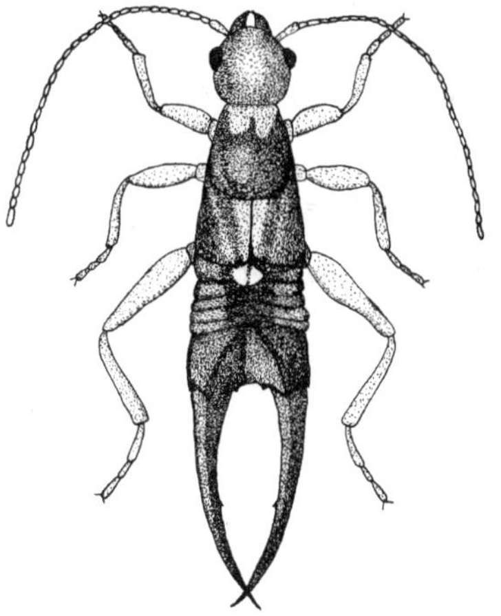

图 2-7　蠼螋科的代表

日本大蠼螋 *Labidura japonica* de Haan

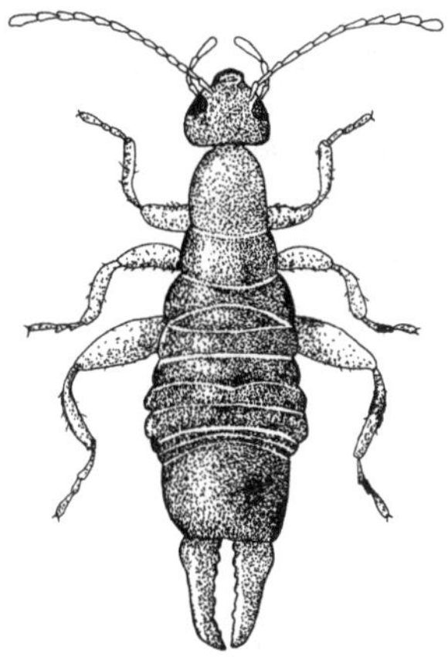

图 2-8　肥螋科的代表

肥蠼螋 *Anisolabis sp*

五、半翅目 Hemiptera

半翅目多数种类成虫的体型为椭圆形或长椭圆形，背面较平坦，少数种类呈圆球形、细棒形或扁而薄。头部向前平伸或下倾甚至垂直。口器为刺吸式，由头前端伸出，静止时沿身体腹面向后伸，一般分为 4 节。触角 4 或 5 节，多数 4 节，陆生类群中着生于眼的前方或前下方，多为简单的丝状。复眼着生于头顶两侧，具单眼一对，着生于头顶后部两复眼之间或复眼后方；或无单眼。前胸背板多为梯形或六角形，中胸小盾片发达，通常外露，多为三角形，有时具脊突、刺突或瘤突。后胸侧板在中、后足基节之间常有臭腺孔和臭腺沟。具两对翅，前翅为半(鞘)翅，后翅全部膜质，有短翅甚至无翅类型。腹部第一腹节常退化，或仅残存背板，因此可见的生殖前节一般只有 6 或 7 节，雄虫第八腹节常退化变形，不呈完整的环节，第九腹节发达，成为外生殖器的主要部分。雌虫第八、九腹节的生殖附肢形成产卵器。

渐变态。若虫形态构造与成虫基本相似，仅体小，体壁较柔软，各部分结构简单，具翅芽，生殖器官不完善等；臭腺孔成对开口于腹部背面，1～3 对。若虫期多数种类为 4 龄。

本目昆虫全世界已知种类 3.8 万余种。按栖息场所大致可分为 3 类，即陆生、半水生和水生。陆生类群中大多数栖息在植物上，少数土栖或在地表生活。多数种类以成虫越冬，少数以若虫或卵越冬。两年一代、一年一代或一年多代。陆生类群中多数为植食性，少数为捕食性。

生活于储藏物中的种类均以捕食其他害虫为生，分属于花蝽科（Anthocoridae）和猎蝽科（Reduviidae），是具有潜在利用价值的天敌种类。

（一）花蝽科 Anthocoridae

花蝽科体微小至小型，多为黄色、黄褐色、褐色或黑色，身体多扁平。头平伸，喙 3 节，触角 4 节，有单眼。前翅具楔片，膜片具 4 条纵脉，不分支亦不形成翅室，或无翅脉。跗节 3 节（少数 2 节）。雄虫生殖节不对称，具 1 枚或 2 枚不对称的抱握器。部分种类有血腔受精行为。卵常为淡色，一般呈长卵形或短香蕉形。若虫一般 5 龄，第五龄若虫具单眼雏形。

本科种类多为捕食性，少数种类取食花粉和花。我国储藏物中常见的种类有黑头叉胸花蝽 *Amphiareus obscuriceps*（Poppius）、细角花蝽 *Lyctocoris campestris* F.（图 2-9）、东方细角花蝽 *L. beneficus*（Hiura）、日浦仓花蝽 *Xylocoris hiurai* Kerzhner et Elov、仓花蝽 *X. cursitans*（Fallen）和黄色花蝽 *X. flavipes*（Reuter）等，均为捕食储藏物害虫的天敌昆虫。

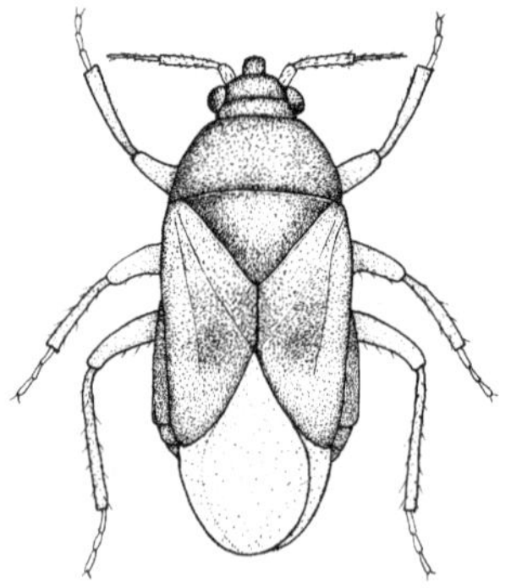

图 2-9　花蝽科的代表

细角花蝽 *Lyctocoris campestris* F.

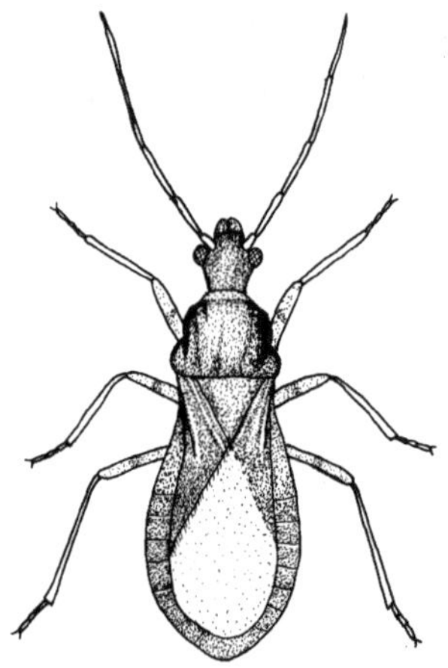

图 2-10　猎蝽科的代表

仓双环猎蝽 *Peregrinator biannulipes* Montrouzier

（仿姚康）

（二）猎蝽科 Reduviidae

亦称刺蝽。体小至大型，粗壮或长形。头狭，长大于宽，活动自如，前端尖，有颈部。触角丝状，4或5节，端节细。复眼发达，着生在头部中部或基部。前胸背板由横凹分为2叶。翅发达或退化；前翅有革片和爪片，无楔片，膜片发达，有2或3个大基室或小翅室。足正常，有毛或刺，前足略成捕捉式。跗节通常3节，有爪，无中垫。

本科种类形状、体色及习性变化极大。一般捕食其他昆虫，以益虫著名。在储藏物中的种类均属天敌。我国储藏物中发现2种，即仓双环猎蝽 *Peregrinator biannulipes* Montrouzier(图2-10)和大蚊猎蝽 *Myiophanes tipulina* Reuter。据报道，仓双环猎蝽能捕食谷蠹等22种储藏物害虫，其中最喜捕食赤拟谷盗、药材甲、扁谷盗等的幼虫。仓双环猎蝽主要捕食在粮粒外部生活的害虫成虫和幼虫，对隐藏在粮粒内部的幼虫及蛹无法捕食。另外，由于猎蝽个体较大，故不易钻入粮堆内部捕食害虫。

六、啮虫目 Psocoptera

本目为体小而柔软的昆虫。头大，多数蜕裂线明显；咀嚼式口器，上唇大，唇基大而突出；复眼左右远离，有翅种类具单眼3个；触角丝状，由12～50节组成。翅有或无，前翅大，横脉少，有翅痣；后翅小，翅脉少；静止时两对翅放置呈屋脊状。生活于室内的种类大多无翅。跗节2～3节。无尾须和产卵器。

渐变态，若虫与成虫形态相似。生活在树干上、叶上，或果上、树皮下，或石下、堆积物下，亦有生活于室内或动物的巢穴内的。生活在室外的种类多取食植物质，如树皮、树叶、菌类，有少数种类能捕食介壳虫及蚜虫，一般经济意义不大。生活于室内及仓内的种类，可取食危害多种粮食及其制品、书籍、标本、皮毛等储藏物。

本目全世界已知种类4600余种。在储藏物中发现的种类属于书虱科(Liposcelididae)和窃虫科(Trogiidae)。

(一) 书虱科 Liposcelididae

体微小，0.7～2 mm。扁平，柔软，腹部长卵形。下颚须第二节无棒状感觉器。触角丝状，15节，鞭节各小节具次生环纹。蜕裂线几乎不可见。前胸背板分为3叶，即中叶、和两个侧叶，中叶有一明显的中纵缝；胸部腹板宽阔。后足腿节强烈膨大，各足跗节3节。通常无翅，若有，则为长形，端部圆钝，翅脉退化。

该科种类生活于树皮下、落叶中、蚁穴内或室内的粮食及其制品、干果、药材、动植物标本、书籍纸张及其他储藏物中。

书虱科下共分两个亚科，即书虱亚科(Liposcelinae)和圆胸书虱亚科(Emibidopsocinae)。储藏物中发现的种类均属于书虱亚科的书虱属(*Liposcelis*)。

近年来，书虱已成为储藏物中特别是储粮中的一类重要害虫，往往在粮堆内形成很高的密度。书虱的食物主要是破损的粮粒、粉状粮食、杂质及霉菌孢子，一般不取食完整的原粮，但在粮堆中大发生时，有可能引发储粮的水分增加甚至发热。

我国储藏物中已发现的书虱有10余种，较常见的种类有嗜虫书虱 *Liposcelis entomophila* (Enderlein)(图2-11)、小眼书虱 *L. paeta* Pearman、嗜卷书虱 *L. bostrychophila* Badonnel和无色书虱 *L. decolor* (Pearman)等。

(二) 窃虫科 Trogiidae

本科特征与书虱科相似，主要不同点为：成虫触角20节以上，各小节无次生环纹；

下颚须第二节内缘具一锥状感觉器；后足腿节不明显膨大；翅缺或很小。

本科与书虱科的习性相似，但发生频率及重要性远不如书虱科的种类。国内储藏物中仅发现1种，即尘虱 *Trogium pulsatorium*(Linnaeus)(图 2-12)。

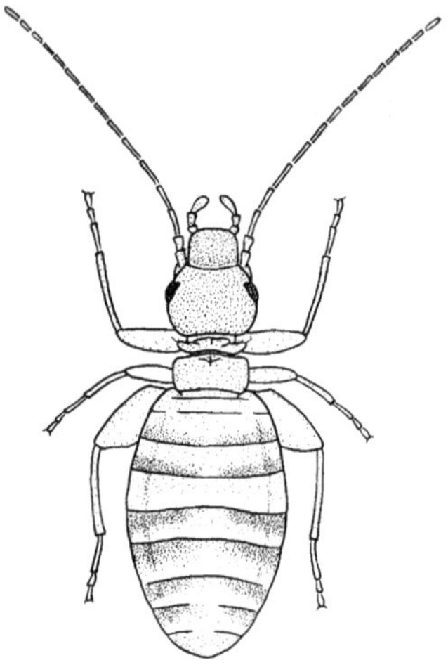

图 2-11 书虱科的代表

嗜虫书虱 *Liposcelis. entomophila* (Enderlein)

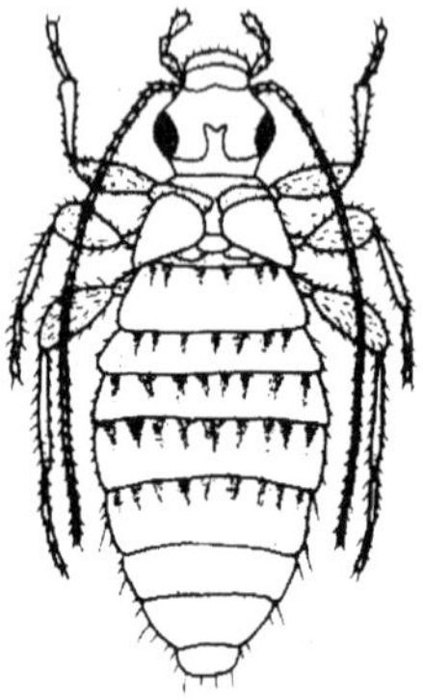

图 2-12 窃虫科的代表

尘虱 *Trogium pulsatorium* (Linnaeus)

(仿 Enderlein)

七、鳞翅目 Lepidoptera

鳞翅目包括蛾类(moth)和蝶类(butterfly)两大类。成虫的主要特征是身体及翅覆盖有浓密的鳞片，且常形成花斑；口器虹吸式，不用时卷曲于头下。

蛾类成虫头部球形，两侧有一对发达的复眼；在头顶两侧有一对细长呈丝状或线状的触角；虹吸式口器的喙是由下颚的外叶延长而成，喙的两侧有一对由3节组成的下唇须，在下唇须与喙的中间还有一对下颚须。蛾类的胸部以中胸最为发达，在中、后胸背侧方各生有一对膜质翅，翅上有翅脉；胸部各节及翅上均被带色的鳞片，翅的边缘有缘毛；中足和后足胫节的端部以及后足的中部各有一对“距”。蛾类成虫的腹部一般可见7节或8节。在腹末的外生殖器因雌雄的形态不同，从末端外形看，雄虫的腹末呈两裂状，雌虫腹末呈圆孔状；成虫外生殖器构造比较复杂，种与种之间分化很大，是鉴别虫种的可靠依据。

鳞翅目昆虫为完全变态，一年发生一代或多代。危害储藏物的均为蛾类幼虫，成虫一般不取食，幼虫可危害储粮、中药材、干果、皮毛、食品、呢料、丝及羽毛等。

鳞翅目是昆虫纲的大目之一，全世界已知种类有16万种以上。我国在储藏物中发现该目昆虫约30种，分属于8个科。

科检索表

1. 后翅 $Sc+R_1$ 脉和 Rs 脉合并或部分很接近；后翅缘毛短于翅宽的1/3 ································ 2

   后翅 $Sc+R_1$ 脉和 Rs 脉明显分离；后翅缘毛长，至少达翅宽的1/3 ································ 4

2. 后翅无肘栉毛；前翅 R_3、R_4 和 R_5 共柄 ································ 螟蛾科 Pyralidae

后翅有肘栉毛 …………………………………………………………………………………… 3

3. 前翅有 R_5 脉，R_3、R_4 和 R_5 共柄 ……………………………………… 蜡螟科 Galleriidae

前翅缺 R_5 脉，R_3 和 R_4 脉完全愈合 ……………………………………… 斑螟科 Phycitidae

4. 后翅顶角尖突，Rs 与 M_1 脉共柄；前翅竹叶形，R_4 和 R_5 脉共柄 ……………………………… 5

前、后翅形状构造不如上述 ……………………………………………………………………… 6

5. 后翅外缘凹入，翅形呈菜刀状 ……………………………………………… 麦蛾科 Gelechiidae

后翅外缘不凹入，翅形呈狭长的披针状………………………………… 尖翅蛾科 Cosmopterygidae

6. 前翅椭圆形，末端圆形，R 脉 5 支，R_4 和 R_5 脉共柄………………………… 织蛾科 Oecophoridae

前翅梭形，末端较尖 ……………………………………………………………………………… 7

7. 前翅 R_2 脉基部向翅中室凹入；R_3、R_4、R_5 顺序地共柄…………………… 翅窝蛾科 Setomor phidae

前翅 R_2 脉基部不向翅中室凹入；各 R 脉均彼此分离 ………………………………… 谷蛾科 Tineidae

（一）麦蛾科 Gelechiidae

小型蛾类。成虫有喙，头部鳞毛平铺；下唇须发达，细长上弯，下颚须有时退化或不发达。前翅狭长，呈竹叶形；后翅外缘向翅内凹入，使整个翅呈菜刀形。前后翅缘毛均长，长过翅宽的一半。前翅 R 脉 5 根，R_4 和 R_5 脉共柄，1A 脉常消失，2A 脉基部分叉。后翅 Sc＋R_1 脉和 Rs 脉始终分离，Rs 与 M_1 脉基部极接近或共柄；A 脉 1 根。

幼虫前胸气门群 3 根毛，腹足有的退化成肉突状，仅存几个趾钩；有的发达，趾钩排列呈单序环形或双序环形。

本科我国储藏物中发现的种类有麦蛾 *Sitotroga cerealella*（Olivier）（图 2-13）、马铃薯块茎蛾 *Gnorimoschema operculella*（Zeller）和棉红铃虫 *Pectinora gossypiella*（Saunders）。其中麦蛾是重要的世界性储粮害虫，可危害各种禾谷类粮食，在我国的大部分省区均有分布。

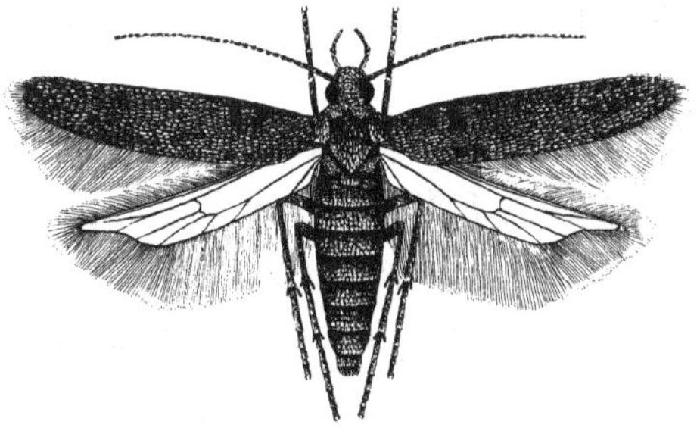

1

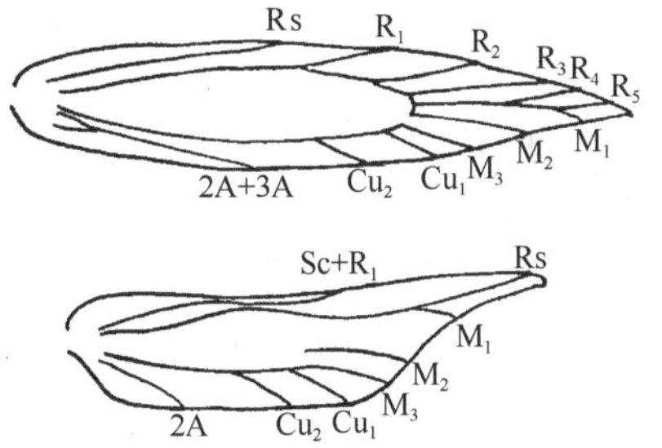

2

图 2-13　麦蛾科的代表

麦蛾 *Sitotroga cerealella*（Olivier）　1. 成虫；2. 脉序

（1. 仿 Martin；2. 仿陈启宗）

（二）尖翅蛾科 Cosmopterygidae

小型蛾类。头部鳞毛平铺；下唇须发达，细长上弯曲超过头顶，下颚须有时退化或不发达。前翅狭长呈长竹叶形，缘毛超过翅宽。后翅狭长，呈针状或线状，翅缘特长，通常可达翅宽的数倍。前翅 R 脉 5 根，R_4 和 R_5 脉共柄；M 脉 3 根，M_1 与 Rs 共柄；1A 脉常消失，2A 与 3A 愈合，基部分叉。后翅 Sc＋R_1 脉和 Rs 脉始终分离，M 脉 3 根，Rs 与 M_1 脉共柄；Cu 脉 2 根；A 脉 1 根。

幼虫头部颅中沟与额沟长度之比为 0∶1，前胸气门群 3 根毛。腹足趾钩排列呈单序环形。

本科我国储藏物中发现 1 种，即玉米尖翅蛾 *Sathrobrota rileyi*（Walsinghan）(图 2-14)。该虫仅在我国江苏、湖南和湖北等地发现，可危害破损粮粒和粉状粮食，常发生于大米加工厂内。

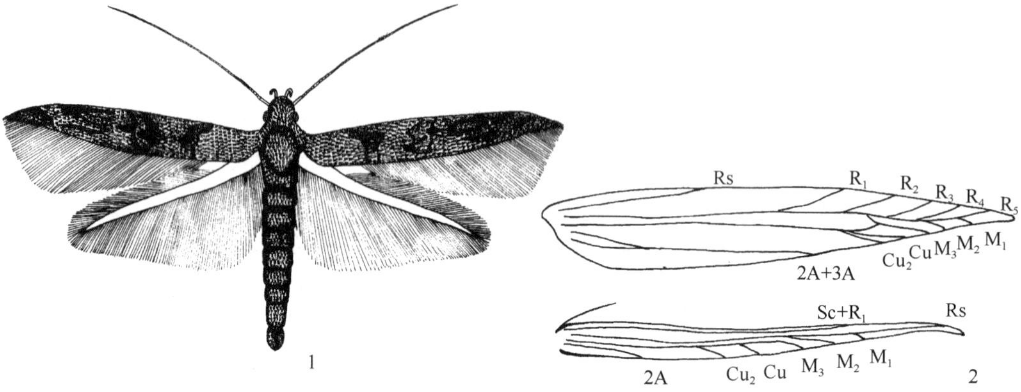

图 2-14　尖翅蛾科的代表

玉米尖翅蛾 *Sathrobrota rileyi*（Walsinghan）　1. 成虫；2. 脉序

（三）织蛾科 Oecophoridae

小至中型蛾类，多呈褐色。有喙，头顶光滑或具鳞片丛毛。触角短，为前翅的3/5，个别种类略超过前翅。下唇须长，向上弯曲超过头顶，第 2、3 节等长；下颚须退化。前翅长椭圆形。前翅 R 脉 5 根，R_4 与 R_5 常共柄，R_5 终于顶角，A 脉基部分叉。后翅 Rs 与 M_1 分离，近平行，M_2 基部距 M_3 比 M_1 近，M_2、M_3 近平行，Cu_1 与 M_3 共柄或由同一点发出。

幼虫头部具侧单眼 2～6 对，颅中沟与额沟长度之比为(2∶1)～(3∶1)。前胸气门群 3 根毛，中、后胸足群 1 根毛。腹部第三至六节腹足趾钩双序环形或多序环形。

幼虫缀叶、卷叶或在植物组织内危害。我国储藏物中发现两种，即米织蛾(米淡墨虫) *Anchonoma xeraulella* Meyrick(图 2-15)和褐织蛾(拟衣蛾) *Hofmannophila pseudospretella*

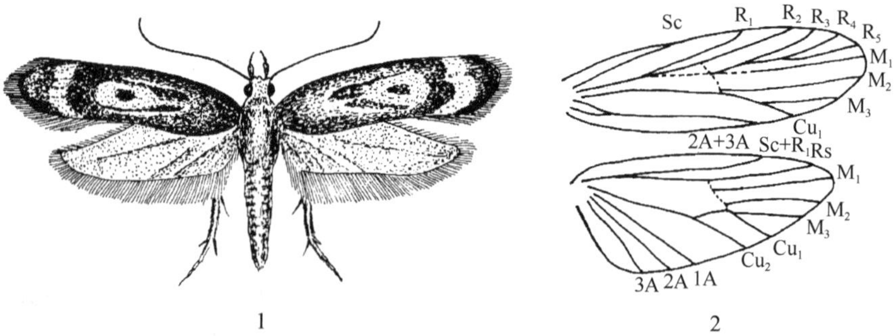

图 2-15　织蛾科的代表

米织蛾 *Anchonoma xeraulella* Meyrick　1. 成虫；2. 脉序

(仿陈耀溪)

(Stainton)。前者较为常见，可危害储藏谷物，在陈粮、地脚粮、粉屑及尘芥中发生最多。

（四）谷蛾科 Tineidae

小至中型蛾类，多为褐色。有喙或退化，头顶均有直立丛毛或鳞片；触角不超过翅长；下唇须小至中等。前翅前缘和后缘向顶角渐缢缩，呈梭形；前翅 R 脉 5 根，有副室及 M 脉主干，各脉彼此分离，A 脉基部分叉。后翅与前翅宽度近等，更接近长卵形；中室内残存 M 脉，有时也形成副室，Rs 与 $Sc+R_1$ 脉始终分离，后翅缘毛长度等于或长于后翅宽的 1/3。

幼虫无颅中沟，侧单眼 0～6 对。前胸气门群 3 根毛，腹部第三至六节腹足趾钩单序环形。

该科幼虫喜食干燥的动植物性物质、菌类、皮毛及毛织品，有的吐丝做筒囊或袋状物随虫体移动。许多为常见的储藏物害虫，如储粮及粮食加工厂内常见的四点谷蛾 *Tinea tugurialis* Meyrick(图 2-16)及严重危害皮毛及毛织品的幕谷蛾(幕衣蛾)*Tineola bisselliella*(Hummel)和袋谷蛾(袋衣蛾)*Tinea pellionella*(Linnaeus)等。

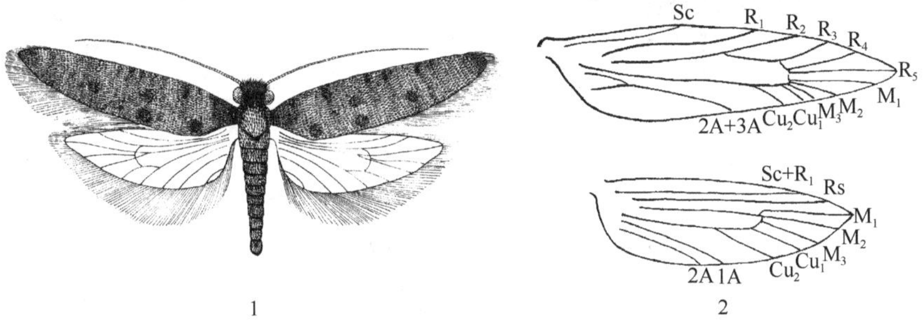

图 2-16　谷蛾科的代表

四点谷蛾 *Tinea tugurialis* Meyrick　1. 成虫；2. 脉序

（五）翅窝蛾科 Setomorphidae

成虫无喙，头顶无直立的丛毛，有的具鳞片丛毛。下唇须发达，第一节短，第二节粗壮；下颚须退化。前翅梭形，翅端稍尖；前翅 R 脉 5 根，R_2 基部向翅中室凹入，R_3、R_4、R_5 顺序地共柄，翅中室内有副翅室；A 脉基部分叉。后翅 Rs 与 $Sc+R_1$ 脉始终分离，翅中室内有 M 脉主干，M 脉 2～3 根。后翅缘毛较长，为翅宽的 1/3～1/2。后足胫节外侧有长毛。

幼虫前胸气门群 3 根毛，中、后胸足群 1 根毛。腹部第三至六节腹足趾钩单序环形，并在趾钩的前方有微小的刺钩排列呈宽带状。

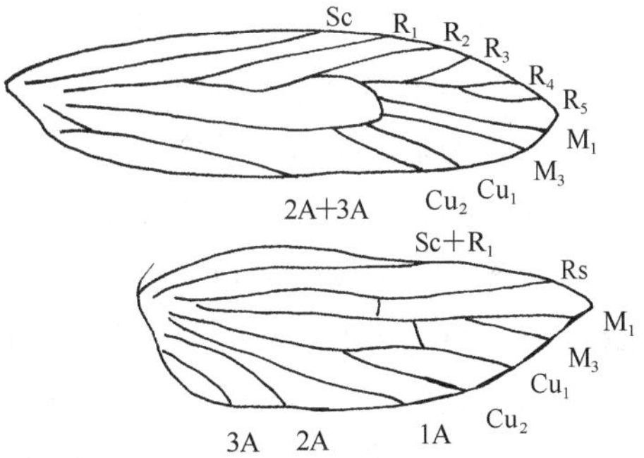

图 2-17　翅窝蛾科的脉序

热带烟草蛾 *Setomorpha rutella* Zeller

（仿郑州粮食学院等）

国内储藏物中仅发现 1 种，即热带烟草蛾 *Setomorpha rutella* Zeller(图 2-17)，主要分布在我国广东、广西、云南等省区，可危害稻米、禾谷类粮食、烟草等储藏物。

（六）斑螟科 Phycitidae

本科多为小型种类。体色暗淡，有些种类略带金属光泽。头部触角长，有喙，单眼两侧有毛隆，仅少数种类缺单眼。下唇须发达，向前平伸或向上弯曲，下颚须发达，很少退化。前翅长三角形，长与宽之比至少 3∶1。前翅 R 脉 3 根，R_3、R_4 两脉合并或共柄；M 脉 2 根，A 脉 1 根。后翅与 $Sc+R_1$ 脉与 Rs 脉愈合直至翅端，或在近翅端分离；M 脉 2 根，A 脉 3 根。

幼虫前胸气门群 2 根毛，中胸及腹第八腹节的 ρ 毛(3 毛)基部有骨化环，腹部第三至六节腹足趾钩双序环形。

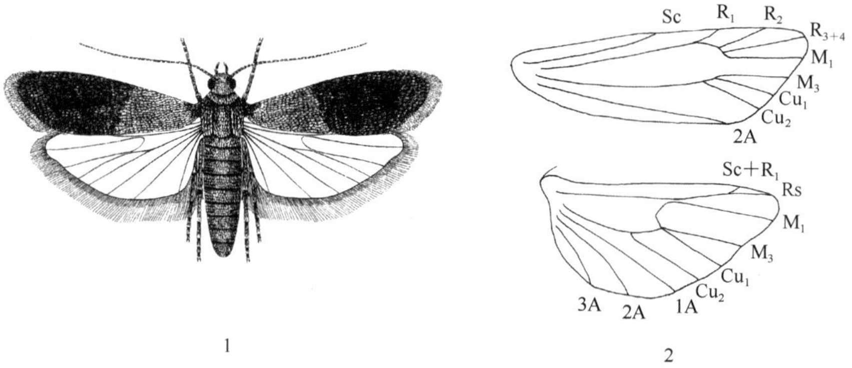

图 2-18　斑螟科的代表

印度谷螟 *Plodia interpunctella* Hübner

1. 成虫（仿 Martin）；2. 脉序

本科储藏物中常见的种类有印度谷螟 *Plodia interpunctella* Hübner(图 2-18)、粉斑螟 *Ephestia cautella*(Walker)和烟草螟 *Ephestia elutella*(Hübner)等。其中印度谷螟是我国重要的储粮害虫，在全国各地发生非常普遍，不仅可危害各种储粮，还可危害多种储藏物；粉斑螟也是从粮仓内较常见的害虫；而烟草螟主要危害储存的烟叶。

（七）蜡螟科 Galleriidae

小至中型蛾类。喙短或不发达。下唇须两性异形：雄虫的细小，不明显，且向上弯曲呈钩状；雌虫的水平前伸或下弯。雄虫下颚须常退化，雌虫的细小，但清楚可见。头顶无丛毛，额前具锥状鳞片脊。前翅长三角形，长宽之比为 3∶1；或呈长椭圆形。前翅中室多封闭，R 脉 5 根，R_4 与 R_5 共柄；2A 与 3A 脉端部愈合，基部分叉，无 1A 脉。后翅三角形，中室端部开放，$Sc+R_1$ 脉与 Rs 脉在基部分离，在翅中室外有一段愈合或接近后又分离；A 脉 3 根。沿后翅 Cu 脉基部有一排梳状粗刚毛(栉毛)。

幼虫前胸气门群 2 根毛，腹第一节和第八节的 ρ 毛(3 毛)基部有骨化环。中、后胸足群 1 根毛。上颚具两个端齿，外侧端齿腹面有亚端齿。腹部第三至六节腹足趾钩双序环形。

我国储藏物中发现的种类有一点谷螟(一点谷蛾) *Paralipsa gularis* (Zeller)(图 2-19)和米蛾 *Corcyra cephalonica* Stainton。其中一点谷螟在我国是分布较广的种类，特别是危害大米较严重。

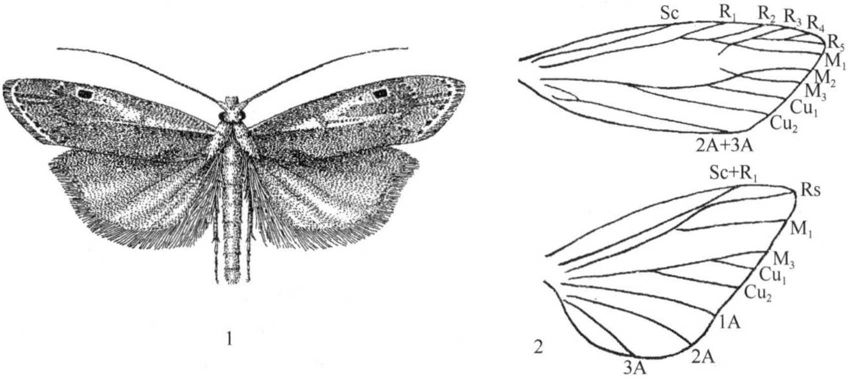

图 2-19　蜡螟科的代表

一点谷螟 *Paralipsa gularis* (Zeller)　1. 成虫；2. 脉序

(1. 仿 Темкиная)

(八) 螟蛾科 Pyralidae

小至中型蛾类。成虫有喙或无喙，下唇须发达，多数较长，伸到头顶以上，少数种类短小下弯。下唇须第二节通常较长并被鳞片，第三节相当短，有时与第二节等长，形状多变。下颚须短小。复眼中等大小，单眼有或无。前翅为宽阔的三角形，长与宽之比为(2.4～2.5)∶1，翅面斑纹及颜色显著。前翅脉序 R 脉 5 根，其中 R_3 与 R_4 脉共柄。后翅 Rs 与 $Sc+R_1$ 脉基部分离，在翅中室外极接近后又分离，极少愈合；Cu 脉基部无栉毛，A 脉 3 根。

幼虫前胸气门群 2 根毛，各节 ρ 毛(3 毛)基部均无骨化环。腹部第三节至第六节腹足趾钩双序环形或多序环形。

本科有些种类的幼虫取食植物叶片，为农业害虫；有些种类生活于仓库、货栈的粮食与食品中，为储藏物害虫；也有一些种类取食其他昆虫幼虫或皮蜕，属肉食性。我国储藏物中较常见的种类有紫斑谷螟(粉缟螟)*Pyralis farinalis*(Linnaeus)(图 2-20)、小

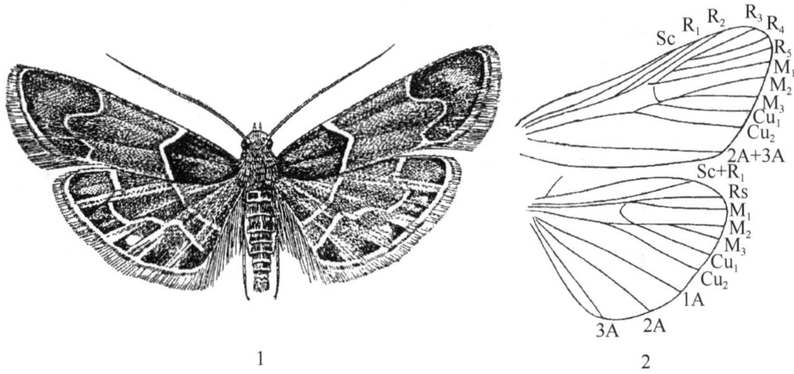

图 2-20　螟蛾科的代表

紫斑谷螟 *Pyralis farinalis* (Linnaeus)　1. 成虫；2. 脉序

(仿 Гаскевич 和 Эагуляев)

斑螟 *Aglossa caprealis* Hübner 和米黑虫(米缟螟)*Aglossa dimidiata*(Haworth)等。其中紫斑谷螟最为常见，一般在阴暗、潮湿、不洁的环境中发生，可危害粉类粮食和潮湿腐败的粮食，经济意义一般。

八、鞘翅目 Coleoptera

鞘翅目昆虫因有盔甲般坚硬的外骨骼而通称为甲虫(beetle)。成虫口器为咀嚼式，触角类型及节数各异，多数 11 节。复眼通常分为背区和腹区，侧面观有一狭窄的侧区上下相连；仅少数种类(如部分皮蠹科)有一中单眼。前翅高度骨化，翅脉消失，已失去飞翔功能，其作用为保护后翅和身体，故称为鞘翅。后翅膜质，用于飞翔，静止时折叠藏于前翅之下。前胸发达，与中后胸明显分离。通常可见腹节 5～7 节，腹末无尾须、尾夹等附属物。

鞘翅目为完全变态。蛹为离蛹，柔软，色浅。鞘翅目昆虫在自然界的分布极为广泛，几乎各种栖息场所均有其存在。食性也极其复杂，有肉食性，如虎甲、步甲等；植食性占大多数，其中有取食植物的根、茎、叶的，或钻蛀入植物组织内，或取食植物的种子及花果部分；还有一些种类以真菌为食。此外还有腐食性、粪食性、尸食性及少数寄生性的种类。所以与人类的关系极为密切。

鞘翅目为昆虫纲最大的一个目，也是整个动物界最大的目，全世界已知种类约 35 万种。与储藏物有关的约 600 种。张生芳等(1998)在《中国储藏物甲虫》中记述我国储藏物鞘翅目种类 301 种。鞘翅目不仅在昆虫纲中种类最多，经济意义也是最为重要的一个目。在我国主要的储粮害虫中，鞘翅目昆虫的种类也在 80%以上。

分类学上一般将鞘翅目分为 3 个亚目，即肉食亚目(Adephaga)、多食亚目

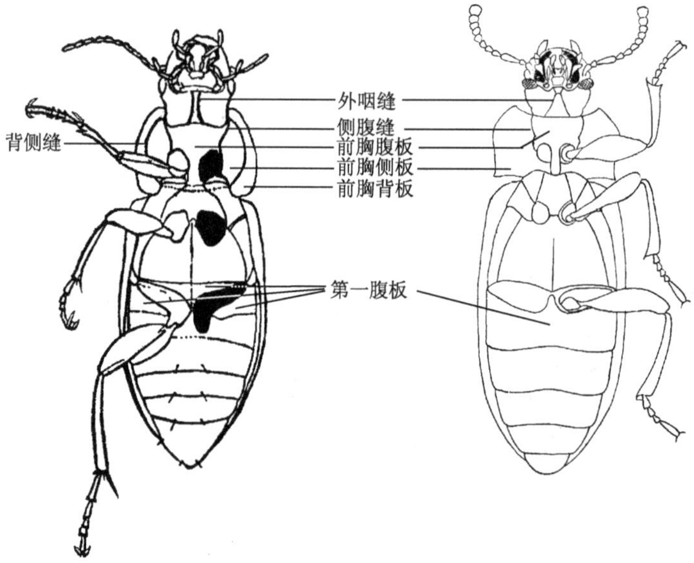

图 2-21 鞘翅目成虫腹面观

1. 肉食亚目；2. 多食亚目

(1. 仿 Metheson)

(Polyphaga)和象甲亚目(Rhynchophora)(图 2-21)。

亚目检索表

1. 头部通常延长成象鼻(喙)状，外咽缝合并成 1 条或消失；前胸侧板与腹板之间无侧腹缝植食性 …………………………………………………………………………………… 象甲亚目 Rhynchophora
   头部不延长成象鼻(喙)状，外咽缝 2 条；前胸侧腹缝明显 ………………………………… 2
2. 腹部第一腹板被后足基节窝所分割，左右各呈三角形，中间不相连；前胸背板与侧板之间有明显的背侧缝(图 2-21-1)。肉食性……………………………………………… 肉食亚目 Adephaga
   腹部第一腹板完整，中间不被后足基节窝所分割；前胸背板与侧板之间无背侧缝，常愈合在一起(图 2-21-2)。食性不一 ……………………………………………… 多食亚目 Polyphaga

科检索表

1. 腹部第一腹板被后足基节窝所分割，左右各呈三角形，中间不相连；前胸背板与侧板之间有明显的背侧缝；触角丝状，跗节 5 节……………………………………………… 步甲科 Carabidae
   腹部第一腹板完整，中间不被后足基节窝所分割；前胸背板与侧板之间无背侧缝 ……………… 2
2. 头部通常延长成象鼻(喙)状，外咽缝合并成 1 条或消失；前胸侧板与腹板之间无侧腹缝；触角膝状；无上唇 ……………………………………………………………… 象甲科 Curculionidae
   头部不延长成象鼻(喙)状，外咽缝 2 条；或头部稍有延长呈短的吻状，但触角非膝状；前胸侧腹缝明显；有上唇 ………………………………………………………………………… 3
3. 鞘翅极短，仅遮盖腹部前 1、2 节背板，至少有 4 节以上的腹节外露；身体狭长，两侧平行，腹部活动灵活；无触角棒 …………………………………………………… 隐翅虫科 Staphylinidae
   鞘翅完全遮盖腹末；或有部分腹节外露，但绝不超过 4 节，其他特征也不如上述 …………… 4
4. 头明显下倾，与身体纵轴近呈直角 ……………………………………………………………… 5
   头向前平伸，或稍向前下方倾，与身体纵轴绝非呈直角 ……………………………………… 14
5. 各足腿节细长，端部膨大，呈棒状；体似蜘蛛 ……………………………… 蛛甲科 Ptinidae
   各足腿节不呈棒状；体型不如上述 ………………………………………………………… 6
6. 各足第 3 跗节呈双叶状，第 4 跗节小，隐藏于第 3 跗节内 ……………………………………… 7
   各足第 3 跗节非双叶状，各跗节明显可见 ………………………………………………… 10
7. 后足腿节明显较前、中足腿节粗大；身体各部密接，被倒伏状细毛，头延长呈短鼻状，触角 11 节，触角多扩展呈锯齿状或梳齿状，臀板大而外露……………………………… 豆象科 Bruchidae
   后足腿节构造正常，不较前、中足腿节粗大 ………………………………………………… 8
8. 身体被直立长毛；色泽各异，通常具金属光泽，前足基节圆形突出 …………… 郭公虫科 Cleridae
   身体不被直立长毛，或仅被细茸毛 …………………………………………………………… 9
9. 头稍延长呈短鼻状；触角第 3～8 节细长，末 3 节膨大呈叶片状 …………… 长角象科 Anthribidae
   头不延长呈短鼻状；触角细长呈鞭状或丝状，末端绝不膨大，着生在额突上，身体狭长，两侧近平行 ……………………………………………………………………… 天牛科 Cerambycidae
10. 头部具中单眼；两鞘翅内缘沿翅缝全部相遇，或在百怪皮蠹 *Thylodrias contractus* Motschulsky，雄虫两鞘翅仅在小盾片附近处相遇，向后岔开，雌虫无翅，幼虫状。身体被毛或鳞片，腹面通常有收纳触角和足的凹槽 ………………………………………… 皮蠹科 Dermestidae(部分)
    头部无中单眼 ………………………………………………………………………………… 11
11. 前胸在头上方呈风帽状，背面观头部通常不可见 ………………………………………… 12
    前胸不呈风帽状，背面观头部明显可见 …………………………………………………… 13

12. 身体圆筒状，表皮十分坚硬；前胸背板表面多褶皱或齿突；鞘翅末端多呈倾斜状；触角末 3～4 节膨大；后足基节无容纳腿节的沟槽 …………………………………………………… 长蠹科 Bostrychidae
身体亚圆筒状，表皮不十分坚硬；前胸背板表面无褶皱或齿突；鞘翅末端无明显的斜面；触角末 3 节膨大，或触角完全呈锯齿状或梳齿状；后足基节有容纳腿节的沟槽 ……… 窃蠹科 Anobiidae
13. 头大；触角末 2 节膨大；复眼大而突出，彼此远离；前胸背板中部多少凹陷，身体长且两侧平行 ……………………………………………………………………………………………… 粉蠹科 Lyctidae
头小；触角末 3 节膨大，形成紧密的触角棒；前胸和鞘翅的侧缘几乎连续；身体背腹面密被毛；后足基节具容纳腿节的沟槽 …………………………………………………… 皮蠹科 Dermestidae(部分)
14. 鞘翅遮盖腹部末端 …………………………………………………………………………………… 15
鞘翅没有遮盖腹末，至少部分臀板外露或腹末多节外露 ………………………………………………… 31
15. 触角锤状，末 3 节显著扁平膨大，形成圆形或椭圆形紧密的触角棒；各足跗节 5 节，第一至三节膨大，腹面多毛，第四节短小 ………………………………………………… 露尾甲科 Nitidulidae(部分)
触角或各足跗节构造不如上述 ……………………………………………………………………… 16
16. 前胸背板前缘凹入，两前角突出，体扁平；触角棒状，或末 3 节形成松散的锤状；各足跗节 5 节，第一节甚小，第五节最长，腹部可见腹节 5 节，少数 6 节 ………………… 谷盗科 Trogossitldae
前胸背板前缘不明显凹入；若凹入，这身体不扁平 ………………………………………………… 17
17. 前胸背板侧缘或前角至少有一个齿突，或侧缘具众多细齿；身体扁平；触角 11 节，棒状，前足基节窝后方封闭式，各足跗节 5 节，少数种类雄虫后足跗节 4 节 ……………… 锯谷盗科 Silvanidae
前胸背板侧缘或前角无齿；若有齿，则身体背面隆起，绝非扁平 …………………………………… 18
18. 跗节形式 5—5—5，或 5—5—4 ……………………………………………………………………… 19
各足跗节不多于 4 节 …………………………………………………………………………………… 25
19. 前胸背板具完整的亚侧脊；触角丝状或串珠状，末端绝不膨大；前足基节球形，基节窝后方开放式，跗节形式 5—5—5，有时雄虫 5—5—4 式，体小，通常扁平 ……… 扁谷盗科 Laemophloeidae
前胸背板没有亚侧脊，触角构造不如上述 …………………………………………………………… 20
20. 触角丝状，体形似蚂蚁；跗节形式 5—5—4，端前节通常呈双叶状，前足基节锥形突出，基节窝后方多开放 ……………………………………………………………… 蚁形甲科 Anthicidae(部分)
触角或体形不如上述 …………………………………………………………………………………… 21
21. 身体背面生有细毛 ……………………………………………………………………………………… 22
身体背面无细毛 ………………………………………………………………………………………… 24
22. 前胸背板前角加厚且呈斜截状，侧缘近中部有一小齿，或整个侧缘具细齿；身体背面稍隆起，密生细毛，触角 11 节，末 3 节形成触角棒 …………………………… 隐食甲科 Cryptophagidae(部分)
前胸背板构造不如上述 ………………………………………………………………………………… 23
23. 两触角着生于额上且彼此靠近，其间距不大于第一触角节长 …… 隐食甲科 Cryptophagidae(部分)
触角不着生于额上，且彼此远离；身体稍呈卵圆形，中度扁平，跗节形式 5—5—5，复眼大，触角具松散的 3 节棒 …………………………………………………………………… 拟叩甲科 Languriidae
24. 两性跗节形式均为 5—5—4；前足基节窝后方封闭式，颊多少突出，遮盖触角着生处，复眼被颊所分割，或复眼完整，其背缘与颊相切 ……………………………………… 拟步甲科 Tenebrionidae
两性跗节形式均为 5—5—5；头缩入前胸至眼部，触角 11 节，触角棒多为 3 节，前足基节窝后方封闭式，腹部可见腹板 5 节，第一和第五节较大 ……………………………… 大蕈甲科 Erotylidae
25. 身体半球形，体似瓢虫；体表密被细毛，触角棒 3 节，前足和中足基节球形，跗节形式 4—4—4 或 3—4—4 或 3—3—3，腹部可见腹板 5～6 节 ……………………………… 伪瓢虫科 Endomychidae
体形不如上述；或体形类似，但触角棒绝非 3 节 …………………………………………………… 26
26. 身体厚，呈圆筒状；体表被短而直立的鳞片状毛，头部分或全部隐于前胸背板之下，触角 8～10

节，稀 11 节，末 3 节形成松散的触角棒，雄虫头部和前胸背板前缘常生有齿状突起，跗节形式 4—4—4，稀 3—3—3，腹板可见腹板 5 节 ……………………………… 木蕈甲科 Ciidae

身体非圆筒形 ……………………………………………………………………… 27

27. 跗节 4—4—4 式，或 3—4—4 式 ……………………………………………………… 28

跗节 3—3—3 式，或 2—3—3 式，或 2—2—3 式……………………………………… 30

28. 身体卵圆形，强烈隆起，有光泽；前胸背板近前角处有触角窝；触角 10 节，末节膨大成棒，跗节形式 4—4—4，体长小于 1.5mm ……………………………… 拟坚甲科 Cerylonidae

身体及前胸背板构造不如上述 ……………………………………………………… 29

29. 触角 11 节，具明显的 2 节棒，第三节长约为 4、5、6 节之和；身体背面生有倒伏鳞片状短毛，跗节形式 4—4—4 …………………………… 坚甲科 Colydiidae(*Colobicus spp.*)

触角棒 3～7 节；身体背面生有茸毛，前胸背板基部与鞘翅等宽 ……… 小蕈甲科 Mycetophagidae

30. 身体背面光滑无毛；唇基与额位于同一平面，前足基节窝后方开放式，每鞘翅仅有 1 条与翅中缝靠近且与之平行的陷线 …………………………… 扁薪甲科(拟薪甲科)Merophysiidae

身体背面有皱褶，或具深的刻点，或密生茸毛；头部上方多少不平坦，唇基与额不在同一平面上，前足基节窝后方封闭式 …………………………………… 薪甲科 Lathridiidae

31. 触角 11 节，丝状；体形似蚂蚁，跗节形式 5—5—4，端前节通常呈双叶状，前足基节锥形突出，基节窝后方多开放 ……………………………………… 蚁形甲科 Anthicidae(部分)

触角非丝状，末端具触角棒 ………………………………………………………… 32

32. 触角膝状，末端球形；体似乌龟，身体高度骨化，鞘翅末端截形，腹末 2 节背板外露，前足开掘式，外缘具齿突 ……………………………………………… 阎虫科 Histeridae

触角非膝状，体形及前足构造不如上述 ……………………………………………… 33

33. 触角末 3 节横宽，形成紧密的圆形触角棒；身体宽阔，前胸背板宽大于长，各足跗节 5 节，第一至三节膨大，腹面多毛，第四节短小……………………… 露尾甲科 Nitidulidae(部分)

触角末 2 节形成触角棒；身体长形，前胸背板近方形或长大于宽，跗节形式 5—5—5，雄虫 5—5—4，腹部第一可见腹板等于或长于第二、三节腹板之和 ………… 球棒甲科 Monotomidae

国内记载与储藏物有关的鞘翅目昆虫有 30 余科，300 多种。以下是储藏物鞘翅目重要科概述。

(一) 步甲科 Carabidae

步甲科属鞘翅目肉食亚目，为中等至较大型甲虫，一般黑色或褐色而有光泽，少数颜色鲜艳。头前口式，较前胸窄；触角 11 节，多为丝状，两触角之间的距离大于上唇的宽度。腹部基部 3 节愈合，不能活动。各足跗节均为 5 节。有的种类后翅几乎退化，而左右两前翅愈合，缺乏飞翔能力。幼虫一般为爬虫式。成、幼虫爬行迅速。

绝大部分步甲是捕食性甲虫，对象是小昆虫、小无脊椎动物。少数为杂食性，有些成虫在某一阶段以植物为补充营养或动植物的尸体残渣。近几年，在我国有婪步甲危害谷类作物和花生种子的报道，有时损失还相当严重。

步甲科的种类较多，国内记载的与储藏物有关的步甲科种类有 20 种以上。其中大多数种类是介于室外与室内之间生活的种类，因此在储藏物中经常可以发现步甲科的昆虫。国内较常见的种类有黄斑青步甲 *Chlaenius micans*(Fabricius)、通缘步甲 *Pterostichus gebleri* Dejean、四斑小步甲 *Dischissus japonicus* Andrewes、毛婪步甲 *Harpalus griseus*(Panzer)(图 2-22)等。

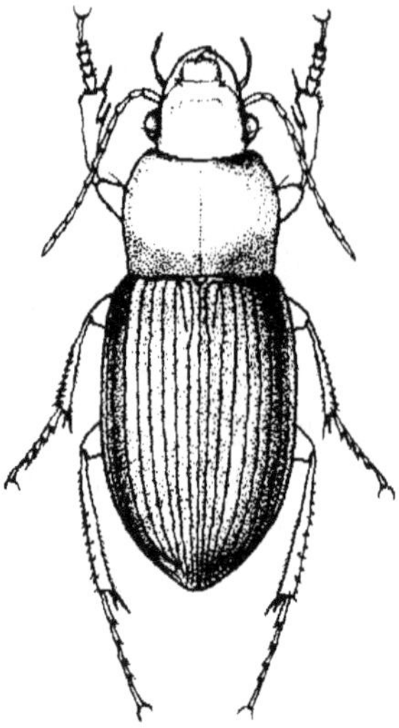

图 2-22　步甲科的代表
毛婪步甲 *Harpalus griseus*（Panzer）
（仿张生芳）

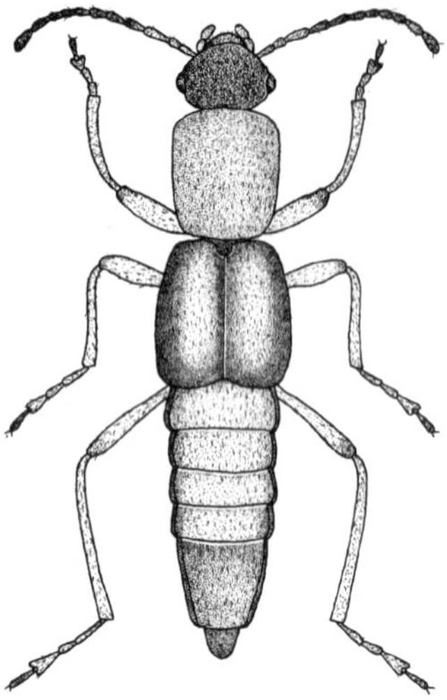

图 2-23　隐翅虫科的代表
毒隐翅虫 *Paederus fuscipes* Curtis

（二）隐翅虫科 Staphylinidae

本科甲虫大都具有狭长平行的身体，缩短的鞘翅，腹部大部裸出且相当灵活。头部通常大而前伸，少数有时下弯，某些能向前胸背板下方缩入至眼。头壳一般完整，偶见能划分出唇基。触角 11 节，个别类群 9 节或 12 节。复眼明显，有的十分巨大。单眼仅存于少数类群。上唇多横宽，双叶状或中部凹形的最普遍。前胸形态多变。鞘翅通常极短，仅遮盖腹部的前 1、2 节背板。腹部多平行延长，能随意收缩屈伸。雄虫外生殖器由形态各异的中、侧叶构成。

该科昆虫常栖息于森林铺垫物与土壤、腐烂的植物残渣、真菌、粪便、尸体、植物的花与叶、社会性昆虫巢、哺乳类与鸟类的洞穴与窝中，许多种类也发现于储藏物中。大多数类群为多食性，一些种类可捕食多种农业害虫。毒隐翅虫因其体内有强烈的接触毒物，可引起人的线状皮炎，亦可阻止细胞的有丝分裂，抑制癌肿瘤，在癌研究及细胞生物学上有重要意义。

本科昆虫全世界已知约 3 万种，国内储藏物中记载的种类有 10 余种。较常见的种类有毒隐翅虫 *Paederus fuscipes* Curtis（图 2-23）、大隐翅虫 *Crophilus maxillosus* Linnaeus、及中华布里隐翅虫 *Bledius chinensis* Bernhauer 等。

（三）阎虫科 Histeridae

多为小型至中型昆虫，体长 0.5～18.0mm。体壁高度骨化，身体卵圆形或圆柱形。触角膝状，末端锤状；触角棒紧密，不分节或由 2～3 条横缝分隔。头多缩入前胸，腹面有沟槽以收纳触角柄节。前胸腹面有触角窝以收纳触角棒。鞘翅端部截形，不遮盖腹末，末两节背板外露。前足基节窝后方开放，前足基节横形或圆筒形，中足基节球形或卵圆形，后足基节横三角形；前足开掘式；跗节形式为 5—5—5，极少数为 5—5—4。头部、前胸背面及鞘翅上的凹线为区分属、种的重要鉴别特征。

该科全世界已知种类约 3600 种。多生活于腐败的动植物性物质及粪便内，有的捕食其他小型昆虫，还有的生活于木材害虫的隧道中，与其共生或捕食木材害虫。国内记载与储藏物有关的种类 7 种。较常见的种类有黑矮阎虫 *Carcinops maxillosus*（Erichson）、麦氏阎虫 *C. mayeti* Marseul 及仓储阎虫 *Dendrophilus xavieri* Marseul（图 2-24）等。

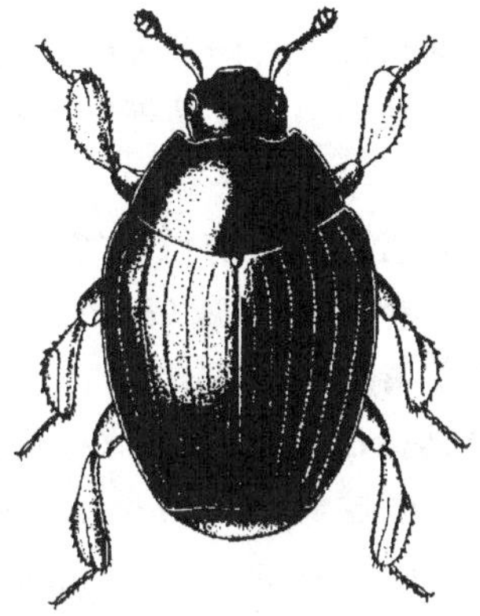

图 2-24　阎虫科的代表

仓储阎虫 *Dendrophilus xavieri* Marseul

（仿 Hinton）

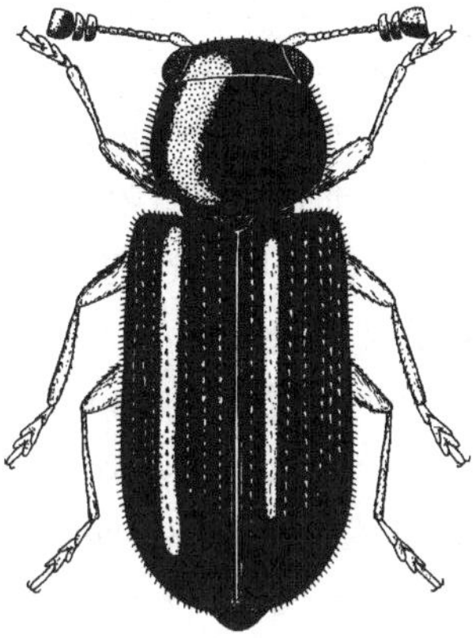

图 2-25　郭公虫科的代表

赤足郭公虫 *Necrobia rufipes*（Degeer）

（仿 Knull）

（四）郭公虫科 Cleridae

小型或中型甲虫，体长 3～24mm。触角 8～11 节，多数 11 节，丝状、锯齿状、栉齿状或棍棒状等，着生于额的两侧。身体长形，背部隆起；色泽各异，通常具金属光泽，有的种类具红色或黄色花纹；被直立的长毛。前足基节突出。鞘翅完全遮盖腹部，腹部可见腹板 5～6 节。足细长，跗节 5—5—5 式，有时第三跗节被第二跗节所遮盖，或有时第四跗节微小，嵌入双叶状的第三跗节内。

该科昆虫全世界记述 4000 种以上，分隶于 150 多个属。多生活在热带区，部分成虫营捕食性生活，其余的种类以花粉为食，幼虫大部分栖息于朽木中，少数种类生活于动物尸体和干燥的植物性物质中，包括仓储的谷物、食品和中药材等。因此，许多种类是皮毛、干肉及动物性药材的重要害虫。国内较常见的种类有赤足郭公虫 *Necrobia rufipes*（Degeer）（图 2-25）、暗褐郭公虫 *Thaneroclerus buquet* Lefebvre、赤胸郭公虫 *Opetiopalpus morulus*（Kiesenwetter）、赤颈郭公虫 *N. ruficollis*（Fabricius）等。

（五）皮蠹科 Dermestidae

本科成虫身体多呈椭圆形，少数种类长椭圆形或卵圆形。体长 1.3～12 mm，宽 0.5～5 mm。背面隆起，腹面平坦。身体表皮布有刻点，几乎总是着生毛或鳞片，常形成色带和色斑等。头小，下口式，多倾斜伸出或与体轴垂直。复眼中等大小，不甚突出，呈卵形或肾形。多数种类头部有一中单眼，仅圆胸皮蠹属（*Thorictodes*）的种类复眼十分退化，隐于头的侧突之下；皮蠹属（*Dermestes*）与圆胸皮蠹属的种类无单眼。触角由4～11节组成；触角棒多为 3 节，有的种类仅 1～2 节；仅百怪皮蠹的触角呈丝状，端部不形成触角棒。前胸背板隆起，横宽，多呈梯形或半圆形，基部多与鞘翅基部的宽度相等。小盾片小，呈三角形。鞘翅发达，多掩盖腹部末端。前足基节球形，有的种类前足基节稍横宽或近圆锥形；前足基节窝后方开放式；中足基节多球形，左右分离；除百怪皮蠹外，后足基节相接触。跗节 5—5—5 式。多数种类有 7 个可见背板和 5 个可见腹板。

皮蠹科昆虫生存于地球上冻土带以外的所有地理区，在干热的气候带最集中，种类和数量最丰富。就其寄主而言，皮蠹属的多数种类取食鱼类、两栖类、爬行类和哺乳类动物的尸体，另一些种类生活于鸟巢或黄蜂的巢内。皮蠹科中的许多种类，又经常侵入存放人类生活必需品的仓库内，对皮张、粮食、药材、毛料、丝织品等造成极其严重的危害，成为一类重要的储藏物害虫。

皮蠹科昆虫全世界记述约 1000 种，国内记载与储藏物有关的该科害虫约 100 种，分属于怪皮蠹属（*Thylodrias*）、圆胸皮蠹属（*Thorictodes*）、皮蠹属（*Dermestes*）、毛皮蠹属（*Attagenus*）、圆皮蠹属（*Anthrenus*）、螵蛸皮蠹属（*Thaumaglossa*）、斑皮蠹属（*Trogoderma*）、长毛皮蠹属（*Trinodes*）、拟长毛皮蠹属（*Evorinea*）、球棒皮蠹属（*Orphinus*）和长皮蠹属（*Megatoma*）。较重要的种类有谷斑皮蠹 *Trogoderma granarium* Everta、花斑皮蠹 *T. variabile* Ballion、小圆皮蠹 *Anthrenus verbasci* Linnaeus、白腹皮蠹 *Dermestes maculatus* Degeer、赤毛皮蠹 *D. tessellatocollis* Motschulsky 和黑毛皮蠹 *Attagenus unicolor japonicus* Reitter 等（图 2-26）。其中斑皮蠹属非中国种均为我国对外检疫危险性害虫。

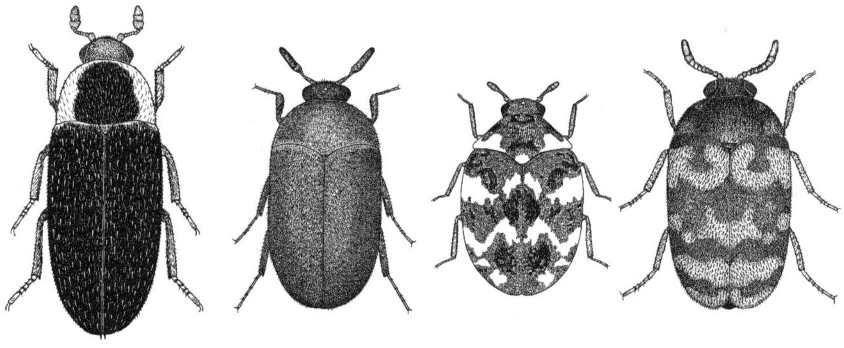

1　　　2　　　3　　　4

图 2-26　皮蠹科的代表

1. 皮蠹属（白腹皮蠹 *Dermestes maculates* Degeer）；2. 毛皮蠹属（黑毛皮蠹 *Attagenus unicolor japonicus* Reittev）；3. 圆皮蠹属（小圆皮蠹 *Anthrenus verbasci* Linnaeus）；4. 斑皮蠹属（花斑皮蠹 *Trogoderma variabile* Ballion）

（仿张生芳）

（六）谷盗科 Trogossitldae

小型至中型甲虫，体长 6～18 mm。身体细长或卵圆形、圆筒形或扁平。黑色、褐色，也有蓝色或绿色者；疏被毛或光裸无毛。头前口式或稍下弯，表面光滑或有皱纹刻点。触角 11 节，少数 10 节，末 3 节形成松散的触角棒；触角着生于复眼和上颚的基部之间。前胸背板稍宽于头或远宽于头，前缘凹入，两前角突出；有细缘边或边缘平展，表面光滑或有皱纹刻点。前足基节横形或近球形，左右基节分离；中足基节近横形，扁平，左右基节分离；后足基节横形，左右基节相接。跗节 5—5—5 式，第二节甚小，第五节最长。小盾片三角形，小至中等。鞘翅完全遮盖腹部，末端圆形。腹部可见腹板 5 节，少数 6 节。

幼虫多为肉食性，在树皮下蛀木昆虫的隧道内捕食其他昆虫或小动物；或生活于树上的多孔菌中，食菌或食花粉；或生活于干燥的植物性物质中，某些种类危害储藏物。

该科全世界记述约 60 属 600 种，国内储藏物内已发现 2 种，即大谷盗 *Tenebroides mauritanicus*（Linnaeus）（图 2-27）和暹逻谷盗 *Lophocateres pusillus*（Klug）。其中大谷盗为我国主要储粮害虫之一。

（七）露尾甲科 Nitidulidae

小型至中型甲虫，体长 1～18 mm。倒卵圆形至长形，稍扁平，背面密生柔毛。多为淡褐色至近黑色，有的种类鞘翅缀黄色至红色斑，或有青铜色光泽。触角短，11 节，末 3 节显著扁平膨大，形成紧密的圆形或椭圆形触角棒。下唇须 3 节，下颚须 4 节。前胸背板宽大于长，常具缘边，基部多与鞘翅基部密接。鞘翅大多短而端部平截，使腹末有 1～4 节背板外露，也有少数种类鞘翅遮盖腹末端。腹部可见腹板 5 节，有时雄虫有可见 6 节（有附加体节，第五腹板后缘深凹陷以收纳圆形至椭圆形的第六腹板）。足粗短，前足基节横圆筒状，左右分离，不突出，前足基节窝后方多封闭；中、后足基节宽扁且左右远离；跗节 5—5—5 式，第一至三节膨大，腹面多毛，第一、第二节等长，第四节短小。

露尾甲的成虫和幼虫生活于谷物、干果、菌类、新鲜及腐败果实、花卉及树皮下，一般为腐食性，少数为捕食性。

该科全世界记录约 2700 种，国内记述与储藏物有关的种类 14 种。较常见的种类有小露尾甲 *Carpophilus pilosellus* Motschulsky、细胫露尾甲 *C. delkeskampi* Hisamatsu 和酱曲露尾甲 *C. hemipterus*（Linnaeus）（图 2-28）等。

图 2-27 谷盗科的代表

大谷盗 *Tenebroides mauritanicus*（Linnaeus）

（仿 Martin）

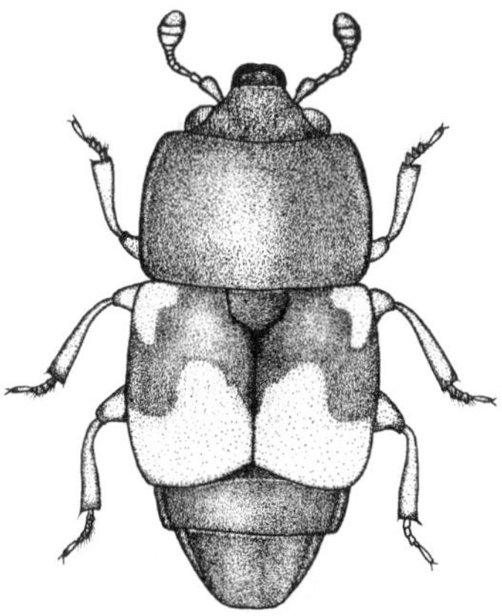

图 2-28 露尾甲科的代表

酱曲露尾甲 *Carpophilus hemipterus*（Linnaeus）

（八）扁谷盗科 Laemophloeidae

体微小至中型昆虫，体扁平。头前口式，上颚发达。触角长，多由 11 节组成，丝状或串珠状。前胸背板有完整的亚侧脊，端缘平直。前足基节球形，基节窝后方开放；中足基节球形，基节窝外方开放；跗节雌虫为 5—5—5 式，雄虫为 5—5—4 式。鞘翅遮盖腹末，两侧近平行。

扁谷盗多数生活于树皮下，营捕食性生活；有的转入仓内危害，取食谷物等植物性产品，其中扁谷盗属的某些种类成为储藏物中，特别是储粮中较常见的一个类群。

扁谷盗科曾作为扁甲科(Cucujidae)的一个亚科(Laemophloeinae)处理，经 Thomas 及 Lawrence(1991)的研究，认为应提升为一独立的科。

该科全世界记述约 550 种。扁谷盗科与储藏物有关系的全世界有 10 余种，国内记述 6 种。其中较重要种类有锈赤扁谷盗 *Cryptolestes ferrugineus*(Stephens)、长角扁谷盗 *C. pusillus*(Schonherr)和土耳其扁谷盗 *C. turcicus*(Grouvelle)(图 2-29)等。

（九）球棒甲科 Monotomidae

小型甲虫，体长 1.3～5.0 mm。体扁平。头前口式，触角 11 节，棒节 1～2 节。前胸背板方形。前足基节窝后方多封闭。跗节形式：雌虫 5—5—5，雄虫 5—5—4。小盾片小，三角形。鞘翅端部平截，腹末臀板外露。腹部可见腹板 5 节，第一、第五腹板较长。

该科全世界记述 220 多种，分属于 20 余属。多数种类生活于树皮下或木质内，个别种类生活于蚁巢内。幼虫和成虫捕食蛀木昆虫，生活于食木昆虫的蛀道内。同时，某些种类也发现于因真菌侵染而腐烂的木头内以及储藏物内。国内储藏物中发现 5 种，如四窝球棒甲 *Monotoma quadrifoveolata* Aubé(图 2-30)和黑足球棒甲 *Monotoma picipes* Herbst 等。

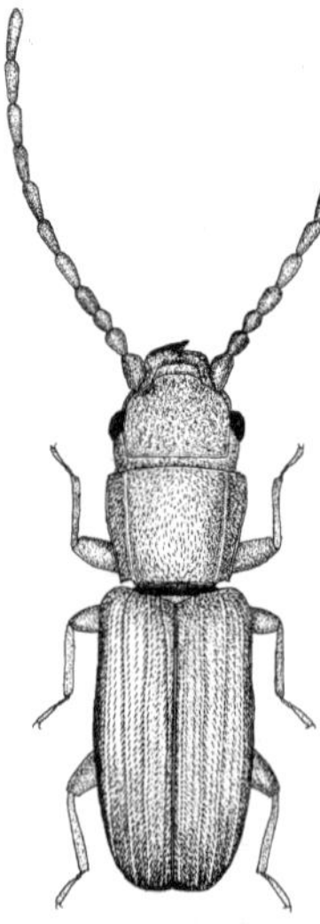

图 2-29　扁谷盗科的代表

土耳其扁谷盗 *Cryptolestes turcicus* (Grouvelle)

(仿张生芳)

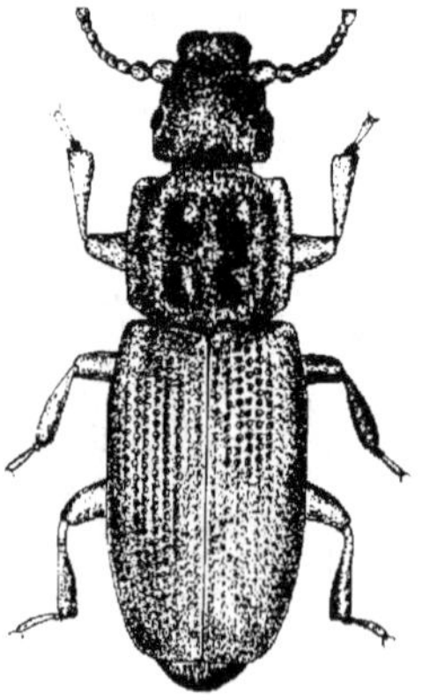

图 2-30　球棒甲科的代表

四窝球棒甲 *Monotoma quadrifoveolata* Aubé

(仿张生芳)

（十）锯谷盗科 Silvanidae

体小至中型，长而扁，两侧略平行，或身体呈卵圆形，表皮多呈赤褐色。头为前口式，触角 11 节，多呈棍棒状。前胸背板通常长大于宽，后缘比鞘翅基部窄，侧缘具齿突。前足基节窝后方封闭，前足及中足基节球形，后足基节横形。跗节 5—5—5 式，少数种类的雄虫 5—5—4 式；第一跗节长于或等于第二跗节，第四跗节小，第五跗节最长。腹部可见腹板 5 节。鞘翅遮盖腹部末端。

锯谷盗科与扁谷盗科昆虫外形颇相似，不同之处在于锯谷盗科昆虫触角末 3 节膨大呈棍棒状，前胸背板侧缘至少有一个齿突，前足基节窝关闭以及第一跗节不短于第二跗节，以此区别于扁谷盗科。

该科全世界记述 450 余种，生活于树皮下或腐殖质中，有些种类生活于干果、药材、烟草或谷物中。多群集生活。原始的种类为捕食性，另一些种类演变为储藏物害虫。国内储藏物中发现 18 种，较常见的种类有锯谷盗 *Oryzaephilus surinamensis*(Linnaeus)(图 2-31)、大眼锯谷盗 *O. mercator*(Fauvel)和米扁虫 *Ahasverus advena*(Waltl)等。其中锯谷盗在我国分布最为广泛，是米、面等成品粮中重要的害虫。

（十一）隐食甲科 Cryptophagidae

小型甲虫，体长 1.5～3.0 mm。长椭圆形或卵圆形，淡黄色、褐色至暗褐色。背方稍隆起，密生细毛。头前口式，触角 11 节，末 3 节(极少数种类末 2 节或末 4 节)形成触角棒。前胸背板侧缘多具齿。前足基节球形，略突出，基节窝后方开放；各足基节左右分离；跗节形式 5—5—5，有的种类雄虫为 5—5—4。鞘翅遮盖腹部末端。

该科隐食甲属(*Cryptophagus*)的种类在储藏物内最常见。该属的前胸背板前角增厚，呈斜截状，侧缘中央或近中央有一侧齿。该科鉴定种的重要依据有：复眼的大小及形状，前胸背板前角、侧齿及侧缘的形状，前胸背板及鞘翅上刻点的大小及密度，刚毛的形状以及雄虫的外生殖器等。

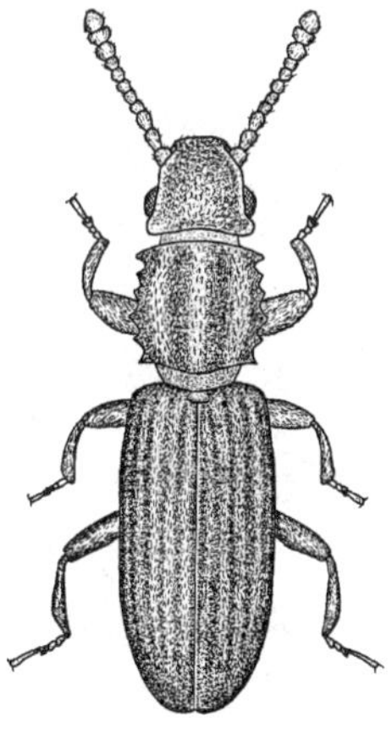

图 2-31　锯谷盗科的代表

锯谷盗 *Oryzaephilus surinamensis*(Linnaeus)

(仿张生芳)

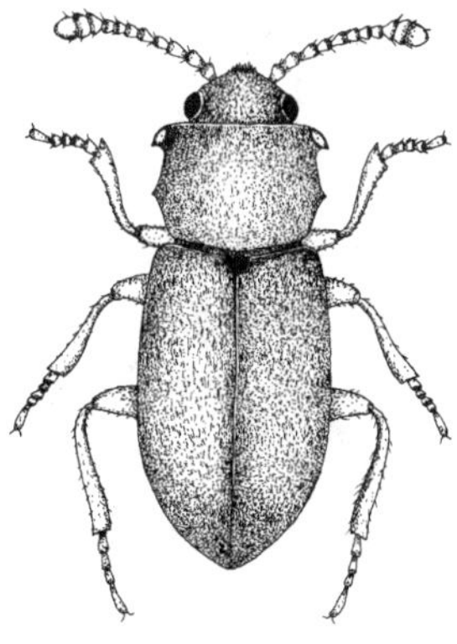

图 2-32　隐食甲科的代表

尖角隐食甲 *Cryptophagus acutangulus*(Gyllenhal)

隐食甲科昆虫全世界记述600余种，国内储藏物中记述7种。成虫和幼虫多发现于发霉的植物性和动物性储藏物内，在植物的花内、真菌内、树皮下以及在蚁类、蜂类、鸟类乃至小型哺乳动物的巢穴内也有发生。生活于房舍、地下室及仓库内的种类并不直接危害人类的储藏品，而是取食这些储藏物上滋生出来的真菌菌丝和孢子，它们的存在表明储藏条件欠佳，湿度太大，已有发霉的物质存在。

国内储藏物中较常见的种类有黄圆隐食甲 *Atomaria lewisi* Reitter、尖角隐食甲 *Cryptophagus acutangulus* Gyllenhal(图 2-32)和腐隐食甲 *C. obsoletus* Reitter 等。

（十二）大蕈甲科 Erotylidae

小型至中型甲虫，体长 2～36 mm。多为黑色，具红黄色花斑。多数背面光裸无毛，有光泽。头前口式，缩入前胸至眼部。触角着生于额两侧，复眼之前，11 节，触角棒多为 3 节(少数 4～5 节)。上唇与额愈合。复眼着生于头部两侧，小至中等大小，通常呈圆形。前胸背板比头部宽，近方形。前足基节窝后方封闭；前足及中足基节球形，后足基节三角形，3 对足的左右基节均分离；跗节 5—5—5 式，第四节通常小，前三节宽而下面着生毛；爪简单。鞘翅完全遮盖腹部，末端圆，行间通常疏布刻点。腹部可见腹板 5 节，通常第一和第五腹板较大。

幼虫多生活于土壤内及植物组织或肉质的菌体内，或腐败的木屑内，或发生于大量菌丝滋生的储藏物内。成虫将卵产于真菌上，幼虫取食肉质的真菌汁液。成虫多栖息于树皮下或原木下。室内种类多发生于中药材和土特产仓库内。

该科全世界记述约 30 属 2600 种。广泛分布于热带和亚热带，国内储藏物中较常见的有凹黄大蕈甲 *Dacne japonica* Crotch(图 2-33)和二纹大蕈甲 *D. picta* Crotch 等。

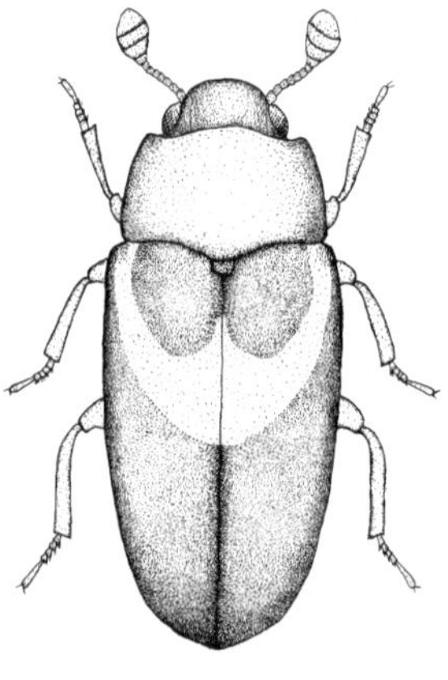

图 2-33　大蕈甲科的代表
凹黄大蕈甲 *Dacne japonica* Crotch

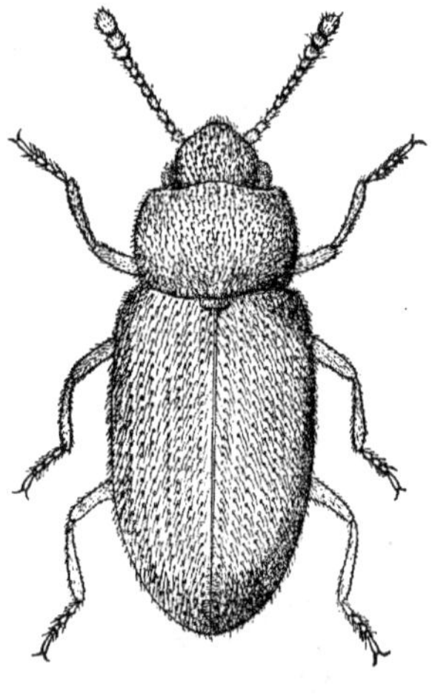

图 2-34　拟叩甲科的代表
褐蕈甲 *Cryptophilus integer* (Heer)
(仿 Hinton)

（十三）拟叩甲科 Languriidae

小型至中型甲虫，体长 1.2～25 mm。长椭圆形。头前口式；触角着生于头两侧，位于复眼之前和上颚基部，11 节，较短，末 3～6 节形成触角棒。下颚端部有毛束，分内外两叶，外叶较大。跗节式 5—5—5，第三节扩张，第四节微小。

全世界记述约 900 种，隶属于 80 个属。对于该科的分类地位，争议颇多，有的著作中将该科归入隐食甲科(Cryptophagidae)，有的归入大蕈甲科(Erotylidae)或毛蕈甲科(Biphyllidae)。

国内储藏物中较常见的有褐蕈甲 *Cryptophilus integer*(Heer)(图 2-34)和黑带蕈甲 *C. obliteratus* Rertter，它们在储藏物中主要取食真菌类，对储藏物不造成明显的危害。

(十四) 薪甲科 Lathridiidae

小型甲虫，体长 0.8～3.0 mm。倒卵形，背面隆起或扁平，光裸或被茸毛，淡褐色至近黑色。头前口式，横宽。唇基与额不在同一平面上。复眼大而突出，近圆形；或复眼极退化，仅由几个小眼面组成。触角 8～11 节，触角棒 1～3 节。前胸背板宽于头部，窄于鞘翅，背方扁平或隆起，或具各种隆脊或凹陷；两侧圆弧形，具细齿突，或侧缘宽阔平展。两鞘翅分离或愈合，遮盖腹末。后翅发达，缀生短的缘毛，个别种类后翅退化。小盾片小，三角形。腹部有 5～6 节可见腹板。前足基节圆锥形突出，左右相接或几乎相接，或球形而左右远离。前足基节窝后方封闭，中胸后侧片不伸达中足基节窝。后足基节不突出，左右远离。跗节形式 3—3—3，有的雄虫为 2—3—3 或 2—2—3，各节长，爪简单。

成虫和幼虫取食真菌孢子和菌丝，通常栖息于发霉的物质中，在霉变的食物、谷物及腐烂的植物性物质中经常发现，在室外多发现于枯枝落叶下及草垛下。

该科昆虫全世界已记载 700 种。国内储藏物中发现 12 种，较常见的种类有东方薪甲 *Migneauxia orientalis* Reitter、缩颈薪甲 *Cartodere constricta*(Gyllenhal)、四行薪甲 *Thes bergrothi*(Reitter)、湿薪甲 *Lathridius minutus*(Linnaeus)、红颈薪甲 *Dienerella ruficollis*(Marsham)和麻腹薪甲 *Cartodere elegans*(Aube)(图 2-35)等。

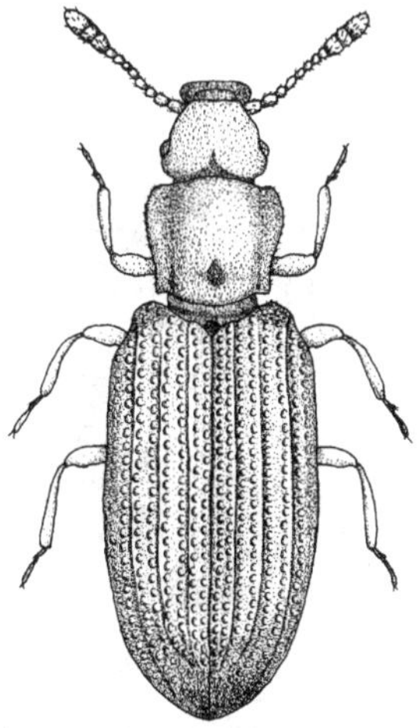

图 2-35　薪甲科的代表

麻腹薪甲 *Cartodere elegans* (Aube)

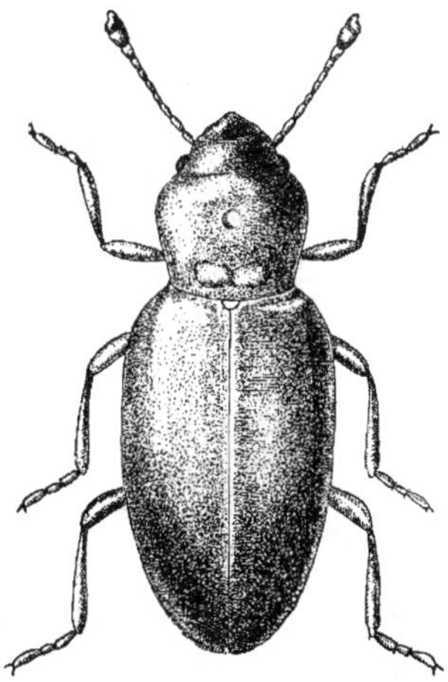

图 2-36　扁薪甲科的代表

扁薪甲 *Holoparamecus depressus* Curtis

(仿 Hinton)

(十五) 扁薪甲科(拟薪甲科)Merophysiidae

小型甲虫，体长多为 1.0～1.5 mm。椭圆形，黄褐色至赤褐色，背面光滑，有光泽。触角 8～11 节，触角棒 1～2 节；唇基与额位于同一平面，额唇基沟浅而不明显；下唇须 3 节。前足基节窝后方开放，后足转节长为宽的 2 倍以上。鞘翅光滑，每翅仅有 1 条与翅缝靠近且与之平行的陷线。

幼虫与成虫一起生活于霉粮及其他腐败的植物性物质中，有的种类与蚂蚁在一起共生。

该科全世界记述约 90 种。过去某些著作中多将该科并入薪甲科而作为一个亚科，即全薪甲亚科(Holoparamecinae)。国内储藏物中发现全薪甲属(*Holoparamecus*)的 3 个种，即扁薪甲 *Holoparamecus depressus* Curtis(图 2-36)、椭圆薪甲 *H. ellipticus* Wollaston 和头角薪甲 *H. signatus* Wollaston。

(十六) 小蕈甲科 Mycetophagidae

多为小型甲虫，体长 1.5～6.0 mm。长椭圆形至卵圆形，体表密生细毛。体壁黄褐色、褐色至近黑色，有的种类鞘翅上具橘黄色或红色花斑。触角着生于复眼之前及额的侧缘下方，11 节，末 2～7 节形成触角棒。鞘翅遮盖腹末。腹部可见腹板 5 节，第一腹板的前方呈三角形，伸达后足基节之间。各足的左右基节靠近，前足基节卵圆形，倾斜，稍突出，前足基节窝后方开放。雌虫的跗节形式为 4—4—4，雄虫为 3—4—4。

该科昆虫全世界记述 200 余种，分属于 20 个属，广泛分布于全北区。成虫、幼虫生活于树皮下以及仓库和居室内，以取食真菌为主，也兼食潮湿的谷物，极个别种类取食松树的花粉。国内储藏物中发现 4 种，其中以小蕈甲(毛蕈甲)*Typhaea stercorea* (Linnaeus)(图 2-37)最为常见。

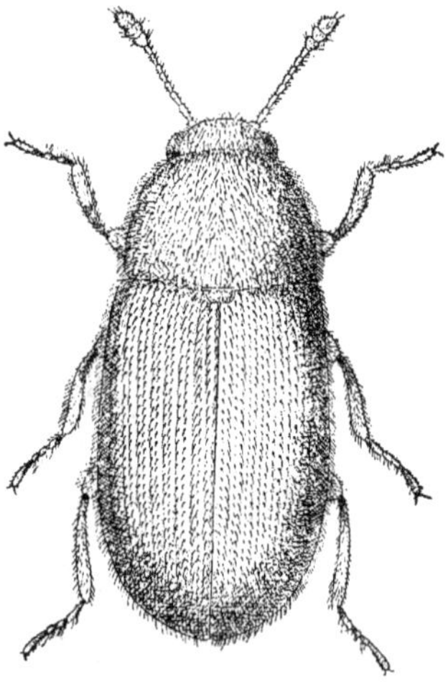

图 2-37 小蕈甲科的代表

小蕈甲 *Typhaea stercorea* (Linnaeus)

(仿 Hinton)

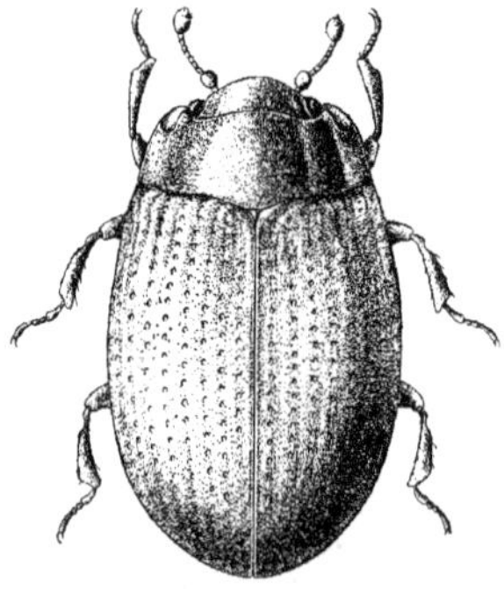

图 2-38 拟坚甲科的代表

小圆甲 *Murmidius ovalis*(Beck)

(仿赵养昌)

(十七) 拟坚甲科 Cerylonidae

小型甲虫，体长 1～4 mm。椭圆形至卵圆形。触角末 1～2 节膨大形成触角棒。下颚须末节非常小，几乎呈锥状；或在小圆甲属(*Murmidius*)，口器下方被前胸的突起遮盖。前足基节小，球形，不突出，左右基节的间距明显大于基节的宽度。前胸背板横宽，扁平，两侧向前缢缩，向后有时稍缢缩。腹部第一至三节腹板愈合，第一腹板上有从后足基节窝内缘发出的腿节线或凹窝。跗节式通常为4—4—4，爪简单。

国内储藏物中发现的有小圆甲 *Murmidius ovalis*(Beck)(图 2-38)和红黑小圆甲 *M. stoicus* Hinton 两种。这两种在国内有些文献中多归入邻坚甲科(Murmidiidae)，在有的著作中归入坚甲科(Colydiidae)。但据最新的研究报道，认为邻坚甲科应作为亚科(Murmidiinae)归入拟坚甲科。

该科的种类多发现于霉粮中，对储藏物不造成明显的危害。

(十八) 蚁形甲科 Anthicidae

小型甲虫，体长2～5 mm。体形似蚂蚁，细长，褐色或黑色，有的种类具暗色或淡色花斑。头大，前口式，基部缢缩呈颈状；复眼圆形或卵圆形；触角11节，丝状，着生于额的两侧，两复眼之前。前胸显著窄于鞘翅基部，部分种类前胸延伸形成角状突。鞘翅遮盖腹末，或有时腹末1～2节背板外露。腹部可见腹板5节。前足基节圆锥形突出，基节窝后方多开放；跗节形式5—5—4，端前节通常呈双叶状。

这类昆虫主要为腐食性，取食腐殖质、霉菌和昆虫尸体，偶尔也捕食小的节肢动物。成虫和幼虫多生活于腐殖质中，野外发现于石块下、砂质土壤中、树木的花和叶子上、近小溪和湖泊处枯枝落叶层内。少数种类生活于储藏物内，主要在粮食下脚内，不直接危害储藏物。

该科昆虫全世界记述约2000种，广布于全世界。国内较常见的种类有谷蚁形甲 *Anthicus floralis*(Linnaeus)(图 2-39)及三点独角甲 *Notoxus monoceros* Linnaeus 等。

(十九) 拟步甲科 Tenebrionidae

小型至大型甲虫，体形不一，一般呈长形略扁，但各个类群变异很大。体壁坚硬，多为黑色，也有暗褐色、赤褐色或具花斑者；表皮平滑或有粗刻点、颗粒及脊纹等刻饰。头小，口器发达，上颚强壮。触角着生于头的侧下方，多为11节，较短，棍棒状或近念珠状，少数种类呈丝状；触角棒多由3节组成，有的种类2节、4节或更多节。颊正常或向外方扩张，以至或多或少将眼切割。复眼位于头的两侧，一部分折在头下，前缘凹，呈肾形。前胸背板大小和形状不一。足粗而长，平滑或着生刺、齿；跗节形式5—5—4，爪简单。鞘翅一般遮盖腹末端，某些种类两鞘翅愈合，不能活动。腹部可见腹板5节，前3节腹板往往相互愈合而不能活动，有的种类在第三、第四及第四、第五节间有光亮的节间膜。

幼虫体长5～40 mm，圆筒状，背面骨化强，呈黄色、褐色或近于黑色。有胸足3对，尾端通常有臀突，腹末节腹面常有伪足状突起。

本科种类一般夜间活动，有假死习性。多为植食性，常以腐败物、粪便、种子、谷物、中药材及蕈类等为食，许多种类生活于多种储藏物。

拟步甲科是一个大科，迄今全世界记述约2.5万种。国内记述约800种，与储藏物有关的种类近40种，较常见的种类有赤拟谷盗 *Tribolium castaneum*(Herbst)、杂拟谷盗 *T. comfusum* Jacquelin du Val、姬粉盗 *Palorus ratzeburgi*(Wissmann)、亚扁粉盗 *P. subdepressus*(Wollaston)、长头谷盗 *Latheticus oryzae* Waterhouse、黑粉虫

Tenebrio obscurus Fabricius、黑菌虫 *Alphitobius diaperinus* Panzer(图 2-40)、小菌虫 *A. leavigatus*(Fabricius)和二带黑菌虫 *Alphitophagus bifasciatus*(Say)等。

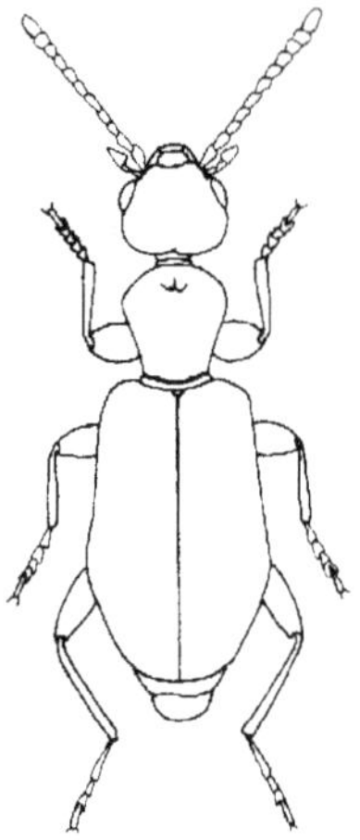

图 2-39　蚁形甲科的代表
谷蚁形甲 *Anthicus floralis* (Linnaeus)
(仿 Green)

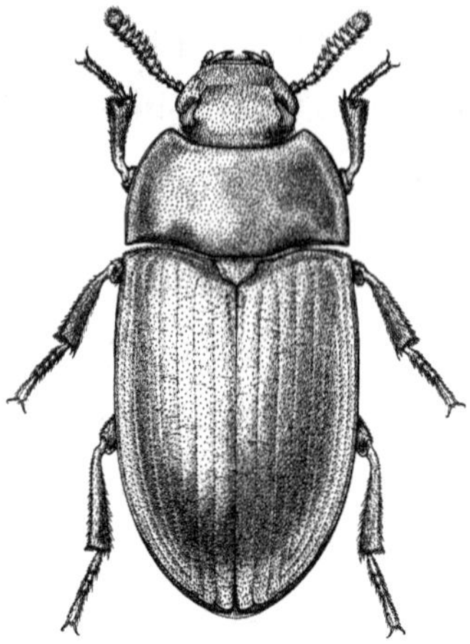

图 2-40　拟步甲科的代表
黑菌虫 *Alphitobius diaperinus* Panzer
(仿 Bousquet)

(二十) 木蕈甲科 Ciidae

小型甲虫，体长由不足 1 mm 至 7 mm，多数为 1～2 mm。体厚，呈圆筒状，长形至卵圆形。表皮褐色至沥青色，被粗短而直立的鳞片状毛。头前口式，卵圆形，部分或全部隐于前胸背板之下；额脊明显，额面布有粗大刻点；触角 8～10 节，稀 11 节，末 3 节形成松散的触角棒，着生于复眼与上颚基部之间。前胸背板极大，约与鞘翅基部等宽，有缘边，表面有皱纹刻点。雄虫的头部和前胸背板前缘有时有叶状、齿状、角状或瘤状突。足较短；前足基节横卵圆形，中足基节圆锥形，后足基节横形，各足基节均左右分离；转节小，横三角形；腿节膨大；胫节细而具刺，无端距；跗节形式 4—4—4(稀 3—3—3)，第一至三节短，末节长。小盾片小，不明显、鞘翅覆盖腹末，末端倾斜，圆形，行间布皱纹刻点。腹部可见腹板 5 节。

成虫和幼虫群集生活于蕈类及腐木中，也常栖息于小蠹虫的坑道内，为典型的食菌性甲虫。一些种类发现于中药材仓库内，可对中药材造成严重危害。

该科全世界迄今记载约 550 种，分属于约 40 个属。我国仓库内发现多种，如中华木蕈甲 *Cis chinensis* Lawrence、铲状木蕈甲 *C. seriatopilosus* Motschulsky(图 2-41)等。该科有许多近缘种，鉴定较为困难。

(二十一) 粉蠹科 Lyctidae

小型甲虫，体长 1～7 mm。身体细长而扁平，两侧平行，黄色、红褐色、暗褐色至近黑色，体表被毛或鳞片状毛。头下口式，倾斜突出，不被前胸背板遮盖；复眼大而突出；触角短，11 节，末 2 节膨大形成触角棒。胸部发达，前胸背板多呈近方形。前足基节窝封闭，前足左右基节相接，后足左右基节远离。跗节形式 5—5—5，第一节短。鞘翅遮盖腹部末端。腹部腹板 5 节，第一腹板长。

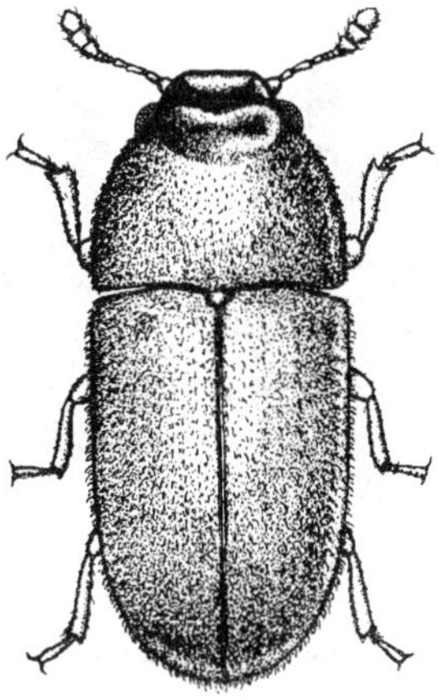

图 2-41　木蕈甲科的代表
铲状木蕈甲 *Cis seriatopilosus* Motschulsky

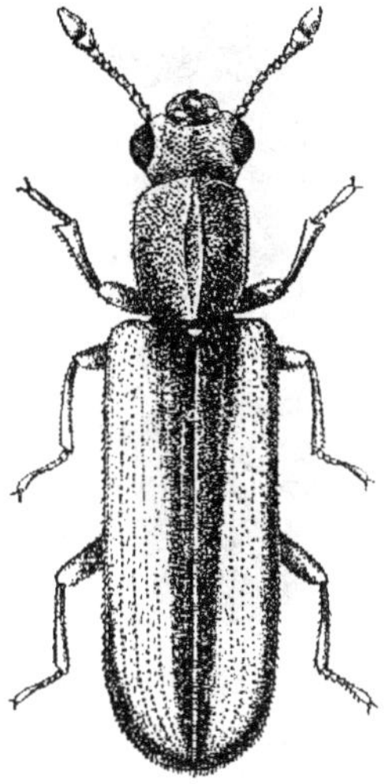

图 2-42　粉蠹科的代表
中华粉蠹 *Lyctus sinensis* Lesne
（仿赵养昌）

该科昆虫全世界记述 70 余种，分属于 12 个属。成虫和幼虫多生活于木材和竹材内，为多种建筑材、家具材和加工材的重要害虫。国内储藏物中发现 7 种，较常见的有鳞毛粉蠹 *Minthea rugicollis* Walker、中华粉蠹 *Lyctus sinensis* Lesne（图 2-42）和褐粉蠹 *L. brunneus*（Stephens）等。

（二十二）长蠹科 Bostrychidae

小型至大型昆虫，体厚，一般呈长圆筒状，赤褐色、暗褐色至黑褐色。头下口式，隐于前胸背板之下，背面观不可见。触角 9～11 节，短而直，着生于复眼之前，末 3～4 节膨大成触角棒。前胸背板光滑或粗糙，在后一种情况下前半部往往具多数锉状齿列。足短，前足基节窝开放，前足基节球形或圆锥形突出，左右基节相接；胫节着生距；跗节形式 5—5—5，第一节多数短小，第二、第五节长。鞘翅光滑或布刻点，后端圆隆或斜削而形成截形的斜面，有的种类斜面上着生齿突。

该科全世界记述 500 余种，多发生于热带或亚热带，蛀食危害木材、竹器、谷物、薯干和其他一些植物的储藏根茎。

国内记载与储藏物有关的种类 12 种。如谷蠹 *Rhyzopertha dominica*（Fabricius）（图 2-43）、竹蠹 *Dinoderus minutus*（Fabricius）、日本竹蠹 *D. japonicus* Lesne 等都是较常见的储藏物害虫，其中谷蠹是我国主要的储粮害虫之一，可对多种原粮造成严重危害。该科的大谷蠹是我国的对外检疫危险性害虫，目前在国内尚未发现。

（二十三）窃蠹科 Anobiidae

小型至中型昆虫，体长小于 10 mm。体厚，呈圆筒形、卵圆形或椭圆形。触角 8～11节，锯齿状、梳齿状或棒状，着生于头的两侧。头下口式，前胸背板呈风帽状遮盖头部，前胸腹板短。腹部可见腹板 5 节，约等长。跗节形式 5—5—5，前足基节球形，后足基节斜形。

图 2-43　长蠹科的代表
谷蠹 *Rhyzopertha dominica*（fabricius）
（仿 Martin）

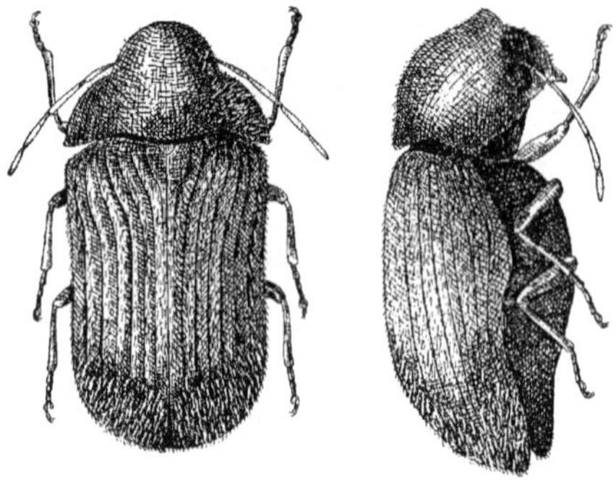

图 2-44　窃蠹科的代表
药材甲 *Stegobium paniceum*（Linnaeus）
（仿 Lepesme）

该科全世界记述 2000 余种，分属于 8 亚科 160 余属。从食性上大致可分为食木材及食菌两大类。一些食木材的种类又演化为取食植物的种子、干燥的动物性物质及书籍等，成为经济意义更重要的一个类群。国内储藏物中记载 5 种，较常见的种类有烟草甲 *Lasioderma serricorne*（Fabricius）、药材甲 *Stegobium paniceum*（Linnaeus）（图 2-44）和大理窃蠹 *Ptilineurus marmoratus*（Reitter）等。

（二十四）蛛甲科 Ptinidae

小型昆虫，体长 2～5 mm，体似蜘蛛，长卵圆形或卵圆形，背方隆起。头下口式，大部分隐于前胸背板之下；触角丝状，多为 11 节。前胸背板宽大于或等于头宽，有的种类在近基部缢缩。小盾片明显或十分退化。鞘翅远较前胸宽，端部圆，遮盖腹部。足细长，前足基节窝开放；各足腿节细长，端部膨大，呈棒状；跗节形式 5—5—5。腹部有 5 节可见腹板，少数种类减少至 3～4 节。

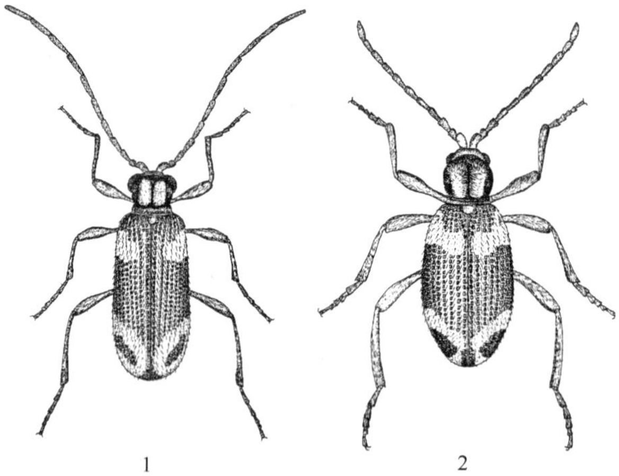

图 2-45　蛛甲科的代表
日本蛛甲 *Ptinus japonicus*（Reitter）　1. 雄；2. 雌
（仿张生芳）

该科昆虫迄今全世界已记述约 570 种，世界广泛分布。成虫、幼虫取食多种动物和植物性物质，部分种类生活于家庭居室和仓库内，也有的生活于鸟、兽的巢穴中。

国内记载与储藏物有关的种类 9 种。较常见的种类有拟裸蛛甲 *Gibbium aequinoctiale* Boieldieu、日本蛛甲 *Ptinus japonicus*（Reitter）（图 2-45）和褐蛛甲 *Pseudeurostus hilleri*（Reitter）等。

（二十五）天牛科 Cerambycidae

中型至大型昆虫。长椭圆形，少数种类卵圆形。复眼多呈肾形。上颚粗壮。触角着生于额的突起上，细长，呈鞭状，多由 11 节组成。前胸背板两侧的缘边有或无。鞘翅坚硬，端缘圆形、平截或斜凹切。各足的胫节均有端距 2 个；跗节形式 5—5—5，第三节双叶状，第四节微小。

幼虫身体粗壮，长圆筒形，略扁。头常缩入前胸，前胸节最大，足发达或退化。幼虫在树干内蛀食，形成隧道。极少数种类，如家茸天牛，有时将卵产于粮食、面粉和食品中，并可在其中顺利地完成发育。

该科全世界已知种类达 2.5 万种以上，我国已知种超过 2000 种，仅极少数可在仓内危害。与储藏物有关的种类有家茸天牛 *Trichoferus campestris*（Faldermann）（图 2-46）、拟蜡天牛 *Stenygrinum quadrinotatum* Bates 和咖啡灭字虎天牛 *Xylotrechus quadripes* Chevrolat 等。

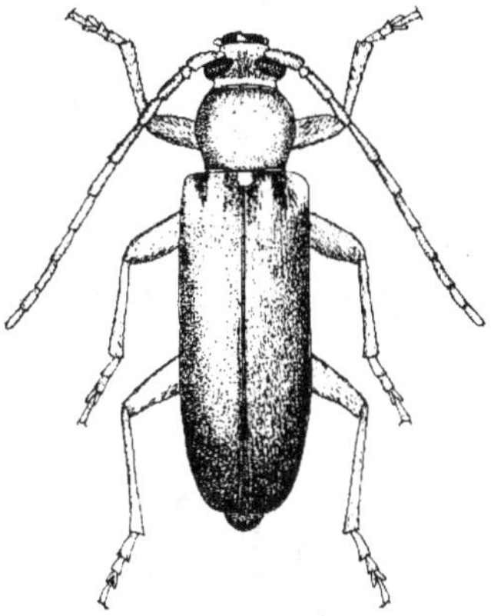

图 2-46　天牛科的代表

家茸天牛 *Trichoferus campestris*（Faldermann）

（仿张生芳）

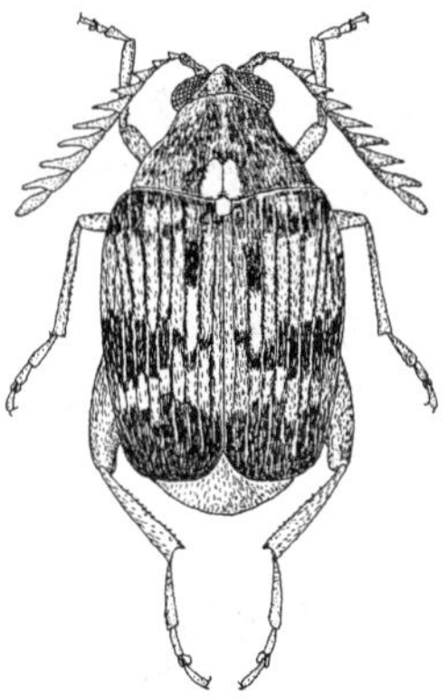

图 2-47　豆象科的代表

绿豆象 *Callosobruchus chinensis*（Linnaeus）雄虫

（仿 Лукьянович）

（二十六）豆象科 Bruchidae

小型昆虫，体长 1～10 mm，体厚，多数呈卵圆形，少数长椭圆形或近方形，身体各部密接。体壁黑色或暗褐色，有时呈赭黄色、淡红色或黄色，颜色单一或具花斑，被倒伏状细毛。头稍延伸呈短吻状，下口式，在静止状态下紧贴于前胸及中胸腹板；复眼前方凹缘，在多数种类凹缘极深，使复眼变成马蹄形；触角 11 节，侧扁，除基部几节外其余各节多扩展成锯齿状或梳齿状，少数种类触角近丝状，着生于复眼凹缘的开口处。前胸背板圆锥形、梯形或半圆形。每鞘翅有纵行纹 9～10 条，行间和行纹内散布刻点。臀板大而外露，在某些类群，除臀板之外还有 1～2 节背板外露。腹部可见腹板 5

节，第一和第五腹板较长。前足及中足腿节细；后足腿节粗而扁，在腹面形成 1～2 条纵隆脊，隆脊上通常着生齿或齿列。

豆象科昆虫目前全世界记述约 1400 种，分属于 58 个属，广布于除南极之外的世界各大陆，尤其以亚洲的热带区以及中美和南美的数量最多。该科昆虫大约 84%的种类取食豆科植物种子，成为栽培豆科植物的一类重要害虫；另一些种类危害椰子、棕榈核仁及旋花科、梧桐科等植物的种子。

该科国内储藏物中记载 18 种，其中绿豆象 *Callosobruchus chinensis*（Linnaeus）（图 2-47）、蚕豆象 *Bruchus rufimanus* Boheman 和豌豆象 *B. pisorum*（Linnaeus）为我国主要的储藏豆类害虫；而鹰嘴豆象 *C. analis*（Fabricius）、灰豆象 *C. phaseoli*（Chevrolate）、菜豆象（大豆象）*Acanthoscelides obtectus*（Say）和巴西豆象 *Zabrotes subfasciatus*（Boheman）为我国规定禁止入境的检疫性害虫。

（二十七）长角象科 Anthribidae

小型至中型甲虫，体长 1～30 mm。体长而扁平至卵圆形背方隆起。通常呈褐色，多数种类被毛或鳞片状毛。头大，下口式，常缩入前胸。触角长，多为 11 节，末 3 节多膨大，形成叶片状的触角棒（在少数触角十分长的种类，触角棒小或无，某些热带的种类触角棒 2～8 节）。前胸背板后方较宽，两侧有缘边，基部往往与鞘翅等宽。前足基节球形，基节窝后方封闭；中足基节球形；后足基节长，呈横形。跗节式 5—5—5，第 3 节双叶状，第 4 节极小，第 5 节长。鞘翅一般不达腹末，臀板端部外露。腹部可见腹板 5 节。

幼虫弯弓式或亚圆筒状，长 4～12 mm，在腹部中央处最宽。足短或无足。栖息于木质部或蛀食种子，有的食花粉或真菌。

长角象科全世界已记述约 2000 种，多产于热带地区。国内储藏物中仅发现咖啡豆象 *Araecerus fasciculatus*（Degeer）一种（图 2-48），为我国主要的储粮害虫之一，可严重危害储藏中的咖啡豆、玉米、薯干、干果和中药材等。

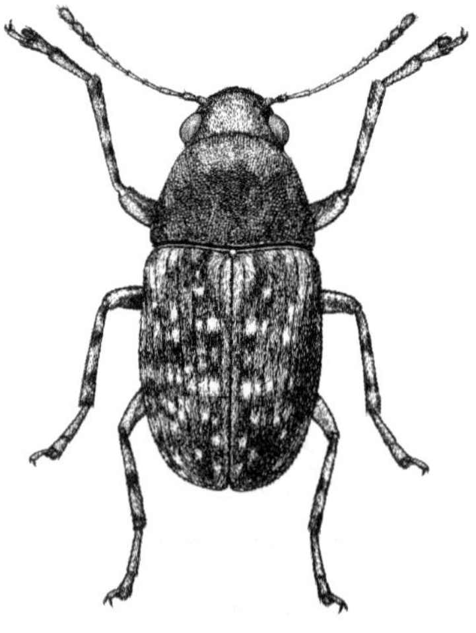

图 2-48　长角象科的代表

咖啡豆象 *Araecerus fasciculatus*（Degeer）

（仿 Bousquet）

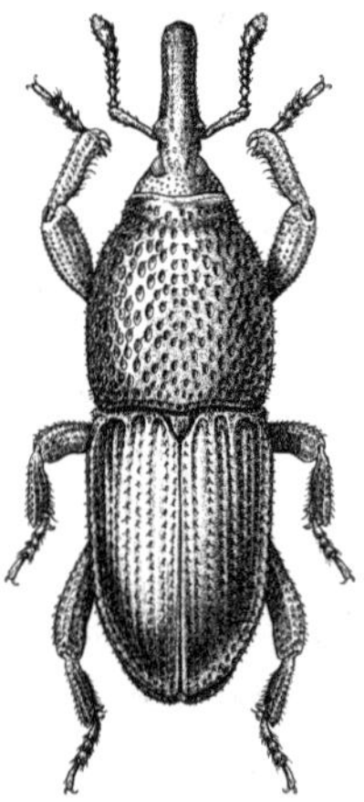

图 2-49　象甲科的代表

谷象 *Sitophilus granarius*（Linnaeus）

（仿 Bousquet）

（二十八）象甲科 Curculionidae

该科昆虫小至大型，体长 2～70 mm。主要特征是头部的额和唇基区延伸成象鼻状的喙，外咽缝合并为 1 条或消失；触角膝状，8～9 节，柄节长，棒头明显；口器位于喙的前端，无上唇；下颚须及下唇须退化而僵直，不能弯曲。跗节形式 5—5—5，第四节小，隐于双叶状的第三节内。

本科为鞘翅目的大科之一，据估计，全世界已记述的种类超过 6 万种，遍及世界各地。

象甲科的昆虫通常称为象鼻虫或象虫(weevil)，均为植食性。多数种类取食生长的作物或树木及植物的根、茎、叶、花、果实和种子，仅少数种类危害储藏物。国内储藏物中记载 6 种，较常见的米象 *Sitophilus oryzae*(Linnaeus)、玉米象 *S. zeamais* Motschulsky 和谷象 *S. granarius*(Linnaeus)(图 2-49)是世界性分布的储粮大害虫，其中玉米象是我国头号储粮害虫，可严重危害各种禾谷类原粮和其他多种储藏物。

九、膜翅目 Hymenoptera

成虫微小至中等大，体长小至 0.2 mm，大型种类包括产卵器可达 75～115 mm。体色多变化，多深暗，体表光滑。头突出，通常横形，活动自如。触角形状多变，通常雄虫 13 节，雌虫 12 节，但节数有的减少到 6～8 节，有的多达 84 节；形状有鞭状、棒状、串珠状、栉状、扇状或膝状等。复眼发达，左右远离，占头部大部分。单眼通常 3 个，位于额上方，排列成倒三角形。口器一般为咀嚼式，蜜蜂总科的口器特化成嚼吸式。具两对膜翅，前翅大于后翅，通常后翅前缘有二列或三列翅钩，用于与前翅相连锁；有些种类的翅退化。多数种类的翅脉较复杂，纵脉多愈合或变形，与横脉构成多数翅室。足的各部分完备，形状及构造多变。跗节 2～5 节，末端具爪 1 对。腹部一般短，呈三角形、卵圆形或柱形，有的扁平或侧扁。腹部多为 10 节，少至 3～4 节。细腰亚目的第一节腹节并入胸部形成并胸腹节，第二节很小，位于腹基呈柄状或很不明显。

膜翅目昆虫食性复杂，有植食性、捕食性和寄生性，多数为益虫。该目为昆虫纲大目之一，已知种类约 12 万种，分属 150 多科。在储藏物中发现多种，多数种名尚难以确定，较常见的种类属于广肩小峰科(Eurytomidae)、金小蜂科(Pteromalidae)和小茧蜂科(Braconidae)。

科检索表

1. 触角串珠状；前缘脉与亚前缘脉会合，无前缘室 ………… 小茧蜂科 Braconidae
   触角膝状；前缘脉与亚前缘脉分离，有一狭长的前缘室 ………… 2
2. 具金属光泽；前胸背板宽短，前角不明显 ………… 金小蜂科 Pteromalidae
   通常黑色，无金属光泽；前胸背板宽，前角近乎直角 ………… 广肩小峰科 Eurytomidae

（一）金小蜂科 Pteromalidae

微小，体长 1～3 mm，活泼能行走、跳跃及飞行。大多具金属光泽。头圆形，复眼大；触角膝状，一般 13 节，具环状节 2～3 节。前胸宽短，常宽于中胸。中胸盾纵沟完整或不完整，并胸腹节常具侧褶及颈。后足腿节不膨大，胫节末有 1～2 个端距。跗节 5 节。腹部短，没有明显的柄。

本科昆虫全世界已记述近 500 属 2000 种左右，多寄生于其他昆虫的幼虫或蛹，但也有极少数种类寄生植物的种子，生活习性极其复杂。储藏物中最常见的种类是米象金小蜂 *Lariophagus distinguendus*(Förster)(图 2-50)，可寄生象虫的幼虫或蛹。

（二）广肩小蜂科 Eurytomidae

体长 1.5～6 mm，雌雄同形或异形。体多呈黑色。头及胸常具脐状粗大刻点或具皱褶，或呈毛玻璃状。头正面观横宽，复眼间距宽，上颚发达，具 3 个齿，颊长。触角着生于颜面中部，11～13 节。前胸宽，肩呈近直角，中胸盾纵沟深而完整，并胸腹节常具明显的皱褶网纹。雌虫腹部卵圆形，侧扁，末端常延伸上翘，产卵器略突出。雄虫触角索节有时一侧偏连呈香蕉状，并具束状长毛；腹部圆形具长柄。足短，后足胫节有 2 端距。

全世界已记述近 500 种，分属 30 余个属。本科昆虫植食性或寄生性，植食性的多危害种子，为林木、药材和绿肥作物害虫。我国储藏物中发现苜蓿广肩小蜂 *Bruchophagus roddi* Gussakovskii 一种(图 2-51)，主要危害苜蓿种子。

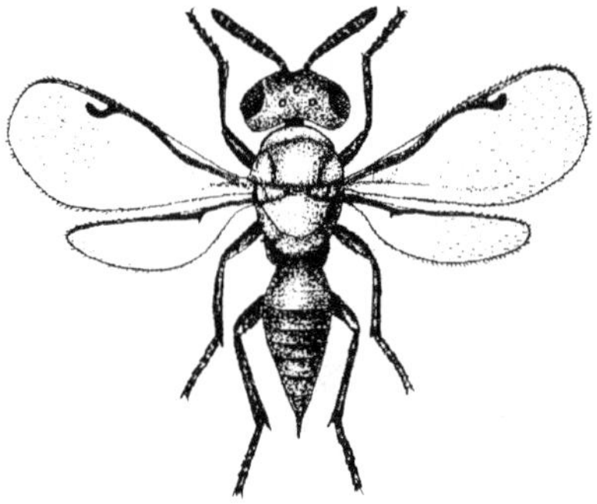

图 2-50　金小蜂科的代表
米象金小蜂 *Lariophagus distinguendus* (Förster)
(仿刘巨元等)

图 2-51　广肩小蜂科的代表
苜蓿广肩小蜂 *Bruchophagus roddi* Gussakovskii
(仿 Колобовая)

（三）小茧蜂科 Braconidae

体微小至小型，体长 2～12 mm，某些雌虫产卵管长度约等于体长。复眼裸露，单眼 3 个。后足腿节简单或加粗，有齿或无齿。翅细，亚缘室 2～3 个，肘室 2 个，中室 1 个。翅脉有时退化。腹部无柄、半无柄或有腹柄，圆筒形或卵圆形，第一至第八或第三至第八腹节可见。

该科幼虫多为初级寄生、外寄生或内寄生，幼虫老熟后常钻出寄主体外结小茧化蛹，有些种类即在寄主体壁上化蛹。国内储藏物中发现麦蛾茧蜂 *Habrobracon*(＝*Bracon*) *hebetor* (Say) 一种(图 2-52)，该种可寄生麦蛾、印度谷螟、粉斑螟、地中

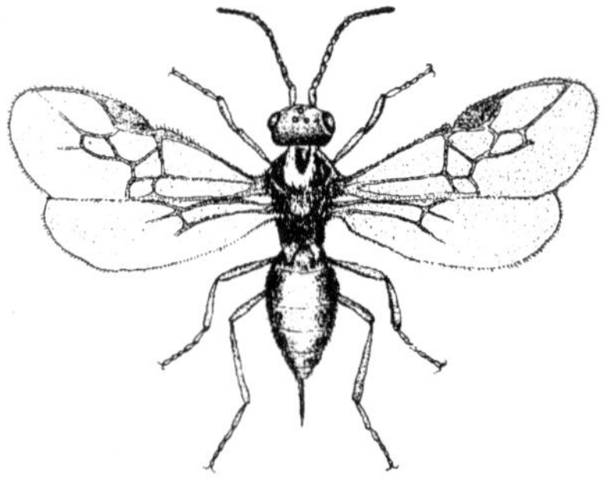

图 2-52　小茧蜂科的代表
麦蛾茧蜂 *Habrobracon hebetor* (Say)
(仿 Hinton)

海螟、一点谷螟等多种储藏物蛾类害虫的幼虫，对蛾类害虫的种群有显著的抑制作用。

十、双翅目 Diptera

体微小至中型，极少数大型，体长 1.5～100 mm。头下口式，常垂直向下。触角形状变化大，多者可达 40 节；少者仅有 3 节，常为具芒状。复眼大，常占头部的大部分；单眼 3 个或缺如。口器适于刺吸、舐吸或退化。胸部 3 节密合，中胸最大。前翅发达，膜质善飞，后翅通常退化为 1 对平衡棒，末端球杆状。足跗节 5 节，爪 1 对，有爪垫和爪间突。腹部分节明显，可见体节少者 4～5 节，多者达 11 节，末端数节形成尾器。

完全变态。幼虫蛆型无足，头部多退化，可伸缩。

双翅目为昆虫纲中的大目之一，包括各种蝇、虻、蚊、蚋等种类，已知种类近 12 万种。成虫在日间活动者，有访花果及腐败物质的习性，以花蜜或污物为食；有的种类夜间活动，吸食其他动物的血液；另一些种类捕食性，取食昆虫或其他节足动物的幼虫，对控制自然界某些害虫的种群密度起着重要作用。与储藏物有关的种类属于窗虻科(Scenopinidae)、瘿蚊科(Cecidomyidae)和酪蝇科(Piophilidae)。

科检索表

1. 触角串珠状，7 节以上；翅只有 2～3 条纵脉，横脉；体小，极脆弱 ………… 瘿蚊科 Cecidomyidae
   触角非串珠状，3 节；翅除有纵脉外，还有横脉 ……………………………………… 2
2. 触角第三节上具芒；翅的前缘具毛，无刺 ……………………………………… 酪蝇科 Piophilidae
   触角第三节上不具芒；喙短，隐藏；体毛少或无……………………………… 窗虻科 Scenopinidae

(一) 窗虻科 Scenopinidae

小型至中型昆虫。颜面宽，雄虫两复眼常相遇，有单眼，排成三角形；喙短，隐蔽；触角基部相接近，3 节，第三节长，不具芒。胸部很长，背面略隆起；小盾片短阔，末端隆起，无刺毛。足无中垫。翅脉 R_4 与 R_5 共柄，终于顶角之前；M_1 弯曲达顶角前。腹部扁平，可见 7～8 节。

幼虫极细长，外形似 20 节，末节有一对小型尾片。生活于腐败的树木或菌中，营捕食生活，有些种类生活于室内，成虫常发现于窗上。

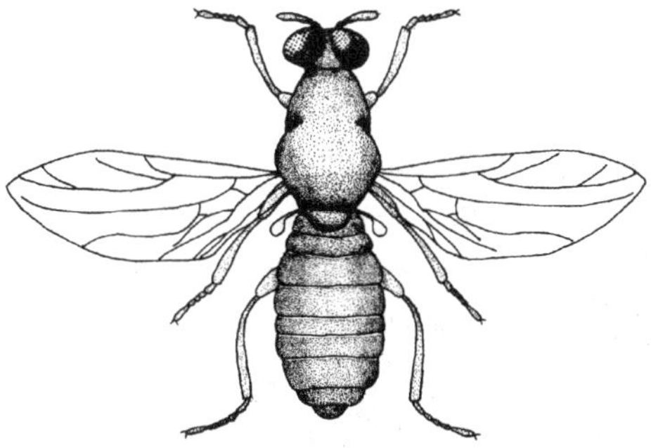

图 2-53　窗虻科的代表
窗虻 *Scenopinus fenestralis* (Linnaeus)

全世界已知 200 种。国内储藏物中发现窗虻 *Scenopinus fenestralis* (Linnaeus) 一种(图 2-53)，其幼虫可捕食其他小型节肢动物，为室内的常见种。

(二) 瘿蚊科 Cecidomyidae

小型昆虫。身体纤细、脆弱，外形像蚊，有细长的足。触角细长，串珠状，10～36

节，具明显的毛，雄虫常有环状毛。复眼发达，或左右愈合成一个。喙短或长，须1～4节。前翅宽阔，有毛或鳞毛；只有 3～5 条纵脉，很少横脉。足的基节短，胫节无距，爪有中垫或爪垫。腹部 8 节，伪产卵器短或极长，能伸缩。

该科成虫一般不取食，幼虫有的是捕食性的，取食蚜虫、介壳虫和螨类；有的是腐食性的，取食腐败的植物质；有的是植食性的，危害生活植物的花、茎、果实或其他部分。国内储藏物中发现一种螨类寄生瘿 *Silvestrina tyrophagi* Domb(图 2-54)。

（三）酪蝇科 Piophilidae

小型昆虫。体黑色，略具金属光泽。触角短，3 节，第三节远长于第一节和第二节之和，第三节上具显著的触角芒。翅的前缘脉上具细毛，径脉上无毛。

该科我国储藏物中仅发现酪跳虫 *Piophila casei* Linnaeus 一种(图 2-55)，可危害咸肉、生皮张等。

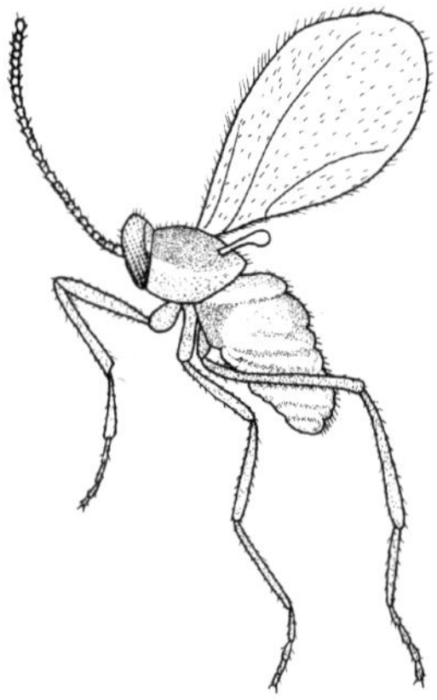

图 2-54　瘿蚊科的代表

螨类寄生瘿 *Silvestrina tyrophagi* Domb

(仿郑州粮食学院等)

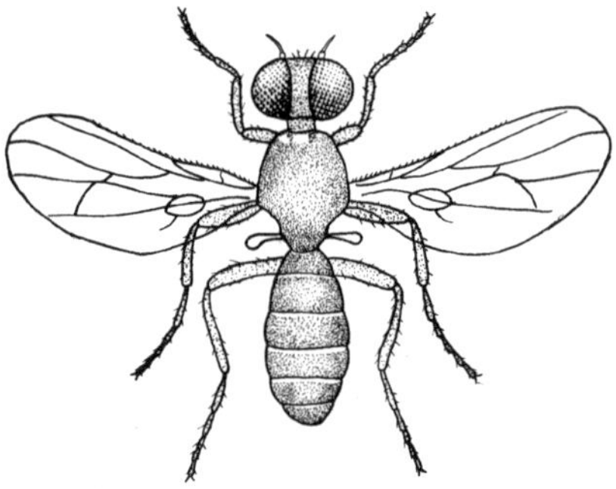

图 2-55　酪蝇科的代表

酪跳虫 *Piophila casei* Linnaeus

思　考　题

1. 昆虫分类的任务和意义是什么?
2. 什么叫分类单元和分类阶梯? 分类单元有哪几类?
3. 以一种常见的储藏物昆虫为例，说明它的分类地位。
4. 什么叫种、亚种和型?
5. 昆虫的科学名称是怎样组成的? 在书写或印刷时有何规定?
6. 新种和新记录种有何区别? 什么叫模式标本?
7. 什么叫检索表? 如何编制昆虫分类检索表?
8. 昆虫分类学分哪几个发展阶段? 现代昆虫分类有哪些方法?
9. 昆虫分目的主要依据特征有哪些?
10. 昆虫纲分多少个目? 储藏物昆虫有多数目? 哪些目是害虫? 哪些目是天敌?
11. 储藏物昆虫各目有哪些主要特征? 各举出一种代表虫种。
12. 鉴别鳞翅目成虫的途径有哪些?
13. 我国鳞翅目储藏物昆虫包括哪几个科? 各科举出一种代表虫种。

14. 鳞翅目储藏物昆虫成虫重要科的主要特征有哪些？
15. 试编制一个储藏物鳞翅目幼虫科的检索表。
16. 鞘翅目成虫分科的主要依据特征有哪些？
17. 鞘翅目储藏物昆虫重要科的主要特征有哪些？

主要参考文献

白旭光. 1985. 我国首次发现的玉米尖翅蛾. 郑州：郑州粮食学院学报（3）

白旭光，曹阳. 1997. 中国储粮虱啮(书虱)属昆虫两新记录及两已知种补记. 中国粮油学报（1）

彩万志等. 2001. 普通昆虫学. 北京：中国农业大学出版社

蔡邦华. 1973. 昆虫分类学(中册). 北京：科学出版社

陈启宗. 1988. 我国蛾类仓库害虫的鉴别. 北京：中国农业出版社

陈启宗，黄建国. 1985. 仓库昆虫图册. 北京：科学出版社

陈耀溪. 1984. 仓库害虫(增订本). 北京：中国农业出版社

冯平章，郭予元，吴福桢. 1997. 中国蟑螂种类及防治. 北京：中国科学技术出版社

昆虫学名词审定委员会. 2001. 昆虫学名词 2000. 北京：科学出版社

雷朝亮等. 2003. 普通昆虫学. 北京：中国农业出版社

刘巨元，张生芳，刘永平. 1997. 内蒙古仓库昆虫. 北京：中国农业出版社

刘永平，张生芳. 1988. 中国仓储品皮蠹害虫. 北京：中国农业出版社

时振亚，申效诚. 1995. 寄生蜂鉴定. 北京：中国农业科技出版社

忻介六，刘钟钰译. Weber Weidner. 1982. 昆虫学纲要. 北京：高等教育出版社

忻介六，苏德明，杨庆爽等译. O. W. Richards，R. G. Davies. 1987. 伊姆斯普通昆虫学教程(第10版). 北京：高等教育出版社

忻介六，杨庆爽，胡成业. 1985. 昆虫形态分类学. 上海：复旦大学出版社

姚康. 1986. 仓库害虫及益虫. 北京：中国财政经济出版社

张生芳，刘永平，武增强. 2000. 中国储藏物甲虫. 北京：中国农业科技出版社

赵养昌. 1966. 中国仓库害虫. 北京：科学出版社

赵养昌，李鸿兴，高锦亚. 1982. 中国仓库害虫区系调查. 北京：中国农业出版社

郑州工学院粮油工业系. 1975. 贮粮害虫图册. 北京：科学出版社

郑州粮食学院，吉林财贸学院. 1986. 仓库昆虫学. 北京：中国财政经济出版社

祝长清等. 1999. 河南昆虫志鞘翅目（一）. 郑州：河南科学技术出版社

Hinton H. E. 1945. A monograph of the beetles associated with stored products. British Museum(Natural Histry)London

Yves Bousquet. 1990. Beetles associated with stored products in Canada：A identification guide. Canada Governement Publishing Centre

第三章　储藏物昆虫的生理学

本章提要：

- 昆虫体腔的划分及各器官的位置
- 体壁及其生理
- 消化系统及其生理
- 气管系统的构造及呼吸生理
- 循环系统及其生理
- 排泄器官
- 肌肉系统及其生理
- 神经系统及主要感觉器官
- 昆虫的激素
- 生殖系统及其生理

昆虫生理学(insect physiology)是研究昆虫体的机能(功能)活动规律的一门学科，是动物生理学的一个分支学科。昆虫生理学是人类在生产实践中控制害虫和合理利用益虫的基础理论学科，也为学习昆虫生态学和昆虫毒理学奠定一定的基础。和研究其他动物一样，昆虫生理学也是从昆虫的组织、器官和系统几个不同的水平着手进行研究。

在昆虫体内，一些形态相似、机能相同的细胞群构成组织；不同类型的组织联合形成具有一定的形态特征和一定生理机能的结构被称为器官；一些在机能上有密切联系的器官联合起来完成一定的生理机能形成系统。

第一节　体腔与各器官的相互位置

一、体腔

昆虫体的外表包裹着一个由体壁组成的外壳，其内充塞着流动的血淋巴。所有的内脏都浸浴在其中，通常叫做体腔(coelomic cavity)或血腔(haemocoele)。

昆虫的体腔通常由纤维肌膈(横膈)分成两部分或三部分，称为血窦(图 3-1)。几乎所有的昆虫都有背膈：与背板平行的、位于消化道背面、由背横肌和结缔组织联合组成的膜。背膈的背面称为背血窦，因心脏位于其间，因而也被称为围心窦。有些昆虫如鳞翅目、膜翅目中的大多数种类在腹板的两侧间、位于消化道的腹面、与腹板平行也形成一层横膈，称为腹膈。在腹膈腹面的部分称为腹血窦，因神经索位于其间，又被称为围神经窦；在背膈与腹膈之间的血窦，多数内脏包含在其中，被称为围脏窦。

二、各器官的位置

昆虫体内各器官的位置大致如下(图 3-1，图 3-2)：

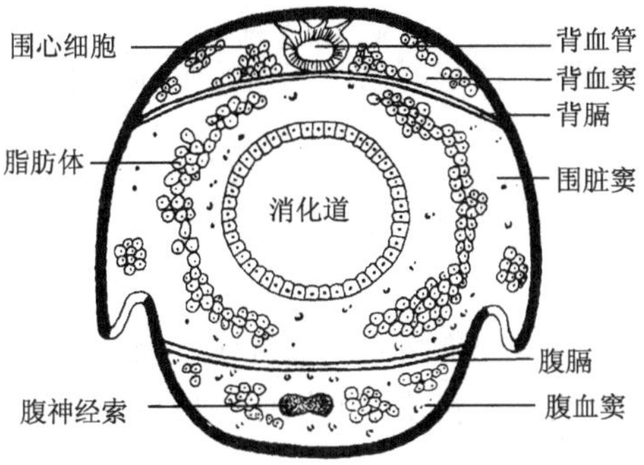

图 3-1　昆虫腹部的横切图

（仿 Snodgrass）

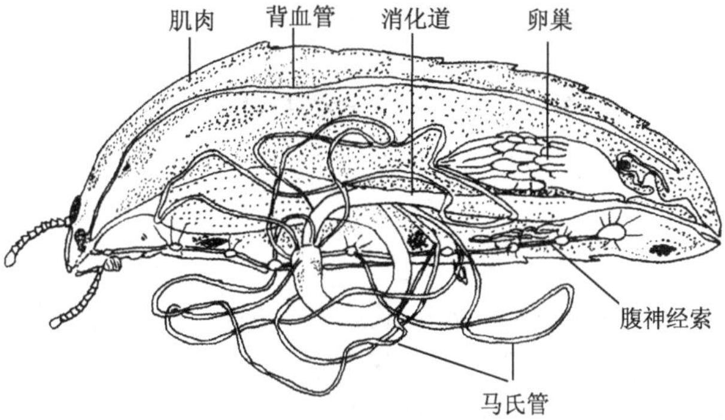

图 3-2　昆虫剖视图

（仿郑州粮食学院等）

（一）消化道

从昆虫腹部的横截面看，消化道位于体腔中央。消化道可分为前肠、中肠和后肠三大部分。前肠和中肠以贲门瓣为分界，中肠和后肠以幽门瓣为分界。前肠包括咽喉、食道、嗉囊，咀嚼式口器的昆虫在嗉囊后面还有特化的前胃。中肠是一条前后粗细大致相等的管状物，有些种类的昆虫还有胃盲囊或隐窝。后肠可分为回肠、结肠和直肠。

（二）马氏管

马氏管是一些细长的管道，与消化道相连，起排泄作用，是昆虫的主要排泄器官。

（三）循环器官

昆虫的循环器官比较简单，没有像高等动物一样严密完整的血管。血淋巴在体内循环过程中只在少数地方有管道限制，在多数地方是通过体腔流回心脏的。完成血淋巴循环的主要器官是背血管，另外还有一些辅助性搏动器官。背血管位于消化道的上方，由心脏和大动脉组成。

（四）呼吸器官

一般说，昆虫的呼吸器官在虫体的两侧以气门向外开口，体内有分布于虫体侧面、背面、腹面和内脏器官间的纵横交错的大小气管。

（五）神经系统

神经系统由位于头部的脑、位于消化道下面的腹神经索和周围神经系组成。

（六）肌肉

肌肉附着在昆虫的体壁内侧及各有关的内脏器官上。

（七）内分泌

内分泌系统主要包括脑神经分泌细胞、心侧体、咽侧体、前胸腺等。脑神经分泌细胞位于前脑两半球中央沟两侧；心侧体、咽侧体一般位于咽喉两侧；前胸腺为成对的腺体，一般位于前胸气门的气管侧支上。

（八）生殖器官

昆虫为雌雄异体动物，卵巢(或精巢)位于腹部消化道的背侧面，每侧各以一根输卵管(或输精管)伸到消化道的下面，合并成一条共同的管道通到体外。

第二节　体壁及其生理

一、体壁的作用

昆虫的体壁(integument，body wall)既起着保护作用(相当于高等动物的皮肤)，又起着骨骼作用，同时也是营养成分的储备场所。

昆虫体壁的保护作用主要体现在：体壁是昆虫虫体的内部器官和外界环境之间的保护性屏障，覆盖着昆虫体躯的全部。昆虫的体壁具有坚韧而精细的结构，可以控制昆虫体内水分的蒸发，使昆虫能在干燥的环境中生活；昆虫体壁的特殊层次和组成成分，使它具备了防御水分、化学离子、病原微生物以及杀虫剂的侵袭等方面的功能。

昆虫体壁的骨骼作用主要是决定昆虫的体形，以膜质连接各体节、翅、附肢、附器，使之活动自如。口器的主要部分由坚硬的表皮层演化而成，体壁部分内陷形成坚韧的内骨骼，供肌肉附着。

另外，有一部分器官或某些器官的一部分由体壁内陷形成，如消化道的前肠和后肠、气管系统、生殖器官的某些部分等。

作为营养储备库，昆虫的体壁可储存一些代谢物质，在饥饿或其他生命活动时不断消耗和更新。

二、体壁的结构

昆虫的体壁来源于胚胎发育时期的外胚层，由基膜、真皮细胞层和表皮层组成(图3-3)。

（一）基膜

基膜也称底膜，是体壁的最内层，位于真皮细胞层的下方，直接与体腔内的血淋巴接触，常有各种血细胞及绛色细胞黏附于其上。基膜是由一类血细胞——吞噬细胞分泌

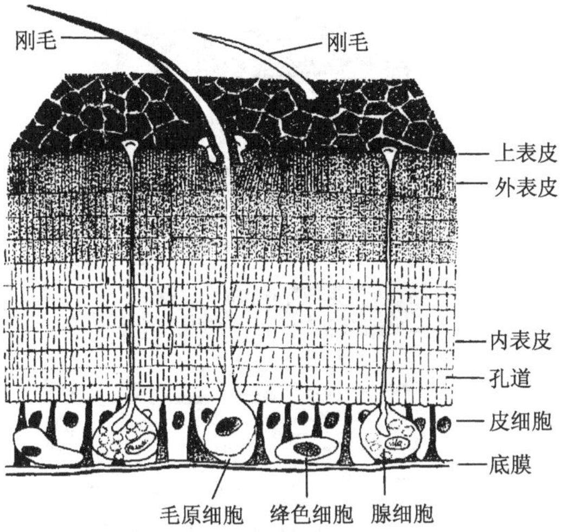

图 3-3 昆虫体壁构造模式图
(仿 Richards)

成的中性黏多糖物质。在电镜下可观察到，基膜是一层无定形的颗粒状层次，神经纤维和微气管穿过基膜到达真皮细胞层。基膜具有选择通透性，可允许某些化学物质和激素进入真皮细胞。

（二）真皮细胞层

真皮细胞层由一层排列整齐的单细胞层组成。在昆虫生长发育过程中，真皮细胞都呈柱状，顶端伸出原生质丝，细胞核位于细胞底部。到成虫期一般昆虫不再蜕皮，真皮细胞就退化，仅留一薄层细胞质，细胞与细胞之间的界限已不易分清，仅能以细胞核的位置来辨别。真皮细胞层的一些细胞在发育过程中可特化成腺体(如蜡腺、臭腺、毒腺等)、绛色细胞、毛原细胞及感觉细胞等。

真皮细胞层的主要生理功能是：分泌蜕皮液，消化旧表皮的内表皮层，并将被消化的物质吸收到体内重新利用；分泌新表皮层，组成昆虫的体躯和体躯的外长物；修补外伤；分泌绛色细胞等。

（三）表皮层

表皮层位于昆虫体壁的最外方，由三层组成，自内而外依次为内表皮、外表皮和上表皮(图 3-4)。这三层表皮皆由真皮细胞层分泌而成，位于真皮细胞层的外方。

1. 内表皮

内表皮是由真皮细胞层向外分泌最后形成的一层。该层是三个表皮层中最厚的一层(10～200 μm)。内表皮层可分为许多片层，每一片层由许多弯曲成“C”字型排列的微纤维构成，便于虫体弯曲与伸展。许多昆虫在饥饿或蜕皮时可将内表皮消化，然后被虫体重新吸收。内表皮一般柔软无色，其主要化学成分是几丁质—蛋白质的复合体(也称黏多糖蛋白质)。

2. 外表皮

外表皮位于内表皮的外方，该层的颜色较深，质地坚硬，是三个表皮层中最硬的一

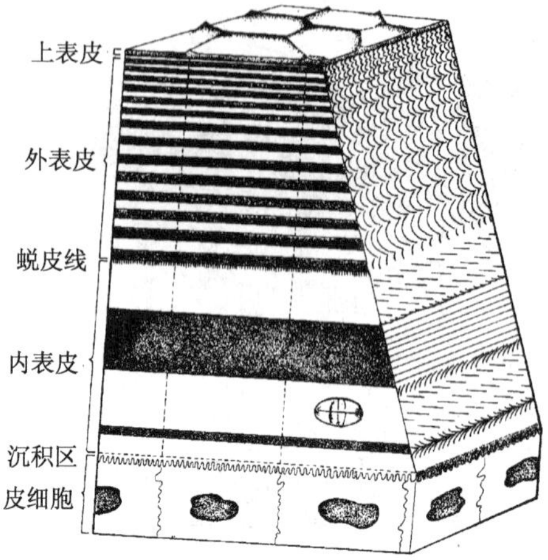

图 3-4　昆虫体壁表皮分层示意图

（仿 Caveney）

层，结构非常紧密。在节间膜处，外表皮一般很不发达，甚至缺如，因此活动自如。昆虫的外表皮之所以坚硬，主要是因为此层内所含的蛋白质经鞣化后形成了鞣化蛋白（也叫骨质蛋白），鞣化蛋白很坚硬。外表皮的颜色也较深甚至呈黑色，其原因是由蛋白质在鞣化的过程中产生的黑色素引起的。刚蜕皮的昆虫，由于上表皮下新分泌的原表皮尚未分化出外表皮，所以颜色很浅，质地柔软。不久，在酪氨酸酶和多元酚氧化酶的作用下，原表皮外层的蛋白质鞣化，体壁的质地变得坚硬，其颜色也随着变深。

内外表皮的化学性质相似，皆含有几丁质和蛋白质，但二者含量不同。

由真皮细胞层开始，向外伸出孔道，贯穿于内表皮和外表皮之中，有些昆虫孔道可直达上表皮的角质精层。孔道是当表皮层磨损后以及在表层鞣化过程中由真皮细胞补充供应所需物质的通道，有些昆虫的表皮或表皮的某些部位没有孔道，有些昆虫孔道基部还有轴丝，在真皮细胞和内表皮之间起加固作用。

3. 上表皮

上表皮位于表皮层的最外层，覆盖于昆虫的体表、气管壁以及化学感受器的表面，仅 1～3μm。该层不含几丁质。上表皮虽薄，但其结构却相当复杂，由内向外一般可分为角质精层（表皮质层）、蜡质层、护蜡层，有些昆虫还有多元酚层。

上表皮的蜡质层是阻止水分和杀虫剂进入昆虫体内的重要屏障。杀虫药剂要进入昆虫体内，必须先展布在虫体上。上表皮中的蜡质越硬，熔点越高，药滴在体壁上的接触角越大，则药液展布的能力越小，药液也越不容易进入虫体。虽然表皮蜡质层可以阻止很多无机杀虫剂的穿透，但可以使用容易透入虫体蜡质层的脂溶性有机杀虫剂或能破坏蜡质的油类物质，破坏昆虫体壁上表皮蜡层的分子排列结构，以利于杀虫药剂进入虫体。

应用惰性粉防治储藏物害虫的原理，就是利用惰性粉的硬度，将上表皮的蜡质层和护蜡层磨损，使虫体内的水分迅速蒸发而死亡。

三、表皮的主要化学成分

（一）几丁质

几丁质(chitin)存在于昆虫体壁的内外表皮中。昆虫表皮的一些重要物理性质如弹性、韧性等，主要是由几丁质的存在而形成的。过去，曾有人认为虫体的硬度是由于几丁质含量的多少决定的。但后来发现，体壁的坚硬程度决非取决于几丁质的含量多少。例如，有些昆虫内表皮几丁质的含量高达60%左右，而在外表皮中仅22%，但外表皮的硬度明显高于内表皮。

几丁质是一种高分子含氮多糖物质，其结构类似于纤维素，是由许多(至少数百个)乙酰氨基葡萄糖单位联合而成，其化学式是$(C_8H_{13}O_5N)_n$，结构式如图3-5。

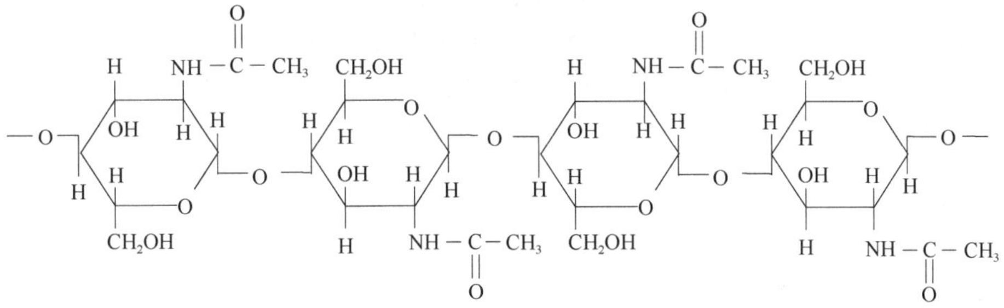

图3-5　几丁质的结构式

几丁质的相对分子质量很大，最小的描述单位是几丁二糖。在偏光显微镜下能看到乙酰氨基葡萄糖的残基以氧原子联系起来的结晶状构造，没有分支，其长轴与纤维长度平行。

几丁质是一种无色无定型的固体，不溶于水、稀酸、稀碱、乙醇、乙醚等有机溶剂，仅能溶于少数如六氟异丙酮、六氟丙酮水合物、吡咯烷酮的氯化锂溶剂、一些氯醇和浓硫酸等。以浓碱(如氢氧化钠或氢氧化钾)在高温(160℃)下处理几丁质，虽不能溶解，但能脱去*N*-乙酰基生成几丁聚糖(chitosan)，其学名为(1,4)-2-氨基-2-脱氧-β-D-葡聚糖。几丁聚糖外观是白色或淡黄色的半透明状固体，略有珍珠光泽，可溶于大多数稀酸如醋酸、苯甲酸溶液，且溶于酸后分子中的氨基可与质子结合，而使自身带正电荷。但是几丁聚糖不溶于水和碱性溶液，也不溶于硫酸和盐酸。几丁聚糖遇碘产生深紫红色，一般可用此方法测定几丁质的存在。在室温下，几丁质可溶于含氯5%的次氯酸钠溶液。近代X-射线衍射分析证明，在昆虫表皮中发现的几丁质属于α-几丁质。

（二）蛋白质

蛋白质是昆虫表皮层的主要成分，约占表皮干重的一半以上。昆虫表皮的重要蛋白质是脂蛋白、糖蛋白和弹性蛋白。

昆虫表皮是一种多聚体的网络。其中几丁质以纤维状存在，借共价键和非共价键与其周围的蛋白质或其他物质相连接。在飞行能力强的昆虫中，翅关节处还存在有表皮特化的类弹性硬蛋白——节肢蛋白。节肢蛋白无色，遇水膨胀，类似橡皮，有极好的弹性。

昆虫体壁的硬化原因主要是蛋白质在多元酚氧化酶和酪氨酸酶的作用下鞣化(或骨化)成为鞣化蛋白(骨质蛋白)。鞣化(或骨化)是动物蛋白质结构变性的复杂过程，昆虫表皮通过其中的蛋白与醌反应完成鞣化(或骨化)，使表皮变硬，同时也使表皮获得高度的稳定性。

(三) 脂类、多元酚与色素

脂类是形成上表皮蜡质层中蜡质的主要原料，脂类缺乏可导致上表皮形成受阻。脂类主要以蜡的形式存在于上表皮中，其熔点范围较广，一般为50～60℃，有些种类可达100℃以上。

多元酚及其氧化酶在昆虫表皮硬化与暗化过程中起重要作用，如对黄粉虫的研究证实，多元酚是血淋巴中酪氨酸经一系列氧化作用的衍生物。多元酚进一步氧化成相应的醌，醌与蛋白质结合使表皮发生硬化，即蛋白质鞣化。

色素以颗粒的形式存在于真皮细胞中，并受激素控制，可以产生暂时性的颜色改变。表皮呈现黑色是由于黑色素存在的缘故，它是酪氨酸的氧化物；类胡萝卜素可以使昆虫的表皮呈现黄色、橙色和红色，这些色素只能从食物中获得，而昆虫本身不能合成。

四、昆虫的蜕皮过程

昆虫的体壁具有坚硬的表皮，缺乏足够的延展性，限制了虫体的生长。在蜕皮过程中，整个体表及其外长物和体壁的内陷如前肠、后肠、气管等均蜕掉。

蜕皮从开始到结束都是在激素的控制下进行的，可分为以下几个阶段。

(一) 准备阶段

准备蜕皮时，真皮细胞先行分裂长大，产生很多新细胞，其中有些分化为蜕皮腺、绛色细胞、毛原细胞等；有一部分退化消失。当新生真皮细胞和旧表皮分离之前，由内表皮中的若干片层形成蜕皮膜绒，随即与旧表皮分离。由新生真皮细胞所特化的蜕皮腺分泌的蜕皮液内含几丁质酶和蛋白质酶，用来消化旧表皮中的内表皮。消化后的物质被真皮细胞重新吸收。

(二) 新表皮的形成

新表皮形成时，由外向内进行。最先形成的是上表皮，顺次再形成外表皮和内表皮。当旧表皮脱离虫体时，新表皮已形成蜡质层，外表皮已形成完毕，已具有保水能力，但内表皮的产生往往要到蜕皮后的一定时间才可完成。旧表皮中未被消化的部分——上表皮与外表皮连同蜕皮膜一起由虫体蜕掉。蜕下的躯壳称为“蜕”或“虫蜕”。

(三) 蜕皮

当旧表皮脱离虫体时，首先从虫体的一定部位裂开，尔后逐渐蜕下，其方式因虫种而异：或借内在的各种压力来实现，如蜚蠊吞入大量空气，使空气充满嗉囊而获得压力，将旧表皮撑破；或在蜕皮时头部向下吊着，利用重力将旧表皮压破，如蝶类。但多数种类因蜕裂线处表皮薄而脆，首先由此裂开。

旧表皮脱落后，新表皮十分柔嫩，呈折皱状的翅展开时，需借助于肠内充满空气和躯体肌肉的收缩将血淋巴向翅内挤压而完成，因此，初生翅表面略受微伤或将其麻醉会导致初生翅不能正常展开。

（四）暗化与硬化

蜕皮后数小时内，存在于上表皮内层的蛋白质经苯醌鞣化成为鞣化蛋白。同时，由于酪氨酸的代谢产生黑色素使虫体的体壁暗化。这里需要说明的是，虽然硬化和暗化变色经常伴随发生，但这两个过程并非必然联系在一起，有时坚硬的表皮也可以是无色或浅色的。

五、体壁衍生物

（一）体壁外长物

昆虫体壁的表面，一般都会有一些细微的突起，如刻点、刺、距、刚毛、鳞片等，这些外长物可分为细胞性外长物和非细胞性外长物。非细胞性外长物是指表皮上的一些突起，如微毛、刻点、齿突、脊纹、毛垫等，与真皮细胞无直接的关系。细胞性外长物是指有真皮细胞参与，又可分为单细胞性外长物和多细胞性外长物，如刚毛和鳞片就属于单细胞性外长物，而刺和距则为多细胞性外长物(图 3-6)。距和刺都是由体壁向外凸出形成的中空刺状物，其内壁包含着一层皮细胞，但前者的基部以薄膜与体壁相连，活动性强；后者的基部多固定在体壁上，一般不能活动。

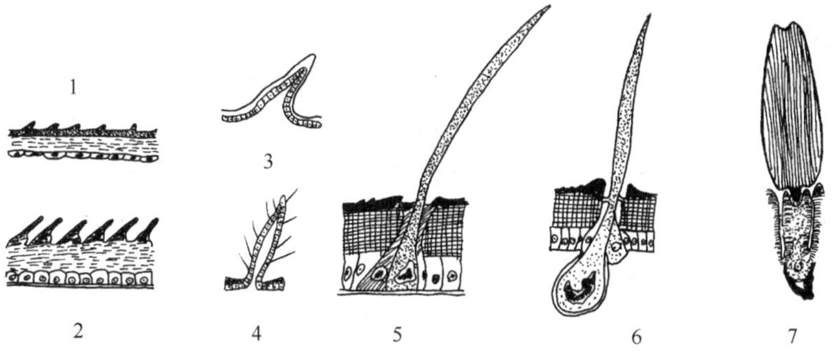

图 3-6　昆虫体壁外长物

1、2. 非细胞性外突；3. 刺；4. 距；5. 刚毛；6. 腺毛；7. 鳞片

(仿 Snodgrass)

（二）皮细胞腺

由外胚层形成的整个真皮细胞层都有分泌功能，表皮层就是由这一细胞层分泌而成。在真皮细胞层中有一些细胞特化成具有特殊分泌功能的腺体，由导管伸出表皮层，其分泌物可通过导管输送到体壁外。这些腺体有的是单细胞腺体，有的是多细胞腺体。常见的腺体有唾液腺、丝腺、蜕皮腺、性诱腺、蜡腺、胶腺、臭腺等(图 3-7)。

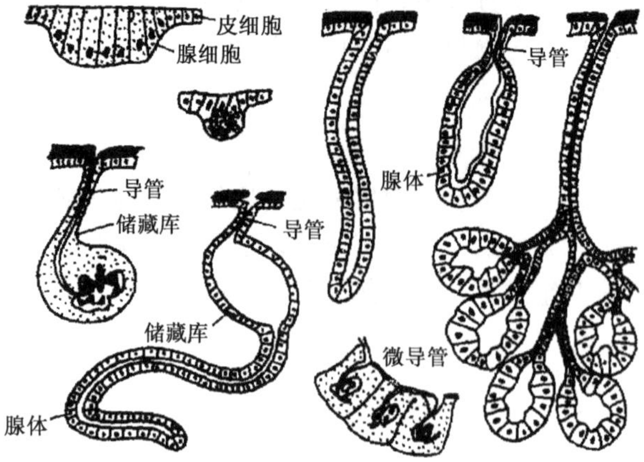

图 3-7　皮细胞腺的类型
（仿 Snodgrass）

六、体色

昆虫的体壁上常常呈显不同的颜色，这些颜色可分为两大类。一类被称为结构色，另一类被称为色素色。

（一）结构色

结构色(structural colour)也被称为物理色或光学色。这种颜色是由于昆虫体壁上有极薄的蜡层、刻点、沟缝或鳞片等细微结构，使光波发生折射、反射或干涉而产生的各种颜色。如甘薯小象甲、赤颈郭公虫等昆虫体表具有闪光的金属光泽都属于结构色。结构色不会因昆虫的死亡、漂白、或煮沸等处理而消失或改变颜色，但用高压或改变光源的方向则可以改变这种颜色；若将具有这种颜色的昆虫放入与其折光率相同的无色液体中，颜色也会消失；但将其从液体中取出清洗晾干后，原来的颜色即可重新恢复。

（二）色素色

色素色(pigmentary colour)也称为化学色，是昆虫着色的基本形式。这类颜色是由于虫体某些部位含有一些色素化合物引起的。这些化合物有的是新陈代谢的产物，有的是虫体的排泄废物，如黑色素和嘌呤色素等，可以吸收一部分光波和反射一部分光波而呈现出一定的颜色。按照各种颜色所处的位置不同，可分为表皮色、真皮细胞色、皮下组织色、表皮上色。

表皮色：这种色素主要存在于表皮内，如昆虫翅上的斑纹。由于表皮是非细胞组织，即使虫体死亡后，这种色素仍能在很长时间内保持稳定不变。

表皮上色：这种颜色实际上是体壁外长物上的颜色。如花斑皮蠹幼虫的黄褐色毛，鳞翅目昆虫翅上的花斑皆属于此。

真皮细胞色：这种色素位于透明表皮下面的真皮细胞内，昆虫死亡后真皮细胞即被破坏，这种色素也随之被破坏，其颜色就逐渐消失。

皮下组织色：这种颜色是指体壁透明的昆虫，其内部器官的颜色透过昆虫的体壁显露出来。如生活在粮粒内部的象甲科幼虫、豆象科幼虫、麦蛾幼虫等，其乳白的体色就是由体内脂肪体的颜色决定的。

第三节　消化系统及其生理

消化系统包括一根口腔至肛门的消化道和与消化有关的腺体。昆虫的消化系统功能是消化摄入的食物，吸收消化过的养分，再经血淋巴输送到各组织、器官中去，用于昆虫的生长和发育。不能被消化和未被消化的残渣连同马氏管排出的尿酸一起，通过后肠由肛门排出体外。

一、消化道的结构与功能

昆虫的消化道(alimentary canal)包括前肠、中肠和后肠三大部分。

(一) 前肠

前肠(fore-gut)前面是口腔，前肠通常可分为咽喉、食道、嗉囊、前胃，以伸入中肠的贲门瓣与中肠为界。前肠来源于胚胎发育时期的外胚层。

咽喉是前肠最前端的部分，对于咀嚼式口器的昆虫来说，咽喉只是食物的一个通道；对于吸收式口器的昆虫如虹吸式口器、刺吸式口器的昆虫，其咽喉特化为具有抽吸作用的咽喉唧筒，取食时，与食窦唧筒交替伸缩将食物抽吸进消化道。

食道是位于咽喉之后的狭长管道，后面或直接伸入中肠，或与嗉囊相连，或终止于前胃，其作用仅为食物的通道。

嗉囊是食道后端的膨大部分，有些种类的昆虫嗉囊只是食道后端突出的一个圆球形支囊。鞘翅目(如玉米象成虫)及蜚蠊目(如澳洲蜚蠊)的昆虫多有膨大的嗉囊(图 3-8、图 3-9)。鞘翅目昆虫幼虫的嗉囊占据前肠的大部分，而成虫的嗉囊只突出于食道的一侧。嗉囊的主要功能是临时储存食物。有些昆虫的嗉囊还可吸收某些物质，如蜚蠊的嗉囊具有吸收脂肪的功能；有些昆虫在蜕皮前吞入空气，使嗉囊膨胀，帮助虫体蜕去旧皮。

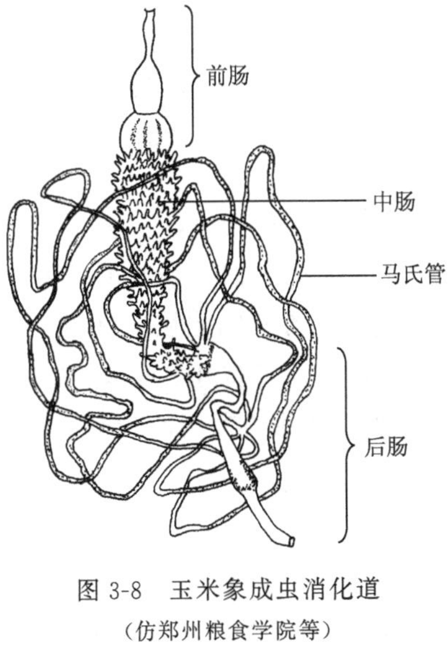

图 3-8　玉米象成虫消化道
(仿郑州粮食学院等)

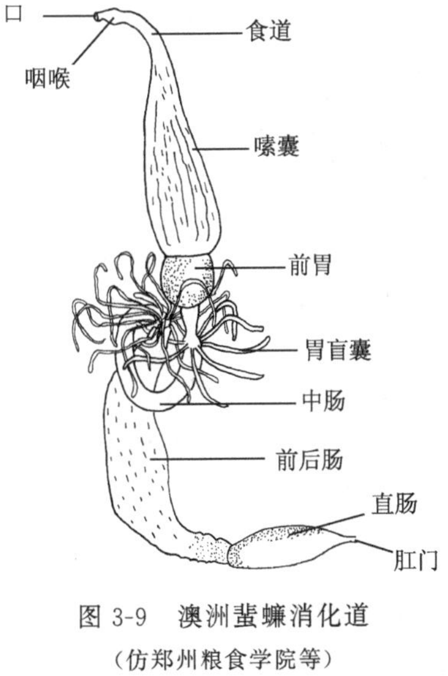

图 3-9　澳洲蜚蠊消化道
(仿郑州粮食学院等)

前胃位于前肠的末端，是消化道最特化的地方。取食固体食物的昆虫，其前胃尤其发达。前胃的外面包有强大的肌肉层，内壁往往还有一些由内膜特化而成的粗刺或坚齿，如玉米象、蜚蠊等(图 3-10、图 3-11)，可用来磨碎食物。昆虫的前胃除有磨碎食物的功能外，还具有调节食物进入中肠的速度和过滤作用。

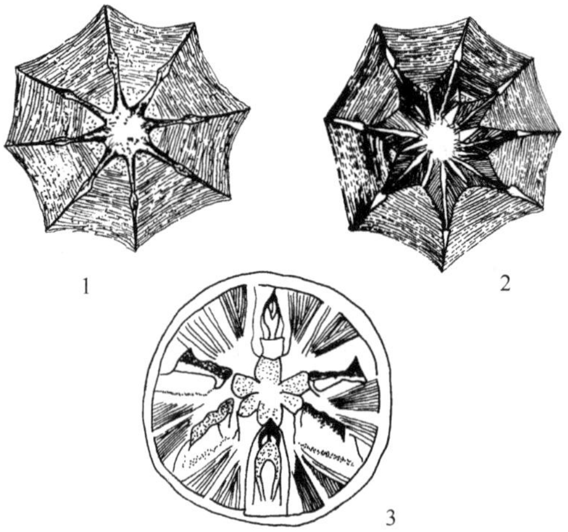

图 3-10　玉米象和澳洲蜚蠊前胃横切图

1. 米象雄虫；2. 玉米象雌虫；3. 澳洲蜚蠊

(仿郑州粮食学院等)

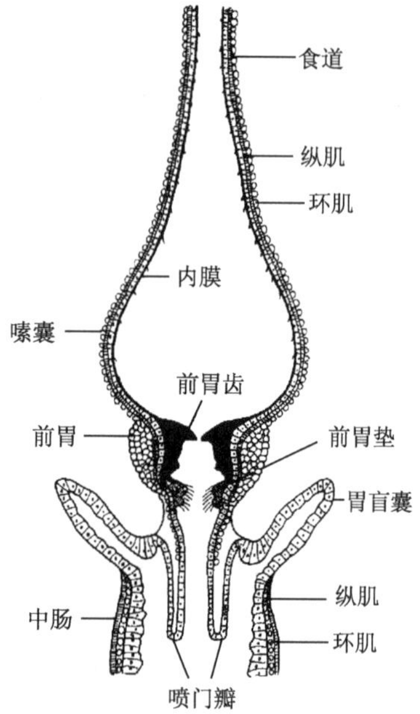

图 3-11　蜚蠊的前肠

(仿 Snodgrass)

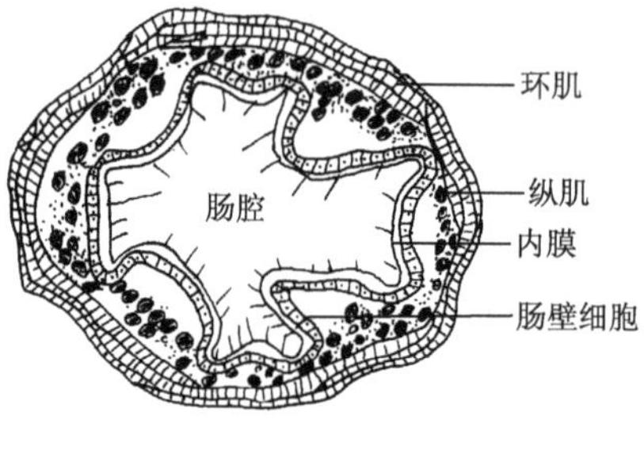

图 3-12　黑粉虫成虫前肠的横切面

(仿郑州粮食学院等)

贲门瓣位于前肠的后端，是前肠末端的肠壁向中肠前端内折陷而成，具单向阀门作用，可阻止食物倒流入前肠。但对于某些昆虫(如直翅目)来说，中肠分泌的消化液也可倒流入嗉囊，与嗉囊中的食物充分混合，在嗉囊内进行初步消化，在这种情况下，贲门瓣可允许消化液倒流。

前肠的主要功能是摄取食物、储存食物和磨碎食物。由于前肠是由体壁内陷而成，所以在组织学上与体壁的结构相似。前肠的基本结构由内向外依次为内膜、肠壁细胞层、基膜、纵肌、环肌、围膜(图 3-12)。内膜相当于体壁的表皮层，比较厚，可特化成小刺或坚齿。内膜一般对消化产物与消化酶等都不能渗透，故前肠无吸收作用。前肠的肠壁细胞扁平，细胞间界限常不明显。

(二) 中肠

1. 中肠的构造

中肠(midgut)是一条前后粗细差异很小的管道，前面与嗉囊或前胃相连，后面以幽门瓣与后肠为界。有些昆虫的中肠壁上还有胃盲囊或隐窝(图 3-13),以增加中肠的分泌和吸收面积。

中肠来源于胚胎发育时期的内胚层,自内向外依次为:围食膜、肠壁细胞层、基膜、环肌、纵肌、围膜(图 3-14)。中肠肠壁细胞层较厚,肠壁细胞有分化;没有含几丁质的内膜;有一围食膜;肌肉层薄,可允许小分子营养物质、水分和无机盐通过。

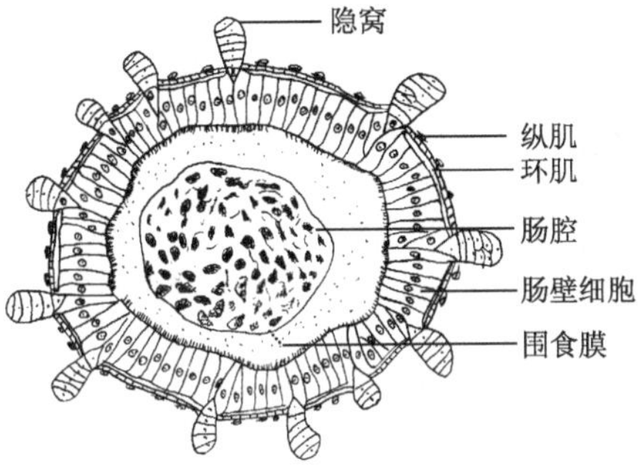

图 3-13 杂拟谷盗成虫中肠的横切面
(仿郑州粮食学院等)

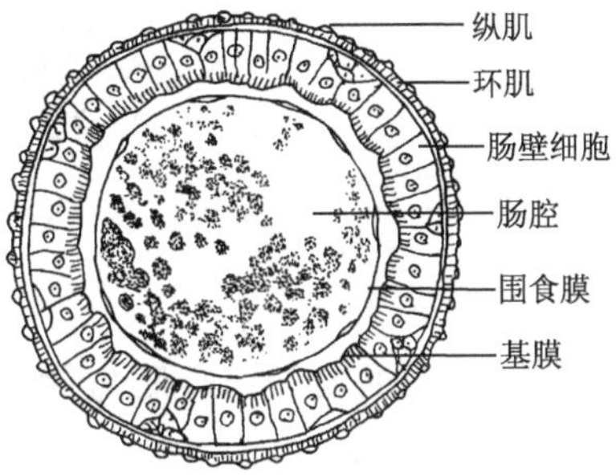

图 3-14 昆虫中肠横切面模式图
(仿 Snodgrass)

围膜是一种纤维质的网状结构,消化酶类和消化产物都可以顺利地通过围食膜。在肠壁细胞层和围食膜之间常充满着消化液、颗粒或球状分泌物质等。围食膜位于肠壁细胞层的内侧,可将食物包裹起来,使肠壁细胞免受坚硬、尖锐的固体颗粒食物擦伤,对肠壁细胞层具有保护作用,类似于哺乳动物的肠胃黏膜。

2. 肠壁细胞及其功能

中肠是食物进行消化和吸收的主要场所,中肠肠壁细胞具有分泌、消化和吸收作用。组成中肠肠壁的细胞主要有消化细胞、原始细胞,有些种类的昆虫还有杯状细胞。

消化细胞:通常为柱状细胞,向着肠腔的表面由细胞膜特化成微绒毛,附着多种消化酶,如二糖酶、肽酶等。基膜内褶增加了细胞分泌消化酶和吸收营养物质的表面积(图 3-14)。

原始细胞(再生细胞):其形状较消化细胞小,其功能是当消化细胞数度活动后退化或全浆分泌被破坏后,即由原始细胞产生新的消化细胞。原始细胞产生消化细胞的过程可以是逐步的,也可以是节律性的。

杯状细胞:杯状细胞在鳞翅目幼虫的肠壁细胞中存在,与柱状细胞相间排列。细胞顶端内陷形成杯腔和杯颈,细胞质少,细胞核位于杯腔的下方。杯状细胞的功能不详,在衣蛾幼虫中与金属及染料的代谢有关,可能行使一种“储存排泄”的职能。

(三) 后肠

后肠(proctodeum)起自幽门瓣,终于肛门(图 3-8、图 3-9)。组织学上与前肠基本相似,仅肌肉层排列不很规则,且常与中肠的肌肉层排列相类似,但几丁质内膜较前肠薄。后肠一般可分为回肠、结肠和直肠。直肠内常有环状的或瓣状的直肠垫或直肠突(图 3-15)。后肠来源于外胚层。

后肠一般除了排除废渣外,还有吸收水分和无机盐的作用。以木材为食的白蚁,其后肠内还寄生有原生动物,往往形成发酵室,是这些昆虫进行食物消化的主要场所。另

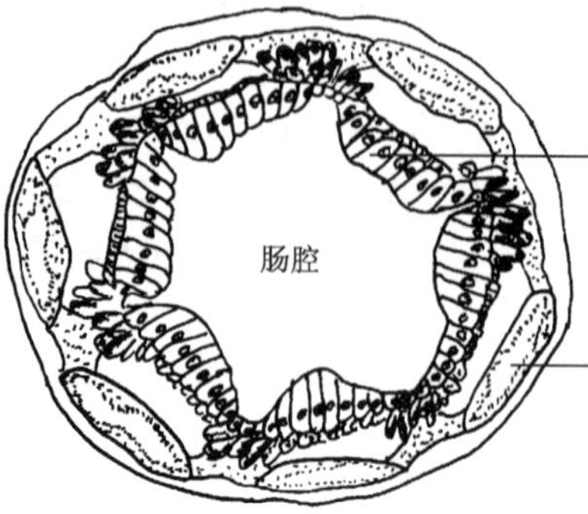

图 3-15　黑粉虫成虫直肠垫
（仿郑州粮食学院等）

外，马氏管的排泄物也经由后肠与食物残渣一起排出体外。

（四）昆虫的消化腺

在昆虫的消化系统中没有单独的腺体，与消化有关的腺体主要是唾液腺，包括上颚腺、下颚腺和下唇腺。大多数昆虫的唾液腺只有由外胚层内陷形成的下唇腺。鳞翅目幼虫的下唇腺演化成丝腺，可用来吐丝结茧保护自己，而上颚腺起着分泌唾液的作用。

唾液的主要功能是润湿食物，清洗口器，使口腔保持清洁；溶解固体小颗粒食物；建造自身的住所；含有少量消化酶，对部分食物进行初步消化。另外，有些昆虫的唾液中含有一些特殊的酶类，以适应其生活的需要。如，蚊类昆虫的唾液中含有抗凝血酶，将其口器刺入高等动物的血管吸血前，先将其唾液吐入寄主血管内，防止寄主的血液将其口器凝结住。

二、昆虫的消化与营养需要

与其他动物一样，昆虫也必须从周围环境中摄取所需的营养物质，才能进行正常生活、生长、发育和繁殖。

（一）消化过程

昆虫从外界摄取的食物多数都是大分子物质，必须先在消化道内经过消化，将大分子物质分解成结构简单的小分子物质后，才能通过中肠的围食膜及肠壁细胞进入血淋巴，供虫体利用。

食物由大块的大分子物质，经过一系列作用最后分解为可被消化道吸收的小分子物质的过程叫做消化；经过消化后的小分子食物透过肠壁细胞进入血淋巴的过程叫做吸收。

食物的消化可分为机械消化和化学消化。机械消化，即通过口器的咀嚼、前胃内刺或齿和肌肉的收缩将食物磨碎，并使食物与消化液充分混合，以及将食物不断地向消化道的后方推进。对于取食固体食物的昆虫来说，它们都具有发达的上颚，可将固体食物研磨成粉末，有些昆虫在前胃中还有发达的齿或刺，可将吞食到前胃中的食物进行进一步研磨。化学消化，即在消化道分泌的各种酶的作用下，使蛋白质、脂肪、糖类等大分子物质逐步分解成小分子物质。物理消化和化学消化往往是同时进行相互配合的，但在前肠内往往以物理消化为主，在中肠内以化学消化为主。

(二) 消化酶的种类与作用

消化酶是食物消化过程中必不可缺少的物质，其中每一种酶都有其化学专一性。根据酶对食物组分的作用，可分为蛋白酶、脂肪酶、糖酶。对于不同食性的昆虫，其唾液腺及中肠腺体所分泌酶的种类也不同。植食性昆虫分泌的酶常有淀粉酶、麦芽糖酶、糖原酶、转化酶、脂肪酶、胰蛋白酶、凝乳酶、肠蛋白酶等；肉食性昆虫分泌的酶常有胰蛋白酶、氨基酸酶、多肽酶、二肽酶等；取食木材的昆虫其消化性分泌物中有纤维素酶；吸血的昆虫其唾液中常含有抗凝血酶。一般来说，中肠消化腺体所分泌的酶种类越多，其取食的范围也越广。

(三) 中肠消化液的 pH

了解 pH 的指标与杀虫剂的合理使用有关。多数昆虫中肠消化液的 pH 在 6～8 范围内，如鞘翅目昆虫消化液的 pH 在 6～7 之间，但鳞翅目昆虫幼虫消化液的 pH 多在 8.5～10 之间，呈较强的碱性。

(四) 昆虫对营养成分的需要

昆虫所需要的营养物质主要有产生热量及构成昆虫躯体的糖、脂肪、蛋白质，供生长、发育和繁殖所必需的维生素及组成体液的水分、无机盐以及某些决定昆虫选择食物的“激食要素”，激食要素有时是由食物的物理性状决定的，有时是由某些标志物质如糖酐、生物碱等化学成分所决定的。初孵幼虫对“激食要素”非常敏感，待取食反应建立后其作用逐渐降低。

1. 蛋白质

蛋白质是生长、发育和繁殖所必需的营养物质，也是建造昆虫体的结构物质和生理代谢的功能物质。对蛋白质的需要实际上往往取决于组成蛋白质的各种氨基酸成分。实验证明，在昆虫体内有十种氨基酸不能合成，必须由食物供给，被称为必需氨基酸，这十种氨基酸是精氨酸、组氨酸、异亮氨酸、亮氨酸、赖氨酸、蛋氨酸、苯丙氨酸、苏氨酸、色氨酸、缬氨酸；其余的氨基酸可在昆虫体内自行合成，被称为非必需氨基酸。

多数昆虫成虫期需要的蛋白质都依赖于幼虫期积累，但有些种类的昆虫其成虫期还需要取食含有蛋白质的食物补充营养，促进排卵和卵子的正常发育，例如鞘翅目象甲科、拟步甲科、皮蠹科的多数种类，蜚蠊目、半翅目等的多数种类，其成虫都需要补充营养。

2. 糖类

糖类是构造昆虫机体所不可缺少的物质，也是供应昆虫体内热量的主要物质。糖类可分为多糖、双糖和单糖，昆虫的肠壁细胞只能吸收一些单糖，多糖和双糖都不能被昆虫的肠道直接吸收。对于双糖或多糖物质，必须在淀粉酶、麦芽糖酶等酶的作用下转化为单糖后才能被肠壁细胞所吸收。

糖类的生理功能主要是：(1) 构造昆虫机体的必需物质之一，如构成细胞膜的物质，五碳糖是构成昆虫 DNA 和 RNA 的必需物质。(2) 是昆虫活动和完成正常新陈代谢的主要能量来源。(3) 摄取的过量糖类在昆虫体内可合成动物淀粉(糖原)或转化为脂肪储存在虫体内备用。

3. 脂肪

多数昆虫能将食物中的糖类和蛋白质转化成脂肪并积累在体内，不必取食含有脂肪的物质。然而，有些种类的昆虫不能合成某些脂肪酸，特别是亚油酸、亚麻酸，这就要求食物中含有这类脂肪酸。如粉斑螟、棉红铃虫等缺乏其中的一种或两种则生长缓慢，成虫会出现翅畸形。用缺乏亚油酸的饲料饲喂德国蜚蠊，其雌性个体或产收缩性卵，或产腿发生卷曲而瘫痪的子代。

昆虫的脂肪主要是作为储存能量的化合物存在的，当幼虫的龄期逐渐增长时，其体内的脂肪积累也随之增加，到幼虫老熟时达到最高峰。由于脂肪储存的能量多，又具有较强的隔热性，因而，越冬虫态体内的脂肪含量多少，往往成为它们能否越冬的重要指标。

4. 维生素

维生素是一类低分子有机化合物，它既不是构成有机体组织的原料，也不是供应能量的物质，但它却是维持昆虫正常生长、发育和繁殖所必需的营养成分。昆虫对各种维生素的需要量很少，但在昆虫的新陈代谢中起着明显而重要的作用。若昆虫缺乏或某种维生素供应不足，就会表现出新陈代谢失调、幼虫生长发育迟缓、变态不完全、成虫的生殖力和卵的生活力减退，甚至发生病态等。维生素的需要量虽然很少，但因不能在虫体内合成，所以必须从食物中摄取。

大多数昆虫都需要水溶性维生素，如B族维生素的硫胺素(B_1)、核黄素(B_2)、泛酸(B_3)、烟酸(B_5)、吡多素(B_6)、胆碱等。

5. 水分和无机盐

水分和无机盐也是昆虫生长发育所必不可缺少的物质。昆虫的个体小，比表面积大，相对而言其蒸发面积大，所以保持水分对陆生昆虫，特别是对生活在仓库内的昆虫更为重要。但生活在仓库内的昆虫在长期演化过程中也适应了这种生活环境，如许多储藏物昆虫体内的含水量很低，据报道，谷象的含水量仅为46%～47%。有些储藏物昆虫的马氏管与直肠形成直肠垫，能将食物残渣中水分吸收得很干净，适应干燥的生活环境。有些储藏物昆虫如黄粉虫在干燥的环境中可大量取食利用代谢水。但食物中的水分含量特别少时，也会使害虫的繁殖力降低，幼虫的成活百分数和化蛹百分数明显减少。因而，在不影响商品质量的前提下，储存的物质应尽量干燥，这样，不但可以延缓储藏物的劣变，同时也可以减少害虫对储藏物的危害。

无机盐在虫体内含量极微，但其作用不可忽视。因为无机盐是某些酶类的组成部分，参与昆虫体内的生理生化反应，是调节体液的渗透压、维持离子平衡和体液酸碱度的必需物质。

第四节 呼吸系统及其生理

呼吸作用包括两个过程，其一是氧气进入虫体和二氧化碳释放出体外的过程，属于物理过程；其二是氧与基质结合产生能量的过程，此过程是在虫体的细胞内进行的呼吸，因而称为细胞内呼吸或呼吸代谢，是化学过程。

昆虫的呼吸特点是通过气管和微气管将氧气直接输送到组织中去，而不需要血液传送。担负着体内组织与外界直接交换气体任务的系统是由气门、气管和微气管组成的气管系统（图 3-16）。

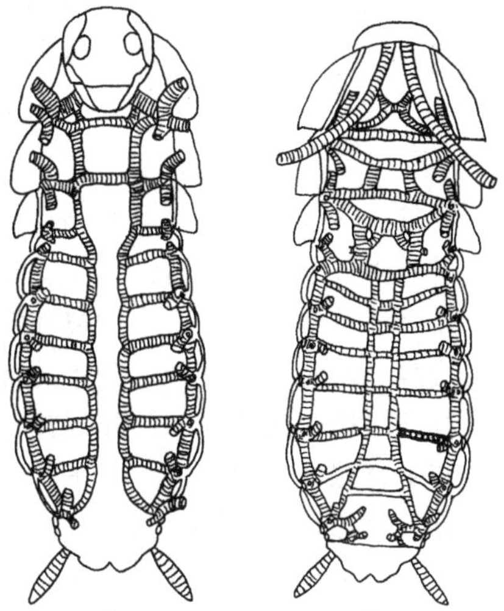

1　　2

图 3-16　蜚蠊的气管系统

1. 腹面观；2. 背面观

（仿 Miall 和 Denny）

一、气管系统的一般结构

昆虫的呼吸器官都是由胚胎发育时期的外胚层内陷形成的管状气管系统，依其生理功能可分为气门、气管和微气管 3 部分。

（一）气门

气门（spiracle）是气管在昆虫体壁上的开口，位于胸部和腹部一些体节的两侧。鞘翅目和鳞翅目幼虫都有 9 对气门，成虫的气门太小或颜色太浅，其气门的对数难以观察到。同时，由于多数昆虫成虫的腹节已发生程度不同的愈合，不同种类的甲虫其气门的对数差异也较大。

不同类型昆虫的气门结构也不同。无翅亚纲昆虫的气门简单，开口处无任何附带结构，本身也不能开关（图 3-17 1），大部分种类只能生活在比较潮湿的环境中。有翅亚纲昆虫气管的开口位于体壁的凹陷处，体壁凹陷与气管开口处中间形成一个空腔，称为气门腔（图 3-17 2～4）。气门腔向外的开口称为气门口，这类气门有调节开关的结构，可以控制气体的进出，减少体内水分的蒸发。

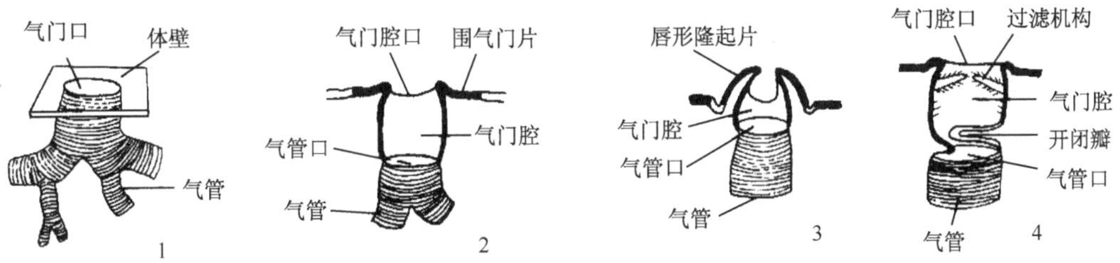

图 3-17　昆虫气门构造的几种类型

1. 无翅亚纲昆虫的气门；2～4. 有翅亚纲昆虫的气门

（仿 Snodgrass）

一般生活在潮湿环境中的昆虫气门较大，而且是开放式的。生活在干燥环境中的昆虫气门小，有开闭功能。在通常情况下，昆虫的一部分气门是关闭的，这样可以减少水分的蒸发。气门的开闭可以调节虫体内的气体流量和方向，同时与呼吸运动相配合。有些昆虫其体内的气流方向是由前向后流动，即胸部及腹部的前两对气门是进气的，腹部其他气门是出气的。有些昆虫平时只以腹部第 1 对和第 8 对气门进行呼吸，其他气门关闭。

气门的开闭与周围环境条件有关。气温高氧气少的情况下，气门的开放次数频繁，开放的时间也长。因此，仓库需要进行熏蒸时，最好选择天气比较闷热的时间进行。另外，也可在熏蒸的过程中加入适量的二氧化碳来提高熏蒸效果。

气门的开闭受本体节神经的控制。

（二）气管

气管(trachea)是昆虫体内气体流动的通道，也是气体扩散的场所，是具螺旋状丝且内壁具弹性的呼吸管道。

气管的分布模式是每个体节气门气管之后分为3支：背气管、腹气管和内脏气管。背气管是通向背部的气管，分布到背部肌肉、心肌及其他组织中；腹气管通向腹部，分布到腹部肌肉、腹神经索与腹部其他组织中；内脏气管通向内脏窦，分布到消化道、脂肪体和生殖腺(图3-18 1)。另外，在昆虫体内还有许多次生的纵向分布气管，即连接各体节背气管的是背纵干，连接各体节腹气管是腹纵干，连接身体两侧所有气管的是侧纵干等(图3-18 2)。昆虫体内各部位的气管分布不完全相同，一般昆虫的头部和前胸无气门(蛾类幼虫前胸有气门)分布，头部和前胸的气管皆由中胸进入。有些昆虫的翅肌和足肌发达，使胸部气管的分布非常复杂和多样化，腹部的气管分布一般较接近于模式，但在高度特化的昆虫中，如甲虫，其腹部的气管系统也非常复杂。

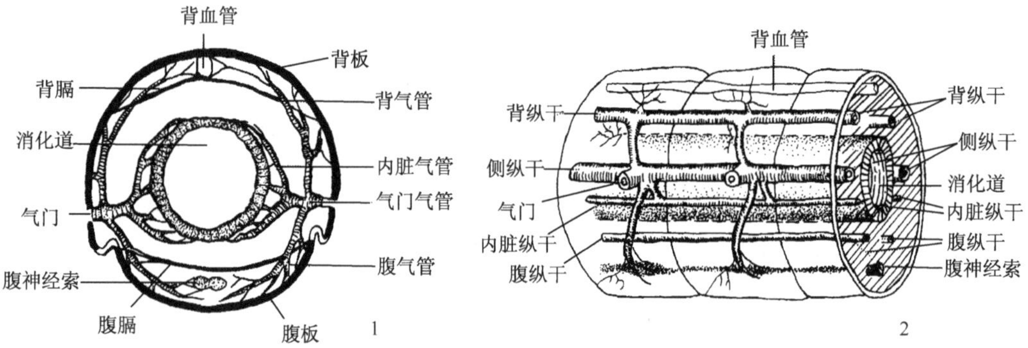

图3-18　昆虫气管分布模式

1. 体躯横切面；2. 侧面透视

(仿 Шванвич)

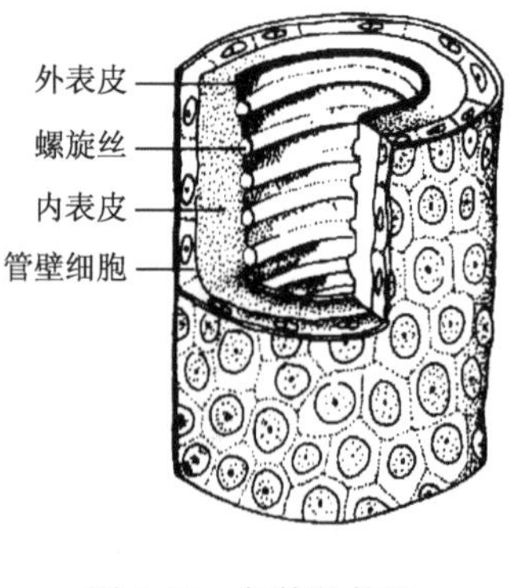

图3-19　气管的构造

(仿 Weber)

气管是体壁内陷形成的，其组织学与体壁基本相同，只是内外恰好相反，但气管的上表皮没有护蜡层和蜡质层，外表皮和内表皮局部特化形成螺旋丝，沿气管壁呈螺旋状伸展，使气管腔经受一定的压力时仍能保持圆筒状，有利于气体在体内流通。气管的基本结构由内向外依次是内膜、螺旋丝、管壁细胞层、基膜(图3-19)。

（三）微气管

昆虫体内的气管由大到小一再分支，分到直径为2～5 μm的支气管时，则进入掌状的管顶细胞，其后再分为数支直径约1 μm以下的微气管(图3-20)。微气管虽细，但其管壁上仍有螺旋丝，封闭的微气管末端伸入肌肉纤维或其他组织细胞间。微气管管壁极薄，易为气体透过。微气管顶端被溶有气体的液体充满。微气管不含几丁质，每次蜕皮时微气管与气管在连接处断开，新气管形成后由端细胞(管顶细胞)分泌一种胶黏物，使旧的微气管接到新的气管上去。微气管不参与蜕皮过程也是昆虫的一种重要适应，可使昆虫在蜕皮前期，新旧气管表皮分离的短暂时间内，仍由微气管内的空气给细胞或组织提供氧气。

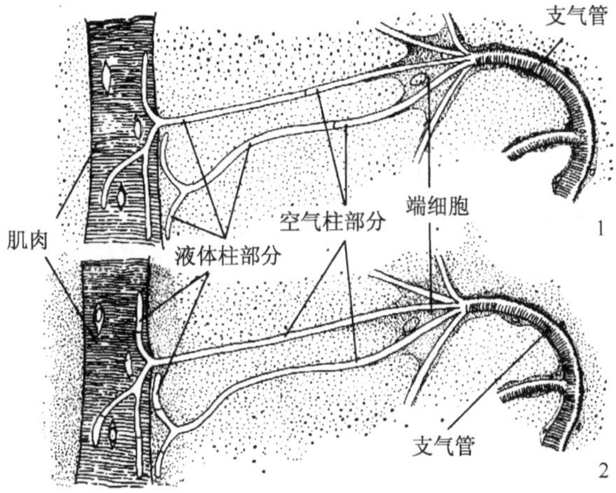

图 3-20　分布在肌肉上的微气管
1. 静止状态；2. 运动状态
（仿 Wigglesworth）

二、气体交换

昆虫的气体交换在气管系统中进行。其交换的方式主要靠气体的扩散和虫体的通风作用来完成。

由于空气中含有充足的氧气，其分压远大于昆虫体内的氧分压，因此，昆虫体内所需要的氧气依靠大气压与气管间、气管与微气管间、微气管与组织间的压力差而获得。在进行剧烈运动时还可以借助于通风来补偿氧气的不足。

二氧化碳的输出也靠扩散的作用。因为在氧气消耗的同时，虫体内的二氧化碳浓度比大气中的二氧化碳浓度高得多，而且二氧化碳的扩散速度为氧气 20～30 倍，所以二氧化碳极易经气管从气门扩散到体外。二氧化碳的排除也可以通过体壁扩散到体外，如鳞翅目幼虫的体壁很薄，整个体壁都可以允许二氧化碳通过，而鞘翅目昆虫的幼虫则只有节间膜等少数部位可以排出二氧化碳。

氧气进入微气管后，以空气柱的形式存在于微气管的上方。当肌肉或其他组织进行代谢活动以后，血淋巴的渗透压增高，微气管内的液体便透过管壁被吸入，其液体上面的空气柱也随之扩散到微气管末梢或透过管壁，直接与组织细胞接触。当氧气充足时，血淋巴内的代谢物被氧化，肌肉又可恢复活动，微气管末端重新充满液体(图 3-20)。在一般情况下，微气管末梢气体中的氧分压低于空气中的 2%～3%，有利于大气中的氧向虫体内扩散。

昆虫进行飞翔等剧烈运动时所需氧气剧增，由于气管具有伸缩性，收缩时气管的容积可减少 30%，加速气体交换；同时，昆虫可通过背板与腹板的上下运动、或两侧板的左右运动、或腹节的前后伸缩运动来加快呼吸，这种呼吸方式叫做通风。

在一般情况下，昆虫只开启少量气门进行呼吸，在需要加剧呼吸时，则可多开启几对气门甚至所有气门全部开启进行呼吸。昆虫呼吸作用的强弱可以用“呼吸强度”(respiratory rate)来表示，也可用吸入氧气或呼出二氧化碳的量表示，其单位为每克虫每小时毫升数(ml/g · h)。

昆虫的呼吸是由呼吸控制中心来控制的，此中心位于腹神经索，即每一个腹神经节中都含有控制该节气门和气管分支活动的呼吸中心。胸神经节也有一定的作用，脑对呼吸有协调作用。控制呼吸的神经属于交感神经，是由一些化学物质的刺激引起的，一般认为二氧化碳和乳酸、碳酸等达到一定的浓度便可刺激“呼吸中心”使呼吸运动加快。用美洲蜚蠊做实验，空气中的二氧化碳含量达到 2%时，蜚蠊的一些气门久开不闭，但不能激发蜚蠊进行通风；二氧化碳含量增至 5%时，昆虫开始通风，一些气门也随之进行开闭活动；二氧化碳增至 10%时，所有的气门全部开启，不再关闭；二氧化碳增至 15%时，通风的次数可达到 90～120 次/min。因此，在使用熏蒸剂熏蒸时加入适量的二氧化碳可促使害虫的气门开启，使毒气容易进入虫体，提高熏蒸效果。但应注意的是，二氧化碳过量，也可使害虫产生麻痹，继而使昆虫死亡。

三、呼吸代谢

新陈代谢是指生物体不断地从周围环境中摄取适当的物质并将这些物质转变为自身的化学组成，同时又将自身中较老的部分分解并排泄到周围环境中去的过程。

生物体的新陈代谢包括同化作用和异化作用两个方面。机体从外界环境中摄取营养物质并把它们转化成为机体自身物质的过程，称为同化作用；机体分解自身的物质，把分解产物排出，并在物质分解时释放能量供给机体生命活动的需要，这一过程称为异化作用。

昆虫的细胞内代谢，主要功能是同化食物和释放能量，以供虫体的生命活动的需要。昆虫的食物成分主要有糖类、脂肪、蛋白质等。其中蛋白质是结构物质，可供虫体建造机体；脂肪、糖类是能源物质，在虫体内氧化分解后作为能量的来源。

(一) 昆虫体内物质的代谢

1. 糖类代谢

多糖物质一般分解转化为葡萄糖后才能被细胞利用。在无氧条件下，即由葡萄糖经过无氧酵解过程产生乳酸，再在有氧条件下经丙酮酸进入三羧酸循环。由于翅肌中含有大量的 α-磷酸甘油酯酶，因此，在翅肌中糖酵解的主要产物为 α-磷酸甘油酯。昆虫在飞翔中需要的大量能量，一般都是由 α-磷酸甘油酯进入线粒体被氧化为磷酸二羟丙酮，脱下的氢原子再参与呼吸链中的“氧化还原酶系”，并进行氧化磷酸化反应产生 ATP 供给的。

2. 脂肪代谢

中性甘油酯是各种脂肪酸和甘油的化合物，在虫体内借助脂酶的作用可分解释放出脂肪酸。脂肪酸在降解过程中若碳链较短，则进行β-氧化反应，形成若干个二碳残基(乙酰辅酶A)。若是碳链较长的脂肪酸，则在链的两端同时进行β-氧化，即在分子的每一端形成一个羧基，由两端开始向链的中央分解，形成若干个二碳残基(乙酰辅酶A)，这些二碳残基进入三羧酸循环，产生ATP。

代谢过程中产生的直链脂肪的各种衍生物，是昆虫性引诱物质和“追踪物质”等信息素的组成成分。这些物质对昆虫的行为起着重要作用。

3. 蛋白质代谢

蛋白质在消化道内经消化酶作用，最后分解为氨基酸。这些氨基酸在昆虫体内可通过转氨作用，生成新的氨基酸，也可转变为相应的酮酸。在特殊情况下，氨基酸也可以进入三羧酸循环，产生能量。

在呼吸代谢中，常以呼吸熵表示参与代谢物质的性质。通常把在呼吸过程中呼出二氧化碳的量与吸入氧气的量的比值，叫做呼吸熵(respiratory quotient，RQ)，即

$$RQ=CO_2/O_2$$

呼吸熵不同，则表示呼吸代谢中参与代谢的物质不同。实验证明，RQ＝1时，被消耗的是糖类；RQ＝0.7时，被消耗的是脂肪；RQ＝0.8时，被消耗的是蛋白质。

（二）昆虫呼吸代谢的特点

昆虫是以气管系统直接供氧的，血淋巴及肌肉中无血红蛋白。而且昆虫又是开管式循环，有翅昆虫在飞翔中需要消耗很高的能量，所以，虽然呼吸代谢的基本步骤与脊椎动物相同，但在某些方面存在相当大的差异。

海藻糖在昆虫血淋巴中含量颇高，每100 mL血淋巴中约含有1～6 g海藻糖。海藻糖酶是水解海藻糖的专一性酶，在昆虫的前肠、中肠的肠壁细胞和血淋巴中含量最高，其次是脂肪体和体壁肌肉内。

在昆虫体内由葡萄糖合成海藻糖的主要器官是脂肪体。合成海藻糖的速率和释放海藻糖的速率都足以保持血淋巴中海藻糖的高水平。在需要时，海藻糖或糖原可被“动员”作为肌肉代谢的能源物质。果糖与甘露糖也可在脂肪体内迅速转化为海藻糖和糖原。

昆虫肌肉特别是飞翔肌中，乳酸脱氢酶(LAD)的浓度很低，甚至没有，而α-磷酸甘油酯脱氢酶(α-GPD)的含量极高，因此，绝大多数的昆虫如鞘翅目、鳞翅目、膜翅目、蜚蠊目等目昆虫的翅肌中糖酵解的最终产物不是乳酸，而是α-磷酸甘油酯和丙酮酸。昆虫的足肌中，也含有较高浓度的α-磷酸甘油酯脱氢酶和低浓度的乳酸脱氢酶。多数昆虫肌肉中的乳酸脱氢酶活性与脊椎动物肌肉不同的原因，主要是由于气管系统供氧效率很高。所以昆虫翅肌和足肌中无氧呼吸代谢的重要性就比脊椎动物小得多。但在昆虫的前肠、中肠和神经索中，乳酸脱氢酶的活性是足基节肌肉的5～9倍，而中肠的乳酸脱氢酶活性最高，可见，这些组织中的呼吸代谢步骤与脊椎动物相同。

四、杀虫剂对昆虫呼吸作用的影响

在呼吸代谢过程中，很多阶段都需要ATP及含有磷酸基团的辅酶参加，因此，有机磷杀虫剂能显著地影响昆虫的呼吸作用。磷化氢、鱼藤酮、氢氰酸、一氧化碳等都能

抑制呼吸链中的某一种酶的活性，使昆虫的呼吸代谢受到抑制(图 3-21)。

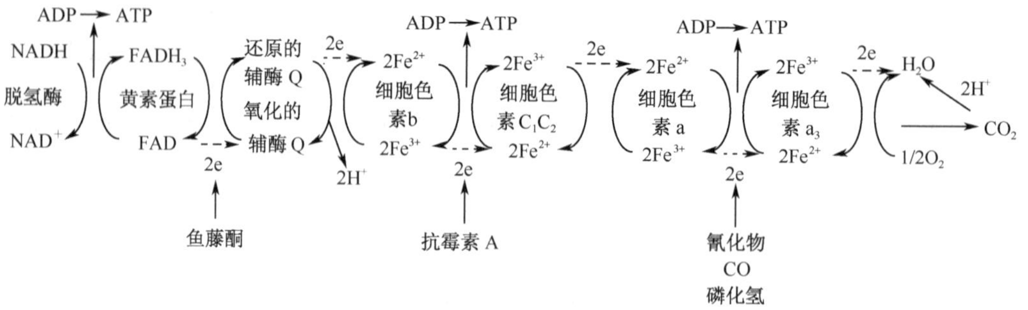

图 3-21 呼吸链中氧化-还原连续反应示意图

亚砷酸是丙酮酸脱氢酶和 α-酮戊二酸脱氢酶的抑制剂，使丙酮酸和 α-酮戊二酸的氧化作用受到阻碍。昆虫组织中还普遍存在一种由谷氨酸、半胱氨酸和甘氨酸组成的三肽，叫做谷胱甘肽。这种三肽很容易脱去氢原子形成氧化型，又可接受氢原子再回复到原来的还原型。所以也可以在昆虫体内作氧化-还原传递体，其作用基团是“—SH”。砷化物，特别是三价砷化物对谷胱甘肽分子中的“—SH”基团具有特殊的亲和力，因此三价砷化物可以抑制昆虫体内谷胱甘肽的活性。

第五节 循环系统及其生理

昆虫的血液兼有哺乳动物的血液及淋巴液的作用和特点，因此称为血淋巴更为合适。血淋巴是昆虫体内运输营养物质和代谢产物的内部介质，也是体内中间代谢的场所之一。血淋巴的流动依靠简单的心脏作动力，在体内进行循环。

一、循环器官的构造和特点

昆虫的循环系统(circulatory system)为开管式循环，即血淋巴在体腔内各器官和组织之间按一定的方向运行，血淋巴只在某些部位有专一的管道。血淋巴运行的管道主要是背血管(dorsal vessel)，由心脏和大动脉组成。心脏位于背血窦中，由肌纤维和结缔组织组成。

心脏是背血管中连续膨大的部分，每个膨大的部分被称为一个心室。心室的数目随昆虫的种类不同差异很大，多的可达 11 个，如蜚蠊；一般昆虫的心室不超过 9 个，有少数种类的昆虫只有 1 个大心室，一般认为这一大心室是由几个心室合并而成，有 2 对或 3 对心门。心脏的末端是封闭的。每个心室有一对心门，位于心室的两侧(图 3-22)。心门是血淋巴进入心室的开口，外观为一条垂直或斜的裂缝，其边缘向内折入形成心瓣。

大动脉的后端与心脏连接，前端直达头部(图 3-23)。心脏的最后一个心室一般位于腹部第一节。除背血管外，昆虫体内尚有若干个辅助性搏动器，有的与背血管直接或间接相连，也有些是独立的，如分布在足、翅和触角等基部的辅助性搏动器。辅助性搏动器的作用是协助推动血淋巴在部分血腔、附肢或其他附器内循环。

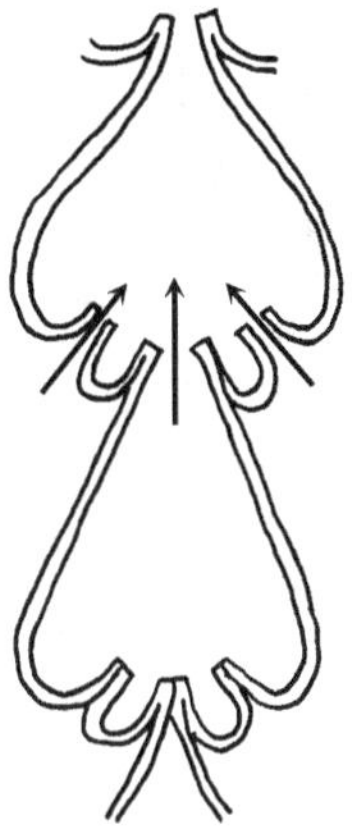

图 3-22　心脏收缩图解
（仿郑州粮食学院等）

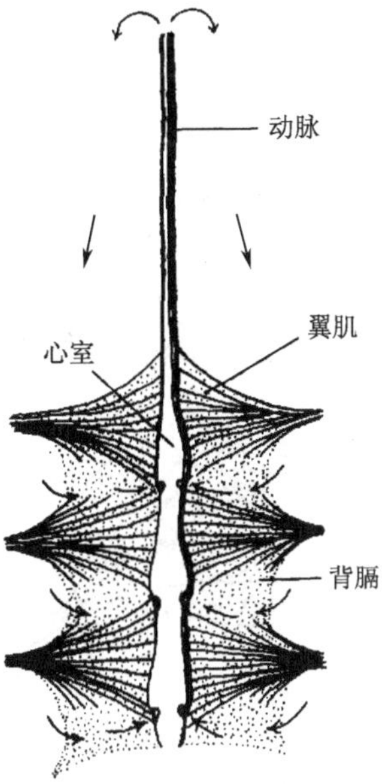

图 3-23　昆虫的背血管
（仿 Snodgrass）

二、心脏的搏动和血淋巴循环的途径

心脏进行有节律地搏动，取决于心肌本身的收缩和扩张，同时又受交感神经的支配。心翼肌的收缩及背腹膈的波动，有助于心肌的扩张及血淋巴的流动。

心脏的搏动是心室的收缩和舒张形成的。心脏的搏动由最后一个心室开始，由后向前有节奏地收缩和舒张。心脏收缩时心门瓣关闭，血淋巴向前流动；由于血淋巴的压力、心翼肌的收缩与心肌本身的弹性，又使前一心室舒张，体腔内与后一心室内的血淋巴被挤入前一心室。如此连续动作，使血淋巴不断向前流动。这是血淋巴循环的主要动力。

心搏的节奏性表现有三个阶段，即收缩期、舒张期及休止期。这种节律性的搏动性能与心肌本身的自主性有关。

血淋巴循环的途径：当心脏舒张时，围心窦内的血淋巴经由心门进入心脏。当心室收缩波向前推进时，心脏内的血淋巴通过大动脉压入头部，于是在虫体的前端形成一个较高的压力，使血淋巴在血窦中向身体的后方推进。血淋巴流经胸部时，一部分经由腹腔、胸足和腹膈流向围脏窦，然后再进入背血窦；另一部分经胸部流向腹血窦，然后在腹部的后端进入围脏窦与腹部围脏窦内回流的血淋巴汇合流入背血窦。当血淋巴通过胸部时，其中的一部分被运行到翅内；流经相应部位时，借助辅助搏动器的作用，流经触角、足等部位(图 3-24)。

内脏的蠕动和身体的活动也有助于血淋巴在体内的运行。

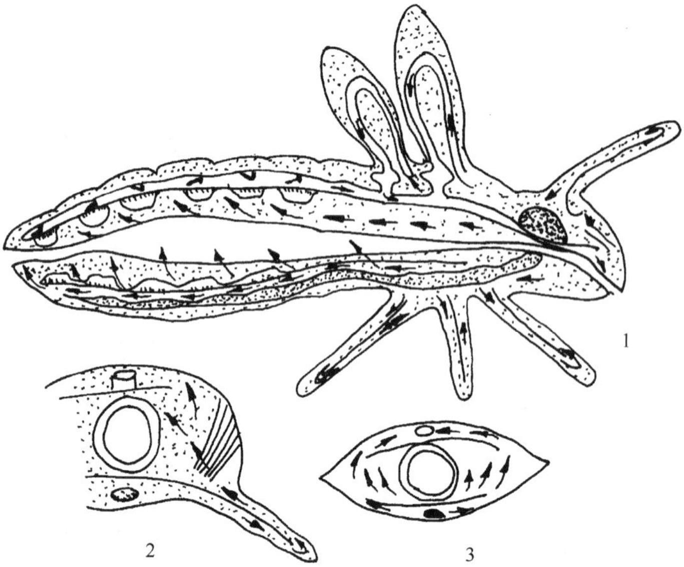

图 3-24　昆虫的血淋巴循环途径

1. 体躯的纵切面；2. 胸部横切面；3. 腹部横切面；箭头示血淋巴流动的方向

（仿 Wigglesworth）

三、血淋巴及其功能

血淋巴是虫体内细胞、组织、器官的内环境，包括液态的血浆和有型的血细胞。其功能相当于高等动物的血液、淋巴液和组织液。

（一）血淋巴的物理性质

血淋巴中含水量很高，一般无色，其密度在 1.02～1.06 之间，略大于水。昆虫血淋巴的渗透压比哺乳动物血液的渗透压高，例如，黄粉虫血淋巴的渗透压为 14.39 kPa（人只有 6.95 kPa）。维持血淋巴渗透压的主要化合物是游离氨基酸等有机化合物，而高等动物维持血液渗透压的则主要是无机的阴阳离子。血淋巴的 pH 为 6～7.5，如黄粉虫血淋巴的 pH 为 6.2～7.3。

（二）血淋巴的化学成分

1. 水分

昆虫血浆中的水分含量与高等动物的血浆相似，血浆中的含水量为 90%左右。

2. 氮素化合物

氮素化合物主要包括蛋白质氮素和非蛋白质氮素。

昆虫血浆中的蛋白质含量低于人和脊椎动物，高于其他无脊椎动物。例如，人体血浆中蛋白质含量为 7.2 g/100 mL；鳞翅目昆虫血浆中蛋白质含量为 2 g/100 mL，鞘翅目昆虫为 3～4 g/100 mL；甲壳动物为 2～3 g/100 mL。在昆虫的整个生活史中，血淋巴中的酪氨酸浓度变化很大，每次蜕皮前几天发生集聚（达 80 mg/100 mL），蜕皮后即显著减少，这与新表皮的蛋白质鞣化作用和暗化作用过程中对酪氨酸的利用有关。在血淋巴中尿酸的含量也很高，一般都接近于饱和状态，若过量，则于马氏管内形成结晶，排出体外。

3. 碳水化合物

昆虫血淋巴内蔗糖和糖原的含量极少，而海藻糖在几乎所有的昆虫血浆中含量都很高，这是昆虫纲的一个生化特征。海藻糖是一种双糖，由两个葡萄糖分子以1，1-α-配糖键连接而成(图3-25)。由于葡萄糖分子的还原基团构成了配糖键，所以海藻糖没有还原性能。海藻糖仅能被海藻糖酶分解，而昆虫的很多组织中都含有海藻糖酶，所以能利用海藻糖。海藻糖在每次蜕皮时可供给皮细胞层合成几丁质。在脂肪体内，糖原可转化为海藻糖，使血淋巴中的海藻糖浓度保持一定的水平。

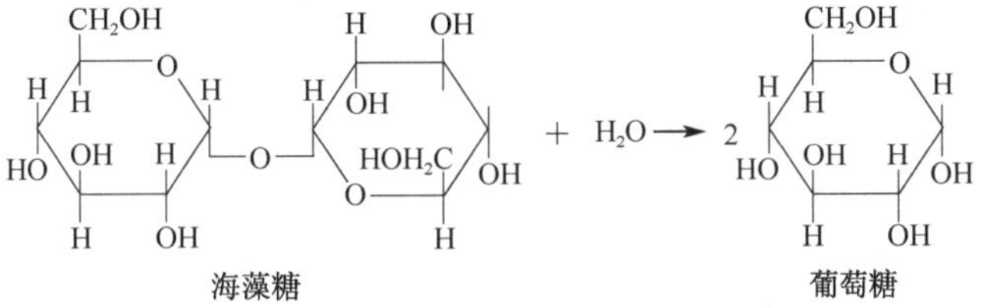

图 3-25 海藻糖水解为葡萄糖

4. 脂肪与有机酸类

昆虫血淋巴中常出现微小的油滴，如固醇、油酸、亚油酸、α-酮戊二酸等。

5. 酶类

昆虫的血淋巴中常含有蛋白酶、淀粉酶、海藻糖酶、酪氨酸酶、几丁质酶，还含有糖代谢中的各种脱氢酶等。

6. 无机盐

昆虫的血淋巴中常含有的无机盐有：K^+、Na^+、Mg^{2+}、Mn^{4+}、Fe^{3+}、Cu^{2+}、NH_4^+等阳离子；Cl^-、$H_2PO_4^-$、HCO_3^-等阴离子。

（三）血细胞

昆虫血淋巴中所含血细胞的量很少，血细胞常附着在昆虫的内部器官表面或体壁上，仅只有少部分血细胞随血淋巴流动。昆虫的血淋巴中不含红细胞，无携带氧气的能力。

血细胞由胚胎期的中胚层发生。血细胞的种类较高等动物复杂，利用相差显微镜进行血细胞活体观察，对昆虫的血细胞有了较确切的了解。如对粘虫血细胞的基本类型可区别为：原始血细胞、浆细胞、小球细胞、颗粒细胞、类球形细胞、伪足细胞和绛色细胞。

血细胞的功能有：吞噬作用和免疫作用，即可以吞噬微生物、组织碎片、其他侵入物质；保护虫体免受寄生物的危害，有些昆虫可用吞噬性血细胞将有害的寄生卵包裹起来；凝血作用，即虫体局部受伤后，血细胞可聚集在伤口处，使伤口处的血淋巴凝结；具有储存、传送营养物质与激素的作用；解毒作用，即许多杀虫剂对昆虫毒力作用的大小常与当时虫体内自然血细胞总数有密切关系。

第六节 排泄系统及其生理

昆虫排泄系统的主要功能是移除新陈代谢过程中产生的二氧化碳和氮素废物；调节体液中无机盐类和水分的平衡，从而保持血淋巴的一定渗透压和化学组成，使各器官能进行正常的生理活动。

昆虫的排泄物包括气体、液体和固体，即二氧化碳、水、氮素废物和无机盐的结晶体。

昆虫的主要排泄器官是马氏管(Malpighian tube)，体壁、气管系统、消化道壁、下唇腺、脂肪体和围心细胞等在不同种类的昆虫中也起着不同的排泄作用。

一、马氏管及其构造

马氏管浸浴在血淋巴中，是顶端盲闭的长形细管，在中肠与后肠的交界处幽门的后方通入消化道。马氏管的条数多少因虫种而有很大的差异。条数少者仅 2 条，条数多者可达 150 多条(如蜜蜂)。虫体内的马氏管条数与长度成反比，即条数多者则短，条数少者则长，以保证马氏管与血淋巴的接触面积，协调其排泄作用的正常进行。

马氏管来源于胚胎发育时期的外胚层。

(一) 马氏管的基本类型

根据马氏管解剖构造可将其分为四个基本类型(图 3-26)：

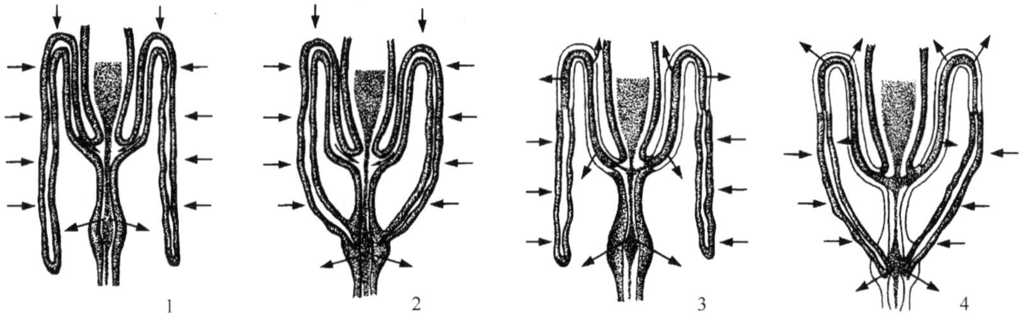

图 3-26 昆虫马氏管的主要类型

1. 直翅目型；2. 鞘翅目型；3. 半翅目型；4. 鳞翅目型

箭头表示物质运动方向（仿 Wigglesworth）

1. 直翅目型

马氏管的端部与基部在结构上未分化，顶端游离，管内排泄物全部为液体物质，如直翅目、革翅目和某些鞘翅目的昆虫属于此类。

2. 鞘翅目型

从结构上讲与直翅目型相似，但马氏管的顶端与直肠结合形成“隐肾”。如鞘翅目和一些鳞翅目的昆虫属于此类。

3. 半翅目型

马氏管在形态上与机能上可区分为两段，端部游离。但端部可允许水和溶质进入，在基部水分被吸收，溶液被浓缩成固体并移入后肠，最后排出体外，如半翅目昆虫属于此类。

4. 鳞翅目型

与上述类型一样，马氏管在形态上与机能上可区分为两段，但在顶端与直肠结合形成“隐肾”，如鳞翅目昆虫。

（二）马氏管的组织学结构

马氏管由一单层细胞——管壁细胞层组成，外面包着一层膜，管壁细胞的内缘是条纹状边缘。

在比较原始的昆虫种类(如缨尾目、等翅目)中，马氏管上无肌肉，不能在血淋巴中进行蠕动；在高等的昆虫种类中，马氏管上着生有肌肉，可在血淋巴中进行蠕动，增加了马氏管与血淋巴的接触机会。

（三）马氏管管液的组成

马氏管管液与血淋巴几乎等渗，但无机组分与血淋巴明显不同。马氏管管液中 K^+ 浓度至少比血淋巴高 6 倍，但 Na^+ 浓度比血淋巴低，Cl^- 浓度与血淋巴的浓度大致相等。

二、马氏管的排泄作用

（一）尿酸的形成

昆虫体内的含氮代谢废物是以尿酸氢钾或尿酸氢钠的形式从端部分泌进入马氏管的。这些溶液通过具条纹缘的基部时，在二氧化碳的作用下，水与无机钾盐或钠盐被吸收又回到血淋巴中去，管内产生尿酸沉淀，这些尿酸沉淀进入后肠。

（二）马氏管的排泄机制

昆虫血淋巴中的含氮废物——尿酸主要是通过马氏管排泄的。现以吸血蝽 *Rhodnius prolixus* 为例，说明马氏管的排泄机制。马氏管的基部和端部在生理功能上存在着分化，其管壁细胞基部的三分之一内缘呈刷状，端部三分之二内缘呈蜂窝状。管内物质是基部的三分之一呈颗粒物质，端部三分之二内呈清水状。从管内的酸碱度来看，基部呈酸性(pH＝6.6)，端部呈微碱性(pH＝7.2)，说明尿酸可能是以尿酸氢钾或尿酸氢钠溶液分泌到马氏管内的(图 3-27)。

当含有尿酸氢钾的溶液从端部进入马氏管后，在管腔内向基部逐渐移动的过程中与尿液内的二氧化碳相结合，生成碳酸氢钾和游离的尿酸。由于马氏管基部的管壁细胞具有吸水能力，可将水分重新吸收，使溶于水中的碳酸氢钾与水分一起被吸收回血淋巴。这样，不溶于水的尿酸从尿液中以晶体状态析出。结晶状态的尿酸沉积到一定数量时进入后肠，与后肠中的食物残渣混在一起作为粪便排出体外。由马氏管基部进入血淋巴的碳酸氢钾再次与尿酸相遇，形成尿酸氢钾，被马氏管的端部吸收进入管腔。由此可见，

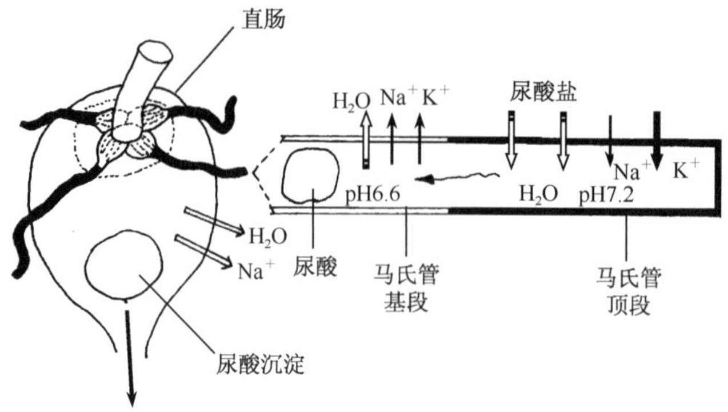

图 3-27　昆虫马氏管尿酸排泄和沉积模式图

(仿 Chapman 等)

在排泄过程中，一定量的水分和碳酸氢钾在不断地从血淋巴内移走尿酸，使血淋巴中的尿酸保持在一定的水平下，管腔内的水分和碳酸氢钾被不断地得到循环利用。

三、其他排泄器官

(一) 脂肪体的排泄作用

脂肪体一般呈松散状，不规则地分布在昆虫体内。脂肪体在虫体内主要分布在体壁下和消化道外。在昆虫体内，特别是幼虫，脂肪体是很重要的器官。脂肪体内含有许多解毒酶，负责重要代谢物的储存和释放，是协调体内所有的重要功能和做出反映的主要组织，也是许多化学物质合成的重要场所。

脂肪体细胞按其内含物的不同可分为 3 类。

第一类细胞内含有大量的脂肪、糖原和蛋白质，称为营养细胞。这些营养物质将随着幼虫期的增长而增多，特别是越冬幼虫体内的营养细胞更多。这些营养物质是昆虫新陈代谢的能源物质和构成虫体器官和组织不可缺少的基础物质。

第二类是尿盐细胞，其作用主要是积聚尿酸盐。如蜚蠊的脂肪体内有沉积着许多尿酸盐的细胞。尿盐细胞中的尿酸结晶都是氮素化合物经过代谢而形成的，可暂时或永久地储存在脂肪体内，这种排泄方式被称为储存排泄(storage excretion)。鞘翅目和鳞翅目幼虫的脂肪体也具有这种作用。

第三类是含菌细胞，如东方蜚蠊体内有充满杆状细菌的脂肪体，能够利用尿酸并使硝基(NO_3^-)还原为亚硝基(NO_2^-)，可能还与供应虫体合成尿酸所需要的氮素化合物有一定作用。

昆虫的脂肪体对杀虫剂也具有一定的解毒作用，其原因是因为脂肪体内存在有某些解毒酶系。如在昆虫抗药性品系中，脂肪体内含有羧酸酯酶，对羧酸集团有降解作用。同时还发现，害虫的抗药性不仅与解毒酶有关，而且和脂肪体内的脂肪饱和度有关。因为脂肪体从血淋巴中吸收代谢物质，所以当杀虫剂进入血淋巴后，也可被脂肪体吸收储存，降低杀虫剂的药效，特别是对脂溶性杀虫剂。

（二）围心细胞的排泄作用

围心细胞主要排列在心脏的表面或分散在背膈和心翼肌的表面。围心细胞可以从血淋巴中吸取直径在1.6～2 nm的胶体状颗粒，而这些物质不能被马氏管吸收。另外，围心细胞还可以分泌一些加速心脏活动的化合物(邻二羟基吲哚基胺)和阻止神经肌肉间传导的物质，分泌活动由心侧体激素激发。

（三）直肠在排泄中的作用

直肠可进行选择性吸收，使水、无机盐离子、氨基酸、糖类等物质进入血淋巴。

生活在储藏物中的许多昆虫如黄粉虫、拟谷盗的隐肾被认为是一个有特效的水分再吸收系统，可使生活在干燥环境中的昆虫排出非常干燥的粪便，以适应在特殊的生活环境中生存繁衍。

四、昆虫的排泄特点

（一）含氮代谢废物的排泄

陆生昆虫含氮物质的代谢废物主要以尿酸的形式排出体外，约占排泄废物中氮的80%。昆虫体内的尿酸是由蛋白质分解后的氮重新合成，也有些是由核酸分解成嘌呤后经氧化衍生而成。以尿酸的形式作为含氮废物排出体外，对生活在干燥环境中的储藏物昆虫具有特别重要的意义。由于尿酸不溶于水，尿酸分子中所含氢原子比尿素、尿囊酸、尿囊素都少，因而以尿酸的形式进行排泄可减少水分的损失。鸟类的含氮废物也是以尿酸的形式排泄，而哺乳动物则是以尿素的形式排泄。尿素在排泄过程中需要大量的水分进行溶解。

（二）水分的排放

排泄物中的水分含量随昆虫体内的含水量不同而变化。取食含水量较高食物的昆虫，排泄物常为透明的液体；生活在干燥环境中的昆虫其排泄物极为干燥，通常为粉末状。

（三）其他废物的排泄

除了含氮废物以外，昆虫的排泄物中还含有其他的一些无用物质或体内的多余物质。如衣蛾和毛皮蠹等取食含硫量较多食物的储藏物昆虫，还可排泄少量的胱氨酸。此外，在排泄物中还常常含有一定量的无机盐，如碳酸钙、草酸钙、磷酸盐、硫酸盐等。

第七节 神经系统与感觉器官

神经系统(nervous system)是昆虫机体的主要调节机构。神经系统全面调节体内各器官各组织及其生理过程，使其适应体内外环境的变化，维持生命活动的正常进行。

一、神经系统的基本结构

昆虫的神经系统由外胚层的一部分细胞特化而成，属腹神经索型，是环节动物和节肢动物特有的形式。

（一）神经细胞

1. 神经细胞的基本结构

神经细胞(nerve cell)通常称为神经元，是构成神经系统的基本单元。神经细胞在形态上和其他组织的细胞极不相同，是具有突起的细胞，即由细胞体和细胞突起构成(图 3-28)。

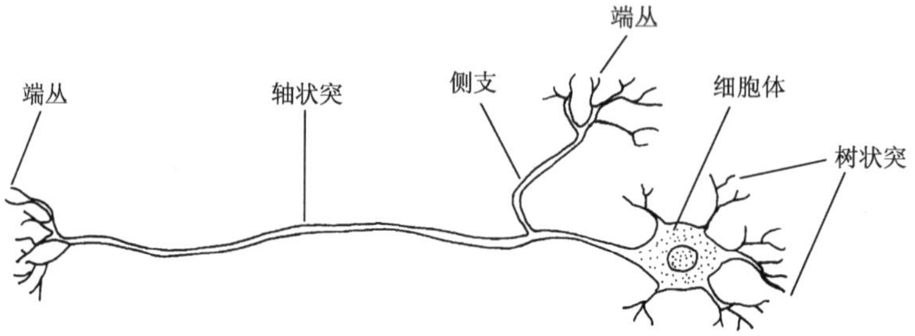

图 3-28　神经元的模式构造

(仿 Snodgrass)

细胞体的结构与一般细胞相似，由细胞核、细胞质和细胞膜构成，是神经元代谢与营养的中心。细胞突起分为两种，一种是树枝状突起，称为树(状)突；另一种是细长的单突，称为轴(状)突；位于轴突上分出的短支称为侧支；轴突和侧支末端的细小分支叫做端丛。轴突外还包有一层含有细胞质和线粒体的薄膜，叫做神经围膜；而神经索中每一根较粗的轴突外还包有一圈或几圈螺旋形的胶质细胞鞘，它与轴突外面的神经围膜相隔 100～150Å。神经细胞鞘具有调节离子通道的功能，如同脊椎动物的血脑屏障。

2. 神经细胞的类型

(1) 按神经细胞的形态分类

根据神经细胞外突着生的形式可分为单极神经元(unipolar neuron)、双极神经元(bipolar neuron)和多极神经元(multipolar neuron)3 种(图 3-29)。

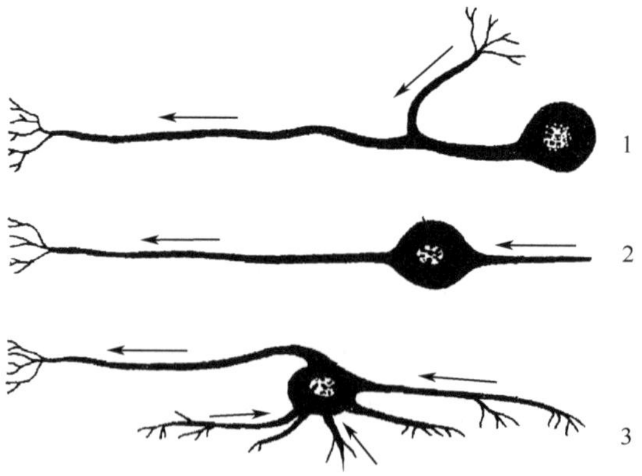

图 3-29　神经元的类型

1. 运动神经元（单极）；2. 感觉神经元（双极）；3. 感觉神经元（多极）

(仿 Snodgrass)

单极神经元：只有一个轴突，在轴突上常有侧支。

双极神经元：从神经细胞体的两端各伸出一支突起，其中一端与感受器相连，另一端伸入中枢神经。

多极神经元：从神经细胞体的两端各伸出一支突起，其中一支为轴突，另一支为树突，树突至少为两个分支，分布在真皮细胞层、体壁肌或内脏肌上；轴突伸入腹神经索上相应的神经节内。

（2）按神经细胞的功能分类

根据神经元的功能可将其分为感觉神经元（sensory neuron）、运动神经元（motor neuron）、联系神经元（association neuron）和神经分泌细胞（neurosecretory cell）四种。

感觉神经元：又称传入神经元，传导体表或体内感受器发放的神经冲动到中枢神经系统，另有一些位于体内内脏肌或腺体上，常为多极或双极神经元，其轴突叫感觉神经纤维或传入神经纤维。

运动神经元：又称传出神经元，将中枢神经系统的神经冲动（命令信息）传至效应器的神经元，其细胞体常位于神经节的周围，多为单极神经元，其轴突叫运动神经纤维或传出神经纤维。

联系神经元：又称中间神经元，位于脑或神经节内的周缘，起神经之间的联系作用，为单极神经元。常以其轴突和侧支分别与感觉神经元和运动神经元构成突触，或以其轴突和侧支通过神经索或神经链锁与距离较远的感觉神经元或运动神经元联系起来，起联系作用。

神经分泌细胞：神经细胞体特化成具有分泌作用的细胞。这种细胞广泛分布于脑的一定区域和神经索的所有神经节内（图 3-30），有些可分泌激素，称为“神经分泌细胞”。

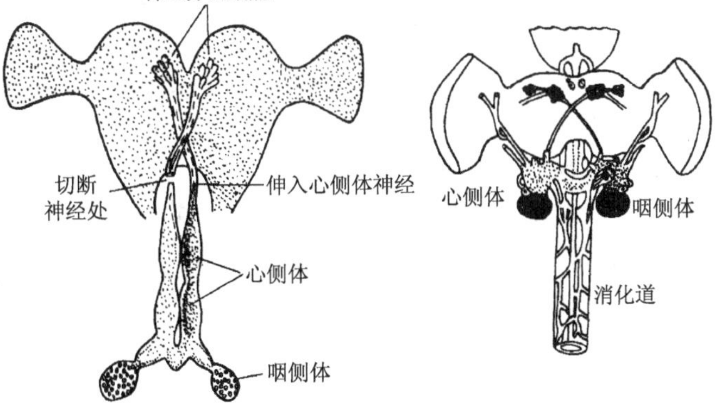

图 3-30　昆虫脑、心侧体、咽侧体和神经分泌细胞

（仿北京农业大学）

（二）神经节与神经

昆虫的体神经节（ganglion）是卵圆形或多角形的。每一体节内有左右合并的神经节一个。前后端各有两根神经索与邻近的神经节相连，构成腹神经索。神经节（图 3-31）由很多神经细胞和神经纤维集合而成，主要包括运动神经元的细胞体；感觉神经元的轴

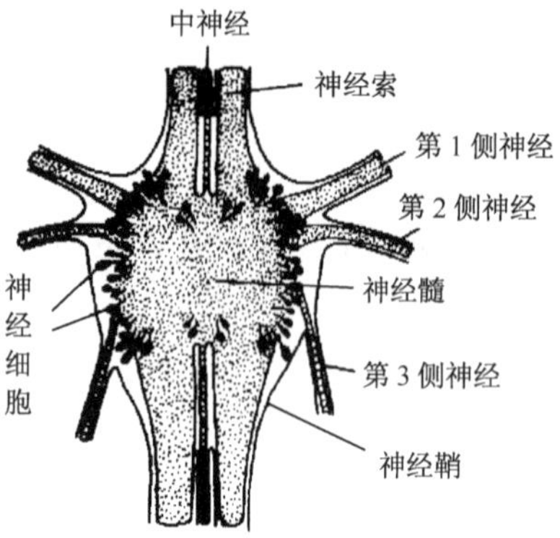

图 3-31　昆虫体神经节的模式图
（仿 Zawarzin）

突及端丛；神经节内或神经节间的联系神经元细胞体、轴突、侧支与端丛；中神经的感觉神经纤维和运动神经元及其纤维。神经细胞体都位于神经节内缘四周，轴突、侧支与端丛等神经纤维位于中央，形成紧密的神经纤维网络，起联系协调作用。

每一个神经节的两侧各有 2～3 根侧神经。整个神经节外面包有一层由神经围膜和鞘细胞构成的神经鞘。神经围膜含有胶原状蛋白质和中性黏多糖，具有保护作用。鞘细胞质内含有大量糖原、脂肪粒、线粒体和氧化酶，起调节中枢神经系统和周围体液之间的“代谢交换作用”，是神经鞘的离子选择屏障。

昆虫的神经均由成束的神经纤维（轴突）集合而成，有些仅有运动神经或感觉神经纤维，但一般情况下两者都有。

二、神经系统的组成与功能

昆虫的神经系统在解剖学上可分为中枢神经系统、交感神经系统和外围神经系统 3 个子系统。

（一）中枢神经系统

中枢神经系统（central nervous system）包括脑、咽（食道）下神经节和腹神经索。

脑是联系和协调的中心。可分为前脑、中脑和后脑（图 3-32）。前脑最发达，在其两侧膨大成两个大的视叶，仓虫由于经常活动在光线较暗的室内，故视叶不发达。幼虫无复眼，因而也无视叶。在有背单眼的幼虫，其前脑区域着生有与背单眼数目相同的单眼柄。中脑位于前脑之后，有一对神经通至触角肌上，是触角的神经中心。后脑不发达，由此发出通至上唇和前肠的神经。

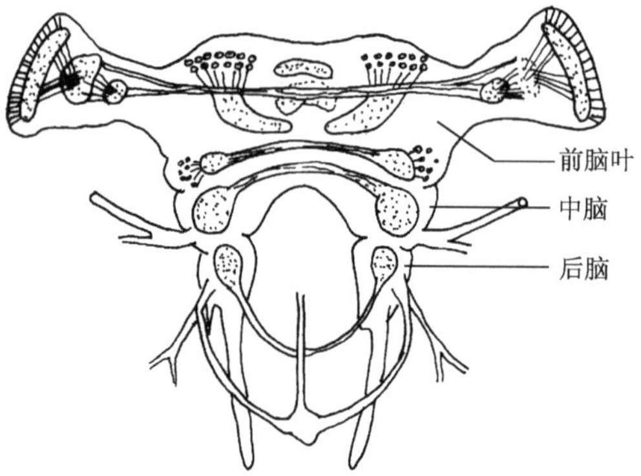

图 3-32　昆虫脑的剖面
（仿 Snodgrass）

咽（食道）下神经节（suboesophageal ganglion）位于头部咽喉之下，由此发出的主要神经分别通至上颚、下唇、舌、唾液管等处，是口器附肢的中心。

腹神经索包括胸部和腹部的一连串神经节及与之相连的神经索、神经链锁。比较低等的昆虫和完全变态昆虫的幼虫有 11 对神经节，即胸部 3 对神经节，腹部有 8 对神经节，最后 1 对神经节至少由 3 对神经节合并而成，因而叫复合神经节。在较高等的昆虫中，每个体节成对的神经节，常常向中央移动合并为一个神经节，神经链锁消失，后端的神经节有向前合并的现象。每一神经节的两侧各发出 2～3 条侧神经，前后各有两根神经索连接前后神经节。胸部神经节发出的侧神经通至翅肌及足肌，是运动的中心。腹神经节的侧神经主要分布到各体节的体壁肌、气门肌、内脏肌等处，而复合神经节的侧神经分布到本节及其后几节的肌肉层、感觉器官和内脏器官。

（二）交感神经系统

昆虫的交感神经系统与中枢神经系统的分工没有哺乳动物那样明显。根据交感神经系统(sympathetic nervous system)所联系的器官不同，可将其区分为口道交感神经系、中神经和复合神经节三大部分。

1. 口道交感神经系

口道交感神经系(图 3-33)是位于前肠背面的一些小神经节及神经，有两条额神经索与脑相连，其神经分支可分布到唇基、上唇和背血管上。在额神经节之后端伸出一根逆走神经，向后通过脑和背血管的下方，终止于一对(或一个)后头神经节。后头神经节既有神经与脑相连，又有逆走神经与额神经节相连，还有很多神经分支通至心侧体、咽侧体、食道、嗉囊及中肠前端，而心侧体、咽侧体是脑激素的储存器，咽侧体又可分泌保幼激素。可见，口道交感神经系与昆虫的生长、发育、蜕皮、变态及生殖有密切的关系。

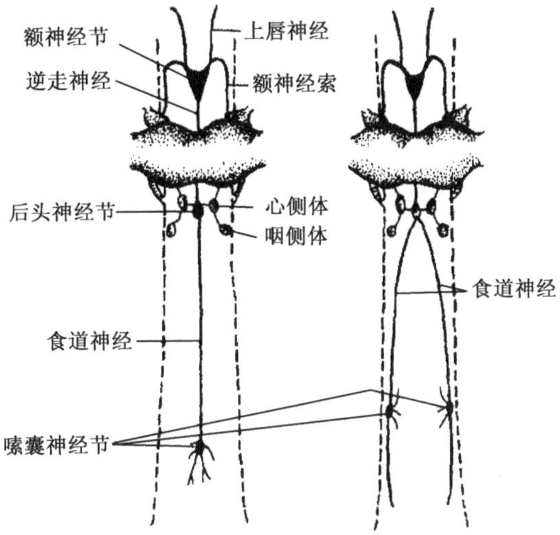

图 3-33 口道交感神经的两种类型
(仿 Imms)

2. 中神经

中神经普遍存在于幼虫体内，其他虫态中看不到。中神经位于腹神经索的两神经索之间，起源于前一神经节。中神经向后延伸至中途，常分出一对侧神经到附近的气管、气门和气门闭肌上，控制气门的生理活动。没有中神经存在的虫种或虫态，气门肌由神经节发出的侧神经控制。

3. 复合神经节

复合神经节是腹神经索中的最后一个神经节，由之发出的神经分布于后肠、生殖器官、气门、尾须等部位，是控制后肠、生殖器官及其交尾活动的神经中心。

（三）外围神经系统

除上述所讲的中枢神经系统和交感神经系统以外，分布于虫体体壁真皮细胞层内或细胞层下、消化道壁、背血管等处的感觉神经元和分布于体壁肌上的运动神经末梢等组成的网络都属于外围神经系统。其作用是将昆虫体感受到的内部和外部环境的各种信息传递到中枢神经，并将中枢神经的信息传递到相应的效应器。

三、神经传导机理

（一）反射弧

神经纤维的生理机能是传导信息，即将感受器接受到的信息通过神经纤维传到中枢神经，经中枢神经分析综合后，再传给效应器。

神经系统实现调节机能的基本方式是反射活动，它通过神经系统各个组成部分以及有关神经元的共同活动来完成，即通过感受器接受体内外环境的各种变化(即刺激)，并把刺激的能量转化为神经冲动，经传入神经传至中枢神经系统，经过中枢神经系统的分析综合作用，将信息沿传出神经传至效应器，以支配和调节各器官的活动。在中枢神经系统的参与下，机体对体内外环境的刺激做出规律性的反应称为反射。进行反射活动的结构基础称为反射弧，一个最简单的反射弧由感受器、传入神经、中枢神经、传出神经和效应器 5 部分组成(图 3-34)。反射弧的任何一部分受到破坏，反射活动都不能完成。

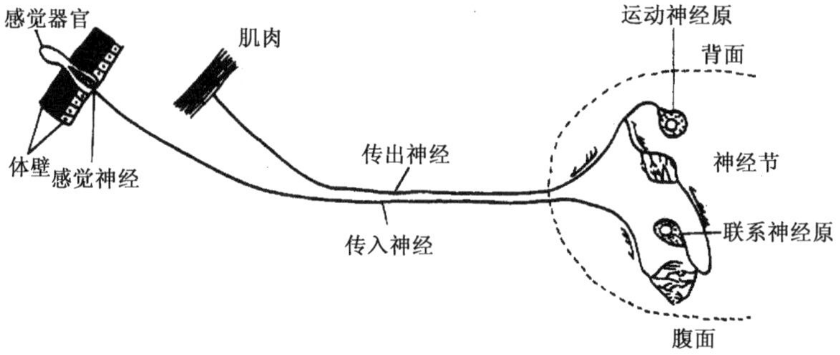

图 3-34 神经系统的一个反射弧

(仿 Imms)

（二）轴突传导机理

1. 静息电位及其产生的离子基础

与一般细胞膜一样，神经细胞体和神经纤维的表面也都是一层由蛋白质、脂质、糖类等物质组成的单位膜。在静息状态下，此膜外面任意两点间的电位都是相等的。但在膜内和膜外却存在着明显的电位差，即膜内为负，膜外为正(图 3-35)。这种在静息状态下神经纤维膜内外两侧存在的电位差叫做跨膜静息电位，简称静息电位(resting potential)；这种膜外为正膜内为负的状态，称为极化(polarization)状态。

在静息状态下，神经膜内外为什么会出现静息电位呢？其原因可通过物理化学原理

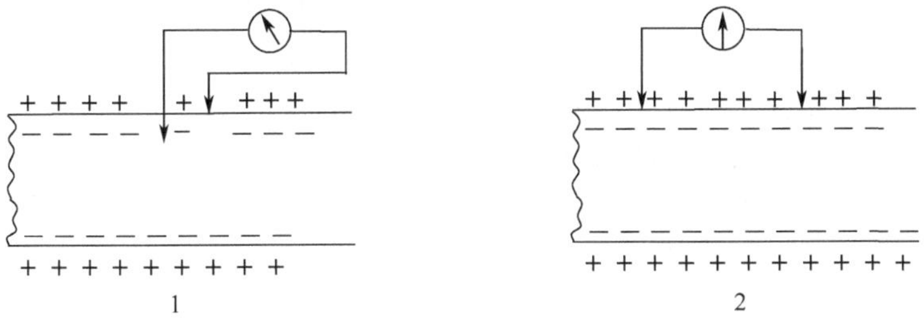

图 3-35　神经轴突的静息电位

1. 膜内外有电位差，呈极化状态；2. 膜外各点无电位差

（仿南开大学等）

来解释。

如图 3-36 所示，在静息状态下，神经纤维膜内的 K^+ 浓度高，Na^+ 浓度低，而在膜外 K^+ 浓度和 Na^+ 浓度则恰好相反。此外，在膜内还有较高浓度的不能通过膜的负离子，膜外有较高浓度的 Cl^-。神经纤维膜是一种半透性膜。在静息状态下，只对 K^+ 有通透性，因此 K^+ 顺着浓度梯度从膜内向膜外扩散，从而增加了膜外的正电荷。随着 K^+ 的不断扩散，膜内的负离子也有向外扩散的倾向，但由于膜的选择通透性，使负离子在膜内表面积聚，对 K^+ 的外流起到一种限制作用。K^+ 外流的结果，使膜内电荷较负，膜外较正；K^+ 外流越多，膜内外的电位差就越大。但达到一定程度时，由于膜外正电荷的排斥，膜内负电荷的吸引，使 K^+ 外流停止。这样，膜内外的电位差也稳定在一定水平不再增加。因此，静息电位实际上就是 K^+ 的平衡电位。

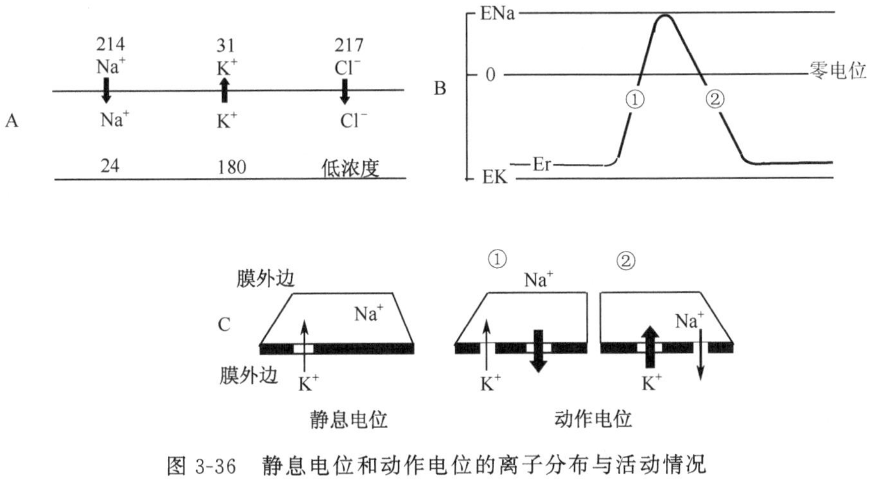

图 3-36　静息电位和动作电位的离子分布与活动情况

ENa、EK 分别表示 Na^+、K^+ 的平衡电位，①为上升相，去极化；②为下降相，超极化

（仿 Pichon）

2. 动作电位及其产生的离子基础

神经受到刺激兴奋时产生可传导性的电位变化称为神经动作电位(action potential)。

当神经的某一部位接受刺激后就产生兴奋，兴奋部位的膜通透性发生改变。由于膜外的 Na^+ 浓度极高，膜内电位较膜外为负，发生兴奋后膜外体液中的 Na^+ 立即涌入膜内，致使膜外电位迅速下降，膜内电位迅速上升，膜内外的电位差减小，这一过程叫做去极化(depolarization)。再发展下去，不但膜内外原有的电位差消失，进而出现膜外电位较负膜内电位较正的状态，称为复极化(repolarization)。此后，由于膜内正电荷的增强将阻止 Na^+ 继续内流，同时膜内外浓度差也减少。膜对 Na^+ 的通透性开始降低，对 K^+ 的通透性有所恢复，逐渐超过了对 Na^+ 的通透性。以后，由于 K^+- Na^+ 泵的作用，将 Na^+ 泵出到膜外，恢复原来的静息电位。

3. 动作电流的产生与传导

神经轴突内含有的电解质是可以导电的；膜外体液内也含有电介质，同样也具有导电能力。当 Na^+ 进入膜产生动作电位时，受刺激部位的电位处于内正外负状态，而其他部位则处于内负外正状态。此时，受刺激部位与未受刺激部位便出现电位差并形成局部电流(图 3-37)。同时，这局部电流又刺激未兴奋部位，使其产生兴奋，就像外加刺激在最初的刺激部位引起兴奋一样。这个过程在膜上连续进行下去，就表现为动作电流在整个神经细胞内的传导。

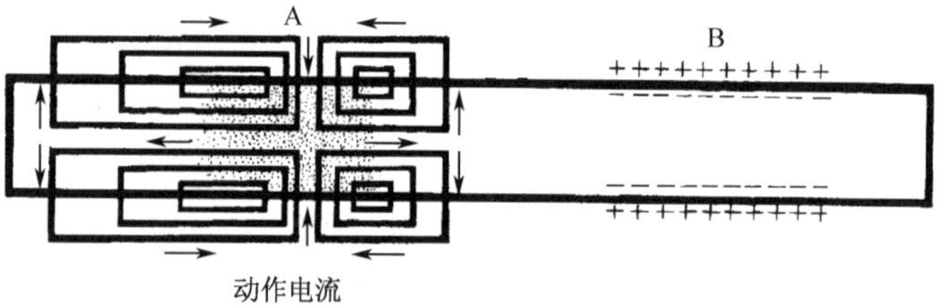

图 3-37 神经膜电位及膜内外电流途径

(仿 Roeder)

由动作电位形成的电流在神经元中传导有三大特点：第一，神经纤维如果在中间段受到刺激，这时将有电流同时传向神经纤维的两端。第二，神经不论受到何种性质的刺激，只要达到一定的程度，它们在同一神经细胞内所引起的动作电位的波形和变化过程都是一样的，并且在刺激强度超过阈值后，即使再增加刺激强度，也不能使动作电位进一步提高。这一现象叫做“全”或“无”现象。因此，动作电位一经引起，就会传遍整个细胞。第三，任一条神经纤维在传导冲动时，只沿着这一神经纤维本身进行传导，而不波及其他相邻的神经纤维，这种特性称为神经纤维的绝缘性。

(三) 突触传导机理

任何一个反射活动都是由多个神经元共同完成的。然而，各神经元之间在结构上并不连续，他们之间的联系只是通过一个神经元的胞突末梢与另一个神经元发生接触，并进行兴奋和抑制的传递，这些接触点称为突触(synapse)。突触的接触处两神经元各有一层膜隔开，前一轴突末端的轴突膜称为突触前膜，与之相对的膜称为后膜，两膜之间有一均匀裂隙，宽约 200～500 Å，称为突触间隙。递质通过突触前膜扩散至突触后膜。神经纤维末端膨大呈囊状，称为突触小囊。在突触小囊内有许多线粒体和突触小泡。小泡直径约 20～60 μm，内含化学递质，线粒体内含有合成递质的酶类(图 3-38)。

每当一次神经冲动传导至突触前神经末梢时，乙酰胆碱(acetyl choline，Ach)便从突触小泡中释放出来，经扩散作用进入突触间隙，作用于突触后膜上的 Ach 受体，使突触后膜去极化，使突触后神经产生扩布性兴奋。这样，神经冲动就可以通过突触传递

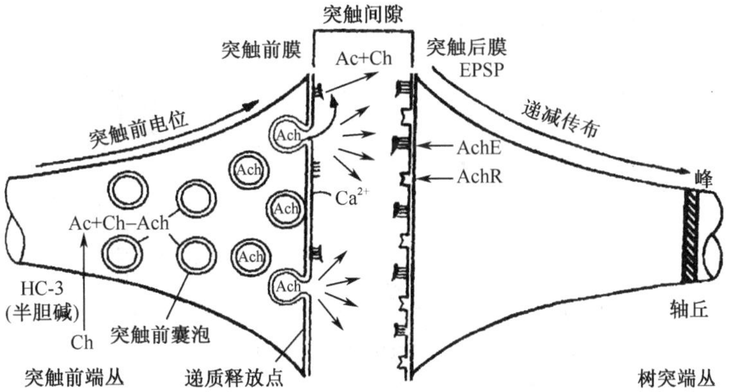

图 3-38 胆碱能神经突触的传导机理

(仿 Shankland et al.)

过去。Ach 在突触传导过程中起着重要的媒介作用，故称为神经的化学传递物质(简称神经递质)。每一次神经冲动释放的 Ach 引起突触后神经兴奋后，在 1～2 ms 内便迅速被分布于突触后膜上的乙酰胆碱脂酶(acetyl cholinesterase，AchE)水解成为乙酸和胆碱，然后被突触前膜吸收，作为重新合成 Ach 的原料。所以，一次兴奋仅起一次作用。

在昆虫肌肉的神经传导过程中，其神经递质是氨基丁酸和谷氨酸。

四、昆虫的感觉器官

昆虫具有相当多而且非常发达的感觉器官，依其功能可分为光感受器、机械感受器和化学感受器三大类。

(一) 光感受器

昆虫的光感受器也称为视觉器官，包括复眼和单眼(背单眼和侧单眼)。

复眼由许多小眼构成。小眼呈六角形，其解剖结构由“集光器”和“感光器”两部分组成(图 3-39)。

集光器包括角膜、角膜细胞和晶体，具透光和聚光作用。感光器包括视觉细胞组成的网膜和视杆，具接受与传递信息的机能。在小眼的周围包有由真皮细胞特化而成的色素细胞，与邻近的小眼相隔。好像照相机暗箱一样，可防止小眼之间光线干扰。

昆虫的复眼没有调节焦距的能力，视力很差，一般只能分辨近处的物体。通常认为复眼有辨别形状或图像的能力，尤其是对运动的物体有很高的辨别能力。昆虫对光谱的敏感范围相当小，对紫外光部分的短光波有很强的反应。

背单眼的集光部分由一个大的双凸角膜组成，在角膜下为一层角膜细胞。角膜层下方包括很多视杆和视觉细胞。背单眼只能感光，不能辨认形状。

侧单眼对不同种类的幼虫来说构造很不一致，而且数目变化也很大。有些种类的侧单眼构造与背单眼相似，只可对光线定位；有些种类的构造在一定程度上近似于构成复眼的小眼，如蛾类幼虫，能辨别颜色和形状。

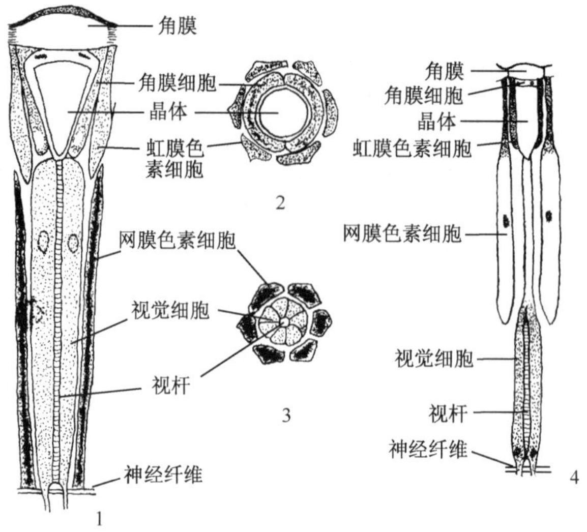

图 3-39　两类小眼图解

1. 并列小眼；2、3. 为 1 相应部位的横切；4. 重叠小眼

（仿 Imms）

（二）机械感受器

机械感受器包括感受外界刺激的外感器和感受虫体本身肌肉收缩而产生刺激的内感器。常见的有毛状感受器、钟形感受器、锥形感受器、坛形感受器等。本节只介绍前两种感受器。

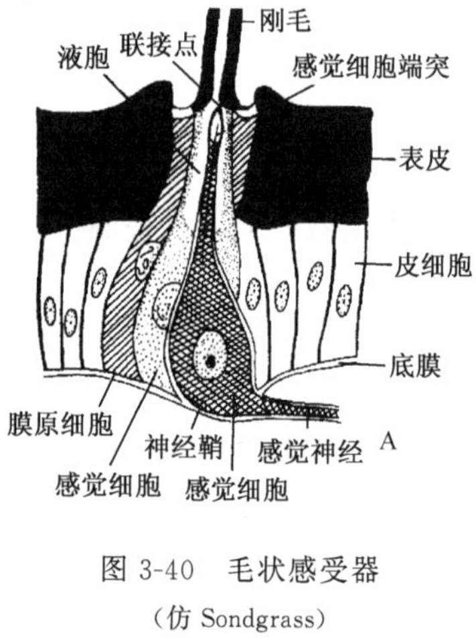

图 3-40　毛状感受器

（仿 Songdgrass）

1. 毛状感受器

该感受器(图 3-40)表皮突起大多为刚毛状，也有的为刺状或鳞片状，分布于虫体的各部位，如触角、足、产卵器、尾须等。毛状感受器基部有一个毛原细胞，其外包有膜原细胞，感觉神经细胞常紧靠着毛原细胞，位于真皮细胞层的里面，其端突联系在感觉毛基部的关节膜处，当刚毛接触到外界刺激时就引起膜电位的改变，通过传入神经传到中枢神经系统。另外，有些昆虫，如蛾类幼虫体腔上有些毛还对声音刺激有反应，这种毛叫做听觉毛。

2. 钟形感受器

钟形感受器的结构基本上与毛状感受器相似，只是其外部无毛，其表面特化成圆顶形，并陷入表皮的凹陷处。这种感受器分布于虫体各部位，如鳞翅目昆虫的翅基、双翅目昆虫的平衡棒、蜚蠊目昆虫的足上等都有。

（三）化学感受器

化学感受器能感受化学刺激。它与昆虫的觅食、求偶、产卵、寻找寄主、选择栖息地等活动有关。化学感受器可分为味觉感受器和嗅觉感受器两类。昆虫的味觉感受器主要位于口器上，例如蜚蠊的下颚须、下唇须，蛾类幼虫的口前腔壁上等部位都有这种感受器。嗅觉感受器主要位于触角上，其次是下颚须和下唇须。

化学感受器的基本结构类似于机械感受器，其表皮部分主要包括两类结构：第一类，具微孔的薄壁毛状、锥状或板状突，表皮微毛孔的直径约 100～1000 Å。有些微孔还向内扩伸成一小腔，腔内有微管与树状微支连接，化学物质的分子可被微管吸附再扩散到树突。第二类，表面凹陷成坛状，腔底含有感觉神经细胞的树突和端丛，腔内充满黏状清液，毛原细胞很大，并分泌黏液充塞于毛状或锥状突的腔内。感觉神经细胞常成团包围在一层与神经鞘相连的围膜内，它们的端突常集合成一束顶丝，穿过毛原细胞进入毛状或锥状突腔内，感觉神经细胞的轴突集聚成感觉神经纤维穿过底膜进入中枢神经系统。

五、神经毒剂对神经传导的影响

有机磷和氨基甲酸酯类杀虫剂的主要作用是对乙酰胆碱脂酶起抑制作用，使乙酰胆碱不能及时水解，大量积累在突触部位，不断地激活突触后膜上的乙酰胆碱受体，突触后神经长时间处于兴奋状态，导致突触部位的正常神经传导受阻。中毒的害虫最初出现高度兴奋、痉挛，最后瘫痪、死亡。在产生抗药性的昆虫体内，乙酰胆碱脂酶活性往往增强，或由于乙酰胆碱脂酶变构，使杀虫剂失效。

烟碱、巴丹类杀虫剂是乙酰胆碱受体的阻抑物。这些物质与突触后膜上的乙酰胆碱受体紧密结合在一起，使受体被占领，突触前神经纤维受冲动释放的 Ach 不能与突触后膜上的受体结合，从而使神经传导受阻。

除虫菊与拟除虫菊酯的毒理机制主要是物理作用，即抑制了神经膜的 Na^+ 通道，使膜的渗透性不正常，因而使神经传导受抑制，最后达到麻痹死亡。但也有人认为，除虫菊酯有很好的脂溶性，并且不带电荷(与一般麻醉剂不同)，它可能溶于神经膜的脂肪层中，从而改变了膜的渗透性的作用。

第八节　肌肉系统及其生理

昆虫各种形式的运动，都是靠一些肌肉细胞的收缩活动来完成的。如昆虫的爬动、飞翔、取食、交配、产卵以及心脏搏动、消化道蠕动等等，都是靠肌肉的收缩来完成的。

一、昆虫的肌肉起源与着生部位

昆虫的肌肉(muscle)是由胚胎发育时期的中胚层形成的。按其着生的部位和作用不同，可区分为体壁肌(包括附肢肌、飞翔肌)和内脏肌两大类。

体壁肌由长条形的平行肌纤维组成，着生于体壁下面或体壁内突上，司体节、附肢和翅的运动。昆虫的体壁肌属于横纹肌，其结构基本上与脊椎动物的骨骼肌相似，但其收缩产生的能量和做的功与脊椎动物相比是相当惊人的，有些种类可举起超过其本身体重数倍乃至数十倍的物体。

内脏肌包围在内脏器官的外面，有些排列比较整齐，如消化道外面的环肌和纵肌；有些排列成不规则的网状，如背膈与腹膈上的肌肉。

二、肌肉与体壁的连接

昆虫的体壁肌一般与体壁紧密地连接在一起。在胚胎发育时期，发育成肌纤维的中胚层细胞直接连接于体壁的真皮细胞层的内侧，有些种类的幼虫肌肉和体壁的连接仍保持这种方式，但连接处体壁真皮细胞的基膜已消失。在大多数种类的昆虫中，肌肉着生处的真皮细胞已特化成坚韧的皮肌纤维，相当于脊椎动物的肌腱，因而被叫做肌小腱，与肌原纤维相连。这些已特化的真皮细胞的原生质已消失，只有细胞核还保留于皮肌纤维之间或在肌肉组织的末端。皮肌纤维不仅与表皮相连，而且深达表皮之内，当蜕皮时连同旧表皮一起脱掉，然后再由原来的真皮细胞或相邻的真皮细胞产生新的皮肌纤维。

三、肌肉的结构

昆虫的肌肉由许多平行排列的肌纤维组成。肌纤维是一种细长的多核细胞，外面包有一薄层肌膜，其内由许多细而平行的和充塞于其间的肌质所组成。各肌原纤维的明暗带相并列，使整条肌肉纤维呈现出明暗相间的多段现象，这种肌肉被称为横纹肌。

在光学显微镜下可以观察到，每根肌原纤维由若干个较宽的 A 带和较窄的 I 带交替组成。A 带由含肌球蛋白的粗肌丝和含肌动蛋白的细肌丝所构成。I 带由只含肌动蛋白的细肌丝所构成。在光学显微镜下，密度大、折光系数高的 A 带发暗，称为暗带；密度小、折光系数低的 I 带发亮，称为明带。在暗带中央有一小段发亮的小区，称为中带(H 区，heller)，中带只含有由肌球蛋白构成的粗肌丝。在明带中央有一条致密而狭窄的 Z 线(Z 膜)，叫做端膜，两端膜之间的一段称为一个肌节(图 3-41)。

在昆虫的肌原纤维中，含有数量极多的线粒体。多者可达肌原纤维的 40%，其形态呈卵圆形或不规则形。线粒体由两层膜组成，外膜平滑，内膜内侧有很多大小不等的皱褶，称为嵴。嵴与嵴之间有圆孔形的通道，是酶系传播、物质交换和代谢的地方。线粒体的内外膜通透性不同，外膜通常可透过蔗糖、海藻糖、呼吸递体、核苷酸等物质；内膜通常为酶系分布的地方，如呼吸链酶，ATP 合成酶、α-磷酸甘油酯脱氢酶、琥珀酸脱氢酶、脯氨酸脱氢酶、α-酮酸脱氢酶、丙氨酸和天冬氨酸转移酶、海藻糖酶等。线粒体基质中含有柠檬酸合成酶、乌头酸酶等与三羧酸循环有关的酶以及脂肪酸氧化酶等。

昆虫肌肉上的神经分布形式属于多支神经分布型，即每一条肌纤维上分布有几个神经元发出的神经末梢。这些神经末梢在肌纤维上相互间隔的距离很小，分布非常均匀。在成对分布的神经纤维中，有一条控制肌肉快速收缩的神经纤维，称为“快收缩神经”；另一条控制慢收缩和松弛的神经纤维，称为“慢收缩神经”。有些种类昆虫的神经末梢分成很多细枝，分布到肌纤维上或环绕着肌纤维；有些种类的神经末梢不伸入肌纤维而终止于肌纤维之间；还有些种类的神经末梢形成一扁形或锥形的“端板”(叫杜氏锥)终止于肌肉的表面。昆虫的神经与肌肉的接点也形成突触性接触。但许多资料报道，昆虫

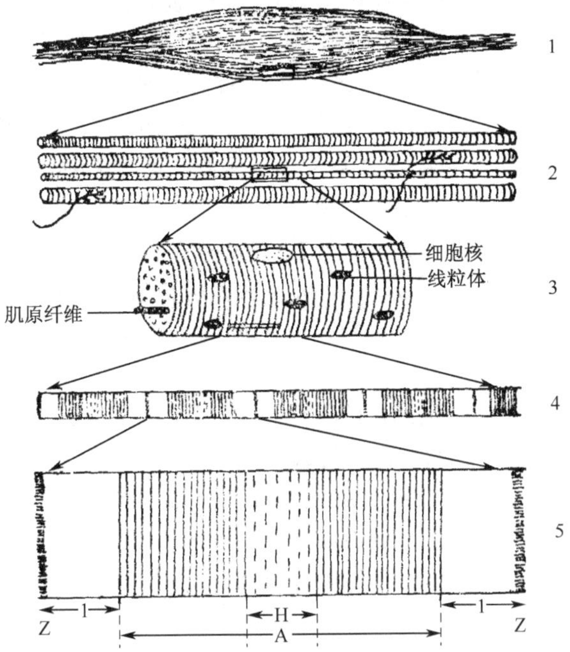

图 3-41　昆虫肌纤维构造模式图

1. 肌束；2. 肌纤维；3. 肌纤维的局部放大；4. 单根肌原纤维；
5. 明带与暗带的部分放大
（仿 Huxley）

体躯肌肉的神经传导递质不是乙酰胆碱，而是氨基丁酸和谷氨酸。

四、昆虫肌肉收缩的机制和能量来源

关于肌肉收缩的机制有不少学说，但为大多数人所能接受的是肌丝滑行学说。其理论是：横纹肌的肌原纤维内具有粗细两组蛋白肌丝，它们相互分隔，平行排列，与肌原纤维的长轴相平行。粗肌丝固定在 A 带不能移动，其两端均游离；细肌丝的一端固定在 I 带的 Z 线上不能移动，另一端伸向 A 带的 H 区，呈游离状态。因为 Z 线呈膜格状与肌膜连接，所以它在肌肉收缩时可维持肌原纤维内肌丝的排列，并限制肌丝滑行的范围，使其只能在两条 Z 线组成的格内进行滑行。

肌肉收缩即细肌丝的游离端沿粗肌丝长轴向 H 区滑行，两组肌丝游离端在滑行过程中相互靠拢、重叠，使肌节缩短变粗，但细肌丝的长度不变。细肌丝沿粗肌丝滑行的原因是由于粗肌丝发出的横桥(侧支)与细肌丝接触的结果。肌肉松弛时，横桥方向背向 H 区，即与粗肌丝的纵轴形成约 90°角，不与细肌丝连接。肌肉收缩时张力的产生取决于横桥的数目，即横桥与细肌丝接触的数量越多，两组肌丝重叠的程度越大，则张力越强。

神经与肌肉是如何联系的呢？当神经冲动到达肌膜时，肌膜的动作电流通过横管系统内传，并通过纵管系统促使 Ca^{2+} 释放，Ca^{2+} 进入肌原纤维横桥处与收缩蛋白质结合，并激活 ATP 酶释放能量，引起肌丝滑行。当 Ca^{2+} 被纵管系统膜和线粒体内膜重新聚集

(即 Ca^{2+} 被重新泵入纵管系统膜与线粒体膜)时，则肌肉松弛。

昆虫肌肉收缩的能量来源一般分为两种情况：足肌和一般体壁肌在肌肉收缩时，细胞中的中间代谢物 α-磷酸甘油酯、丙酮酸和乳酸被释放出来，参加线粒体中的三羧酸循环与呼吸链进行的“氧化磷酸化耦联”等反应合成 ATP，并供应昆虫活动所需要的能量。在昆虫的飞翔肌中，主要以“磷酸二羟丙酮”参加 α-磷酸甘油酯循环和呼吸链进行有氧代谢，供应快速飞翔需要的大量能量。昆虫在飞翔中不产生乳酸或产生很少量的乳酸，产生的丙酮酸也较少。此外，昆虫翅肌中还含有占体内全磷量 50%的磷酸化合物及 75%的磷酸腺苷(ATP、ADP、AMP)和磷酸精氨酸等能量转移化合物。

在缺氧条件下丙酮酸被还原成乳酸，形成氧债，要在氧气充足时再氧化为丙酮酸，然后再进入三羧酸循环。

在肌肉收缩时，Ca^{2+} 是活化剂，Ca^{2+} 可激活 α-甘油磷酸脱氢酶，从而使肌肉收缩。这时，糖、脂肪酸、氨基酸的代谢达到最大程度，呼吸也达到最高峰。当线粒体外 Ca^{2+} 浓度低于线粒体内 Ca^{2+} 浓度时，代谢和交换受到抑制，从而使肌肉松弛。

第九节　内分泌与激素生理

昆虫的内分泌系统(endocrine system)也与高等动物一样，是机体内的一个重要的机能调节系统。昆虫的内分泌系统由神经分泌细胞和一些腺体组成，由这些活细胞分泌的对靶细胞(或靶组织)有特殊激动作用的微量活性有机物质，叫做激素(hormone)。内分泌腺体与唾液腺等分泌腺体不同，它分泌的激素不是通过特殊的分泌管道输送出来，而是由腺体细胞直接释放进血淋巴，然后再由血淋巴循环转运到全身各处的靶标部位。

内分泌系统最重要的部分是位于中枢神经系统中的神经分泌细胞，它担负着传送神经信息到内分泌腺体和一些其他的功能，内分泌腺体中的神经激素在整个内分泌系统中占有重要的地位。

一、几种重要的昆虫激素

昆虫体内的激素很多，但研究得比较多也比较清楚的主要有脑激素、保幼激素、蜕皮激素。

(一) 脑激素

脑激素(brain hormone)也叫活化激素、促激素，主要是由脑神经分泌细胞分泌的。脑神经分泌细胞较一般神经细胞大，常排列成两组，位于前脑两半球中央沟两侧，呈对称分布。一般情况下，每组约由 4～15 个以上的分泌细胞组成。两组分泌细胞的轴突组成一对神经，在脑内交叉后分别延伸到对侧的心侧体，称为心侧体神经Ⅰ。在许多种昆虫中，上述两组神经分泌细胞外侧，还有两组由 2～4 个细胞组成的侧神经分泌细胞群，它们发出的一对神经也延伸入心侧体，但不相互交叉，称为心侧体神经Ⅱ。这些神经具有运送脑激素到达心侧体的作用。脑激素可从心侧体经此神经输送到咽侧体。另外，脑激素还可以经由逆走神经输送到背血管区，直接渗入血淋巴。

脑激素至少含有两种具有多肽性质的成分。一种相对分子质量较大，具有刺激各种

RNA 的合成作用；另一种相对分子质量较小，能提高膜电位，因而对膜的通透性有促进作用。一般认为，脑激素是一种活化激素(activation hormone)，是体内内分泌系统的控制总中心，它可以活化咽侧体和前胸腺。此外，许多昆虫还可以由脑神经分泌细胞分泌羽化激素，控制它在一昼夜中某个时刻内进行羽化。脑激素还可以影响呼吸代谢与肠细胞中脂酶的产生等等。

心侧体除了可以储存脑激素和其他神经分泌激素外，其本身还可以产生一种激素，可经由口道神经系运送到作用部位，影响心脏搏动的速度与消化道的蠕动，刺激脂肪体释放海藻糖进入血淋巴，激发磷酸化酶的活性等。

（二）保幼激素

保幼激素(juvenile hormone，JH)由咽侧体分泌。多数昆虫的咽侧体是一对卵圆形、外包一层结缔组织薄膜和微气管的腺体，位于咽喉两侧与心侧体的侧下方，各有一根咽侧体神经与心侧体相连。

咽侧体受到脑激素的刺激，即分泌一种能控制生长发育的激素。由于这种激素在幼虫期的主要功能是抑制“成虫器官芽”的生长与分化，从而使虫体能够保持幼期(若虫或幼虫)的形态和结构，因而称为保幼激素。目前发现的三种天然保幼激素是一类含有16～18 个碳原子的“倍半萜烯甲基酯”类化合物(图 3-42)。

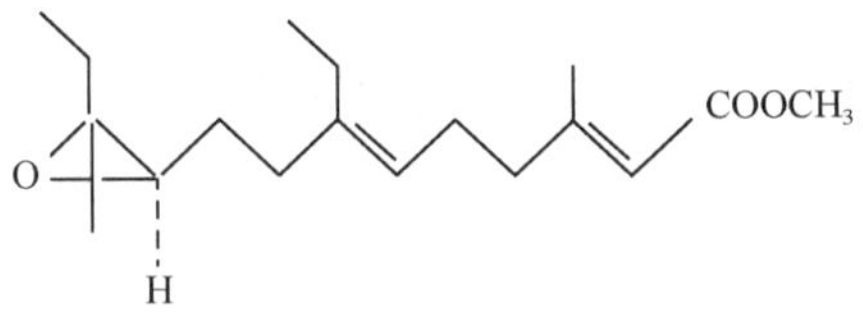

保幼激素 I (C_{18}-JH)的结构式

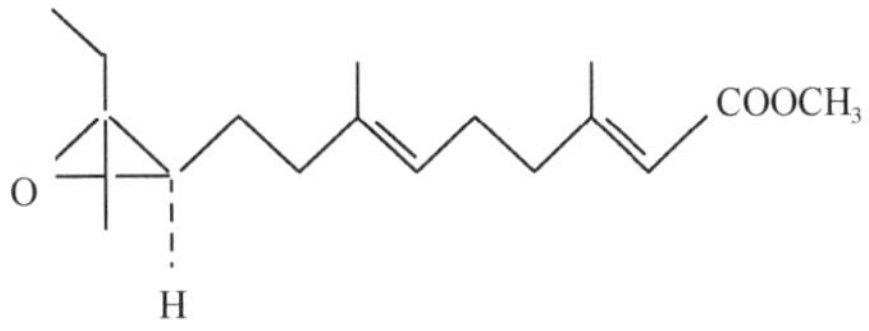

保幼激素 II (C_{17}-JH)的结构式

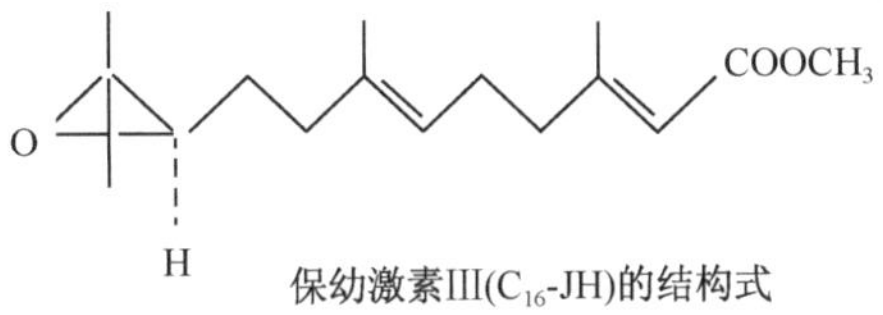

保幼激素III(C_{16}-JH)的结构式

图 3-42　三种天然保幼激素的结构式

这三种保幼激素几乎存在于所有种类的昆虫体内，但不同种类昆虫体内的含量不同。即使是同一种昆虫的体内，在不同的发育时期其含量也有一定的差异。保幼激素Ⅰ和Ⅱ的生物活性一般无明显差异，但保幼激素Ⅲ的活性较前两种要低得多。血淋巴中保幼激素的含量和种类因昆虫的种类、虫态不同而异。保幼激素对成虫期卵巢的发育是必要的，保幼激素Ⅰ和Ⅱ主要促进幼虫性状的发生与保持，保幼激素Ⅲ则具有刺激生殖腺的作用。

综上所述，保幼激素对幼虫(或若虫)的作用是维持幼虫(或若虫)性状，防止变态；对生殖方面的作用是在雌虫体内刺激卵巢的发育和卵黄的形成等。

（三）蜕皮激素

蜕皮激素(moulting hormone)是由前胸腺(或其同功腺体)分泌的。

前胸腺是一对透明、带状的细胞群体，有些种类还有分枝。腺体细胞的细胞核呈椭圆形或瓣状，有很多微气管分布在腺体中。由咽下神经节和胸神经节发出的神经纤维分布在腺体表面。

前胸腺一般位于头部与前胸之间，但种间差异较大。如鳞翅目幼虫的前胸腺位于前胸气门附近的气管上(图 3-43)；缨尾目昆虫的前胸腺位于头部，终生保持活性，成虫在成活期间一年蜕皮 3～5 次。

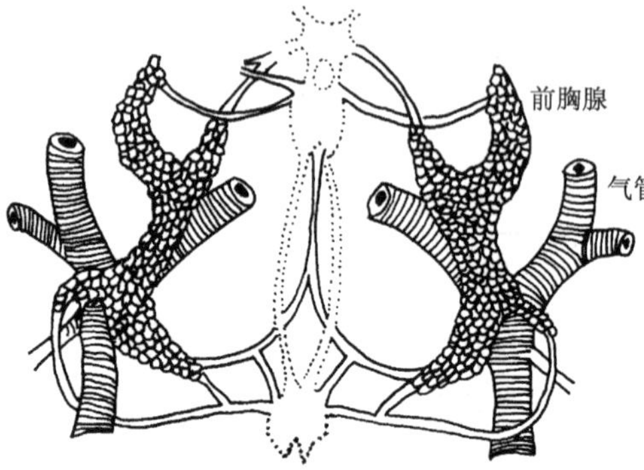

图 3-43　一种鳞翅目幼虫前胸腺的位置

(仿 Novak)

有翅亚纲昆虫中的绝大多数种类变成成虫后，前胸腺(或同功腺体)就很快退化消失，因此，成虫不再蜕皮。

前胸腺(或其同功腺体)分泌蜕皮激素是在脑激素(促前胸腺激素)的激发下进行的。

目前发现的蜕皮激素主要有两种，即 α-蜕皮素和 β-蜕皮素。现已明确，蜕皮素是由 27 个碳原子组成的类固醇，其化学结构如图 3-44。

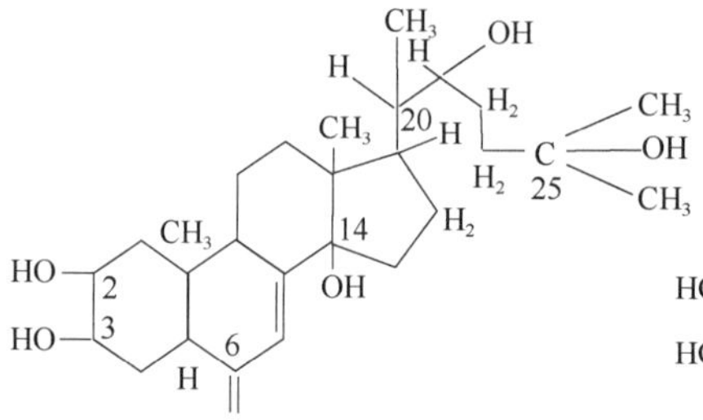

α-蜕皮素的结构式

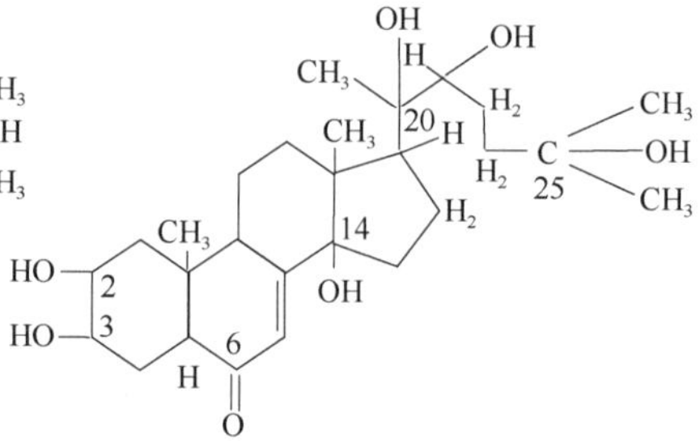

β-蜕皮素的结构式

图 3-44　蜕皮素的化学结构

α-蜕皮素和 β-蜕皮素的区别是：α-蜕皮素在2,3,14,22,25 C 位上各有一个—OH，7 C 位上有一个酮基。β-蜕皮素在2,3,14,20,22,25 C 位上各有一个—OH 基，7 C 位上有一个酮基。

除了 α-蜕皮素和 β-蜕皮素外，还有一些种类的蜕皮激素，但它们只限于某种昆虫或某种昆虫的某个虫态，因此，这里不再赘述。

蜕皮激素主要作用于外胚层来源的真皮细胞组织，如真皮细胞、器官芽细胞或神经系统、消化道等相应的内部器官部分。蜕皮激素刺激真皮细胞，使细胞核内的染色体某些部位出现“膨胀”。这标志DNA螺旋被打开，将遗传密码转录于mRNA上，mRNA进入细胞质，将所携带的信息在那里作用于特定的蛋白质分子。蜕皮激素还具有激发体壁真皮细胞中各种酶活性的作用，使真皮细胞膨大、分裂、产生分泌活动，分泌的蜕皮液，用于溶解旧表皮中的内表皮。

二、激素对昆虫生长发育的协调作用

（一）激素对昆虫生长发育的调节

昆虫的生长和发育主要是由脑激素、保幼激素和蜕皮激素相互作用所形成的两条内分泌链索控制的(图3-45)。

昆虫生长发育时期，昆虫体内各种组织的特征以及各虫期行为习性等性状都是由遗传因子控制的，而这些特征在什么时候表现出来则是由激素调节的。在幼虫生长期间，咽侧体和前胸腺分别分泌适量的保幼激素和蜕皮激素控制幼虫的生长和蜕皮；当幼虫发育到老熟阶段时，保幼激素的分泌量降低到适当数量，蜕皮激素照常分泌，控制幼虫化蛹；当幼虫化蛹后，保幼激素停止分泌，出现成虫性状(图3-46)。

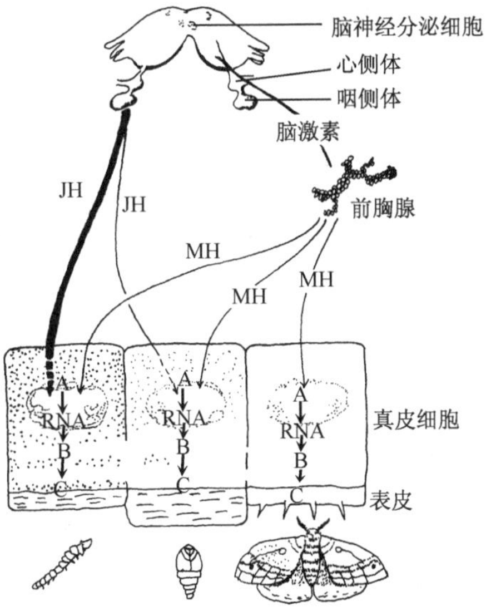

图3-45 激素对昆虫生长发育的控制
A. 染色体；B. 蛋白质合成；C. 成虫、蛹、幼虫构造；JH. 保幼激素；MH=PGH. 蜕皮激素
(仿Schneiderman和Gilbert)

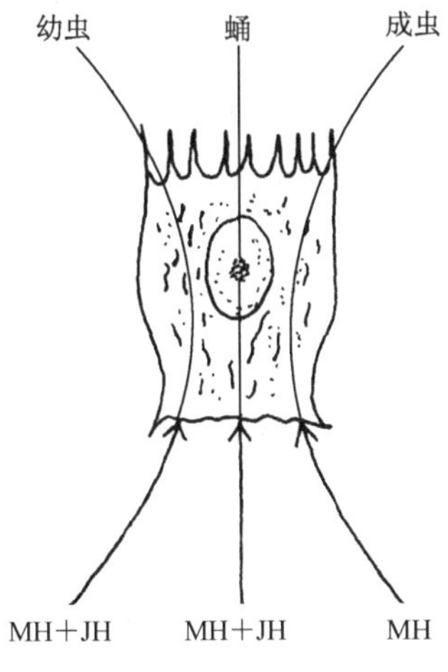

图3-46 激素对昆虫变态的控制图解
MH. 蜕皮激素；JH. 保幼激素
(仿Wigglesworth)

咽侧体和前胸腺的分泌强度及其产生的保幼激素和蜕皮激素均由脑激素激发和控制。同时，保幼激素和蜕皮激素也可以对脑神经分泌细胞产生反馈，形成完整的体液调节系统。

（二）激素与多型现象

在昆虫纲中，有些种类的成虫具有多型现象。这种多态现象与保幼激素有关。如社群性昆虫的白蚁中，兵蚁分化需要较多的保幼激素。若在适当的时间以保幼激素处理工蚁，则工蚁可变为兵蚁。

（三）激素与滞育

据报道，在滞育昆虫的蛹中抑制发育的第一个内因是脑神经分泌细胞的活动中止。若在滞育蛹中移入一个具有分泌活性的脑，在滞育发育的任何时期，其滞育都可被解除。如果在一个分离的腹部移植一个或数个活化的脑时，滞育不能被解除，但如果只接种活化的前胸腺时，其滞育可被解除。实验结果证实，不论是晚期胚胎滞育，还是幼虫滞育，或蛹滞育，都是由于活化激素和蜕皮激素的缺乏所致。成虫滞育表现为雌虫卵巢发育中断，雌雄副性腺功能受抑制，这是由于缺乏活化激素和保幼激素引起的。若给滞育的雌虫移入咽侧体，虽能引起一些卵成熟，但要让成虫的滞育完全解除则要求保幼激素和活化激素同时存在。

三、激素类似物在害虫防治中的应用

目前，人们可以利用保幼激素类似物和蜕皮激素类似物防治储粮害虫，但报道较多的是保幼激素类似物。

蒙 515 是一种研究较成熟的保幼激素类似物。美国农业部用 15 种昆虫激素类似物对 12 种储粮害虫进行试验，结果以蒙 515 的防治效果最佳。试验小麦中蒙 515 的剂量为 5 mg/kg 时，就能有效地防治锯谷盗、大眼锯谷盗、烟草甲、谷蠹和印度谷蛾。瑞士国立农学院报道，将蒙 515 加到小麦中，剂量为 47.5、95.0 和 190 mg/kg 时，就能减少书虱的种群密度：成虫减少了 97%，若虫减少了 66%。英国用蒙 515 防治谷蠹和玉米象的结果表明，当玉米中剂量为 5 mg/kg 时就能有效地抑制谷蠹的子一代发生，12 个月内抑制率可达到 100%。

蒙 515 虽然可作为储粮保护剂应用，但对于低龄幼虫防治效果较差，也不能控制隐蔽性储粮害虫如玉米象、米象的子代发生。

利用蜕皮激素及其类似物也会遇到类似问题。近年来，人们先后从蕨类植物、裸子植物、被子植物中提取了具有蜕皮激素的类似物，为激素类似物的应用提供原料来源。

第十节　生殖系统及其生理

昆虫的全部生活可概括为两个方面：一方面是维持个体的生存；另一方面是维持种族的繁衍。因而，昆虫发育到成虫后就要产生精子或卵子，通过雌雄交配，由雌虫产生新的个体（卵或幼体）延续种族，这种现象就叫做繁殖。

昆虫的生殖器官位于腹部，包括外生殖器和内生殖器两大部分。前者在外部形态部分已有介绍，本节只讲内生殖器部分。

一、雌性生殖器官及其生理

雌虫的生殖器官主要包括一对卵巢、两根侧输卵管和一根中输卵管。对于大多数种类的昆虫来说，中输卵管后端开口于生殖腔，此外，多数昆虫还有受精囊和副性腺(图3-47)。

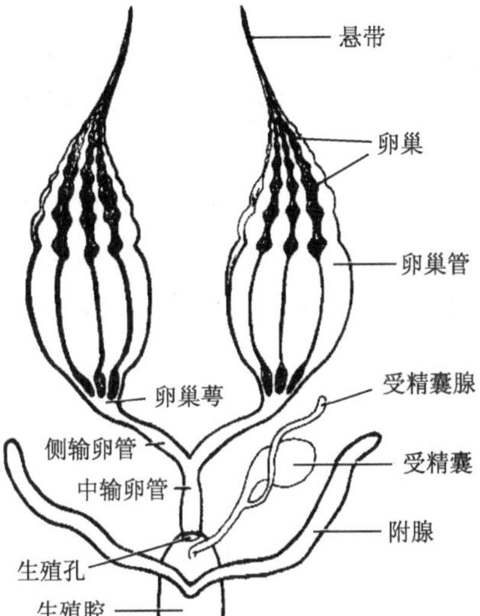

图 3-47　雌性生殖器官

(仿 Snodgrass)

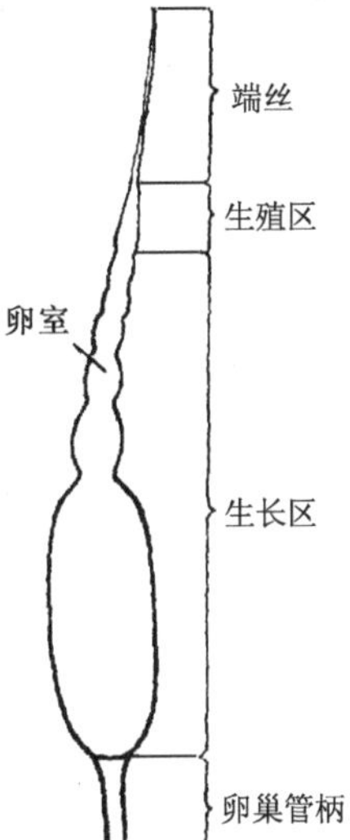

图 3-48　卵巢管模式图

(仿 Snodgrass)

(一) 卵巢

对于大多数昆虫而言，每一卵巢都由若干个管状的卵巢管组成。每一卵巢管前端伸出的端丝集合成悬带，附着在邻近的脂肪体、体壁内面或背膈等组织上。卵巢管的数目在各类昆虫中差异较大，如鳞翅目昆虫为 4～8 根，鞘翅目昆虫可达 8 根以上，膜翅目昆虫可达 100～200 根，等翅目中的有些种类可多达 2400 根以上。

模式卵巢管由端丝、卵巢管本部、卵巢柄组成(图 3-48)。卵巢管本部包括生殖区和生长区。

卵巢柄是一个薄壁管道，连接于卵巢本部的后端与侧输卵管之间。在整个卵巢管的外面，包围着一层管壁膜。生殖区位于端丝之下，生长区为生殖区下膨大的部分，占卵巢管的大部分。

原始生殖细胞首先发生在生殖区。原始生殖细胞可进行有丝分裂形成卵原细胞。卵原细胞进行分裂分化，有的分化为初级卵母细胞进入生长区；有的分化为滋养细胞，起营养供给作用。

(二) 侧输卵管

侧输卵管是连接卵巢和中输卵管的一对管道。每一侧输卵管的前端与输卵管连接处常膨大呈囊状，称为卵巢萼，有暂时储存卵子的作用。在侧输卵管的外面常包围有环肌和纵肌，这些肌肉的伸缩有利于排卵。

（三）中输卵管

中输卵管和侧输卵管一样都是排卵的通道。中输卵管的前面与侧输卵管相接，后面膨大的部分叫生殖腔，生殖孔的开口位于生殖腔内(图 3-47)。

生殖腔是雌雄交尾的部位，一般呈囊状，后面开口大。有些昆虫的生殖腔呈管状，被称为阴道。

此外，在昆虫的生殖腔上还着生有一个受精囊和 1～2 对附性腺。受精囊是雌雄个体交配后精子在雌虫体内储存的地方，当卵向体外排出时，由受精囊释放出精子使卵受精。附性腺通常可分泌一种黏性物质，当雌虫产卵时可使卵黏着在其他物质上，或使卵结成卵块或形成卵鞘。

在鳞翅目雌虫中，中输卵管和阴道之间另外形成一个交配囊，其形状因种而异，是交配时接受阳茎的地方，精子即泄入其中，尔后再流入受精囊。鳞翅目昆虫大多数种类的交配囊与阴道不是一个开口(双孔类)，交配囊开口于第 8 腹节的后面，叫做交配孔；阴道开口于第 9 节的后面，叫做产卵孔，是卵向体外排出的开口(图 3-49)。

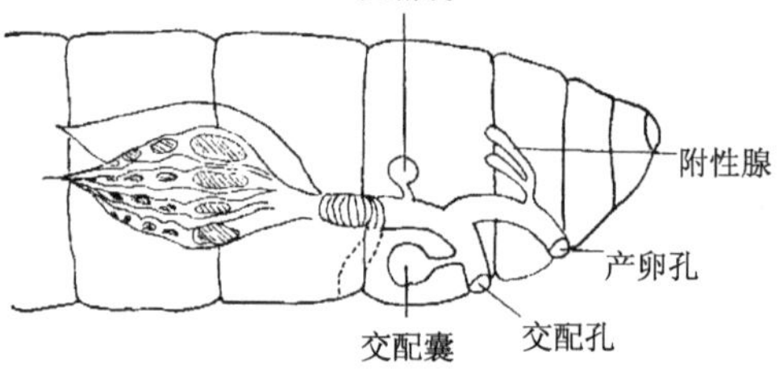

图 3-49 鳞翅目（双孔类）雌虫生殖器官构造

（仿 Weber）

在雌性生殖器官中，卵巢和侧输卵管来源于中胚层，中输卵管、受精囊、附性腺和生殖腔等则来源于外胚层。

二、雄性生殖器官

雄性生殖器官包括起源于中胚层的一对精巢和两条输精管。输精管与起源于外胚层的射精管相连，后者与阳茎相连(图 3-50)。在两个输精管的基部膨大成一个储精囊，在射精管的前端或输精管的基部，常有若干对来源于外胚层或中胚层的附性腺。

（一）精巢

精巢也叫睾丸，一般为圆形。不同种类昆虫的精巢大小差异很大。在同类昆虫中，雄性的精巢均较雌性的卵巢为小。每个精巢皆由若干个精巢管组成，外面包有一层围膜。精巢管一般为管状结构，其基部形成输精小管，与输精管相连。

精巢管是精子形成的地方。根据生殖细胞在其中发育的顺序，可将精巢管分为四个区域，即生殖区、生长区、成熟区、转化区(图 3-51)。生殖区位于精巢管的顶端，其中的原始生殖细胞在此进行有丝分裂，形成大量的精原细胞。

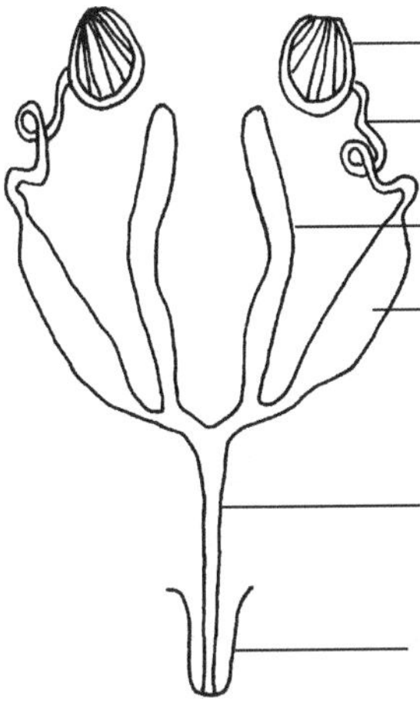

图 3-50　雄性生殖器官
（仿 Snodgrass）

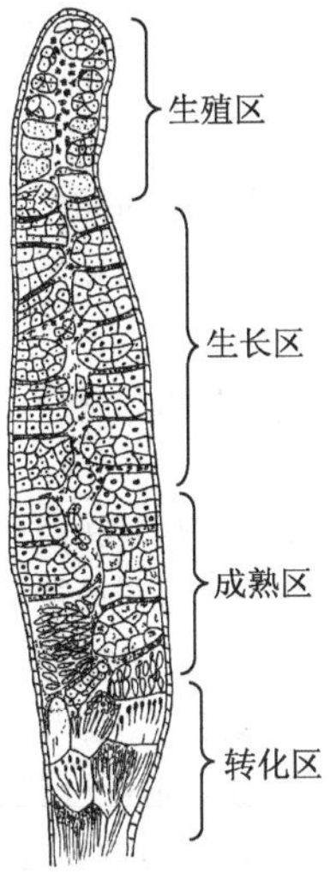

图 3-51　精巢管纵切面图
（仿 Shroder）

生长区位于生殖区的下方。精原细胞移入生长区后可进行有丝分裂，形成初级精母细胞，并在此区长大。

成熟区位于生长区的下方。初级精母细胞进入这一区域后，经过成熟分裂，每个初级精母细胞分裂成四个精细胞。这样，每个精细胞中只含有相当于体细胞染色体数目一半的染色体。

转化区位于精巢管的最下端。在此区内，精细胞分化出具有游动作用的鞭毛，转化为精子(spermatozoa)。

（二）输精管与储精囊

从精巢基部引出的细长管道称为输精管，在组织学上相当于雌性的输卵管。有些昆虫的输精管有一部分膨大成囊状，储藏从精巢管中排出的成熟精子团，称为储精囊。两根输精管在下端联合成一根公共通道，与射精管相连。在比较低等的昆虫中，两根输精管各自直接开口于体壁上，是一种原始状态。

（三）射精管

射精管在形态学上相当于雌性的中输卵管。射精管与阳茎相连，管外包围有强壮的肌肉层，肌肉的排列次序一般是纵肌在内，环肌在外，射精时肌肉的伸缩完成射精过程。

（四）附性腺

附性腺一般为成对的囊状物或管状物。若是管状物，则常卷曲。附性腺分两种，一种来源于外胚层，另一种来源于中胚层。在有些种类中，来源于外胚层和中胚层的附性腺同时存在。附性腺常开口于射精管的前端或输精管的分支处，其主要作用是分泌黏液，浸浴精子以备在交配时用。

思　考　题

1. 昆虫的脂肪体有何作用？
2. 昆虫的体壁有何主要生理功能？
3. 叙述昆虫体壁的结构和主要化学成分。
4. 叙述几丁质的主要化学性质。
5. 叙述昆虫消化系统的组成及其各部分的功能。
6. 什么是消化和吸收？
7. 消化细胞和再生细胞各有何功能？
8. 昆虫需要的营养物质包括哪些类型？
9. 昆虫的呼吸作用包括哪两个过程？
10. 叙述昆虫的呼吸系统的组成。
11. 什么是新陈代谢？昆虫的呼吸代谢有何特点？
12. 什么是呼吸熵？呼吸熵的数值与反应基质有何关系？
13. 昆虫的循环系统由哪些部分组成？
14. 昆虫的心脏是如何搏动的？
15. 昆虫的马氏管有哪几种类型？各有何特点？
16. 昆虫的排泄器官包括哪些？体内的含氮物质如何排出？叙述马氏管的排泄机理。
17. 昆虫体内的含氮废物主要以何种物质排泄？有何意义？
18. 什么是反射弧？一个最简单的反射弧包括哪几部分？
19. 根据功能分，神经元可分为哪几种？
20. 根据神经元外突的着生形式，神经元分为哪几种？
21. 昆虫的中枢神经系统包括哪些部分？
22. 什么是静息电位和动作电位？试述静息电位和动作电位是如何产生的？
23. 什么是突触？试述胆碱能突触的传导机理。
24. 试述肌肉结构和收缩原理。
25. 什么是昆虫激素？昆虫体内常见的激素有哪些？各由何器官分泌？各有何作用？
26. 昆虫的雌雄生殖器官各由哪些部分组成？

主要参考文献

北京农业大学等. 1999. 昆虫学通论. 北京：中国农业出版社
彩万志等. 2001. 普通昆虫学. 北京：中国农业大学出版社
南开大学等. 1980. 昆虫学. 北京：人民教育出版社
王荫长等. 2001. 昆虫生物化学. 北京：中国农业出版社
张宗炳. 1982. 昆虫毒理学的新进展. 北京：北京大学出版社
郑州粮食学院等. 1986. 仓库昆虫学. 北京：中国财政经济出版社

第四章　储藏物昆虫的生物学

本章提要：

- 储藏物昆虫的生殖
- 储藏物昆虫从卵开始至成虫死亡的个体发育过程
- 储藏物昆虫各发育期的生命特征
- 储藏物昆虫的生活史

第一节　储藏物昆虫的生殖

一、生殖方式

生殖又称繁殖(reproduction)。是生物在新陈代谢基础上产生后代的现象，是生命的基本特征之一。储藏物昆虫与其他动物一样，也要进行繁殖。通过生殖，使储藏物昆虫得以延续和发展。

储藏物昆虫是属于雌雄异体的动物，所以绝大多数种类进行两性生殖。但也有些种类以其他特殊方式进行繁衍后代。

(一) 两性生殖

两性生殖(amphigony)又称有性生殖，需经过雄雌虫交配，雄性个体产生的精子与雌性个体产生的卵结合后，由雌虫排出体外，才能发育成新个体。这是储藏物昆虫最主要的生殖方式。储藏物昆虫两性生殖的特点：通常卵必须接受了精子以后，卵核才进行成熟分裂(减数分裂)；而雄虫在排精时精子已经减数分裂。

(二) 孤雌生殖

卵不经过受精而能发育成新的个体的生殖方式称为孤雌生殖(parthenogenesis)。一般可以分为三类：

1. 兼性孤雌生殖(facultative parthenogenesis)

又称为偶发性孤雌生殖。在正常情况下行两性生殖的种类中，偶而发生未受精卵发育成新个体。例如鳞翅目昆虫中的家蚕、马铃薯块茎蛾等能进行偶发性的孤雌生殖。

2. 专性孤雌生殖(obligate parthenogenesis)

又称为经常性孤雌生殖。即所有的卵都未受精而发育成新个体的生殖方式。储藏物昆虫中的嗜卷书虱在自然情况下至今雄虫还未发现，该种类的繁殖完全是通过孤雌生殖进行的，雌虫生产的卵都是未受精的，但是都可以发育成为新的雌性个体。

3. 周期性孤雌生殖(cyclical parthenogenesis)

孤雌生殖和两性生殖随季节的变迁而交替进行，即所谓的“世代交替”(alternation of generations)。例如一般蚜虫从春季到秋季连续十多代都是进行孤雌生殖，这段时期几乎不产生雄蚜，在冬季将来临时产生雄蚜，进行雌雄交配，产受精卵越冬。

孤雌生殖对昆虫的广泛分布起着重要作用。既使只有一个雌虫偶然带到新地区，也可能在这个地区繁殖起来，而当遇到不适宜的环境条件而造成大量死亡的时候，孤雌生殖的昆虫也更容易保留它的种群。所以孤雌生殖是对付恶劣环境和扩大分布的有利适应。

（三）其他的生殖方式

1. 多胚生殖

一个卵产生两个或更多的胚胎（个体）的生殖方法，称多胚生殖（polyembryony）。这种生殖方式存在于寄生种类（如小茧蜂）。其性别以卵是否受精而定，受精的卵发育成雌虫，未受精的卵发育成雄虫。多胚生殖是对活物寄生的一种适应。

2. 伪胎生与幼体生殖

昆虫是卵生动物，但也有的昆虫产出的不是卵，而是幼虫或若虫（如蚜虫和某些蝇类），这种生殖方式称为胎生（viviparity）。但昆虫的胎生不同于高等动物的胎生。它们的胚胎发育仍然依靠卵里的营养，而不是靠胚盘吸取母体营养。与卵生所不同的仅在于卵没离开母体前就孵化了。所以昆虫的胎生又称卵胎生或伪胎生。胎生是对卵的保护的一种适应性，而且因没有卵期，生活史也较短。

幼体生殖（paedogenesis）同时也是孤雌生殖，即昆虫尚未达到性成熟期，就进行生殖的现象。凡是幼体生殖的昆虫，产出来的都是幼虫，而不是卵。故认为幼体生殖是胎生的一种形式。幼体生殖完成一个世代的时间就更短。

二、卵子和精子的形成

凡是进行两性生殖的昆虫，其生殖细胞以特殊的分裂方式形成精子与卵。这种特殊的分裂方式是生殖细胞成熟时进行的，所以称成熟分裂（或减数分裂）。

（一）精子的形成

雄性生殖细胞，即精原细胞，其中所含的每种染色体都是两个，一个来自父本精子，一个来自母本卵细胞。这两个染色体的大小、形状及其特性完全相同，称为同源染色体。精原细胞开始分裂时，同源染色体先行配对，配对后，每个染色体都进行自我复制，原来的一个染色体就成了两个染色体，称染色单体。两个单体仍连在一起，着丝点不分离。配对的染色体就有了四个染色单体，叫初级精母细胞。

初级精母细胞进行第一次成熟分裂，产生次级精母细胞。每个次级精母细胞里的每种染色体数目，只有原来细胞的一半，即只有配对的同源染色体中的一个，所以是减数分裂。

次级精母细胞进行第二次分裂时，每个染色体的着丝点分裂开来，两个染色单体彼此分开，进入子细胞，染色体数目不变，叫精细胞。所以第二次分裂是相等分裂。

精母细胞经过两次分裂后，就形成了四个完全相同的精细胞。精细胞染色体数目比精母细胞染色体数目减少一半（图 4-1）。这种子细胞的染色体比母细胞减少一半的分裂方式又称减数分裂。

最后，精细胞经过变形阶段形成精子。精细胞的细胞核形成精子的头部，其他部分分别形成精子的颈部和尾部。精子形成的整个过程是在雄虫的睾丸中进行的。

（二）卵子的形成

卵子的形成与精子的形成过程相似，染色体变化相同，都是要经过两次连续的核分裂，而染色体只分裂一次，结果形成的卵细胞比卵母细胞的染色体数目减少一半。所不同的是：经过第一次分裂后，一个初级卵母细胞产生两个次级卵母细胞，其中一个是极小的极体。经过第二次成熟分裂，一个次级卵母细胞又产生一个卵细胞和一个极体，连同第一极体可分裂成的两个极体，两个极体都叫第二极体，极体不久消失。所以，一个卵母细胞只能产生一个卵细胞(图 4-2)。值得注意的是，昆虫的卵通常必须接受精子以后，卵核才进行成熟分裂。

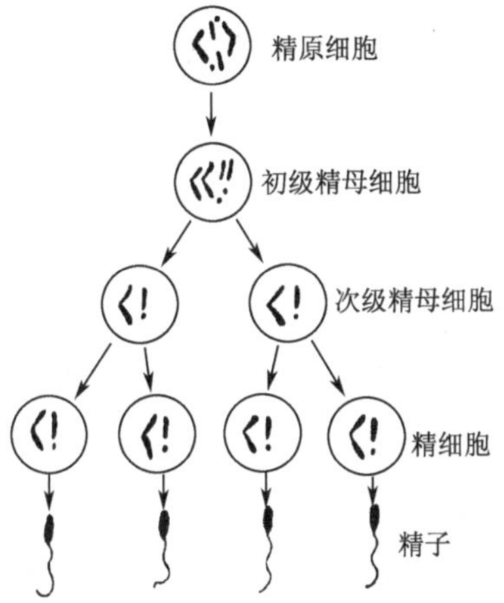

图 4-1　精子形成示意图

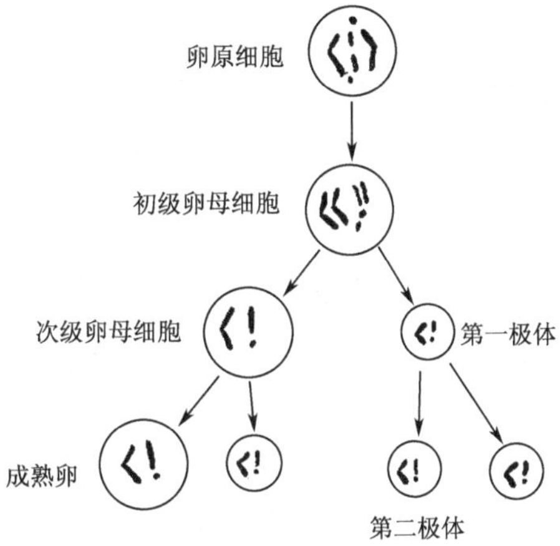

图 4-2　卵子形成示意图

三、卵的构造和类型

卵是一个不活动的虫态，因此储藏物昆虫对产卵和卵的构造本身，也有其一定的保护适应性。也正因为卵是一个不活动虫态，它们对杀虫剂的抵抗能力常常高于其他虫态，所以对储藏物昆虫卵的特性了解，对实际防治工作有特殊的意义。

（一）卵的构造

昆虫的卵(ovum 或 egg)是一个大型细胞(图 4-3)。卵的最外面是卵壳。卵壳是由卵巢管的管壁卵泡细胞所分泌的蛋白质构成，构造十分复杂。它起着保护卵的作用，并能防止卵内水分过量蒸发，以保证胚胎的正常发育。杀虫剂能否起到杀卵作用，也同卵壳的构造有密切的关系。在卵的前端有一个或几个的贯穿卵壳的小孔，称卵孔。当受精时，精子穿过卵孔进入卵内，所以又称受精孔。

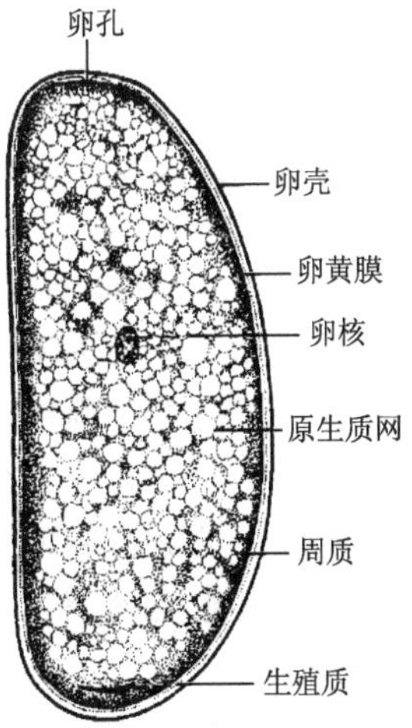

图 4-3　卵的构造

(仿 Johannsen & Butt)

卵壳下面有一层较柔软而薄的细胞膜，称卵黄膜。卵黄膜包围着原生质、卵核和卵黄。原生质是卵的生活物质，呈透明状的液体，充满整个卵。卵核卵为胚胞，含有核仁及染色体，未受精的卵核一般位于卵的中央，卵黄是卵的营养物质，是昆虫胚胎发育所必需的物质，它充塞在原生质网络的空隙间。但紧贴着卵黄膜下的原生质内没有卵黄，这部分原生质称为周质。在卵的另一端(即卵孔相对的一端)还有生殖质，将形成生殖细胞进入生殖器官内。

（二）卵的类型

储藏物昆虫的卵都是很小的，而各虫种之间也还有大小之别的。卵的大小，一般与虫体的大小以及其潜在的产卵量有关。较大的储藏物昆虫的卵(如黄粉虫的卵)，也只有1.4 mm长，而其他储藏物昆虫的卵则更小。

储藏物昆虫卵的形状是各式各样的(图 4-4)。通常以椭圆形和长椭圆形居多，还有卵圆形(如绿豆象)、长圆筒形(如花斑度蠹)、球形(如粉斑螟)；扁圆形(如粉缟螟)等。

储藏物昆虫的卵壳表面，有的光滑，有的粗糙，有的具有小点刻，有的呈纵凹纹(如米织蛾)，有的是凹凸不平的纵横纹(如麦蛾)。

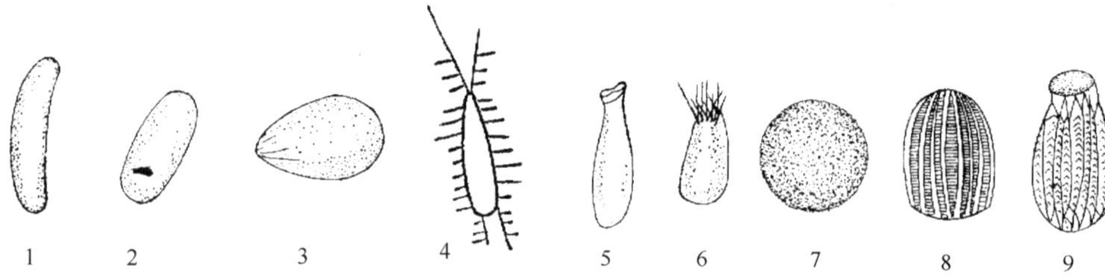

图 4-4　储藏物昆虫卵的类型

1. 锯谷盗；2. 黑菌虫；3. 绿豆象；4. 豌豆象；5. 玉米象；6. 花斑皮蠹；7. 粉斑螟；8. 米织蛾；9. 麦蛾

(仿郑州粮食学院等)

多数储藏物昆虫的卵呈乳白色或白色，也有少数呈淡黄色，甚至有的初产下时呈乳白色，以后变为淡黄色或淡红色的。

第二节　储藏物昆虫的生长发育

一、胚胎发育

胚胎发育(embryonic development)是储藏物昆虫个体发育的第一个阶段，即由卵受精后开始，至幼虫孵化之前的发育过程。整个胚胎发育过程都是在卵内进行的。

胚胎发育的过程中是一个复杂的过程，期间卵的表面看起来平静，实际上正在发生着激烈的变化，其中有合核分裂(卵割)和胚盘的形成；胚带和胚层的形成；胚膜的形成和胚动胚胎的分节和附肢的形成；器官系统的形成；背面封合和胚膜消失等，最后发育成幼体。其中有些过程实际上是同时进行的，因此这些步骤并不表明发育中的先后次序。

胚胎发育的详细过程，请参阅有关参考文献。

二、变态及其类型

昆虫从卵发育到成虫的过程中所经历过的一系列内部构造和外部形态的阶段性变化，称为变态(metamorphosis)。储藏物昆虫在胚后发育过程中，不仅体积有所增大，同时在外部形态和组织等方面也在起变化。从卵孵化出来的幼期昆虫，同性成熟的成虫相比，总有或多或少的差异，这在外形上就可以看出来。

储藏物昆虫中的变态类型主要有：表变态、不全变态和全变态等。

1. 表变态(epimorphosis)

表变态的特点是从卵孵化出的幼期已经基本具备了成虫的特征，在胚后发育中仅在个体增大、性器官的成熟等，成虫期后还继续仍能蜕皮。如衣鱼目昆虫的变态。

2. 不完全变态(incomplete metamorphosis)

这是有翅亚纲外生翅类如革翅目、啮虫目、蜚蠊目和半翅目等昆虫所具有的变态类型。昆虫一生只经历卵、若虫和成虫三个虫态。成虫期的特征随着幼期的生长发育而逐步显现，翅在幼虫的体外发育。

不全变态和表变态的主要不同是：成虫不再蜕皮，幼期属寡足型(只有胸足，无腹足)。

不全变态类储藏物害虫中，它们幼期和成虫期在形态上和生活习性上差别不大，幼虫除了体型较小，翅未长成和生殖器官(外生殖器和内部生殖器官)没有发育完整外，在构造上(如触角、眼、口器和足)以及生活习性和栖息场所等方面，都与成虫非常相似。这样的不全变态又被称为渐变态(paurometamorphosis)。他们的幼虫通称为“若虫”(nymph)。

属于不全变态类的还有半变态和过渐变态。这些变态类型在储藏物昆虫中少见，故此处从略。

3. 全变态(complete metammorphosis)

也称完全变态。有翅亚纲内生翅类昆虫在生命周期中经历卵、幼虫、蛹和成虫四个不同虫态，幼虫的外部形态和内部器官与成虫有显著的区别，而且生活习性有时也不相同。包括有翅亚纲中比较高等的各目，如鞘翅目、鳞翅目、膜翅目等储藏物昆虫。由于它们幼虫时的翅隐藏在体壁下发育，整个幼虫期在体外看不见翅的痕迹，直到末龄幼虫蜕皮化蛹时才由体内翻出来。所以在分类上把这些目均归属有翅亚纲的内生翅类。

在形态方面，除了成虫的触角、眼、口器、翅、足、外生殖器等都以器官芽的形式隐藏在幼虫体壁下外，往往还具有成虫所没有的附肢或附属物，如腹足、呼吸管等临时性器官。在生活习性方面，特别是食性的差别常常是十分显著的，因而内部器官也相应地有很多不同。如鳞翅目幼虫的口器是咀嚼式，绝大多数以植物的各部分为食物，并以食料植物作为栖息环境，而它们的成虫是以虹吸式口器吸食花蜜等液体食物，有的甚至完全不取食。又如双翅目、膜翅目中的大多数寄生性种类，幼虫在寄主体内生活，成虫则营自由生活。在鞘翅目昆虫中，幼虫和成虫往往具有颇为相似的食性和栖境，但在器官芽发生为成虫器官这一点，与上述诸目是相同的。

由于全变态的和成虫间有着很多明显的分化，所以从幼虫转变为成虫时，必须经过一个将幼虫构造改变为成虫构造的过渡虫期，这就是蛹期。

三、孵化

储藏物昆虫的胚胎发育完成后，就要脱卵而出，这种现象称为孵化(hatching)。

一般储藏物昆虫在完成了胚胎发育后就能孵化。但也有不马上出壳的，如书虱在胚胎发育完成后仍可留在卵内越冬，而实际上是以未离卵幼虫越冬的。

各种储藏物昆虫突破卵壳的方法不同，有些在出卵时，首先由消化道将卵内的羊水全部吸入以扩大内部张力，使虫体能完全充塞卵内的整个空间，然后依靠肌肉的动作产生压力以挤压卵壳。有些直接用口器的上颚将卵壳咬破(如鳞翅的幼虫)，有的在虫体表面上生有临时性的特殊构造，将卵壳刺破，如豌豆象幼虫的前胸刺盘。这种刺盘随幼虫第一次蜕皮时同时脱去。

初孵化的幼虫，体壁中的外表皮尚未形成，所以身体柔软，它们以吸收空气来伸展体壁。因此，孵化不久的虫体要比卵大。

四、幼虫的生长和蜕皮

(一) 幼虫期

昆虫个体从卵中孵化出来后，不论是不完全变态或完全变态的类型，其若虫变为成虫或幼虫变为蛹之前的生长发育阶段，称为幼虫期(larval stage)。

幼虫是储藏物昆虫个体发育的第二个虫态，也是生长阶段和取食的主要时期。幼虫取得足够的食物，从外表上看是虫体迅速增长，从生物学特性来说是大量获取和积累营养，使虫体的各种器官(包括器官芽)得到充分的发育，以完成胚胎发育中未能完成的发育过程。为发育成为性成熟、能生殖的成虫创造条件，随后依其种类的发育规律而变为成虫。

由于全变态类昆虫种类繁多，生境、食性、习性等差别很大，所以幼虫的形态远比若虫、稚虫等复杂。根据足的多少及发育情况把幼虫分为 4 类。

原足型幼虫：原足型是幼虫在胚胎早期孵化，腹部不分节，附肢不发达。

多足型幼虫：多足型幼虫除胸部有足外，腹部还有多对附肢。

寡足型幼虫：寡足型幼虫具发达的胸足，但腹部无附肢。

无足型幼虫：无足型幼虫则无任何附肢，由寡足型及多足型幼虫附肢消失而来。

幼虫类型的分化，取决于两个主要因素：一是基本因素，即幼虫属于什么类型，与胚胎发育终止在什么阶段上有关。各种储藏物昆虫，由于卵内卵黄含量的不同，幼虫则在不同的胚胎发育时期孵化而表现为不同类型。二是变异因素，幼虫期是以取食为主的时期，所以有不少虫种因适应食性分化及生活环境而在体型和附肢等重大外部形态方面，产生遗传性的变异。但这些变异都是在上述基本类型的基础上产生的变异。

储藏物昆虫的幼虫类型，是依据基本类型与变异程度而形成的外部形态特征，划分为不同的类型(参阅第一章)。

（二）生长和蜕皮

昆虫自卵孵化出后，随着虫体的生长，经过一定时期，要重新形成新表皮，而将旧表皮脱去。这种现象称为蜕皮(moult)，脱下的那层旧表皮称为“蜕”。

昆虫的生长和蜕皮是相互伴随、同时又常常是交替进行的。在刚蜕皮后，虫体体壁的新表皮尚未硬化时，虫体急速增长，随后生长又趋迟缓，直至下次蜕皮前，几乎停止生长。幼虫自孵化到老熟要经过若干次蜕皮，所以幼虫的生长，不是连续的，而是随着蜕皮周期性的生长。所以，幼虫的生长速率不是均衡的。

各种储藏物昆虫的蜕皮次数是不同的，大多数种类蜕皮次数在 4～12 次之间，鳞翅目幼虫通常 4～7 次。也有个别虫种例外，如露尾甲科的细胫露尾甲的幼虫仅蜕皮两次。还有蜕皮 1 次的种类。

对某一虫种来说，在正常情况下，其蜕皮次数是固定的。但因环境条件的改变也可产生变异，如温度升高就能增加蜕皮次数，如地中海粉螟在 15℃时蜕皮 4 次，而在 18℃时，则增至 5 次。因温度降低，或食物不足时，花斑皮蠹幼虫的蜕皮次数可由 4 次增加到 30 多次，发育期则由 26 d 延长至 900 d，且虫体变小，甚至小于孵化时。这种现象的生物学意义目前还不十分清楚，一般地说，营养不足往往阻滞蜕皮。

蜕皮次数在同种储藏物昆虫的不同性别间有时也有差别，一般是雌虫比雄虫多脱 1～2 次皮。这种现象在皮蠹、毛衣鱼等昆虫中是常见的。

在正常情况下，幼虫生长到一定程度就要脱一次皮，所以，它的大小或生长进程(即所谓虫龄)可用蜕皮次数作为指标。两次蜕皮间所经历的时间，称为龄期(stadium)，而在该龄期内的虫态称为龄(instar)。即幼虫从孵化到第一次蜕皮的历程为第一龄期，其虫态为第一龄幼虫；从第一次蜕皮至第二次蜕皮的历程为第二龄期，其虫态为第二龄幼虫。每脱一次皮，增加一龄，依此类推。

幼虫生长时，伴随着生长的蜕皮，称为生长蜕皮。当幼虫生长到最后一龄时(习惯上称为老熟幼虫或末龄幼虫)再蜕皮变为蛹(完全变态)；或老熟若虫再蜕皮变为成虫(不完全变态)。这种同变态联系在一起的蜕皮，称为变态蜕皮。

已经证明昆虫的蜕皮是受激素控制的，不能简单地认为昆虫的蜕皮就是因为生长受到限制。实际上尽管是具有柔软而富有弹性表皮的幼虫，也是一定要蜕皮的。蜕皮现象在昆虫的祖先，甲壳类就有了，所以它是在长期演化过程中被保留下来的特征。

五、化蛹与蛹期

（一）化蛹

幼虫变成蛹的过程，称为化蛹。末龄幼虫在蜕皮变蛹前，先要停止取食，寻找适当的化蛹场所；有些种类的幼虫还要做茧，把自己包起来。多数种类的幼虫身体显著缩短，也有不缩短的(如黑皮蠹)，甚至有些体胖多皱的幼虫，身体反而伸长变瘦(如玉米象、蚕豆象等)。鳞翅目幼虫的体色通常变淡或甚至消失(如米黑虫)，鞘翅目幼虫的体色一般不变或加深(如黑粉虫)。这种现象称为前蛹期(prepupa)。前蛹期通常只有 1～2 d，较长的为 2～4 d。

前蛹期中的虫态称为前蛹。是末龄幼虫变成蛹时的一个过渡性虫态，也是一个静止的虫态。这个时期，幼虫的表皮已部分与虫体脱离，成虫的翅芽和附肢等，已由表皮下翻出前蛹的体外，体形也已改变，但仍被末龄幼虫的表皮所掩盖，必须经过蜕皮后，才变成蛹。

储藏物昆虫前蛹期的现象，通常发生在无茧或薄茧的种类中，能比较明显地观察到(如四点谷蛾、长角扁谷盗等)；而在厚茧的种类中，必须剥开茧皮才能看到(如印度谷螟、日本蛛甲等)。

（二）蛹的类型

储藏物昆虫的蛹，基本上可分为离蛹(free pupa)和被蛹(obtect pupa)两种类型(图 4-5)。

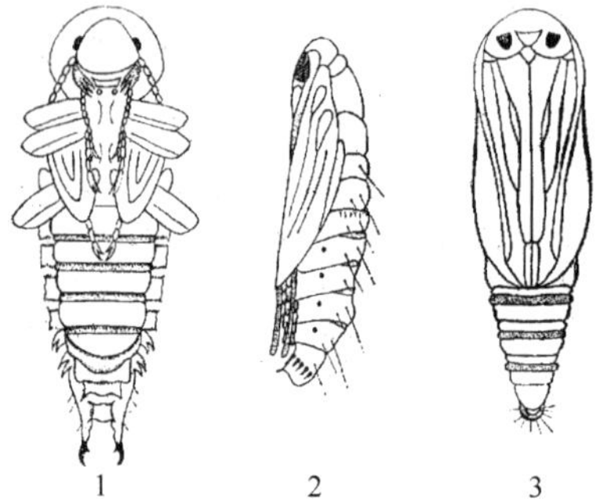

图 4-5　储藏物昆虫蛹的类型
1、2. 离蛹；(1. 黑粉虫，2. 褐斑谷蛾)；
3. 被蛹(紫斑谷螟)
(仿郑州粮食学院等)

离蛹：这类蛹的特征是触角、足和翅等不贴附在蛹体上，腹部各节间可以自由活动。如鞘翅目的昆虫以及鳞翅目谷蛾科中的褐斑谷蛾和翅窝蛾科的热带烟草蛾等。

被蛹：这类蛹的特征是触角、足和翅等紧紧地贴在蛹体上，腹部只有第四、五、六节可以扭动。如大多数鳞翅目的蛹。

鳞翅目中的被蛹是被一种透明而黏滞的液体物质把附肢和翅等黏着在蛹体上。这种液体硬化之后，便在蛹体外形成一层坚硬的围膜。鳞翅目中的离蛹外形与被蛹相似，但没有围膜，腹部有三节以上的腹节可以活动，又称为不全蛹。鞘翅目中的离蛹体外也没有围膜。所以又称为裸蛹；由于腹节可以自由活动，又称为自由蛹。

储藏物鞘翅目昆虫的蛹，虽是各式各样的，但在某一虫种蛹的外形上，已经显示出其成虫的某些特征，如玉米象头部象鼻状的喙、膝状的触角和锯谷盗前胸背板两侧各有六个锯齿等等，因此比较容易鉴别。鳞翅目储藏物昆虫的蛹，除蛹体大小有别外，外形基本相似，就不易区分。但依据某些部位的特征，仍可作为借鉴，例如依据某些蛹的前、中、后胸背板长度之比(只能区分到属或科)，织蛾科为 1∶6∶2，斑螟科为 1∶4∶1 螟蛾科为 2∶8∶1。但也有例外，如同属蜡螟科的一点谷螟为 3∶6∶1，而米蛾为 3∶9∶1。依据蜕裂线中干长度的不同，一点谷螟自前胸前缘伸达至腹部第七节，而谷蛾只伸达至中胸后缘。依据腹末尾钩的有无或多少，一点谷螟无尾钩，粉斑螟腹末背面有尾钩六个，相对的腹面两侧各有尾钩一个，印度谷螟腹末有尾钩十六个。另外，依据触角、翅和足伸达腹节部位的不同，也可作为区分时的参考。

（三）蛹的生物学特性

蛹在外观上虽然是个不吃不动的静止时期，但体内却起着剧烈的变化。因为完全变态类的幼虫与成虫之间有显著的差别。在幼虫的生长过程中，成虫的外部和内部器官芽，虽然已在幼虫的体内逐渐发生，有些外部器官芽在幼虫发育后期迅速生长，已在前蛹期从表皮下翻出体外，但仍要到蛹期才能显现出来。而幼虫的许多临时性器官及其有关构造要在蛹期消除，称为组织解离。而成虫特有的器官和构造需要在蛹期形成，称为组织发生。这两个过程是同时并进而又互相衔接的，这就形成了一个渐进的取代过程。

内部器官的变化程度，因种类而异，即使同一虫种内的不同器官也有差异。一般地说，在各类器官中，背血管、中枢神经系统和气管系统的大部分，往往不经过组织解离和彻底破坏，因为这些器官若停止工作，实际上就意味着个体的死亡。所以这些器官仅在蛹期进行着连续的生长和组织分化。有些器官和组织，如马氏管、脂肪体和部分肌肉，可能只有很小的变化，而如皮细胞层、消化道、与取食有关的肌肉，以及翅、足、生殖肢等有关肌肉和腺体等，往往需要全部重新形成。昆虫在蛹期，进行着剧烈的组织解离和组织发生的生理活动，因此蛹期对不良环境的抵抗力较差。

（四）蛹的保护物

蛹是一个静止的时期，容易遭到敌害和不良环境条件的影响。因此，幼虫在化蛹前，常常有许多特殊的习性，以保证安全度过蛹期。有些幼虫选择适宜化蛹的隐蔽场所，如墙壁、地板、包装品等缝隙中，粮粒间、粮食碎屑内以及仓内阴暗角落等处。有些幼虫则预先做好茧，然后在茧内化蛹。作茧的材料有所不同，一般鳞翅目幼虫都以吐丝器吐丝作茧；鞘翅目扁甲科幼虫以丝腺的分泌物作茧；鞘翅目中有些幼虫（如日本蛛甲）则以分泌液连缀粮食碎屑或排泄物等作茧。

六、羽化与成虫期

（一）羽化

成虫从它的前一虫态蜕皮而出的过程，统称为羽化（emergence）。不完全变态类的若虫，经最后一次蜕皮，就羽化为成虫。在蜕皮前，通常要寻找适当的场所，停止取食和行动，不久就开始蜕皮。成虫的头部先从胸部的裂口外伸，然后全体蜕出。完全变态类的蛹，在完成内部的变化后，颜色显著变暗，即进行蜕皮。成虫以体躯和附肢的扭动，增加体内血淋巴对体壁的压力，迫使蛹皮沿胸部背中线（或蜕裂线）或附肢黏附的部位等处裂开，然后成虫由裂口脱出。在茧内化蛹者，羽化时还要破茧。一般鞘翅目成虫就用上颚将茧咬破而出，鳞翅目成虫则能分泌一种溶丝的液体，将茧的一端溶破一个洞，成虫从洞口出茧。麦蛾的幼虫在化蛹前，就为成虫做好了羽化孔。

初羽化的成虫色浅而身体柔软，翅和部分附肢尚未伸展，成虫就用吞吸空气和收缩肌肉等作用，来迅速增加并维持体内压力，以帮助翅和附肢的伸展。有些种类的成虫，还需要静止一个时期，待体壁硬化后才开始活动。

（二）成虫期

成虫是昆虫个体发育的最后一个虫态。绝大多数虫种只在幼虫期生长和蜕皮，而成虫不再生长和蜕皮（少数昆虫如无翅亚纲缨尾目的毛衣鱼，成虫还继续蜕皮），而且有些虫种在成虫期仍需继续取食（鳞翅目中大多数种是不再取食，但衣蛾科成虫也有取食的）。这时感觉器官得到充分发育，还具有飞行的机能（翅退化或消失除外）。它的一切生命活动，基本上都是围绕着生殖而展开的。因此成虫是一个生殖时期。

第三节　成虫的生物学特性

一、性二型和多型现象

（一）性二型现象

储藏物昆虫的雌雄两性差异，在成虫期得到了明显的表现。它不但表现在第一性征上（如直接产生性细胞的生殖器官和实行交配、产卵的外生殖器的构造），还表现在第二性征上，即外部形态上的差异，称为性二型现象（sexual dimorphism）。

雌雄在外形上的区别，常常表现在个体的大小，体型的差异、颜色、触角的形状以及其他特征方面。

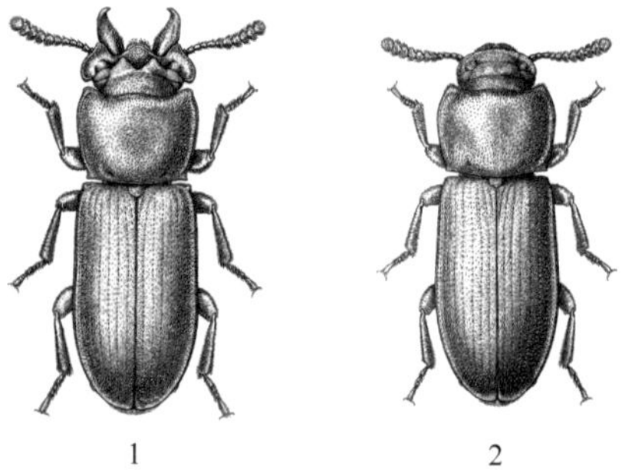

图 4-6　阔角谷盗雌雄虫的性二型
1. 雄虫；2. 雌虫
（仿 Bousquet）

二型现象表现出比较明显的差异，如阔角谷盗的雄虫头部前缘具有雌虫所没有的两个角状突起和发达的上颚（图 4-6）；绿豆象的触角，雄虫为梳齿状，雌虫为锯齿状；长角扁谷盗等的触角，雄虫的细长呈丝状，雌虫为串珠状；黑毛皮蠹等的触角末三节膨大，雄虫的末节扁长呈牛角形，雌虫的末节为圆锥形；一点谷螟前翅的斑纹，雄虫在翅中央纵列一个淡色的叉状纹，在叉状纹的尖端近前缘处有一个小黑点，雌虫在翅的亚缘线和内横线处各有一条淡色波状纹，在中横线外方有个明显的大黑点；日本蛛甲的雄虫，鞘翅近长椭圆形，雌虫的近卵圆形；脊胸露尾甲等的腹部腹面，雄虫为六节，第五节腹板后缘中部呈极深凹弧形，第六腹板椭圆形，雌虫为五节，第五腹板后缘呈圆形。

二型现象也有表现得不太明显的种类，一般以微小的特征来区分。如储藏物鳞翅目昆虫的翅缰，雄虫只有一根，雌虫为两根以上；锯谷盗雄虫后足腿节腹面内侧中部具有一个尖锐的小刺；赤拟谷盗雄虫前足腿节腹面近基部四分之一处，有一卵形浅窝，窝内具有许多直立的金黄色毛；玉米象等头部的喙，雄虫比雌虫的短而粗，弯曲度小，喙上的点刻，雄虫的较粗，雌虫的较细，愈向端部愈小，并逐步消失；二带黑菌虫雄虫头部前缘具有一个隆脊，脊后部有一陷窝，其中有两条纵向突起，靠近复眼的两侧的两颊隆起，并向上弯曲呈犀牛角状。

雌雄虫体的大小固然有所不同，一般都是雄虫较小。但也有例外，如日本蛛甲的雄虫就比雌虫体大。由于虫体大小受到很多因子的影响，往往同一性别的虫体，大小之差甚为悬殊，所以一般不常用作区别两性的可靠依据。

有些储藏物昆虫的二型现象极不明显，难以在形态特征上加以区分，只能根据其外生殖器来进行鉴别。

（二）多型现象

在一种昆虫中同一虫态有数种类型的现象，称为多型现象（polymorphism）。而这些不同类型的分化，并非一定表现在雌雄两性的差异上，而在同一性别的个体中，可以出现不同类型的分化。如绿豆象的体色变异，有明色型与暗色型之分。这种现象不仅出现在成虫，也可出现在幼虫期。

多型现象在“社会性”的虫种中特别明显，如在同一种白蚁中，可能包括雌雄在内的几种类型（图 4-7）。其中有三种是生殖类型，一种是大翅型生殖蚁，其有雌雄二型（俗称蚁后和蚁王），另两种是短翅型补充生殖蚁和无翅型补充生殖蚁，达两种通常多属雌性；另外还有两种为非生殖类型（或称不育型），一种工蚁，另一种是其有坚硬而发达上颚的兵蚁，这两种都无翅，但有雌雄之分。

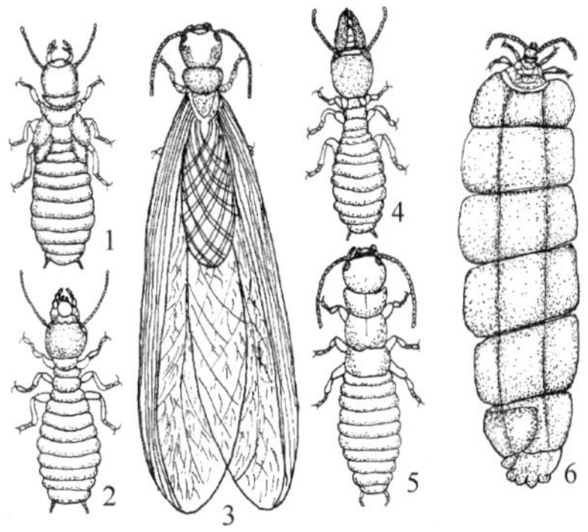

图 4-7　白蚁的多型现象

1. 短翅型补充生殖蚁；2. 无翅型补充生殖蚁；3. 大型生殖蚁；4. 兵蚁；5. 工蚁；6. 蚁后

（仿郑州粮食学院等）

二、性成熟与寿命

性的成熟早晚是决定于虫种的遗传性，即与幼虫时期取得的营养足够与否有很大关系，这一点常反映在成虫的是否取食上。鳞翅目昆虫和鞘翅目中的花斑皮蠹等，因幼虫期已取得了充分营养，性器官也已成熟，所以羽化后的成虫，不久就能交尾、产卵，产完卵很快就死亡。这类成虫不再取食，而且寿命很短，往往经过几天，甚至几个小时。如一点谷螟羽化后的当天或第二天就开始交尾，交尾后的当天或第二天开始产卵，产卵期为 9～11 d，成虫的寿命为 11～15 d。

但大多数鞘翅目储藏物昆虫，由于幼虫期没有取得生殖细胞所需要的营养，所以成虫羽化后还要经过一段继续取食的时期，有些成虫尚需取得与幼虫不同的食料。如皮蠹、豆象和露尾甲等的成虫需取食花粉，花蜜，以增加性器官的营养，待性成熟才能进行生殖。这种对性细胞发育不可缺少的成虫期营养，称为补充营养。由于补充营养的需要，许多害虫不仅在幼虫期危害，而且在成虫期也危害。由于成虫取食而且一生中能交尾几次及多次产卵，这样的成虫寿命较长。如赤拟谷盗羽化后 1～3 d 交尾，交尾后 3～8 d 产卵，产卵期为 174 d，成虫寿命可达 226～547 d。

成虫寿命的长短，还与其越冬虫态有关。如绿豆象以幼虫越冬，成虫寿命为 5～33 d。而豌豆象成虫羽化后未待性器官成熟，就在豆粒内寻找隐蔽场所准备越冬，至来年豌豆开花时才外出活动，但不能立即交尾，需取食豌豆的嫩叶，花粉和花汁，以补充营养，约经 6～7 d，性器官发育成熟后才交尾，交尾后 5～6 d 开始产卵，产卵期约为 16～24 d，产完卵后便死亡，而寿命长达 10～11 个月。另外，营社会性生活的白蚁，因有照顾子代的特殊作用，所以寿命是很长的。

三、产卵方式与繁殖率

成虫在性成熟以后，当即表现出两性活动，即交尾和产卵。交尾与产卵的次数因虫种而异，即使是同一虫种，还与外界条件有关，也不是完全不变的。

（一）产卵方式

储藏物昆虫的产卵方式也随种类而异。有的单粒分开产的称为散产。有的一处产几粒或几十粒并在一起成为卵块的称为聚产。有的产在暴露的地方称为裸露式，有的产在隐蔽场所，甚至有的产入粮粒组织内的称为隐藏式。

产在物体表面的，如绿豆象产卵在嫩豆荚上或豆粒的种皮上；豌豆象产卵在豌豆嫩荚上，豌豆象所产的卵除单粒外，还有很多是两卵上下重叠的重卵和极少三卵叠在一起的三重卵。这种产卵方式，能使上面的卵起到保护下面的卵不受天敌侵害的作用，以保持一定量的新个体得到正常的发育。产在物体表面的卵，大多由雌虫附腺所分泌的以鞣化蛋白组成的黏胶层黏附在物体上。产卵在隐蔽场所的，如麦蛾产卵在粮粒的护颖或腹沟中，产在粮粒组织里的，如玉米象产卵时，以口器将粮粒钻一个与喙等长的卵窝，然后把产卵器插入卵窝内产卵一粒，再以口器分泌的黏液混合粉屑将卵窝口封闭。但是，很多储藏物昆虫的卵是产在粮粒空隙间，粉末或粮食碎屑中的。储藏物昆虫的各种产卵方式，都为孵化后幼虫的取食创造了有利条件。也反映出了它们的适应性。

（二）生殖能力

成虫的生殖能力在不同的种类中有很大的差异。一般说来都是很高的。每一种类生殖能力的大小，取决于两个基本因素。一个因素是种的遗传性，是指每一种类雌虫有卵巢小管多少，以及每个卵巢小管内能产生的卵数。这是决定昆虫潜在生殖能力的物质基础。另一个因素是生活条件，是指外界环境因子的影响。环境条件对生殖器官的发育程度和产生性细胞的多少都有影响。最大的产卵数量只有在最适宜的生活条件下才能显现出来。如麦蛾能产卵 389 粒，紫斑谷螟能产卵 500 粒，赤拟谷盗能产卵 1000 粒，大谷盗能产卵 1300 粒，而营社会性生活的白蚁在一天中能产卵三万粒，一年的产卵数可达到一千万粒。这都是种间的差异，潜在的生殖能力，实际上产卵量还受到环境条件的限制。

每一种类的生殖能力虽然能发挥其遗传性的势能，而外界环境因子对生殖能力的影响是具有一定作用的，因此表现在每一种类的产卵数目并不是一个常数，经常会发生变化，有的差异相当悬殊。如绿豆象的产卵数为 11～120 粒，一点谷螟产卵数为 13～442 粒，地中海粉螟产卵数为 14～1218 粒。

在影响一个种群的繁殖率的因素中，平均生殖能力是其中的一项，还必须考虑种群的性比率，存活率和单位时间内的发生世代数等。如豌豆象每年发生一代，产卵数为 72～380 粒，平均 150 粒，孵化幼虫成活率为 66%。因此，成虫虽有很大的潜在的产卵力，但其所能存活的后代数目，却常与潜在的能力不符合。

第四节 储藏物昆虫的生活史

一、昆虫的世代

习惯上把昆虫的生命周期，即昆虫的新个体自离开母体到性成熟能产生后代为止的发育历程，称为一个世代(generation)。

各种储藏物昆虫完成一个世代所需的时间不同，在一年内能发生的世代数也不同。有的昆虫在个体发育历程中，需经过一个越冬时期，完成一个世代需要一年时间，因此一年也只能发生一个世代，即一年一代，称为一化性昆虫(如一点谷螟)。许多储藏物昆虫完成一代所需时间，一般为几个月，短的只几周，所以一年内能连续发生几代，称为多化性昆虫。如谷蠹一年发生两代，印度谷螟一年发生 3～4 代，绿豆象一年发生 5～6 代。

一年内发生的代数，除一年一代者外，习惯上以当年卵期出现的先后次序，分别称为第一代，第二代，第三代等等。由于最后这一代也需要经过一个越冬时期，因此，把最后这一代称为越冬代。但在有些资料中，也有把当年第一代羽化出现的成虫，叫做第一代成虫。这样就容易与它所产的第一代卵发育羽化的第一代成虫混混淆不清。所以，应该把当年第一次出现的成虫，正确地称为越冬代成虫。

同一种储藏物昆虫完成一代所需时间和一年内发生的代数，常常因所处的地理环境和纬度不同(主要是气候因子的影响)而有差异。如玉米象在东北寒冷地区每年只发生 1～2 代，华北地区为 3～4 代，中南温暖地区为 4～5 代，而华南炎热地区可达 6～7 代。又如大谷盗在一般情况下，每年能发生 1～2 代，但在不良的环境条件下，则需两年或三年才能完成一代。

二、昆虫的生活史

生活史(life history)是指昆虫完成一个生命周期的发育史。不论一年一代或一年多代的种类，总有一个世代的某个虫期要经过一个越冬时期。越冬的虫态也常不相同。它们在一年内的发生经过情况，并不是从年初开始到年底结束。而是要跨越前后相连的两个年度。因此，习惯上把由当年越冬虫期开始活动到第二年越冬结束为止的发生经过，称为生活年史。

由于各种储藏物昆虫的变态类型、一年发生代数、每代各虫期发育时间、成虫寿命和产卵期的长短、生活习性、越冬虫态和场所等等有所不同，因此每一虫种都有它自己特殊的生活年史。即使一年发生代数相同的不同种类，它们的生活年史也不一样。如一点谷蛾和豌豆象都是一年一代，而一点谷蛾以幼虫越冬，豌豆象却以成虫越冬。但同一虫种在不同地区生活年史也不相同，如米黑虫在寒冷地区一年发生一代，而在温暖地区可以发生两代，以幼虫越冬却是相同的。

一年发生多代的种类，前后世代之间常有首尾重叠的现象，极少有世代与世代之间截然分开的。这样的生活年史就比较复杂。一般地说，凡是成虫产卵后立即死亡或产卵期短的虫种，世代间即使有极少的重叠现象，前后两个世代也容易划分得比较清楚。如绿豆象第三代与第四代的幼虫就有部分重叠现象，同时世代中各虫态的出现比较有规律。而在一些成虫寿命较长和产卵次数多，产卵期长的种类，前后世代间就有明显的重叠现象，往往在同一时期可以找到各个不同的虫期，世代划分就很困难。在防治上也复杂得多(如玉米象和赤拟谷盗等)。

每一虫种都是以群体方式存在着的，在每个世代中，其所有的个体不可能都在同一时期开始发育，也不可能都在同一时期完成发育。通常总是有少数个体发生较早或较迟，这种现象称为个体差异。由于个体差异的存在，对一年多代的种类来说，是出现前后世代间重叠的原因之一。当发生早的个体出现时，称为发生始期；大量个体发生时，称为发生盛期；而少数发生迟的个体出现时，称为发生末期。在虫种的生活年史中掌握这一发生规律，对害虫的测报和防治工作是非常重要的。

三、休眠与滞育

储藏物昆虫在生活年史中，大多有或长或短的生长发育或生殖中止的现象。如幼虫在每龄蜕皮及变态之前，都有一个不吃不动的静止状态，而在生活年史中比较突出的是跨年度的越冬时期。这种现象在生理上常分为两种不同性质的情况，即休眠和滞育。

（一）休眠

休眠(dormancy)又称“蛰伏”，是由不利环境引起的生命活动暂时停滞的现象，当环境条件变好时能立即恢复生长发育。如玉米象在常温下每年发生4代，到秋冬停止一切活动进入休眠状态，但遇到粮食发热，温度达到发育始点以上时，就可以继续生长发育。

具有休眠特性的虫种，有的需在一定的虫态休眠。如花斑皮蠹的幼虫，在食料不适宜时就进入休眠，可达五年之久，而获得适宜食料时，就能恢复生长发育，在正常情况下，是以幼虫越冬的。有的则任何虫态都可休眠。如细胫露尾甲的成虫、幼虫或蛹均可越冬。

休眠固然可以越过不良环境来保持个体的生存，但由于不同虫态及各龄的生理特点不同，它们的抗逆能力是不同的。所以在度过不利环境条件的死亡率就不同，这就会影响以后的发生基数，因此利用严寒来防治害虫是个有利条件。

因此休眠是昆虫生理上无准备，只要条件不适就可休眠，条件适宜了又可立刻恢复生长发育，而且没有固定虫态。

（二）滞育

滞育(diapause)也可以说是环境条件引起的，但往往受着遗传性的限制，而看不到不利环境条件的直接作用。在自然情况下，当不利的环境还远未到来之前，昆虫就进入滞育了，不管当时条件如何，即使很适宜它生长发育。而且一旦进入滞育，即使给予最适宜的条件，也不会立即恢复生长发育。所以它具有一定的遗传稳定性，是经过长期演化适应而形成的。因此，滞育对种的保存具有重大意义。

滞育在生理上是有所准备的，而且发生滞育的种类，都有其固定的虫态。

滞育可分为专性滞育和兼性滞育两类。

专性滞育又称绝对滞育。出现在一年一代的虫种。不论外界环境条件如何，只要到了滞育虫态，就进入滞育。如豌豆象不论南方或北方，都是一年一代，通常羽化时期是在七月间，当时气温还未寒冷，但成虫就进入滞育(越冬)状态。

兼性滞育同一虫种在不同的地理分布区，一年发生代数不同，滞育出现的世代也不同。如麦蛾在寒带每年发生 2～3 代，而在热带一年最多可达 12 代，但各以末代的老熟幼虫越冬。即兼性滞育发生在一年多代的种类，可发生在不同世代，但滞育虫态不固定。

（三）引起滞育的条件和滞育的解除

1. 引起滞育的条件

(1) 光周期的变化

所谓光周期是一昼夜中光照时数与黑暗时数的节律，以光照时数表示。在自然界中，光周期的变化比任何别的因素都稳定。因此，昆虫在不利条件(如寒冷)到来之前，依靠光周期的反应，进入滞育。

在生态学中，把能引起昆虫种群中 50％个体进入滞育的光周期，定为临界光周期。每种昆虫都有其固定的滞育虫态，这就说明感受光照刺激也有其固定虫态，这一固定虫态是滞育虫态前一虫态(龄)，在生态学上称为临界光照虫态，处于临界光照虫态的昆虫对光的反应最为敏感，一般 1～2 烛光的照度即发生作用。

一般冬季滞育的昆虫，以短日照为引起滞育的信息，称这种昆虫为短日照滞育型；相反，夏季进入滞育的昆虫，以长日照为引起滞育的信息，这种昆虫属长日照滞育型。还有中间型的，即光周期过短过长均可引起滞育，只有在相当窄的光周期范围内才不滞育。

(2) 温度

自然条件下，光周期的变化常与温度的变化有相关性。所以滞育昆虫对光周期的反应总是同温度联系在一起的。短日照昆虫适当的高温可抑制滞育。一般它们的临界光照周期，随温度的升降而减增。一般温度每升 5℃，临界光照周期将缩短 1～1.5 h；若温度下降，临界光照周期相应延长。

(3) 食物

光周期短，温度下降，食物水分下降，昆虫的滞育率增加。

构成环境的各因素是综合起作用的，但光照周期是最稳定的，所以昆虫以它作为滞育信息最为适宜。

2. 滞育的解除

(1) 温度因素

当昆虫过了对光周期反应最灵敏的临界光照虫态而进入滞育后，随着滞育的进展，它对光周期变化的反应失去了敏感性。所以，一旦进入滞育，即使给予平时足以阻挠进入滞育的光周期，也不能使滞育解除。这时给予适宜生长发育的温度，亦不能解除滞育。当经过一段时期的滞育代谢后，昆虫都能自动解除滞育。对多数昆虫来说，到冬至日基本上都已解除滞育，所以往往被误认为温度起着解除滞育的作用。

但少数种类，结束秋冬滞育需特殊条件，夏季滞育的种类，则均需一定的外界条件刺激才能解除。一般结束滞育的最适温度比其正常生长发育所需的温度低。

（2）光照因素

多数昆虫进入滞育后对光周期的感受能力越来越弱，以致最后对光周期变化无反应。但少数种类，在滞育过程中对光周期一直很敏感。春季光照时数超过临界光周期时才能解除滞育。一些一化性昆虫，也需以光周期作为解除滞育的条件。

上述解除滞育的条件均是外因，引起与解除滞育的内在因素就是激素。

思 考 题

1. 昆虫的主要生殖方式有哪些？
2. 昆虫的精子和卵子是如何形成的？
3. 简述昆虫卵的结构构成，分析卵对杀虫剂的反应。
4. 储藏物昆虫卵的主要类型有哪些？
5. 胚后发育要经过哪些发育阶段？
6. 孵化的定义？
7. 根据幼虫足的发育情况可将其分为几种类型？
8. 幼虫蜕皮的作用有哪些？
9. 幼虫的龄与龄期是如何计算的？
10. 储藏物昆虫的变态类型有哪几种？
11. 储藏物昆虫蛹的类型？
12. 成虫生物学特性包括哪些内容？
13. 世代与生活史的区别？
14. 休眠和滞育的区别？

主要参考文献

北京农业大学等. 1999. 昆虫学通论(上册)(第二版). 北京：中国农业出版社
彩万志等. 2001. 普通昆虫学. 北京：中国农业大学出版社
陈跃溪. 1986. 仓库害虫. 北京：中国农业出版社
雷朝亮等. 2003. 普通昆虫学. 北京：中国农业出版社
南开大学等. 1958. 普通昆虫学. 北京：高等教育出版社
郑州粮食学院等. 1986. 仓库昆虫学. 北京：中国财政经济出版社

第五章　储藏物昆虫的行为学

本章提要：

- 昆虫行为学，如昆虫的交配求偶行为
- 昆虫信息素、分类及其在储粮害虫综合防治中的应用
- 昆虫食性与昆虫危害的关系

行为(behavior)是昆虫的感觉器官接受刺激后通过神经系统的综合而使效应器官产生的反应，研究昆虫行为的科学称昆虫行为学(insect ethology)，是研究昆虫的行为类型、模式及其行为产生机制的一门科学。

昆虫行为学的研究自 1973 年 Frisch、Lorenz 和 Tinbergen 以其出色的行为学研究获得诺贝尔奖后进展非常迅速，出现了大量的论著。昆虫行为学又有昆虫行为生态学、昆虫行为生理学、昆虫行为遗传学等分支。昆虫行为学主要包括昆虫的基本行为和学习行为，其中主要内容包括昆虫的本能、昆虫的学习行为和昆虫的行为周期性与昆虫钟。

目前昆虫的本能的研究集中在昆虫信息素的研究及其应用上。昆虫学习行为的研究是目前国际上研究寄生蜂及利用其学习行为进行有效生物防治的热点和重点。昆虫的行为周期性是研究昆虫信息素的前提条件，但对于昆虫生物钟的研究是近两年随着分子生物学技术和神经生物学发展而发展起来的新型的学科，是研究人类神经生物学的基础，是具有非常广阔的发展前景的新型学科。

第一节　昆虫的基本行为模式

行为模式是指行为活动发生、进行和完成的某种固有方式。主要包括昆虫的本能、昆虫的学习行为和昆虫的行为周期性与昆虫钟。

一、昆虫的本能

本能又称先天行为(innate behavior)，是由遗传因子决定的固有的行为。分为反射、动态、趋性和定向活动等。

反射是由一个感受器和一个效应器完成，完成反射的物质基础是反射弧。

昆虫的定向是昆虫接受环境中的化学或物理刺激，从而做出调整其位置或姿势的行为反应。依据定向行为的作用或生物学意义，分为对食物或寄主的定向、对配偶的定向、对巢穴的定向及对迁飞方向的定向等。

根据昆虫接受刺激和产生感觉的性质，分为嗅觉定向、听觉定向、视觉定向和磁场定向。

按感觉能力和行为方式，可分为动态、趋性和横向定位。

二、昆虫的学习行为

学习行为(learning behavior)是指动物后天获得的行为，如经验性的学习行为、印记学习、习惯化、条件反射、尝试与错误、推理等。在《宋稗类钞》中记述有我国古代民间艺人训练黄、黑两种蚂蚁交战的情形，西方国家现代仍有人训练跳蚤做翻单杠、拉车、拉旋转木马等规定的动作。昆虫的学习能力在不同类群中有一定差异，如蜜蜂的学习能力较强，而胡蜂的学习能力较弱；同种昆虫在不同的发育阶段学习能力差别很大，并且各种昆虫有一定的学习临界期限。

植食性昆虫的学习行为从20世纪初以来就一直受到农业昆虫学者和昆虫行为学者的重视，并进行了大量研究。近二十年来，随着昆虫化学生态学的崛起，植物与植食性昆虫相互作用及其机理的探索发展迅速，进一步促进了植食性昆虫的行为学研究，使其学习行为的研究也得以拓展。有关植食性昆虫的学习行为，从早期以观察和描述为主，逐步发展到结合化学分析、生态分析来深入探讨影响学习行为的各种内在因子、环境因子以及其生态和适应性意义，并已开始重视学习行为对发展害虫综合治理体系的影响。植食性昆虫的学习包含了复杂的生物学过程，可将其归纳为习惯性反应、厌恶性学习、联系性学习、敏感性反应和嗜好性诱导等五种类型。如锈赤扁谷盗成虫也可对抑食素产生习惯性反应。

三、昆虫的行为周期性与昆虫钟

（一）行为周期性

行为周期性是指昆虫的生命活动表现出一定时间节律的现象。根据昆虫周期性活动时间节律的性质，可分为外生性节律和内生性节律。

昆虫的活动在长期的进化过程中形成了与自然中昼夜变化规律相吻合的节律，即生物钟(biological clock)或昆虫钟(insect clock)。绝大多数昆虫的活动，如飞翔、取食、交配等等均有固定的昼夜节律。通常把在白天活动的昆虫称为日出性或昼出性昆虫(diurnal insect)，把夜间活动的昆虫称为夜出性昆虫(nocturnal insect)，把那些只在弱光下(如黎明时、黄昏时)活动的则称弱光性昆虫(crepuscular insect)。如绝大多数蝶类为日出性昆虫，而绝大多数的蛾类是夜出性的，蚊子则喜欢在弱光下活动的。不论是日出性昆虫、夜出性昆虫还是弱光性昆虫，在一天当中，多在相对集中的活动时间内活动。

由于自然中昼夜长短是随季节变化的，所以许多昆虫的活动节律也有季节性。一年发生多代的昆虫，各世代对昼夜变化的反应也会不同，明显地表现在迁移、滞育、交配、生殖等方面。

昆虫活动的昼夜节律表面上看似乎是光的影响，但昼夜间还有不少变化着的因素，例如湿度的变化、食物成分的变化、异性释放信息素的生理条件等。

（二）昆虫钟

昆虫钟是昆虫体内的生物钟，即昆虫生命活动和行为的时间节律。昆虫钟具有机械钟的类似性质，可以对时、拨动和调整。昆虫钟对昆虫的定向和定位活动也起着重要作用。昆虫的交配、产卵、孵化、羽化等，这些节律是由体内的生物钟所控制。生物钟可受外界环境条件而变化，但并不依赖于外界的因素。如光照的调节，动物处在持续的黑暗中，在不知道白天与黑夜的情况下，体内的生物钟可照样运行，各种生理活动与行为也照样地保持着一定的节律。对于生物钟的作用与机制，了解得最详细的是果蝇，生物钟基因最早也是从果蝇中发现的。2000 年前后科学家们发现其中的一个基因的突变体在睡眠被剥夺之后，不像正常生物钟基因——*tim* 基因，*tim* 基因在调节昆虫睡眠平衡中起一定的作用。缺乏 *tim* 基因的果蝇，有一个补充睡眠的需求，它们接下来的睡眠时间没任何变化，这些突变体的寿命通常会很短。

第二节 昆虫的生殖行为与化学通讯

在昆虫的生活史中，为了繁衍后代必须完成一定的生殖行为。在昆虫的生殖行为过程中化学通讯起重要的作用。昆虫的生殖行为包括两性昆虫的聚集、昆虫的求偶与交尾及昆虫的产卵行为。目前研究较多是储藏物昆虫的信息素及其应用。

一、两性的聚集

大多数两性生殖的昆虫在求偶及交配之前一般要经过两性聚集。最简单的两性聚集形式是主动寻找配偶或等待一个配偶从其附近经过。例如，在一些半翅目昆虫中，雄虫接近任何一个近似大小的移动对象时，只有在近距离范围内才能判断它是否为同类。在许多昆虫种群中，雄虫只有在得到确切的视觉刺激后，才会对一个对象作出反应。

蜉蝣、石蛾、石蝇以及许多较为低等的双翅目长角亚目昆虫具有婚飞的群体繁殖行为。参与婚飞的昆虫通常只有雄虫，一般源于一定数量的同种昆虫个体对一个视觉目标的反应，而不是针对其他个体的聚集反应。引起婚飞的目标迥异，可以是植物阴影中的一小片阳光，或天空映照下树枝的轮廓，也可以是具有明显地理特征的山尖等。婚飞昆虫的飞行主要靠风来平衡，以使飞行的群体基本保持不散。在婚飞过程中，参与飞行个体经常上下翻飞或从一边飞到另一边，做出不同的舞蹈动作。一般认为，昆虫的婚飞行为是为了提高性兴奋程度，或增强附近雌虫接收到的信号。在婚飞群体附近或中间见到有雌虫出现时，雄虫便会与之交配。在某些昆虫种类中，其雌雄虫对一个视觉目标的反应，是引起分散的异性聚集到一起的有效方式。在许多情况下，山的轮廓常常成为昆虫比较明显的目标，例如一些蝴蝶、蚂蚁和飞行能力强的蝇类等，常聚集在山顶。

二、求偶与交尾

昆虫通过某种方式完成两性聚集后，在求偶与交配之前通常还有一个对同类异性的识别过程，虽然求偶过程本身也包含了部分识别行为。在某些昆虫种群中，雄虫只试图与吸引它的对象授精，然而多数昆虫的同种异性个体间需要以多种方式进行相互识别，性别的识别是在相遇后的一些特异性反应下进行的。

（一）求偶

昆虫的求偶(calling)是成虫性成熟期向异性表示交配欲望的行为，是交配前促使异性接受交配的行为活动。有些昆虫的求偶行为极其复杂，其行为方式也是多种多样的，复杂的求偶过程可以持续几个小时，甚至几天。这种行为有时表现得非常有趣，因为它常常涉及一些奇特的动作，如展示鲜艳的色彩和发出复杂的声音等。通常雄性昆虫为了获得配偶，必须在雌性昆虫面前尽力展现自己华丽的“婚装”和做出各种复杂的动作；而雌性昆虫则静观雄性极为卖力的表演却迟迟不做出选择。这两个方面便构成了昆虫求偶行为的全过程。在近距离范围内，视觉、嗅觉和触觉刺激等对求偶都很重要。例如，虫体的色彩在蝴蝶和一些蝇类中显得比较重要；加入雄虫婚飞中的雌蚊可通过拍翅的声音被雄性识别；雄蜂依据雌蜂上颚腺分泌物的气味识别雌蜂是否未交配。目前研究发现大部分的昆虫在求偶过程中是雌性昆虫释放性信息素，引诱雄虫前来寻找雌虫。在昆虫的求偶高峰期也是昆虫释放性信息素的高峰期。也有一些昆虫是雄虫释放性信息素，雌虫的触角或者前足上存在有特殊的感受器和性信息素特异性的受体，可以感知特异的昆虫的性信息素的成分而完成其求偶过程。

（二）交尾

在大多数昆虫中，成功的求偶行为通常是以达到交尾为目的的。交尾(copulation)通常又称交配(mating)，是指两性成虫性交的动作和过程，包括围绕授精作用的所有活动。一部分昆虫种类雌雄个体之间并不接触即可完成授精作用，即雄虫间接地转移精子，这种情况多是雄性将精包留在雌性容易接近或经常出没的地方。而大部分昆虫则是将精包通过不同的方式直接送入雌性的内生殖器官。一般来说，种群密度越大，两性之间越不需要紧密接触。生活在潮湿环境中的种类，其雌性和雄性几乎是完全分离的，引起雌性做出反应的是精包而不是异性个体。

几乎所有的高等昆虫都具有真正意义上的交配行为，其交配方式多种多样。如蚱蜢和蝶类的雄虫将精液直接送入雌性的内生殖器官，从而完成授精作用；床虱的交配方式则较为奇特，是由雄虫将精液直接注入雌性皮下充满血液的体腔内，而完成授精过程，因而被称为损伤性授精。在交配过程中，不同种类的昆虫，其雌雄虫的位置和姿态也存在种群特异性。

有些昆虫种内含有许多不同的形态型或族，在这些昆虫种群中，雌雄两性的交配方式可以表现为选型交配(assortative mating)，也可以表现为非选型交配(disassortative mating)。前者是指选择与自己同型的个体交配，后者是指选择与自己不同型的个体交配。例如果蝇通常都喜欢同稀有型的异性个体进行交配，这种行为可以避免发生近交，并有利于增加后代的遗传多样性。

在求偶及性兴奋过程中，两性个体之间也可以通过精确而复杂的触觉通讯来完成。在果蝇科昆虫中，雄蝇被雌蝇吸引后，还需雄蝇用前足正确地拍打雌蝇才能完成交配。在某些种类中，雄性个体常常在交配期间为雌性递送食物(即求偶喂食)，然后趁雌性取食时乘机与之达成交配，这些“礼物”将有利于增加雌性的产卵量。如雌褐蛉(*Hylobittacus apicalis*)所选择的配偶通常是一只能为它提供一个最大猎物供其在交配中食用的雄褐蛉，雄褐蛉所提供的猎物越大，雌褐蛉允其交配的时间就越长，被受精的卵数就越多。某种长蝽的雄虫在交配前送给雌虫一粒无花果种子，并先注入唾液，使种子适于雌虫取食，然后与正在取食的雌虫交配。雄性对雌虫这种取悦行为，主要是为了是防止过于激动的雌性将其当作潜在的攻击者或猎物。

三、产卵行为

昆虫在完成受精作用后，雌成虫便开始为产卵作准备。昆虫产卵的方式也是多种多样的，有的直接把卵产于植物叶片或嫩梢(如多数鳞翅目昆虫)，有的产卵于植物组织内(如鞘翅目天牛科昆虫)，有的产于松软的土中(如直翅目昆虫)，有的产卵于水中(如双翅目蚊子等)等。储藏物昆虫米象、玉米象常常把卵产在粮粒内部，在粮食的颗粒表面看到一个小小的产卵孔。有些昆虫在产卵时为了避免其他昆虫再次在寄主植物上产卵，常常在寄主植物上分泌产卵抑制剂，抑制其他昆虫在已经产卵的寄主植物上产卵。目前对昆虫产卵抑制剂的研究是昆虫行为学研究的一个热点。

昆虫在产卵之前必须找到并选择适于产卵且有利于后代生长的场所。昆虫在长期的进化过程中形成了对特定产卵环境的反应。例如，蚊子在产卵前，首先通过感知水体表面的植被以及光线的反射而靠近水面，但也并不是一接近水表就马上产卵，而是先进行一系列的“检测”工作，包括水的盐度等，主要通过足跗节上的感觉器检测水的 pH 是否适合于产卵；雌性菜粉蝶(*Pieris brassicae*)在产卵前，通常是被蓝色或黄色所吸引，而准备产卵时则受绿色物表的吸引。

四、储藏物昆虫信息素

在数以百万计的昆虫中，通讯的方式多种多样。如蝉、蟋蟀、蝗虫等种类的雄虫以鸣叫的方式招引雌虫；雄蚊借助振翅产生的声音吸引雌蚊；萤科昆虫的雄虫尾部可产生光亮与雌虫取得联系；蜜蜂可用优美的“舞姿”表达它们的语言。但在整个昆虫纲中，上述的通讯方式只占少数，而化学通讯却是一种主要的通讯方式。

(一) 昆虫信息素的概念及分类

昆虫的化学通讯方式是由昆虫本身的某些特殊腺体分泌到体外的一种或数种能刺激、诱导、调节或抑制同种其他个体的生殖、发育或行为等活动的微量化学物质，这种物质就叫做信息素(pheromone)。这个定义由卡尔生等 1959 年提出。“Pheromone”由希腊语“pherein”(运载)和“hormone”(兴奋)两词组合而成。Bethe 曾把这类生物活性物质称为外激素，并被广泛应用。但外激素这个概念很容易与内分泌系统的激素相混淆，因此，目前使用得越来越少了。

昆虫信息素主要包括性信息素(sex pheromone)、聚集信息素(aggregation pheromone)、告警素(alarm pheromone)和追踪素(trail pheromone)等。

(二) 储藏物昆虫信息素的种类

1. 性信息素

性信息素是由同种昆虫某一性别的特殊分泌腺体分泌到体外，扩散于周围环境中的微量化学物质，经空气或其他媒介(如水)传递到同种异性个体的感受器，引起种群中接受者的行为或生理效应。目前已有 170 余种昆虫的性信息素化学结构被鉴定出来，其中以鳞翅目为多。

鳞翅目昆虫的雌性释放的性信息素大都是脂类化合物，其化学结构的特征仅表现在碳链的长短、双键数目与其位置、末端功能基团性质等方面有所差异。在储藏物蛾类中，麦蛾科有 3 种、斑螟科有 4 种、蜡螟科有 1 种性信息素被鉴定出来(表 5-1)。其中棉红铃虫 *Pectinophora gossypiella* 和麦蛾 *Sitotroga cerealella* 的性信息素国内已经合成。

表 5-1 目前已经鉴定的主要储藏物昆虫信息素的化学成分

昆虫种类	信息素成分
窃蠹科 Anobiidae	
烟草甲 *Lasioderma serricorne*	4,6-二甲基-7-羟基-3-壬酮
药材甲 *Stegobium paniceum*	3,3-二氢-2,3,5-三甲基-6-(1-甲基-2-氧代丁基)-4H-吡喃-4-4-酮
长蠹科 Bostrichidae	
大谷蠹 *Prostephanus truncates*	(10:1) (E)-2-甲基-2-戊烯酸异丙酯 (E,E)-2,4-二甲基-2,4-庚二烯异丙酯
谷蠹 *Rhyzopertha dominica*	(E)-2-甲基-2-戊烯酸仲戊醇酯(Dominicalure Ⅰ) (-)(E)-2,4-二甲基-2-戊烯酸仲戊醇酯(Dominicalure Ⅱ)
豆象科 Bruchidae	
菜豆象 *Acathoscelides obtectus*	(-)(E)-2,4,5-十四碳三烯酸甲酯
绿豆象 *Callosobruchus chinensis*	(E)-3,7-二甲基-2-辛烯-1,8-二酸
四纹豆象 *Callosobruchus maculates*	(Z)-3-甲基-3-庚烯酸;(Z)-3-甲基-2-庚烯酸
扁谷盗科、锯谷盗科 Laemophloeidae and Silvanidae	
锈赤扁谷盗 *Cryptolestes ferrugineus*	(E,E)-4,8-二甲基-4,8-癸二烯-10-内酯(Ferrulactone Ⅰ) (3Z,11S)-3,11-十二碳烯-11-内酯 (Ferrulactone Ⅱ)
长角扁谷盗 *Cryptolestes pusillus*	(Z)-3-十二碳烯内酯(Ⅱ) (Z,Z)-3,6-十二碳二烯内酯(Ⅳ) (Z)-5-十四碳烯-13-内酯(Ⅵ)
土耳其扁谷盗 *Cryptolestes turcius*	(Z,Z)-5,8-十四碳二烯-13-内酯(Ⅴ) (Z)-5-十四碳烯-13-内酯(Ⅵ)
大眼锯谷盗 *Oryzaephilus mercator*	(Z)-3-十二碳烯-11-内酯 (Ⅰ) (Z,Z)-3,6-十二碳二烯-11-内酯(Ⅲ)
锯谷盗 *Oryzaephilus surinamensis*	(Z,Z)-3,6-十二碳二烯-11-内酯(Ⅲ) (Z,Z)-3,6-十二碳二烯内酯(Ⅳ) (Z,Z)-5,8-十四碳二烯-13-内酯(Ⅴ)
象甲科 Curculionidae	
米象 *Sitophilus oryzae*	(R*,S*)-4-甲基-5-羟基-3-庚酮(Sitophilure)
玉米象 *Sitophilus zaemais*	(R*,S*)-4-甲基-5-羟基-3-庚酮
皮蠹科 Dermestidae	
黑斑皮蠹 *Trogoderma glabrum*	(E)-14-甲基-8-十六碳烯-1-醇;(E)-14-甲基-8-十六碳烯醛
谷斑皮蠹 *Trgoderma granarium*	(Z)-14-甲基-8-十六碳烯醛;(E)-14-甲基-8-十六碳烯-1-醇(92:8)

续表

昆虫种类	信息素成分
肾斑皮蠹 *Trogoderma inclusum*	(Z)-14-甲基-8-十六碳烯-1-醇;(Z)-14-甲基-8-十六碳烯(Trogodermal)(Z)-14-甲基-8-十六碳烯醇甲酯
花斑皮蠹 *Trogoderma variabile*	(Z)-14-甲基-8-十六碳烯醛
拟步甲科 Tenebrionidae	
赤拟谷盗 *Tribolium castaneum*	4,8-二甲基正癸醛
杂拟谷盗 *Tribolium confusum*	4,8-二甲基正癸醛 1-十五烯 正十六烷 1-十七烯 十七碳二烯
麦蛾科 Gelechiidae	
马铃薯麦蛾 *Phthorumaea opercula*	(E,Z,Z)-4,7,10-十三碳三烯醇乙酸酯 (E,Z)-4,7-十三碳二烯醇乙酸酯(1∶1)
麦蛾 *Sitotroga cerealella*	(Z,E)-7,11-十六碳二烯-1-醇乙酸酯
斑螟科 Pyralidae	
粉斑螟 *Cadra cautella*	(Z,E)-9,12-十四碳二烯-1-醇乙酸酯
米蛾 *Corcyra cephalonica*	(E,E)-法尼醛 (E,Z)-法尼醛 6,10,14-三甲基-2-十五碳醇
烟草粉螟 *Ephestia elutella*	(Z,E)-9,12-十四碳二烯-1-醇乙酸酯 E-叶绿醇 癸内酯 γ-十一内酯
地中海粉螟 *Ephestia kuehniella*	(Z,E)-9,12-十四碳二烯-1-醇乙酸酯
印度谷蛾 *Plodia intrepunctella*	(Z,E)-9,12-十四碳二烯-1-醇乙酸酯 (Z,E)-9,12-十四碳二烯-1-醇

性信息素是目前已知信息素中活性最高的一种。据资料介绍，一般情况下每头雌虫产生的性信息素仅 5～1000 μg。但如此微量的物质却可以将几十米、几百米甚至数千米外的雄虫引诱来进行交配。用 30 个纯的性信息素分子就可以使美洲蜚蠊的异性产生性行为反应。

昆虫的性信息素由特殊腺体释放出来，这些腺体的构造与部位随种类和功能的不同而异。鳞翅目雌蛾释放信息素的腺体一般位于腹部第 8 节和第 9 节的腹节间，由节间膜特化而成。如棉红铃虫(麦蛾科)的性信息素腺体位于第 8 节和第 9 节的腹节间，是一种可外翻的囊状物。若用手指轻轻挤压腹部，即可看到腹端有一个白色囊状物突起，长约 750 μm，无鳞片，中部和尾端着生细长纤毛，背面鼓起呈囊状。印度谷螟和粉斑螟的性信息素腺体也位于第 8 节和第 9 节的腹节间，属于折叠形腺体。

雄虫也可产生信息素，其腺体因种而异。一般位于腹部或翅上，腺体的形状有毛刷状和鳞片状。如印度谷螟、粉斑螟、烟草螟(斑螟科)的味刷器官位于第 8 腹节上，形如毛簇。

从雄蛾味刷中鉴定出来的性信息素的化学结构几乎都是简单的醛、羧酸或萜类，相对分子质量低，挥发性强。如米蛾的雄性信息素为(E，E)和(Z，E)法呢醛的混合物。

鞘翅目是昆虫纲中的一个大目，但至今被鉴定出来的性信息素颇少，对于储藏物甲虫来说就更少。表 5-1 中列出了几种储藏物甲虫的性信息素组分，其中除了菜豆象的性信息素由雄虫分泌外，其余均由雌虫分泌，且其分泌部位不详。

2. 聚集信息素

聚集信息素也叫集结信息素。由某一性别释放并能召唤同种昆虫中不同性别的个体聚集的化学物质。对于性信息素来说，只有性成熟的成虫才能分泌，而聚集信息素除了成虫可分泌释放外，幼(若)虫也可分泌释放。

分泌聚集信息素的昆虫有蜚蠊和甲虫等。对于聚集信息素的分泌部位，目前还不太清楚，有些种类存在于两性之一的后肠与粪便中，如锯谷盗和大眼锯谷盗，均由羽化初期的雄虫分泌，其化学成分是不饱和的大环内酯(表 5-1)。大眼锯谷盗产生的聚集信息素包括化合物Ⅰ和Ⅲ。生物测定结果证明，单独用Ⅰ、Ⅲ或Ⅰ∶Ⅲ＝1∶1 时，对雌雄都有诱集作用。锯谷盗产生的聚集信息素包括化合物Ⅲ、Ⅳ、Ⅴ，但只有Ⅲ∶Ⅳ∶Ⅴ＝1∶1∶3 的混合物(接近天然组分)对雌雄都有诱集作用。

土耳其扁谷盗和长角扁谷盗的聚集信息素也是由雄虫产生的。土耳其扁谷盗的聚集信息素是化合物Ⅴ和Ⅵ(表 5-1)，天然化合物Ⅴ单独存在时有活性，并能被无活性的Ⅳ增效。有趣的是，纯的右旋和左旋结构都没有活性，但右旋和左旋结构的混合物是有活性的。长角扁谷盗的聚集信息素是化合物Ⅱ、Ⅳ、Ⅵ，其中化合物Ⅱ是该种雄虫产生的主要挥发性物质，单独存在时即有活性。化合物Ⅵ单独存在时无活性，但对化合物Ⅱ有增效作用。化合物Ⅳ在高浓度下单独存在时有活性，但将其加到最有活性的化合物Ⅱ和Ⅵ的混合物中时，则无显著的增效作用。因此，化合物Ⅳ是否长角扁谷盗聚集信息素的组分还有待进一步研究。

米象和玉米象的聚集信息素皆为 5-羟-4-甲基-3-庚酮。Walgenhach 等采用一种乙酰乳酸衍生程序测定了米象产生的聚集信息素的手性。结果表明，玉米象产生的 4S，5R (4-左旋，5-右旋)多于 98%，米象产生的 4S，5R 至少为 92%。用米象和玉米象测试了 5-羟-4-甲基-3-庚酮的 4 种立体异构体对这两种象虫的引诱作用，正如所预料的那样，4S，5R 旋光异构体的引诱作用最强。因此可以认为，(4S，5R)-5-羟-4-甲基-3-庚酮是米象和玉米象聚集信息素的主要成分。

3. 追踪信息素

追踪信息素是社群性昆虫能分泌的一种物质，这种物质能指引同一种群中的其他个体找到食物源的所在地。如蚂蚁、白蚁等，在爬行的道路上用腹末或胫节上的腺体分泌一种化学物质标记在地面上，从而使同种其他个体循着这一痕迹找到食物源。

目前已鉴定出化学结构的追踪信息素为数不多。这类化合物的特点是挥发性低、结构复杂、种间特异性强。从白蚁中分离出的第一个高活性追踪信息素是顺-3，顺-6，反-8-十四碳三烯醇，这是美洲白蚁和法国白蚁的追踪信息素。这种追踪信息素也可以从真菌感染的木材中分离到。

4. 报警信息素

报警信息素也叫告警信息素。它由某些个体释放并能引起同种其他个体的警戒、逃避或奋起自卫的化学物质。

膜翅目昆虫的一些种类可以释放一些化学活性物质诱导产生聚集和防御行为来对抗外来侵犯。这类化合物多具有相对分子质量小、挥发性强的特点。

等翅目昆虫在受到威胁时释放报警信息素直接弥散于空间，以刺激附近同种个体产生聚集行为。如一种澳洲白蚁的兵蚁，其头部的特殊腺体中可分泌一种 α-蒎烯，引诱其他兵蚁聚集并具有致使小动物麻痹的作用。*Drepanotermes* 属和 *Amitermes* 属的白蚁可释放一种苧烯和萜品油烯化合物刺激其他兵蚁产生攻击行为。半翅目昆虫中令人讨厌的臭虫可分泌一种反-2-辛烯醛作为报警信息素。

五、昆虫信息素的应用前景

利用昆虫信息素来进行虫情监测并用于指导防治工作已日趋成熟，在应用中也取得了明显的效果。与传统的杀虫剂相比，具有灵敏度高、安全可靠、不杀伤天敌，不易产生抗性等优点。昆虫信息素的研究正方兴未艾，进入 20 世纪 90 年代，仓储害虫信息素领域步入更具规模的商业化发展时代，一些国家已建立了专业公司，生产销售仓库昆虫诱捕器即信息素诱芯。例如美国加州 THECE,INC。生产名为 STORGARD 的系列仓库害虫检测诱捕器，可适用印度谷螟、粉斑螟等 7 种仓库昆虫。美国的另一公司 Insect Limited Inc 自从 1981 年以来专门从事仓库昆虫信息素的研究和生产，可供应印度谷螟、谷斑皮蠹、烟草甲等 9 种仓库昆虫的成药诱捕器的诱芯。此外英国的 Agrisense-BCS Ltd，Russel Fine Chemicals，Oecos 等多家公司从事包括仓库昆虫在内的多种类检测器诱捕器及诱芯的生产、开发和销售。

第三节　储藏物昆虫的食性与为害方式

一、食性

（一）昆虫食性的分类

食性(food habits)就是取食的习性。在储藏物昆虫中，通常按照食物范围的广狭而分为单食性(monophagy)、寡食性(oligophagy)、多食性(polyphagy)或杂食性(omnivore)等。仅以一种植物的果实为食料的称单食性，如豌豆象专取食豌豆；能取食原缘相近的种属或科的植物果实或动物尸体的称为寡食性，如麦蛾只能取食禾本科的稻谷、小麦、大麦和玉米等；食性要求范围广，可以多种不同科的植物及动物为食料的称为杂食性或多食性，如蜚蠊目和皮蠹科等。

食性如果按照食物性质来分，还可以分成植食性、肉食性、腐食性和菌食性。以植物有机体为食料的称植食性，包括根、茎、叶、花、果实、种子及其加工成品。绝大多数储藏物害虫属此种食性。以其他动物活体为食料的称为肉食性，如捕食仓库害虫的窗虻；吸食仓库害虫体液的食虫蝽象等。取食陈腐的粮食、动植物尸体，即非生活的有机体的称腐食性，如黑粉虫等。取食其他昆虫的粪便，已发霉的粮食及农副产品的菌类的，称菌食性，如薪甲科害虫。

（二）影响昆虫食性的物理和化学因素

食物的选择基本上是遗传性决定的，是昆虫长期适应的结果。有些种类成虫期与幼虫期的食物完全不同，或成虫根本不吃东西，但还是把卵产在它们下一代幼虫需要的食物上。食性不是恒久不变的习性，有些种类在食物不充裕或完全缺乏时，可以被迫改变食性，但常常以大量死亡来换取一个新的适应，而遗传到下一代。因此，食性虽然有它的稳定性，但也不是绝对不变的，有它一定的可塑性。

在自然的情况下，每一种植食性昆虫都各有其一定的寄生范围，单食性昆虫只取食某种植物，而多食性昆虫则选取固定的几十种到几百种植物。从识别的过程来说，昆虫不像高等动物那样，对食物的认识靠传教、靠经历、甚至靠思维；对昆虫视觉生理研究也表明：植食性昆虫的视觉在寄主选择的过程中不起很重要的作用。那么植食性昆虫为何或如何来选择它的寄主植物呢？这一问题早就引起了有关学者们的密切注意。早期的观点多单一地强调昆虫对寄主植物的选择是凭能否从植物体内获得特需的营养物质。但是若只从获得营养的角度来说，实际上每种植物都能满足昆虫生长发育的需求，无需进行选择。近二、三十年来，由于植物化学和昆虫行为生理研究技术的迅速发展，终于对昆虫的食性问题有了较深的认识。国际上现公认，不同种植食性昆虫的寄主范围各不相同，即便是两个很近缘的种，也存在着寄主偏爱程度的差异。之所以有这一现象，和不同种植物各具有特异成分的次生物质组成相和不同种昆虫各具有特异功能的化学感受器有着最为密切的关系。

二、昆虫的觅食行为

大多数昆虫在其整个生活史周期内均需取食，以补充其生长发育所需的营养。昆虫在摄取食物过程中所表现出的觅食行为多种多样，但觅食步骤大体相似，既多以化学刺激作为决定择食的最主要因素。如植食性昆虫通常以植物的次生性物质为信息化合物或取食刺激剂，捕食性昆虫则多以猎物的气味为刺激取食的因子。以寄生性昆虫和捕食性昆虫的觅食行为为例，其觅食步骤一般可分为：①食物定位；②发现食物；③食物识别；④食物接受；⑤食物可适性检验。

不同的昆虫在觅食过程中拥有各自不同的觅食策略，即为达到最大的觅食效率所采用的方法和措施。在食物的定位过程中，不同种类的昆虫表现出的行为也存在很大差异。有的昆虫表现出积极的搜索行为，主动去寻找食物(如大多数捕食性昆虫)；有的则采取坐享其成的方式，如盗食寄生(cleptoparasitism)，即寄生者产卵于宿主巢内，幼虫孵化后首先杀害宿主幼虫，取而代之地利用宿主储粮完成其发育的现象；有的则与其他生物不同程度地生活在一起，即共生。

营盗食寄生的澳大利亚蜘蛛寄生蜂(*Ceropales ligea*)，在蜘蛛捕食其猎物时将卵隐藏于蜘蛛的书肺中。产卵动作非常迅速，在蜘蛛的一不留神间便找好了产卵的位置。

在社群性昆虫的觅食策略中，多数具有集体取食行为，如蜜蜂寻找蜜源等。交哺现象，即昆虫种内或种间的液体食物相互交换，并借以传达有关信息的现象，在社会性昆虫中也是最为常见的。

三、储藏物昆虫的为害方式

不同种类的储藏物害虫为害方式不一样，因而被害物的状况和受害程度也不相同。大致可以分为 4 个类型。

（一）钻蛀式为害

以这种方式取食的都属于为害性害虫。如为害仓房建筑的白蚁；为害禾谷类粮食的谷蠹、玉米象、米象、谷象、麦蛾；为害豆类的绿豆象、豌豆象、蚕豆象；为害竹、木制品的竹蠹和粉蠹等。它们共同的特征是整个幼虫发育阶段都在寄主物内部生活，羽化后成虫自羽化孔爬出来，使被害物呈现圆形孔洞。

（二）缀食式为害

以这种方式取食的是蛾类的幼虫，它们的共同特征是能吐丝把粮粒或其他被害物连缀起来，形成巢穴状或隧道状，或在粮面上铺盖一薄层绸子似的天幕，幼虫就躲在其内进行取食为害。凡是被具有这一类为害方式的害虫为害过的粮食，其营养价值大为减低。

（三）侵食式为害

这类食害方式的害虫，能使粮粒或其他储藏物呈不规则状的缺刻。如大谷盗的为害状就是如此。

（四）粉食式为害

以粮食的碎屑粉末为食料，不能为害完整的粮粒的害虫。这类储藏物昆虫通常依靠玉米象、谷蠹等前期性害虫开辟道路以后才能为害，因此被称为后期性害虫。

研究昆虫食性在理论上有助于我们理解昆虫与植物的协同进化，在应用上有助于我们发展新的害虫防治策略。在利用天然生物活性物质防治害虫、选育植物的抗虫品种和生物防治中具有积极意义，尤其在农药污染和害虫抗药性日益严重的今天显得更为重要。对于寡食性的昆虫可以采取恶化其环境条件，改变农业种植的品种，抑制其发生数量。对于广食性的昆虫，虽然其繁殖力低，种群密度一般较低，但常直接为害农作物和林木的花、果实、枝干，造成的经济损失大。故对其防治策略应为以农业防治为基础，重视化学防治，采用荫蔽性、局部性施药，坚持连年防治，以持续压低种群密度，因其种群密度一旦压低，不易在短期内恢复；当其种群密度处于相当低时，应重视保护利用天敌，或进行不育防治或遗传防治，以彻底控害。

思　考　题

1. 储藏物昆虫有哪些行为习性？
2. 储藏物昆虫的信息素主要有哪些？
3. 如何利用昆虫信息素防治害虫？
4. 昆虫的食性是如何划分的？
5. 储藏物昆虫的为害方式有哪几种？

主要参考文献

杜家纬. 1986. 昆虫信息素及其应用. 北京：中国林业出版社

杜永均，严福顺. 1994. 植物挥发物次生物质在植食性昆虫、寄主植物和昆虫天敌关系中的作用机理. 昆虫学报，37(2)：233～250

李月红，刘树生. 2004. 植食性昆虫的学习行为. 昆虫学报，47(1)：106～116

钦俊德. 1987. 昆虫与植物的关系：论昆虫与植物的相互作用及其演化. 北京：科学出版社.

127～129

阎凤鸣. 2003. 化学生态学. 北京：科学出版社. 1～240

Cunningham JP, West SA, Zalucki MP. 2001. Host selection in phytophagous insects: a new explanation for learning in adults. *Oikos*, 95: 537～543

Fields PG, Xie YS, Hou X. 2001. Repellent effect of pea (*Pisum sativum*) fractions against stored product insects. *J. Stor. Prod. Res.*, 37: 359～370

Jermy T. 1987. The role of experience in the host selection of phytophagous insects. In: Chapman R F, Bernays EA, Stoffolano JG eds. Perspectives in Chemoreception and Behavior. New York: SpringerVerlag. 143～157

Larson AO. 1927. The hostselection principle as applied to *Bruchus quadtrimaculatus* Fab. *Ann. Ent. Soc. Am.*, 20: 37～80

Oehlschlager AC, Pierce A M and Borden H. 1988. Chemical communication in cucujid grain beetles. *Journal of Chemistry Ecology*, 14: 2071～2098

Papaj DR, Prokopy RJ. 1989. Ecological and evolutionary aspects of learning in phytophagous insects. *Ann. Rev. Entomol.*, 34: 315～359

第六章　储藏物昆虫的生态学

本章提要：

- 昆虫生态学的基本概念及储粮生态系统的特点
- 储藏物昆虫与环境的关系
- 储藏物昆虫的种群动态

第一节　昆虫生态学的基本概念

一、昆虫生态学的定义与发展

生态学是研究生物与环境相互关系的科学，其重点是有关生物生存对策的研究。

昆虫生态学(insect ecology)是研究昆虫与周围环境相互关系的学科，是昆虫学和生态学的分支学科。储藏物昆虫生态学，则又是昆虫生态学的一个分支。它是害虫综合治理的理论基础，只有从储藏物生态系统的整体观念出发，才能对储藏物害虫防治做出科学的决策。

昆虫生态学是人们在与害虫进行斗争的长期实践中逐渐形成的。1869 年黑格尔即开始使用名词“生态学”，并定义为“研究生物对有机和无机环境的全部关系的学科”。由于昆虫具有物种丰富、数量众多、具不同营养级种类、取样容易且不影响种群密度、生活史短、体形小、易饲养，以及有较大经济意义等特点，常被用作为生态学试验材料。因此，昆虫生态学的发展几乎与生态学或动物生态学的发展并行。

20 世纪初，侧重实验生态学和个体生态学的研究，如关于光和温度对昆虫作用的实验，关于动物对环境忍耐性的研究等。20 世纪 40 年代至 60 年代，生态学已成为一门独立的学科，并侧重种群生态的研究，如 Chapman(1931)的《动物生态学》中提出了“生物势能学说”，Allee(1949)的《动物生态学原理》；Andrewartha 和 Birch(1954)的《动物的分布与丰盛度》等。20 世纪 60 年代以后，出现了生态系统生态学、系统生态学、数学生态学、化学生态学和行为生态学等新兴领域。

中国昆虫生态学的研究是在对害虫防治和益虫利用的实践中发展起来的。包括针对东亚飞蝗和三化螟等的研究，从 20 世纪 50 年代初期起昆虫生态学科研工作者开展了较深入的生态学研究，掌握了种群动态规律，提出了有效的综合防治策略和措施；同时期科研工作者对棉红铃虫、棉蚜等主要害虫的种群生态研究也较有成效。中国的害虫预测预报工作是从 1956 年开始建立的。20 世纪 60 年代科研工作者对亚洲玉米螟、果树害虫和地下害虫等进行了种群生态的研究。20 世纪 70 年代，稻纵卷叶螟、稻褐飞虱的迁飞规律研究取得了进展；随着农业害虫生物防治的发展，对天敌资源的分布和优势种生态特性开展了研究，昆虫群落生态也已开始引起注意。20 世纪 80 年代前后随着害虫综合防治的需要，水稻、棉花、蔬菜、果树等农业植物生态系统害虫管理的研究得到迅速的发展，科研工作者分别进行了经济阈值、种群模型、种间模型以及防治对策的研究并已进入以系统生态学为基础、运用电子计算机技术、经济学法则和环境科学相结合的研究阶段。

储藏物昆虫的生态学研究则由于储藏物的生态特殊性而研究不多。李隆术等从20世纪40年代起对中国的仓库昆虫生态进行了的研究，70年代末在国内提出了粮堆生态系统的观点。

二、昆虫生态学的分类

（一）按研究对象的层次分类

按研究对象的层次分类昆虫生态学可分为以下几类。

昆虫分子生态学(molecular ecology)：应用分子生物学方法研究昆虫生态学和种群生物学，其特征是DNA标记的应用，从分子水平来探讨各种昆虫生态学现象。如遗传分化和生理适应，环境对基因表达的影响等。

昆虫个体生态学(autecology of insects)：以昆虫个体为对象，研究某种昆虫对环境条件的适应性和可塑性，以及环境条件对其形态、生长发育、繁殖、存活、休眠、习性和行为的影响。

昆虫种群生态学(population ecology of insects)：以种群为对象，研究在一定环境和时间、空间条件下，其性比、出生率、存活率、迁移率、年龄结构、分布、种内竞争、种间竞争、生态对策、种群模型以及种群调节和数量波动原因等。

昆虫群落生态学(community ecology of insects)：以群落为对象，研究一定地域和时间内昆虫群落的结构和功能、群落多样性、相似性、均匀性、稳定性、群落演替及其原因等。

生态系统生态学(ecosystem ecology)：以生态系统为对象，研究昆虫在该生态系统中的地位和作用，查明植食昆虫与寄主植物之间、捕食性或寄生性天敌与猎物或寄主之间、群落与环境之间的相互关系，它们的生产过程、物质循环过程、能流和信息流过程等。

（二）按研究的手段和方法分类

按研究的手段和方法昆虫生态学可分为以下几类。

昆虫实验生态学(experiment ecology of insects)：运用各种实验方法研究昆虫与环境因素的相互关系。

昆虫物理生态学(physical ecology of insects)：运用物理学的理论和方法，研究昆虫对物理因素(如温度、湿度、风、光、电、声、微波、辐射和宇宙线等)的反应和生态效应。

昆虫化学生态学(chemical　ecology of insects)：运用化学的理论和方法，研究昆虫种内、种间以及与其他生物之间的化学信息联系，以及昆虫对化学因素的适应等。

昆虫数学生态学(mathematical ecology of insects)：运用数学手段，研究昆虫种群、群落在不同环境条件下的动态数学模拟模型，以及在生态系统中，“作物—害虫—天敌”系统的动态数学模拟模型和防治优化决策模型等。

昆虫地理生态学(geographic ecology of insects)：以运用地理学知识，研究昆虫在不同地域环境中的种类分布规律，形态变异、习性、行为和丰盛度的地理变化，以及昆虫区划等。

昆虫遗传生态学(genetic ecology of insects)：运用遗传学知识，研究昆虫多态现象、生物型、生态型、抗药性种群的遗传机制、染色体和酶系的变异等。

昆虫古生态学(paleoecology of insects)：运用古生物学方法，研究昆虫化石形成的环境条件、进化过程等。

昆虫比较生态学(comparative ecology of insects)：运用比较方法，研究昆虫形态、习性、行为的相似性，及其与环境条件的关系。

昆虫行为生态学(behavior ecology of insects)：研究昆虫种内、种间关系及其对环境条件反应的行为机制。

昆虫经济生态学(economical ecology of insects)：运用经济学的理论研究害虫的管理和益虫的利用，使生态效益和经济效益统一。

系统生态学(systems ecology)：运用系统科学的理论和方法，研究昆虫种群、群落和生态系统的生态模拟、控制和最优化决策。

生态昆虫学(ecological entomology)：运用生态学的理论和方法研究昆虫的适应、行为、种群自然控制、昆虫在生态系统中的作用和效应，以及昆虫种群的管理等。

三、储藏生态因子概述

储藏物昆虫与环境间的相互关系，实际上就是“生态学”的关系。确切地说，是适应与死亡的关系。所以环境包括许多生态因子(ecological factors)，即对生物有生态效应的环境因素。环境中的各种生态因素相互影响，对昆虫的习性、行为和繁殖起综合作用，随着时间、空间的不同，这种作用也有所变化。

从动物的分布或丰盛度(abundance，指一定时间和空间条件下某种群的个体数、生物量或能量在群落中所占比例大小)考虑，可将生态因子分为气候、食物、同种或异种生物、生活场所诸因素，以及化学因素。

从动物与环境的进化关系考虑，可将生态因子分为：①稳定因素，指常年恒定的因素，如地心引力、地磁、太阳常数等，可决定动物的分布和居住场所。②变动因素，又分有规律的变动因素和无规律的变动因素，前者如季节、潮汐等，可影响动物分布；后者如风、疾病和捕食者，影响动物的数量。

按对种群作用的程度可将生态因子分为：作用大的为主导因素或关键因素；作用较小的或依附其他因素才能起作用的，为次要因素或伴随因素。

按环境的性质生态因子可分成：生物因素，包括天敌(捕食者、寄生物、病原微生物)、寄主(植物或动物)，以及其他生物等；物理因素，包括温度、湿度、光照、气流等；化学因素，包括生物之间起信息作用的各种化学物质，以及存在于大气中的盐分、氧、二氧化碳等。

按生态因子的作用，可分成：适应性因素(facultative factors)或称作用因素，或密度制约因素，是调节种群平衡的因素，主要属生物因素，如天敌、食物等，通过影响害虫的种群密度调节数量平衡；突变性因素(catastrophic factors)，或称非作用因素，或非密度制约因素，要是气候因素等非生物因素，对昆虫种群的作用均等，表现对昆虫适宜或不适宜，在一定时期内能大量杀伤或激发昆虫群体。

生态因子对昆虫的作用非常复杂，不同因素作用不同。

温度是太阳辐射能的一种表现形式，是表示物体冷热程度的物理量。能直接影响昆虫代谢率；对昆虫的分布、活动、生长、发育、生殖、遗传、生存和行为等起作用。也能通过影响昆虫取食的食物或寄主，对昆虫间接起作用。

水分是生物生命活动的重要介质之一。生物的新陈代谢必须在有水的条件下才能进行，昆虫体内的渗透压、细胞间的营养物质和代谢产物的扩散和输送，都以水溶液状态进行。

光是生物的主要能源，植物依靠光合作用将光能转换为化学能、昆虫直接或间接以植物为生，并由此获得能源。光的波长、照度和光周期对昆虫的繁殖、生长、发育、行为、分布和生存都有直接影响。光的昼夜和季节节律控制着昆虫的行为，表现为日出性、夜出性、滞育等。

大气是陆生生物的气体环境，含有生物生存必需的氧以及其他微量气体，大气运动对昆虫的活动、迁移和分布有着重要影响。

储藏场所是昆虫栖息场所之一，储藏场所的结构、性能、防护处理等对昆虫的生存和分布有直接影响。

食物是一种营养性环境因素，食物的质和量影响昆虫的分布、生长、发育、存活和繁殖，从而影响种群密度。昆虫对食物的适应引起食性分化或种型分化。食物联系是表达生物种间关系的主要基础，对生物群落结构和动态起着重要作用。

天敌是生物种间斗争的重要因素之一。捕食或寄生直接影响昆虫种群数，即可抑制其过度暴发，又对其起自然选择作用。同种或异种生物引起对食物或栖息场所的竞争直接或间接地影响昆虫的种群数量。

四、种群、群落和生态系统

(一) 种群和群落

在一定的生活环境中，生存着大量的不同种的生物。每一种生物都有相当数量的个体，同一生态环境中能自由交配、繁殖的一群同种的个体称为种群(population)。

种群占有一定空间，种群内的个体在单位时间和空间内存在着不断的增殖、死亡、侵入或迁出，但作为种群整体是相对稳定的。种群既有与个体相类似的特征(如生长、死亡等)，又有个体所不具备的一些特征，如密度、出生率、死亡率、性比、年龄结构、空间分布形式、种群数量变动等。每个种群在生境内并不是孤立存在的，而是相互紧密联系的。例如一种储藏物害虫种群要求在生境内取食植物质或其他动物质食物而获取营养，要求一定的温度、湿度、水分及其他各种生活条件等，而且常常与植物、微生物及其他动物发生各种不同的联系。

在一个生境内相互联系着的各个种群，形成一个较复杂的单位(包括动物和植物)，称为生物群落(biotic community)。

(二) 生态系统

生物种群之间、生物种群和生物群落与生境中的其他无机环境之间，构成一个相互作用，相互影响、相互制约、相互联系的系统，称为生态系统(ecosystem)。

根据物质循环和能量流动状况，生态系统可分为封闭生态系统和开放生态系统。前者可以自成体系，如宇宙飞船机舱是典型的封闭生态系统，原始森林和储藏物害虫所处的环境是近似的封闭生态系统。后者既可自成体系又受其他生态系统的干扰和影响，即其物质循环、能流和信息流与周围生态系统互有联系。

生态系统包括整个生物群落及其所在的环境，是一个自然系统的整体。在成熟的生态系统中，各种因素接近平衡状态，整个系统通过这些因子的相互作用而得以维持。生态系统是生物与非生物环境之间或生物之间相互作用，彼此进行物质、能量、信息交换，构成一个动态平衡的整体。

不同的生态系统有不同的特点。例如林区的生态系统与草原的生态系统是不同的；果园的生态系统与农田的生态系统也是不相同的。同样，储藏物昆虫的生态系统自然也不同于其他的生态系统。在不同的生态体系中，存在着不同的生物群落组成和种群之间的关系。一个种群对于生境中某些生态条件具有一定的要求，这种要求是该种群在长期的历史演变过程中适应而形成的，也就是种的生态标准。生物种一方面具有保守性或遗传性，另一方面它们又不是一成不变的。当生活条件(生态条件)改变时，往往它们的行为、发育和繁殖速度也会随着起变化，甚至在新的生境影响下，其自身内部也可能相应的产生新的性质，新性质积累到一定阶段时，可能演变成新的类型，放弃原来的生活习性上的要求，以适应新的生活环境。这种变异性，即种的进步性。

不同种群的生物，对于同一生态条件的反应各不相同。有的比较宽，有的很窄，生态可塑性大而遗传保守性小的种群，当生活环境发生变化时，能逐渐适应而生存下来；反之，不能适应则死亡。甚至出现明显的生物群落的演替，即原来占据主要地位种群被其他种群所取代。

五、储粮生态系统

(一) 储粮生态系统的概念

粮堆(无苫盖或密封处理的露天储粮除外)是一个封闭或半封闭的生态系统，由若干相互作用和相互制约的生态成分组成。如生物成分包括粮食本身、昆虫、螨类、鼠、雀、微生物以及人类活动等；非生物成分如气候、仓温、仓湿、粮温、水分、气体以及粮堆维护结构、堆藏方式等。这些组成部分相互联结起来，形成具有一定结构和机能的有机整体，即储粮生态系统。

储粮生态系统包括两个部分，一是处于各种不同状态的客观实体，如粮食、昆虫、螨类、菌类、温度、湿度、气体等；二是客观实体之间，物质和能量的输入和输出以及其间的转换环节。

储粮生态系统作为一个概念提出来，是在 20 世纪 60 年代。Raper 和 Fennell (1965)认为，粮堆中相关的因素很多，例如仅曲霉就有 26 种综合作用于粮食。Sinha (1973)提出储粮生态系统包括物理的、化学的和生物的各种变量与粮堆相互影响，最后造成储粮品质变化，他在几个仓库中就 50 多个主要的细菌、真菌、螨类和昆虫以及与其他因子之间的关系研究了 8 年。通过多因子统计分析和电子计算机处理，发现储粮质变过程极其复杂，须用系统分析的方法，找出不同情况下影响储粮品质变化的关键因素，以便准确地、有预见性地采取措施，保证储粮安全。Wallace(1973)研究了粮堆生态系中真菌和其他因素之间的关系，认为研究储粮生态系统除粮堆中各种因素之间的关系而外，还应联系田间入仓前的粮食。

（二）储粮生态系统各组成部分之间的联系

1. 营养联系

生物体之间通过食物链(food chain)联系在一起，这个链中任何一个环节改变，必将引起食物链结构的改变，从而引起群落组成的改变。分析储粮生态系统内的种群变动，必须考虑这一点，这是粮仓管理和生物防治的基础。

粮堆中粮食是食物链中的主要成分，是第一个环节。动物包括昆虫和螨类等，微生物如真菌和细菌等取食或寄生粮食，得到能量，通过呼吸、排泄、分解成无机物又回到生态系统中，造成污染、发热等，这是第二个环节。粮堆中害虫的天敌寄生或捕食害虫取得能量，以热能的形式回到生态系中，继续造成污染、发热，这是第三个环节。还有其他后续环节，如重寄生等。

以上是储粮生态系统中的无机物—有机物—无机物，再回到生态系统中去。循环不止，构成食物链。通过食物链推动粮堆态系统的变化和发展。

2. 信息联系

储粮生态系统中普遍存在信息联系(information connection)，这是长期历史发展过程中形成的特殊联系，研究这种联系有利于解决粮仓害虫的防治问题。

存在于两个有营养联系的种群之间的信息联系，有时比营养联系更深刻。如寄生蜂与寄主之间往往有两种信息联系。一个雌的寄生蜂寄生了一个虫卵，另一寄生蜂就不再去。由于前者留有一种从跗节腺分泌的特殊气味，不仅留在寄主上，也可留在寄生蜂走过的地上，称臭迹效应(trail odor)。这种信息可以防止复寄生，从而可扩大有效寄生范围，对发展种群有利。

存在于同类群之间的信息联系，有利于群体生活。如散白蚁追踪信息素类似物 4-苯基-顺式-3-丁烯醇-1，对黑胸散白蚁、黄胸散白蚁和家白蚁均具有良好活性，活性浓度为 $1\times10^{-6}\sim5\times10^{-5}$ g/mL。利用这种信息素的功能在蚁路上快速形成一条新路，连通人设置的食物箱，即形成了从蚁巢至食物箱间的闭合道路，然后在食物箱中施放化学药剂，可以达到灭治蚁群的目的。

在两性之间的性信息素，如皮蠹类的未交配雌虫有一种性信息素可以影响雄虫的行为，肾斑皮蠹的雌性信息的乙醚抽提液，以 4N 的量吸引雄虫的能力最高，每 25 头雄虫中平均有 23.2 头被吸引。肾斑皮蠹雌虫的性信息素对谷斑皮蠹的雄虫很敏感，称交互诱性，提取肾斑皮蠹雌虫的性信息素或人工合成这种性信息素可以检验粮堆中是否有谷斑皮蠹存在，在检疫上很有用。

（三）储粮生态系统的特点

1. 生物群落在空间和时间上的分化

多数种群在粮堆中有垂直的分化或分层分布现象。即不同的类群和虫口出现于粮堆中不同的高度，如玉米象和锯谷盗在粮堆中有分层现象。

不同种类和种群的昆虫在粮堆中有不同的格局，这种格局因时间而有不同。许多种群在一年的时间内分别作为粮堆的优势种而存在。每种生物在生物群落年度活动格局中有它自己固有的位置，称生态位(ecological niche)，这是由于它对环境因素变化的反应来决定的，与食物和天敌有关系。

2. 粮堆生态系统的能流和物流

植物经光合作用变光能为化学能贮于粮食中，然后沿着食物链从粮食(生产者)→植食动物(第一性消费者，如害虫和螨类)→食肉动物(第二性消费者，如大谷盗、肉食螨、寄生蜂、蜘蛛等)，最后由微生物(分解者)将它们所分解的有机化合物的能量释放回到环境中去。同时各营养级(即食物链上各级消费者)和粮食由于呼吸作用也把部分能量失散到环境中去，造成发热等现象，这种能量转移的全过程称为能流，是生态系统的第一基本功能。

生态系统的第二个基本功能是物流。无机元素(如氮、磷、钾等)及二氧化碳分别经由植物的根系和气孔被植物吸收，合成有机物粮食，再沿食物链经消费者到分解者。把有机物又分解为无机元素重新回到环境中去。

3. 粮堆中生态小生境存在差异

每个种在群落中都有不同于其他种的自己的时间和空间位置，这种情况在演化上很有意义。如果环境资源不限，在一定小生境中，种群就成几何级数增加，甚至在种群平衡中共存，如书虱与螨类；相反，则种群增长随竞争而减慢，个体数就越接近环境所能支持的最大值，甚至发生竞争取代。

储藏物昆虫生态学知识是害虫综合治理中特别重要的一个方面。在储藏物害虫综合治理中的非化学防治措施通常更多地依赖储藏物昆虫生态的有关知识。对在储藏、运输和加工中影响种群因素的了解，可以帮助我们充分地利用这些因素来设计害虫治理方案。

第二节　储藏物昆虫与环境的关系

储藏物昆虫与其生活环境之间的关系，就是生态学的关系。研究储藏物昆虫生态学的目的，主要是立足于储藏物品的安全储藏。储藏物昆虫和其他动物一样，它们与其所处的生境有着不可分割的有机联系。对储藏物害虫要进行有效的防治，必须研究、分析其生境内生物群落的组成和种群之间以及与生态环境间的相互关系，从错综复杂的关系中，找出其中对储藏物害虫生长、发育、繁殖起主导作用的关系，以便更好地控制其危害。

一、储藏物昆虫的地理分布和危害地带

（一）昆虫区系

昆虫区系(insect fauna)即昆虫的地理分布规律。研究昆虫区系可从历史发展状况、生态适应状况和生产实践状况等方面为昆虫地理区划和植物检疫等工作提供科学依据。通过调查分析，了解各地昆虫种类组成及分布，明确优势种和特有种；根据历史资料分析所属区系，再结合区域性经济昆虫种类的发生特点，进而制定各地区的昆虫地理区划，或划分植物检疫的疫区和保护区。

昆虫区系的形成，主要取决于地貌变迁、物种的起源及其分布和迁移等因素的综合作用。昆虫的分布与其他动物有共同处，但亦有其特点。昆虫是在大约3.5亿年前的石炭纪进化形成于联合古陆上，由于大陆漂移，形成了现在地球陆块的分布状况和相应的昆虫区系。各区系既有各自的特有种，也有相互渗透的共同种，故有翅和无翅的原始昆虫遍布于世界各地；后期进化的有翅昆虫，能跨越许多障碍，分布也很广。昆虫种类众多，每个种有一定的分布范围，在每一分布区内都可找出一些典型种或优势种。昆虫是变温动物，受环境温度变化的影响较大，在寒带分布的种类远少于温暖地带。

1. 世界昆虫区系

全世界动物(包括昆虫)按其地理分布状况可分六大区：古北界(Palaearctic Realm)、新北界(Nearctic Realm)、东洋界(Oriental Realm)、非洲界(Afrotropical Realm)、新热带界(Neotropical Realm)和澳洲界(Australian Realm)，各界的重要害虫如图6-1所示。

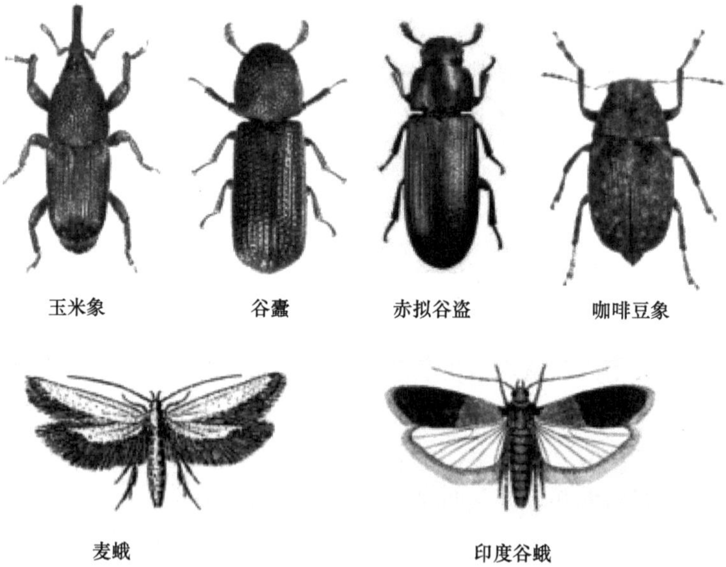

图6-1　各界重要的储藏物害虫

古北界：主要是欧亚大陆的温带地区。它涵盖整个欧洲、北回归线以北的非洲和阿

拉伯、喜马拉雅山和秦岭以北的亚洲。以撒哈拉沙漠与非洲界分界，以喜马拉雅山脉至黄河长江之间的地带与东洋界相连。撒哈拉沙漠和喜马拉雅山脉本身的区属尚无定论。全界昆虫种类组成颇为一致。

新北界：包括北美大陆，北自阿拉斯加，南达墨西哥的北回归线，还包括东北方的一些岛屿如格陵兰岛，但不包括夏威夷。在气候上，这一区与古北界相似，昆虫种类组成也有若干相似之处，有时与古北界合称全北界。

东洋界：位于热带、亚热带地界。包括印度、马来西亚、秦岭以南的亚洲、印度尼西亚西部、新几内亚附近的岛屿，东达东帝汶的西里伯斯和小巽他群岛，南与澳洲界隔海相邻。喜马拉雅山脉及其东、西部延伸部分在古北界和东洋界之间形成一条天然分界线。苏门答腊、婆罗洲、爪哇等南洋诸岛与大陆间虽被海洋所隔，但还处同一大陆架上，故属同一昆虫区系。

非洲界：包括撒哈拉沙漠以南的非洲，三面环海，撒哈拉沙漠形成一条到古北界的过渡地带。有的学者把马达加斯加岛单独分为古岛区系。非洲界与东洋界昆虫的亲缘关系密切，其中有许多属甚至某些种为共有的，然亦各有特点。采采蝇可作为本区的代表种，能传播睡眠病，影响了热带非洲文化的发展。本区的白蚁种类和数量十分丰富，在非洲的自然生态和人类经济中起着重要的作用。非洲西部的特有种巨金龟，可能是世界上最重和最粗壮的昆虫。在非洲的纳米比亚沙漠，发现不少稀奇古怪的甲虫，其中拟步甲就达 200 种以上，多数在世界其他地方尚未发现。

新热带界：北起墨西哥的北回归线，包括中美和南美，以及西印度群岛，南至玻利维亚、巴拉圭和巴西南部。昆虫类群丰富多样，且高度特化。本区蝶类具有奇异的色彩和花纹，蔚为奇观，如大翅蝶科、透翅蝶科、长翅蝶科，是这个区的特有类群。新热带雨林中的蚂蚁种类十分丰富，切叶蚁几乎只生活在本区，可将灌木树叶切成小片，然后携带回巢，还有行军蚁为捕猎性，无固定巢穴，四处游猎。

澳洲界：包括澳大利亚、新西兰、巴布亚新几内亚的一部分、东马来半岛及波利尼西亚。澳洲界除南极外在中生代就被海洋与大陆的其余部分隔开。因此澳洲界还存在着许多古老的动物类型，以及某些值得注意的活化石昆虫，如达尔文乳白蚁的某些生物学特性，还保持其近亲蝗螂的祖征。古蜓科是一类原始昆虫，世界上仅知 9 种，其中 4 种产于大洋洲。蝙蝠蛾是现存最原始的蛾类之一，全世界已知约 2009 种，本区就有近 100 种。

2. 中国昆虫区系

中国昆虫区系是世界陆地昆虫区系的一个组成部分，分属于古北区和东洋区。两区在中国境内的分界线，西部以喜马拉雅山系及秦岭为界；东部因地势平坦，缺乏限制迁移的大屏障，南方种可向北延伸到 45°N 或更北，北方种可向南延伸到南岭北缘或更南，其间形成一条混合带，故对这一部分的分界线，诸家说法不一。

根据中国科学院《中国自然地理》编辑委员会(1979)对中国动物地理区划的意见，古北区在中国部分可再分为东北、华北、蒙新、青藏四区；东洋区再分为西南、华中、华南三区。

东北区：包括 41°N 以北的大小兴安岭、张广才岭、老爷岭，长白山以及松花江和辽河平原的广大农、林区。气候寒温湿润。山地昆虫多为能耐高寒而以森林为生境的种类。平原害虫主要属中国-喜马拉雅种类，东部与日本北海道情况相近似，北部则有许多西伯利亚成分，西南部有部分中亚细亚成分侵入。

华北区：北界东起燕山山区、张北台地、吕梁山、六盘山北部，向西止于祁连山脉东北部，南抵秦岭、淮河，东临渤海，包括黄土高原、冀热山地及黄淮平原，属暖温带，冬寒夏热。本区为中国历史最悠久的农业区，分布较普遍和危害较重的农业害虫代表种有：华北蝼蛄、东亚飞蝗、苜蓿盲蝽、沟叩头虫、黑绒金龟甲、苹小食心虫、东方粘虫、麦红吸浆虫、粟灰螟等。本区有较多东洋区种类侵入，愈近南缘，比重渐大。

蒙新区：包括内蒙古高原、河西走廊、塔里木、准噶尔盆地和天山山地，在大兴安岭以西，大青山以北，由呼伦贝尔草原直到新疆西陲。东、北、西三面与俄罗斯及蒙古人民共和国等毗邻，南界则为青藏高原。气候属半干燥及干燥型，东西部差异较显著，西部受到西来湿润气候的影响，形成草原及荒漠型。在农业害虫组成上，本区东部的内蒙古、河西一带，与华北区北缘的种类较相近；牧草地上蝗虫种类甚多，亦为本区东部地带的特色。西部的新疆则以中亚种类占优势。

青藏区：北缘在帕米尔高原向东伸延至祁连山一线，南界喜马拉雅山，东及东南则以四川西部、云贵高原西北部高山、康滇峡谷森林草地相接，包括柴达木盆地、青藏高原、昆仑山地及藏南山地。本区高原与谷地的气候相差悬殊，高原年平均气温在0℃以下，冬季漫长寒冷，年降雨量100 mm左右。谷地年平均气温达9～10℃，年降雨量在100 mm以上，高达400～500 mm。大多数昆虫属中国喜马拉雅种类，亦有较多中亚细亚成分及地区特有种。

西南区：包括四川西部、昌都东部，北起青海、甘肃南缘，南抵云南中北部(大致以26°N为南界)，向西直达藏东喜马拉雅山脉南坡的针叶林带以下山地，基本上是南北平行走向的高山与峡谷。气候较复杂，冬春晴朗多风，干湿季明显，月平均气温在6～22℃，年降雨量1000～1500 mm。昆虫组成十分丰富，半数以上是东洋区系的印度-马来亚种类，亦有一定数量为古北界系的中国喜马拉雅种类，还有少数中亚成员及地区特有种。

华中区：包括四川盆地及长江流域诸省。西部北起秦岭，东半部为长江中、下游，包括东南沿海丘陵的北部，南部与华南区相邻，即大致为南亚热带的北界。气候属亚热带暖湿类型，年降雨量为1000～1750 mm间，是中国主要稻、茶产区。

华南区：包括两广和云南的南部，福建东南沿海，台湾及南海各岛，属南亚热带及热带，植被为热带雨林，全年无冬，夏季长达6～9个月，7～9月多台风，年降雨量在1500～2000 mm。昆虫以印度-马来种占优势，其次为古北区系东方种类中的广布种。

储藏物昆虫的分布和其他动物一样，因各种生态条件的制约而有它一定的局限性，仅少数适应能力强的可能分布很广。

（二）害虫的为害地带

某一种类的害虫在某个地区里可以找到它的标本，但并不等于它就是该地区的为害性害虫。因此，昆虫的分布又可分为分布地带与为害地带。前者是指某种昆虫踪迹所及之处，不管其在储藏物仓库里有无经济价值；后者则指某种昆虫有很多数量，可能对储藏物及仓储场所有很大的破坏作用，具有重大的经济意义。故害虫的为害地带一般按下面的区分方式进行区分。

分布区：指可以发现某一害虫的区域，严格讲是害虫可以完成其生活史的地区。在分布区内包括为害区、严重为害区。

为害区：指种群分布密度大，成为能造成大量储藏物遭受损失的为害区。其中包括严重为害区。

二、温度与储藏物昆虫的关系

温度是储藏物昆虫生境内最重要的气候环境因素，它对储藏物昆虫发育的影响最为重要。一般来说，在一定的温度范围内，外界温度上升，储藏物昆虫的体温也就相应地上升；外界温度下降，储藏物昆虫体温也相应地下降，即储藏物昆虫体温保持着与外界温度相接近的水平。

储藏物昆虫和其他昆虫一样是变温动物，生理上缺乏(或不完善)调节体温的机制，对保持和调节体温机能不强。温度对变温动物发生直接作用，亦即变温动物的体温随着外界温度的高低而产生不同的反应，表现在动物的新陈代谢强度、生长速率等方面，从而影响其发生数量、体形、大小、行为变异、全年活动期长短以及地理上的分布区域。

(一) 储藏物昆虫温区的划分

由于储藏物昆虫的体温随着环境温度的变化而变化，新陈代谢的速率和行为，必然要受环境温度的影响。只有当环境温度上升到一定高度的时候，储藏物昆虫才能开始生长发育。过高或过低的温度都会对昆虫的发育造成影响，甚至导致死亡。为了便于说明温度对储藏物昆虫生命活动的作用，可将影响昆虫生命活动的温度范围划分为下列 5 个温区(图 6-2)。

1. 致死高温区(zone of high lethal temperature)

在该温区内，昆虫经短时期兴奋后即死亡。这是由于高温直接破坏酶系的作用，甚至蛋白质亦遭到破坏。这一破坏过程是不可逆的。对于储藏物昆虫而言，该温区的温度大约为 50℃以上。

2. 亚致死高温区(zone of high sublethal temperature)

在该温区内，昆虫各种代谢过程的速度不一致，表现出热昏迷状态。随着时间的延续，亦会导致死亡。昆虫的死亡取决于高温的程度和持续时间。该温区的温度一般在 40～50℃。

3. 适宜温区(zone of high favorable temperature)

在该温区内，昆虫的生命活动正常进行，因此，该温区又称为有效温区。

适宜温区还可以细分为高适温区、最适温区和低适温区。

高适温区的温度一般为 30～40℃。在该温区内温度越高，对昆虫的发育和繁殖越不利。

最适温区的温度一般为 20～30℃。在该温区内，昆虫体内能量消耗最小，死亡率最低，生殖力最大，但寿命不一定最长。

低适温区的温度一般为 15～20℃。在该温区内，随着温度的下降，昆虫发育缓慢，死亡率上升。其最低限称为最低有效温度，高于此温度昆虫才能开始生长发育，所以，

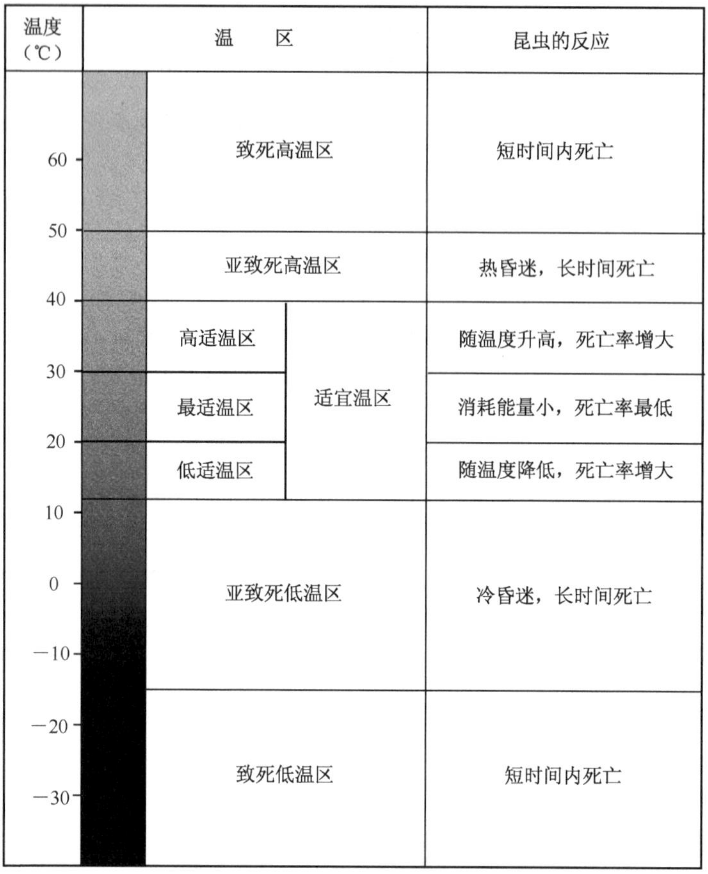

图 6-2　储藏物昆虫温区的划分

这一温度又称为发育始点温度(developmental zero)或生物学零点(biological zero)。

4. 亚致死低温区(zone of low sublethal temperature)

在该温区内，昆虫体内各种代谢过程不同程度减慢而处于冷昏迷状态。随着时间的延续，亦会导致死亡。昆虫的死亡取决于低温的强度和持续时间。若经短暂的冷昏迷又恢复正常温度，通常都能恢复正常生活。该温区的温度一般在－15～15℃。

5. 致死低温区(zone of low lethal temperature)

在该温区内，由于昆虫体内原生质析出水分结冰，不断扩大的冰晶可使原生质遭机械损伤、脱水和生理结构受到破坏，细胞膜受到破损，从而引起组织或细胞内部产生不可复原的变化而引起死亡。该温区的温度一般在－15℃以下。

由于不同种类的昆虫对温度的反应存在差异，因此，每种昆虫的温区划分也会有一定差别。如麦蛾的发育始点温度是 12.3℃，适宜温区为 12.3～35℃，最宜温区为 17.5～27.3℃。

（二）温度对储藏物昆虫生长发育和繁殖的影响

温度对储藏物昆虫的生长、发育和繁殖的影响是显著的。在有效温温区内，通常能完成其正常的发育和繁殖，温度愈高，生长发育的速率就愈快。但是，储藏物昆虫的种类不同，须从外界摄取的热量不一样，受影响的程度有差异。不同种类的储藏物昆虫完成一个世代，从外界摄取的热量不同，即使在同一温度条件下，对温度的反应也不完全相同。

温度不仅明显影响储藏物昆虫的生长发育速率，与储藏物昆虫的产卵量和成虫的寿命关系也非常密切。如谷蠹在温度25℃，每雌虫平均产卵244粒；温度34℃，每雌虫平均产卵418粒；在－6～2.2℃的低温下，成虫寿命不超过7 d，在5 min后开始死亡。

据报道，米象成虫在春季室温9℃时，饲养于玻璃瓶中的越冬成虫不食不动；当温度上升到10～11℃时，有的能颠簸爬行，但不能交尾产卵，当温度上升至15～17℃时，便非常活跃，并大量钻蛀粮粒产卵；温度高达35℃时，几乎不产卵，即使能产少数的卵，也不孵化。

又据资料记述，大谷盗在27～28℃时，完成一个世代需65 d，温度若降至21℃以下，约287 d才能完成一个世代；在－9.4～6.7℃时，成虫及幼虫均能活数星期；但卵及蛹的抗寒力远较成虫和幼虫弱。

锯谷盗生长发育的有效温度是17.5～40℃，发育最适温度为30～35℃，但是，温度到达40℃时，部分卵虽能孵化，而幼虫却不能完成发育；在37.5℃时，虽能完成卵至成虫的发育，但卵与幼虫的死亡率极高，温度低到7.5℃时，虽能孵蛹，但不能羽化为成虫。

赤拟谷盗在38℃时，雄虫的精子虽然发育正常，但雌虫不能产卵。

同一种储藏物昆虫在不同地区或不同环境，因温度不同，发生代数也不相同。如玉米象在哈尔滨每年发生两代，而在郑州则为5～6代，在中国越往南代数越多。

（三）温度对储藏物昆虫的地理分布与危害地带的影响

储藏物害虫的传播与分布是随着国际、国内贸易的发展和物质交流，不受海洋、沙漠、山脉、大面积不同植被等自然障碍的阻隔。因此，储藏物昆虫的主要传播方式是人为传播，许多储藏物害虫已经成为世界性分布的害虫。

储藏物昆虫的生长发育要求一定的温度条件。如果温湿度条件不能全面满足其生长发育的要求，或超出了储藏物昆虫可能适应的范围，储藏物昆虫在这个地区内不能生存。

在我国，起源于印度-马来亚区系的储藏物昆虫向北分布的低温界限，对于一些储藏物昆虫来说是比较明显的。例如：谷蠹是热带、亚热带蛀食性的储粮重要害虫，在我国淮河以南各省危害严重，以成虫越冬。据Dendy及Elkington(1920)报道，部分成虫能在0.6℃中生存到7 d，在0.6～2.2℃中不超过11 d。因此，它虽已传到哈尔滨，由于那里的一月份平均气温在－18℃以下，所以谷蠹很难在寒冷的东北和西北立足。

在不同的分布区内形成不同的储藏物昆虫区系，由于地理上的隔离而独立发展。其中有害的种如果进入新的分布区，当地的环境条件可以适应于这些有害虫的要求，这些有害虫也就可以定居下来而繁衍发展，甚至由于缺乏原产地的有效天敌而数量更大。在一、二月间的平均气温为3℃的地区，米象的发生受到限制。但事实上曾在黑龙江省的牡丹江的一个大米加工厂确实发现有米象，并在那里继续不断地进行繁殖。同时，米象除在常温下生活外，还能自身发热生活，因而无春季活动秋季潜伏的现象。在寒冷的冬季若繁殖的数量多，可发生大量热，这些热量即能维持活动繁殖；若数量少，则不能保持其必须的热量，冬季就会被冻死。

此外，有人根据昆虫发育对高温和低温忍受的临界点，说明昆虫向南北两极的分布情况，约略地用等温线指出种在地理上的分布界限。如家白蚁分布于中国、日本、菲律宾、美国檀香山，在我国自海南岛向北约到北纬 32°～33°之间。在南京一带生存很少，主要分布地区约在一年内最冷月份平均温度高于 4℃和一月份内日平均温度高于 0℃以上的地带。

储藏物昆虫地分布的研究，是制订植物检疫策略和采取检疫措施的基础。也是制订害虫天敌引进的基础。

（四）积温和有效积温法则及其应用

1. 积温和有效积温法则

储藏物昆虫在生长发育过程中，完成某一发育阶段须从外界摄取热量的总和，称为积温。这个概念一般以下面的公式表示：

$$NT = K$$

式中：N 为完成生长某一发育期所需的时间；T 为发育期内平均环境温度；K 为常数。

同样，发育速率 $V=1/N$。因此，发育速率与温度的关系可用下面的公式表示：

$$V = T/K$$

由于各种储藏物昆虫的发育始点温度不是 0℃，而是在 0℃以上。外界温度对生长发育的作用只有在发育始点温度以上才能显示出来。因此，在发育始点以上的温度才是有效温度。而储藏物昆虫在生长发育过程中，所受的总热量应该是有效温度的总和。故上面的积温公式也应修改为：

$$N(T-C) = K$$

式中：C 为发育始点温度；$(T-C)$为发育有效平均温度。这个公式就是有效温度法则(law of effective temperature)。

同样，发育速率与积温的关系公式也应该校正为：

$$V = (T-C)/K$$

储藏物昆虫在发育期内，要求摄取有效温度(发育始点以上的温度的总和)，称为有效积温。

在计算有效积温时，如果以每天平均有效温度的累计，温度以℃为单位，发育历期以天(日)为单位，则有效积温的单位为“日度”，如果以每小时平均有效积温累计，温度以℃为单位，发育历期以小时为单位，则有效积温的单位是“小时度”。

2. 发育始点温度与积温的推算

通常采取多种温差对某储藏物昆虫分别进行饲养观察。某种储藏物昆虫在各个高、低不同温度的条件下，完成阶段发育的时间不同，或采取前人对某种储藏物昆虫所作的研究结果，或可以通过 2 个或 3 个以上的不同温度处理及其相应的发育历期，计算出发育始点温度和有效积温。

这里介绍只用 2 个温度处理的简单计算方法。假如第一个处理温度为 T_1，第二个处理温度为 T_2；第一个处理的发育历期为 N_1，第二个处理的发育历期为 N_2。可按公式先求出发育始点温度，再求出有效积温。

$$(T_1 - C)N_1 = K$$
$$(T_2 - C)N_2 = K$$
$$(T_1 - C)N_1 = (T_2 - C)N_2$$
$$C = T_1N_1 - T_2N_2 / N_1 - N_2$$

C 值确定以后，代入原式，可求出有效积温值：

$$K = \left(T_1 - \frac{T_1N_1 - T_2N_2}{N_1 - N_2}\right)N_1 \quad \text{或} \quad K = \left(T_2 - \frac{T_1N_1 - T_2N_2}{N_1 - N_2}\right)N_2$$

例如：玉米象在 21℃时，完成一个世代需 63 d；在 27.9℃时，完成一个世代需 30 d。代入公式：

63 (21－C) ＝K

30 (27.9－C) ＝K

因为生物所受热总量，对生长发育的影响为一常数，所以上述两式应相等。

即：63(21－C)＝30(27.9－C)

则：$C=\frac{63\times21-30\times27.9}{63-30}=14.7$（度）

所以玉米象的发育始点温度为 14.7℃。代入原式，即可求出玉米象完成一个世代所需要的积温。即：

63 (21－14.7) ＝396.9 (日度)

30 (27.9－14.7) ＝396.9 (日度)

计算结果，玉米象的发育始点温度为 14.7℃，完成一个世代的有效积温为 396.9 (日度)。

3. 昆虫世代与发生时期的推算

求出了某种昆虫的有效积温和发育始点温度以后，可以推测其在不同地区可能发生的世代数，在地理上可能分布的界限，并预测其发生时期。

当确定某种昆虫完成一个世代的有效积温后，再根据气象资料，计算出某地区对这种昆虫全年有效积温的总和，两者相比，便可推测其在该地区一年内可能发生的世代数。公式如下：

$$\frac{\text{某地区全年总有效积温(日度)}}{\text{某昆虫完成一个世代的有效积温(日度)}}=\text{世代数}$$

现以麦蛾为例求其在郑州的全年总有效积温。即根据郑州历年的平均气温，选择略高于其发育点温度的月份或旬平均温度，逐月或逐旬减去发育始点温度后，再乘以每月(或每旬)实际天数，即得该月(或旬)有效积温。然后将各月(或各旬)的有效积温累加，这就是麦蛾在郑州的年总有效积温(表 6-1)。

表 6-1 麦蛾在郑州的全年总有效积温

月 份	4	5	6	7	8	9	10	11	全年总有效积温（日度）
月平均温度(℃)	17	20	24	26	28	22	20	17	
月有效积温(日度)	138	235.6	348.0	421.6	483.6	288	235.6	138	2288.4

已知麦蛾的发育始点温度为 12.4℃，完成一个世代的有效积温为 401(日度)，在郑

州全年有效积温为 2288.4(日度)，代入上述公式即得：

$$\frac{2288.4\ (\text{日度})}{401\ (\text{日度})}=5.7\ (\text{代})$$

推算结果，麦蛾在郑州一年可能发生 5～6 代。

根据麦蛾的生活习性，羽化后经一昼夜可开始交配，交尾后 1～2 d 内开始产卵。假设于 5 月 20 日有麦蛾在仓内飞翔(越冬代)，可依下列公式推算出第一代麦蛾成虫可能出现时间(当时的平均气温为 24℃)。

$$\frac{\text{某昆虫完成某一发育阶段所需的有效积温 (日度)}}{\text{某一时期内的平均温度}-\text{该昆虫的发育始点温度}}=\text{完成某一发育阶段所需天数}$$

代入公式：$\dfrac{401\ (\text{日度})}{24\ (\text{度})\ -12.4\ (\text{度})}=34\ (\text{天})$

可知第一代麦蛾可能在 6 月 24 日前后出现。

如果采用 3 个以上的温度处理，计算上比较复杂，但结果更加可靠。其计算方法如下：

设有 n 个处理，其温度分别为 T_1、T_2、$T_3\cdots T_n$；其发育速率依次为 V_1、V_2、$V_3\cdots V_n$。按照有效积温公式 $\mathrm{K}=(T-\mathrm{C})N$，$V=1/N$，代入得：

$$T=\mathrm{C}+\mathrm{K}V$$

为了在多个处理中求出发育始点温度(C)和有效积温(K)，可采用统计学上常用的“最小二乘法”进行计算，其推导公式为：

$$\mathrm{K}=\frac{n\sum VT-\sum V\sum T}{n\sum V^2-(\sum V)^2}$$

$$\mathrm{C}=\frac{\sum V^2\sum T-\sum V\sum VT}{n\sum V^2-(\sum V)^2}$$

必须指出，按照有效积温法则的标准，某种昆虫在某地区一年内可能发生的世代数，是指通常情况下而言，如果超过有效温度上限和下限，昆虫的发育会受到抑制，世代就会减少。此外，相对湿度和昆虫从环境中摄取食料的水分也直接影响着昆虫的发育速率。因此，应用有效积温法则推算出来的世代数或发生时期，与实际情况有一定差异和局限性。然而在上述的应用范围内，只要注意其局限性并结合各种生态因素加以分析和考虑，还是有重要参考价值的。

（五）昆虫的耐热性与耐寒性

温度对昆虫的影响是非常明显的。然而，昆虫对不适温度又具有一定抵抗能力，不过不同种的昆虫对高温和低温的抵抗能力是不同的。在 55℃的高温下，米象成虫可忍受 20 min，谷象只忍受 10 min；而地中海螟的成虫和豆粒内的豌豆象的成虫等，在 60℃的高温下能忍受 60 min。这种忍受高温的能力称为昆虫的耐热性。

在 5℃的低温条件下，米象只能忍受 21 d 就死亡，而玉米象和谷象分别能忍受 100 d 和 152 d。这种忍受低温的能力称为昆虫的耐寒性(cold hardiness)。

1. 昆虫耐热的原因

昆虫在高温下致死的原因主要是由昆虫体内蛋白质凝固所致。蛋白质本身的凝固温度与其水分含量有关。如蛋白质水分18%时，凝固温度为80～90℃；蛋白质水分6%时，凝固温度为140℃；无水蛋白质的凝固温度为160～170℃。

因此，在干燥季节，昆虫体内水分蒸发加速，体温下降，同时因水分减少，提高了蛋白质凝固的温度，从而增强了昆虫耐热性。

近年来，有人认为昆虫高温致死的原因是酶被破坏、窒息、体内废物积累以及原生质均衡状态发生障碍等所造成。还有人解释高温致死是因为脂肪体从动物组织中游离出来的缘故等等。昆虫的致死高温也随接触高温时间长短而有差异(表6-2)。

表6-2 菜豆象各发育阶段和米象高温致死的时间

昆虫名称及虫态	致死温度（℃）	接触时间（min）
菜豆象胚胎	52	10
菜豆象初化幼虫	55	20
菜豆象老熟幼虫	55	20
菜豆象蛹	55	25
菜豆象成虫	55	—
米象成虫	47.8～48.9	60

在温带地区内的异常高温年，更能引起某种雄虫生殖力丧失，雄虫不能交尾产卵，或产下的卵不孵化，这种现象在蛹期内最为显著。因为蛹期是全变态类昆虫体内组织剧变的时期，对高温刺激最为敏感。所以在自然界，夏季异常高温能引起某些昆虫死亡，种群密度发生变化。在27℃下饲养的地中海粉螟幼虫，有30%的雄虫不育，其原因是精子发育退化；雄虫卵巢受到抑制或不育，结果繁殖降低。这种生理反应在蛾类中是常见的。

2. 昆虫耐寒的原因

关于昆虫增强过度冷却的能力以及在低温条件下死亡原因，曾有很多不同的解释。现将几个主要的论点分别介绍于下。

(1) 复苏理论

巴哈梅契耶夫(Bachmetjew，1899)曾用热电温度计，测得昆虫在冰冻下的变动现象，创立了“复苏现象”理论。他认为昆虫在冬眠中，体温与环境温度相等；若外界温度骤然降到冰点(0℃)以下，即出现过冷却点(或称临界低温点)(T_1)，一般在－10℃左右。这时体液因结冰放出热量，使虫体内温度回升到近0℃，他称此为体液正常冰点(N)。这时候昆虫虽呈冰冻状态，新陈代谢几乎完全停止，但未冻死，他称该时期为“复苏状态”(冻昏迷状态)。如果此后温度增高，昆虫可恢复活动。若昆虫第一次结冰后，温度再行下降，使温度降低到另一低温(T_2)时，新陈代谢几乎停止，但昆虫的生命活动仍然保持，当温度继续下降到致死点(T_3)时，昆虫方死亡(见图6-3)。

巴哈梅契耶夫在实验中发现有些实验结果与这一规律不相符合，如某些昆虫未到T_1点即死亡，某些种群到T_3点尚能复活。其他学者的实验中也发现有些昆虫经两次以上冰冻仍然生存。因此，有各种不同意见。Sacharov和Payne等(1928～1930)认为，昆虫在低温下因结冰而放出热的现象确有存在。如将粉斑螟由室温环境移入低温环境，体内温度降到－24.3℃时，虫体液因结冰放出热，致使虫体温度一时升高5.7℃，以后下降到－18.6℃，由结冰所放出的热被吸收后，体温再逐渐下降，停留在过冷却点－24.3℃。

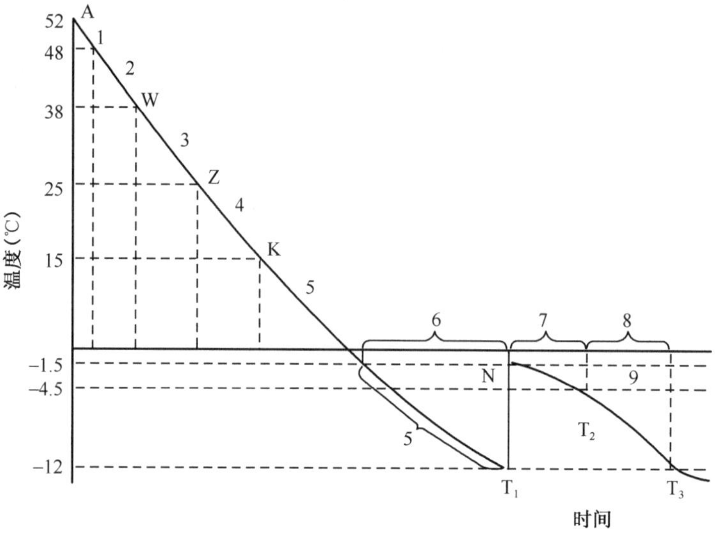

图 6-3　巴哈梅契耶夫曲线图解

(仿 Ьахматъев)

(2) 结合水和游离水比例的差异

昆虫的耐寒性不仅与体内含水多少有关，而且取决于水的状态。Robison(1927～1929)改进了巴哈梅契耶夫的穿刺法，用热电偶进行直接测定，避免了昆虫因失去一部分水分而使过冷却点(临界点)和冰点(死亡点)与正常昆虫有差别。其实验结果对昆虫在低温下的抗寒力与水分的关系做出了物理和化学上的解答。他认为，昆虫抗寒力的强弱，因体内结合水与游离水的比例有差异。如耐寒力强的虫种，结合水和游离水在低温下没有变异；耐寒力极弱或不耐寒的虫种，组织内的结合水逐渐减少，游离水显著增加。

Sacharov(1928～1930)在昆虫抗低温试验中，得到相似的结论：即“昆虫的冰冻点，完全决定于体内和脂肪量的依附关系”。昆虫体液结冰决定于水分，并受脂肪含量的影响，这就改变了上述的“复苏理论”，而临界点和完全冰冻点，则随昆虫种类而不同。

从 Sacharov 的试验结果得出结论：昆虫在很低温度下，液体才全部冰冻，而死亡点比这个温度为高，通常昆虫在体内有 1/3～1/2 的水分结冰时即告死亡，昆虫达到全部冰冻而仍能恢复生命的情况是不存在的。

上述有关昆虫耐寒的理论，是彼此相互联系的。在实际中昆虫所接触的低温，有强度和时间以及个体在低温来临以前生理状况的差别，而后者与过冬前的营养条件有关系。此外，幼虫在过冬期间因龄期不同，抗寒力显然有差别。在鳞翅目昆虫中，如果越冬幼虫尚未达到成熟阶段，则冬季死亡多。也有人发现在冬季以过冷却点作为耐寒高低的指标，而在过冬前所接触的适宜高温和温度的共同作用，是耐寒幼虫过冷却点升高的必要条件。

（六）温度对昆虫行为及其形态构造的影响

外界温度的变化，也可影响到昆虫体躯外形。一般生长在温暖气候下的昆虫体形较寒冷地区为大。如云南省的景洪、西畴和海南岛等地区的玉米象体躯比北方各省玉米象体躯大得多，触角第三节也较长，颜色也较深。在温带地区，由于季节温度的差异，也影响到昆虫的类型。如绿豆象的隐型和显型，粉缟螟的春型和夏型等。同时外界温度的改变常引起行为上的各种反应：在不适宜的低温下行动表现迟缓，甚至麻痹；在不适高温下行动常表现敏捷。昆虫受温度的刺激产生反应，不同种的昆虫对相同温度有正趋和负趋的反应。

三、湿度与储藏物昆虫的关系

储藏物昆虫在其生活中对湿度的要求与对温度的要求一样，有适生湿度、最适湿度、不活动湿度和致死湿度。储藏物昆虫对外界湿度的选择取决于虫体水分的多少和外界湿度的变化情况。当储藏物昆虫体内的水分高或失去水分能够及时补充时，在高温下虫体需要低湿，若水分虽高，但失去的水分不能及时补充时，则即使在高温下仍需较高的湿度。在一般情况下，低温时通常都是高湿，此时昆虫活动少，失水也少。试验和实践都证明，自然界大多数储藏物昆虫的最适湿度，接近高湿范围，即相对湿度在70%～90%左右，适宜湿度不但因种类不同有差别，即使同种昆虫的各个虫态和龄期也常不一致。主要是因为各种储藏物昆虫体液的浓度与体壁骨化程度都不相同的缘故。

（一）直接关系

湿度的高低可以影响虫体内水分的蒸发，直接影响储藏物昆虫的生长、发育和繁殖。相对湿度过低，会减缓储藏物昆虫发育速率，甚至会使虫体内水分失去平衡，造成死亡率增加。若相对湿度过高，通常能延长储藏物昆虫发育天数，并容易发病而引起死亡。

在储藏物昆虫中，有些种群喜好生活在高湿环境，而另一些种群，则在干燥环境下有利于其发育和繁殖。例如：麦蛾幼虫和蛹的新陈代谢，常因湿度(在适宜湿度以上)的增加而减退。若相对湿度达到100%不能发育时，并在17 d内死亡。如果在最适湿度范围内蛹期则随相对湿度的增高而延长，成虫寿命则随相对湿度的降低而缩短，或相对湿度在26%以下，均不能生存。

药材甲在相对湿度为70%～90%时。温度在24～30℃范围内，则温湿度与发育速率成正比。若温度在24℃，而相对湿度低于70% ，则湿度越低，其生长发育越慢(见表6-3)；如果相对湿度超过95% 时，则多数幼虫因发病而死亡。

表6-3　药材甲在同温不同相对湿度条件下的发育速率

温度℃	相对湿度%	卵期天数	幼虫期天数	蛹期天数	完成一代天数
24	45	9	57	9	75
24	35	14	104	15	133

绿豆象对湿度的要求范围比较广，相对湿度18% 或100%为发育开始困难的低湿

或高湿。

蚕豆象在恒温 21.1℃时，湿度高达 100%，蛹期为 22 d，当湿度降到 44.6%，蛹期 14 d。在成虫时期湿度愈低，寿命愈长。由上可知，蚕豆象是不适于高湿环境的种群，它对生活场所的要求是比较干燥的。

拟裸蛛甲的发育适宜相对湿度为 70%～90%，若低于 30%，即不能完成其发育。

谷象在 60%的相对湿度条件下才能产卵。

袋谷蛾的幼虫能在 20%的相对湿度条件下完成其发育。但在 75%的相对湿度内，其生活史较短，而成虫的寿命较长(一般衣物内所含水分约为 12.2%)。

（二）间接关系

储藏物昆虫在其生命活动中，消耗了大量的水分，需要及时补充，否则就会影响代谢作用的正常进行。储藏物昆虫体内水分的主要来源是食物。一般来说，储藏物都是比较干燥的。但由于各地全年的降雨量不同，大气的变化也不相同，而储粮和一切农副产品及其加工成品水分变化，又直接受大气的影响。大气中的相对湿度大，储存物受潮就大，其水分相应地增高；大气中相对湿度小，储存物吸潮量就小。因此，储藏物昆虫在其生长发育过程中，除直接受大气湿度的支配外，还间接受大气湿度影响。

所以储藏物水分的高低，对储藏物昆虫生活的影响是显著的。降低储藏物水分，对防止储藏物害虫危害具有重要意义。

在仓内危害储藏物的害虫，其所取食料都是比较干燥的，但其身体内的水分并不特别低，大都在 60%作左右。如谷象体内总水分为 48%，结合水占总水分 35%。这说明储藏物害虫具有一种特殊获得和保持体内水分的能力。

不同的昆虫种类对水分的要求也不一致。如米象要求食物的水分比较高，所取食料(粮食)的水分至少在 10%以上方能生存；若食料水分低到 8.5%，生活 52 d 即死亡。

谷象在 27.5℃条件下，生殖所要求的相对湿度与米象相同，但在低温下，高于或低于某一适宜湿度时，谷象的生殖即减少。

所以，在防治储藏物害虫工作中，应尽可能地降低储藏物的水分，可使大部分储藏物昆虫的繁殖力减低，从而保证储藏物免受虫害。

（三）昆虫代谢水的利用

在储藏物昆虫中，也有少数种类专以其自身的新陈代谢水以维持生命的。例如：白腹皮蠹及杂拟谷盗能在水分仅 5%的食物中生长。在其生活过程中每增加一单位体重，需要吃很多食物且幼虫期较长。但幼虫期愈长，所化成的蛹重量愈轻。谷蠹在食物水分 8%～10%，相对湿度 50%～60%，温度 35～40℃，还能正常繁殖。

黄粉虫在遇到食物特别干燥时，食量大大增加，但在其粪便里可以检查出绝大部分营养物质未被吸收，而粪便中的水分仅存 0.5%，由此证明，黄粉虫取食过量的食物是要获得所必需的水分。在生产实践中了解到储藏物鳞翅目幼虫在化蛹前要大量取食，其原因也就在于此。

许多储藏物昆虫体内的水分大部分由食物的氧化而产生。另有若干种储藏物昆虫则能在缺乏水分环境内生活。如长蠹科的昆虫，能从空气或食物中获得生活必需的水分。

湿度对储藏物昆虫发育的影响，不仅各个虫期不同，而且在同一虫期的前后期也有差异。很多幼虫，在幼龄期水分高达 82%，生长 10 d 后减到 79%；蛹后期为 79%，成虫期仅 60%。如果寄主和天敌在生活过程中对湿度的要求不同，那么在外界湿度变动下，寄主和天敌的死亡率也不一致，了解这种生态关系，在进行害虫生物防治上颇为重要。

四、食物与储藏物昆虫的关系

储藏物昆虫是有机化合物形式的消费者。因此，储藏物昆虫能否获得足够的食物，是能否生存繁殖的重要因素。

储藏物害虫十分适于在储藏、运输和工艺设备的食物残留中生活。其适应性包括可以利用和取食大范围的食物，以及即使数量很少时的寻找食物、交尾和产卵能力。它们可以利用有限的食源，这使得储藏物害虫难于治理。在拟定害虫防治方案时必须考虑到这个因素。

（一）储藏物昆虫的食物来源

储藏物昆虫的食物应该说是很丰富的，并且比较稳定。食物来源主要是粮食、油料和农副产品(中药材、土特产、皮毛等)，部分轻工业产品(饼干、糕点、纸张、丝呢绒毛制品、文具等)，还有竹、木制品及其原料等等。由于储藏物昆虫的种类不同，在各自的演变过程中，逐渐形成各自的食性。

（二）食物与昆虫生长发育和繁殖的关系

食物的营养成分和组织结构对储藏物昆虫消长规律有明显的影响。一般来说，储藏物昆虫取食最喜爱的食物时，生长发育快，死亡率低，繁殖率高。除单食性储藏物昆虫外，通常在缺乏嗜食的食物时，也可取食别的食物，不过生长发育慢，生存率、产卵数等明显下降。如赤拟谷盗在相同温度(27.3～29.2℃)和相同湿度(60%)情况下，取食不同食物的发育速率为：小麦麸＞粗麦粉＞全麦粉＞全玉米粉＞碎小麦＞白米粉＞碎玉米。表 6-4 给出了米象在不同粮食中的繁殖情况。

表 6-4　米象在不同粮食中的繁殖情况(温度：15～28℃；粮食重量 1 kg)

粮 种	水 分 (%)	试虫数 (对)	试验时间 (d)	总头数
大米	12.7	20	95	509
高粱	12	20	95	1262
玉米	13.3	20	95	250
小麦	13.7	20	95	3250
稻谷	14	20	95	165

杂拟谷盗在去糠的米粉中生活，幼虫发育极慢，可能是由于大米去糠后，缺乏维生素所致。取食小麦胚部的杂拟谷盗幼虫，生长发育最快。

绿豆象对食物的选择性很明显，在温度(28℃)、湿度(75%～80% RH)、食物水分(12.5%～13.5%)等环境条件完全相同的情况下，在其嗜好的绿豆和比较喜食的赤豆、豇豆中发育快；而在其他粮粒(蚕豆、豌豆、树豆、大豆、芸豆、玉米、小麦等)上虽产卵，也孵化，但发育缓慢，或不发育，甚至很快死亡。

粉斑螟幼虫在缺乏维生素 B_{12}、维生素 C 时，不发育或生长极慢。

综上所述，说明食物的营养成分，对害虫的消长规律是很明显的。

此外，粮食本身对害虫具有一定抗虫性。但是，不同粮种或不同品种，抗虫程度不一致。

如果稻谷的内外稃接口处，完整无裂缝，则麦蛾的初龄幼虫，完全不能侵入危害，结果经 2～3 d 全部死亡。而裂缝的稻谷，其被害率达到 90%左右，麦蛾也大量发生。

储粮中的破碎粒、被害率和杂质的多少，与储藏物害虫的发生有密切的关系。因为储粮中的破碎粒、被害粒和杂质多，就为后期性害虫创造了条件。如果储粮中的破碎粒与含杂质量不超过 1%，并且不曾遭受初期害虫的蛀食或嗜纤维性的害虫剥食，则后期害虫不易发生。

（三）食物的引诱作用

昆虫在寻找配偶、产卵场所和食物时的活动是影响其种群动态的一个重要方面，所有的储藏昆虫都可通过化学信息来寻取这些生存资源。

Maga(1978)列出了从不同粮食中释放出的多种挥发性化学物质，玉米有 12 种、燕麦 23 种、裸麦 16 种、小麦 24 种、大麦 64 种、稻谷 83 种。Mearse(1991)曾提出对所有食物进行仔细的测试，几乎可以发现它们都能释放出上百种挥发性化合物，这些农产品释放出的许多化学物彼此都是相同或相近的，一般都含短链乙醇、脂肪酸、酯类等，杂环化合物是其中最多的一类化合物。储藏农产品中除了挥发性的有机化合物外，水和二氧化碳也不断地释放出来。和农产品相关的细菌和真菌也能释放出水和二氧化碳。

许多关于昆虫对食物气味反应的文献都提到低挥发性脂肪酸和长链脂肪酸。尽管许多有价值的资料都假设这些农产品的挥发物质是作为食物信息而存在，不过它们作为产卵信息的作用可能更大。雌虫在通过选择产卵场所而选择幼虫食物时起主要作用。有人指出在不同种类的玉米、稻谷和小麦中存在着产卵刺激物质。

尽管大多数对食物信号物质的生物鉴定用的是成虫，但也有一部分用的是幼虫。因此，Baker 和 Mabie(1973)用印度谷螟幼虫来评价小麦、玉米和花生提取物中可以引起聚集的化学物质的存在，脂肪酸和蔗糖为增效的进食刺激剂。Chippendale 和 Mann(1970)利用麦蛾幼虫测试了小麦胚中的脂类能产生聚集和进食刺激物质的存在。Nara 等(1981)用黑斑皮蠹幼虫进行生物测定，证明了小麦胚油具有集聚性挥发物存在。农产品的气味对成虫寻找产卵场所和幼虫选择食物具有很大的重要性。

五、光与储藏物昆虫的关系

光与储藏物昆虫的关系与其他昆虫相似，主要表现在昼夜节律即光周期反应上。昆虫对环境光照周期变化节律的适应所产生的各种反应，也称光周期现象(photoperiodicity)。光周期变化对昆虫的地理分布、形态、季节生物学、生长发育、新陈代谢和行为都有深刻的影响。

光周期即光照有昼夜交替形成的光周期日变化。一年内光周期的日变化又有季节变化，在北半球，夏至昼最长夜最短，冬至昼最短夜最长；秋分是夏至昼长向冬至昼短变化的转折期；春分是冬至昼短向夏至昼长变化的转折期。“春分秋分，昼夜平分”，这是光周期的年变化。同一纬度上光周期年变化节律相同，不同纬度上光周期年变化的节律不同。但在赤道上夏至和冬至光照时数没有差别，随着纬度增加，夏至光照时数依次增加，冬至则依次缩短。在 65°N 以上，夏至前后整天可见太阳，冬至前后整天都呈黑夜。

对昆虫光周期现象研究最多的是滞育问题。滞育昆虫在恶劣环境，如冬季低温、夏季极端高温、干旱或食物缺少的季节来临前即可从日照变化获得信息，提早进入发育停顿状态。已滞育昆虫即使移放到适温下，也难解除滞育，因此具有较深沉的反应。滞育是昆虫对不利环境的一种适应，是抑制发育的一种遗传决定状态。光滞育昆虫表现出发育停滞、代谢下降、相对地不活动并潜伏在特定环境中。不同种类昆虫的滞育虫期不同。昆虫对临界光周期的敏感虫期往往在滞育虫期之前。

依据滞育与日照时数的关系，昆虫的滞育可归纳为 4 种类型：①短日照滞育(short-day diapause)，在日照不足 8 h 诱发滞育。②长日照滞育(long-day diapause)，临界光周期一般为 14～16 h，较高温度和长日照诱发滞育。③滞育仅在 10～14 h 日照范围内出现，短于 8 h 和多于 16 h 均不滞育，可称短日照一长日照型昆虫。④滞育可在长日照和短日照下出现，只在比较长日照的一狭窄范围内不滞育。

光照的昼夜变化，使不同种类昆虫表现不同的生活方式，可分为夜出性(nocturnal)如蜚蠊，昼出性如许多储藏物昆虫，晨昏性如烟草甲等。光周期对迁飞昆虫行为有影响。

昆虫受到光周期变化的刺激时，引起体内色素的重新排列，如粉缟螟在长光照下呈夏型，在短光照下呈春型。

六、气体成分与储藏物昆虫的关系

储藏物昆虫在其生命活动中要进行呼吸，氧气是不可缺少的生态因子，同时还要排出二氧化碳。储藏物昆虫生态环境中的氧气与二氧化碳浓度的变化，又直接影响着储藏物昆虫呼吸调节作用。当其周围环境中氧气的含量低于 10％时，储藏物昆虫全部气门开放着，其开放时间的长短，决定于聚集在虫体内的二氧化碳数量，当周围环境中的二氧化碳含量增高时，储藏物害虫气门的开放时间也随之延长。如果环境中的二氧化碳含量在 10％～15％时，气门有节奏地开放，二氧化碳含量若增至 20％～30％，则全部气门都敞开。此时，如果再加上高温，就会影响害虫的生存。

据试验表明，昆虫在完全缺氧的条件下，其生存的时间与环境温度呈反比。但是，害虫的种类不同，生存的时间长短也不一致。因此，尽量设法排除储藏物中的氧气，增加二氧化碳浓度，不仅可以促使储藏物害虫自然死亡率增加，而且能提高熏蒸杀虫效果。

粮粒是活的有机体，在储藏过程中，也要进行新陈代谢作用，吸收氧气放出二氧化碳。经过较长时间储藏的粮食，其粮堆内部可能充满二氧化碳，结果会影响害虫的生活与生存。如储藏物昆虫在粮堆表层多于中、下层，粮堆四周和袋与袋之间多于袋的中心，有新鲜空气的地方多于没有新鲜空气通入的地方。这就充分说明了害虫在其生命活动中，需要有足够的氧气才能生存。

七、其他生物与储藏物昆虫的关系

（一）个体和种群之间的相互影响

害虫个体之间的相互影响如拥挤可能是制约害虫在空仓、运输和加工设施中残留食物生存数量的一个重要因素。但是如果在拥挤出现之前成虫有迁徙的趋势，那么拥挤的重要性就会降低。Soloman(1953)曾论述过拥挤对储藏物害虫死亡率和产卵的影响，受感染的商品中有八种害虫，当密度达到 1～32 头/g 时，死亡率达到 20%；密度在 7～130 头/g 时死亡率达到 80%。对许多虫种而言，密度达 0.3～16 头/g 时产卵将减少 20%，密度高于 3 头/g 时产卵减少 80%，并且，在一定的密度下，繁殖率降低得比死亡率明显。小麦中害虫虫口密度≥0.002 头/g 时，就可以认为是被感染了，0.3 头/g 的密度即可导致谷物发热。

空间活动也是影响害虫种群分布特征的一个重要因素。在害虫密度过大时候，许多储藏物害虫会取食它们自己或其他虫种的卵、蛹等这些不活跃虫态。Lecato(1975)发现印度谷螟的卵或成虫可以作为赤拟谷盗的食物。Arbogast(1989)指出在玉米中以死亡的蛾子喂养长头谷盗和赤拟谷盗，前者的数量增长要大大于后者。另一类型的害虫是肾斑皮蠹和谷斑皮蠹幼虫的箭刚毛，箭刚毛可以缠住其他害虫，并通过缠住附肢使它们无法活动。如米象和长角谷盗对此最敏感，缠绕 72 h 后它们的死亡率分别达到 93%和 83%。许多虫种可以通过用足和口器来清除其身体表面的箭刚毛，不过，这样做会减少它们用于取食和繁殖的时间。

一个虫种的信息素可以影响另一个虫种，在三种具有相同信息素物质的蛾类中，其中两种即印度谷蛾和地中海粉螟能够释放出同一类抑制剂，一般认为抑制剂可以减少虫种间的交配。

区域标记信息素对于减少同一虫种的个体同其他虫种的个体之间相互干扰具有重要性。这些信息素用于标定一些蛾类的取食和蛹化场所，以及甲虫的产卵场所。这些由蛾类幼虫特殊的上颚腺所产生的信息素都落在它们结成的丝或食物上。Mossadegh(1978，1980)更加深入地研究了由印度谷螟幼虫各龄期丝腺和上颚激素，发现所有龄期幼虫都可以在取食和在栖息地附近产生大量的信息素。1980 年他发现一旦蛾类幼虫有选择余地的时候，它们不会选择被同种幼虫上颚腺分泌物作用过的食物，而宁愿选择没被影响过的食物。因此，上颚分泌物的沉集物质可以用来圈定每只幼虫的区域范围，并减少自食的可能。

一直以来人们都认为，当拟谷盗属的成虫感染之后或处于一种高种群密度状态时，会从它们的一对"防护腺"中产生有毒的醌，这些醌可以抑制真菌在它们的食物上生长。近年来，在这些腺体中也发现了另外的化学物质，如：1-烯烃、β-羟基酮等，这些物质可以大量地产生，并被释放到环境中用来圈定取食或产卵场所，或来驱逐其他昆虫，或改变其他昆虫的生命活动等。据报道，四纹豆象、绿豆象等都以这样一种方式产卵，以将所豆科种子上卵的数量降到最低。

王殿轩等(1994)报道了暗褐毛皮蠹幼虫虫口密度与幼虫化蛹时间在一定条件下呈线性关系(图 6-4)。并且暗褐毛皮蠹幼虫虫口密度与化蛹率的关系也是随虫口密度增加末龄幼虫的化蛹率降低(图 6-5)。

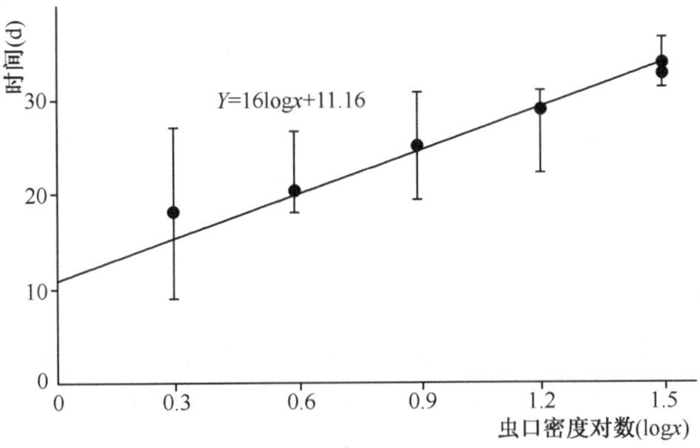

图 6-4　暗褐毛皮蠹幼虫虫口密度与化蛹历期的关系

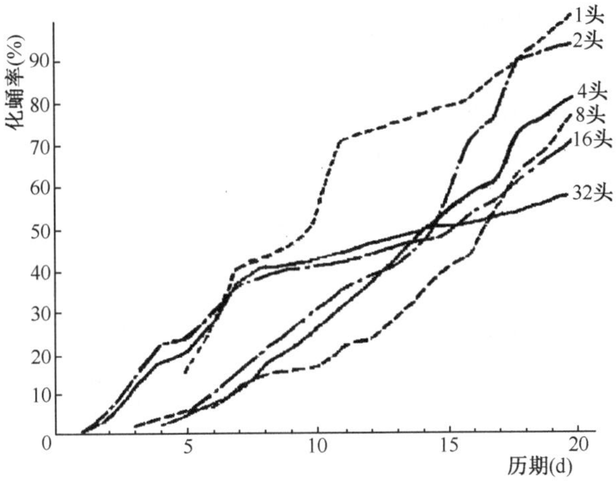

图 6-5　培养环境中暗褐毛皮蠹末龄幼虫不同头数时的化蛹率

在粮堆中处于聚集状态的成虫比非聚集状态的成虫产卵率一般要减少 50%左右，Birch 等(1951)在 8 周内以不同密度饲养杂拟谷盗和赤拟谷盗，每日分别计算所产的卵数(表 6-5)。Mertz(1968)观察赤拟谷盗成虫可破坏本种的蛹，如蛹密度低时，所有蛹都被成虫吃掉，若加进大量蛹时，部分蛹得以保存下来。

表 6-5　杂拟谷盗和赤拟谷盗种群密度与产卵量(卵/头/日)的关系

虫种	密度（头）			
	2	16	80	160
杂拟谷盗	5.4	3.2	1.2	0.75
赤拟谷盗	7.5	4.0	1.5	0.87

混合试验证明，无论是杂拟谷盗或赤拟谷盗，都有被另一方所取代的现象。气候、营养、初始数量、寄生性病害的有无，以及种群内的特性等都影响着究竟是哪一个种群

竞争获胜，当然在种群竞争上也有共存的现象。Neyman，Park 和 Scott(1956)总结了 Park(1954)的气候因子对拟谷盗影响的研究结果，在控制饲养中，竞争的优胜者往往不是数量多的种。Park(1948)对两种拟谷盗之间的竞争还进行了研究，它在有一定数量成虫的面粉中作混合饲养，每月计数一次成虫以及大幼虫和蛹的数量，当二虫种混合发生时，有一段共存的时间，此时空间、食料没有产生矛盾，大约一年后，由于环境资源或其他条件的限制，其中一种会被另一种取代。确定何种被取代与温度和寄生物有关，当温度超过 29℃时对赤拟谷盗有利，但低于 29℃时，则杂拟谷盗占优势。

（二）天敌的影响

在自然界里存在着一种昆虫被其他昆虫类群或其他动物所捕食或寄生。捕食(predation)是一种生物取食另一种生物，以获得营养而维持生活的现象。前者称捕食者(predator)，后者称猎物(prey)。捕食有广义和狭义两种解释。狭义的捕食现象是指食肉动物取食食草动物(herbivores)，如瓢虫取食蚜虫，这是典型的捕食。捕食者可使猎物种群数量下降或降低其种群增长率，这是害虫生物防治的理论基础。

寄生(parasitism)是一种生物生活于另一种生物的体内或体上，并摄取其体内物质以维持生存的现象。

每一种昆虫都存在着大量的捕食者或寄生者，这些自然的敌害称为天敌。昆虫在生长发育过程中，常因天敌侵袭而大量死亡。在农业生态体系中，天敌已成为抑制害虫种群数量的一个重要因素，是一个重要的害虫防治措施。近年来，人们对利用天敌昆虫防治储藏物害虫也进行了一些研究。

在储粮生态体系中，危害粮食、油料的害虫很多，但真正造成危害威胁的种类很少，多数害虫的种类经常维持在相当低的水平，不致引起储藏物的严重损失。对于占总数 1%～5%的重要害虫，也并不都是经常地、全面地大量危害，而是有时发生量很大而带来威胁；有时则发生数量较少，不致造成大的灾害。害虫的这种间歇性大量发生的现象，对于某些种群来说，常与天敌的自然控制作用有密切的关系。这一现象在储藏物害虫中也有发生。

（三）种间竞争与共生现象

自然界生物间常存在着种间竞争、食物链和相互依属的关系。在仓库里也常发现某种储藏物昆虫的发生有被另一种昆虫或螨类等抑制的现象。如谷蠹和麦蛾在同一粒小麦中生活，麦蛾的幼虫常被谷蠹吃掉；书虱和螨类一起时，后者可抑制前者；米象或玉米象和谷蠹在一起生活时，它们的生存彼此受到妨碍，繁殖的数量都有减少。这就是种间竞争的表现。

昆虫和其他生物的共生现象，在储藏物昆虫中也是存在的。例如白蚁的消化道里有许多种原生动物存在。这些原生动物只有在白蚁的消化道中(温、湿度合适)才能生存、繁殖，同时可以分泌酶类消化白蚁所食入的木材纤维，以取得营养，而白蚁也靠它们来消化食入的纤维，吸取营养物质。

（四）微生物与储藏物昆虫

有些储藏物如粮食是活的有机体，在储藏期间要进行新陈代谢活动。当感染了害虫时，如果温度和食物水分符合害虫的要求时，就会迅速发育和大量繁殖起来。若是第一食性害虫，将把完整的粮粒破坏，变成大量的破碎粒，这就是微生物的发展和繁殖创造了良好的条件。由于粮堆内各种生物都要进行呼吸作用，释放出大量生物热，促进微生物的发展，结果粮食霉烂，害虫迁移或死亡。

八、人类活动与储藏物昆虫的关系

人类的活动、对储藏物害虫来说，有两个主要方面的联系：

第一，人类的活动可以创造有利于储藏的条件，使吃、穿、住、用的生活物资及生活用品等，在储藏过程中处于稳定状态。如：坚持清扫，消毒和经常性的清洁卫生制度，以减少害虫感染和传播的机会，干扰或破坏储藏物昆虫的安定环境，影响其生长发育和繁殖，以达到减少或消灭虫害之目的。

实践经验证明，仓库、加工厂、粮站、粮店内的经常性清洁卫生与定期性的大扫除、车间修检、粮食、货物等出入仓库的装卸运输，尤其是粮食在整晒、冷冻、烘干、翻扒过程中，一般裸露的害虫，常因直接受到碰撞和粮粒间的猛烈冲击，造成断肢或创伤，并遭致病菌的侵入，或者由于激烈的震荡，而产生生理机能破坏，结果导致死亡。

第二，由于频繁经济活动(农业引种、商业流通、国际贸易)，加上检验检疫制度不严格和杀虫不够彻底，使本来是地区性的储藏物昆虫或国内原来没有的储藏物昆虫得以蔓延。现在有许多原为局部分布的储藏物害虫，其分布已遍及整个世界。

许多用于收割、干燥、输送、除尘等的设备都是储藏物昆虫生态的一部分，它们对害虫种群可能有正面或负面的影响。虽然一般认为储藏物害虫生命中的大部分时间都钻在食物中，但食物毕竟是有限的。在散装储藏中，有一些害虫需要在外表面找到一些破碎的小麦粒或玉米粒和破了皮的稻谷或花生粒。商品在某些工艺区段对害虫的敏感度有时要比其他工艺区段大，害虫抗性包装可以防止害虫找到食物。

（一）收获

大型联合收割机会导致粮食 20％～50％的破碎率，破碎粒比完整粒更易受到害虫的侵害，在小麦中主要是锯谷盗、赤拟谷盗、米象和锈赤扁谷盗。就小麦而言，锯谷盗可能是唯一一种需要有破碎粒才可生长发育和繁殖的害虫。尽量减少破碎损伤也是储粮害虫治理的一个重要部分。

（二）干燥

干燥可直接通过降低害虫成活率，也可通过产生害虫十分敏感的破碎粒间接地来影响害虫数量。Fields(1992)论述了高温对害虫成活率的影响，害虫对热量的敏感度会随着商品湿度的下降而上升，Farrar 和 Reed(1942)研究了小麦中六种害虫的致死干燥条件，害虫存活率取决于致死温度是否持续了足够长的时间。谷蠹的耐力最大，米象和谷象的耐力又比长角扁谷盗和赤拟谷盗大。由于空气具有穿过粮堆中空隙的性质，在厚度为 5～10 cm 的粮层上可以形成 2.8℃的温差，这种温差使得害虫可以在干燥的环境下存活。在日本，农民将大麦用太阳晒干，只需 10 min 即可杀死一些一龄到二龄的玉米象幼虫，但对四龄幼虫或蛹则不能杀死。用热空气干燥过的稻谷其外壳破裂产生裂缝，米象和玉米象可以在此取食并产卵。美国佐治亚州玉米在田间受玉米象感染，脱粒可以从种子中分离出少于 20%的象虫，干燥则可以杀死大约 90%的害虫。

（三）输送

通过螺旋或气力输送可以减少害虫数量，Muir 等(1977)指出通过螺旋输送可以导致锈赤扁谷盗 61%幼虫死亡和 83%的成虫死亡。经过气力输送后害虫死亡率可以超过 90%，并将不同虫种对气力输送的敏感性依次排列为：谷象＜米象＜锈赤扁谷盗＜谷蠹＜赤拟谷盗＜锯谷盗。

这些研究表明气力输送降低害虫存活要比螺旋输送多。输送所导致的害虫死亡并不是立即表现出来的。Rodinov(1938)发现经过输送在一天后谷象死亡率达 33%，12 d 后达 92%。当玉米从 0.9 m、1.8 m、4.3 m、11.0 m 的高度落下，可以分别导致米象的存活率降至 80.7%、81.1%、63.7%和 46.7%。以 6.4 m/s 和 12.8 m/s 的速度冲击，相当于分别从 3.3 m 和 6.6 m 的高度落下，可导致谷象蛹 65%和 90%死亡率，相比之下成虫和幼虫的存活率高。

粮食的工艺处理也会增加破损粒、破碎粒和粉屑的数量，而这些有利于一些储藏物害虫取食。Chang 等(1983)指出储藏于农场仓库的小麦，其粉屑从中心到仓壁而减少。McGregor(1964)通过实验发现，在这样的坡度分布中，赤拟谷盗多在粉屑集中的地方。

（四）磨粉

机器磨粉过程并不能杀死所有的害虫。赤拟谷盗成虫、幼虫和蛹可以安然通过第一道粗磨，幼虫可以安然通过第二道粗磨，蛹可以安然通过第三、第四、第五道粗磨和第二道初精磨。不过，当把小麦碾磨成小于 210 μm 的粉或将面粉通过 210 μm 网格进行筛理时，可以除掉玉米象、粉斑螟和赤拟谷盗的卵。

商品对害虫的敏感性随碾磨工艺阶段而变化，在加拿大 Smallman 和 Loschiavo (1952)发现，如果用筛子筛过的筛上物或低级面粉喂养赤拟谷盗，与用粗磨和中磨加工的产品喂养相比，其生长期要短，成活率和产卵率要高。澳大利亚的 Miller 用赤拟谷盗和杂拟谷盗实验也得出相似的结论，用去壳稻谷喂养的米象和玉米象的生长期要比带壳或有损伤稻谷喂养的短；用带壳稻谷喂养时，这两种害虫寿命和产卵期最短；用损伤稻谷喂养时害虫寿命和产卵期则最长。

第三节 储藏物昆虫的种群动态

一、储藏物昆虫种群的主要特征

储藏物昆虫中的害虫为储藏生态系统中的消费者，在此系统中其种群的发展变化既具有一般昆虫种群动态变化的性质，也具有在储藏物场所这一半封闭生态系统的特殊性。储粮是特殊的封闭或半封闭性的生态环境，生境内又划分为不同的生活小区。在生活小区内生活的同种个体构成生态种群(ecopopulation)。生活小区经常变化，如粮堆各部的温度水分不同，往往种群也不同。形成不同生态种群的个体经常重新组合。

（一）种群的适应幅度

适应性是昆虫在自然发展过程中和它的环境相互作用的结果。适应性只有相对的定义，一旦环境条件变化超过了能适应的范围，原来的适应就转化为不适应了。另一方面，适应是有一定方向的，种群对某一特定环境条件的适应，常常导致对另一环境条件的不适应。

种群的适应幅度反映了种群对环境条件变化的适应能力，常用“生态价”（ecovalue）这个词来表示。生态价高即适应幅度广，称广生性，反之称狭生性，还有广温性，狭温性；广食性，狭食性；广湿性，狭湿性，广栖性、狭栖性等。适应幅度大小直接影响种群在一定环境下的存活率或死亡率。不同生态条件下，适应性不同，掌握种群适应幅度变化的规律，找出其薄弱环节在防治上有重要意义。

（二）种群的生殖力和繁殖速率

种群的生殖力指一个种群的平均繁殖数量，用以下公式表示：

$$N = ef/(m+f)$$

繁殖速率指种群个体数量增加的能力，即种群在若干世代或单位时间内增长其个体数量的最高理论倍数，它反映了这种数量增长的内在能力，繁殖速率决定于种群的生殖力和性比，用 r 表示：

$$r = [ef/(m+f)]^n$$

式中：e—每雌虫平均繁殖力，f—雌虫数，m—雄虫数，n—代数

在自然情况下变化很大，因害虫种群数量的消长是其内在生物学特性和外界条件之间不断斗争、统一的结果，但并不等于各个体繁殖量的总和。在全年繁殖过程中，各代生殖力、性比都不同，而且还有大量寄生或捕食以及不良环境、人类活动的影响、死亡或迁移等。所以与理论值有差异，经过多年实际调查可以得到一种害虫种群各代的平均自然繁殖速率，就可以根据当年一定面积或一定容积内的种群基数，预测下一代的发生量。

下一代发生量＝上代残留虫量×该代平均自然繁殖速率

（三）种群的活动性和害虫的死亡因素

活动或迁移是生物在长期的历史发展过程中，通过种群与环境相互作用的结果逐步形成和巩固的，是一种种的适应性。这种特性在储粮害虫中很明显，由于活动，增加了不同种群或生态种群间交配的机会，有利于保持种的优势和较强的适应能力。

种群还具有不断向四周扩大其分布的趋向，称扩散。扩散力的大小影响到种群的存活率和扩大分布区的可能性，这是植物检疫的理论基础。

在木板泥壁储存稻谷的仓房和用沥青防潮储存稻谷的仓等观察玉米象、锯谷盗在粮堆内的变动和季节变化，可以看出，玉米象、锯谷盗在同一粮堆，粮食水分相同的情况下，因温度不同有不同分布的现象。一般随温度升高，玉米象、锯谷盗的种群变化有相反的趋势，玉米象密度以 26℃左右最大，每千克最多 239 头，随温度逐升密度渐减，35～36℃时几乎不见玉米象，此时锯谷盗反而上升，每千克最多 1150 头，32℃下繁殖快，32～34℃时最适宜，幼虫在 38℃时尚能生存 21.9 d。玉米象、锯谷盗在同一粮堆中各层活动因不同仓型和粮类而有差异。玉米象密度一般以上层最大，中层次之，下层没有，锯谷盗无论上、中、下层都有分布，而中下层较少。

从发生季节看，玉米象在 1～3 月多集中在中层，3 月以后则多在上层，中下层较

少或无，其原因是1～3月粮食温度和水分一般是上层低于中层(上层14～18.5℃，中层19.7～21℃)。3月以后，各层粮温和水分接近平衡，或上层大于中层和下层，加以玉米象活动期的上爬习性造成。锯谷盗全年均是上层大于中层，中层大于下层，原因是锯谷盗往往随玉米象危害后的碎粒增多而加重危害，储粮碎粒率0.5%时，70 d后的害虫数量较对照高2.6倍；碎粒率5%时，70 d后虫数较对照高6.7倍；碎粒率10%时，70 d后虫数较对照高11.3倍，说明清洁储粮在防治锯谷盗等害虫的重要性。

锯谷盗较活跃，中下层二氧化碳聚集过多，不利于活动，故上层的虫数总是较中下层高。Godon Surlee(1963)也观察到谷象在粮堆各层的活动，看出35℃时，谷象多在上层，25℃时上中下层相似；粮食水分9%时趋向上层，而14%～17%时，各层分布均匀，说明温度较高，湿度较低时更活跃。

造成储藏物害虫死亡有以下原因：

过高过低的温湿度，谷象在过低湿度下会引起大量死亡，谷蠹抵抗不适环境的能力是较强的。但在0.6～2.2℃中生存也不超过11 d。

天敌是导致害虫死亡的因素之一。仓库中害虫天敌有寄生蜂、蠼螋、伪蝎、捕食螨、蜘蛛、菌类、病毒等，它们的寄生或捕食可使部分害虫死亡。

害虫种间和种内竞争会导致其死亡率增加。

另外，各种防治措施，常常是致使害虫大量死亡的主要原因。

(四) 储藏物昆虫群落的一般结构

一个储藏物昆虫群落由多种储藏物昆虫种群组成。如果按一定方法把它进行分门别类再行考察，就可发现无论何种储藏物昆虫群落，它们都有其内在的规律性。

可从分类类群和生态类群两个方面考察了储藏物昆虫群落的结构规律。就分类类群而言，无论何种储藏物昆虫群落中，鞘翅目都占优势地位，这说明鞘翅目昆虫的有无和多寡对储藏物昆虫群落的组成影响极大，对储粮的危害也十分严重。螨类虽然个体小，种类不多，但其密度很大，其危害不可忽视。

如果按生态功能把储藏物昆虫划分为初级储藏物昆虫，如取食原粮的玉米象、谷蠹、绿豆象、豌豆象等；次级储藏物昆虫，如取食粉质粮食的锯谷盗、拟谷盗(杂拟谷盗和赤拟谷盗)等；三级储藏物昆虫，如取食粉末残屑的螨类、黑菌虫、小圆虫等；取食储藏物昆虫的天敌，如拟蝎、米象金小蜂、麦蛾小茧蜂等。每个储藏物昆虫群落中，各级储藏物昆虫种类的比例十分相似，这说明，虽然不同储藏物昆虫群落在物种组成上不尽相同，但是当它们组成一个群落后，在生态功能上都起着相似的作用。

农户、收纳和转运仓库、普通商品物资库、国家粮食储备库、粮食加工厂、饲料厂、粮店等储粮环境，储藏物种类和数量在储藏、流动以及管理水平上很不一致。国家粮食储备库储粮多，流动性较小，粮种相对单一，且管理严格，其中的储藏物昆虫不但种类少，而且密度也很低。农户储粮资源丰富，储粮种类多，通常储藏条件差，且缺乏严格的管理技术和防治措施，储藏物昆虫基本上处于自生自灭的状况。因此，其中的储藏物昆虫种类和密度都比国家粮食储备库高得多。粮店和加工厂的储粮流动性大，管理也较国家粮食储备库粗放，因此其中的储藏物昆虫种类和密度也较国家粮食储备库高，尤其是饲料加工厂等。

（五）种群数量

国外用生命表(life table)来预测储藏物害虫种群的消长趋势，近年来国内也有这方面的工作。生命表最初是用来研究人寿保险的一个手段，调查人口的死亡年龄和死亡原因。

把害虫的死亡情况和引起死亡的原因记录在生命表内，可以看出影响害虫和种群大量死亡的主要虫期和因素，进一步按照整个虫期的存活率、生殖力、性比，可以估计其后代种群数量的发展趋势。目前生命表在大田害虫研究方面应用比较多。

综合以上种群的生物学特性，害虫种群数量变动的因子有：发生基数(P_1)，繁殖速率(R)，死亡率(D)或生存率($C=1-D$)，活动或迁移率(m)，世代数(n)。其间的关系为：

$$P(\text{种群数量})=P_1\times[R\times(1-D)]^n\times(1-m)$$
$$=P_1\times[(e\times f/(m+f)\times(1-D)]^n\times(1-m)$$

若种群只在粮堆内活动，没有迁出，则 $m=0$。

以上因子随昆虫内在的适应性和环境条件变化，必须根据实际情况调查分析，多年积累资料，就可了解仓库内种群数量的变动规律，作为储藏物管理的参考。

（六）储藏物昆虫群落中的常见种与优势种

一般而言，常见种是指发现率高的物种；优势种(dominant species)是指发现率高，发生数量大且危害严重的物种。为了定量地确定储藏物昆虫群落中的常见种和优势种，作如下定义：

$$\delta i = Ni/\Sigma Ni$$

式中，Ni 为第 i 种储藏物昆虫在同一群落中的发现次数；ΣNi 为同一储藏物昆虫群落中所有储藏物昆虫的发现次数之和；δi 为同一群落中，第 i 种储藏物昆虫的常见度，即某种储藏物昆虫的常见度表示为其发现次数与群落中所有储藏物昆虫的总发现次数之比。

同一群落中，各种储藏物昆虫的平均发现次数与其总发现次数之比为平均常见度；如果 δi 大于平均常见度，那么物种 i 就为该群落中的常见物种；具有 δi max 的物种，为该群落中的最常见物种；常见度高，平均密度大且危害又重的物种为优势种，是防治的重点对象。

（七）主要储藏物昆虫对储粮及其他资源的危害

虽然不少储藏物昆虫，如玉米象、拟谷盗、腐食酪螨等储藏物昆虫适应性广，在各种储粮环境中都能生存、繁殖、建立种群，组成群落，但也有些储藏物昆虫，如郭公虫、皮蠹等仅在有动物蛋白的饲料(蚕蛹、鱼粉)厂中才能发现。这种差异正是由于储藏物昆虫的食性不同所致，就是说它们对不同资源的偏爱程度不同。储藏物昆虫对储粮资源的偏爱程度反映了储粮受储藏物昆虫危害的程度。为了定量比较储藏物昆虫对不同储藏物偏爱程度，特作如下定义：

$$\alpha_{ij} = N_{ij}/\Sigma N_{ij}$$

式中，N_{ij} 为第 i 种储藏物昆虫在第 j 种资源中的发现次数；ΣN_{ij} 为第 i 种储藏物昆虫在所有资源中的总发现次数；α_{ij} 为第 i 种储藏物昆虫对第 j 种资源的偏爱度。

一种储藏物昆虫在所有资源中的平均发现次数与其在各种资源中的总发现次数之比为平均偏爱度。如果 α_{ij} 大于平均偏爱度，第 j 种资源中的储藏物昆虫密度又高，那么第 i 种储藏物昆虫就偏爱于取食第 j 种资源。换言之，第 j 种资源就易受第 i 种储藏物昆虫的危害，应加强保管。

不同储藏物昆虫对储粮及其他资源的偏爱情况有所不同试验表明，玉米象虽能在 19 种资源中取食，但只偏爱玉米、稻谷、大米、糯米、小麦和地脚粮，最偏爱的是地脚粮、玉米和小麦；麦蛾虽能在 17 种资源中取食，但只偏爱玉米、稻谷、大米、糯米、小麦、面粉、蚕蛹、地脚粮等资源，最偏爱蚕蛹，地脚粮和面粉；锯谷盗虽能在 18 种资源中取食，但只偏爱玉米、稻谷、小麦和地脚粮等资源，最偏爱地脚粮和稻谷；腐食酪螨几乎能在所有资源中出现，但更偏爱于在玉米、稻谷、糯米、小麦、豆类和地脚粮中危害，最偏爱地脚粮；而专门危害豆类的绿豆象又对绿豆和蚕豆更感兴趣，最偏爱绿豆；某些皮蠹和郭公虫则只取食含动物蛋白质的储藏物，形成特殊的习性。

总之，储藏物昆虫群落的结构和组成常常受储粮种类的左右，禾谷类粮堆中，其储藏物昆虫结构和组成十分丰富、而豆类粮堆中的储藏物昆虫组成和结构则十分单一。这是储粮保管和储藏物昆虫防治工作中一个十分重要的问题。

地脚粮在粮店、加工厂中都大量存在，其丰富的各种资源、复杂的组成为各种储藏物昆虫提供了良好的营养条件和生存、繁殖的栖息空间。因此，几乎各种储藏物昆虫对它的偏爱度都很高，导致其中的储藏物昆虫种类丰富，密度很高，为粮店和加工厂潜伏下大量虫源。可见，经常清除地脚粮，保持清洁卫生是减少虫害的一项重要措施。

二、储藏物环境中昆虫种群的演替

（一）储藏物昆虫的感染

1. 田间感染

有几种储藏物害虫可感染田间未收获的农产品。与其他虫种相比，那些生存在粮粒内部的害虫在收割、脱粒过程中更不容易被清理或杀死。蛀食性害虫的感染更有可能发生在田间生长时而不是收割时。

田间作物感染的害虫不易被发现，但即使是不易发现的种群密度仍然可以在储藏期间发展到危害水平。如四纹豆象雌虫易于在豇豆豆荚上产卵，幼虫则钻过豆荚侵食籽粒。在印度，四纹豆象对木豆造成的田间感染水平随播种时间的不同而各异，从 3.5% 到 13%。

绿豆象在日本感染田间一种豆类，从八月中旬到十一月上旬在田间都有发现，在十月上旬的最多。从九月中旬到十月中旬在成熟了的豆荚上产卵，收割时豆类的感染水平可达到 14.26%，平均每个豆荚上有两个卵，从卵到钻过豆荚的幼虫的存活率可达 41%。

研究观察表明小麦和玉米在田间就能被麦蛾感染。小麦的田间感染水平低，当农田与储粮之间的距离从 52.7 m 增加到 237.7 m 时，感染水平随之从 0.4%下降到 0.03%。在其他国家的几种农作物中，在田间就可以被麦蛾感染，并且田间感染水平随田地和储藏地距离的增加而下降。在印度研究观察中发现，害虫感染玉米的数量从距离为 200 m

时的每 3 个穗轴 16 头降到 1000 m 时的每 3 个穗轴 4.5 头。

在澳大利亚，田间小麦会被米象感染，玉米会被麦蛾感染。已知米象感染田间小麦的水平非常低，在调查的 320 个样品中，只有 42 个遭感染。不过，感染田间玉米的麦蛾的头数要比感染小麦的米象多。

关于田间害虫感染，研究最多的是玉米象。这个虫种可以从它的原来群落中飞行 400 m 以上感染玉米，对田地边缘的玉米感染最严重。Blickenstaff(1980)等发现穗顶玉米包皮的紧紧包裹可以减少感染，玉米皮的包裹一旦破坏就会增加害虫的感染水平。在玉米穗须被抽去之前，被捕捉的玉米象数目很少，但是在七月份时迅速增加，八月份时减少。这两个研究都运用了捕捉法来说明象虫进入田间后是在玉米穗的顶部活动。当玉米适合于产卵时，玉米象趋向于在田间活动。研究发现，从田间玉米穗上落到地上的玉米象在−10℃的温度下存活情况比在实验室内培养的好，但它们在−15℃的温度下不能存活。在菲律宾研究发现，玉米象在收获前 4～5 周感染田间玉米，直到收获时约 93% 的玉米穗被感染。

另外，一些螨类如食酪螨、跗线螨及蒲螨等也可感染田间的粮食。

在许多国家，多种储藏物害虫可以在收获前在田间感染许多农作物，研究表明感染水平随田间与储藏地距离的增加而下降，说明了受感染的粮食是田间感染的首要来源。感染受作物生长期的影响，在多数情况下，田间感染水平是很低的，但当作物被置于田间干燥，且害虫可以在收获前完成一个世代时感染水平则会是高的。

以上这些研究都表明了田间感染是储粮害虫的一个普遍来源。储藏物害虫感染作物的治理中应包括种植抗虫品种等。

2. *残存粮感染*

害虫可以在联合收割机、粮仓、面粉厂、花生仓、花生脱壳厂、运输车辆、港口仓等的残存粮中取食。这些残存粮中的害虫可以感染没被感染的粮食，田间作物也会被来自残存粮中的害虫所感染。这些残存粮食有助于害虫度过空仓时期。这些害虫也会在仓内实施熏蒸后再从外部感染熏蒸过的粮食。

几项在澳大利亚的研究调查了粮食残存中的害虫种群，从联合收割机中清理出的小麦残存中害虫密度高达 70 头/kg。在加拿大，从 296 个农场的 1752 个空仓粮食残存中抽取的样品中(每个样品 1～1.5 L)发现的 16 种储藏物害虫。从美国中西部 17 个面粉厂采集的 2367 个样品中(每个样品 0.23 kg)，残存害虫虫种主要是赤拟谷盗、扁谷盗、谷蠹、米象和长头谷盗。在英国的面粉厂，当地最常见的土耳其扁谷盗和地中海粉螟从二月或四月开始就一直增加，一直到每年六月、七月或八月份的熏蒸。八个离心风机中土耳其扁谷盗的数量在五年内非常稳定，而其数量的多少取决于生长于残存的潮湿面粉中的霉菌。在日本的 16 家手工拉面厂，用引诱剂和食物诱捕法捕获了 6037 只烟草甲成虫，该成虫从五月到八月处于增加时期，然后下降。在所有设置诱捕器的地方都可以发现这个虫种，它在小麦粉产品废料附近是最常见的。厂房墙角和地板的裂缝处是成虫最可能出现的地方，捕获地点和数量说明工厂中存在大量的残存害虫种群。

对于在田间不感染农产品的那些虫种和不接收感染商品的仓库而言，残存害虫就成为入仓商品感染害虫的首要来源，生产中要非常重视这一问题。

3. 野外寄生或大面积传播

许多种储藏物害虫似乎都保留有其对野生习性的某些适应性。有一些可以长距离飞行，可以以许多不同的野外作物为食，能以花为食从而增长其成虫寿命。不过，这些野生虫种可能会从储粮仓、运输和加工设备中迁出，并且有可能再次迁入。

在远离储藏物品的地方可以诱捕到储藏物害虫，这种现象既可以用大面积传播，也可以用害虫利用野生寄主的能力来解释。Chestnut(1972)利用诱捕法发现米象可以飞出400 m，粉斑螟雄虫在10 min的飞行期中飞了300 m。

一些研究表明，许多储藏物害虫可以在野外取食。绿豆象可以取食11种野生豆类中的4种。在英国，Howe(1965)指出米象和谷象可以在实验室中的橡树果上生长发育。Joubert(1966)在南非发现，从农村、田园、城市搜集来的橡树果上都有大量的米象，还发现这些橡果还被大量的锯谷盗、粉斑螟和少量的赤拟谷盗所感染。Mills(1989)在美国发现玉米象感染橡果，Soubert(1966)也试验了几百个自然草坪样品，在四个草皮品种的七个样品中发现麦蛾可以红粟为食。

储藏物害虫在啮齿目洞穴和蚁巢中也有所发现，Khare和Agrawal(1964)发现，在印度的80个啮齿目洞穴中害虫的平均水平为谷蠹38头、米象45头、锯谷盗27头。在四十个蚁巢中，发现的害虫平均水平为米象12头、锯谷盗11头和赤拟谷盗6头。

曹阳和白旭光等(1992)对兼营室外生活的储藏物昆虫种类进行了调查。在河南省郑州地区的室外环境中曾采集到44种储藏物昆虫，其中包括麦蛾、玉米象、赤拟谷盗、药材甲、绿豆象、豌豆象、蚕豆象、黑毛皮蠹、花斑皮蠹、露尾甲等重要的储藏物害虫。这些储藏物昆虫栖息场所包括：居民小片菜地的菜花、路边的草丛、室外腐烂的水果及蔬菜、鸡毛、骨头等。这些害虫的成虫大多具飞翔能力，极易飞入室内感染储藏物。

（二）种群增长(population growth)

昆虫生态学家最初致力于用经典公式和生命表数据来阐述和预测昆虫的种群动态(population dynamics)。不过，计算机模拟模型是一种比生命列表统计数据更为准确和灵活的方法。包括锈赤扁谷盗、赤拟谷盗、谷蠹、米象和锯谷盗在内的几种种群增长模型已得到开发。这些模型用以预测害虫种群增长是基于温度和湿度对害虫发育期和产卵量的影响。在一些不适宜状态下，这些模型还要考虑害虫的存活情况。这些模拟模型可以解释储粮害虫密度实际变化的90%。

对害虫实际密度的模型模拟表明，在适宜条件下商品的温度和湿度是制约数量增加的首要因素。图6-6表示32℃时水分为14%的粮食中五种甲虫的预测增长，图6-7表明了在不同的粮食温度和湿度条件下，谷蠹的预测种群增长率。White(1988)曾经报道过在平房仓储藏的小麦中，谷蠹平均每月增长达5倍，赤拟谷盗每月以十倍的平均增长率增长。

（三）原粮中的害虫

Arbogast和Mullen(1988)在美国研究了玉米在八年储藏期中的9种害虫的变化。一开始出现最多的是麦蛾，其后四年里，在不同的时期锯谷盗、锈赤扁谷盗、玉米象分别占大多数。寄生蜂*Anisopteromalus calandra*(Howard)在其寄主玉米象最多的时候，

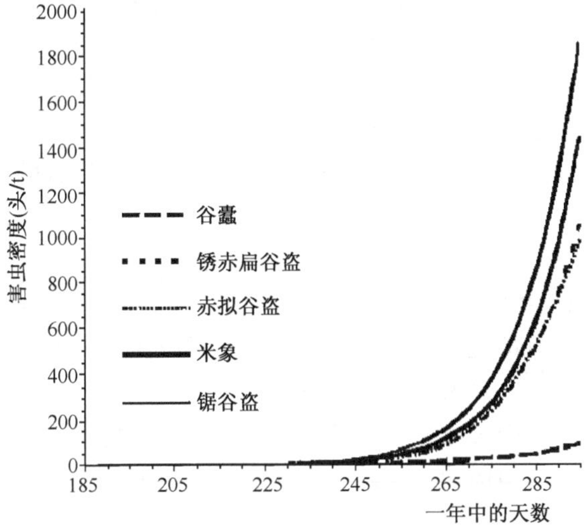

图 6-6 32℃和水分 14%的小麦中五种害虫的预测种群增长

(Hagstrum 和 Flinn，1990)

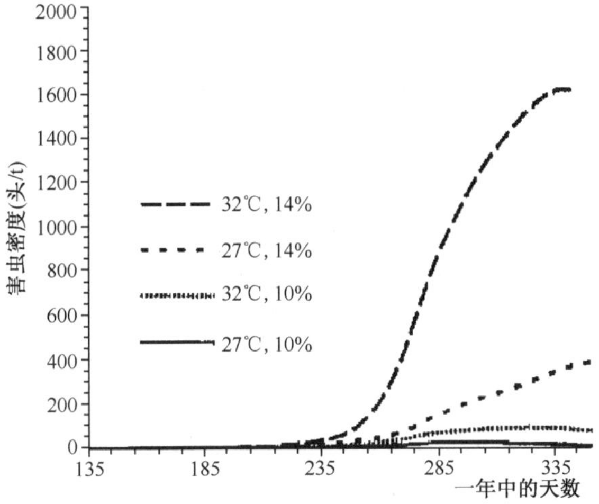

图 6-7 不同温度和水分含量的小麦中谷蠹种群增长的预测

(Flinn 和 Hagstrum，1990)

它的数量相应也很多。在大部分储藏期内，赤拟谷盗的数量都很多，而在第三到第五年时达到绝对多数。五年后，当粮食严重受损时，长头谷盗、大黑粉虫、肾斑皮蠹是占主要地位的虫种。

李隆术、陆联高等(1964)等曾在散装稻谷粮堆中的害虫作过全年系统观察。以玉米象为例，从四川的 5 月到 10 月，在粮堆中极为活跃，5 月份气温仓温均较低，气温 19.5℃，仓温 22℃，谷物水分 12.4%～14.6%，玉米象多在中部底层活动。6 月份气温仓温渐高，气温 27.5℃，仓温 26℃，水分 14%～14.2%. 玉米象转移到粮堆中央和东南的中层。7 月份气温 30.5℃，仓温 30℃，水分 14%～14.8%，玉米象虫口逐增，聚集在粮堆中央的中层和东北、东南的上层。8 月份气温 32℃，仓温 34℃，水分

14.2%～14.9%，由于高温，高水分，二氧化碳多，玉米象多聚集在粮堆的西北、西南和东北的上层。9月份气温20℃，仓温19℃，水分14.4%，玉米象多聚集在东北、东南、中部和西南的上层。10月份气温21℃，仓温17.5℃，水分14%～15%，玉米象多聚集在东北上中层以及东南、西北和西南的上层。

Sinha(1988)对书虱在储粮中的感染做了研究。在农场储藏的小麦、燕麦、大麦中可以找到网书虱、嗜卷书虱、暗褐书虱和暗书虱。发现在夏末和秋天时书虱数量非常多。

Hagstrum和Heid(1988)研制了一种模型，它可以模拟谷蠹的种群增长以及美国粮食贸易体系中小麦的流通情况，这个模型可以预测待出口港粮食中发害虫数量96.5%的季节变化。成虫密度从三月份的每蒲式耳2头增加到八月的每蒲式耳12头。之后随天气渐冷而下降，从十月到来年一月，粮温以2℃每星期的速度下降。害虫增长所需要的时间取决于粮食在贸易中的波动情况，可将整个贸易过程划分为农场和仓库储藏来对其进行模拟。

Sinha和Wallace(1966)认为变质的粮堆生态系中生物和非生物因素之间的相互关系很少是稳定的，他们采用的方法是每周在秋季已经干燥(12%～14%水分)的燕麦堆中取样进行多因素分析，第一年在462.4 t的粮堆内取462个样本，第二年又在408 t的粮堆中取462个样本，用计算机计算测定26个因素之间的关系，结果如下：

1月份看出3个关键因素对粮堆起作用，即温度、锈赤扁谷盗和锯谷盗，这两种害虫的发热力较强。

2月份看出温度、湿度、锈赤扁谷盗、青霉，交链孢霉以及3种螨类在粮堆中起主要作用，而锈赤扁谷盗、青霉和温度是引起储粮变质的关键因素。

3月份看出锈赤扁谷盗、锯谷盗、青霉、根霉、食菌螨，一部分第二性、第三性节肢动物(如捕食性、食尸性的节肢动物)，以及温、湿度在粮堆的变质中起主要作用。而温度、锈赤扁谷盗和锯谷盗是引起储粮变质的关键因素。

4月份看出各种因子的组合进一步变化成4个关系，粮堆表面的生物种群数量急剧上升。这4个关系是：①温度、青霉、根霉和锈赤扁谷盗；②锯谷盗、厉螨；③捕食蛹、毛螨、湿度；④交链孢霉、镰孢霉及螺旋霉。

5月份也有4个关系：①温度、霉菌、锈赤扁谷盗等；②交链孢霉、镰孢霉等；③螨类的捕食和被捕物的关系；④因发热而引起谷物生活力变化。

群落发展中储藏物害虫种群演替的例子较多。演替的原因有物理方面的，也有因有机体和环境之间的反复作用而引起的。群落的虫期阶段则由于种群相互更替，表现为不稳定性，最后阶段则趋于稳定，生长力强的占优势。有时由于群落受到干扰，有可能使演替倒退。终结一种群落的演替，称为演替顶级(climax)。顶级概念的中心是群落的相对稳定性。由于环境变化和种群的特性，一个顶级群落的种群在时间上显示出某种不规则的波动，而某些顶级则显示出较有规律或周期性的波动。

为了使一个顶级群落中的种群保持稳定，必须在出生率和死亡率之间保持平衡，在理论上这种平衡会成为顶级群落的所有种群的特征，这种平衡是动态平衡或稳定状态。一种是在一定地区的不同种群演替最后是向着一个顶级群落趋同，种顶级群落是由该地区的气候引起的，称为气候顶级(clmatic climax)，也称单顶级理论，在生态学发展上是十分重要的。另一种群落演替的趋同是局部的，在不同生境发育的顶级中依然保持着本质的差异，形成生境的镶嵌，称多顶级理论。演替的终点相对稳定，对其生境能适应，如果不受干扰，基本上能保持下去。

在储藏农产品中害虫的种群动态受多种因素的影响，包括温度的季节性变化、温度梯度、害虫的迁移性、农产品处理和加工、幼虫的滞育、休眠、寄生虫、病原体等等，很少有综合性的研究来描述害虫的种群动态，在某些情况下，很多数据都是从在不同气候条件下做的实验中得到的。必须把许多研究的结果进行综合分析。

（四）成品粮中的害虫

要对粮食加工产品或成品粮中的害虫防治，必须对设备中残存的害虫种群动态有一个了解。残存害虫找到粮食加工产品比找到原粮要重要，因危害虫在粮食加工产品中的耐受力比在原粮中低得多。残存感染和害虫找到并进入到加工产品中的可能性之间的关系是值得研究的。

通过对九个国家的袋装食品仓房检查，对美国的面包房、食品储藏室和餐馆的卫生检查，对船舱中食品处理间的检查，对害虫感染的室内调查以及对加拿大和英国的家庭住宅的访查，受害虫感染的设施或食品所占的比例可以计算出来。Evans 和 Porter (1965)在 7%的受检查的食品操作间发现了斑皮蠹属害虫，1990 年在 12.6%的进口食品样品中发现了储藏物甲虫，Hallas 等(1977)研究发现在 1965 年和 1975 年之间对印度谷螟和锯谷盗的调查增多，并得出结论这是由于室内温度升高的缘故。Loschiavo 和 Sabourin 在两年的研究中发现分别有 13.2%和 5.3%的住房及 18.0%和 8.8%的公寓受到大眼锯谷盗的感染；Tuner 和 Mande—Roxby(1989)在两年的研究中发现分别有 15.6%和 19.2%的家庭遭书虱的感染，这两项研究都显示 20.4%～78%的消费者将受感染的食品扔掉。

三、储藏物昆虫的生态对策

（一）存活曲线

存活曲线(survival curve)即种群个体在不同年龄阶段存活率(或存活数)的表达方式，也称生存曲线。将生命表中的存活率、死亡数、与死亡率的数值作成曲线，即得存活率曲线。存活曲线是建立预测预报模型的基础。

存活曲线有多种类型。用相对年龄(即以平均寿命的百分比表示的年龄，记作 x)作为横坐标，存活数的对数值作为纵坐标，绘成存活曲线图，以此比较不同寿命的动物。根据比较结果，Pearl(1928)将存活曲线划分为 A、B、C 三种基本类型：A 型系呈凸形的存活曲线，表示种群在接近生理寿命之前只有个别死亡，即几乎所有个体都能达到生理寿命。B 型系呈对角线型的存活曲线。表示各年龄期个体的死亡率大约相等，因此形成直线关系。C 型系呈凹型的存活曲线。表示幼体死亡率很高，以后的死亡率低而稳定。Odum(1978)又将 B 型分为 3 种(图 6-8)。

（二）生态对策

生态对策(ecological strategy)是昆虫适应环境并朝着有利于其繁衍的方向发展的过

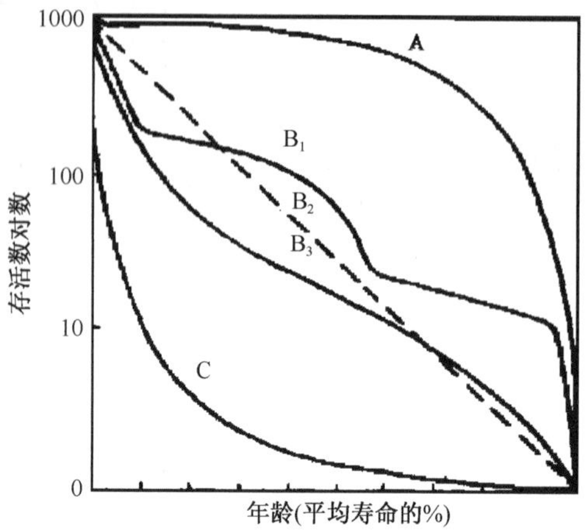

图 6-8 昆虫的存活曲线之一

(仿 S. Deevey)

程。Pianka(1970)最先提出 r 选择和 K 选择概念用以描述生物种间的适合度(fitness)差异。适合度是指生物物种在某种环境条件下适应性的大小，并称之为生态对策或生活史对策(life history strategy)，即每种生物都有其独特的个体大小、寿命或世代长短、出生率、存活率、迁移率等生态特征。生物对环境的适应涉及能量分配和时间分配。生物间能量分配可促进其适合度的法则被称为“分配原则”(the principle of allocation)，这是由进化过程抉择的而不是生物本身所能决定的。

按照种群动态类型，可将生物的适合度划为两类。一类种群密度比较稳定经常处于环境容纳水平，称为 K 选择(K-selected)，属于这类的生物称为 K 对策者(K-strategists)；另一类种群密度很不稳定、很少能达到环境容纳量水平，称为 r 选择(r-selected)，属于这类的生物称为 r 对策者(r-strategists)。在寄生性昆虫中，生态对策常被称为适应对策(adaptive strategies)。r 和 K 两字母来源于表示种群增长的逻辑斯蒂方程中的两个参数，r 为种群瞬时增长率，K 为环境容纳量，均以繁殖表示种群适合度，故又称“繁殖对策”(reproductive strategies)。r 对策者和 K 对策者是进化方向不同的两个类型，其间还有多种过渡类型，构成一个 r-K 连续统(r-K continum)。

昆虫种类多，具复杂的变态，主要摄食期是在幼虫期，幼虫期的生境特点几乎左右着物种对策。如有些个体大、寿命长、种群稳定、具有领域性，这些特征使它们位于 r-K 连续统的 K 选择一端。K 对策者的生境较稳定，其进化方向是使种群保持平衡密度和增加种间竞争能力，因此大个体被选择下来。大个体还可加长世代时间和降低 r 值。这种生态对策的优点是：能使种群较稳定地保持在 K 值附近，但不超过 K 值。超过 K 值就会导致生境退化，出生率减少，必然会有相应的存活率增加，因此 K 对策者防御和保护幼代的能力比较强，出生率低，又常有亲代抚育就更容易达到寿命长和个体大的特征。但当 K 对策者种群遭受过度死亡或激烈扰动以后，种群返回平衡密度的时间较长。与此相反，r 对策者所在的生境是多变的或不稳定的，其密度经常剧烈地变动，常有突然暴发或猛烈下降的现象。通过高增殖率 R_0 和短世代时间达到 r 值，因为 $r_m = \ln R_0 / T$，T 为世代时间。个体小和寿命短都有利于高 r 值，它们占有的生境往往是生态真空的，所以竞争能力不强，对捕食者的防御力较弱，死亡率很高。为避免生境过度拥挤状况的出现，r 对策者常具有较大的扩散和迁移能力，可离开恶化的生境另觅生境建立新的种群。r 和 K 对策者的特征比较见(表 6-6)。

储藏物昆虫从总体特征上属于 r-对策者，但由于其所处的相对封闭的生态环境，又有其一定的特殊性。如气候特征由多变变得相对稳定，害虫死亡率除非人类的防治活动不会太大，种群密度极易受储藏措施的影响，通常由于种内和种间竞争不明显而变动性不大，大部分害虫的寿命则比较短。

表 6-6 r 和 K 对策者的特征比较

特 征	r-对策者	K-对策者
气候条件	多变，不确定	稳定，较确定
出生率	高	低
死亡率	为非密度制约的，常是灾变性的	为密度制约的
存活率	Pearl 存活曲线常呈 C 型和 B_3 型	Pearl 存活曲线常呈 A 型
种群密度	多变、不稳定	稳定的平衡
种内、种间竞争	变动性大	变动性小
寿命	短，常少于 1 年	长，常大于 1 年

思 考 题

1. 如何对昆虫生态学和生物因素进行分类？
2. 什么是种群、生物群落和生态系统？
3. 储粮生态系统的特点是什么？
4. 说明温度与储藏物昆虫的关系。
5. 举例说明积温法则在害虫研究和防治中的用途。
6. 温湿度是如何综合影响昆虫生存和发展的？
7. 说明储粮生态中的生物因素及其相互影响。
8. 试述人类生产活动与害虫防治的关系。
9. 说明储藏物昆虫的演替规律。

主要参考文献

曹阳等. 1992. 兼营室外生活的储藏物昆虫种类调查. 郑州：郑州粮食学院学报 13(2)

李隆术. 2000. 储藏物昆虫和农业螨类研究——李隆术论文选. 成都：四川科学技术出版社

李运甓等. 1987. 昆虫生态学概论. 武汉：湖北科学技术出版社

王殿轩等. 1994. 暗褐毛皮蠹的生物学研究及其幼虫拥挤效应对化蛹的影响. 郑州：郑州粮食学院学报 15(4)

吴熙载. 1985. 简明生物学词典. 武汉：湖北人民出版社

谢开春等. 1992. 仓库害虫防治手册. 上海：上海科学技术出版社

徐汝梅. 1987. 昆虫种群生态学. 北京：北京师范大学出版社

郑州粮食学院等. 1986. 仓库昆虫学. 北京：中国商业出版社

中国农业百科全书昆虫卷编辑委员会. 1990. 中国农业百科全书(昆虫卷). 北京：中国农业出版社

Bhadriraju Subramanyam and David W. 1995. Hagstrum Integrated Management of Insects in Stored Products. Marcel Dekker Inc.

D. B. Sauer. 1952. Storage of Cereal Grain and Their Products. Fourth Edition. *American Association of Cereal Chemists*, Inc. St. Paul, Minnesoda, USA

第七章　重要储藏物害虫

本章提要：

- 重要储藏物害虫的概念，包括检疫性害虫、蛀食性害虫及其他主要害虫
- 主要检疫性害虫的分类、形态特征、生活习性、经济意义及分布
- 蛀食性害虫的分类、形态特征、生活习性、经济意义及分布
- 其他重要害虫的分类、形态特征、生活习性、经济意义及分布

本章描述的重要储藏物害虫，是指经济意义重大、发生频率高的主要储藏物害虫。包括检疫性害虫、蛀食性害虫和其他一些常见的重要储藏物害虫。

检疫性害虫：是指《中华人民共和国进境植物检疫性有害生物名录》中规定的禁止入境的植物检疫性储藏物害虫。2007 年 5 月 28 日，农业部以第 862 号公告发布了新的《中华人民共和国进境植物检疫性有害生物名录》，自发布之日起执行。由于新名录涉及的储藏物害虫种类较多(名单详见本教材第九章第一节)，此处不便一一列举，本章仅对其中的 7 种做了描述。

蛀食性害虫：是指在寄主(储藏物)内部完成其主要生长发育阶段的储藏物害虫，通常也称为隐蔽性害虫、内部取食害虫或前期害虫。这类害虫可以危害完整的储藏物，常常将粮粒蛀空，是造成储藏物损失的主要类群。

其他重要储藏物害虫：是指除以上两类害虫以外，经济意义重大并且较常见的储藏物害虫。

第一节　检疫性害虫

一、大谷蠹 *Prostephanus truncatus* (Horn)(图 7-1)

英文名： larger grain borer

分类地位： 鞘翅目(Coleoptera)长蠹科(Bostrichidae)

形态特征： 成虫体长 3～4 mm，圆筒状，暗褐色至沥青色；体表面刻点颇密，被短毛。头与前胸背板几乎垂直，由背方不可见；触角 10 节，触角棒 3 节，其中索节(即触角除柄节、梗节及 3 个棒节之外的部分)较细，上面着生长毛，触角棒末节与其基部 2 节等宽或稍宽；唇基侧缘明显短于上唇侧缘。前胸背板长宽几乎相等，上面具多数小齿列，侧缘由基部至端部呈弧形狭缩。鞘翅刻点粗而密；鞘翅在后部变得陡斜，形成平坦的坡面，坡面两侧有明显的侧脊。腹面无光泽，刻点不明显，后足跗节总长短于胫节。

幼虫弯弓式，老熟幼虫体长可达 10 mm。头长大于头宽，缩入前胸内；除触角着生处的后方有少量刚毛之外，其余部分光裸。触角 3 节；第一节甚短；第二节长宽几乎

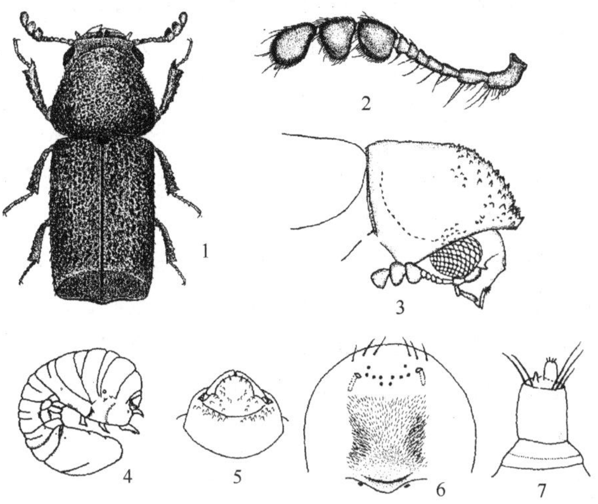

图 7-1　大谷蠹

1. 成虫；2. 触角；3. 成虫头、胸侧面观；4. 幼虫；5. 幼虫头部背面观；6. 幼虫上内唇；7. 幼虫触角

（1～4. 仿刘永平，5～7. 仿 Spilman）

相等，端部着生少量刚毛和 1 个感觉锥；第三节短而窄，端部有微刺。唇基宽短，前缘及后缘弯曲，前缘中央消失，两侧密生长毛；上唇大，近圆形，前缘密生长刚毛，中区光裸，侧缘骨化狭窄。上内唇近前缘每侧有 3 根长刚毛；中区有感觉器 2 个，中排 6 个，唯有前排的 2 个感觉器明显远离；感觉器群的两侧各有 1 个内唇杆状体；感觉器后面有大量后指向的微刺。

蛹乳白色，随蛹龄的增加颜色渐暗。前胸背板光滑，在前半部约有 18 个瘤突。腹部多皱，但无任何突起物（瘤、脊、尾突等）；腹部第 1～5 腹节背板各有 2 个褶；背板和腹板侧区的微刺端部不分叉或分成 2～3 个叉。

生活习性：成虫羽化之后开始寻觅玉米棒或玉米粒，钻蛀玉米粒时，形成整齐的圆形蛀孔，一粒玉米可被几个成虫蛀食。当危害未脱粒的玉米并在玉米粒之间蛀食前行时，产生大量的碎屑。交尾之后，雌虫在与主虫道垂直的盲端室内产卵。产卵集中于开始产卵后的 20 d 内。Shires(1980)在 32℃、相对湿度 80%的最适条件下进行了观察，产卵前期 5～10 d，卵期 4.68 d，幼虫期 25.4 d，蛹期 5.16 d，平均发育期为 35 d。雌虫产卵可持续 70～80 d，平均产卵 50 粒。成虫寿命，雄虫 4.7 d，雌虫 61.1 d。32℃下，相对湿度由 80%降到 50%，平均发育期可延长 6 d，平均死亡率增加 13.3%。

大谷蠹发育的最适相对湿度虽然为 80%，但相对湿度的降低对该虫发育的影响有限，在炎热干燥的条件下也能较好地适应。例如，在坦桑尼亚和中非，当玉米含水量低于 9%的情况下大谷蠹的危害仍很严重。在中美，大谷蠹很少表现出它的最大危害潜力，其原因之一，就是其他虫种，尤其是 *Sitophilus* 属（玉米象、米象、谷象）的竞争限制了大谷蠹虫口的增长。在东非，由于那里的气候干燥，相对来说不利于 *Sitophilus* 属害虫的生存（该属几种害虫对谷物含水量要求至少在 10.5%），使大谷蠹变成优势种。另外，原产美洲的一种阎虫 *Teretriosoma nigrescens* Lewisz 是大谷蠹的有效天敌。

经济意义：主要危害玉米和木薯干，也危害软质小麦、花生、豇豆、可可豆、咖啡豆和糙米，对木制器具和仓库的木质结构也造成危害。大谷蠹为农村储藏玉米的重要害虫，很少发生于大仓库中。成虫穿透玉米棒的包叶蛀入籽粒内，并可由一个籽粒转移到另一个籽粒，形成大量的玉米碎屑。该虫的危害既可发生于玉米收获之前，也可发生在收获后的整个储藏期。在尼加拉瓜，玉米经 6 个月储藏，因大谷蠹危害造成的重量损失为 40%；在坦桑尼亚，经 3～6 个月的储藏，玉米被害率达 70%，重量损失达 34%。

分布：该虫原产于美国南部，后在美洲扩展。20 世纪 80 年代初扩散至非洲。当前分布情况如下：多哥、布隆迪、肯尼亚、坦桑尼亚、赞比亚、马拉维、墨西哥、危地马拉、洪都拉斯、萨尔瓦多、尼加拉瓜、哥斯达黎加、巴拿马、波多黎各岛、哥伦比亚、巴西、秘鲁、美国南部(加利福尼亚州、康涅狄格州、得克萨斯州和哥伦比亚特区)。我国还没有分布。

二、谷斑皮蠹 *Trogoderma granarium* Everts(图 7-2)

英文名：khapra beetle

分类地位：鞘翅目(Coleoptera)皮蠹科(Dermestidae)

形态特征：成虫雄虫体长 1.6～2.8 mm，平均 2.2 mm；雄虫体较宽大，长 2.6～3.1 mm，平均 2.8 mm。体呈长椭圆形或倒卵形，背面隆起，被有红褐色、深褐色或黑褐色的毛；腹面被有淡黄色或暗黄色的毛。头稍向下弯，大部分折藏在前胸背板的下面，头和前胸背板为暗褐色；触角和足淡褐色；鞘翅色泽单一，花斑模糊，显示出基部的环形状带、中部的亚中带和端部的亚端带斑纹。触角 11 节，雄虫棒节 5 节，末节长为第九、十两节之和；雄虫棒节 3～4 节，末节长略大于宽。触角窝宽而深，后缘隆线雄虫消失 1/3，雌的消失 2/3。复眼内缘略凸，绝不凹入。颏前中间深凹，仅为两侧长的一半。前雄胸背板中突，无中隆线，端部有瘤状隆起；中胸腹板中沟两侧隆起呈矩形；后胸腹板的陷线短；腹部第一腹板无侧中陷线。雄虫第九腹节腹面圆形；雌虫交配囊内成对骨片细小具有少量齿突。

卵：圆筒形，长 0.6～0.8 mm，宽 0.24～0.26 mm。初产卵乳白色，逐渐变淡黄色、深黄色，将要孵化的卵为深褐色。

幼虫纺锤形，老熟幼虫体长 4.2～6.5 mm，平均 5.4 mm，体宽 1.5～1.8 mm，平均 1.65 mm。体背乳白色至红褐色，极少淡褐色。触角 3 节，第 1～2 节等长，第 1 节除外侧 1/4 之外均散生刚毛，第 2 节生刚毛一根，第 3 节无刚毛。上内唇前缘的 4 根中刚毛两侧的两根刚毛较细长，其端感觉环内乳头突有 4 个，可分为 2 组或 3 组。头部及胸腹部各节背面生有芒刚毛；箭刚毛位于各腹节背板后侧区并形成浓密的毛簇。

蛹：雄蛹长 3.2～4.1 mm，平均 3.6 mm，雌蛹长 4.5～5.5 mm，平均 5.3 mm。蛹化于末龄幼虫蜕皮壳内，为纺锤形，背腹均密生黄褐色细毛。

生活习性：谷斑皮蠹害虫一年的代数因温度不同而异，在室内温箱内饲养，当温度保持 32℃，湿度在 60%左右则约 40 d 完成 1 代。在日本东京(约北纬 35°)每年发生 1 代。该虫生物学特性很不同于一般仓库害虫，这和它的危害、传播途径、防治三方面息息相关。

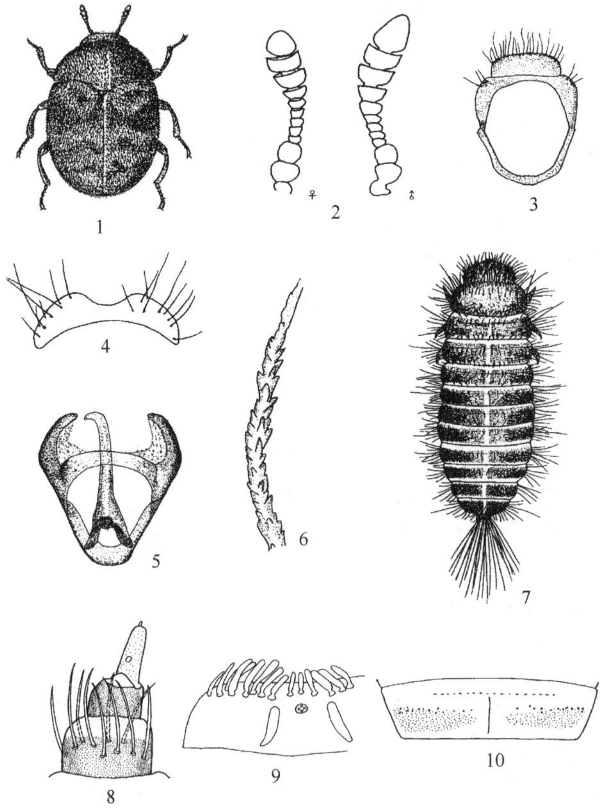

图 7-2　谷斑皮蠹

1. 成虫；2. 触角；3. 雄虫九、十腹节；4. 颏；5. 雄虫外生殖器；
6. 雌虫交配囊骨片；7. 幼虫；8. 幼虫触角；9. 幼虫上内唇；
10. 幼虫第八腹节背板
（1. 仿 Hinton，余仿刘永平）

成虫有翅而不能飞，故依靠人为的条件进行传播，这就提供了根除的理论依据，只要下工夫一仓一仓彻底防治即可做到根除。成虫羽化后 24 h 即可交配，交配在昼夜都可进行，但温度高于 42℃或低于 10℃成虫不交配。雌虫可交配多次，但只要一次就能将卵全部产下，成虫产卵并不是连续的，有的成虫停止 1～2 d 再继续产卵。卵单产或成排产于粮粒缝隙中，卵的表面无沾附物，极易脱落在粮粒碎屑之中。在室内饲养于 32℃下，每头雌虫产卵不超过 70 粒；个体观察每雌最多产卵 110 粒。在 32～35℃间产卵量最高。成虫寿命随温度升高而缩短，雌虫寿命比雄虫长，未交配的成虫比交配的寿命长。总之，在最适宜条件下繁殖代数增加，完成一代需要的日数减少，经过较短期繁殖后，谷斑皮蠹就会大量发生。

谷斑皮蠹与花斑皮蠹外部形态非常接近，二者的主要区别见表 7-1。

表 7-1 谷斑皮蠹与花斑皮蠹形态特征比较

虫态	特征部位	谷斑皮蠹	花斑皮蠹
成虫	体长	雄虫体长 1.6～2.8 mm，雌虫体较宽大，长 2.6～3.1 mm	雄虫体长 2.4～3.3 mm，雌虫体较宽大，长 2.6～3.1 mm
	体色	体呈长椭圆形或倒卵形，背面隆起，被有红褐色、深褐色或黑褐色的毛；腹面被有淡黄色或暗黄色的毛	椭圆形，赤褐色或黑褐色。密被淡褐色细毛
	鞘翅	鞘翅色泽单一，花斑模糊，显示出基部的环形状带、中部的亚中带和端部的亚端带斑纹	鞘翅有红褐色至暗红褐色花斑三条，亚基带环状或半月状，亚中带和亚端带波状，各带上有白色细毛
	触角	雄虫棒节 5 节，末节长为第 9、10 两节之和；雌虫棒节 3～4 节，末节长略大于宽	雄虫棒节 6～7 节，末节长为第 10 节的 3 倍。雌虫棒节 4 或 5 节，末节圆锥形
	触角窝	触角窝宽而深，后缘隆线雄虫消失1/3，雌的消失 2/3	雄虫触角窝后缘隆线全为刀刃状，雌虫触角窝长约 3 倍于宽
	外生殖器	雄虫第 9 腹节腹面圆形；雌虫交配囊内成对骨片细小具有少量齿突	雄虫第 9 腹节“桥”宽，第 10 腹节较窄，端缘一排稀落而均匀分布的毛；雌虫交配囊内成对骨片宽大，表面有许多小刺
幼虫	体长	老熟幼虫体长 4.2～6.5 mm	老熟幼虫体长 6～7 mm
	触角	触角第 1～2 节等长，第 1 节除外侧1/4之外均散生刚毛，第 2 节生刚毛一根，第 3 节无刚毛	触角第 1 节刚毛 6～8 根，集中于内侧，第 2 节无刚毛
	内上唇	上内唇前缘的 4 根中刚毛两侧的两根刚毛较细长，其端感觉环内乳头突有 4 个，可分为 2 组或 3 组	上内唇前缘中间 4 根中刚毛略等长，两侧各有刚毛 27 根，其端感觉环内乳头突有 6 个
	箭刚毛	箭刚毛位于各腹节背板后侧区并形成浓密的毛簇	箭刚毛位于胸部各节和腹部 15 节，腹节 6～9 节背板后侧区并形成浓密的毛簇
	体色	体背乳白色至红褐色，极少淡褐色	胸腹部端背片骨化强，黄褐色。非骨化部分淡黄色或乳白色

幼虫在适宜条件下 4～7 龄，在不适宜的条件下可增至 10～15 龄。幼虫期的长短及龄数因食物及温度而不同，温度低于 5℃或高于 48℃时则幼虫停止发育；不休眠幼虫能耐饥 2～3 年，休眠幼虫能耐饥 8 年，而且休眠幼虫对低温和熏蒸剂的抵抗力更大；当食物缺乏时该虫钻入缝隙，这就增加了用药剂防治的困难。该虫耐干性大大超过一般仓库害虫，一般仓库害虫需要食物含水不低于 8%，而此虫在食物水分 2%～13%的条件下均发育良好。此虫还有很强的耐热和耐冷性。它的最适发育温度 32～36℃，最高发育温度 40～45℃，最低发育温度 10℃。

经济意义：此虫食性复杂，主要喜食植物性储藏品，如谷类、豆类、油料及其加工品。大量发生于小麦、大麦、燕麦、黑麦、玉米、稻谷及大米、面粉、通心粉、麦芽、花生仁、花生饼等；又食干果(如葡萄干和椰枣)、坚果、干草、稻草等；还食动物性物品，如干鱼、鱼粉、血干、奶粉等。谷斑皮蠹对谷类、豆类、油料等植物性储藏品及其加工品危害很严重，造成的损失可达储藏总量的 20%，一般造成损失为 5%～30%。1953 年在美国加利福尼亚州造成的损失达该州农产品总收入的 10%，约 2.2 亿美元。该虫的幼虫很贪食，有粉碎食物的特性，粉碎所造成的损失占吃下去的一半。该虫对许多药剂和熏蒸剂有显著的抵抗力。当钻入缝隙时，化学防治和清洁卫生防治更难奏效。它对高温、低温、干燥的抵抗能力很强，休眠幼虫可耐饥 8 年不死，故难以利用这些物理因素进行防治。

分布： 起源于马来西亚、泰国、缅甸、斯里兰卡等干热地区，以南亚、地中海东部和北非、西非为分布中心。现已传入朝鲜、日本、菲律宾、新加坡、巴基斯坦、伊拉克、巴勒斯坦、以色列、土耳其、塞浦路斯、西奥斯岛、埃及、苏丹、马里、尼日利亚、坦桑尼亚、津巴布韦、罗得西亚、前苏联、德国、芬兰、瑞典、丹麦、英国、荷兰、法国、意大利(包括西西里岛)、墨西哥、牙买加、加拿大、美国。我国在福建、山东、广东、云南等地曾有发现，仅在台湾定居。

三、鹰嘴豆象 *Callosobruchus analis* (Fabricius) (图 7-3)

英文名： graham bean weevil

分类地位： 鞘翅目(Coleoptera)豆象科(Bruchidae)

形态特征： 成虫体长 2.5～4 mm，头小，暗褐色；额部具中纵脊，被灰白色毛；触角黄褐色，弱锯齿状。前胸背板亚圆锥形，暗褐色，疏被黄褐色毛。近后缘中部有 1 对瘤突，上面着生白色毛。小盾片方形，着生白色毛。鞘翅淡褐色至暗褐色，每一鞘翅的中部和端部各有 1 黑斑，两黑斑在翅外缘相连；鞘翅长约与两翅的总宽相等，行纹 4 和 5 在端部远短于相邻的其他行纹；肩胛突出；鞘翅表皮的褐色部分着生黄褐色毛，黑斑上光裸少毛，在两个黑斑之间有 1 卵圆形白毛斑，有时在该白毛斑之前的第 3 行间也着生白色毛。足黄褐色，后足色较暗；后足腿节腹面有纵脊 2 条，外缘脊上的端齿粗钝，内缘脊上的端齿短而尖，或完全消失，沿内缘脊基部 3/5 处着生多数微齿。臀板黑色，雄虫臀板与体轴近垂直；雌虫臀板倾斜，具有一白色中纵毛带。雄性外生殖器的阳基侧突端部着生刚毛 10 余根；内阳茎端部的骨化区呈矩形，端缘不凹入；囊区有两个椭圆形的骨化板。

卵为椭圆形，扁平，紧贴于种子表面，长平均 0.63 mm，宽 0.41 mm。

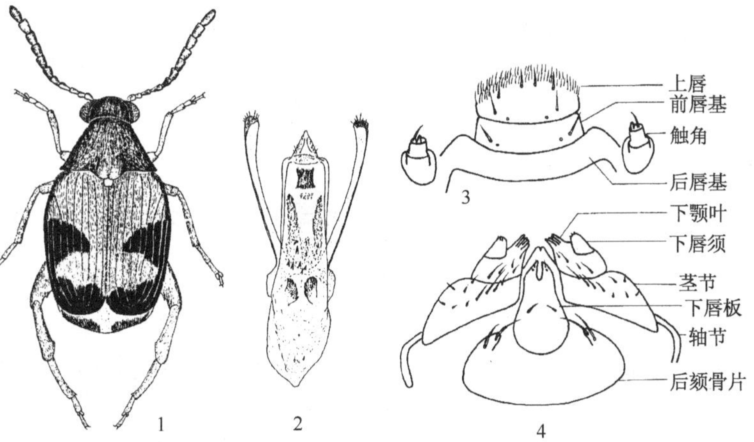

图 7-3　鹰嘴豆象

1. 成虫；2. 雄虫外生殖器；3. 幼虫下唇和触角；4. 幼虫下颚和下唇

(1、2. 仿刘永平；3、4. 仿 Arora)

老熟幼虫长 3.6～4 mm，宽 1.9～2.0 mm。足退化，身体弯曲呈“C”形，淡黄白色。头圆形，两侧及后面骨化较强；有小眼 1 对；额区每侧有刚毛 3 根，排成弧形，具感觉窝 1 对；唇基着生刚毛和感觉窝各 1 对；上唇卵圆形，横宽，基部骨化，前缘有多数细刺及 4 根长的亚缘刚毛，基部每侧有 1 根刚毛和 1 个感觉窝；上内唇中部有 2 对短刚毛，稍弯曲，前缘有 4 根缘刚毛；触角 2 节，仅端节骨化，末节刚毛长为末端感觉乳突长的 2 倍以上；后颏膜质，与前颏的界限不明显，着生 2 对前侧刚毛；前颏具一圆形骨片，前端呈双叶状，在凹缘两侧各有 1 根短刚毛；唇舌有 1 对刚毛和 1 对感觉窝。前、中、后胸节上的环纹数分别为 3、2、3。足 3 节。腹部 1～8 节上有环纹 2 条，第 9～10节上有环纹 1 条。

生活习性：成虫羽化时已达性成熟，随即交尾产卵。交尾持续 3～6 min，有多次交尾现象。卵散产于豆粒上，雌虫选择完整豆粒的光滑种皮上产卵。用绿豆作寄主，每一豆粒上可有卵 1～3 粒，多达 7 粒，卵借雌虫排出的黏性分泌物而固定在豆粒表面。

幼虫孵化后，向下用上颚咬破卵壳及种皮，垂直蛀入豆粒内，然后又 90°转折，向水平方向前进，继续食害子叶。幼虫有 4 个龄。化蛹之前，老熟幼虫在种皮下做一个圆孔，从外部看来呈圆形“小窗”状，是幼虫开始化蛹的标志。幼虫静伏于圆孔内，上颚正对着羽化孔盖，以此种姿态渡过前蛹期及蛹期。成虫羽化后静止 1～2 d，然后顶开羽化盖由豆粒中逸出。成虫雌雄性比为 1∶1。

温度和湿度对该虫的发育、产卵和寿命有直接的影响。用 25℃、30℃、35℃、40℃及相对湿度为 40％、70％及 90％的温湿度组合进行试验，证明在 30℃及相对湿度 70％的条件下卵和蛹的成活率高，幼虫发育快，产卵多；在 40℃下幼虫不能发育。鹰嘴豆象既可以在仓内危害，又可以在田间危害。与四纹豆象比较，鹰嘴豆象的危害更多地发生于田间。

经济意义：对豇豆、绿豆、鹰嘴豆等造成严重危害，在印度、印度尼西亚等国家危害尤其严重。在热带地区，对豇豆属的绿豆和 *Vigna unguiculata* 危害最甚。

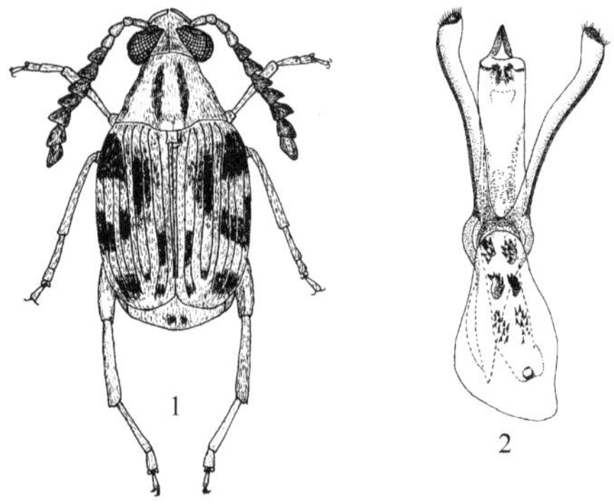

图 7-4　灰豆象

1. 成虫；2. 雄虫外生殖器

（仿刘永平）

分布：日本、缅甸、印度尼西亚、印度、斯里兰卡、塞浦路斯、前苏联、南欧、苏丹、埃塞俄比亚、坦桑尼亚、马达加斯加、毛里求斯、南非、澳大利亚、美国。我国还没有分布。

四、灰豆象 *Callosobruchus phaseoli* (Gyllenhal)（图 7-4）

英文名：dolichos weevil

分类地位：鞘翅目（Coleoptera）豆象科（Bruchidae）

形态特征：成虫体长 2.5～4 mm。体壁黄褐色至暗红色，被灰黄色及暗褐色毛。触角基部 4～5 节及末节黄褐色，其余节色暗；雄虫触角强锯齿状，雌虫触角锯齿状。前胸背板赤褐色，中区有 2 条暗褐色纵纹；近后缘中央有 2 个并列的瘤突，上面着生白色毛。鞘翅表皮赤褐色，每一鞘翅中部外侧各有 1 个半圆形的暗色大斑。斑内又有淡色纵条纹；鞘翅密被大量淡黄色毛，沿翅缝形成 1 条纵宽带，并在翅的后半部形成 1 条不清晰的横带。臀板红褐色，几乎着生均一的淡黄白色毛，暗色斑不清晰或全缺。后足腿节腹面近端部的内缘齿大而尖。雄性外生殖器内阳茎的囊区有 3 对骨化板。

卵为椭圆形，扁平，长平均 0.63 mm，宽平均 0.37 mm。

生活习性：灰豆象在我国云南与缅甸交界地区一年发生 8 代，以幼虫在豆粒内越冬，越冬幼虫于翌年 2 月上、中旬开始化蛹，3 月上、中旬羽化出越冬代成虫。成虫羽化后，在蛹室内静止 1～2 d，以头部和前足顶开羽化盖爬出。昼夜均可羽化，自然条件下羽化率平均 88.9%。

成虫由豆粒钻出后不久即行交尾。交尾持续 7～8 min，最长 25 min。成虫有多次交尾现象。产卵前期少则几小时，多则 1～2 d。雌虫选择完整和光滑的豆粒上产卵。卵黏附在豆粒表面，不易脱落。卵散产，有时几粒卵堆在一起。雌虫产卵 18～73 粒，平均 44.1 粒。卵期 5～12 d，平均 7 d。幼虫孵化时同时咬破卵壳和与其接触的种皮垂直蛀入豆粒内，然后再改为与种皮呈平行的方向蛀食前进，近老熟时又向种皮方向前进，做一个弧形隧道，经历 4 个龄。幼虫期 9～50 d，平均 21.8 d。蛹期 7～23 d，平均 13.5 d。成虫寿命 5～26 d，平均 12.7 d。

发育始点温度约为 11℃，有效积温为 450 日度。最适发育温度为 30～32.5℃。

经济意义：寄主植物有鹰嘴豆、扁豆、金甲豆、绿豆、豌豆、蚕豆、菜豆和豇豆等，其中危害菜豆、豇豆、扁豆等最为严重。

分布：日本、缅甸、印度、斯里兰卡、巴基斯坦、前苏联、意大利、法国、尼日利亚、肯尼亚、坦桑尼亚、卢旺达、安哥拉、马达加斯加、南非、美国、古巴、巴西。我国还没有分布。

五、四纹豆象 *Callosobruchus maculatus* (Fabricius)(图 7-5)

英文名：cowpea weevil

分类地位：鞘翅目(Coleoptera)豆象科(Bruchidae)

形态特征：体长 2.5～3.5 mm。表皮暗红褐色至黑色，足红褐色，后足腿节基半部色暗，全体被灰白色及暗褐色毛。触角弱锯齿状，基部几节或全部黄褐色。每鞘翅有 3 个黑斑，肩部的黑斑小，中部及端部的黑斑大，两鞘翅的淡色区多构成“X”形图案。由于不同性别和不同的“型”，鞘翅斑纹在种内变异甚大。腹部第 2～5 腹板两侧无浓密的白毛斑。后足腿节内缘齿大而尖，呈三角形。雄性外生殖器的阳基侧突较直，顶端着生刚毛 40 根左右；内阳茎端部骨化部分呈“U”形，大量的骨化刺在中部构成 2 个直立的穗状体，囊区无骨化板或有 1 对骨化板。

幼虫与绿豆象幼虫极为相似，主要不同处为：上颚端部边缘圆而尖，下唇板两臂状的基部外侧各有一个清晰的白色圆形斑，臂后部分近似方型。

生活习性：在美国加利福尼亚州，一年发生 6～7 代；在北非及我国广东，一年可达 11～12 代。成虫寿命短，在最适条件下一般不多于 12 d。雌虫产卵可达 123 粒，平均 90 粒，产卵最适温度为 25℃。雌虫喜欢在光滑的豆粒表面产卵，卵牢固地黏附在寄

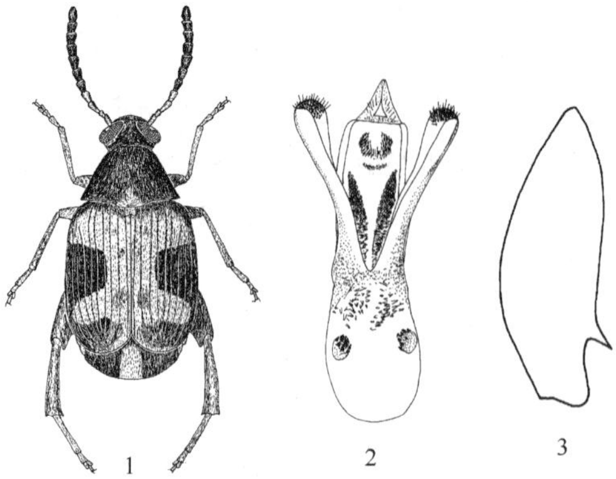

图 7-5　四纹豆象

1. 成虫；2. 雄虫外生殖器；3. 后足腿节，示内缘齿

（仿张生芳）

主种子表面。幼虫的发育在 1 粒种子内进行，共经历 4 龄。发育的最适温度为 32℃，最适相对湿度为 90%，在上述条件下，幼虫期为 21 d。在 25℃及相对湿度 70%的条件下，在豇豆种子内发育，整个生活周期为 36 d。四纹豆象以成虫或幼虫在豆粒中越冬。越冬幼虫于次年春化蛹。成虫活泼善飞，新羽化的成虫与越冬成虫离开豆粒，飞到田间产卵，或继续在仓内产卵繁殖。

经济意义：严重危害菜豆、豇豆、兵豆、大豆、木豆、豌豆、野豌豆及扁豆等。在非洲的一般储藏条件下，经 3～5 个月之后豇豆种子被害率可达 100%。在埃及，豇豆经 3 个月储存重量损失可达 50%。在尼日利亚，豇豆储藏 9 个月后重量损失可达 87%。

分布：广布于世界热带及亚热带区；国内在台湾发现较早，后在广东、广西、福建、云南、湖南、江西、湖北、山东、河南、天津等省市区，但已基本得到控制和消灭。

六、巴西豆象 *Zabrotes subfasciatus* (Bohenman)(图 7-6)

英文名：Mexican bean weevil

分类地位：鞘翅目(Coleoptera)豆象科(Bruchidae)

形态特征：成虫雄虫体长 2.0～2.9 mm，雌虫体长 2.5～3.6 mm。体宽卵形。表皮黑色，仅触角基部 2 节、口器、前足及中足胫节端部、后足胫节距红褐色。头小，被灰白色毛；额中隆脊明显；复眼缺切宽，缺切处密生灰白色毛；触角细长，锯齿状，雄虫与雌虫相比触角锯齿更明显，第一触角节膨大，其长为第二节的 2 倍。前胸被板宽约为长的 1.5 倍，两侧均匀突出，后缘的两侧向前凹入；雄虫前胸背板被黄褐色毛，后缘中央有一淡黄色斑；雄虫前胸背板有较明显的中纵纹和分散的白毛斑。小盾片三角形，着生淡色毛。鞘翅呈方形，长约与两鞘翅的总宽相等，端部圆；雄虫鞘翅被黄褐色毛，有不规则的深褐色毛斑；雌虫鞘翅中部有横列白毛斑构成的宽横带。臀板宽大于长，与体轴略垂直；雄虫臀板着生灰褐色毛，偶有不清晰的淡色中纵纹；雌虫臀板多被暗褐色毛，白色中纵纹较明显。腹面被灰白色毛；后胸腹板中央凹陷，窝内着生浓密的白毛。后足胫节端有两根等长

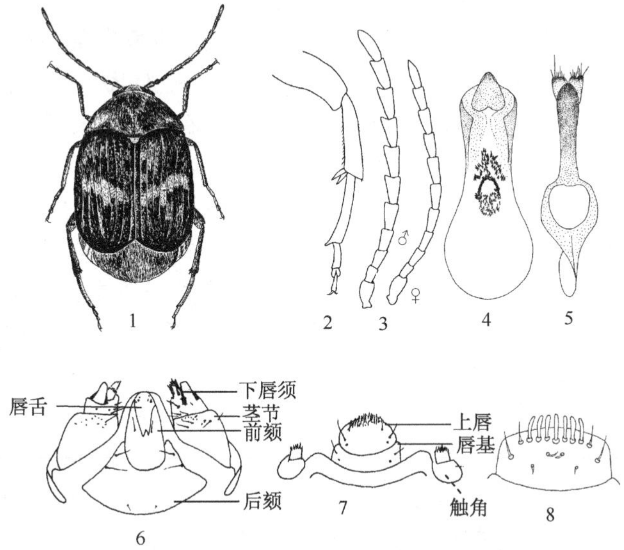

图 7-6　巴西豆象

1. 成虫；2. 成虫后足；3. 成虫触角；4. 阳茎；5. 阳基侧突；6. 幼虫下颚及下唇；7. 幼虫上唇和触角；8. 幼虫上内唇

（1、3～5、8. 仿张生芳，2. 仿 Luca，6、7. 仿 Arora）

的红褐色距。雄虫外生殖器的阳基侧突大部分联合，仅在端部呈双叶状分离，顶端着生刚毛。外阳茎腹瓣卵圆形；内阳茎骨化刺粗糙，中部有一“U”形大骨片。

卵近圆形，长约为宽的 1.2 倍。

老熟幼虫呈菜豆形，胖肥无足，乳白色。头部有小眼一对，额部每侧着生两根刚毛；唇部着生一对长的侧刚毛，基部有一对感觉窝；上唇近圆锥形，基部骨化，端部有小数列，有两根亚缘刚毛，后方有两根长刚毛，基部每侧有一感觉窝；上内唇中区有一对短刚毛，短部具 7 根缘刚毛及少数细刺；触角两节，第二节骨化；上颚近三角形；下颚轴节显著弯曲，茎节前缘及中部着生长刚毛，下颚须 1 节，下颚叶具 5 个截形突，下方着生 4 根刚毛；后颏与前颏界限不分明，上着生两对前侧刚毛和一对中央刚毛，前颏具一长的盾形骨片。腹节上的环纹第 1～8 节为双环，第 9、10 节单环。

生活习性：巴西豆象主要在仓内危害。在巴西，一年可发生 6～8 代。幼虫经 4 龄后化蛹。成虫羽化后即达性成熟，但多在羽化孔内停留，数日才爬出来活动。交尾 4～5 min。雌虫直接将卵产在豆粒表面，卵牢固地黏附在种皮上。雌虫平均产卵量多达 50 粒，但由于虫口密度和其他条件不同，平均产卵量可波动在 20～50 粒之间。产卵持续半个月至一个月，大部分卵产于前 5 d。产卵的适温为 25～30℃。幼虫孵化时，前胸刺协助上颚破开卵壳，幼虫垂直蛀入种子内。当虫体全部蛀入种子后，幼虫又成与种子表面平行的方向蛀食前进。卵的孵化率在最适条件下达 90%以上。

幼虫发育最快的温度为 32.5℃，在该温度和相对湿度 70%的条件下幼虫期平均 24.5 d。在 35℃下发育速率稍减。发育最低温度接近 20℃。在相对湿度 75%的条件下，发育可以进行的温度范围为 20～37.5℃。一般认为，最适的发育温度为 27℃，相对湿度为 75%。

在一定的温度范围内，成虫寿命与温度呈负相关。如在 37.5℃下，在适温下，相对湿度低于50%使成虫寿命缩短。

经济意义：主要危害菜豆、豇豆、豌豆、和扁豆，也危害某些野生的豆科植物。已报道的寄主植物有：菜豆 *Phaeolus vulgaris*、金架豆 *P. lunatus*、多花菜豆 *P. coccineus*、*P. acutifoius*、*Vigna mungo*、豇豆 *V. sinensis*、*V. angularis*、*Lablab purpurreus*、*Cajanus indicus*、蚕豆 *Vicia faba*、*Voandzeia subterranea*、扁豆 *Dolichos lablab*、*D. sesquipedalis*。巴西豆象以幼虫蛀食豆类种子进行危害，对储藏的菜豆和豌豆危害尤为严重。在中美、墨西哥和巴拿马，巴西豆象和菜豆象共同对菜豆造成的损失约35%；在缅甸和印度，巴西豆象可全年在仓内繁殖，主要危害金甲豆。在巴西，曾对11个栽培品种进行观察，在自然条件下储藏9个月，巴西豆象对种子的侵染率为50%，储藏12个月侵染率均达100%。

分布：原产于墨西哥或美国南部，现在已成为世界性的大害虫。分布情况如下：越南、印度尼西亚、缅甸、印度、几内亚、尼日利亚、扎伊尔、布隆迪、肯尼亚、埃塞俄比亚、坦桑尼亚、安哥拉、莫桑比克、马达加斯加、乌干达、波兰、匈牙利、德国、奥地利、英国、法国、意大利、葡萄牙及美洲大部。我国主要见于云南南部中缅边境地区。

七、菜豆象(大豆象)*Acanthoscelides obtectus*(Say)(图7-7)

英文名：dried bean weevil

分类地位：鞘翅目(Coleoptera)豆象科 Bruchidae

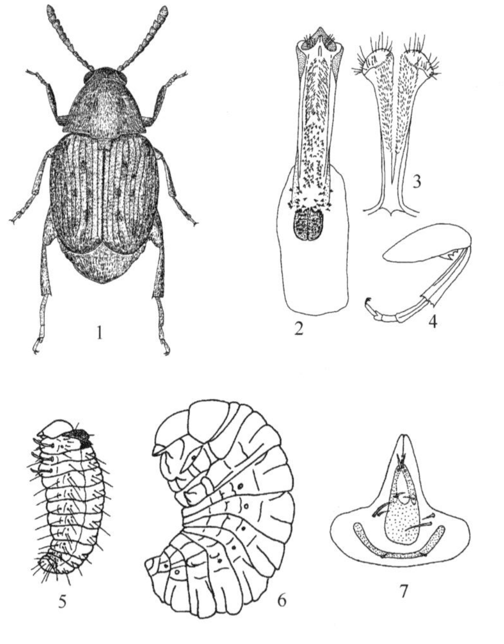

图7-7 菜豆象

1. 成虫；2. 雄虫阳茎；3. 阳基侧突；4. 后足；5. 一龄幼虫；6. 老熟幼虫；7. 幼虫下唇

(1、5~7. 仿张生芳，2~4. 仿Johnson)

形态特征：成虫体长 2～4.5 mm。体壁色：头黑色，通常具橘红色的眼后斑；上唇及口器多橘红色；触角第 1～4 节(有时第 5 节基半部)及第 11 节橘红色，其余节褐色；足橘红色；鞘翅黑色，仅端部边缘橘红色；腹部橘红色，第一腹板基部黑色，臀板橘红色。毛被色：头及前胸密被黄色毛；鞘翅密被黄色，在近鞘翅基部、中部及端部有褐色毛斑；腹面密被白色毛，或杂以黄色毛。足被白色毛，或杂以黄色毛。臀板被白色毛或黄色毛。头部长而宽，密布刻点，额中线光滑无刻点，由额唇基缝延伸至头顶，有时稍隆起；触角第 1～4 节丝状，第 5～10 节锯齿状，第 11 节端部尖细。前胸背板圆锥形，中区布刻点，端部及边缘刻点变小。方形，端部 2 裂，密布倒伏的黄色毛。鞘翅行纹深，行纹 3、4 及行纹 5、6 分别在基部靠近。后足腿节端部与基部缢缩，中部膨大约与基节等宽；腹面无脊，近端部有一长而尖的齿及两个小齿，大齿长度约为小齿的 2 倍；后足胫节具前纵脊、前侧纵脊、侧纵脊及后纵脊，其中前侧纵脊端部 1/4 不明显；后足胫节端部前方的刺长度约为第 1 跗节长的 1/6。臀板隆起；雄虫第 5 腹板后缘凹入，雄虫稍凹入。雄虫外生殖器的阳基侧突端部膨大，两侧突在基部愈合，愈合部分的长度约为整个侧叶长的 1/5；阳茎细长，外阳茎瓣端部稍尖，两侧缘稍凹入；内阳茎基部密生微刺，中部及端部的骨化刺变粗。

一龄幼虫体长 0.8 mm，宽 0.3 mm；中胸及后胸最宽，向腹端渐细；头的两侧各有 1 个小眼，位于上颚和触角之间；触角 1 节。前胸盾呈“X”或“ H”形，上面着生齿突；第 8、9 腹节背板具卵圆形的骨化板；足有 2 节组成。老熟幼虫体长 2.4～3.5 mm，宽 1.6～2.3 mm；无前胸盾，第 8、9 腹节背板无骨化板；体粗壮，弯曲呈“C”形，上唇具刚毛 10 根，其中 8 根位于近外缘，排成弧形，其余 8 根位于基部两侧。

生活习性：菜豆象以幼虫在仓库内越冬，部分在田间越冬，翌年春播时随侵染的种子被带到田间，或成虫从仓内飞到菜豆地块。成虫寿命 20～28 d，不需要补充营养。交尾持续 6～7 min，交尾后 2～3 h 开始产卵。雌虫产的卵并不粘附在豆粒上，而是分散于豆粒之间或产在仓内的地板、墙壁或包皮上，产卵持续 10～18 d。雌虫产卵 50～90 粒，个别多达 100 余粒。若以蜂蜜饲喂雌虫，产卵量可大大提高。卵期 6～11 d，因温湿度而异。高于 31.6℃和低于－12.9℃为卵的致死温度。据 Васильев(1935)报道，当温度 25～30℃时，发育周期为 18～22 d，当温度 32～34℃时，发育周期为 15～16 d。干燥不利于卵的发育。一粒菜种子最多发现 34 头幼虫蛀食。幼虫有 4 个龄。

在田间，菜豆象主要侵染菜豆、多花菜豆等，也侵染豇豆。如果侵染大豆、豌豆和胡豆的话，只发生于仓内而很少发生在田间。

经济意义：菜豆象为多种菜豆和其他豆类的重要害虫，幼虫在豆粒内蛀食，对储藏的食用豆类造成严重危害。寄主植物有鹰嘴豆 *Cicer arieinum*、木豆 *Cajanus indicus*、草香豌豆 *Lathyrus sativus*、兵豆 *Lens esculenta*、菜豆 *Phaseolus vulgaris*、金甲豆 *P. lunatus*、红花菜豆 *P. coccineus*、宽月叶菜豆 *P. acutifolius*、乌头叶菜豆 *P. aconitifolius*、绿豆 *P. aureus*、赤小豆 *P. calcaratus*、豌豆 *Pisum sativum*、蚕豆 *Vicia faba*、长豇豆 *Vigna sesquipedalis*、豇豆 *V. sinensis*。在墨西哥、中美和巴拿马，在豆类储藏期间造成的重量损失为 35%；在巴西，造成的损失为 13.3%；在哥伦比亚，由于储藏期十分短，造成的损失为 7.4%。

分布：菜豆象原产于中美和南美，现已成为世界性分布的检疫性害虫。分布于日本、缅甸、阿富汗、塞浦路斯、土耳其、刚果、尼日利亚、乌干达、肯尼亚、马达加斯加、阿尔巴尼亚、波兰、匈牙利、罗马尼亚、南斯拉夫、德国、希腊、奥地利、英国、荷兰、比利时、法国、瑞典、意大利、西班牙、葡萄牙、澳大利亚、新西兰、墨西哥、巴西、智利、美国、俄罗斯等。在我国还没有分布。

第二节　蛀食性害虫

八、玉米象 *Sitophilus zeamais* Motschulsky(图 7-8)

英文名： maize weevil

分类地位： 鞘翅目(Coleoptera)象甲科(Curculionidae)

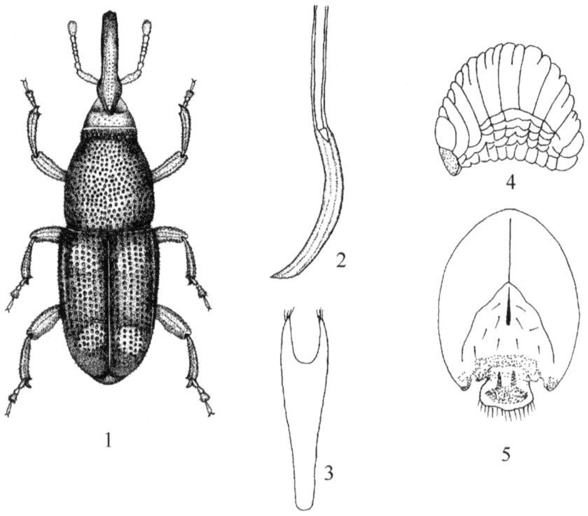

图 7-8　玉米象

1. 成虫；2. 雄虫阳茎；3. 雌虫“Y”形骨片；4. 幼虫；5. 幼虫头部正面

形态特征： 成虫体长 3～5 mm，圆筒形，全体锈褐色至暗褐色，甚至黑色，背面稍有光泽。头部向前延伸呈象鼻状，称此为“喙”。雄虫的喙短粗，表面粗糙；雌虫的喙比较细长，表面光滑。触角膝状，无刻点，柄节长大，第 3 节与第 4 节长度之比约为 5∶3；端节呈长椭圆形，实际由第 8、9 两节好似愈合而成，故看起来像由 8 节组成似的。前胸背板端缘较后缘狭，与头部相连接的部分呈一窄领状，中央稍向后方凹入。在领状的后缘生有刻点，呈一横列，并生有，淡黄色叶状毛。整个前胸背板布着圆形刻点，中央仿佛有一隆起线似的，但有的个体不明显。鞘翅长形，后缘细而尖圆。两鞘翅刻点和隆起线不明显，约有 13 条纵刻点行。每鞘翅基部和端部各有一个橙黄色的椭圆形斑纹。后翅发达，膜质透明。足三对，前足最粗大，次之为后、中足。各节以腿节最粗，特别是前足腿节。跗节 5 节，第 1、2 等长，第 3 节二裂，第 4 节微小隐于第 3 节背面的凹陷内，第 5 节细长，具 2 爪。

雄虫外生殖器阳茎表面几乎扁平，但中间有一条纵隆脊，脊两侧各有一条明显的纵沟。因此，阳茎横切面呈“山”字形。阳茎基片呈长三角形。雌虫外生殖器的“Y”形骨片两臂较狭长，略向内弯。臂的顶端略尖。

幼虫体长 3～4 mm，体肥胖，背隆起，无足，腹部底面平坦，除头部有色泽外，胸腹部均为乳白色。头部呈椭圆形，但上方略为细小，有光泽。内隆脊长度超过额长 1/2，端部宽，基部细，上颚其明显的端齿二个。胸、腹部背面除前胸无横皱外，其余各节至少具横皱一条，而其中 1、2、3 腹节各具横皱 2 条，各被横皱划为三部分，尾节小而丽不明显，腹部各节的两侧均有纵皱，第 1、2 节有 2 条，第 3 节 3 条，以后各节均为 5 条，而尾节及其相连的则不明显。

生活习性：在我国北方地区一年发生 1～2 代，在中原地区 3～4 代，亚热带地区可达 6～7 代。主要以成虫越冬。当气温下降到 15℃以下时成虫不再活动。成虫用喙在粮粒表面做卵窝，每个卵窝内产 1 粒卵，然后用黏液封口。卵期一般为 3～16 d，幼虫期 13～28 d，前蛹期 1～2 d，蛹期 4～12 d。幼虫有 4 龄。在 27℃及 66%～72% RH 下，1～4 龄幼虫的历期分别为 3.6 d、4.7 d、4.8 d、5 d。玉米象发育的温度范围为 17～34℃，最适温为 27～31℃；发育的相对湿度范围为 45%～100%，最适相对湿度为 70%。

与米象相比，玉米象的抗寒力比较强。因此，该种在我国的分布大大向北伸延。据 Bodonhoino 推测，在月平均温为 3℃的地区米象的生存即受到限制。

从食性上比较，玉米象喜食大粒谷物，如玉米；而米象则喜食小粒谷物，如大米。从行为上比较，玉米象更善飞，而米象较少飞翔。

经济意义：玉米象为头号储粮害虫，对多种谷物及加工品、豆类、油料、干果、药材均造成严重危害。在适宜的条件下，粮食储藏期所造成的重量损失在 3 个月内可达 11.25%，6 个月内可达 35.12%。

分布：世界大多数国家和地区，据报道，仅发现米象而无玉米象的国家有：阿尔及利亚、阿拉伯、多米尼加、埃及、厄瓜多尔、危地马拉、伊拉克、黎巴嫩、斯里兰卡、智利、塞浦路斯、新几内亚、尼加拉瓜、巴拉圭、索马里、津巴布韦、利比亚、毛里求斯、摩洛哥、西班牙、瑞典、土耳其；国内各省区。

九、米象 *Sitophilus oryzae*(Linnaeus)(图 7-9)

英文名：rice weevil

分类地位：鞘翅目(Coleoptera)象甲科(Curculionidae)

形态特征：该种与玉米象极其近缘，外部形态十分相似。

成虫体长 2.3～3.5 mm。圆筒状，红褐色至暗褐色，背面不发亮或略有光泽。触角 8 节，第 2～7 节近等长。前胸背板密布圆形刻点。每鞘翅近基部和近端部各有 1 个红褐色斑，后翅发达。雄虫阳茎背面均匀隆起，雌虫的“Y”形骨片两侧臂末端钝圆，两侧臂间隔约等于两侧臂宽之和。

幼虫与玉米象幼虫极相似，主要不同点为头部呈宽卵形，内隆脊从端部到茎部宽窄一致，长度超过额长的 1/2。

生活习性：在世界不同国家和地区一年发生 4～12 代。在我国贵州省，一年 4～5 代，第一代和第四代的历期为 42～52 d，第二代和第三代的历期为 38～40 d。成虫于

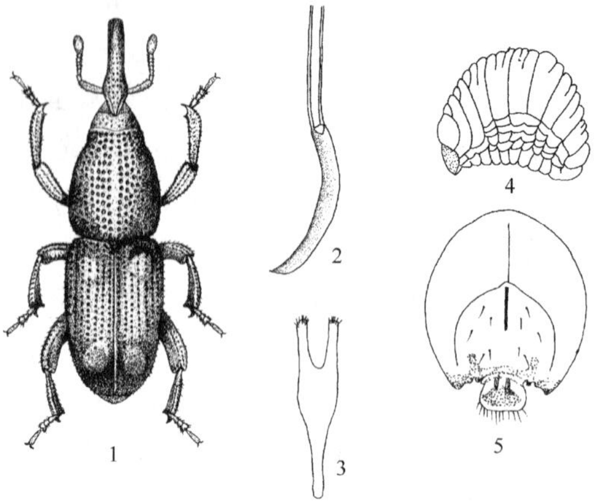

图 7-9　米象

1. 成虫；2. 雄虫阳茎；3. 雌虫“Y”形骨片；4. 幼虫；
5. 幼虫头部正面

4 月中、下旬开始交尾产卵，雌虫每天产卵 2～3 粒，在适宜条件下雌虫一生产卵多达 576 粒。幼虫在寄主内蛀食危害，经历 4 龄。在 25℃和相对湿度 70%的条件下，卵期 4～6.5 d，幼虫期 18.4～22 d，蛹期 8.3～14 d，预蛹期 3 d，完成一个发育周期需 34～40 d。又据报道，在相对湿度 70%的条件下，完成一个发育周期，在 30℃下需 26 d，在 21℃下需 43 d，在 18℃下需 96 d。成虫寿命约 7～8 个月，最多达 2 年之久。米象发育的温度范围为 17～34℃，最适温度为 26～31℃；发育的湿度范围为相对湿度 45%～100%，最适的相对湿度为 70%。

经济意义：严重危害各种谷物及种子、谷物加工品，还危害某些豆类、油料、干果和药材等。

分布：世界多数国家和地区均有分布，据报道，全世界未发现米象的国家有安哥拉、洪都拉斯、马拉维、泰国、哥斯达黎加、朝鲜、塞拉利昂、新加坡和委内瑞拉；中国主要分布在南方各省区。

十、谷象 *Sitophilus granarius* (Linnaeus) (图 7-10)

英文名：granary weevil

分类地位：鞘翅目(Coleoptera)象甲科(Curculionidae)

形态特征：成虫体长 2.5～4.7 mm。圆筒状，背方相当隆起，栗褐色或黑色，发红发亮。喙细长，圆筒状，略弯，其长约为前胸的 2/3。触角 8 节，位于喙的基部；末节膨大，其长稍小于宽的 2 倍，端部尖。前胸背板刻点大而稀，顶区的刻点长卵圆形。鞘翅颜色单一，无淡色斑。后翅退化，丧失飞翔能力。

幼虫外形同玉米象幼虫，不同点为：上颚尖端短而钝，无明显地端齿；第 1～4 腹节背面被横皱明显地分为 3 部分；腹部各节下后测片中叶有刚毛 1 根。

生活习性：谷象一年发生的世代数因地而异。在加拿大和前苏联北部一年 1 代；在前苏联南部年发生 2～3 代；在美国东部地区年发生 4 代，在印度及某些热带国家多达

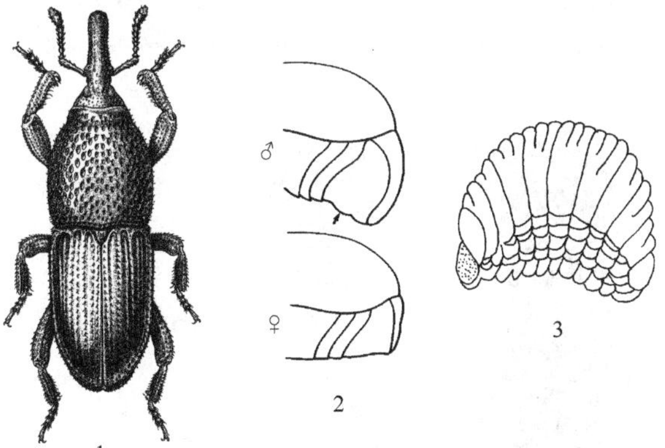

图 7-10　谷象
1. 成虫；2. 成虫腹末侧面；3. 幼虫
（1、2. 仿 1. Bousquet）

7～8 代。当粮温下降到 15℃以下时停止发育和繁殖。发育的最适温度为 26～30℃，最适相对湿度为 70％～80％。主要以成虫越冬。越冬场所主要在仓内的潮湿阴暗处，也可转移到仓库附近的砖瓦石块下、草堆、垃圾堆、杂草根际或树皮下越冬。春天，当温度回升至 11～12℃时成虫开始取食，12.5～13℃时少数成虫开始交尾。交尾结束后雌虫钻入粮堆内产卵。雌虫用喙先在种子表面做卵窝，然后产卵于其中，并用黏液封口。雌虫产卵 100～400 粒，平均 150 粒。幼虫在粮粒内发育，共有 4 龄。在 25℃及相对湿度 70％的条件下，卵期 4.5～5 d，幼虫期 22～24.5 d，蛹期 8～16 d。成虫羽化后在粮粒内停留数日才爬出来活动。在最适条件下，完成 1 个发育周期需要 28～43 d。最适合于发育的食物含水量为 15％～17.5％。

经济意义：在世界的温带地区，谷象是一种十分重要的储粮害虫。成虫幼虫都可危害，为初期性害虫。1 头谷象幼虫平均消耗谷物约 30 mg，同时形成 6 mg 粉屑。危害严重时，对玉米造成的重量损失可达 22.5％～23.6％，对小麦造成的损失达 50％以上。谷象除危害谷物之外，还危害豆类、薯干、干果及中药材。

分布：英国、爱尔兰、西班牙、葡萄牙、比利时、荷兰、瑞士、意大利、波兰、德国、南斯拉夫、捷克、瑞典、法国、前苏联、丹麦、挪威、南非、埃塞俄比亚、阿尔及利亚、肯尼亚、埃及、莫桑比克、马拉维、印度、阿富汗、塞浦路斯、巴基斯坦、伊朗、土耳其、日本、菲律宾、泰国、印度尼西亚、加拿大、美国、阿根廷、玻利维亚、澳大利亚、新西兰；国内新疆、甘肃、黑龙江。

十一、谷蠹 *Rhyzopertha dominica* (Fbricius) (图 7-11)

英文名：lesser grain borer

分类地位：鞘翅目(Coleoptera)长蠹科(Bostrichidae)

形态特征：成虫体长 2～3 mm。长圆筒形，赤褐至暗褐色，略有光泽。触角叶片状，10 节，第 1、第 2 节几等长，末端 3 节扁平膨大呈三角形。前胸背板遮盖头部，前半部有成排的鱼鳞状短齿作同心圆排列，后半部具扁平小颗瘤。小盾片方形。鞘翅颇长，两侧平行且包围腹侧；刻点成行，着生半直立的黄色弯曲的短毛。

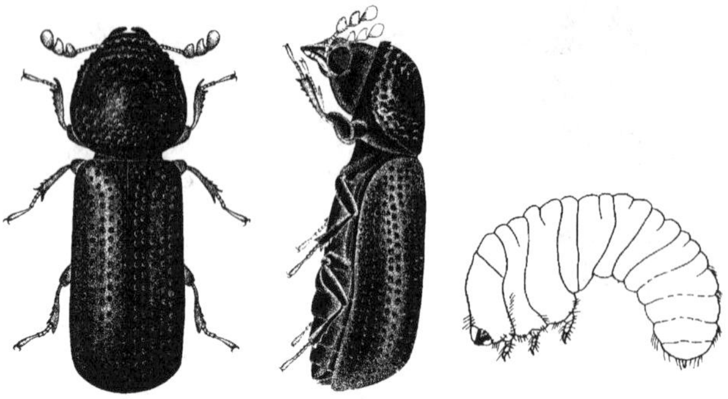

图 7-11 谷蠹
1. 成虫背面；2. 成虫侧面；3. 幼虫
（1、2. 仿 Martin）

幼虫体长 2.5～3 mm，弯弓式，乳白色，胸节的腹面及胸足和尾部均着生有短毛。头小，半缩在前胸内，上颚不尖长。触角 3 节。胸部显然比腹部粗大。第 8 腹节气门不大于前数节气门，第一对气门位于前胸后缘。足细小。

生活习性：在华中地区一年发生 2 代。在广东可发生 4 代。以成虫越冬，越冬场所常在发热的粮堆中，或当粮温降低时向粮堆下层转移，蛀入仓底与四周木板内，以仓板和储粮接触处为最多。也有的潜伏在粮粒内或飞至野外树皮裂缝中越冬。越冬成虫于翌年四月开始活动，交尾产卵，至 7 月间变为第一代成虫，八、九月间变为第二成虫，此时危害最严重，尤以九月份为甚。据广西自治区试验结果：谷蠹的卵期 11～13 d；幼虫期 28～71 d(一般 4 龄，偶尔也有 5～6 龄)；前蛹期 1～4 d，蛹期 3～7 d，完成一代需 43～93 d，成虫寿命可长达一年，飞翔力强。

每头雌虫一生平均可产卵 200～500 粒，每天产卵数一般不超过 10 粒。卵单产或集产于谷颖或粮粒裂缝中，产在粉屑中或粮粒外面的较少，有时也产在包装物或墙壁缝隙中。卵的孵化率高，一般能达 100%。孵出的幼虫一般钻入粮粒内危害，直至羽化成为成虫始钻出，未注入粮粒内幼虫则在粮粒间或粉屑中生活，侵入粮粒表面，尤喜食害胚部。

该虫发育的温度范围为 18～39℃，最适发育温度为 32～34℃；发育的相对湿度范围为 25%～70%，最适的相对湿度为 50%～60%。在最适条件下发育 1 代需要 25 d。成虫寿命 120～240 d。在最适条件下每 4 周的虫口增长率可达 20 倍。此虫有较强的耐热、耐干能力，能在小麦中发育的最低含水量为 9%。该虫抗寒力差，在 0.6℃以下存活 7 d，在 0.6～2.2℃下存活不多于 11 d。幼虫有 4 龄。

谷蠹幼虫在蛀食危害的过程中，可在粮粒间产生大量白色粉末。这些粉末可减少粮堆的孔隙度，影响熏蒸剂的扩散，导致杀虫效果下降。

经济意义：此虫是蛀食性重要储粮害虫之一，主要在我国南方诸省发生危害，尤以华南地区更为突出。它对储粮所造成的损失，不亚于玉米象。在大洋洲它的重要性大于玉米象和谷象，因为它所咬下的谷物重号大大超过它所吃的重量；所以它对粮食危害后所损失重量为其体重的 5～6 倍，而玉米象的损失重量约等于其体重。

谷蠹食性很复杂，不仅能危害禾谷类、粉类、豆类、淀粉、干果、豆饼、药材、各种植物种子，而且能危害竹广木材及其制品、皮革、图书等，其中以稻谷、小麦被害最烈，受害粮粒常被蛀成空壳，大量繁殖时往往引起储粮发热，使粮温高达 38℃以上。谷蠹蛀食木材，并喜在木质内潜伏、化蛹及越冬，严重破坏仓房木质结构。

分布： 世界广大的温暖地区(Potter 报道该种遍及南北纬 40°以内)，尤以印度、澳洲等热带和亚热带地区发生最多。但在西欧较冷的地区该虫也已经定居。我国的北京、天津、山西、内蒙古、黑龙江、陕西、甘肃、青海、云南、贵州、四川、广东、广西、湖南、湖北、河南、河北、上海、江苏、浙江、安徽、福建、山东、台湾、江西等省、市、自治区均有发生。

十二、咖啡豆象 *Araecerus fasciculatus* (De Geer)(图 7-12)

英文名： coffee bean weevil

分类地位： 鞘翅目(Coleoptera)长角象虫科(Anthribidae)

形态特征： 成虫体长 2.5～4.5 mm。卵圆形，背方隆起，暗褐色或灰黑色。触角 11 节，红褐色，向后伸越前胸基部；第 3～8 节细长，末 3 节膨大呈片状，黑色，松散排列。鞘翅行间交替嵌着特征性的褐色及黄色方形毛斑；不完全遮盖腹末，腹末外露部分呈三角形。

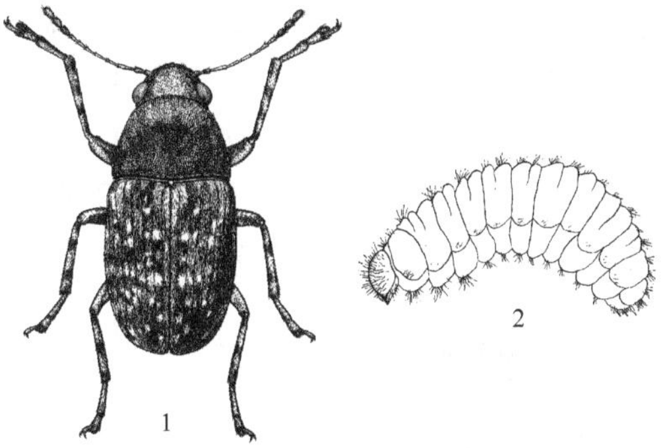

图 7-12　咖啡豆象

1. 成虫；2. 幼虫

(1. 仿 Bousquet)

幼虫弯弓式。体长 4.5～6 mm，乳白色，有皱纹，背、腹面被有白色短毛。头部大，淡黄褐色，近于圆形。内上唇端缘有 8 根短的粗刚毛，内上唇中央有 4 根短的粗刚毛，且彼此相距较远，位于一个方形的角上。胸足退化，仅留痕迹。

生活习性： 成虫活泼善飞。雄虫羽化后 3 d 达性成熟，雌虫羽化后 6 d 达性成熟，成虫羽化 6 天后开始交尾。产卵时，雌虫以产卵器在粮粒的胚乳部凿 1 个孔，然后产 1 粒卵于其中。每头雌虫产卵多至 130～140 粒。在 27℃及相对湿度 50%～100%下卵期5～8 d。在 27℃及相对湿度 60%的条件下完成 1 个生活周期需 57 d；若相对湿度提高到 100%则生活周期缩短为 29 d。幼虫蜕皮 3 次。该虫发育的最低温度为 22℃，最适发育温度为 28～32℃；最适相对湿度为 80％，在相对湿度 50％～100％的范围内咖啡豆象皆可发育。

经济意义：在仓内外皆可危害。在田间可危害可可、咖啡、肉豆蔻等，其中以可可受害最重，咖啡次之。在仓内危害咖啡豆、玉米、薯干、干果及中药材等，以上物品常受害严重。

分布：世界性分布，遍及热带及亚热带地区；我国内蒙古、辽宁、河北、陕西、甘肃、河南、湖南、湖北、安徽、山东、江苏、浙江、江西、福建、台湾、四川、广东、广西、云南、贵州、青海均有分布。

十三、豌豆象 *Bruchus pisorum* (Linnaeus) (图 7-13)

英文名：pea weevil

分类地位：鞘翅目(Coleoptera)豆象科(Bruchidae)

形态特征：成虫体长 4.0～5.5 mm。表皮黑色，仅触角基部 4～5 节及前足与中足胫节红褐色。前胸背板宽约为长的 1.5 倍；侧齿着生于侧缘中央稍前处，齿尖指向后方；侧缘在齿后凹入且外斜。鞘翅两侧缘近平行，长约为肩宽的 1.25 倍，肩胛突出；每鞘翅基半部有 2～3 个小白毛斑，端半部常有 1 条白色斜毛带，两翅端半部的斜毛带构成“八”字形。臀板有明显的一对黑色斑。后足腿节腹面的端前齿大而尖。

来自世界不同国家或地区豌豆象标本的触角、足和毛被的颜色变异较大。例如，来自中亚的标本，臀板上的黑色斑不明显，雄虫触角全部黄色，雌虫触角基部 5 节和末节、前足和中足胫节黄色；来自东亚和南亚的标本，有的个体身体背面全部着生淡灰色毛，无明显的暗色毛斑和横带(可作为一个亚种 *B. pisorum* sb F.)。

幼虫无足式。成熟幼虫体长 4.5～6 mm，肥胖，背部隆起，无背线。腹部底面凹陷不平坦。头部小，口器褐色，上唇与唇基的长度几乎相等，下唇板侧缘向后向内弯曲。仅一龄幼虫具临时性短足三对和带刺的前胸背板。

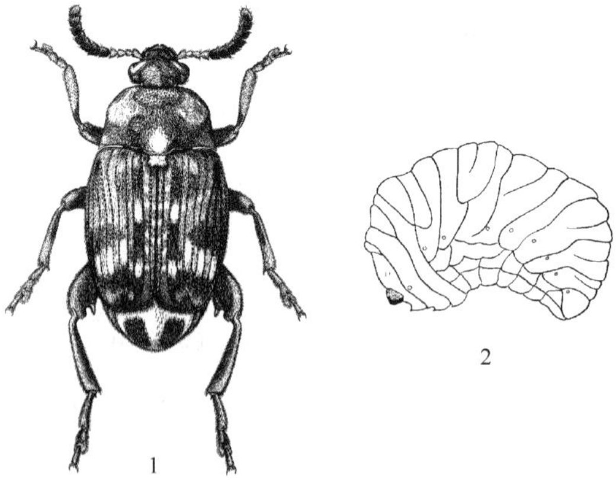

1 2

图 7-13 豌豆象

1. 成虫；2. 幼虫

(1. 仿 Bousquet)

生活习性：一年发生1代，以成虫在仓房缝隙、包装物内、豆粒内、树皮下和杂物内越冬。次年4月下旬至5月上旬，当豌豆开花结荚时，成虫飞往田间取食花粉花蜜，交尾产卵。产卵盛期约在5月中旬。卵散产于豆荚表面，每雌虫平均产卵150粒。卵期5～18 d，平均8～9 d。幼虫孵化后直接穿透荚壁蛀入豆粒。幼虫4龄，幼虫期35～40 d，蛹期14～21 d，到7月份成虫羽化后由籽粒钻出，但仍有部分成虫留在豆粒内越冬。

经济意义：严重危害豌豆属的作物，对豌豆种子的侵染率可达40%以上，为我国豌豆种植业的一大害虫。此外，还危害以下各属的某些植物：决明属(*Cassi*)、金雀儿属(*Cytisus*)、山黧豆属(*Lathyrus*)、菜豆属(*Phaseolus*)、野豌豆属(*Vicia*)。

分布：几乎整个欧洲，中亚，北非，北美，中美及亚洲的印度、日本等；国内辽宁、内蒙古、河北、山西、河南、陕西、宁夏、甘肃、湖北、四川、江苏、浙江、安徽、广东、江西、湖南、福建、台湾、广西、云南。

十四、蚕豆象 *Bruchus rufimanus* Boheman(图7-14)

英文名：broad bean weevil

分类地位：鞘翅目(Coleoptera)豆象科(Bruchidae)

形态特征：成虫体长4.0～4.5 mm。表皮黑色，仅触角基部4～5节及前足淡黄褐色。触角向后伸达前胸背板后缘，第1节长为第2节的2倍以上，第3、第4节几乎等长，短于第1节，第4节稍宽于第3节，第5节长大于宽，其余节稍横宽。前胸背板显著横宽，侧齿位于侧缘中央，短而钝，水干外指向；侧缘在齿后的部分稍凹。鞘翅两侧缘近于行，长约为肩宽的1.5倍，淡色毛形成明显的小毛斑，在近小盾片处形成1个大斑，在翅的端半部形成不明显的弧形横带。臀板不横宽，上面的暗色斑不明显。后足腿节腹面的端前齿钝，近直角；雄虫中足腿节远比前足腿节粗，中足胫节明显弯曲，具3条纵脊。

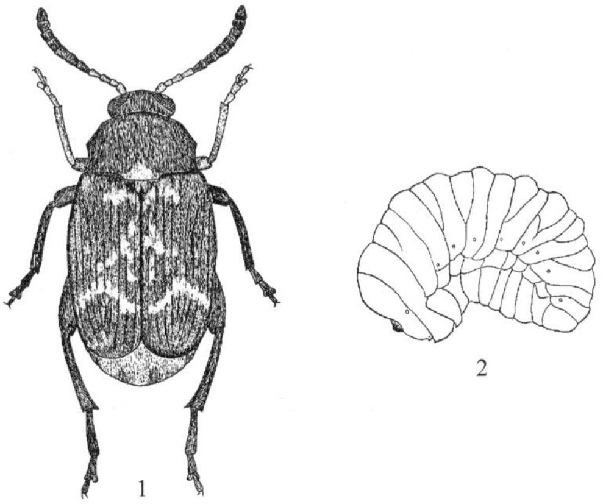

图7-14 蚕豆象

1. 成虫；2. 幼虫

(1. 仿张生芳)

幼虫形同豌豆象幼虫，不同之处是：背面有背线。

生活习性：一年发生 1 代，以成虫在豆粒内、仓内角落、包装物缝隙以及在田间、晒场、作物遗株内及杂草或砖石下越冬，春季大量飞往豆田活动，交尾产卵。成虫需要补充营养，取食蚕豆的花瓣和花粉。卵产于蚕豆嫩荚上，散产，每头雌虫产卵 35～40 粒，最多可产 96 粒。幼虫孵化后直接穿透荚壁蛀入豆粒内食害。当蚕豆收获时，豆粒内的幼虫随豆入仓继续危害。幼虫共 4 龄，蚕豆收获时幼虫多发育至 2 龄。豆粒被蛀后，表面留有一个小黑点，即 1 龄幼虫的蛀入点。幼虫在豆粒内蛀成弧形虫道，接近老熟时又移动到种皮下，做一圆形蛹室，并在豆粒上咬出 1 个圆形的羽化孔盖，然后开始化蛹。成虫羽化后经过 1～2 d 的静止期，然后冲开羽化孔盖离开豆粒。卵期 7～12 d，平均 9 d；幼虫期 70～100 d；蛹期 6～20 d，平均 14 d。

经济意义：为蚕豆种植业的大害虫。该虫主要危害蚕豆，在许多国家对蚕豆造成的损失达 20%～30%。华东地区蚕豆种子最高被害率曾达 96%，一般为 45%。

除危害蚕豆外，蚕豆象还危害野豌豆属的多种栽培豆类以及以下属的个别种：山黧豆属(*Lathyrus*)、兵豆属(*Lens*)、鹰嘴豆属(*Cicer*)、羽扇豆属(*Lupinus*)、豌豆属(*Pisum*)等。

分布：中欧和南欧，地中海地区，北非加内里群岛及日本、前苏联(欧洲南部、乌克兰和高加索)、古巴、美国等；国内河北、内蒙古、河南、陕西、湖南、湖北、云南、贵州、广东、广西、江苏、浙江、福建、安徽、江西、四川。

十五、绿豆象 *Callosobruchus chinensis* Linnaeus(图 7-15)

英文名：azuki bean weevil

分类地位：鞘翅目(Coleoptera)豆象科(Bruchidae)

形态特征：体长 2.0～3.5 mm。体形粗短，近卵形。表皮红褐色或暗褐色至黑色，足大部分红褐色。雄虫触角栉齿状，雌虫锯齿状。前胸背板后缘中央有 2 个明显的瘤突，每个瘤突上有 1 个椭圆形白毛斑，两个白毛斑多数情况下不融合。鞘翅表皮颜色及毛色在“明色型”和“暗色型”个体中有很大区别：在“明色型”个体，鞘翅的基部及中部近外缘各有 1 个黑斑，其余皆为褐色；在“暗色型”个体，鞘翅基部和端半部暗褐色至黑色，二者之间为褐色，常着生黄色毛，端半部暗色区中间和其前端各有 1 条灰白色横毛带。臀板上主要着生灰白色毛。腹部第 3～5 腹板两侧有浓密的白毛斑。后足腿节腹面内缘脊近端部的齿略呈棒状，两侧缘略平行，末端钝圆。雄性外生殖器的阳茎细长；外阳茎瓣枪头状，基部缢缩；内阳茎的囊区有 1 对肾形骨化板。

幼虫无足式。体长 3～3.5 mm 乳白色，肥胖，背面隆起，腹部底面不平坦而凹曲，头部小，大部分缩入前胸内，淡黄白色，额前缘呈较不明显的淡褐色，此色通常不向满侧延伸包围触角基部。日器淡赤褐色，上颚端部平截，上唇较唇基长，下唇板呈梭形，黄褐色。胸足退化，呈肉突状。

生活习性：在我国中部地区一年发生 5～7 代，在广东发生 10～11 代。以幼虫或成虫越冬，幼虫于次年春化蛹和羽化。成虫寿命短，在最适条件下一般不多于 12 d。雌虫喜欢将卵产在光滑的种子表面，平均产卵约 70 粒。产出的卵带有大量的黏性物质，可

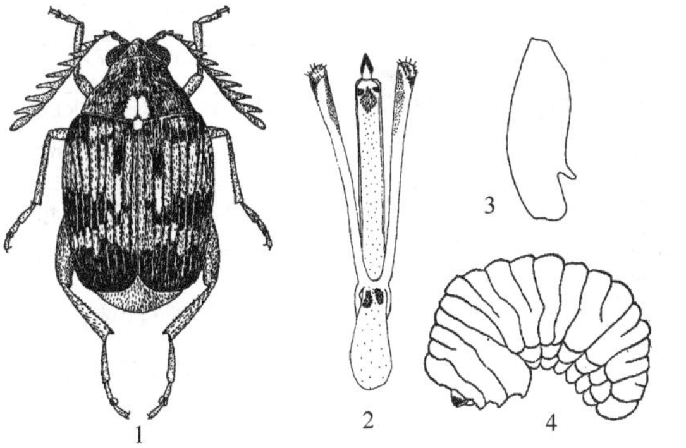

图 7-15　绿豆象

1. 雄成虫（暗色型）；2. 雄性外生殖器；3. 后足腿节内侧，示内缘齿；4. 幼虫

（1. 仿 Лукъянович 和 Тер-Минасян，2、3. 仿张生芳）

牢固地黏附在种皮上。幼虫孵化后直接穿透卵壳和种皮，垂直蛀入种子内，然后改成与种皮平行的方向蛀食前进。幼虫共经历 4 龄。最适于幼虫发育的温度为 32℃、相对湿度为 90%。在不同条件下，每完成一代一般需要 20～67 d，其中卵期 4～15 d，幼虫期 13～34 d，蛹期 3～18 d。最初几代一般都在仓内繁殖，当田间绿豆快要成熟时，成虫可从仓内飞往田间，将卵产于豆荚缝隙内。在田间繁殖数代后，又随收获的豆子入仓继续繁殖。当温度在 10℃以下或高于 37℃时，发育不能进行。

经济意义：严重危害绿豆、赤豆、豇豆、鹰嘴豆、兵豆等多种豆类，田间被害率有时高达 43%～69%。在中东，扁豆被害率高达 70%。

分布：世界性分布；国内绝大多数省区。

十六、麦蛾 *Sitotroga cerealella* Oliver(图 7-16)

英文名：Angoumois grain moth

分类地位：鳞翅目(Lepidoptera)麦蛾科(Gelechiidae)

形态特征：成虫体长 4.0～6.0 mm，翅展 8～16 mm。虫体淡黄色或黄褐色，即似麦粒色或稻粒色，且有光泽。头顶无丛毛。复眼圆形，黑色，触角细长多节呈丝状，较前翅为短。有喙，下唇须三节，向上弯曲，超过头顶，第 2 节披有粗圆鳞片，腹而粗糙；末节长于第 2 节，细长而尖且弯曲。前翅竹叶状，翅端较尖，翅面灰黄色，通常在翅端部及翅中横线处各有一若干黑色鳞片形成的小黑点。后翅菜刀形，翅端较突出，前翅在近翅中室中部的位置向内凹入，翅面银灰色，缘毛均较长，尤以后缘毛更长，其长度约为后翅宽度的 2 倍。

外生殖器的抱握器似桃形，顶端有一向外侧延伸较长而尖的弯钩突；爪形突呈二裂状；囊形突较抱握器为短。阳茎棒状，基部收缩较细。雌虫产卵器的交配节呈矩形；后棒较前棒长一倍，交配囊为细长颈瓶形，骨化的交配孔呈椭圆的菱形囊内底部有二个分离的长椭圆形交配刺。

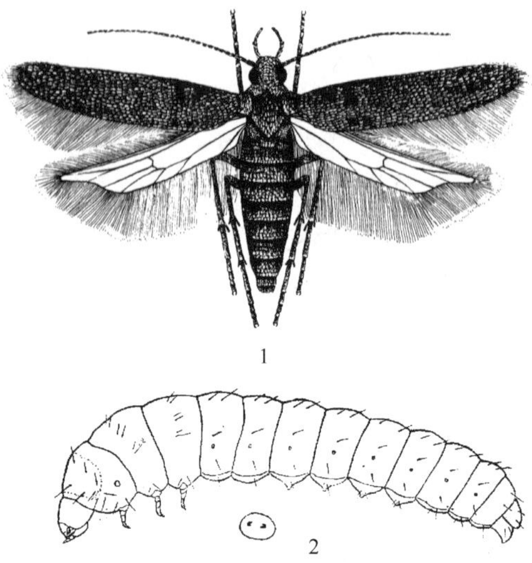

图 7-16　麦蛾

1. 成虫；2. 幼虫及腹足趾钩

（1. 仿 Martin；2. 仿陈启宗）

成熟幼虫体长 6.5～8 mm，除头部为淡黄色外，其余均为乳白色。头部小，胸部较肥大，向后逐渐稍为缩小，胸足发达，腹足退化成肉突状，其上仅有 2～3 个退化的趾钩。前胸气门群三根毛，排列成三角形。幼虫体上的刚毛均细小且色白，不易看清，但在粮粒内生活的幼虫，腹足逝化但有退化的趾钩 2～3 个，前胸气门群三根毛，可据此进行鉴定。雄虫第 5 腹节背面有紫黑色斑一对。

生活习性： 一年发生的代数随温度、湿度、食料等环境条件不同而异。一般在温暖地区一年发生 4～6 代，寒冷地区一年发生 2～3 代。在江西，此虫从越冬幼虫到次年 6 月出现第一代成虫，大部分在田间产卵繁殖，7 月上旬出现第 2 代成虫，7 月底出现第 3 代成虫，8 月底出现第 4 代成虫，9 月下旬或 10 月上旬出现第 5 代成虫，11 月上旬或中旬出现第 6 代成虫。麦蛾的生长发育最适温度为 21～35℃，发育最低温度为 10～12℃。在温度 30～33℃，相对湿度 75%，稻谷水分 14.5%～15%情况下，卵期为 5～7 d，平均为 5.7 d；幼虫期 15～21 d，平均 16.2 d；蛹期 5 d，完成一代发育的日数为 25～33 d。粮食含水量在 9%以下则不能生长。温度 44℃经 6 h，各虫期均死亡。幼虫在低温 −17℃中经 25 h 死亡。卵在 10℃以下即不能孵化。

麦蛾大部分以老熟幼虫在粮粒内越冬，到次年春暖化蛹。在距粮面 30 cm 以内羽化的成虫，则爬出粮而进行交尾，交尾后 24 h 开始产卵；在粮面深度 30 cm 以下羽化的成虫因不能钻出粮面而死亡。在仓内产卵多产于粮堆表层，并多数产在稻谷的内外颖（稃）的间隙，护颖与外颖的间隙；小麦的胚部、腹沟、顶部；玉米的胚部。在田间产卵时多数产在灌浆后近黄熟的稻、麦或玉米粒上。卵少数散产，多数集产，每块数粒至数十粒，每粮粒上能产卵一、二十粒。每雌虫产卵平均为 86～94 粒，多达 389 粒。孵化的幼虫一般从粮粒的胚部或损伤处侵入粮粒内蛀食，在粮面孵化的幼虫钻入粮堆侵入粮粒的深度，一般为 18～21 mm，95%在 18 mm 以内。初孵化的幼虫耐饥能力为 3～4 d，若找不到食物则死亡。幼虫侵入粮粒后边食边生长，至老熟化蛹前在蛀食成空洞的顶端与粮粒的皮层下咬成一个直径 1～2 mm 的羽化孔。这个孔仅留着一层薄薄的膜和外面隔开，孔的周围有的被咬穿，有的未咬穿，彼此交错着，以备羽化后成虫顶破此薄膜从粮粒钻出。老熟幼虫将羽化孔凿好后，则结一白色薄茧，在其中化蛹至羽化脱出。

经济意义： 麦蛾是我国储粮的重要害虫，在我国长江以南危害尤为严重。它以幼虫蛀入粮粒，主要危害禾谷类籽粒，其中以小麦、稻谷、玉米受害最烈。被害粒的重量损失，小麦平均 43.8%，玉米因籽粒大小不同，平均损失为 13.1%～24%。且一般被害后的小麦、稻谷籽粒几乎都丧失了发芽力。成虫善飞、对温度适应性较强，能在仓内和田间产卵繁殖，如小麦在收获前被害率达 0.26%～2.06%。

分布：原产墨西哥，现分布全世界。国内除新疆、西藏外，其余各省均有发现。

第三节　其他重要害虫

十七、大谷盗 *Tenebroides mauritanicus* (Linnaeus)(图 7-17)

英文名：cadelle；black grain beetle

分类地位：鞘翅目(Coleoptera)谷盗科(Trogossitidae)

形态特征：成虫体长 6.5～11 mm，长椭圆形，略扁平，黑色，有光泽。前口式，头呈近三角形，触角棍棒状，11 节，末 3 节向一侧扩展呈锯齿状。前胸背板宽略大于长，前缘明显凹入，两前角明显呈尖状突出。前胸背板后缘与鞘翅间形成颈状。鞘翅的长度为宽度的 2 倍，末端圆，表面具纵刻点行 7 条，行间宽阔。前足基节窝后方封闭，跗节 5—5—5 式，第一节很小，隐于胫节的端部凹陷内。

幼虫爬虫式，扁平形。体长 14～20 mm，乳白色。头近长方形，黑褐色，下颚轴节明显较茎节小。前胸盾黑褐色，中间有一淡色的窄纹，中后胸背面左右各有一黑褐色斑，但后胸的黑褐色斑有时不明显。腹末有一大型臀叉，着生在腹末最后一节背板的骨化区上。

生活习性：在温带地区，一年发生 1～2 代；在热带地区，每年可发生 3 代。幼虫和成虫均可越冬。越冬时常潜伏于木板等各种缝隙或包装内。成虫寿命和羽化的时间关系较大，若在春季羽化，寿命只有 6～7 个月；若在秋末羽化，寿命可达 1 年以上。在 15℃下成虫可耐饥饿 114 d，幼虫可耐饥饿 33 d。雌虫将卵产在碎屑或附近的缝隙内，每次可产卵 20～30 粒，可持续产卵 2～14 个月，每雌产卵量为 430～1319 粒。幼虫 3～7 龄，完成一个世代需 65～400 d。不同食物对幼虫的发育影响较大，如用玉米粉或小麦饲喂的幼虫期为 69 d，用大麦粉饲喂的幼虫期为 83 d，而用上白粉、糙米或精米饲喂时幼虫期可长达 180 d。

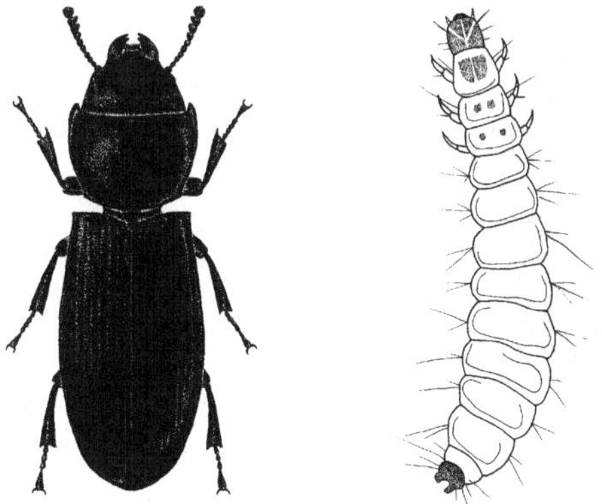
1　　2

图 7-17　大谷盗

1. 成虫；2. 幼虫

(1. 仿 Martin，2. 仿郑州粮食学院等)

最适发育和繁殖的温度和湿度为 28～30℃和 70%～80% RH，在此条件下，卵期为 7 d，幼虫期为 48 d，蛹期 10 d，完成 1 个世代约需 65 d。在 21℃下，卵期为 15～17 d，幼虫期为 250～300 d，蛹期 22～25d，完成 1 个世代约需 285～352 d。在温湿度和食物不适宜时，完成 1 个世代可长达 3 年。在 15℃时停止繁殖，12℃时停止活动。

大谷盗也可以生活在室外的树皮下和蛀木性昆虫的隧道内，营捕食性生活。

经济意义：主要危害小麦、大麦、稻谷、玉米、面粉、薯干，也危害油料、豆类、药材、干果等。危害小麦、大麦等原粮时常咬食粮粒的胚部，1 头幼虫可破坏小麦、大麦等种子 1 万多粒，使种子不能发芽。幼虫喜好在木板内化蛹、潜伏和咬啮筛绢、麻袋及木板的习性，因此不但破坏粮粒的完整，也可严重破坏仓内的木板或木制品以及筛绢和麻袋等物品。

分布：世界性分布；国内除西藏和宁夏外，各地均有分布。

十八、锯谷盗 *Oryzaephilus surinamensis* (Linnaeus) (图 7-18)

英文名：sawtoothed grain beetle

分类地位：鞘翅目(Coleoptera)锯谷盗科(Silvanidae)

形态特征：成虫体长 2～3.5 mm，扁长形，无光泽，深褐色，密被金黑色细毛。头部近三角形，复眼圆形、突出、黑色。复眼后的颞颥大而钝，其长度约为复眼直径的 2/3。触角棍棒状，11 节，第九、十两节的宽度大于长度；背面观九、十两节的基角圆滑。前胸背板长大于宽，略呈长方形，每侧各具锯齿 6 个；背面有 3 条明显的纵脊，中脊直，两侧脊呈弧形。鞘翅长，直达腹末，两侧近于平行，表面各有刻点行 10 条，且有相距较远的 4 条纵脊。雄虫后足腿节腹面近端部有 1 小刺突。

幼虫爬虫式，扁长形，体长 3～4 mm，后半部肥大，近末端数节又逐渐缩小。除

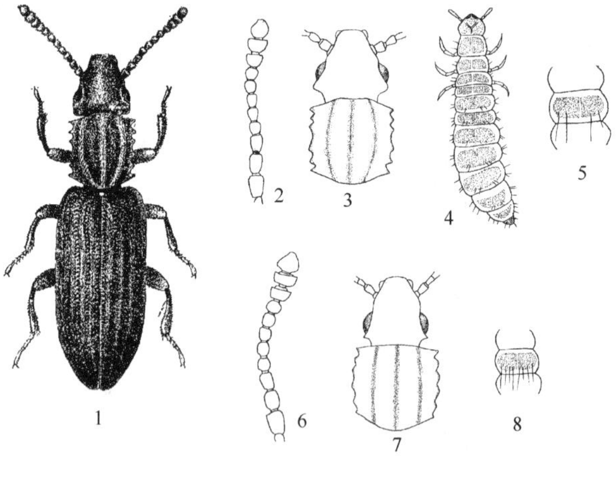

图 7-18　锯谷盗和大眼锯谷盗

1. 锯谷盗成虫；2. 锯谷盗触角；3. 锯谷盗头部及前胸背板；4. 锯谷盗幼虫；5. 锯谷盗幼虫腹节背面；6. 大眼锯谷盗触角；7. 大眼锯谷盗头部及前胸背板；8. 大眼锯谷盗幼虫腹节背面

(1. 仿 Cotton；余仿郑州粮食学院等)

头部和各节背面骨化区颜色较深外，余呈灰白色。触角 3 节，与头部等长，第一节最短，第二节次之，第三节最长。胸部各节背面左右各有一近方形的暗褐色斑，腹部各节背面中央横列一椭圆形或半圆形黄褐色斑。在第 2～7 腹节背面深色斑的后缘各具刚毛 4 根。腹部末节呈半圆形，无臀叉和臀刺，也无伪足状突起。

本种与大眼锯谷盗 *O. mercater*(Fanval)极为相似，二者的区别列入表 7-2 中。

表 7-2　锯谷盗与大眼锯谷盗的主要区别

虫态	区别部位	锯谷盗	大眼锯谷盗
成虫	颞颥	复眼小，颞颥大而钝，其长度约为复眼直径的 2/3	复眼大，颞颥小而尖，呈三角形，其长度约为复眼直径的 1/4～1/3
	触角	触角第 9、10 节的宽度大于长度。背面观，两节的基角圆滑	触角第 9、10 节的宽度远大于长度。背面观，两节的基角近直角
	隆脊	前胸背板的两侧脊成弧形	前胸背板的两侧脊近于平行
幼虫	腹部	腹部第 2～7 节背面，在深色斑纹的后缘具长刚毛 4 根	腹部第 2～7 节背面，在深色斑纹的后缘具长刚毛 8 根

生活习性：一年发生 3～4 代，最适发育温度为 30～35℃，最适发育湿度为 80%～90% RH，有效发育温区是 17.5～40℃。在 25℃时完成一代需 30 d。以成虫越冬，少数在仓内的缝隙中、多数爬至仓外附近的墙缝或砖石、树皮、杂物下越冬，来年春天再返回仓内繁殖。在 30℃和相对湿度 70%时，羽化后 5～6 d 开始产卵。卵成块产于缝隙内，或每 3～4 粒零散产于面粉内。每雌平均产卵 375 粒，孵化率可达 95%。由于发育速度快，产卵量大，死亡率低，因而其种群数量增长很快。

锯谷盗幼虫一般蜕皮 3 次，有时也有 2 次或 4 次的，有假死性。老熟幼虫常在粮食碎屑中化蛹。成虫爬行迅速，虽有后翅，但不飞翔。在其栖息场所受到扰动时，常常会快速逃窜。成虫和幼虫均取食破碎粮粒和粉屑，在含水量适宜其生活的粮食中，发育和繁殖的速率会随粮食破碎率的增加而加快。在含水量 12%以下的整粒大米中很难见到此虫。

经济意义：锯谷盗是一种危害范围很广的储藏物害虫，对多数植物性储藏物都会形成危害。如可危害粮食、油料的破损粒、成品粮、粮食和油料的副产品，危害中药材、中成药、干果、干菜、蜜饯、干肉、烟草等。试验和调查证明，此虫能潜入有破伤的花生果内，将整粒花生仁食尽。

分布：世界性分布；国内除吉林、西藏、宁夏未发现外，其余各地均有发现。

十九、长角扁谷盗 *Cryptolestes pusillus* Oliver(图 7-19)

英文名：flat grain beetle

分类地位：鞘翅目(Coleoptera)扁谷盗科(Laemophloeidae)

形态特征：体长 1.3～2.0 mm，淡红褐色至淡黄褐色，头部额区的刚毛呈辐射状指向，两侧的刚毛为前侧方指向；雄虫触角稍长于体长之半，其第 5～11 触角节比雌虫的长；雌虫触角长等于或稍长于体长之半。前胸背板明显横宽，宽为长的 1.2～1.3 倍，前角不突出，后角钝，两侧向基部方向稍狭缩。鞘翅短，其长最多为两翅合宽的 1.75

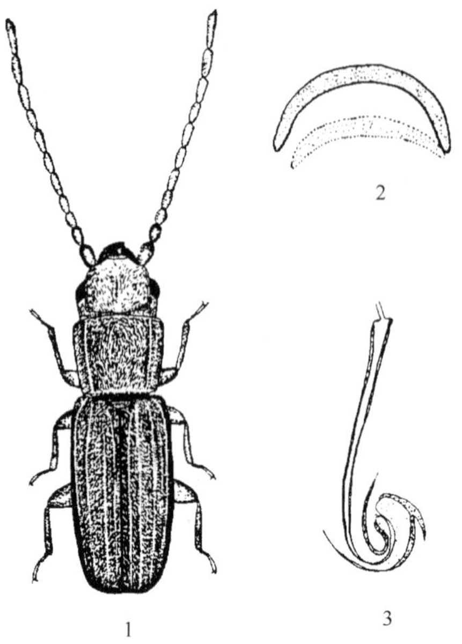

图 7-19　长角扁谷盗
1. 成虫；2. 雄性外生殖器附骨片；3. 雌性交配囊骨片
（仿张生芳）

倍；第 1、2 行间各具 4 纵列刚毛。

生活习性：一年发生 3～6 代，以成虫在较干燥的碎粮、粉屑、底粮、尘芥或仓库缝隙中越冬。成虫羽化后，在茧内静止 1 至数日，便开始交尾产卵。卵散产，产于疏松的食物内或谷物缝隙内，卵上黏附着食物颗粒。每头雌虫产卵 20～334 粒。30℃时在相对湿度 50%～90%范围内，产卵量随湿度的增加而锐增。温湿度条件和食物的质量都对该虫的发育有很大影响。在不利的营养条件下可发生同类相残现象。

该虫发育的温度范围为 18～38℃，相对湿度范围为 45%～100%。发育最适温度为 35℃，最适相对湿度为 90%，每月虫口最大的增殖速率为 10 倍。32.5℃及相对湿度 90%最适于产卵。

经济意义：该虫属第二食性，成虫及幼虫危害破碎或损伤的谷物、油料、粉类、豆类及干果等多种农产品及其加工品，有时虫口密度极高。除直接取食外，也往往导致农产品发热霉变。在非洲危害可可豆及油料种子。

分布：世界性分布；国内各省区。

二十、土耳其扁谷盗 *Cryptolestes turcicus* Grouville（图 7-20）

英文名：smaller rusty grain beetle

分类地位：鞘翅目（Coleoptera）扁谷盗科（Laemophloeidae）

形态特征：体长 1.2～2.2 mm，赤褐色，有显著光泽。雄虫触角末三节两侧缘各自基部向端部略扩张，雌虫触角长过体长的一半，各小节粗而长。前胸背板近方形，鞘翅长度为宽度的 2 倍。第 1、2 间室各有刻点 3 纵列。第 7 腹节骨片基部窄而平直，且骨化弱而色淡；头部额中区的刚毛呈辐射状排列，第 8 腹节骨片基部较端部宽；第 9 腹节骨片的表皮内突与此节基部相愈合，无明显分离迹象，柄部粗短。

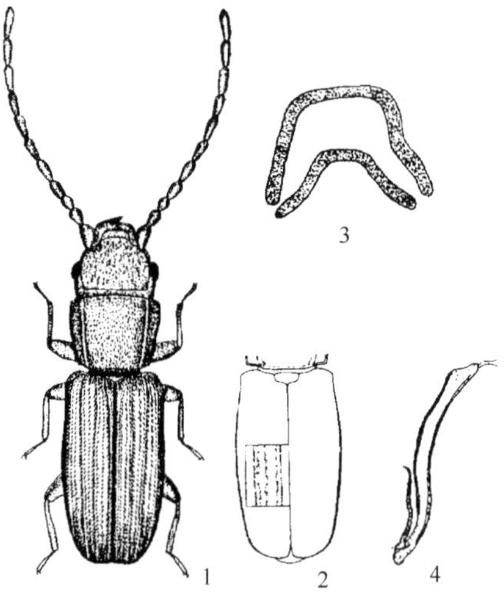

图 7-20　土耳其扁谷盗
1. 成虫；2. 鞘翅，示第 1、第 2 隆脊间 3 列刚毛；3. 雄性外生殖器附骨片；4. 雌性交配囊骨片
（2. 仿 1. Bousquet；余仿张生芳）

生活习性： 土耳其扁谷盗一年发生数代，行动迅速且善飞，野外多生活于树皮下。成虫羽化当天交尾。雌虫产卵于粮粒裂隙或破损处，尤喜产于粮粒的胚部。32℃及相对湿度 90%的条件下，由卵至成虫羽化平均 28 d。该虫发育受湿度影响大，湿度低时不能发育。

该虫是一个抗寒力较强的种，故在我国的最北部地区仍有发生。

经济意义： 该虫属第二食性，成虫及幼虫危害破碎或损伤的谷物、油料、粉类、豆类、干果、香料、可可、椰肉及中药材等多种农产品及其加工品内，有时虫口密度极高。除直接取食外，也往往导致农产品发热霉变。

分布： 世界广大温暖地区；国内大部分省区。

二十一、锈赤扁谷盗 *Cryptolestes ferrugineus* (Stephens)（图 7-21）

英文名： rusty grain beetle。

分类地位： 鞘翅目(Coleoptera)扁谷盗科(Laemophloeidae)

形态特征： 成虫体长 1.70～2.34 mm，赤褐色，扁平，具光泽。头部和前胸背板上的刻点少而稀。雄虫触角长约等于体长的 1/2，雌虫触角略短。前胸背板两侧缘向基部方向显著收缩，雄虫更明显；前角略突出。鞘翅长度为两鞘翅总宽度的 1.6～1.9 倍；第一、第二行间各有 4 纵列刚毛。

末龄幼虫体长 3～4 mm，爬虫式，扁长形。头部赤褐色，腹末暗褐色，其余淡黄白色。触角 3 节，第一节宽短，第二、三节略等长并且长过第一节的 2 倍。头部的骨化舌杆伸达头部腹面后缘，骨化杆状物近端部 1/4 处各有一分支伸向触角基部。有单眼 5 对，位于头部侧缘触角后方，排列成向腹面开口的缺环。前胸腹面中纵骨化纹明显，其色泽远较头部色泽深而与骨化舌杆色泽接近。前胸腹面具丝腺 1 对，丝腺的端部位于前胸侧角，膨大呈肩状，与体愈合，其顶端有显著的直刚毛，在背面能看见。腹末有臀叉，腹面有一中央开口的环肛骨片。

锈赤扁谷盗 *C. ferrugineus*（Stephens）与土耳其扁谷盗 *C. turcicus*（Grouvelle）和长角扁谷盗 *C. pusillus*（Schönherr)的主要区别见图 7-21 和表 7-3。

生活习性： 成虫羽化后 1～2 d 开始交尾。雌虫产卵于粮粒裂隙或破损处，尤喜产于粮粒的胚部。在 35℃、70% RH 条件下，每雌产卵可多达 423 粒，平均产卵 6 粒/d。在 32℃、60%～90% RH 条件下，卵期平均为 3.8 d，一龄幼虫平均龄期 4.1 d，二龄幼虫平均 3.0 d，三龄幼虫平均 3.5 d，四龄幼虫平均 6.8 d，蛹期平均 4.3 d，由卵孵化到成虫羽化平均 25.37 d。在 40℃与 70% RH 时，卵的孵化率只有 50%。在 21℃下雄虫的寿命 180 d，雌虫寿命 214 d；在 32℃下雄虫的寿命仅 90 d，雌虫寿命仅 134 d。

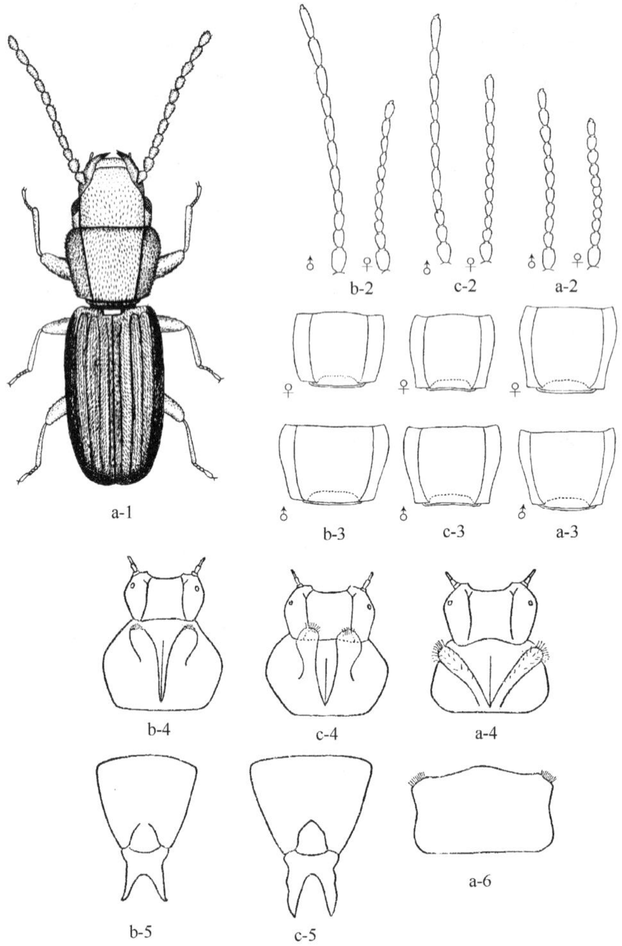

图 7-21　锈赤扁谷盗与长角扁谷盗和土耳其扁谷盗的形态区别

a. 锈赤扁谷盗　b. 长角扁谷盗　c. 土耳其扁谷盗

1. 成虫；2. 成虫触角；3. 成虫前胸背板；4. 幼虫前胸腹面观；5. 幼虫末节腹面观；6. 幼虫前胸背面观

(1. 仿 Anon，2、3. 仿赵养昌，4～6. 仿 Bishop)

表 7-3　三种扁谷盗的形态区别

虫态	比较部位	土耳其扁谷盗	长角扁谷盗	锈赤扁谷盗
成虫	体色	赤褐色，光泽显著	黄褐色至赤褐色，光泽不显著	赤褐色，光泽显著
	触角	♂虫末 3 节两侧缘各自基部向端部略扩张。♀虫触角长过体长的 1/2，各小节较粗长	♂虫末 3 节两侧缘近于平行。♀虫触角短，不超过体长的 1/2，各小节较短小	♀♂虫触角均为念珠状，且短而小。♂虫触角略长于♀虫，约等于体长的 4/7
	前胸背板	近方形，宽度不明显大于长度。后缘较前缘略窄，侧缘较直	近方形，宽度明显大于长度。但♂虫的后缘比前缘明显窄	倒梯形，后缘远较前缘狭窄，♂虫更甚
	鞘翅	鞘翅长为两鞘翅宽的 2 倍	鞘翅长为两鞘翅宽的 1.5 倍	鞘翅长为两鞘翅宽的 1.7 倍

续表

虫态	比较部位	土耳其扁谷盗	长角扁谷盗	锈赤扁谷盗
幼虫	丝腺	丝腺的末端游离，较大，略向中线弯曲。末端刚毛明显，端部略弯曲，从背面看不见	丝腺的末端游离，完全位于腹面，末端刚毛细小，不明显，从背面看不见	丝腺的末端位于前胸腹面前侧缘，末端刚毛长而明显，丝腺的末端从背面看得见
	围肛骨片	腹末腹面围肛门的环形骨片完整无缺口	腹末腹面围肛门的环形骨片中央有开口	同土耳其扁谷盗
	腹末臀叉	臀叉的弯头略向内弯，尖间距短于尖头之长	臀叉的弯头略向外弯，尖间距大于尖头之长	同土耳其扁谷盗

锈赤扁谷盗的最适发育温度为 32～35℃，最适湿度为 70%～90% RH。在最适发育温湿度条件下，1 个月的增殖速率为 60 倍。在 20～40℃、40%～95% RH 条件下，可顺利完成发育和繁殖；在－20℃和 10% RH 条件下仍然可以存活。

锈赤扁谷盗不但可在小麦等食物上产卵发育，也经常发现于树皮下、土壤内或植物性材料的堆放处。除取食植物性物质外，还可兼营捕食性生活，并具有同类相残习性。

经济意义：锈赤扁谷盗常发生于面粉厂、米厂的加工车间、原料库、成品库，在酒厂存放酒曲的仓库内发生也很严重，有时也发生于一些粮食仓库中。锈赤扁谷盗的成虫和幼虫都可危害破碎和受损伤的原粮，如稻谷、麦类、油料、豆类多种农产品与其加工产品，也可危害豆饼、大米、粉类、酒曲、糕点、干菜、干果、药材等产品，其中以在粉类和油料类中发生最多。

分布：广泛分布于世界温带和热带地区；国内各省区。

二十二、赤拟谷盗 *Tribolium castaneum* (Herbst)(图 7-22)

英文名：red flour beetle

分类地位：鞘翅目(Coleoptera)拟步甲科(Tenebrionidae)

形态特征：成虫体长 3～4 mm，长椭圆形，全身赤褐色，略有光泽。全身密布小刻点，头部、前胸背板和鞘翅上的刻点大于小眼面的 1/2。头部扁而宽，复眼内侧无明显的脊。复眼黑色，较大。腹面观，两复眼的间距等于复眼的横直径。侧面观，复眼被颊外侧分割后所剩留的最窄部分为 5 个小眼面的宽度。触角 11 节，末 3 节明显膨大成锤状。前胸背板横长方形，前角略下倾。小盾片近横长方形。鞘翅具纵刻点行 10 条。

幼虫体长 7～8 mm，爬虫式，长圆筒形，略扁平，骨化程度强，骨化部分为淡黄色或黄白色。头部背面两侧缘向前方略收缩。触角 3 节，其长度约为头长的 1/2。腹末背面具深色向上翘的臀叉，其尖端自基部向端部逐渐缩小成一个尖。臀叉两侧具刚毛而无粗刺。腹面末端具一对伪足状突起。第一对气门位于前胸与中胸之间。

生活习性：赤拟谷盗一年发生 4～6 代。以成虫群集潜伏在包装、围席的夹缝、杂物或仓库、加工厂内的一些缝隙中越冬；以幼虫或蛹越冬者颇少。成虫羽化后 1～3 d 开始交尾，交尾后 3～8 d 开始产卵。每雌平均产卵量 327 粒，最多可达 956 粒。卵散产于粮粒表面、裂缝或碎屑下，卵外由黏液黏附着一些粉末和碎屑，一般不易发现。幼虫一般为 6～7 龄，因食物不适宜时最多可达 12 龄。幼虫老熟时常爬至粉类表面化蛹。成虫喜黑暗，具负趋光性，有假死性，能飞翔。体内有臭腺，能分泌臭液污染粮食，使

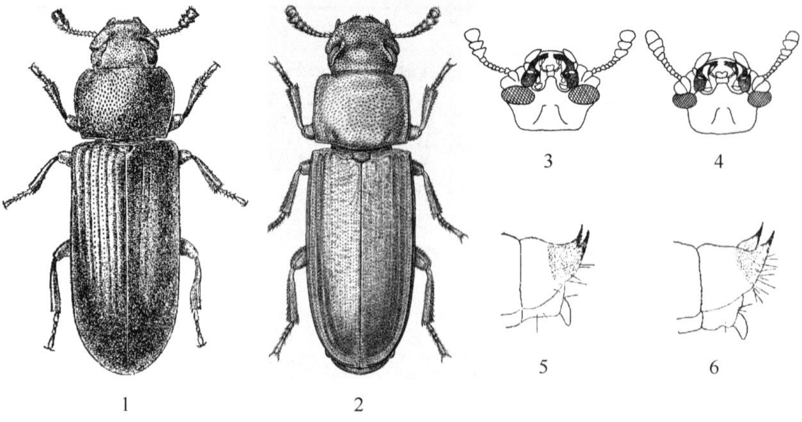

图 7-22　赤拟谷盗和杂拟谷盗

1. 赤拟谷盗成虫；2. 杂拟谷盗成虫；3. 赤拟谷盗成虫头部腹面；4. 杂拟谷盗成虫头部腹面；5. 赤拟谷盗幼虫腹末侧面；6. 杂拟谷盗幼虫腹末侧面

（1. 仿 Good，2. 仿 Bousquet，余仿郑州粮食学院等）

被污染的面粉带有一种极难闻的霉臭味。成虫寿命为 226～547 d，雄虫寿命最长可达 3 年。据报道，食物充足时成虫的寿命短，而食物不足时反而长，但在绝食情况下寿命并不延长。

赤拟谷盗各虫态的发育期与温湿度和食物的不同而异。一般来说，温度对各虫态的发育期影响较湿度明显，食物的种类对成虫和幼虫的生存及幼虫期的长短影响较大。如 20～40℃时，卵的孵化率及卵期的长短不受湿度的影响。在 35℃时卵的孵化率最高，37.5℃平均卵期最短；但卵在 40℃和 10% RH 或 15～17.5℃和 10%～90% RH 时不孵化。用小麦类饲喂幼虫，发育的最适温度为 35℃，在 100% RH 时幼虫期最短，平均为 11 d。在 20℃与 10% RH、30% RH、90% RH 时幼虫均不化蛹而死亡。用花生仁饲喂幼虫，即使在与用小麦饲喂时相同的温湿度下，幼虫发育较慢，死亡率也较高。在相同温湿度下，用全麦粉比用玉米粉、米粉饲喂的幼虫发育较快，死亡率也较低，而且由此幼虫发育成的成虫产卵量也大，如饲喂全麦粉者平均产卵量 298 粒，饲喂玉米粉者平均产卵量为 169.6 粒，饲喂米粉者平均产卵 47.4 粒。

据报道，在 10℃时有部分幼虫能生存 20 周；在 0℃时各虫态 1 周内均死亡。粮食储藏于 0.5～5℃下，经 1 个月各虫态均可死亡。

经济意义：赤拟谷盗的食性复杂，危害的范围很广，如稻谷、小麦、玉米、高粱、豆类、薯干、油料、干菜、干果、药材、豆饼、麸糠、大米、小米、面粉、酒曲等，其中对粉类和油料危害最严重。赤拟谷盗是面粉加工厂的重要害虫之一。可栖息在面粉加工车间、成品库、麸皮库危害。由于成虫可分泌臭液污染粮食，当此虫大量发生时，会使被污染物产生一种极难闻的霉臭味。面粉被严重污染后往往结成块状，产生腥臭味，颜色也发生变化，无法食用。

分布：世界性分布；国内各省区。

二十三、杂拟谷盗 *Tribolium confusum* Duval(图 7-22)

英文名： confused flour beetle

分类地位： 鞘翅目(Coleoptera)拟步甲科(Tenebrionidae)

形态特征： 成虫体长 2.6～4.4 mm，形似赤拟谷盗，其主要区别：

(1) 触角末端 5 节膨大。

(2) 两颊在复眼处明显突出，颊与复眼相交处隆起形成脊。

(3) 腹面观两复眼距离较宽，为复眼直径的 2～3 倍。

赤拟谷盗 *T. castaneum* 与杂拟谷盗 *T. confusum* 极为相似，其主要区别如表 7-4。

生活习性： 一年发生 5～6 代，每代平均需 42～70 d，多以成虫群集越冬，以幼虫越冬者少。越冬场所与赤拟谷盗相同。

成虫羽化后 1～3 d 开始交尾，6～9 d 开始产卵，雌虫在适宜环境中，一年平均产卵 1000 粒，卵散产在粮食表面、裂缝或碎屑中。

成、幼虫耐饥能力均强，在无食料的条件下雌虫可维持生命 18 d，雄虫可维持 13.6 d。成虫喜黑暗，不善于飞翔，有群集、假死和分泌臭液的习性。

发育最适温度为 28～30℃，最低温度为 17℃，最高温度为 35℃。在发育适温范围内，卵的孵化率一般为 80%～90%。

表 7-4　赤拟谷盗与杂拟谷盗的主要形态区别

虫态	比较部位	赤拟谷盗	杂拟谷盗
成虫	触角	锤状，末 3 节明显膨大	棍棒状，自基部向端部逐渐膨大，其中至少可见 5 节是明显膨大的
	复眼腹面	复眼较大。腹面观，两复眼间的距离约等于 1 个复眼的横直径	复眼较小。腹面观，两复眼间的距离约等于 3 个复眼的横直径
	复眼侧面	侧面观，复眼被颊外侧分割后所剩留的最窄部分约为 5 个小眼面的宽度	侧面观，复眼被颊外侧分割后所剩留的最窄部分约为 1 个小眼面的宽度
幼虫	气门上线	气门上线全部都比较明显	气门上线仅在气门上方比较明显
	臀叉	臀叉自基部向端部逐渐缩小成一个尖	臀叉基半部较粗，然后由此向端部逐渐缩小成一个尖

经济意义： 食性复杂，危害禾谷类、米类、油料、豆类糠麸以及其他储藏物品，其中以面粉、玉米、油料受害最严重。成虫有臭腺能分泌臭液，故大量发生时，致使被害物发生霉臭味，被害面粉结块。色污、味臭、不能食用，是面粉厂及粉类储藏库中的重要害虫。

分布： 世界性分布。国内各省区。

二十四、黄粉虫 *Tenebrio molitor* Linnaeus(图 7-23)

英文名： yellow mealworm

分类地位： 鞘翅目(Coleoptera)拟步甲科(Tenebrionidae)

形态特征： 体长 14～18 mm，长椭圆形，黑褐色，有脂肪样光泽。触角棍棒状，第 3 节的长度为第 2 节的 2 倍，短于 1、2 节之和，末节长宽相等。前胸背板宽大于长，背板上的刻点密而均匀，且光滑。靠近后缘中间背面的"一"形横沟或隆脊不明显。鞘翅末端较圆滑。

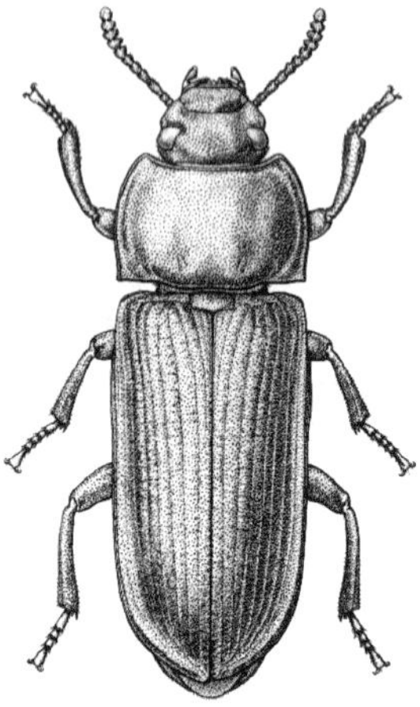

图 7-23　黄粉虫
（仿 Bousquet）

生活习性： 一般情况下一年发生 1 代，个别情况下两年 1 代或一年 2 代。成虫在羽化后 2～5 d 内交尾，平均产卵量 276 粒（最多 1 头雌虫能产 600 粒），每天产卵可多达 40 粒。成虫寿命月 2 个月，卵期 4～19 d，幼虫期 281～629 d，幼虫有 7～20 龄，蛹期 6～18 d，取决于温度、食物、幼虫密度等环境条件。黄粉虫以幼虫在仓内阴暗潮湿处、各种缝隙内及粮底粉尘中越冬。在我国北方，越冬幼虫在 5 月上旬开始活动，中旬化蛹，下旬见成虫。成虫喜夜间活动，爬行迅速，善飞。黄粉虫繁殖的适宜温度范围是 18～30℃，相对湿度范围是 60%～90%。幼虫既抗低温又抗干燥，在极干燥的条件下进入休眠状态可存活很长时间。

经济意义： 主要发生在米、面、油和综合加工厂的地板缝隙及墙根死角处，粮食、食品、中药材等仓库的铺垫物下和器材库中。

分布： 世界性分布；国内黑龙江、辽宁、吉林、内蒙古、甘肃、河北、山东、四川、山西等省（区）。

二十五、黑粉虫 *Tenebrio obscurus* Fabricius（图 7-24）

英文名： dark mealworm

分类地位： 鞘翅目（Coleoptera）拟步甲科（Tenebrionidae）

形态特征： 体长 14～18.5 mm，长椭圆形，暗褐色至黑色，无光泽。触角第 3 节长为第 1、2 节之和，为第 2 节的 3 倍或为第 4 节的 2 倍。前胸背板长宽约相等，上面的刻点特别密。鞘翅刻点密，刻点行间有大而扁的颗粒，末端略尖。

生活习性： 一年发生 1 代，以幼虫在仓内缝隙、地板下、底粮中、碎屑杂物内以及其他阴暗处越冬。在我国北方，5 月份越冬幼虫开始活动、化蛹并出现成虫。平均产卵 403 粒，幼虫有 12～22 龄。成虫负趋光性，喜夜间活动，幼虫和成虫均有自相残杀习性。

经济意义： 取食腐败、陈旧的谷物及其加工品，也取食面粉、麦麸、面包等。在仓内及面粉厂，该虫对谷物及其制品并不造成严重的危害，其存在是储藏条件欠佳的标志。

分布： 世界性分布；国内黑龙江、辽宁、吉林、内蒙古、新疆、山西、河北、山东、江苏、浙江、湖南、安徽、四川、贵州、广东、福建。

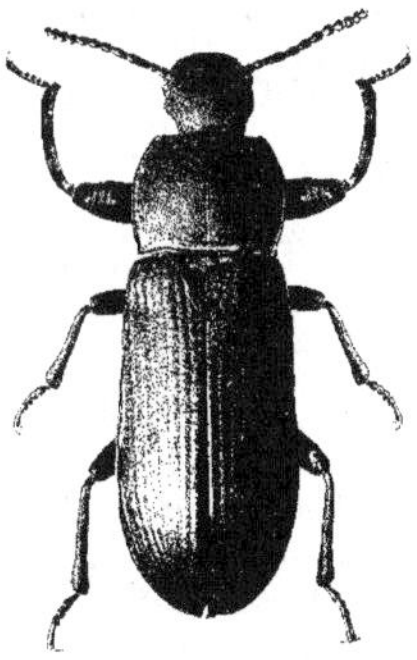

图 7-24　黑粉虫

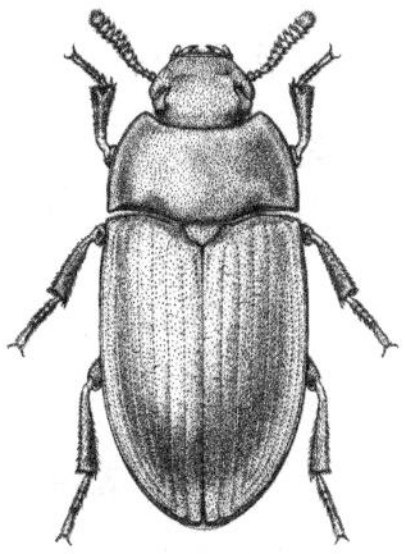

图 7-25　黑菌虫
（仿 Bousquet）

二十六、黑菌虫 *Alphitobius diaperinus* Panzer(图 7-25)

英文名： lesser mealworm

分类地位： 鞘翅目(Coleoptera)拟步甲科(Tenebrionidae)

形态特征： 体长 5.5～7 mm，椭圆形，深黑色，有光泽。触角从第 5 节开始向内侧逐渐扩展呈锯齿状。复眼仅一部分被颊分开，剩余部分为 3～4 个小眼面宽。前胸背板两侧(从中部到基部不缩窄，从中部到端部缩成圆形)不呈弧形，后缘前方平坦无凹陷现象。中胸腹板前端的“V”形脊光滑发亮，第 1 腹板突无边隆脊。前足胫节末端向外侧扩展明显。

生活习性： 一年多发生 1～3 代。以成虫或幼虫聚集在仓内各种阴暗壁角、砖石木板下、尘芥杂物中或粮食碎屑内越冬。成虫有群栖性、趋光性、假死性及同类自残现象，喜食潮湿谷物和霉菌。成虫寿命在最适条件下长达 1 年，一般为 2～3 个月。羽化后 5～7 d 开始交尾产卵，卵散产于粮食表面，或集中产在各种缝隙及粮粒间，每头雌虫产卵近千粒。卵期 18℃下平均 18 d，32～34℃下平均 3 d。幼虫有群栖性、假死性、趋光性，在 17℃以上开始发育。最适发育温度为 32℃，在 32℃下幼虫期 30 d，蛹期约 4 d，完成一个发育周期约 40 d。

经济意义： 主要发生在粮油加工厂或综合加工厂，粮食仓库粮堆底层，墙壁缝隙、燕子、蝙蝠的窝中，中药材、食品、土特产、酿造、皮革、外贸等仓库。

分布： 世界性分布；国内河北、内蒙古、黑龙江、吉林、辽宁、陕西、宁夏、云南、贵州、广东、广西、河南、上海、江苏、浙江、江西等省(区)市。

二十七、姬粉盗 *Palorus ratzeburgi* Wissmann(图 7-26)

英文名： small-eyed flour beetle

分类地位： 鞘翅目(Coleoptera)拟步甲科(Tenebrionidae)

形态特征： 体长 2.4～3.0 mm，宽 0.9～1.0 mm，褐色至暗褐色，有中等强的光泽。头布中等密的刻点；颊不突出不隆起，与唇基几乎位于同一水平，稍高于触角着生

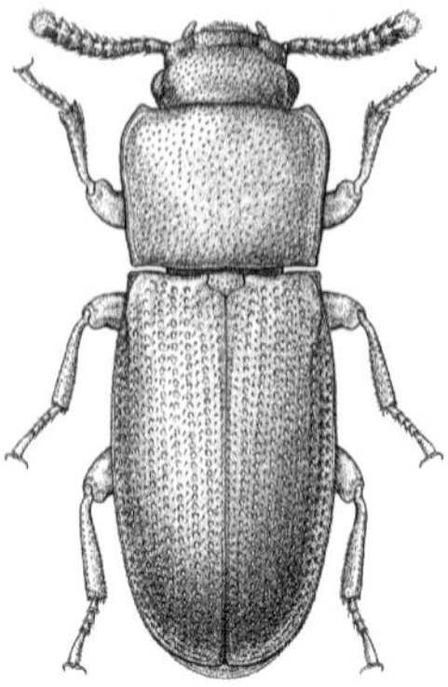

图 7-26　姬粉盗
(仿 Bousquet)

处；复眼小，背面观，复眼长度不大于小盾片的宽度；眶上脊十分突出。前胸背板宽大于长，最宽处位于近端部，有时两侧缘近平行；中区刻点小，刻点间距约为 4～5 个刻点直径，两侧刻点粗大，刻点间距为 1～2 个刻点直径。鞘翅有刻点行，行间扁平且有 1 行刻点。

生活习性：大量生活于树皮下。在粮仓内也普遍发生，取食谷物象虫形成的粮食碎屑，因此多与玉米象、米象生活在一起。

相对湿度在 70％以下时，幼虫期随湿度增加而缩短。但当相对湿度 70％以上时，大量霉菌滋生，对食物有影响。在 25℃及 30℃的温度下，幼虫能耐干燥的条件，在相对湿度 20％时仍能正常发育，但在相对湿度 10％的条件下不能发育。在 30℃及相对湿度 90％的条件下幼虫也不能完成发育，可能由于霉菌大量滋生之故。

经济意义：为第二食性害虫，取食储藏的谷物及面粉等。

分布：吉林、黑龙江、辽宁、内蒙古、河北、山东、山西、陕西、河南、湖北、湖南、江苏、浙江、福建、江西、四川、广东、广西、贵州、云南。

二十八、白腹皮蠹 *Dermestes maculates* Degeer(图 7-27)

英文名：hide beetle

分类地位：鞘翅目(Coleoptera)皮蠹科(Dermestidae)

形态特征：成虫体长 6～10 mm，长椭圆形，黑褐色至黑色，雌虫个体略大。下口式，无单眼。触角锤状，11 节，末端 3 节膨大。前胸背板密布细小刻点，两侧缘与端缘密被白色或黄白色毛，由此形成一条较宽而倒伏的黄白色或白色毛带。鞘翅长，覆盖至腹末，鞘翅内缘末端各具一尖锐的刺，其刺的两外侧各有数个短刺。腹面密被雪白色倒伏状毛，唯前胸前背折缘后部 1/4～1/3 及中胸腹板侧缘被黑色或黄褐色毛，后胸前侧片侧缘中部有一个黑色椭圆形毛斑。每腹节腹面各具一黑色圆形毛斑，第 5 腹板末端有一个“八”字形白毛斑。雄虫第 4 腹板中间有一毛窝，窝中间着生一束褐色毛刷。

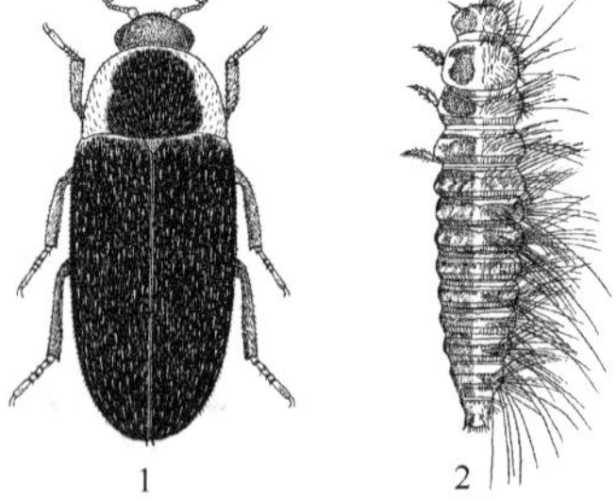

1　　2

图 7-27　白腹皮蠹
1. 成虫；2. 幼虫
(1. 仿张生芳，2. 仿 ЖантцВ)

幼虫爬虫式，圆锥形，除头部外13节，老熟幼虫体长约10～15 mm。头部大，黑褐色，两侧各具单眼6个，排列成环状；触角3节。背面隆起，腹面略平坦，自胸部至腹末逐渐缩小，末端近于截形。胸腹部各节骨化部分呈褐色至黑褐色，背中线宽而明显，但不连续，淡黄褐色，终于第9节。第一对气门位于中胸前缘。第9腹节背面着生一对臀叉，臀叉基部粗，并突然收缩变细，至端部逐渐收缩成尖，侧面观其末端向前上方弯曲。足褐色，胫节后面末端上部具一根长刚毛，下部具一根粗刺，在长刚毛与粗刺之间无细刺或刚毛。

白腹皮蠹 *D. maculates* 与拟白腹皮蠹 *D. frischii*、赤毛皮蠹 *D. tessellatocollis* 在外部形态上极为相似，三者的主要区别见表7-5。

表7-5　白腹皮蠹、拟白腹皮蠹及赤毛皮蠹的区别

虫态	比较部位	白腹皮蠹	拟白腹皮蠹	赤毛皮蠹
成虫	前胸背板	前胸背板两侧缘与端缘毛形成一条较宽而倒伏的毛带	前胸背板两侧白毛带的基部各有一个卵圆形黑色毛斑	前胸背板和鞘翅基部被赤褐色毛，前胸背板上的毛不规则地指向各个不同方向
	鞘翅内缘末端	鞘翅内缘末端各具一尖锐的刺，其刺的两外侧各有数个短刺	鞘翅内缘末端未向后突出成刺状，末端边缘无细小而尖的锯齿	同拟白腹皮蠹
	第5腹板	第5腹节腹板末端有一“八”字形白毛斑	第5腹节腹板白色毛斑呈倒“凹”形	第5腹节腹板末端有一“V”形黑色毛斑
幼虫	背中线	背中线宽而明显，但不连续，淡黄褐色，终于第9节	背中线宽阔而完整，自前胸纵贯背中央而终于第9腹节后缘处	背中线宽阔而完整，自前胸纵贯至末节
	腹末臀叉	臀叉基部粗，并突然收缩变细，至端部逐渐收缩成尖，侧面观其末端向前上方弯曲	侧面观，臀叉向上方弯曲	同白腹皮蠹
	胸足胫节	胸足胫节后面末端上部长刚毛与下部粗刺之间无细刺或刚毛	胸足胫节后面末端在上部长刚毛与下部粗刺之间具1根或2根细刺或细刚毛	同白腹皮蠹

生活习性：白腹皮蠹在条件适合的情况下，每年可发生6代；在不利的条件下，完成1代可长达数年；各种虫态都可以越冬。成虫可短距离飞翔，有假死性，寿命为60～90 d。幼虫有较强的负趋光性、群集性和假死性。在虫口密度高或食物缺乏时，幼虫常发生自相残食现象。

白腹皮蠹的最低发育温度为20℃；最适发育温度为30～35℃；发育的最低相对湿度为30%；最适相对湿度为70%。在21.3～23.7℃时，雌虫产卵可持续60 d，产卵量为198～845粒；时卵期在27℃时为3 d，在22～23℃时为5 d。在23℃、40% RH时，幼虫期为44 d，蜕皮6～11次。温度升高可导致幼虫期缩短，相对湿度由70%增加到100%，幼虫的蜕皮次数可由7～8次减少到5次。在25℃时，蛹期8 d；在28～30℃时，整个发育周期为55 d。

经济意义：主要危害动物性储藏物品，如危害多种肉类和鱼类加工品、动物性药材、动物标本、皮革及其制品等。老熟幼虫有开凿蛹室的习性，可对建筑物的木质部分、软木塞、硬纸板、棉花、亚麻、石棉甚至铅块等造成额外的损失。

分布：世界性分布；国内各省区普遍发生。

二十九、黑毛皮蠹 *Attagenus unicolor japonicus* Reitter(图 7-28)

英文名：black carpet beetle

分类地位：鞘翅目(Coleoptera)皮蠹科(Dermestidae)

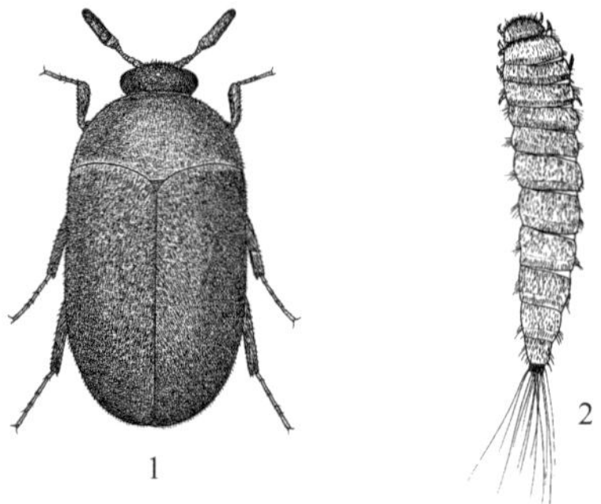

图 7-28　黑毛皮蠹

1. 成虫；2. 幼虫

(1. 仿张生芳)

形态特征：成虫体长 3～5 mm，椭圆形，体壁为单一黑色，仅在前胸背板边缘与鞘翅基部被金黄色毛外，余为褐色毛。触角 11 节，触角棒 3 节。雌虫触角末节略长于第 9～10 节之和，雄虫触角末节大约为第 9～10 节之和的 3 倍。后足第一跗节短于第二跗节的一半，第二跗节与第五跗节等长，第三、四跗节几乎等长。

幼虫除头外，体为 12 节，爬虫式，圆锥形。体长 9～10 mm，背面隆起，密被带色刚毛，刚毛长而尖，深褐色。尾部背面无臀叉，有长毛一束。每根刚毛具 2 条纵纹。

黑毛皮蠹 *A. unicolor japonicus* 与短角褐毛皮蠹 *A. unicolor simulans*、暗褐毛皮蠹 *A. brunneus* 的主要区别见表 7-6。

表 7-6　黑毛皮蠹和短角褐毛皮蠹、暗褐毛皮蠹成幼虫外部形态的主要区别

虫态	比较部位	黑毛皮蠹	短角褐毛皮蠹	暗褐毛皮蠹
成虫	体色	单一黑色	前胸背板暗褐色，其余部分红褐色	同短角褐毛皮蠹
	刚毛	前胸背板侧缘、后缘及鞘翅基部着生暗褐色毛	背面被多数金黄色毛，鞘翅后部混生暗色毛	背面着生暗褐色毛，有时仅鞘翅基缘着生少量淡色毛
	雄虫触角	雄虫触角末节大约为第 9～10 节之和的 3 倍	同黑毛皮蠹	雄虫触角末节大约为第 9～10 节之和的 4 倍
幼虫	刚毛	刚毛单一，深褐色，每根刚毛具纵纹 2 条	同黑毛皮蠹	刚毛颜色较淡，有两种毛，一种简单呈针状，另一种呈柳叶状，上面具 5 条纵纹

生活习性：一般情况下，黑毛皮蠹一年发生 1 代。完成一个世代至少需要 6 个月，长者可达 3 年。成虫常发生于 4～8 月，幼虫出现于 6～9 月，蛹出现于来年 4～6 月。成虫常常飞到室外，取食花粉、花蜜或菌类补充营养后，在野外或飞回室内进行交尾，然后再在储藏物中产卵。雌虫产卵量为 50～100 粒。在 18℃、24℃和 30℃时，卵期分别为 22 d、10 d 和 6 d。在 25～30℃时，幼虫期为 65～184 d。在 18℃、24℃和 30℃时，蛹期分别为 18 d、9 d 和 5.5 d。在 29℃时，成虫的寿命为 15～25 d。

幼虫有负趋光性，常群聚于地板、砖缝、仓内墙角、铺垫物、加工厂的机座下等处越冬。幼虫蜕皮次数差异较大，少的仅蜕皮 6 次，多者可多达 20 次。蛹化于老熟幼虫的皮蜕内。幼虫喜潮湿，耐饥饿能力很强，在食物极端缺乏时，常以自身蜕的皮为食物维持生存。

经济意义：食性复杂，但主要危害动物性储藏物，如皮张、干鱼、海产品、动物性中药材、毛呢、地毯、羽毛制品等，也危害成品粮和油料、蚕丝和动物标本等，是中药材、粮食、食品、家庭储藏物品的主要害虫。

分布：朝鲜、日本、蒙古。国内东半部大部分省区。

三十、药材甲 *Stegobium paniceum* (Linnaeus)（图 7-29）

英文名：drugstore beetle

分类地位：鞘翅目(Coleoptera)窃蠹科(Anobiidae)

形态特征：成虫体长 1.7～3.4 mm。长椭圆形，体黄褐色至深赤褐色，密生倒伏状毛和稀的直立状毛。头下口式，被前胸背板遮盖。触角 11 节，末端 3 节扁平膨大、松散；末 3 节长度之和约等于其余 8 节的总长。前胸背板明显隆起，背面观近三角形，最宽处位于前胸背板基部。鞘翅完全遮盖腹末，肩胛突出，鞘翅有明显的刻点行。

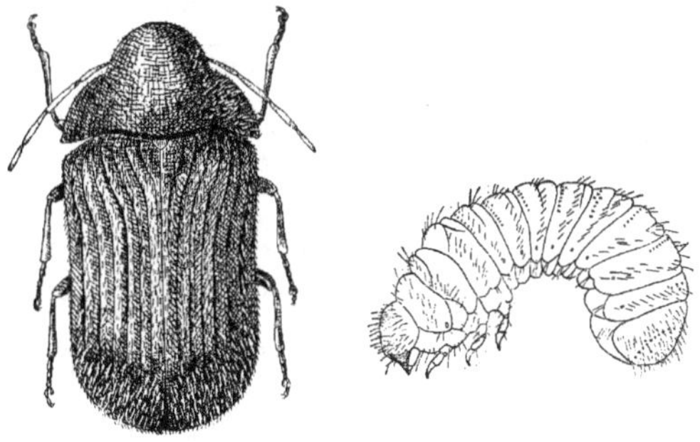

1　　　　2

图 7-29　药材甲

1. 成虫；2. 幼虫

(1. 仿 Lepesme)

老熟幼虫体长约 3.5 mm，弯弓式。乳白色，头淡褐色，体被直立的黄色细毛。腹部除第十节外，其余各节都具一排横向排列的骨化微刺。肛前骨片不明显或全缺。

生活习性：通常每年发生 2～3 代，在温暖地区可达 4 代以上，在寒冷地区一年 1 代或完不成 1 代。通常以幼虫越冬。幼虫有 4 龄。在 22～25℃下，卵期 10～15 d、幼虫期 50 d、蛹期 10 d。温度 17℃时，完成 1 代约需 200 d。发育温度范围为 15～35℃，最适温度为 25～28℃；相对湿度范围为 30%～100%，最适相对湿度 95%。成虫羽化后 2 d 开始产卵，每头雌虫产卵 20～200 粒。卵集中产于寄主表面，尤喜产于皱褶及裂缝部位。成虫寿命 13～85 d。

经济意义：可危害粮食、食品、中药材等，也是图书、档案的重要害虫。

分布：世界性分布；国内大部分省区。

三十一、烟草甲 *Lasioderma serricorne* (Fabricius)(图 7-30)

英文名： cigarette beetle

分类地位： 鞘翅目(Coleoptera)窃蠹科(Anobiidae)

形态特征： 成虫体长 2～3 mm。卵圆形，红褐色，密生倒伏状淡色茸毛。头下口式，隐于前胸背板之下；触角淡黄色，短，第 4～10 节锯齿状。前胸背板半圆形，后缘与鞘翅基部等宽。鞘翅上散布小刻点，刻点不成行。前足胫节在端部之前强烈扩展；后足跗节短，第一跗节为第二跗节的 2～3 倍。

幼虫体长 3～4 mm，弯弓式。淡黄白色，体被白色细毛。头部黄褐色，额中央两侧各有一条纵向的深色斑纹。触角短小，1 节。第一对气门位于前胸后缘，其余 8 对气门等大。各腹节背面无骨化微刺。肛前骨片月牙形。

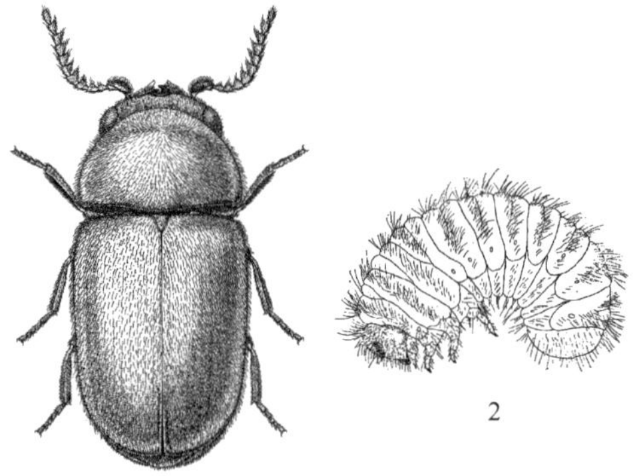

图 7-30　烟草甲
1. 成虫；2. 幼虫
(1. 仿 *Bousquet*)

生活习性： 每年发生 2～6 代。以幼虫在烟草、中药材碎屑或包装物上做一半透明的薄茧居于其中越冬。翌年当气温升到 20℃以上时开始活动取食，老熟后再结茧化蛹。该虫在温度高于 19℃、相对湿度高于 20%～30%的条件下即可生存繁殖，但最适宜的条件为 30～35℃及相对湿度 60%～80%。成虫交尾后不久即开始产卵，卵散产于烟草皱褶及中肋处，也可产于成品烟支的两端，或产于中药材碎屑、缝隙及容器壁等处。刚孵化出的幼虫十分活泼，具有负趋光性，孵化不久即蛀入烟叶中肋及成品烟或中药材等寄主内。成虫不取食，有假死性，畏光善飞。在温度 25℃、相对湿度 70%条件下，雌虫寿命 31 d，一生产卵 103～126 粒。

经济意义： 严重危害储藏的烟叶及其加工品，也危害可可豆、豆类、谷物、面粉、食品、中药材、干果、丝织品、动物性储藏物、动植物标本及图书档案等。

分布： 世界性分布；国内绝大多数省区。

三十二、印度谷螟(印度谷蛾)*Plodia interpunctella* (Hubner)(图 7-31)

英文名： Indian meal moth

分类地位： 鳞翅目(Lepidoptera)斑螟科(Phycitidae)

形态特征： 成虫体长 6～7 mm，静止时连翅长 9～10 mm。赤褐色。有喙，额前有一锥状鳞片脊，下唇须向前平伸。前翅长三角形，亚基线与中横线之间为灰黄色，其余为赤褐色并散生有紫黑色斑点。后翅灰白色。前、后翅缘毛均短。前翅 Sc 端部伸达前缘不明显，R 脉 3 根，R_3 与 R_4 愈合，缺 R_5 脉。M 脉 2 根，Cu 脉 2 根，A 脉 1 根。后翅 Rs 与 $Sc+R_1$ 脉自基部即愈合至翅端，有的在端部分离并伸达前缘。M 脉 2 根，M_3 与 Cu_1 共柄的交点位于中横线外方，A 脉 3 根。雄虫的抱握器长椭圆形，内侧近端部有一尖齿突。囊形突为抱握器长度的 1/2。爪形突不分裂。阳茎粗壮长炮弹形。雌虫交配节近似矩形，前、后棒几等长，交配囊为不规则的袋形，交配囊中有 4 个排列在一起的个骨化交配刺。

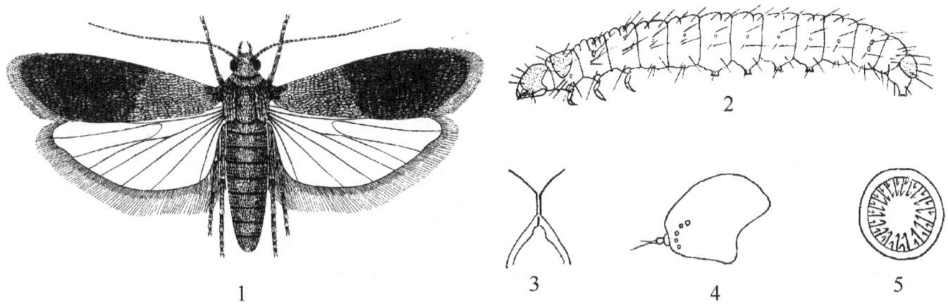

图 7-31　印度谷螟

1. 成虫；2. 幼虫；3. 幼虫颅中沟与额沟；4. 幼虫头部侧面；5. 幼虫腹足趾钩

（1. 仿 Martin，余仿陈启宗）

幼虫体长 11～14 mm，头赤褐色，前胸盾及腹末臀板淡黄色，其余各节为淡黄白色或黄绿色。头部颅中沟与额沟长度之比为 2∶1，单眼每侧 5 个。前胸气门群 2 根毛，中胸及第八腹节 ρ 毛（3 毛）基部有深色骨化环，其余各节各刚毛基部均无毛片。第三至六节腹足趾钩为双序环形。

生活习性：每年发生 4～6 代。以幼虫在包装物及梁柱、天花板、缝隙或仓内隐蔽的角落越冬，翌年春化蛹。成虫羽化后即行交尾和产卵，卵产于粮粒表面或包装物的缝隙中，单产或集产，每头雌虫可产 40～400 粒卵，平均 170 粒，卵通常在交尾后 4 天之内产完。成虫寿命 5～13 d。卵期 2～17 d。幼虫有 5 龄，幼虫期 13～288 d。老熟幼虫做茧，化蛹于其中。蛹期 4～33 d，平均 15 d。在低于 20℃或其他不利的条件下，某些幼虫可进入滞育，使生活周期延长。在温度 18～33℃及相对湿度 25%～95%的范围内，印度谷螟可顺利地完成发育和繁殖，最适条件为 26～29℃和相对湿度 70%～75%。1 个月内虫口的最高增长速率为 30 倍。

经济意义：为我国主要的储粮害虫之一，也是家庭最常发生的储藏物害虫之一。食性极杂，可危害各种谷类及其制品、豆类、油料、种子、干果、药材及昆虫标本等。幼虫喜食粮食的胚部及表皮，并吐丝结网，严重损坏储粮品质。

分布：世界性分布；全国各省区。

三十三、粉斑螟 *Cadra cautella* (Walker)（图 7-32）

英文名：almond moth

分类地位：鳞翅目（Lepidoptera）斑螟科（Phycitidae）

形态特征：成虫体长 6.5～7 mm，静止时连翅长 8～9 mm。灰黑色。有喙，下唇须发达，弯向前上方，可伸达复眼顶端。前翅长三角形，翅面暗灰色，近翅基 2/6 处即

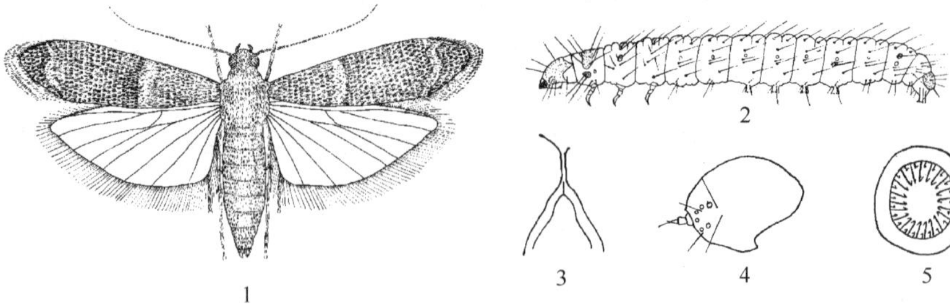

图 7-32　粉斑螟

1. 成虫；2. 幼虫；3. 幼虫颅中沟与额沟；4. 幼虫头部侧面；5. 幼虫腹足趾钩

（1. 仿 Martin，余仿陈启宗）

近内横线处从翅的前缘至后缘有一条淡色较宽而直的横带纹，紧靠该横带纹的外侧还有一条较直的黑色横纹，另外在翅端 1/6 处即亚缘线处有一条呈小波浪状的淡色纹。后翅灰白色。前、后翅缘毛均短。前翅 Sc 伸达前缘不明显，R 脉 3 根，R_3 与 R_4 愈合，缺 R_5 脉。M 脉 2 根，Cu 脉 2 根，A 脉 1 根。后翅 Rs 与 $Sc+R_1$ 脉自基部即愈合直至翅端，有的 Rs 与 $Sc+R_1$ 脉分离成短小的脉，终于前缘。M 脉 2 根，M_3 与 Cu_1 共柄的交点位于翅的中横线处，A 脉 3 根。雄虫的抱握器长椭圆形，内侧近中部有一齿尖指向尾后的齿突。囊形突为抱握器长度的 2/5。爪形突不分裂。雌虫交配节横长方形，前、后棒几等长，阴道内有细长纤维丝一束，交配囊壁上有排列成行的众多骨化的小刻点，囊底有 2～4 个骨化的小半月形的交配刺。

幼虫体长 12～15 mm，头赤褐色，前胸盾及腹末臀板褐色至深褐色，其余各节为乳白色或稍带粉红色。头部颅中沟与额沟长度之比为 2∶1，单眼每侧 6 个。前胸气门群 2 根毛，中胸及第八腹节 ρ 毛（3 毛）基部有深色骨化环，其余各节各刚毛基部均有深色毛片。第三至六节腹足趾钩为双序环形。

生活习性：一年发生 4 代。以幼虫结茧越冬，翌年春暖化蛹羽化为成虫，交尾产卵。卵产于被害物的表面。幼虫有吐丝结网或连缀食物并潜伏其中危害的习性，幼虫老熟后离开寄主食物，上爬至墙壁、梁柱、天花板及各种缝隙中吐丝结茧化蛹或越冬。一般在夏季完成一代需时 1～2 个月，如温度在 25℃时，完成一代需 41～45 d。在 0℃时，各虫态经一周即死亡。

经济意义：重要的储藏物害虫。幼虫可危害大米、玉米、麦类、高粱、各种粉类、豆类、花生、干果及中药材。

分布：世界性分布；全国各省区。

三十四、干果露尾甲 *Carpophilus mutilatus* Erichson（图 7-33）

英文名：confused sap beetle

分类地位：鞘翅目（Coleoptera）露尾甲科（Nitidulidae）

形态特征：体长 2.3～3.9 mm。背面稍隆起，两侧近平行。表皮淡锈褐色至黑色，略有光泽。触角第 2、第 3 节等长，第 8 节宽小于第 9 节宽的 1/2。前胸背板宽约为长的 1.5 倍，近基部处最宽。鞘翅两侧近平行，以端部 1/3 处最宽。前胸腹板中突无隆脊，前背折缘几乎无刻点而具小颗瘤。中胸腹板有 1 条光滑而略隆起的中纵纹。后胸腹板中足基节窝的后缘线与基节窝中部 2/3 平行，端部后弯，终止于后胸前侧片中部；腋区光滑无刻点。雄虫腹部有 6 个可见腹板，最末腹板中部凹陷。雌虫腹部 5 个可见腹板。

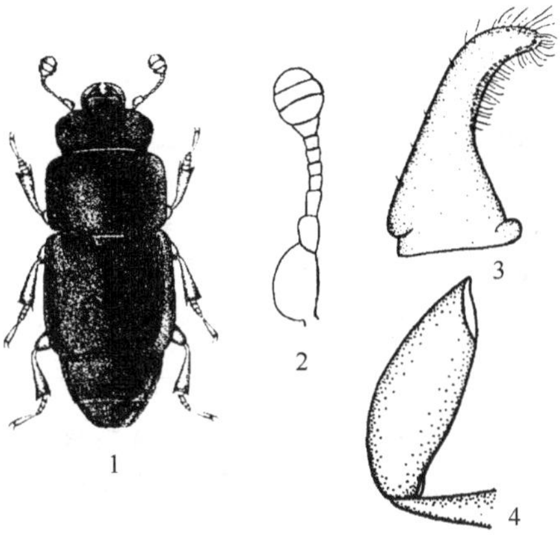

图 7-33　干果露尾甲

1. 成虫；2. 触角；3. 雄虫阳基侧突；
4. 雄虫后足腿节
（1. 仿 Bengston，2 ～4. 仿 Dobson）

生活习性：一般一年可繁殖数代，每代历期与温度有关，其幼虫共 3 龄，偶尔 2 龄，且喜高湿，多以老熟幼虫、蛹、成虫在田间土下及废弃物或仓内各种缝隙中越冬。成虫喜产卵于寄主表面的裂缝中，具有假死性及不同程度的趋光性，对腐败发酵气味有强趋性。成虫的传粉效能与数量在露尾甲科昆虫中最重要。其信息素现已被鉴定，当混有寄主挥发性的物质时，集合信息素诱集效果增强。

经济意义：危害储藏的椰干、果干、粮食、芝麻、花生等。

分布：世界性分布；国内大部分省区。

三十五、细胫露尾甲 *Carpophilus delkeskampi* Hisamatsu （图 7-34）

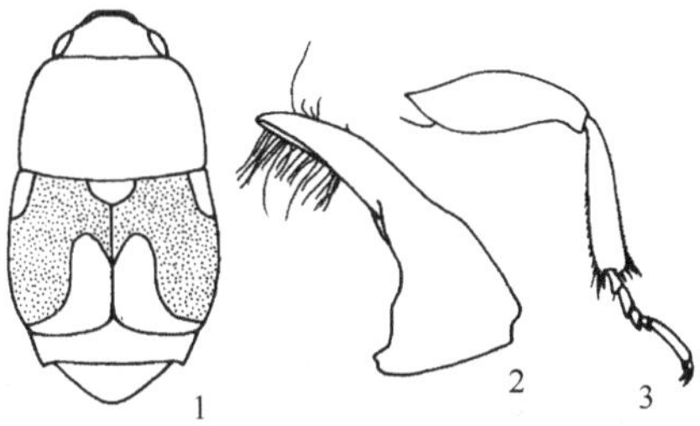

图 7-34　细胫露尾甲

1. 成虫背面观；2. 雄虫阳基侧突；3. 后足
（仿张生芳）

英文名：sap beetle

分类地位：鞘翅目（Coleoptera）露尾甲科（Nitidulidae）

形态特征：体长 2～4 mm，宽 1.5～2.0 mm，卵圆形，褐色至暗褐色。每鞘翅的肩部及端部各有 1 个不太鲜明的黄色斑，斑边缘不太清晰。体侧缘向外扩展较强，体长稍小于宽的 2 倍。后足胫节向端部方向不显著加宽，胫节两侧相对平行。雄虫阳基侧突显著狭窄，端部尖细。

生活习性：1 年可繁殖数代，每代历期与温度有关，其幼虫一般共 3 龄，多以老熟幼虫、蛹、成虫在各种缝隙中越冬。成虫喜产卵于寄主表面的裂缝中，主要是以幼虫在寄主体内危害，且体小色淡，药剂难以直接毒杀。

经济意义：广泛发生于粮仓、酿造厂、米面加工厂、中药材库及食品仓库。

分布：日本、菲律宾；国内黑龙江、辽宁、吉林、内蒙古、新疆、青海、甘肃、宁夏、山西、山东、河北、贵州、福建、广东、广西、云南。

三十六、拟裸珠甲 *Gibbium aequinoctiale* Boieldieu(图 7-35)

英文名：spider beetle

分类地位：鞘翅目(Coleoptera)珠甲科(Ptinidae)

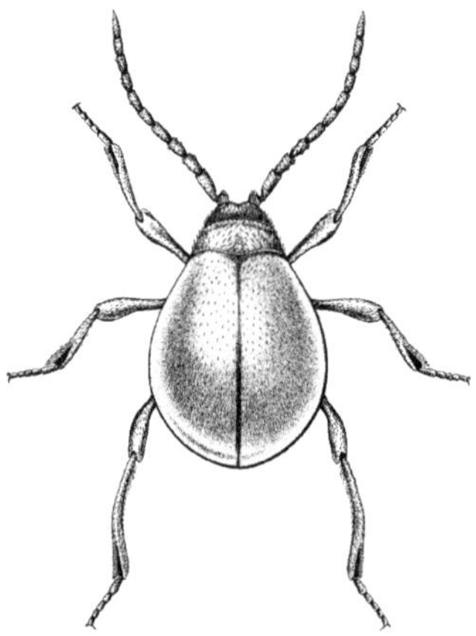

图 7-35　拟裸珠甲
(仿 Bousquet)

形态特征：体长 2～3 mm。棕红色，有强光泽，背面强烈隆起呈球形。头小，下垂；额区有一纵凹纹；在复眼上、下方和后方有许多条近平行的脊纹，伸达前胸背板前缘；两触角窝后缘在中央构成直角。前胸背板小，光滑、少毛、无刻点。鞘翅无毛，无刻点；两鞘翅愈合，并向两侧扩展包围腹部，翅宽约为腹部腹板宽的 3 倍。腹部狭窄，有 4 节可见腹板。

生活习性：每年发生 2 代，以成虫在粮食碎屑内、地板下及包装物缝隙中越冬。越冬成虫于次年 4 月中旬开始活动，第 1 代幼虫于 5 月上旬孵化，6 月中、下旬结茧化蛹，7 月上旬出现第 1 代成虫。第 1 代卵期 54.8 d，蛹期 12.6 d，共计 88.2 d。第 1 代成虫于 7 月中旬开始产卵，卵期 6.4 d，幼虫期 33.6 d，8 月下旬开始结茧化蛹，蛹期 9.4 d，9 月上旬出现第 2 代成虫。第 2 代发育共需 52.4 d。成虫行动迟缓，畏光，有假死习性。交尾、产卵和取食多在夜间。

经济意义：除危害储粮和面粉外，还危害某些动物性物质。

分布：世界性分布；在国内遍及各省区。

三十七、嗜卷书虱 *Liposcelis bostrychophila* Bodonnel(图 7-36)

英文名：book louse；cereal psocid

分类地位：啮虫目(Psocoptera)书虱科(Liposcelididae)

形态特征：体长 0.87～1.16 mm。身体一致的褐色至深褐色。每复眼具小眼 5～8 个，通常 7 个。腹部 3～7 节背板后缘均有浅色的膜质横带。前胸背板侧叶 SI 毛短小，稍长于或约等于周围小毛的长度；小毛 5～6 根，无 PNS 毛。前胸腹板前缘具 3～4 根末端平截的长刚毛，后半部两侧还各具 1 根长刚毛。中胸腹板前缘具长刚毛 6～9 根。头顶、胸部及腹部背板具中至大型瘤突，并常有由瘤突分隔形成的鳞状副室。下颚须末节近端部感觉毛 s 和 r 细长，其长度均超过邻近感觉毛的两倍以上。

本种与储藏物中常见的嗜虫书虱 *Liposcelis entomophila*(Enderlein)形态特征较为

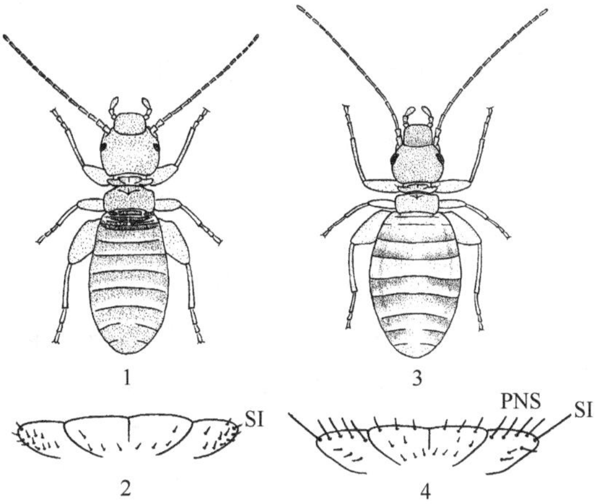

图 7-36　嗜卷书虱和嗜虫书虱

1. 嗜卷书虱成虫；2. 嗜卷书虱前胸背板；3. 嗜虫书虱成虫；4. 嗜虫书虱前胸背板

相似，两者之间的形态特征区别如表 7-7。

表 7-7　嗜卷书虱和嗜虫书虱的形态特征比较

比较特征	嗜卷书虱	嗜虫书虱
体色	一致的褐色至深褐色	体色黄褐色，腹部 3、4 节和 6～9 节背板通常有一褐色横带，横带中部有明显的间断
腹部 3、4 节背板后缘	有浅色膜质横带	无浅色膜质横带
复眼小眼数	5～8 个，通常 7 个	6～8 个，通常 8 个
前胸背板侧叶刚毛	SI 毛短小，稍长于或约等于周围小毛的长度；无 PNS 毛	SI 毛长，远长于周围小毛的长度；PNS 毛 3～5 根
前胸腹板刚毛排列	前缘具长刚毛 3～4 根，后半部两侧还各具 1 根长刚毛	前缘具长刚毛 4～7 根，后半部无刚毛

生活习性：生活于室内外，室内发现于储粮、书籍、厨房、昆虫标本、灰尘及多种储藏物中。此虫是目前发现的储藏物书虱中唯一孤雌生殖的种类，并为产雌性孤雌生殖，没有雄虫。发育历期经卵、若虫至成虫，若虫 3～4 龄。发育最适条件为 35℃、88% RH，此时完成一个世代仅需 22 d 左右，产卵前期平均 3.8 d。发育的高温极限温度为 38℃；在 32% RH 条件下不能存活。成虫一般将卵散产于生活环境中，每头成虫每天最多产卵 5 粒，通常 1～2 粒。一年多代，世代重叠。在 25℃、76% RH 条件下，以酵母为食物，成虫平均寿命为 175 d。

经济意义：此虫是储粮及其他储藏物的重要害虫，可危害多种储粮及其制品、图书档案、中药材及其他储藏物。由于其具有孤雌生殖和生活周期短的生物学特性，防治不彻底时，又可在较短的时间内形成较大的种群。

分布：世界性分布；国内河南、北京、陕西、山西、四川、云南、湖南、广东等省(区、市)。

三十八、腐食酪螨 *Tyrophagus putrescentiae*(Schrank)(图 7-37)

英文名： mold mite，cheese mite，mushroom mite

分类地位： 蛛形纲(Arachnida)真螨目(Acariformes)粉螨科(Acaridae)

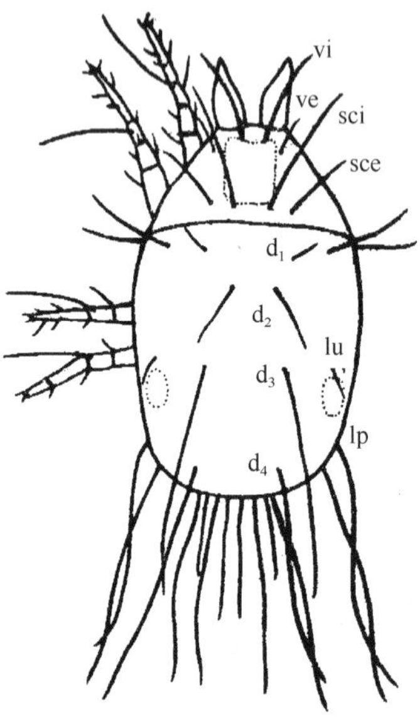

图 7-37　腐食酪螨（雄螨）

形态特征： 雄螨躯体长 280～370 μm，椭圆形。螯肢小，定趾和动趾各有 4 个齿。顶内毛(vi)前伸超过螯肢前端，顶外毛(ve)较顶内毛短，位置也较靠后。胛内毛(sci)较胛外毛(sce)长；背毛 d_1 最短，d_2 长约为 d_1 的 2～3 倍，d_3 和 d_4 很长，均伸出体末；前侧毛(lu)与 d_1 几乎等长。体末共有长刚毛 5 对。腹面观肛门两侧各有吸盘 1 个。跗节Ⅳ有吸盘 2 个，两个吸盘的位置恰好将该跗节分为三等份。基节上毛扁平，基部膨大，两侧有刺 10 余个。雌螨躯体长 320～480 μm，体躯毛序与雄螨相似。生殖孔从足Ⅲ基部伸至足Ⅳ之间，生殖褶约为生殖孔全长的一半。

生活习性： 腐食酪螨发育经过 5 个时期，即卵、幼螨、第一若螨、第三若螨和成螨。在进入第一若螨、第三若螨和成螨之前，各有一短暂的、不食不动的静息期。在 30℃、75% RH 条件下，该螨发育最快，完成一代平均需 9.2 d。在 27℃条件下，随着相对湿度的增加，发育速率加快；在 75% RH 下，温度的增加可明显加快其发育速率。该螨的发育始点温度为 7～10℃，发育上限温度为 35℃；相对湿度低于 55%，该螨不能完成发育。腐食酪螨一生可交配多次，通常在交配一天后开始产卵，平均每天产卵 20 粒左右。

经济意义： 腐食酪螨危害的范围极广，大量发生于脂肪、蛋白质含量高的储藏食品中，如奶粉、火腿、肉干、干酪、杏仁、葵花籽、花生等；也大量发生于小麦、稻谷、大米、面粉等各种粮食及其制品中；也发生于红糖、白糖、红枣、大蒜、烟草、中西成药及药材中。该螨不仅能造成储藏物的直接损失，还可以传播霉菌，人体接触后会产生皮炎或体内螨病，经它污染的饲料还可影响家畜的生长。

分布： 世界性分布；国内大部分省区均有发现。

三十九、粗脚粉螨 *Acarus siro* Linnaeus(图 7-38)

英文名： flour mite，grain mite

分类地位： 真螨目(Acariformes)粉螨科(Acaridae)

形态特征： 雄螨躯体长 320～460 μm，无色，颚体和足的颜色因食物和年龄而异，呈淡黄色或淡棕色。躯体的后缘圆滑。躯体上的刚毛细，有些稍有栉齿，顶内毛(vi)和胛毛(sc)的栉齿较多。前足体背盾阔，向后伸展几达胛毛。顶内毛延伸达螯肢顶端，顶外毛(ve)较短(不及 vi 长的 1/4)，位于靠近前足体背盾的侧角。胛毛约为躯体长约1/4，成一横排；胛外毛(sce)比胛内毛(sci)稍短。后半体背毛的长度与粗细和成螨形成之前所摄取食物的营养成分有关。营养差的食物所产生的成螨，其刚毛短且细；营养丰富的食物所产生的成螨，其刚毛长而粗。腹面，足Ⅰ的表皮内突在中线处愈合成胸板，足Ⅱ、Ⅲ和Ⅳ的表皮内突则是分离的。生殖孔位于基节Ⅳ之间。在肛门孔后端两侧有 1 对肛门吸盘，在肛门吸盘之前有 1 对前肛毛(pra)。螯肢有明显的齿，在肢基部有一锥形距，其前端为上颚刺。所有足的末端有发达的前跗节和梗节状的爪。足Ⅰ的膝节和股节增大，在股节腹面有一刺状突起，在突起上生有股节毛(vF)。在跗节Ⅰ和Ⅱ的第一感棒(ω_1)斜生，形成的角度很少超过 45°。芥毛(ε)形状像一个微小的丘突，着生在 ω_1 之前的一个小突起上。跗节Ⅰ顶端的刺 u 和 v 愈合成一个大刺。膝节Ⅰ的外膝毛(σ_1)比内膝毛(σ_2)长 3 倍以上。跗节Ⅳ的 1 对吸盘着生在靠近该节的基部，两个吸盘间的距离与吸盘的直径相等。雌螨体躯长约 350～650 μm，形状与雄螨相似。

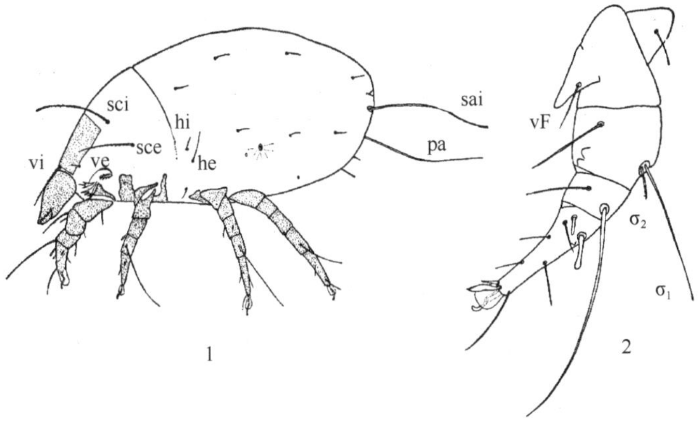

图 7-38　粗脚粉螨

1. 雄螨侧面观；2. 雄螨足Ⅰ内侧

(2. 仿沈兆鹏)

生活习性：粗脚粉螨可在加工的粮食制品中大量发现，也可在小麦、稻谷、大米、碎米、米糠等储粮中发现。在相对湿度 80%和温度 23℃的最适条件下，粗脚粉螨完成一个世代需 9～11 d。

经济意义：粗脚粉螨是重要的储藏物害螨之一，可危害谷物，使发芽力和营养价值都大为降低；同时，它们的排泄物和蜕皮严重污染粮食。曾在轧花厂的棉花短纤维和灰屑混合物中发现大量粗脚粉螨，能引起皮肤病。

分布：世界性分布；国内大部分省区。

思　考　题

1. 什么叫检疫性害虫？
2. 7 种检疫性储藏物害虫在世界上的分布如何？各自的经济意义如何？
3. 如何鉴别谷斑皮蠹和花斑皮蠹？
4. 如何鉴别鹰嘴豆象和灰豆象？

5. 如何鉴别玉米象、米象和谷象？这三种象虫在我国的分布情况如何？
6. 简述谷蠹的危害习性。
7. 如何鉴别蚕豆象和豌豆象？
8. 如何鉴别绿豆象和四纹豆象？
9. 简述麦蛾的危害、发育过程。
10. 如何鉴别锯谷盗和大眼锯谷盗？
11. 如何鉴别锈赤扁谷盗、长角扁谷盗和土耳其扁谷盗？
12. 如何鉴别赤拟谷盗和杂拟谷盗？两者对环境的要求有何差异？
13. 如何鉴别白腹皮蠹、拟白腹皮蠹及赤毛皮蠹？
14. 黑皮蠹、短角褐毛皮蠹和暗褐毛皮蠹在形态上有何区别？
15. 如何区分药材甲和烟草甲？各自的经济意义如何？
16. 如何鉴别印度谷螟和粉斑螟的幼虫？
17. 简述干果露尾甲的生活习性。
18. 简述黑粉虫的生活习性。
19. 简述黄粉虫的生活习性。
20. 简述黑菌虫的生活习性。
21. 简述拟裸蛛甲的生活习性。
22. 简述姬粉盗的生活习性。
23. 我国储藏物中常见的书虱有哪几种？如何鉴别？
24. 储藏物中的粉螨有何危害性？简述腐食酪螨的发育过程。

主要参考文献

白旭光，曹阳. 1997. 中国储粮书虱两新记录及两已知种补记. 北京：中国粮油学报 12(1)

白旭光. 1989. 腐食酪螨生活史的研究. 郑州：郑州粮食学院学报 10(4)

陈启宗，黄建国. 1985. 仓库昆虫图册. 北京：科学出版社

陈启宗. 1988. 我国蛾类仓库害虫的鉴别. 北京：中国农业出版社

陈耀溪. 1984. 仓库害虫. 北京：中国农业出版社

江西大学等. 1984. 中国农业螨类. 上海：上海科学技术出版社

李朝品，武前文. 1996. 房舍和储藏物粉螨. 合肥：中国科学技术大学出版社

姚康. 1986. 仓库害虫及益虫. 北京：中国财政经济出版社

张生芳，刘永平，武增强. 1998. 中国储藏物甲虫. 北京：中国农业科技出版社

赵养昌. 1966. 中国仓库害虫. 北京：科学出版社

郑州工学院粮油工业系. 1975. 贮粮害虫图册. 北京：科学出版社

郑州粮食学院等. 1984. 仓库昆虫学. 北京：中国财政经济出版社

中华人民共和国动植物检疫局，农业部植物检疫实验所. 1997. 中国进境植物检疫有害生物选编. 北京：中国农业出版社

Hinton H. E. 1945. A monograph of the beetles associated with stored products. British Museum (Natural Histry) London

Yves Bousquet. 1990. Beetles associated with stored products in Canada: A identification guide. Canada Governement Publishing Centre

第二篇　储藏物害虫综合治理

第八章　储藏物害虫综合治理策略

本章提要：

- 现代害虫治理策略提出的背景
- 害虫综合治理策略(IPM)简介
- 保粮方针和储粮害虫防治原则

第一节　现代害虫防治策略提出的背景

一、害虫防治发展简况

人类与害虫的斗争是伴随着人类的诞生与发展共存的，只是在初期的害虫防治中是无意识或潜意识的。自从人类进入农业社会以后，人类为了得到更多的食物和生活资料，与害虫之间的斗争从来没有停止过。同样，在人类有了剩余劳动产品需要储藏后，储藏物害虫的危害也同样发生了，对于储藏物害虫的防治活动也与之俱来。我国自古就将虫害与旱、涝并列为三大自然灾害，最早关于治虫问题的文字记载已有 3000 多年。在有机合成农药问世以前，害虫防治主要是自然防治和农业防治，储藏物害虫防治也是物理机械防治为主。

20 世纪 40 年代前后以 DDT 的发明和使用为标志，开始了害虫防治的有机农药阶段。DDT 是一种人工合成的杀虫效力十分显著的有机杀虫剂，比以前所用的砷素剂等毒性高出 10 倍左右。随后人们又陆续合成了多种有机磷制剂和氨基甲酸酯类杀虫剂。这些新类型的合成有机杀虫剂是如此的高效，以致多数人认为害虫防治的问题基本上解决了。只要用好它们，就可以消灭掉所有的害虫。

但是这一乐观的情景很快就破灭了。由于家蝇对 DDT 产生了抗性，在不到 10 年中，DDT 对它们十分有效逐渐变得基本无效，许多其他害虫也对 DDT 及其他一些有机杀虫剂发生了抗性。

同时出现的另一个问题就是这些新杀虫剂并不是对人畜、对其他动物完全无害的。有些杀虫剂的化学成分十分稳定，在环境中滞留很久，因此造成了环境的污染。它们的残留物杀死了自然界的鱼类、鸟类、节肢动物等，从而破坏了生态平衡。

除了这两个问题外，还有第三个问题。这个问题从害虫防治本身的角度来看，更为严重。这就是在施用了这些杀虫剂之后，害虫会再度发生，而且比原来发生的程度更为严重。这种现象称为“再增猖獗”。产生这种现象的原因在于这些杀虫剂具有广谱性，它不但杀死害虫，同时也杀死害虫的天敌。当天敌被杀死后，害虫就失去了自然控制，在再度繁殖时由于天敌的缺少，因而增殖得比原来的数量更多。

伴随而来的还有第四个问题，那就是由于这些杀虫剂的广泛应用，使一些本来危害不严重的害虫上升为主要害虫。这也是由于这些杀虫剂的广谱性，天敌被杀死的缘故。

二、“3R”问题与防治策略的提出

在害虫防治史上，有机杀虫剂的出现带来的一次革命，大大提高了防治害虫的效率。但是由于以上种种问题，它所获得的经济效益已大为减少。有人把这类新杀虫剂的问题归结为 3 个“R”，即害虫抗性(resistance)、药剂残毒(residue)和再增猖獗(resurgence)。

显然，DDT 等这一类新杀虫剂还是有效的，问题在于如何避免其不良副作用。这些不良副作用多数是由于用药过多、过频，甚至滥用所造成的。因此要尽量减少杀虫剂的应用，但更重要的是考虑构建新的害虫防治策略。从 20 世纪 60 年代以后，有 3 种新的防治策略被提出来，其中第三种策略是在前两种策略的基础上发展而来。这 3 种策略是：

害虫综合治理(integrated pest management)，简称 IPM；

全部种群治理(total population management)，简称 TPM；

大面积种群治理(area-wide population management)，简称 APM。

这 3 种策略有它们的共同点，即都企图改变及消除单独依赖杀虫剂的不良副作用，都主张各种防治方法的配合等，但是在基本哲学及具体策略上却有很大的差别。它们各自适用的对象害虫有所不同，各有其特点。

第二节　害虫综合治理(IPM)

一、IPM 的概念

IPM 是 1966 年在联合国粮农组织(FAO)及国际生物防治组织(IOBC)联合召开的会议上提出的，当时使用的名称是害虫综合防治(Integrated Pest Control，简称 IPC)，其定义为：“害虫综合防治是一套害虫治理系统，这个系统考虑到害虫的种群动态及其有关环境，利用所有适当的方法与技术，以尽可能互相配合的方式，来维持害虫种群达到这样一个水平，即低于引起经济危害的水平”。

1972 年在美国的环境质量会议(CEQ)上改为 IPM，其含义相同。其后又有很多学者对 IPM 下过定义，其含义基本相同。

1972 年，Rabb 为 IPM 下了一个简单的定义：“明智地选择及利用各种防治方法来保证生态方面、经济方面及社会方面有利的防治效果”。

1978 年，R. F. Smith 对于 IPM 下了一个较长的定义：“害虫综合治理乃是一个多学科的、偏重于生态学的对害虫种群的管理方法，它利用各种防治方法配合成为一个协调的害虫管理系统。在它的实施中，害虫综合治理乃是多战术的战略，但是在这些战术中，鼓励充分利用自然防治因素，而只是在必需时，才用人工的害虫防治方法”。

1979 年，马世骏对 IPM 所下的定义为：“综合治理是从生物与环境的整体观念出发，本着预防为主的指导思想，和安全、有效、经济、简易的原则，因地制宜，合理运用农业的、化学的、生物的、物理的方法，以及其他有效的生态手段，把害虫控制在不到危害的水平，以达到保证人畜健康和增加生产的目的。”

害虫综合治理还有许多其他人下的定义，但是大致意义相同。从系统科学的观点出发，可将害虫综合治理的含义概括如下：

“害虫综合治理是根据生态学的原理和经济学的原则，选取最优化的技术组配方案，把害虫的种群数量较长时间地控制在经济危害水平以下，以获取最佳的经济效益，生态效益和社会效益。”

二、IPM 的特点

由此可以看出，IPM 有以下几个特点：①不仅考虑防治的经济效益，还要考虑生态效益(生态平衡)及社会效益；②把害虫作为生态系统中一个组分，通过调节及控制生态系统中各个组分来达到控制害虫种群数量的目的；③容忍哲学。即允许少量不造成经济危害的害虫存在，不要求彻底消灭害虫；④各种防治方法的协调配合，而各种防治方法又必须与自然控制因素相协调。

三、害虫防治的经济阈值

害虫综合治理提出了两个概念，即经济危害水平(economic injury level，EIL)和经济阈值(economic threshold，ET)(图 8-1)。

(一) 经济危害水平

决定经济危害水平因素有防治费用(包括人工成本、机械损耗、物资费用)、产品单价、每头害虫所造成的产品损失以及防治效果等。可用公式表示如下：

$$经济危害水平\ (\text{EIL}) = \frac{P_i + A + B}{P_c IE}$$

式中：P_i—防治物资费用(元/kg)；

A—防治人工成本(元/kg)；

B—机械损耗(元/kg)；

P_c—产品单价(元/kg)；

I—每头害虫引起的产品损失(kg/头)；

E—防治效果(%)。

有了经济危害水平作为依据，结合害虫发展趋势的分析，就可以确定害虫的经济阈值。经济阈值也是一个害虫密度，在此密度时应实施防治，以防止害虫种群数量超过经济危害水平，造成损失。换言之，经济阈值就是在经济危害水平的基础上加上适当的保险系数，即稍低于经济危害水平。因此，这是一个报警水平，此时进行防治，费用一定小于收益；如果达到经济危害水平再去防治，费用就会超过收益。实际上，要精确地确定经济阈值还要考虑多方面的因素，还是一个比较复杂的问题。

（二）对经济危害水平的解释

经济危害水平有两种解释，一种是“能造成经济损失的害虫最低种群密度”，达到这一水平时，已经造成危害，因此不能允许害虫种群达到这个数量；另一种解释为：“一个临界的害虫密度，在这个密度时实施人工防治的成本刚好等于由于防治而得到的经济效益。”

根据经济危害水平的第一种解释，储藏物害虫的经济阈值应为零，因为只要储藏物中有一头害虫存在就会造成储藏物的损失。这与农业害虫不同，因为在作物上有少量的害虫存在并不一定会造成损失(如减产)。对于储粮害虫，IPM 的容忍哲学的防治策略是否合适有不同见解。一方面，因消费者对于粮食的要求是没有一个害虫；另一方面，由于粮仓害虫的自然控制因素极弱，不可能完全依赖天敌来控制残存的害虫，这似乎也就不需要容忍少量害虫的存在来维持自然控制。因此多数人认为这个观点不适用于储粮害虫。

而根据经济危害水平的第二种解释，储藏物害虫的经济阈值不一定为零，其具体数值的确定需考虑多种因素。因此，经济阈值不是恒定不变的，它随着环境条件、害虫种类及其危害程度、产品的价值变化等因素而改变。

为了研究分析害虫在生态系统中的地位，确定其是否有害，还要考虑害虫的平衡位置。所谓平衡位置(general equilibrium position ，EP)就是在自然条件下，害虫较长时间内的平均种群密度。

根据害虫的经济危害水平、经济阈值和平衡位置的分析，可以把生态系统中的害虫

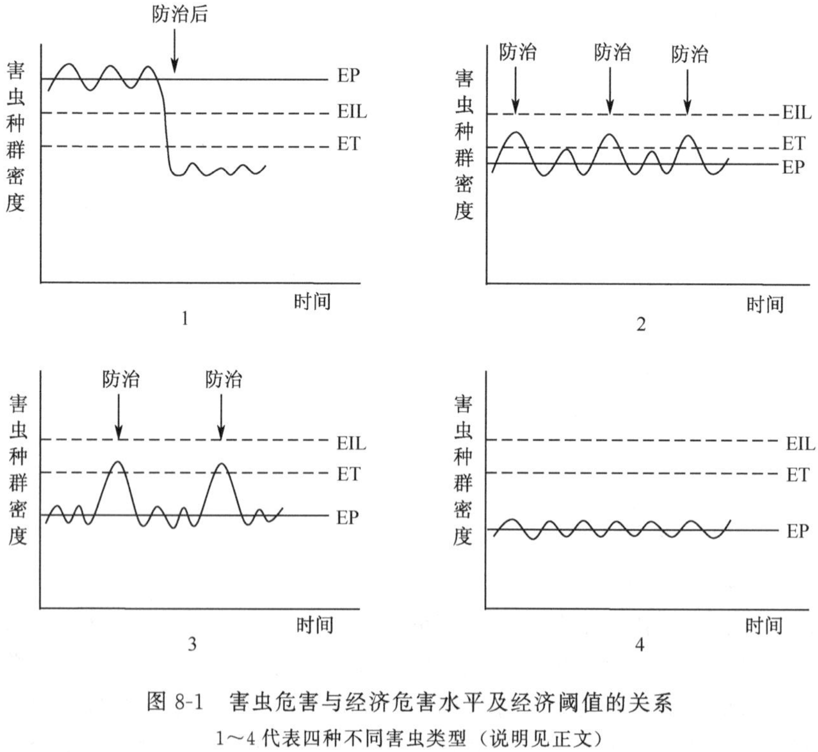

图 8-1 害虫危害与经济危害水平及经济阈值的关系

1～4 代表四种不同害虫类型（说明见正文）

划分为 4 类：第一类是平衡位置长期处在经济危害水平以上的(图 8-1 1)；第二类是平衡位置通常处在经济阈值附近的(图 8-1 2)，这两类均划为主要害虫；第三类是平衡位置有时达到经济阈值的，称为偶发性害虫(图 8-1 3)；第四类是平衡位置长期处在经济阈值以下的，称为潜在害虫(图 8-1 4)，后两类划为次要害虫。

储粮生态可以说是一个半封闭状态的生态环境，与其他开放的大田生态系统一样，有一定的物质、能量转换和信息传递，但它具有较强的相对稳定性和一定条件下的可人为控制性。在开放的生态中，由于能量、物质、信息交流频繁，很难控制某一规定区域达到无虫状态，而在储粮生态环境中在许多情况下可以通过某些因素的控制，做到零害虫密度是有可能的，如有效调节环境内气体组分、有效的物理机械处理、成功的熏蒸杀虫等。储粮中无害虫时其防治经济阈值也就无从谈起。当储粮中有少量害虫存在时，其直接的危害造成的损失与采取措施防治的成本相比通常是很小的，即如单从经济平衡的角度考虑，会允许有较大的害虫密度时才需要采取防治措施。但粮食是特殊的商品，因害虫存在还会造成粮食品质的下降、污染，以及因商品信誉而造成间接的但可能是更大的损失。所以，储粮害虫防治中，当害虫有少量存在时就要根据综合情况加以分析将要在什么时候进行有效防治，而不是其依其种群发生到较高密度的经济平衡点时再去治理。

四、TPM 和 APM 简介

（一）全部种群治理(TPM)

这个策略是 20 世纪 60 年代末、70 年代初在释放不育性雄虫防治害虫试验成功的基础上提出来的，它以“消灭哲学”为基础，主张在大面积上彻底消灭一种害虫。

Knipling 在美国的得克萨斯州利用释放不育雄虫防治羊皮螺旋蝇(*Cochliomyia hominivorax*)获得了成功。这同所有以前的防治方法都不相同，它不是化学防治，严格讲也不是生物防治，而是利用害虫本身的一种生理特性(生殖不育性)来防治害虫。但是其效果竟如此有效，竟然把这种害虫彻底消灭了，在害虫防治史上揭开了新的一页。

TPM 与 IPM 的第一个差异是“容忍哲学”与“消灭哲学”的差别。应该指出，这两个策略是对付两类不同的害虫的。对于农林害虫，允许它们少量存在，只要它们不造成经济危害是可以容忍的。但是对于蚊、蝇、虱、蚤类等害虫，它们也许可称为“真正的害虫”，因为它们给人们带来痛苦、疾病，甚至造成人畜的死亡，它们是不应允许与人共存的。因为用他们的话说，这些害虫的经济阈值等于零，每一个害虫都可能造成极大的损害。

对于储藏物害虫，它们应该属于哪一类呢？可能它们处于中间状态，可以容忍它们在田间存在，但又不能容忍它们在粮食中的存在，在粮食中，人们偏向于把它们彻底消灭。

IPM 和 TPM 的第二个差别就是对于经济效益、社会效益及生态效益的着重点不同。IPM 除了注意经济效益外，还强调生态效益和社会效益。对于经济效益，他们只要求达到当年不造成经济损失而不考虑长久的效益；TPM 虽然也注重生态效益和社会效益，但是他们对于经济效益看得更重。

IPM 和 TPM 的第三个差别是对生物防治及化学防治(以及物理防治)的看法不同。IPM 的支持者因为着重自然控制因子，不主张用化学防治法及物理防治法。因而，他们偏重于生物防治，认为这是加强自然控制的一种有效手段。同时，他们防治的目的也并不要求彻底消灭害虫，因而通过加强自然控制来达到降低害虫种群数量至不危害水平时即满足了。TPM 的支持者却正相反，他们承认化学防治有一些不良的副作用，要进行改进。但是他们认为，化学防治法仍是害虫防治武器库中目前最有效的武器。可行的一些物理法也有同样的优点。生物防治法只能作为害虫消灭措施中的一种辅助手段，从消灭害虫这一要求来考虑，生物防治基本上是无效的。对于储藏物害虫来说，既要用生态学原则来指导防治工作，也需要更新、更有效的防治技术。

(二) 大面积种群治理(APM)

20 世纪 80 年代初，害虫防治中的化学防治法有了很大的改进，基本上能防止杀虫药剂产生不良的副作用，残毒及影响自然种群等问题都逐渐得到了部分解决。在这时期，TPM 显示出对多数害虫还不适用，因为还没有有效地彻底消灭害虫的方法。所以，IPM 和 TPM 都必须做相应的改变。就在这个时期，提出了一个新的害虫防治策略，它综合了以上两个策略叫做大面积种群治理(APM)。提出的根据是 IPM 和 TPM 策略都有其优缺点，可以综合考虑，成为一个更实用的防治策略。

APM 既主张用生态学原则指导害虫防治，也同意用系统分析法决定经济阈值，作出防治决策。因此，在这些方面它与害虫综合治理是相同的。但是在防治的哲学基础方面，它却是主张消灭哲学，它承认目前对多数农作物害虫，彻底消灭还不易做到或不可能，因此它提出的是尽量消灭害虫。当达到经济阈值时要防治，而防治要尽量彻底，也就是不仅要求害虫数量达到不危害水平，而且要尽量做到尽可能地彻底消灭。

对于储藏物害虫来说，APM 这一新策略似乎更为实用。要应用生态学原则来防治害虫，在决定是否防治及如何防治时，要应用系统分析法来确定经济阈值及作出决策的选择。但是，在防治时要尽量消灭害虫，减少危害，取得最大的经济效益。从上面的讨论中已经可以看出，对于储粮害虫的防治，用这一策略是最为合适的。

最后必须指出，害虫防治的历史经历了许多阶段，新策略的提出往往是由于新的防虫技术的发现。反过来，策略的改变也促使防虫技术的改变。害虫综合治理这一策略的提出推动了生物防治法及抗虫品种等非化学防治法的发展。因此，防治策略及方法是相互影响的，但新技术的发展是更主要的因素。随着新技术的发展，相信将来的防治策略还会有相应的改变。

第三节 保粮方针和防治原则

一、保粮方针

我国现行的保粮方针是“以防为主，综合防治”。

在储粮害虫防治上，防和治是一个问题的两个方面，二者相互依存、相互补充，绝不是孤立的和对立的。

防是主动的、积极的，无虫时防感染，有虫时防扩散。因此，割断虫源、杜绝害虫的传播途径和防治害虫感染是储粮害虫防治的根本。

当储粮中的害虫达到经济危害水平时，必须果断采取有效的防治措施。所谓综合防治就是不能单独依赖某一种防治方法，同时应考虑储粮生态系统的各个因素，采取各种防治技术的最佳组配方案，尽可能地将害虫彻底消灭，取得最佳的经济效益、社会效益和生态效益。

储粮害虫的综合防治措施由害虫的预防、害虫的检测和害虫的除治三大部分构成（图 8-2）。

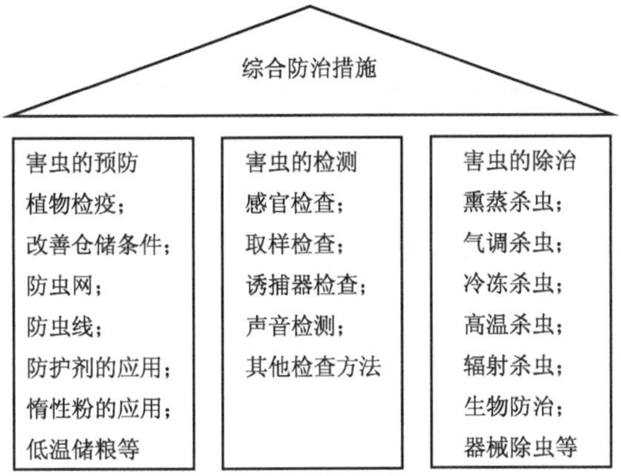

图 8-2　储藏物害虫综合防治措施构成示意图

二、防治原则

储粮害虫的防治原则是“安全、经济、有效”。

安全是采取任何一种防治手段的前提。首先是对人员的安全，防治措施的实施过程中及实施以后必须对人身是安全的，即不会对人类健康产生有害的影响。如采用化学药剂防治，在施药过程中必须有可采用的、有效的安全防护措施。另外，防治措施必须对防护对象是安全的，即不会产生药害或影响产品的品质。最后，防治措施对环境也必须是安全的，不能造成环境污染或破坏生态平衡。

经济是害虫防治的目的。因为防治害虫的最主要的目的是挽回因害虫危害而造成的经济损失。任何代价昂贵的防治技术在一般情况下是难以推广应用的，在保证安全、有效的前提下应采用最为经济的防治措施。

有效是防治的关键。特别是在开发一种新的防治技术时，首先考虑的是防治效果，如果没有效果或效果很差，安全和经济都无从谈起。

总之，在采取某种防治措施时，要权衡利弊，安全、经济、有效综合考虑。

思　考　题

1. 什么叫 IPM、TPM 和 APM？各自有何特点？

2. 经济危害水平和经济阈值是什么关系？

3. 如何理解保粮方针和防治原则？

主要参考文献

盛承发. 1989. 害虫经济阈值的研究进展. 昆虫学报，32(4)

王殿轩，邱丽华. 2006. 关于储粮害虫防治经济阈值的研究与思考. 粮食储藏，35(6)

张宗炳，曹骥. 1990. 害虫防治：策略与方法. 北京：科学出版社

张宗炳. 1994. 仓库害虫的治理策略：IPM、TPM及APM. 粮食储藏(2～3，增)

Sabio，G. C. et al. 1984. Establishment of economic threshold level in stored grains and preliminary trial on methacrifos as stack spray. Health and Ecology in Grains Post-Harvest Technology. Proceedings of the 7th ASEAN Technical Seminar on Grain Post-Harvest Technology. Semple，R. L. and Frio，A. S. Ed. 65～93

Stern V M. et al. 1959. The integrated control concept. Hilgardia，29(2)

第九章　管理防治与害虫检测

本章提要：

- 储藏物害虫的检疫防治
- 储藏物害虫的预防
- 储藏物害虫的检测

第一节　储藏物害虫的检疫防治

一、植物检疫的法规防治意义

（一）植物检疫与害虫的人为传播

某场所原来无虫而后来发生害虫的过程称为感染；害虫从发生地向未发生地的感染谓之传播。害虫的传播概括包括自然传播和人为传播。

自然传播是害虫利用自身的运动器官进行爬行、跳跃、飞翔等活动；或借助于自然界风、雨、气流、地表水系等流动；或依附于其他活物躯体移动从而进行传播。但这种传播不仅由于害虫自身活动能力有限，而且还受到天然屏障诸如高山、大海、沙漠等阻隔而难以逾越，因而这种自然传播一般表现为缓慢的和地域性的，但同时也是难以制止的。

人为传播是由于人们在生产上和生活上的需要，构成了害虫随同寄主植物和植物产品在地区之间移动，这就为害虫的传播人为地创造了十分有利的条件，它完全冲破了自然屏障的阻隔而畅通无阻。由于国际贸易、国内贸易的发展，科学技术合作的广泛开展以及人们相互之间各种交往的日益频繁，特别是大容量、快速先进交通运输工具的普遍采用，不仅大大提高了害虫的成活率而且使其一举可到达各大陆的腹地。所以人为传播是快速的、突发的和全球性的。但它有一个先决条件，害虫的传播只能在它的寄主植物移动过程中才能完成，既然这种移动是人为的，那么人们完全可以设置各种障碍来阻止其传播，从而达到防治害虫的作用，这就是植物检疫产生的根据和它所担当的任务。

（二）植物检疫的起源与发展

“检疫”这个词来源于拉丁文“quadraginta”，其原意为40。最早应用于检疫是在1403年，当时威尼斯共和国规定，凡从国外驶抵威尼斯港口的船只，必须强制在港外停泊40d，以便检查船上人员是否感染有威胁人们生命的黑死病、霍乱、肺鼠疫等传染性疾病。因为如果有被上述传染病感染的人员，在40d的时间内有可能通过潜伏期而显露病症，只有在未发现病症的条件下，方可允许船只靠岸、人员登陆。以后这种控制和防止有害虫生物传播的措施逐渐演变成为检疫措施。“quadraginta”也逐渐演变为不同的文字，例如意大利文的“quarantena”、英文的“quarantine”、法文的“quarantaine”

等。可以说检疫的概念首先被运用于对人的预防医学，继而又用于预防危险性动物传染病的传入，尔后又为植物保护所采用，应用于防止危害植物的有害生物的人为传播，并冠以植物检疫这个专用名词以示区别于卫生检疫、动物检疫等其他专业检疫。

植物检疫的起源一般可以追溯到1660年，法国里昂公布了铲除小檗并禁止小檗入境的命令，以防止小麦秆锈病的危害，这是最早公布的检疫法令。1878年法、德、奥、匈、瑞士和葡萄牙等六国订立了“国际防虫协定”，这也是国际植物检疫组织和法规的开端。1916年，在意大利举行的一次国际农业会议上建议与会各国成立植检机构，以防治病虫传播。联合国粮农组织(FAO)设有主管植物检疫工作的“植物生产与保护处”，负责有关植物检疫方面的工作，如组织各国制定和缔结“国际植物保护公约(IPPC)”、促进国际植物检疫工作的开展及促成和帮助建立区域性的植物检疫组织等。此后，世界各国先后建立了植物检疫制度。

中国的植物检疫起步于20世纪30年代。中国的棉纺工业在第一次世界大战期间和以后得到较大的发展，需要从美国引进长绒棉籽，而美棉上墨西哥棉铃象(*Anthonomu grandis*)危害甚烈，为防止因引种而传入，促使必须建立植物检疫。1934年10月由经济部批准公布了《输出入植物病虫害检疫实施细则》，公认为是我国最早的植物检疫法规，它标志着中国植物检疫开创之始。但在二战期间，迫使植物检疫一度停顿。

1954年中央对外贸易部根据国务院颁布的植物检疫暂行条例，制定了植物检疫对象名单；1957年颁布了《国内植物检疫试行办法》和《国内植物检疫害虫名单》；1973年外贸部、交通部和农林部报请国务院审批的联合通知中拟定了《中华人民共和国过境动植物检疫暂行条例》和《进口植物检疫对象名单》；1974年农林部制定了《中华人民共和国农林部对外植物检疫操作规程》；1980年农业部公布了《进口植物检疫对象名单》；1982年国务院颁布了《中华人民共和国进出口动植物检疫条例》；1986年对植物检疫对象名单进行了修改和增删。1991年我国正式颁布了《中华人民共和国进出境动植物检疫法》；农业部也公布了《危险性病、虫、杂草名录》；1996年国务院发布了《中华人民共和国进出境动植物检疫法实施条例》。

为适应我国加入WTO新形势的需要，国家质检总局与农业部共同重新制定了《中华人民共和国进境植物检疫性有害生物名录》。2007年5月28日，农业部以第862号公告发布了该名录，自发布之日起执行。

（三）植物检疫的定义及其特性

1. 植物检疫的定义

植物检疫目前还缺乏一致公认的定义，根据各国植物检疫权威人士所作的各种阐述加以归纳，一般说来是由一个国家的政府(有时是一个区域内的几个国家的政府)或政府的一个部门，通过立法，颁布具有强制性的植物检疫法规，对植物、植物产品、土壤、生物活体以及它们的包装材料、容器、填充物、运载工具等依法加以限制和实施检验，必要时采取各种除害处理或安全措施，其目的在于保护农业和环境免受有害生物的人为传播危害。

由此可见，对害虫的人为传播，植物检疫起着阻隔、防止、排除、制止等积极有效的作用。由于实施植物检疫的依据是法规和行政手段，故而人们又习惯地称之为法规防治或行政措施防治。

2. 植物检疫的特性

植物检疫的特性之一，是它的防治宏观性。植物检疫对害虫的防治，主要是从一个国家或地区的全局和长远利益为前提，以此来规划防止国外或地区外的危险性害虫(主要是本国或本地区尚未发生的)伴同寄主植物或其他载体，随着人们的活动而传入本国或本地区定居、繁殖和扩散蔓延，所以是全面的防患于未然，故而是积极的带有根本性的预防措施。

植物检疫特性之二，是它的防治法制性。植物检疫实施的依据是国家或几个国家为此而制定的检疫法规，是具有国家意志的法律，要求人们在进行有关活动中遵守，作为全社会(也包括缔结植物检疫区域性或双边协定的国家)普遍约束的行为规范，并由执行机构运用法制手段管理或行政措施保证实施。从而在控制植物及其他传播载体的人为流动中，制止危险性害虫的传播。

二、植物检疫害虫及处理

(一) 植物检疫性害虫的概念

为了促进国际贸易自由化，世界卫生组织(WHO)和联合国粮农组织(FAO)均要求各国在采取检疫措施时要增加透明度，采取国际标准来制定应限制的有害生物名单。1997年修订的《国际植物保护公约》(IPPC)的文本中，新增加了一个“限定性有害生物”的术语。它包括“检疫性有害生物”和“限定的非检疫性有害生物”两部分。

检疫性有害生物是指“一个受威胁国家目前尚未分布，或虽有分布但分布未广，且正在被官方控制的、对该国具有潜在经济重要性的有害生物。”

限定的非检疫性有害生物是指“一种在供种植的植物上存在，危机这些植物的原定用途而产生无法接受的经济影响，因而在输入国和地区要受到限制的非检疫性有害生物。”

过去在制定检疫性有害生物名单时，主要根据以下三条标准来确定：即国内尚未分布或分布未广；危害性大；防治管理工作很难或难以控制。随着限定的非检疫性有害生物概念的提出及有害生物的风险分析(PRA)工作的深入，中国政府根据相关国际准则和在对有害生物风险分析的基础上，制定并颁布了新的《中华人民共和国进境植物检疫性有害生物名录》，并已开始考虑限定的非检疫性有害生物名录。

(二) 我国规定的植物检疫性害虫

2007年5月28日农业部最新发布的《中华人民共和国进境植物检疫性有害生物名录》与已往的“名录”相比，检疫性害虫的种类有了大幅度的增加。其中检疫性昆虫有146个种(属)，涉及储藏物昆虫的有11个种(属)：

菜豆象 *Acanthoscelides obtectus*(Say)

埃及豌豆象 *Bruchidius incarnates*(Boheman)

豆象属(非中国种)*Bruchus* spp.

瘤背豆象(非中国种和四纹豆象)*Callosobruchus* spp. 和 *C. maculatus*(F.)

阔鼻谷象 *Caulophilus oryzae*(Gyllenhal)

谷拟叩甲 *Pharaxonotha kirschi* Reither

大谷蠹 *Prostephanus truncatus*(Horn)

澳洲蛛甲 *Ptinus tectus* Boiel.

褐拟谷盗 *Tribolium destructor* Uyttenboogaart

斑皮蠹属(非中国种)*Trogoderma* spp.

巴西豆象 *Zabrotes subfasciatus*(Boheman)

(三) 植物检疫措施

目前被广泛采用的具体检疫措施有禁运、口岸检疫、发货地检疫、产地检疫、控制进出口和隔离检疫。

1. 禁运

也可称为禁止输入，是禁止可能带有危险性害虫的植物材料进口，而这些害虫不能通过其他途径(如附在别的材料上)进入。禁运是防止害虫定居最坚决、最有效的措施。

2. 口岸检疫及发货地检疫

是在植物和植物产品的出入境口岸或发货地进行抽样检查，根据检查结果决定允许进口或出口，或采取处理措施后进口或拒收(拒发)等措施。根据协议，输入国也可派植检人员到输出国口岸做启运前的抽样检查。

3. 原产地检疫

是在植物的原产地进行检查，其效果较在口岸检查更为有效。因口岸检疫受到人力、时间等的限制，不可能对大批量植物性货物进行全面仔细的检查，而原产地检疫完全可以在植物的生长过程进行害虫田间观察和调查，从而掌握疫情动态。

4. 控制进出口

是当发现有传入和传出害虫的危险时，须在出入境口岸采用某种有效办法来彻底杀灭所有发育阶段的害虫。

5. 隔离检疫

是为了满足引进某种特殊植物资源的需要，同时防止危险性病虫的传入，把允许少量进口的植物材料，置于严格的检疫区(或检疫圃)内进行隔离培养，并在整个培养过程中加以检疫。这种隔离检疫区一般设于输入国境内，也有设在第三国(即在输出和输入国之外的国家)的，前者通称为入境后检疫，后者称为中间检疫站检疫。无论设在何处，都要有极为严格的隔离制度。

除上述检疫的检查措施外，对已经发现有危险性病虫侵入的地区，紧急防除措施应立即付诸实施。

(四) 植物检疫范围

实施植物检疫必须确定其范围，根据我国现行法规的规定，凡进出我国国境和过境的以及国内地区之间调运的贸易性和非贸易性植物、植物产品及其运载工具均属于受检范围。具体包括：

植物：栽培植物、野生植物及其种子、苗木、繁殖材料等；

植物产品：粮食、豆类、棉花、油籽、麻类、烟草、籽仁、干果、鲜果、蔬菜、生药材、木材、饲料等；

运载植物、植物产品的运载工具如车、船、飞机以及包装、铺垫材料等。

另外，对于可能带有检疫性害虫的非植物性货物和运载工具，也属受检范围。

（五）检疫性害虫的检验

执行植物检疫时，对检疫性害虫的检验，一般分为两个过程：即现场检验和实验室检验。

1. 现场检验

在进出口植物、植物产品的现场，如堆存场所(仓库、码头、机场、邮局、车站)和运载工具上(船只、火车、汽车、飞机)，进行对环境、包装外表检查有无害虫存在，然后拆包检查，扦取样品。现场检查中发现的害虫和扦取的样品，一并携回实验室检验。

2. 实验室检验

从现场取回的害虫和样品，应按受检植物不同的种类，采用相适应的检查方法，并根据昆虫分类学准确鉴定其虫种。

常用的实验室检查方法有：直观检查、分离检查、透视检查、染色和比重检查、剖粒检查和隔离检查等。

隔离检查是对一些认为可疑带有检疫性害虫或一时难以检查的受检物送入具有隔离条件的昆虫饲养室、网室或检疫圃进行观察检查。

（六）检疫性害虫的防治和处理

1. 进出口前的预防

进出口前的预防，一般表现为行政手段。实行进口审批制度，适用于向国外引进种苗。规定引种单位或个人，在引进种苗前，向国内植物检疫机构，提出引种申请。植物检疫机构根据害虫疫情情报资料，考虑是否同意或更改供种国家。经批准同意的，应提出应检疫性害虫的名单，由引种单位据以签订贸易合同，要求国外供货者在出口前由该国的植物检疫部门按合同规定的检疫要求检验，并签发植物检疫证书保证不带有提出的检疫性害虫或进行了灭虫处理。

2. 进出口时发现检疫性害虫的技术处理

在进出口时发现检疫性害虫必须采取果断的技术处理措施，原则是防治彻底、快速，同时也必须考虑处理后不影响受检物的品质和用途。

（1）熏蒸除害处理

使用具有低沸点易气化、穿透性强、不溶于水、对金属无腐蚀性、能毒杀昆虫而对植物或脊椎动物毒性不大的熏蒸剂作为处理种苗、植物产品、包装、填充物、土壤中检疫性害虫的杀灭剂最为有效。熏蒸剂的种类很多，国内常用的以溴甲烷(CH_3Br)、磷化氢(PH_3)较普遍，其他还有氢氰酸(HCN)、硫酰氟(SO_2F_2)、氯化苦(CCl_3NO_2)、环氧乙烷[$(CH_2)_2O$]等等。熏蒸的场合有大船熏蒸、仓库熏蒸、帐幕熏蒸等。其方法也有常压、减压、真空、常温、加温等。

（2）高热或低温处理

使用干热、蒸汽热、热水、高频、微波、低温和速冻等方法来处理进出口检疫时发现的检疫性害虫。干热一般适用于处理包装及填充材料，以及土壤除虫。蒸汽热对危害果蔬类的实蝇有效。热水处理对鳞茎上的线虫、螨类、蚜虫、蓟马和种子小蜂等适用。

高频和微波适合于处理谷物、豆类的储粮害虫，它以快速而适于应用于旅客携带植物的处理。速冻或低温储藏一段时间也是一种用来处理果蔬上多种害虫的方法。

（3）喷洒杀虫剂处理

海运大宗植物产品在开舱检疫时，如发现大量鳞翅目害虫飞翔，为防止扩散，必须立即采用喷洒杀虫药剂，加以扑杀，以便进一步检查。同样也适用于对运送受检物至熏蒸地点的途中，防止害虫逃逸，在包装外表喷洒药剂，以策安全。

（4）退回或销毁处理

进口检疫时发现检疫性害虫严重存在的植物、植物产品，又无全面彻底的杀虫方法时或虽有方法但不好施行时，采用行政手段命令退回原发送地。如退回困难或如不立即采用果断措施就有可能扩散的，应就地进行销毁处理。毁灭的办法可烧毁、深埋或驶出港外投入大海。

3. 进口后的防治措施

（1）隔离处理

对有怀疑可能存在或一时难以检查的隐伏害虫或发现的害虫尚处于未成虫阶段，在鉴定上存在困难的，应将受检物移入具有严密隔离条件的隔离网室，密闭饲养箱中进行饲养观察，待有了结果时再决定采用何种防治措施。

（2）改变用途处理

为了彻底杀灭害虫，使用某些技术处理，以致影响受检物的品质时，不得不改变其用途。如种子改作食用或饲料。改变用途的另一个好处，即通过加工达到杀虫的效果。

（3）划定疫区和保护区

一旦发现检疫性害虫传入，并在个别地区定居时，应立即调查其感染地区的范围，通过行政命令，划定为该种检疫性害虫的“疫区”。禁止带有检疫性害虫的寄主植物从疫区向外调运，并在疫区内建立防治组织，采用各种紧急防治措施，控制并消灭之。

对于发生地区已较普遍的检疫性害虫，除加强防治外，并将其未发生地区划为“保护区”。防止检疫性害虫传入。

第二节 储藏物害虫的预防

害虫的预防措施中做好储藏管理和清洁卫生工作是很重要的，是贯彻“以防为主，综合防治”保粮方针的一项十分重要的措施，是各项防治工作的基础。

一、仓储管理防治

（一）粮油入库前的管理

粮油入库前准备是入库工作的第一个环节，要做好仓房和货位的清理、检查、整修、空仓杀虫等工作。一般地，每次粮食出完后都应该把剩余的零星粮食和尘杂从仓房中清扫干净。如平房仓的地面、墙壁、仓顶、墙角、窗台、仓门、出粮口、通风口、通风道等；立筒的底部、仓壁、进出粮管道、输送带槽内残留的粮食、有机尘杂等都要进行认真清理，清除隐藏其中的害虫，防止对后期来粮的感染。

（二）粮油接收的管理

严格检验是把住粮油入库质量的关键。因此，必须组织有关部门和检验人员严格按照国家规定的粮油检验标准及操作规程，对接收入库的粮油质量进行认真检查验质，验质时可采用感官检验与仪器检验相结合的办法进行。实践证明，破碎率、虫蚀率、杂质和尘埃含量低的粮食，仓库害虫就不易侵入粮粒，加之水份含量低，其粮堆生态体系不利于仓虫孳生繁殖。对质量差的粮源，入库前应进行相应处理(如过筛除杂、降水等)，达到标准后再进仓储存。原则上应当做到无虫粮入仓，对于有虫粮要分别处理，及时杀虫。

（三）粮油储藏期间的管理

1. 防止害虫感染

通过门窗隔离防止外界害虫感染到仓内，一般要采用防虫网防止飞虫入仓，通过防虫线防止爬虫入仓。减少进仓次数和门窗打开时间，避免和减少外界高温影响与虫害感染。采用防护剂拌粮防虫等。

2. 控制环境条件

利用季节温差在不同时期采取和制定不同防范措施。冬春季节以通风降温为主，抓住低温干燥、外界虫源少的时机，及时降低粮温；夏秋季应以关闭、保温为主，有效保持粮堆低温。

3. 及时检查

检查害虫范围一般应包括粮油、仓房、加工车间、仓储器材及储粮环境等。由于虫种和季节的不同，导致了它们生活习性和活动规律也不相同，因此设点取样部位可采取定点与易发生害虫部位相结合的办法灵活掌握。在储藏过程中也可以通过检查储粮温度间接检查害虫发生情况。

4. 适时杀虫

当储粮中害虫发生到一定水平，如不杀除会影响到储粮安全和造成明显储粮损失时，要适时地进行了杀虫处理。

二、储藏场所的清洁卫生

储粮场所是粮食收获、脱粒、整晒、堆放的场所，储粮场所清洁卫生是防治工作的重要环节，要求做到平整、坚实、干燥、清洁。粮油仓库必须建立清洁卫生制度，各种仓房和一切储粮场所，都要求做到“仓内面面光，仓外三不留(杂草、垃圾、污水)”，经常保持仓房及环境的清洁卫生。对使用过的空仓，要彻底清扫，必要时要用化学药剂进行杀虫，然后密闭备用。对于加工厂主要是经常维持厂房、机具的清洁，使害虫不适于生存。在机器检修时，应清除积存在各个部位的原粮、成品、副成品和尘杂、害虫等，必要时可用药剂杀虫。对于仓储器材、装具和粮仓机械，必须保持清洁无虫。

三、改善仓房条件

我国粮库目前还有一批储粮条件较差的老仓，仓房的改造工作是保证储粮安全的一个重要措施。要求做到上不漏下不潮，既能通风，又能密闭，保持仓内低温、干燥、清洁，不利于害虫生长繁殖，并消灭一切洞、孔、缝隙，使害虫和鼠类无藏身、栖息之处。包括地坪、仓墙、仓顶等方面的改造，使之在仓房隔热保温、熏蒸气密、害虫防治等方面功能加强和提升。

四、隔离保护

储粮场所为了防止虫、鼠危害，巩固防治效果，还必须做好隔离工作。

做到储粮"五分开"，即有虫粮与无虫粮、有虫器材与无虫器材、潮粮与干粮、新粮与陈粮、原粮与成品粮及副产品，均应严格分开储存。

仓房(囤、垛)四周要定期喷布防虫线，门窗、通风口和进出粮洞口要安装防鼠板、防雀帘或防雀网等。

检查粮情时，应先查无虫粮，再查有虫粮。出入仓要随手关门，并严防害虫随人身、工具传播感染。

第三节　害虫的检测

害虫检测可以及时掌握储藏物中害虫发生的种类、密度、分布、危害情况等，根据这些信息再结合害虫的生物学和生态学特性及环境条件，预测害虫的发展趋势，从而为防治决策提供科学的依据。目前较常用的害虫检测方法有直观检查、扦样检查、诱集检查等方法。

一、直观检查法

直观检查法是用感官在现场检查害虫的方法，是一种最直观、简便但很粗放的方法。

检查时用眼睛观察粮堆表面、仓壁、仓顶或包装粮垛的外部，注意是否有害虫活动的迹象，如有无害虫飞舞和爬行；有无虫蚀粮粒及害虫取食的粉末；有无蛾类幼虫的丝茧、结网、虫尸、虫蜕、虫粪等；并可撒粮粒击动粮面，观察有无蛾类成虫飞翔。储藏物害虫大多有趋温性，检查时应根据季节及储藏物温度的变化，重点检查温度比较高的部位。

在自然条件下，天敌常常伴随着害虫的发生而出现。因此害虫的天敌可作为一种指示性动物在害虫检查中加以利用。如在储藏环境中发现有米象小蜂，则可以断定有象虫类害虫的发生；如果发现有麦蛾茧蜂存在，则表明储藏物中发生了蛾类害虫。因此，在害虫直观检查中，除了观察害虫的活动情况外，还要注意观察储藏物的表面、周围、仓壁特别是窗台等处是否有天敌的活动。

直观检查仅是一种初步的检查方法，它很难准确地判定害虫的种类、密度等，所以只能作为一种辅助的检查手段。

二、取样检查法

取样检查法是扦取一定的储藏物代表样品，然后检查样品中害虫的种类和密度，从而推断整个储藏物中害虫的发生状况的方法。该方法是较准确和客观的一种检查方法，它受环境因素影响较小，是目前国家粮食仓储部门规定的标准检查方法。在取样过程中，害虫完全处于被动状态，无论是哪一种害虫、任何虫期或其是否处于运动状态，都会连同粮样被取出。但这种方法工作量较大，同时由于检查人员的技术水平(如识别害虫种类的能力)限制，有时可能会影响检查结果的准确性。

取样检查包括样品的扦取和害虫的检查两个方面。

（一）取样方法

1. 散装粮堆的取样

对于平房仓，粮堆面积在 100 m^2 以内的，设 5 个取样点；101～500 m^2，设 10 个取样点；500 m^2 以上，设 15 个取样点。取样部位应根据害虫的习性、发育阶段以及季节等情况确定，采取定点与易发生害虫部位相结合的方法。一般粮堆高度在 2 m 以内的，只在上层取样即可；粮堆高度超过 2 m 的，应设上、下两层取样。随着粮堆的增高，应适当增加取样层次。上层可用手或铲取样，中、下层用扦样器或深层取样器取样。每一取样点的样品数量一般应不少于 1 kg。

圆仓和囤垛的设点取样方法基本与房式仓相同。以粮堆高度分层，按面积设点取样。对于体积高大的圆仓要适量增加取样点。

2. 包装粮堆的取样

分层设点取样，堆垛外层可适当多设取样点。500 包以下的粮堆，取 10 包取样；500 包以上的粮堆，按 2%的比例取样。取样方法一般是采用包装扦样器(探子)扦取粮食样品，方法是将扦样器的凹槽向下，自粮包的一角插入至相对的一角，当扦样器完全插入粮包后，再将扦样器的凹槽转向上方，然后抽出。大颗粒粮如花生、薯干等应采用拆包取样。每包的取样数量应不少于 1 kg。

3. 空仓、器材、装具等的取样

对于未装粮的空仓，一般是在四角和四周任选 10 个点，对于较大型的粮仓可适量增加取样点。每点以 1 m^2 为单位，在此面积内检查活虫的数量。

对于麻袋、面袋、席子、篷布及其他器材，只要是接触过虫粮的，都应按 2%～5%的比例取样检查。

（二）害虫的检查方法

1. 外部害虫的检查

对于扦取的粮食样品，一般是采用筛选法检查粮粒外部的害虫。根据粮粒与害虫个体大小的差别选用适当孔径的选筛，将粮样装入选筛内，用双手以回旋的方式筛动 3 min,然后检查筛下物中的害虫，包括种类和数量。亦可选用一组不同大小孔径的选筛，将粮样装入上层选筛，过筛后逐层检查害虫情况。

对于包装粮除用筛选法检查外，还需感官检查粮包外的害虫情况。包括害虫的种

类、数量等。

对于空仓或加工厂害虫的检查通常是采用感官检查的方法。包装器材应先检查正、反面和接缝等处有无害虫，然后在地上铺上白纸，再抖动和敲打器材，观察有无害虫被震落；也可收集震落物过筛检查。空仓和铺盖物是在取样点设定的范围内检查害虫的活动情况，包括害虫的种类和数量等，必要时在取样范围内扫集过筛检查。

2. 隐蔽性害虫的检查

隐蔽性害虫是指隐藏在粮粒或寄主内部的害虫，通常是一些未成熟期的蛀食性害虫。这些害虫无法用筛选法查出，必须用一些特殊的方法检查。较常用的方法有以下几种。

（1）剖粒法

采用分样器或“四分法”从扦取的粮食样品中得到代表性的少量样品，大豆、玉米等大粒粮食可取 10 g；小麦、稻谷等可取 5 g。然后用锋利的刀片将粮粒逐粒剖开，检查是否有害虫，计算每千克粮食内隐蔽害虫的数量。

（2）染色法

蛀食性害虫在产卵或幼虫钻入粮粒时，会在粮粒表面留下痕迹，这些部位在某些溶液中会显现出可辨别的颜色。利用这种方法可以检查出粮粒内的隐蔽害虫。

高锰酸钾溶液可用于检查大米粒内的隐蔽害虫。在过筛后的样品中取 15 g 代表性样品，先在 30℃的温水中浸泡 1 min，再移入 1%的高锰酸钾溶液(高锰酸钾 10 g，加水至 1000 mL)内浸 1 min，立即取出用清水冲洗，然后放在吸水的白纸上，用放大镜仔细检查，挑出具有深色斑点的粮粒剖粒检查。

碘化钾溶液可用于检查豆粒内部的害虫。取代表性的豆粒样品 50 g，浸入 1%的碘-碘化钾溶液(碘化钾 20 g，溶入少量水中，再加结晶碘 10 g，充分搅拌，待完全溶解后加水稀释至 1000 mL)中，经 1～1.5 min 后取出，再移入 0.5%的氢氧化钠或氢氧化钾溶液(氢氧化钠或氢氧化钾 5 g，溶于水中，加水稀释至 1000 mL)内浸泡 0.5 min，取出用清水冲洗 15～20 s。挑出有圆形深色斑点的豆粒，剖粒检查。

酸性复红溶液可用于检查稻谷、小麦、玉米等粮粒内部的害虫。在过筛后的样品中取 25 g 代表性样品，浸入 30℃的水中 5 min，再移入酸性复红溶液(冰醋酸 50 mL、蒸馏水 950 mL 及酸性复红 0.5 g)中，经 2～5 min 后取出，用清水冲洗。挑出具红色斑点的粮粒，剖粒检查。

（3）比重法

由于虫蚀粮粒与正常粮粒的比重不同，使用不同浓度的盐溶液处理受检粮粒，使虫蚀粮粒(包括一些未成熟粮粒)浮于溶液表面，从而将其区分出来。检查小麦、稻谷、玉米等禾谷类粮食可用比重 1：2 的氯化钠溶液(35.9 g 氯化钠溶于 100 mL 水中)或 2%的硝酸铁溶液处理；检查豆类粮食可用 18.8%或饱和氯化钠溶液处理。方法是：在过筛后的样品中取 100 g 代表性样品，浸入盐溶液中，充分搅拌 10～15 min，静止 1～2 min 后捞出浮于液面的粮粒，逐粒进行剖粒检查。

（4）透视法

较常用的是灯光透视法。将受检的粮粒放在透光度较好的玻璃板上，下置较强的光源，在黑视野中挑出有阴影的粮粒进行剖粒检查。

在植物检疫中也有用软 X 射线透视的方法。使用波长 0.5～1.0 Å 之间的 X 射线，透视受检粮粒或其他害虫寄主。方法是将受检物置于软 X 射线仪内，接通电源，可观察窗口检查或用胶片感光后冲洗检查。

三、诱集检查法

诱集检查法是利用害虫本身的某些行为或习性，将其诱集到一个小范围内进行检查的一种方法。诱集检查法通常是采用一些特殊的诱捕装置，使诱捕到的害虫无法逃逸；或与一些害虫引诱剂相结合，以提高诱捕效率，对于某些害虫还能起到诱杀，降低害虫密度的效果。

（一）习性诱集

储藏物害虫的一些习性，如上爬性、群集性等都可以加以利用，因地制宜地对害虫进行诱集检查。

某些害虫如玉米象、米象等有明显的上爬习性。利用这一习性，可在粮堆表面拢起一些 30 cm 左右的锥形堆，在堆的顶部放置一些多孔隙的物品，如丝瓜瓤、秸秆等。定期取出这些物品检查是否有害虫。也可在锥形堆的顶部埋置一个小瓶，使瓶口与锥顶平齐，定期检查小瓶内有无害虫落入。

利用害虫对某些食物的喜爱也可诱集到粮堆内的害虫。如将害虫喜食的食物如甘薯丝、南瓜丝、炒过的米糠、花生等，放入有孔隙的竹筒内或塑料网袋内，埋入粮堆，定期取出检查是否有害虫。

拟谷盗等害虫通常有群集生活的习性。利用这一习性，可在仓内的墙角、墙基等处放置一些破旧麻袋或多孔隙的物品，诱集这些害虫。将这些物品钉在仓壁、梁柱、房顶，可诱集到一些化蛹或越冬的蛾类幼虫。

（二）诱捕器诱集

诱捕器能在储藏物环境内连续工作，对提供害虫种类、虫口密度、感染源等重要信息。该方法与取样法相比明显减少了人员的工作量，而且便于害虫的计数。但该方法对一些活动能力较弱的害虫效果较差。由于害虫的活动受环境因素的影响，当环境条件不适合害虫活动时，诱捕器的效果也会受到影响。

诱捕器能在粮食表面、中层、仓房四周、地面、空间、墙壁等处发挥诱虫作用。因此，按照放置部位及诱捕方式的不同，诱捕器的类型也多种多样(图 9-1)。

1. 粮堆诱捕器

是放置在粮堆内部的一类诱捕器，常见的结构形式有：

(1) 木盒诱捕器

两个木盒铰链在一起，中间留有狭窄的缝隙，内装食物诱饵，埋于粮堆内诱捕害虫。这种诱捕器对拟谷盗和谷斑皮蠹的诱捕效果较好。

(2) 管状诱捕器

用筛网或粗糙的纸缠绕在指形管外壁，将其垂直插入粮堆，使开口的一端与粮面平齐并留 1/3 在粮面，害虫沿管子的外壁上爬掉入管内被捕获。该种诱捕器可检测储粮中

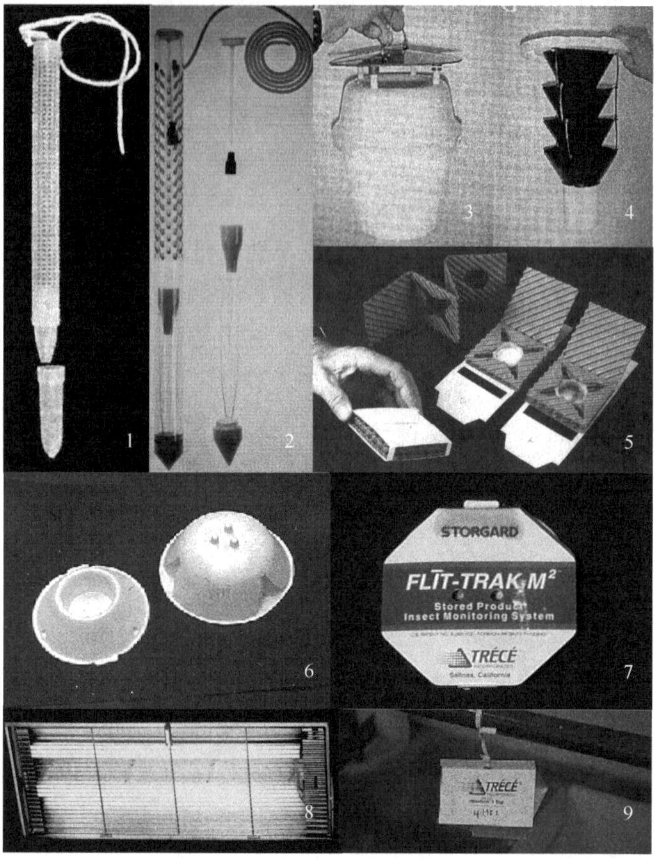

图 9-1　几种常见的储藏物害虫诱捕器

1、2. 探管诱捕器；3、4、6. 漏斗诱捕器；5. 瓦楞纸诱捕器；7、9. 粘胶诱捕器；8. 灯光诱捕器

的拟谷盗和象虫等害虫。

（3）探管诱捕器

又称陷阱诱捕器。是一种长约 20～30 cm，直径 3 cm 左右的金属或塑料管，在上部管壁上开有众多(通常有数百个)直径 2.4～2.8 mm 的小孔(一般是向下方倾斜的)，允许害虫掉入，粮食不会掉入。装置的底部为一锥形斗或集虫瓶。将诱捕器插入粮堆可诱捕到粮堆中在粮粒间活动的害虫，如象虫、拟谷盗、谷蠹、扁谷盗和书虱等害虫。探管诱捕器结合信息素或引诱剂使用可提高诱捕效果。该种诱捕器在许多国家是储粮害虫检测较常使用的一种，目前这种诱捕器已商品化。

2. 表面及空间诱捕器

是放置在储藏物表面或地面的一类诱捕器，常见的形式有：

（1）瓦楞纸诱捕器

由一张 0.5 cm 厚的瓦楞皱纹纸折叠成一个双层或四层的方块，底层有一圆孔，中间的夹层有星状孔，可容纳集虫杯和诱饵，一般在粮面使用。瓦楞纸诱捕器为害虫提供了躲藏地，用它结合食物诱剂或信息素可监测到粮堆内活动的多种储粮害虫。该种诱捕器在国外已有商业化应用。

(2) 诱虫袋

用具网眼的材料，如孔眼直径 1.5 mm 的塑料网做成一个网袋(20 cm×10 cm)，袋内填充食物诱饵。将其置于粮食仓库、面粉厂、货栈等处的储藏物表面或地面，可监测害虫的种类和发生期。如用小麦、花生和大米等量混合的食物诱饵可在仓库内诱捕到玉米象、米扁虫、赤拟谷盗和锯谷盗等害虫。

(3) 粘胶诱捕器

采用黏性材料与信息素或引诱剂结合使用的一类诱捕器，一般由硬卡纸制成。形状有方形、三角形、弧形等。如英国 AGRISENSE-BCS 公司生产的一种窗型诱捕器，为一长方形的方块(7 cm×10 cm×0.5 cm)，底层涂有黏性材料，中间放置信息素或引诱剂等诱饵，上层的两侧有直径 3 mm 的小孔 40 个，害虫沿小孔爬入掉落在粘胶上被捕获。日本 FUJI FLAVOR 公司生产的粘胶诱捕器，根据引诱剂的不同可诱捕烟草甲、印度谷螟、烟草螟、粉斑螟和地中海螟等成虫；可作为空中诱捕器使用，安放在仓库或加工厂内的墙壁上、柜橱上、机械上等，一般安放在离地面高 1.5～2 m 处。类似的诱捕器美国(如 TRECE 公司)及德国等国家都有生产及应用。

(4) 灯光诱捕器

是利用害虫对一定波长的光线的趋性进行诱集的一类装置。如有一种吸光诱捕器，在入口处有圆形黑光灯，内有一小电机带动的吸扇，一层纱网截留害虫，由下面的集虫瓶收集，该装置在烟草仓库内对烟草甲有一定效果。另外，如谷蠹对光谱中绿色光选择高峰范围为 500 nm，据此制成的灯光诱捕器对谷蠹有诱集效果。紫外诱虫灯包括紫外光光源、诱虫网、集虫袋等。一般害虫对紫外光波长在 3300 nm～4000 nm 时有正趋性，大部分昆虫的复眼对 365 nm 紫外线特别敏感。紫外光可由黑光灯、高压汞灯或频振灯等发出，引诱对其发出的光波有正趋性的害虫。据试验可捕捉 10 目 100 多个属 1000 多种昆虫，有些储粮害虫紫外光也有明显的正趋性。

(5) 漏斗诱捕器

用带有引诱剂的漏斗，下连一个罐，安放在仓内空间诱集害虫。

四、其他检查方法

随着科学技术的不断进步，许多新技术已逐渐在储藏物害虫的检测方面得到研究和应用，并显示出一定的效果和其独特的优势。但这些新技术有些还处于试验研究阶段或应用试验阶段。

(一) 声测法

声测法也称听虫器检测法。原理是把声音变成电讯号，通过电子过滤器把昆虫发声的频率与环境声音的频率分开，根据音程的百分比和音程数量的多少来分辨昆虫的种类和数量，甚至可以检测到在粮食样品中内部取食的害虫。

从 20 世纪 80 年代起国内外已开始对该技术进行研究开发。声测法面临的一个难题是将害虫发出的声音与背景噪音或粮食沉降的声音区分开来，大部分声测装置是采用一种称为“减音盒”(sound-dampening box)的方式来降低背景噪音，待粮食沉降完全结束后再检测害虫的声音。Hagstrum 和 Flinn(1993)曾用一个振动器加速粮食样品的沉降速度，从而缩短了在每个样品中检测昆虫声音的时间。Shuman 等(1993，1997)用一个计算机程序来区分昆虫发出的声音与环境噪声，两者的区别是：在检测过程中昆虫发出的声音不止一次地出现，而背景噪声却不是。因此，目前声测法主要用于在实验室中检测粮食样品中的害虫，而在粮仓内检测粮堆中的害虫难度较大。用于储粮昆虫的声音检测设备国际上已有注册商品，如法国某公司和美国 Sonometrics 公司的 SITO DETECT。

另外，利用昆虫发出的超声波检测其存在也是检测害虫的一个途径。由于超声波与声波相比穿透能力很弱，因此可减少背景噪声干扰的问题，但同时也限制了被测粮食样品的规模，即只能对少量的粮食样品进行检测。Shade 等(1990)曾检测到豇豆样品中四纹豆象 *C. maculatus* 发出的超声波。

（二）近红外检测法

该方法是基于对近红外光的吸收与反射的差异，将感染有害虫的粮粒与无虫粮粒区分开来。根据不同储粮害虫自身体内的 C、H、N 成分的差异，经近红外光谱扫描后，其反射与吸收的光谱不同来识别不同种类的害虫。20 世纪 90 年代初曾是研究热点，该法对完好粮粒和虫蚀粮粒的鉴别效果较好，而对差别较小的不同种类的成虫或幼虫的鉴别还达不到满意的效果，该方法目前还处于实验室研究阶段。

（三）光电干扰法

通过一定装置实时检测储粮中害虫发生情况的技术。包括设于粮堆内探管诱捕器中的光电感应装置检测害虫落入陷阱时的信息来检测害虫。

（四）仓外提取检查法

将置于粮堆中诱捕器诱捕到的害虫经仓外采集检测系统提取到仓外进行检测的方法。该系统主要由“捕虫陷阱”、“害虫仓外全自动取样装置(主控机和分机)”、“中心计算机”、“辅助软件系统”四大部分组成。首先“捕虫陷阱”捕捉到储粮害虫，然后由“害虫仓外全自动取样装置”(系统主机)通过系统分机无损、快速地将捕捉到的害虫提取到仓外，再将电子信号通过无线电波传递给中心计算机，利用软件系统全方位、实时跟踪监测储粮害虫的活动情况，全面分析储粮害虫发生动态及预防害虫。

（五）图像识别法

人类感知外界信息，80%以上是通过视觉得到的，而图像实际上正是对这种感知能力的一种人为增强形式。随着图像数字技术的成熟，图像作为更直接更丰富的信息载体，正在成为越来越重要的研究对象。但图像数字技术在昆虫学领域的应用还很少，而昆虫是物种数量最多、分布最广的生物类群，因此对昆虫图像的数字技术进行深入研究具有重要意义。

利用图像处理技术识别昆虫种类的过程包括图像的采集、图像处理与分类鉴别。

图像的采集方法有光学照相机、数码照相机、X 光摄像、红外摄像和 CCD 摄像机等。CCD 摄像机与图像采集卡连接可实现图像的连续或单祯采集和数据处理。

图像的处理是对采集到的图像序列进行数据挖掘，以提取分类识别有效的特征向量，通过特殊的组合分类器对害虫进行计数和分类鉴别。

近年来，我国在利用图像处理技术识别害虫方面也取得了一定的进展。在农业害虫研究方面，应用昆虫图像的数字技术对棉铃虫、玉米螟以及黑哎猎蝽的准确识别率可达92%～100%。在储藏物害虫研究方面，对象虫、谷蠹、大谷盗和扁谷盗的准确识别率可达95%以上。

国内有人提出了利用图像处理技术检测粮堆中害虫思路：利用计算机技术、机器视觉、图像处理与模式识别技术相结合实现储粮害虫检测，即用带有电荷耦合器件的特殊取样装置抽取粮食样本，同时摄取图像序列，并用图像识别的方法进行在线处理，快速判断是否存在害虫及其种类和数量。该装置可与粮库现有的粮情测控计算机系统连接，序列图像可保存，供后期分析。

目前，利用图像处理技术检测粮堆中害虫还处于试验研究阶段，随着科学技术的发展和研究的广泛深入，在不远的将来该项技术会在实际生产中得到应用。

五、害虫密度的计算

（一）害虫密度的计算与表示

害虫密度亦称虫口密度，是指单位空间内害虫的数量。

根据国家有关规定，不论包装或散装的粮食，以及空仓、车间或器具等，均以其中虫害最严重、密度最大的部位代表整仓或整体的害虫密度。不能将各取样点的害虫密度相加取平均值。检查的结果一律以发现的活虫头数计算，包括各个虫期及隐蔽性害虫。同时应注意害虫的假死或休眠现象，死虫中若有检疫性危险害虫，应引起注意，并做好记录。

害虫密度的计算和表示如下：

(1) 粮食中的害虫密度

粮食中的害虫密度＝1 kg样品中各种害虫活虫头数的总和。

表示方法为：头/kg。

(2) 空仓或建筑物内的害虫密度

空仓或建筑物内的害虫密度＝1 m^2 面积内各种害虫活虫头数的总和。

表示方法为：头/ m^2。

(3) 器材或工具害虫密度

器材或工具害虫密度＝一件器材或工具上各种害虫活虫头数的总和。

表示方法为：头/件。

(4) 某种害虫所占的比例

对样品中检出的害虫逐一进行分类鉴定，并分别计数，然后可用下式计算其所占百分率：

$$\text{某种害虫的百分率}=\frac{\text{某种害虫的头数}}{\text{各种害虫的总头数}}\times 100\%$$

(5) 粮食被害百分率

$$\text{被害百分率}=\frac{\text{虫蚀粒数}}{\text{检查粮粒总数}}\times 100\%$$

(6) 粮食虫蚀重量损失百分率

$$损失百分率=\frac{完善粒千粒重-虫蚀粒千粒重}{完善粒千粒重}\times 100\%$$

(二) 害虫的预测预报

根据虫情的检测结果结合害虫生态学和环境因素，可以预测害虫种群的发展趋势，为害虫防治提供决策依据。这就是害虫防治的决策工具——害虫的预测预报。

害虫的预测预报是整个害虫综合治理系统中重要的环节和组成部分，是以昆虫生态学、气候及天气学、数理统计学等学科为基础的一项综合技术，是进行害虫综合治理的重要依据。只有及时、准确地预测害虫的发生趋势和危害程度，才能为防治决策提供科学、可靠的依据，才能正确地制定防治决策，如是否需要采取防治措施、何时采取防治措施、应采取何种防治措施等。从而使害虫的发生数量控制在经济允许水平之下，保证储藏物的安全。

在农业害虫的综合防治中，已有许多较为成熟的害虫预测预报技术和方法。如生物指标预测法、发育进度预测法、有效积温预测法和数理统计预测法等。特别是随着计算机技术的发展，对许多害虫已建立了预测模型，成为更为科学、准确的防治决策工具。

在长期的生产实践中，储藏物害虫防治工作者也积累了不少害虫预测的经验。如根据一年当中害虫与气候等环境条件之间的相互关系预测害虫的发生，称为物候预测法；在测得害虫的某一虫期或世代的有效积温后，根据储藏物环境的预测资料，对这种害虫下一虫期或世代的发生作出预测，称为有效积温预测法。

在储藏物害虫的计算机预测模型的方面，国内还很少研究。但近年来在国际上已是研究热点。如国外开发的一种称为“degree-day”计算机仿真预测模型，根据储藏环境中温度、水分条件和昆虫生物学的有关信息，可以预测害虫种群发展的趋势。也有一些模拟专家技能的计算机专家系统被开发出来，如美国的“Stored Grain Advisor”专家系统可为美国储藏小麦的害虫治理提供建议。它可以预测昆虫种群是否将达到要求防治的密度，然后提出害虫治理的建议。在实际储藏条件的实验中，这个专家系统提出正确建议的频率可达到 80%。另一个专家系统是在澳大利亚开发的“PestMan”专家系统，可以向用户提出一个最佳的防治处理方法。

思 考 题

1. 储藏物害虫的传播方式有哪几种？各有何特点？
2. 什么叫植物检疫？植物检疫有何意义？
3. 植物检疫有哪些特性？检疫范围有哪些？
4. 什么叫检疫性害虫和限定的非检疫性害虫？
5. 植物检疫性害虫的制定原则是什么？我国目前规定的检疫性储藏物害虫有哪几种？
6. 检疫性害虫的防治和处理方法有哪些？
7. 什么叫疫区、保护区？
8. 储藏物害虫检测的目的和意义是什么？
9. 常用的储藏物害虫检查方法有哪些？它们各有何特点？
10. 粮堆、空间和器材中的害虫密度如何计算和表示？
11. 什么叫虫情的预测预报？对储藏物害虫的防治有何意义？

主要参考文献

陈杰林. 1993. 害虫综合治理. 北京：中国农业出版社

昆虫学名词审定委员会. 2001. 昆虫学名词 2000. 北京：科学出版社

许志刚. 2003. 植物检疫学. 北京：中国农业出版社

杨长举，张宏宇. 2005. 植物害虫检疫学. 北京：科学出版社

张宗炳，曹骥. 1990. 害虫防治：策略与方法. 北京：科学出版社

郑州粮食学院. 1987. 储粮害虫防治. 北京：中国商业出版社

Fred J. Baur [eds]. 1984. Insect Management for Food Storage and Processing. AACC

Subramanyam, Bh., and D. W. Hagstrum. 2000. Alternatives to pesticides in stored-product IPM. Kluwer Academic Publishers

第十章 物理防治

本章提要：

- 温控防治的原理与技术
- 气调防治的原理与技术
- 器械防治技术
- 电离辐射防治技术

物理防治是采用物理的方法消灭害虫或改变其物理环境，创造一种对害虫有害或阻隔其侵入的一种方法。

物理防治的理论基础是依据于充分掌握害虫对环境条件中的各种物理因素的反应和要求，如温度、湿度、光、电、声、色等。很多研究结果和生产实践证明，各种害虫对温、湿、光、电、声、色等物理因素很敏感，人们可以利用这些特点诱集和杀死害虫。物理防治的范围很广，包括温控防治、控制大气防治、器械防治、辐射防治等。

第一节 温控防治

一、温控防治的原理

（一）温度对储藏物害虫的影响

温度是影响害虫生命活动的最主要物理环境因素。温度的变化不仅影响其生长发育，有时甚至能引起死亡。各种害虫对温度的要求都有一个适宜的温度范围，对于大部分储藏物害虫来讲，通常在15～40℃之间。超出此温度范围，害虫的正常生长发育就会受到影响，甚至可导致死亡。

表10-1是利用高、低温防治储藏物害虫时的温度范围和典型的商业应用。

表10-1 高、低温处理时应用的温度范围和典型的商业应用

温度范围	温度（℃）	对害虫的生物学影响	典型的商业应用
0℃以下	−22～−16	迅速死亡	耐低温商品的快速杀虫
0℃附近	−1～3	数小时或数天内死亡	一些商品的检疫处理
0℃以上	5～15	发育停滞，长时间会导致死亡	粮食及其他商品的保藏
适宜温度	25～33	正常发育	
适度高温	43～46	1 d内死亡	易变质商品的检疫处理
中等高温	50～60	1 h内死亡	建筑物及食品加工设备的处理
高温	60以上	1 min内死亡	谷物加热干燥杀虫

温度对害虫的影响与温度变化的幅度及变化的快慢有关。一般来讲，温度变化的幅度大、陡然，如骤热和骤冷对害虫的伤害就大；而温度变化缓慢，对害虫的伤害就小。

通常，害虫对低温适应能力往往要比高温的适应能力强。低温适应能力一般是指害虫在0～5℃下的生存能力，尽管害虫对低温的适应性较强，但完全适应也需要几周的时间。

害虫耐寒能力的丧失要比其获得快得多，如将具有耐寒能力的谷象和锈赤扁谷盗品系置于30℃的环境中，其耐寒能力2～5 d内就会丧失。

表10-2比较了5种常见的储藏物甲虫在两种低温条件下的适应性，发现种类间的耐寒水平差异不大。

表10-2 5种储藏物甲虫在两种低温条件下的适应性比较

虫种	Burks和Hagstrum (1999)		Evans (1983)	
	处理温度（℃）	耐寒系数*	处理温度（℃）	耐寒系数*
锈赤扁谷盗	−14.0	8.7	9	10.7
锯谷盗	−9.6	2.3	9	5.3
谷蠹	−10.7	3.7	9	4.3
米象	−7.5	3.0	9	6.8
赤拟谷盗	−9.8	4.0	9	7.8

* 耐寒系数是指在同一温度处理下同种昆虫耐寒品系的LT_{50}与正常品系LT_{50}之比。

粮食及其他储藏物对于害虫来说是一个特殊的比较恒定的生活环境，然而这些储藏物的温度在短时间内是可以人为加以改变的。因此，借助于温度的陡然变化控制害虫是可行的。温控防治害虫主要有两个途径，一是利用害虫难以忍耐的极限高温或低温直接杀死害虫；二是利用害虫不适的温度控制其生长发育，从而达到控制害虫危害的目的。

（二）害虫高、低温下致死的机理

1. 高温致死原因

害虫在高温条件下致死的原因可以归纳为以下几个方面：

生理代谢失调。适度的高温可引起害虫生理代谢速率的增高、呼吸加强、气门开放时间延长，加速了虫体内水分的失散，造成细胞在一定程度上脱水，盐浓度提高。同时也加速虫体内营养物质的氧化，能量过分消耗，最终因生理代谢失调，导致力竭死亡。

体壁保水结构遭破坏，加速了体内水分的失散。一切生物化学反应必须在水溶液的状态下进行，水是新陈代谢的基础。昆虫的体壁表层是蜡层和护蜡层，其主要化学成分是蜡质，它们在阻止虫体内水分失散方面起着重要的作用。一定的高温条件会打乱这些蜡质分子的定向排列，从而破坏了体壁表面的保水结构，使水分透过体壁大量蒸腾，造成虫体严重失水。失水过多将会导致虫体内盐浓度的增高，造成生理性盐中毒，最终导致死亡。

蛋白质凝固，酶系遭破坏。蛋白质是虫体的重要组成部分，一切生化反应必须在酶的催化下才能进行。在一定的高温条件下，虫体内的蛋白质会凝固，所有的催化酶类会变性失活，使细胞内代谢停止，从而导致害虫迅速死亡。如60℃以上的高温会使大部分蛋白质凝固变性，因此，这是高温条件下害虫短时间内死亡的主要原因。蛋白质的凝固温度因其含水量的不同而异，含水量高的蛋白质易凝固，凝固温度较低；含水量低，凝固温度就高。因此，虫体含水量高的害虫种类和虫期，高温杀灭效果也比较好。

另外，虫体内类脂物质的液化也是导致害虫死亡的原因之一。昆虫的神经系统和细胞原生质含有程度不同的类脂化合物，如磷脂、固醇、脂蛋白等，虫体内还含有大量的脂肪体。这些物质在高温条件下容易熔化而游离，从而引起组织破坏导致虫体死亡。

Denlinger 等(1998)提出了高温对细胞破坏的三个机制：一是高温打破了细胞膜内外的离子平衡；二是破坏了 DNA 和细胞蛋白质的合成机制；三是酶系的变性导致新陈代谢的破坏。

2. 低温致死的原因

低温对害虫的伤害可分为寒冷伤害和冰冻伤害。寒冷伤害是指在害虫的体液冰点以上的低温对害虫的伤害；冰冻伤害是指在害虫的体液冰点以下的低温对害虫的伤害。多数储藏物害虫的体液结冰点温度在－10℃以下。

害虫在低温下致死的原因，一般认为有以下 4 个方面：

新陈代谢受阻。害虫在长时间的冷昏迷状态下不再取食，体内储藏的营养物质逐渐被消耗减少，代谢水增多，抗寒能力随之下降。最终会引起新陈代谢的停止而导致死亡。

酶活性受到抑制。害虫体内酶的活性会因低温而受到抑制和破坏，细胞的生理生化活动也会随着酶活力的降低而减缓或中断，最终导致虫体生理机能丧失而死亡。

细胞膜的机械损伤。害虫在低于体液冰点的温度下体液会结冰，冰晶会使细胞膜遭机械损伤而破坏，特别是细胞膜渗透性的损害更为重要。

细胞原生质脱水。在低温条件下，由于细胞间游离水的结冰改变了膜内外的渗透压，细胞膜内的水分渗出膜外，致使细胞原生质脱水，盐浓度增加。最终使细胞的正常代谢失调，导致虫体死亡。

从以上四个致死因素来看，前两个是寒冷伤害致死的主要原因；后两个是冷冻伤害致死的主要原因。当然，各个致死因素之间并不是孤立的，在许多情况下，可能有多个因素在同时发挥作用。

二、高温防治技术

高温防治是利用自然的或人为的高温作用于害虫，使其身体构造、生理机能遭到干扰和破坏而死亡的杀虫方法。较常用的高温杀虫方法有日光曝晒杀虫、烘干杀虫、沸水及加热空气杀虫等。

（一）日光曝晒杀虫

日光曝晒不仅可提高储藏物的温度，同时日光中的紫外线对害虫也有较强的杀伤作用。经曝晒的粮食和农产品的水分可大大降低，也增加了储藏过程中的安全性。因此，日光曝晒特别适合夏收后粮食入仓前的处理。

日光曝晒一般选择在夏季晴朗、无风的天气。曝晒时将粮食摊开，厚度以 10 cm 为宜，使粮温达到 45～50℃，并保持 4～6 h，可获得较好的杀虫效果。

影响日光曝晒杀虫效果的因素很多，如日照的强度和时间、摊晒方式、晒场环境、粮食厚度及含水量等。因此，最好选择平整、干洁的水泥晒场，曝晒过程中要勤翻动粮食。有条件的最好在晒场四周 1 m 远处用杀虫药粉撒一圈“防虫线”，以便杀死从粮食内逃出的害虫和防止外界害虫的侵入。

曝晒杀虫适用于大部分原粮和其他储藏物，但对于成品粮和脂肪含量较高的储藏物如花生仁、动物性药材等不宜采用此法。

（二）烘干杀虫

烘干杀虫是利用烘干设备产生干热空气处理已感染害虫的高水分粮食，达到降低粮食水分又杀死害虫的目的。烘干杀虫目前已被国内外越来越广泛地采用。

烘干主要用于处理高水分原粮和高水分虫粮，成品粮和种用粮不宜采用烘干杀虫的方法。目前较常用的烘干设备有滚筒式烘干机、流化斜槽烘干机、中柴式烘干机和烘干塔等。

粮食的烘干处理应不影响粮食的品质，同时又能降低粮食水分和杀死害虫。因此要严格将被烘干设备处理后粮食的出口粮温控制在50～55℃，不得超过60℃；被处理的粮食在烘干过程中与热空气接触的时间不宜超过1 h，一般多在30～50 min内完成；烘干机内的热空气温度应保持在80～110℃的范围内，不得超过120℃。烘干塔内热空气的温度可适当提高，一般在150～160℃，但不得超过180℃。只有确保上述烘干条件的正确实施，方可达到既降低粮食水分又杀灭害虫的目的。

（三）沸水杀虫

沸水浸烫可以杀灭隐藏在豆粒内部的豆象害虫，此方法主要适用于小批量的豌豆、蚕豆和绿豆。

方法是首先把蚕虫、豌虫放于箩筐中，待锅中的水温达到90～100℃以上后，连同箩筐一起置于开水中浸烫，并且不停地搅动豆粒，使其受热均匀，经过25～30 s，立即提出箩筐，浸入冷水中降温，随后摊开晾干。处理绿豆应适当缩短处理时间。

正确掌握操作时间，才能既把豆粒中的各个虫期杀死，又保持豆子原有的品质。在开水中浸烫的时间不能太长，否则会影响豆粒的品质，如发芽率等。浸烫时间也不能太短，太短不易杀死豆粒内的害虫。浸烫过的豆子不能立即曝晒，不然会出现豆子皱皮现象而影响品质。每次处理的数量不宜过多，一般每筐在10～15 kg为宜。

此法主要用于处理食用豆类，处理种用豆子时，其含水量不能太高。如蚕豆的含水量在14%以内时，浸烫后发芽率不受影响；含水量在15%～16%时，发芽率降至40%左右；含水量在16%以上时，发芽率仅有13%左右。因此，高水分种豆应先经晒干处理后再行浸烫。

（四）热空气杀虫

热空气杀虫又称为热处理(heat treatment)杀虫，有湿热气体和干热空气两种方式。热处理杀虫通常用在不允许使用杀虫剂及被处理对象可耐高温的场合，如感染害虫的器具、结构物和食品加工厂的设备等。

湿热气体杀虫在我国早也有应用，通常用于处理仓储工具和包装器材，如麻袋、面袋、箩筐、垫仓板、竹器、芦席等，但不能用来处理虫粮。蒸汽杀虫采用双轨式的蒸汽室较好，先用火将大铁锅内的水烧到沸腾，在密封条件下使高温蒸汽充满全室，待蒸汽室的温度升至80℃时，将被处理的物品推入室内，保持15～20 min可达到100%的杀虫效果。凡经蒸汽室处理的器材，应随即摊开在清洁无虫的环境中晾晒，然后才能使用。

近年来，热处理杀虫技术在一些国家已得到广泛应用。利用固定式或移动式的加热器产生高温气体，经风机输入到处理环境中，并维持一定的时间，达到杀虫的目的。该方法主要用于食品加工车间及设备的杀虫。加热器的类型主要有电加热器、燃气加热器和蒸汽加热器三种方式(图 10-1)。为保证处理环境加热的均匀性，必要时可在处理环境中设置风机或通风管道，帮助热空气循环以加速其均匀分布。

图 10-1　两种热处理杀虫的加热器

(源自参考文献 9)

对于热处理的效果检测也是很重要的。如在必要的部位要进行温度的监测，利用预设虫笼和在热处理后使用诱捕器来检验热处理的最终杀虫效果。

研究表明，多数储藏物害虫在 50℃左右的环境中短时间内便可彻底杀死。但环境中的相对湿度是影响热处理杀虫效果的重要因素，如赤拟谷盗在 48～49℃和相对湿度 75%～76%的条件下，经 15 min 的死亡率为 10%，20 min 的死亡率为 30%；而在相同温度，26%～27% RH 的条件下，经 15 min 便可达到 100%的死亡率。因此，热处理防治大多数储藏物害虫的参数为：处理环境中各部位的温度应达到 49～52℃，相对湿度 25%～30%，暴露时间 20～30 min。

(五) 高频和微波加热杀虫

利用高频加热灭虫，早在 20 世纪 50 年代国际上就已有研究。大部分国家采用高电场强度(500 v/cm)和超高频刺激。我国从 1975 年起就对高频和微波加热设备进行机体选型试制和口岸旅检杀虫试验，初步证明这两种电子设备在口岸旅、邮检杀虫处理上，都具有快速(仅需 60～90 s)、安全、简便、无残毒废气、对粮食的食用品质无影响(粮食处理后的色、香、味无变化)等优点，适合口岸检疫的灭虫处理。

高频加热和微波加热同属于电磁场加热，加热对象都是电介质。电介质中的极化分子因正、负电量相等，带的总电量呈中性，正、负电量的重心位置并不重合，所以分子的分布紊乱而不均匀对称。当介质在外电场作用下被反复极化时，其产生的偶极子也随外电场的变化而发生取向变化，即由外电场做功转化而来的“位能”，产生分子间的相对运动，带正电一端趋向负极，带负电一端趋向正极，从而在杂乱的运动中形成一个比较整齐有序的排列。偶极子随着外电场方向的交替变化而不断振荡，其振荡频率每秒近 50 亿次，外电场的变化频率越高，偶极子的运动也就越剧烈。由于分子不停地运动，克服分子间力而做功，以“热”的形式表现出来。

粮食与昆虫均属电介质，当它们同处于电场中时，两者都因本身的上述分子运动而迅速自身加热。害虫体内细胞的内容物和结构以及神经系统的胆固醇，可因迅速加热和剧烈振荡而破坏，最后导致死亡。一般介质含水量越大，害虫死亡越快。

高频加热和微波加热虽然都是一种介质加热，其作用相同，但两者仍有所区别(表10-3)。

表 10-3　高频加热和微波加热的区别

项　目	高　频　加　热	微　波　加　热
工作频率	1～150 MHz	300 MHz
波　　长	2～300 m，常用于较大而厚的介质	1 m 以下，常用于小而薄的介质
振 荡 源	三极管	频段低端用三极管，高端用微波管，磁控管、调速管或泊管等
导　　线	一般导线	统轴线、矩形波导、圆波导等封闭传输线
加热方法	将被加热介质夹在两块平行电极板之间	将被加热介质放在具有行波的传钧线内，或放在具有驱波的谐振腔中，或放在辐射器正前方
电　　场	平行电极板间的电荷，在介质中产生静态电场或准静态电场	电场属于辐射性，随时间和距离而变化

如 GPb-J4 型高频加热器，振荡频率 40 MHz，振荡功率大于 6 kW。不同粮食种类和重量，是通过调节同轴馈线至极板间引线的长短来达到较佳工作状态。可处理小麦、大米、赤豆、绿豆、眉豆、黑豆、花生仁、花生果、芝麻、薯干等粮食，布袋、纸包、塑料等包装材料以及土壤。每次粮食的处理量为 0.5～7 kg。以 2 kg 左右粮食为例，一般处理 60～90 s，当粮食各部位(特别是表面)最低温度达到 60℃或略高于 60℃时，能 100%杀死四纹豆象(成虫、卵)、谷斑皮蠹(幼虫)、花斑皮蠹(成虫、卵、幼虫)、赤拟谷盗(成虫、幼虫)、玉米象(成虫)、米蛾(卵)。

如用输出功率 3.8～4.8 kW 的一种箱式微波加热器，处理谷物、豆类、油料约 2 kg，处理时间 60～90 s，粮食各部位的温度不低于 65℃，能 100%杀死谷斑皮蠹、花斑皮蠹、四纹豆象、咖啡豆象、玉米象、烟草甲、药材甲、拟谷盗、露尾甲、白腹皮蠹、黑菌虫等储藏物害虫。

由于高频和微波加热时电磁场的能量分布还不够均匀，因此被处理物各部位的温度有差异，甚至差异很大，一般为 8～25℃。保证被处理物各部位温度达到害虫的致死温度，是保证杀虫效果的重要环节。因此，对量大的被处理物可进行分批处理，并尽量保持被处理物的平坦均匀，高频加热时更不能使处理物在极板间高低过于悬殊，以避免局部过热现象。布质、纸质、木质、人造纤维、有机玻璃等包装物可进行处理，但不能带有金属物。如系开口容器，应在上面盖一块棉布，效果较好。

不同粮种升温速度不同，一般为豆类＞谷物＞油料，应据此相应增减处理时间。同时要根据室温和粮食处理前温度的不同，相应增减处理时间。处理时间应随粮食重量的多少而相应增减。

经高频和微波处理后粮食可能会影响其发芽率，有时甚至失去种用价值。例如：以高频加热，处理 60 s，粮温 66～67℃时，赤小豆的发芽率降低 23.3%～52.7%。以微波加热，处理后粮温平均为 64℃时，绿豆的发芽率降低 5%、黑豆发芽率降低 39%；粮温平均 70℃时，绿豆的发芽率降低 29%、黑豆的发芽率降低 52%。因此，处理种用粮时应慎重。

三、低温防治技术

虽然害虫对低温的忍耐能力大于对高温的忍耐力，但当害虫生活环境的温度降至一定程度后，其生命活动将受到抑制，甚至死亡。如当温度降至15℃以下时，大多数储藏物害虫将停止取食和发育，也就不会对储藏物造成危害。因此，利用低温防治储藏物害虫有两个途径，一是利用极度低温直接冻死害虫；二是温度降至害虫的发育始点以下，控制其危害。

（一）仓外薄摊冷冻法

该方法是利用寒冷的季节，将虫粮薄摊在仓外的场地上进行冷冻的杀虫方法。

首先准备好一定面积的场地和防露、霜、雪等的覆盖物及必要的工具，选择晴朗、干燥的寒冷夜晚。在傍晚前后，将虫粮出库薄摊在场地上进行冷冻。一般粮层厚度在7～10 cm为宜。气温最好在－5℃以下，可连续冷冻2～3个昼夜。在冷冻过程中要适时进行翻动，以使粮食温度一致，增强杀虫效果。一般每夜翻粮3～5次即可。如遭到霜、雪等不良因素，应及时做好苫盖工作，防止粮食吸潮结露。

冷冻好的粮食可趁冷入库密闭储藏，即延长低温时间，提高杀虫效果。有条件的地方，可结合清杂将冷冻过的粮食过风、过筛，除去冻死和冻僵的虫体，并及时将这些杂质烧掉或挖坑埋掉。

根据有关实验得知：冷冻温度在－4～－2℃时，冷冻时间在7～8 h，杀虫效果较差；在－8℃时，冷冻7～8 h，可杀死60％的害虫，若继续密闭15～30 d，可将粮粒内外的米象、麦蛾等害虫全部杀死。

冷冻杀虫效果还与粮食的含水量有关，不同粮食含水量彻底杀死多数储粮害虫所需的温度和冷冻时间可参考表10-4。

表10-4　冷冻杀虫所需时间(d)

粮食水分	粮堆温度		
	0℃	－5℃	－10℃以下
11％	32	20	10
14％	60	33	15
18％	110	75	32

（二）仓内冷冻法

在寒冷季节里，当环境温度低于粮温和仓温时，可将仓库门窗打开，使干燥的冷空气在仓内进行对流，自然降温。为了扩大冷却面，可将粮面耙成波浪形，并及时翻动粮食，使其上下均匀冷却。

根据仓房和粮堆的实际情况，也可采用内外结合的杀虫方法，即把仓外薄摊冷冻和就仓自然降温相结合。可将一部分粮食运出仓外薄摊冷冻，另一部分留于仓内进行自然通风降温，当仓内外粮温基本一致时再混合密闭储藏。

低温冷冻杀虫不仅要达到杀虫效果，也要注意保护粮食品质。在实际工作中应注意以下几个问题：

冷冻杀虫要选择寒冷干燥的气候，平均气温要低于 0℃。

种用粮水分在 20%左右时，不宜在－2℃以下冷冻；水分在 18%～19%时，不宜在－5℃以下冷冻；水分在 17%时，不宜在－8℃以下冷冻。

冷冻原粮的含水量不宜过高，否则将会影响粮食的工艺品质。一般要求：粳稻水分在 16%以下；籼稻、大米、大豆的水分应在 15%以下；三麦、杂粮等的水分则应在 13%左右。

除一些不宜受冻的物品外(如塑料薄膜)，其他仓储用品、包装器材等均可采用冷冻杀虫的方法。

另外，如果在寒冷季节而粮温较高的情况下，可通过倒仓降低粮温以抑制害虫的危害。当粮食通过输送机械从甲转入乙仓的过程中，粮食会被冷却。粮温与气温的温差越大、转送距离越远，降温效果就越好。

（三）机械通风降温

目前，在较大型的粮食储备库大多都配备有较完善的机械通风系统。通风系统通常由通风机和仓内的通风管道两部分组成。通风系统的作用是通过风机的运转，将仓外的冷空气吹入仓内(压入式通风)，或将仓内的热空气吸出仓外(吸出式通风)，从而达到降低粮温或降低粮食水分的目的。

通风降温一般在较寒冷的秋、冬季节进行。通风后可使粮温大幅度地降低，虽然在多数情况下降低后的粮温要彻底杀死害虫，在许多地区是很困难的，但可抑制害虫的活动和危害。如果再做好仓房的隔温工作，便可较长时间地保持较低的粮温，减低害虫在春、夏季的危害。

降温通风必须在合适的仓内和仓外温湿度条件下才能进行。如在通风开始时，大气温度应比平均粮温低 8℃或更低；在通风过程中，大气温度应比平均粮温低 4℃或更低。

（四）机械制冷

机械制冷是利用制冷设备产生的冷气降低粮温，可将粮温控制在较低水平，从而可以不同程度地抑制害虫的生长发育和繁殖，大大降低了虫害的发生和危害，同时有效地保护了粮食的食用及种用品质。机械制冷的使用不受季节和环境温度的限制，通常在温度较高的春、夏季使用。但机械制冷的缺点是耗能要比机械通风大。

目前用于粮食冷却的制冷设备主要有制冷机、空调器和谷物冷却机三种类型。

制冷机通常是固定安装在仓房上的整套制冷设备。一般由压缩机、冷凝器、膨胀阀和蒸发器等组成，并由管道连接成一个封闭系统。制冷机在消耗一定的外部能源的条件下，利用制冷剂物态的变化，将储藏环境的热量传送到仓外，从而使仓内的温度降低。粮堆内部温度的下降仍主要靠热传导的方式进行，因此，要降低整个粮堆的温度则需要较长的时间。特别是对于整仓散装的粮堆制冷效率较低，降温时间更长。因此，制冷机通常用于包装粮堆或孔隙度较大的储藏物降温。

空调器的工作原理与制冷机相似，但它的体积较小，安装使用较为灵活。但同样有粮堆降温慢和无法控制进仓冷气湿度的缺点。

谷物冷却机是专门为储粮降温而设计的制冷设备(图 10-2)，可以灵活移动，多仓公用。谷物冷却机的制冷原理与一般的制冷机相似，但它增加了控制输出冷气湿度的功能，并配置了大功率的风机，风机的风量和风压足以使输出的冷气穿过高深的散装粮堆。因此，谷物冷却机降温不受季节和环境温湿度条件的影响，几乎可以全天候工作。

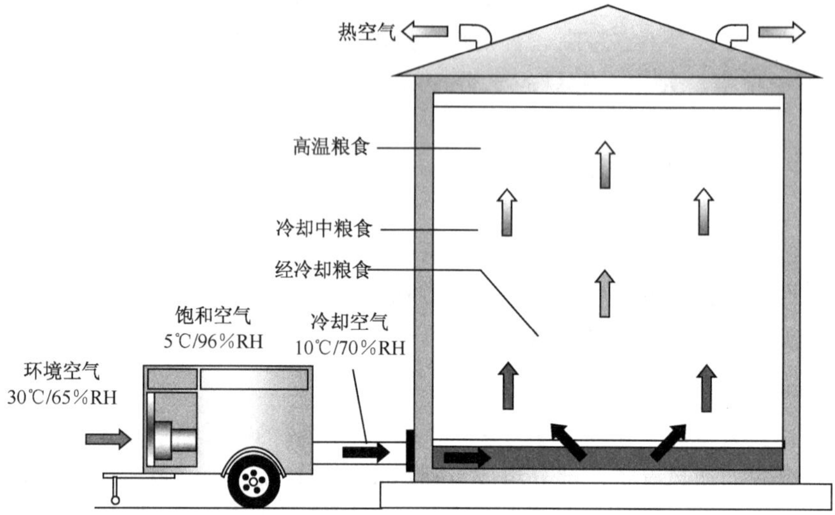

图 10-2　谷物冷却机工作原理

谷物冷却机的工作过程是将一定相对湿度的冷气通过仓房底部的通风管道吹入仓内，将粮堆内的热空气置换掉，同时使粮食的温度降低。粮堆内的热空气则经由仓房上部的窗口或通风口排出仓外。由于谷物冷却机的降温过程主要是靠对流作用(粮粒内部温度的降低仍靠传导)，因此它的降温效率要比一般的制冷机高。谷物冷却机必须与设计合理、通风均匀的风道系统配合使用，对于没有通风道的仓房则不便使用。所以，谷物冷却机适用于仓底配有风道系统的平房仓、浅圆仓和立筒仓散装粮堆的制冷降温。

近年来，谷物冷却机已在我国许多地区广泛应用，并取得了较好的应用效果。

同时也必须指出，所有的机械制冷设备耗能都是比较大的，在实际使用中也是一值得考虑的因素。因此，对于使用机械制冷降温的仓房，最好能加强其保温性能，这样才能更长时间地保持仓内的低温，充分发挥机械制冷的效能。

第二节　气 调 防 治

一、气调防治的概念

气调又称为改变大气(modified atmospheres)，是人为改变储藏物环境中大气的气体成分，达到延缓粮食陈化、抑制虫、霉危害的一种技术。亦有人将气调称为气控(controlled atmospheres，CA)，严格讲两者有一定的区别，在气控处理中气体成分的控制更为严格，即在整个处理期间气体成分被控制在较为恒定的水平。应该指出，本节所指的气体成分是指大气本身所包含的 O_2、N_2 和 CO_2 等气体的比例成分，而不包括像磷化氢等熏蒸剂及其他气体。

正常大气的组成如表 10-5 所示，除特别说明外，本节所指的百分比均为容积百分比。

表 10-5 正常大气中各种气体所占的比例

气体	容积百分比	质量百分比	相对分子质量
氮	78.084	75.52	28.0134
氧	20.948	23.15	31.9988
氩	0.934	1.28	39.948
二氧化碳	0.033	0.05	44.0099

害虫的呼吸是维持其进行正常生命活动的基本条件，即害虫必须与环境中的空气进行气体交换。环境大气中任何一种气体成分比例的变化，对害虫本身都会有直接的影响。因此，人为控制和改变害虫生活环境中大气的组成，从而达到抑制害虫发生和发展，甚至杀死害虫的目的，这就是气调防治。

在过去的 30 年间，气调储藏对于谷物的处理已经得到科学界的注意。较早期的研究主要集中在降低储藏环境中氧气含量方面。如将粮食严格密闭起来，利用粮食、微生物和害虫本身的呼吸作用消耗环境中的氧气，从而达到抑制害虫危害的目的。后来又发展到利用脱氧剂辅助降氧。目前通常的方法是用 CO_2 或用 N_2 再混合少量 O_2 来调节谷物中的气体，或控制害虫生长，或防止谷物品质下降。在气调处理中，储藏环境中的空气混合物必须达到并控制在对害虫和微生物致死的水平。随着技术的进步，人们正在探索和使用一种在密封储藏中迅速充入 N_2 或 CO_2 的同时又快速减少 O_2 含量的装置。

气调储藏虽然有许多优点，但也有一些我们必须考虑的缺点。表 10-6 列出了气调储藏的优缺点。

表 10-6 气调防治的优缺点

优点	缺点
• 被处理的商品中无残毒	• 要求较高的气密性
• 对工作人员安全	• 处理时间长
• 对环境安全	• 增加储藏费用
• 低氧具有抑霉效果；通过降低粮食的呼吸，有利于保持品质	• 无警戒气味
• 害虫产生抗性的风险低	• 材料的获得和提供问题

目前气调防治所用的气体主要是 N_2 和 CO_2，两种气体各自有其优缺点(见表10-7)。在实际应用中，我们可以根据具体情况选择合适的气源。

表 10-7 N_2 和 CO_2 在气调防治中的优缺点

气体	优点	缺点
N_2	• 在处理环境中化学性质稳定	• 温度低于 25℃时处理时间较长
	• 对工作人员安全，无临界值要求	• 与空气容积比在 97%时才有效
	• 相同容积下比 CO_2 廉价	• 长期液态储存气体会有损失
CO_2	• 与空气容积比＞35%时即有效	• 具水溶性和腐蚀性
	• 温度低于 25℃时防治害虫比 N_2 快	• 高浓度使用时需要在处理场所和工作环境进行安全浓度监测
	• 在高压条件下可快速杀虫	• 有一定危险性，安全临界值为容积比 0.5%
	• 可储存在大型钢制容器内	• 温室效应气体

二、气调防治的原理

（一）氮气气调的杀虫原理

N_2 本身对害虫没有毒力。在储藏环境中增加 N_2 的含量，主要目的是置换和替代 O_2，当 O_2 浓度降低到一定水平时，对害虫就会造成有害的影响。如当环境中的 O_2 浓度降低到12％时，对大多数害虫的危害便有明显的抑制作用；当 O_2 浓度降低到8％时，多数害虫的生长发育和繁殖将受到抑制；当 O_2 浓度降低到4％以下时，害虫在两周内便会死亡；O_2 浓度降低到2％以下时，害虫在数天内便会死亡。实验证明，O_2 浓度越低，害虫致死的时间就越短。因此，利用 N_2 进行气调防治，害虫死亡的原因是由于缺氧而窒息死亡。

其他一些惰性气体，如氩气和氦气也被应用于储藏物害虫的气调防治，并证明有相似的杀虫效果。但是，由于这些气体价格较昂贵，实际的商业应用受到限制。

（二）二氧化碳气调的杀虫原理

当 CO_2 的含量大于35％时，不管是否有剩余的 O_2，都能使害虫致死。但是，纯的 CO_2 并不比有一些氧气存在的条件下杀虫更为有效。在0～40℃的温度范围内，CO_2 含量为60％与90％的气体证明对米象的致死时间相似；但对某些虫种，在二氧化碳含量为90％时会比60％有更短的致死时间。

关于气调条件下害虫死亡的直接原因还不完全清楚。有人认为其毒理影响归因于脱水和作为能量代谢底物甘油三酯的缺乏。细胞水平的酸化（acidification）也可能导致生理作用的破坏，并可能与毒理作用有关。

在另一项研究中发现，粉斑螟在缺氧情况下体内的葡萄糖水平下降，而在高浓度的二氧化碳中却保持不变；苹果酸水平在高浓度的二氧化碳中增加，在低氧情况下却下降；柠檬酸水平在两种情况下都减少。这表明气调对三羧酸循环过程有抑制作用。

对陆生昆虫而言，乳酸发酵是在缺氧条件下最重要的提供能量的方式。人们发现，当把一些昆虫暴露在纯氮或缺氧的环境中一段时间后，虫体内的乳酸水平显著提高。如将粉斑螟的蛹暴露在10％的 O_2、20％～89％的 CO_2、其余为 N_2 的环境中，结果发现，24 h后血淋巴中的乳酸含量随着 CO_2 浓度的增加而增加。在 N_2 环境中，当 O_2 的浓度降至3％以下时，发现乳酸水平迅速提高。这就说明在使用 N_2 控制储藏物害虫时，如果 O_2 浓度高于3％～4％，害虫的致死时间将会延长。

当把谷象的蛹暴露在纯 N_2 或纯 CO_2 气体中时，发现在最初的24 h乳酸水平增加最快迅速。随着暴露时间的延长，乳酸生成便会停止，表明新陈代谢过程受到了抑制。24 h以后，暴露在 CO_2 中蛹体内乳酸的水平大约是暴露在 N_2 中的三分之一，这种关系在21 d的暴露期内一直维持稳定。

在 CO_2 中，谷象蛹体内相对低的乳酸水平是由于碳酸和乳酸共同引起的酸中毒所致；而在 N_2 中则是由单纯的乳酸大量聚积所致。Friedlander（1984）曾报导，暴露在99％的 N_2、1％的 O_2 中粉斑螟蛹体内的丙酮酸和乳酸水平都有所升高，乳酸含量比在暴露在空气中高出4倍；也比暴露在纯 N_2 中的高出2倍。这一结果可能暗示 O_2 存在的多少，对乳酸量有重要影响，也对高浓度 CO_2 大气中害虫酸中毒的程度有影响。与 N_2 相比，高浓度 CO_2 导致细胞的酸中毒和新陈代谢的抑制，是使害虫短时间内致死的主要原因。

三、气调防治技术的应用

（一）缺氧气调

此处的缺氧气调是指利于粮堆本身的呼吸作用或人工辅助的方法，降低粮堆内的 O_2 含量，使之达到缺氧抑虫、杀虫的目的。

1. 自然缺氧

自然缺氧是在密封的环境中，利用粮食、及粮堆中微生物和害虫等生物的呼吸作用，逐渐消耗粮堆中的 O_2，同时提高 CO_2 的含量，使粮堆达到缺氧的目的。

储藏中的粮食都是生命体，都有正常的呼吸作用，这是自然缺氧的基础。但不同的粮食品种，其呼吸强度也不同，降氧速率也不同。在考虑实施自然缺氧时，必须要了解和掌握储存粮种的降氧能力。降氧能力高的粮种，可以采用自然缺氧的方法；而降氧能力低的粮种，只能采用其他的气调方法。实验表明，稻谷、小麦、玉米、大豆等粮种都具有很好的自然降氧能力，通常它们的降氧能力依次为：玉米＞小麦＞稻谷＞大豆。但薯干、面粉等由于其呼吸率很低，很难达到自然缺氧的目的。

粮食本身的状态，如新陈度、含水量、粮温、有无害虫等与降氧速率也有很大的关系。

新收获的粮食，由于其代谢旺盛，呼吸强度很高，其降氧效果就好。如小麦的自然缺氧，最好是采用新收获两周以内的粮食。随着储存期的延长，其呼吸强度便会逐渐降低。储存几年以后的粮食，很难达到自然缺氧的效果。

水分高，降氧快。这除了和粮食本身的生理状况有关外，可能还与微生物的活动有关。粮食水分是影响微生物活动的最主要因素，随着粮食水分的增加，微生物的代谢活动也开始加强。粮食水分的增加，同时也意味着储存风险的增加。特别是在粮堆密闭良好的情况下，容易出现结露、放热现象，在采用自然缺氧技术时必须注意。

粮温高，降氧快。温度提高，会增加粮食、害虫及微生物的呼吸强度。通常在20℃以下，自然降氧的速率比较缓慢，随着粮温的增高，降氧速率明显加快。因此，自然降氧最好在粮温较高的季节进行。

有虫粮，降氧快。一般害虫的呼吸强度要比粮食大十万倍以上，所以有虫粮食降氧速率快。而且虫口密度越大，降氧越快。

必须指出的是，粮食水分高、温度高、害虫多等都是影响储粮安全的主要因素，所以，在利用这些条件快速降氧的同时，应进行全面的分析，权衡利弊，慎重采用。

2. 微生物辅助降氧

微生物辅助降氧是利用某些微生物呼吸量大的特点，辅助低水分粮、陈粮及成品粮等呼吸强度低的粮食快速降氧的一种方法。一般以酵母菌、糖化菌为菌种，采用三级扩大培养，一级试管斜面培养，二级以稻壳和麸皮为原料，进行曲盘培养，三级为培养箱培养。在培养箱与粮堆间设置通气管，进行气体交换。当粮堆内的 O_2 浓度降低到气调要求后，拆除培养箱，密封好粮堆，保持缺氧状态。

3. 脱氧剂降氧

脱氧剂降氧是指在密封环境中加入脱氧剂，通过脱氧剂与环境中的 O_2 发生作用，除去 O_2 使之达到缺氧目的的气调技术。

脱氧剂脱氧具有安全、无毒、无污染、脱氧速度快优点，但使用成本较高。

脱氧剂是指能同空气中的游离 O_2 发生化学反应，以除去 O_2 的一类化学制剂。目前使用的脱氧剂主要有铁型脱氧剂、硫酸盐脱氧剂和碱性糖制剂三类。在粮食储藏气调中使用的主要是铁型脱氧剂。其成分以还原铁粉为主剂，以填充剂(如活性炭)为载体，加入催化剂(如金属卤化物)按一定比例配制而成。

使用脱氧剂降氧时，应做好粮堆的密闭工作。使用时将脱氧剂分别装于透气性的纸袋内，每袋装 1 kg 左右，均匀地散布在粮堆表层和四周，然后严格密闭粮堆。

影响脱氧剂脱氧效果的主要因素有粮温、粮食水分、相对湿度以及剂量等。一般情况下，粮温高、水分大的粮堆脱氧速率快于粮温和水分低的粮堆。

（二）二氧化碳气调

由于 CO_2 的气体比重比空气大，因此，一般是将 CO_2 从底部充入粮堆。充入方法通常有两种方式。

一种方法是把密封粮堆下部的进气管与 CO_2 钢瓶或 CO_2 发生器送气管连通接牢，同时把密封粮堆顶部的排气口全部打开。打开钢瓶上的控制阀门，慢慢地向粮堆内充加 CO_2。由于 CO_2 气体比重大于空气，当粮堆下部充入 CO_2 后，下层空气即自下而上逐渐上升到顶部，不断地由上部排气孔排出。当测定到顶部排气孔处的 CO_2 浓度在 40%～45%以上时，即可停止充气，密封进、出气口，密闭粮堆。

另一种方法是把密封粮堆下部的进气管与 CO_2 钢瓶或 CO_2 发生器送气管连接，顶部的排气口与真空泵或风机连接。首先开启真空泵或风机，将粮堆抽为负压后，再打开 CO_2 钢瓶的阀门，慢慢向粮堆充气，及时打开粮堆顶部的排气口。当测定顶部排气孔处的 CO_2 浓度在 40%～45%以上，或粮堆内达到 75%以上时，即可停止充气，然后密闭粮堆。

一般粮堆中的 CO_2 浓度维持在 35%以上，粮温 25℃以上，密闭时间 15 d 以上便可达到较好的气调杀虫效果。

近年来，国外有人发现利用高压的 CO_2 气体气调，可以大大缩短处理时间。在 1～3.7 MPa 之间的 CO_2 气体压力下，大部分储藏物害虫可在几小时内被彻底杀死。如在 3.7 MPa 压力、时间 20 min，3 MPa 压力、时间 1 h 和 2 MPa 压力、时间 3 h 的条件下，除了土耳其扁谷盗和大眼锯谷盗外，所有的害虫的死亡率几乎都是 100%。在 3 MPa的压力下，处理 1 h 后，仅有少量大眼锯谷盗存活。

图 10-3 是不同 CO_2 气体压力下防治谷象所需的时间。

然而这种处理需要一个造价很高的压力室，因此，目前该技术在国外主要用于处理一些高价值的商品，如调料、药草、可可豆和干果等。

（三）氮气气调

利用 N_2 置换掉密封粮堆内的空气，使 N_2 浓度达到 97%以上，O_2 含量达到 2%～

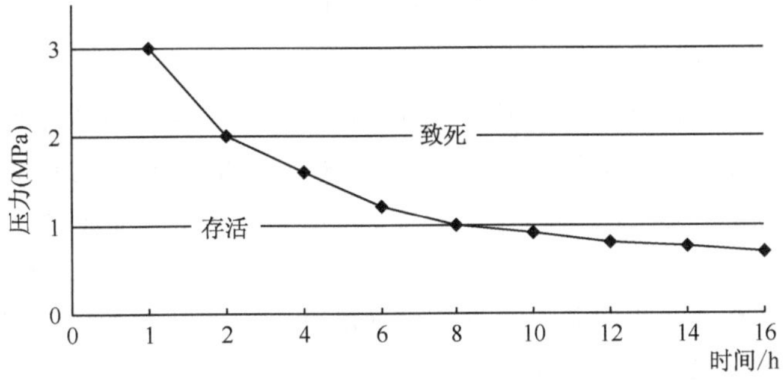

图 10-3 不同二氧化碳气体压力下防治谷象所需的时间

3%时，暴露时间 13～15 d，便可有效地控制粮堆内的害虫。利用 N_2 气调较常用的方法有充 N_2 和利用制氮设备富集 N_2。

充 N_2 气调的方法是，利用真空泵等机械设备，把密封粮堆内的空气基本抽尽，再充入适量的 N_2，使粮堆处于高氮缺氧状态。首先将由密封粮堆中引出的导气管与真空泵的进气口连接，开启真空泵，抽空粮堆内气体。当粮堆内真空度达到 80 kPa 时，即可充入 N_2，直至密闭粮堆内外气压平衡为止。充 N_2 浓度应达 95%以上，粮堆内其余 5%左右气体中的 O_2，会随粮堆内生物体的呼吸消耗而逐渐降低，甚至达到缺氧状态。

近年来较常用的方法是分子筛富氮降氧。分子筛是一种微孔型的晶体硅铝酸盐，它是高效能、高选择性的晶体吸附剂。分子筛优先吸附 N_2 氮，并使 N_2 黏滞地吸附于分子筛空穴的内表面，而 O_2 只能片刻地被吸附，它在空穴的内表面能自由地离开，使 O_2、N_2 分离。然后将吸附在分子筛空穴中的 N_2 通过减压而解吸，制得的富氮气体送入粮堆。经过反复循环富氮排氧，就可使粮堆的 N_2 含量提高到 97%以上，O_2 含量降低到 3%以下。

四、影响气调防治效果的因素

气调防治储藏物害虫的效果除了与所用气体的浓度和暴露时间有关外，还受其他一些因素的影响。如环境的气密性、害虫的种类及虫期、环境的温湿度等。

（一）环境的气密性

气调环境的气密程度是气调防治的关键因素之一，一般情况下，气调要求的环境气密性比熏蒸的要求高。

对于气调防治的气密性要求，我国还没有统一的标准。通常是通过测定气调环境的压力半衰期来衡量其气密程度，在相同的气密条件下，但初始测试压力的不同，测得的压力半衰期稍有差异。如德国推荐气调储藏的气密标准为：压力半衰期要大于 30 s；澳大利亚当局推荐的标准是 3 min。亦有资料介绍，澳大利亚推荐二氧化碳气调的标准为：500 Pa 压力半衰期不小于 10 min。另外，处理环境容积的大小不同，对气密性的要求也有差别。如 Navarro(2000)推荐的气调处理的气密要求为：250 Pa 压力半衰期，容积小于 500 m^3，空仓 3 min，实仓1.5 min；容积小于 2000 m^3，空仓 4 min，实仓

2 min；容积 2000～15 000 m^3，空仓 6 min，实仓 3 min。

（二）害虫的种类和虫期

通常，鞘翅目储藏物昆虫的前期蛹对气调的忍耐力最强，其次是卵、高龄幼虫、低龄幼虫和成虫。在常见的储藏物害虫中，象虫(*Sitophilus* spp.)的蛹对各种气调处理忍耐力最强。如 10℃时，在 98%的 N_2 和 2%的 O_2 条件下，象虫的蛹可以存活 10 周以上，而成虫在 2.5 周后即全部被杀死。

储藏物中的蛾类通常要比象虫对气调更加敏感。但滞育期的印度谷螟幼虫对各种气调的忍耐力比正常发育的幼虫和成虫要高。如在 10℃时，用 60%的 CO_2 处理，滞育的印度谷蛾幼虫和象虫蛹的忍耐力基本相同。人们还发现，储藏物螨类的休眠体对气调表现出较高的忍耐力。

研究发现，用 CO_2 对成虫的亚致死处理会导致其出现麻醉状态，如 90%的 CO_2 处理谷象成虫 4h，在处理后的 40 min 内，害虫处于麻醉状态。而用 98%的 N_2 和 2%的 O_2 处理，则成虫并没有出现麻醉现象。Soderstrom 和 Brandl(1982)证实，在含有 2% O_2 的 N_2 环境中，不能阻止印度谷蛾的取食；但在 40%的 CO_2 条件下，可以阻止其取食，而 30%的 CO_2 却不能。

有研究报导，气调可诱发储藏物害虫对气调的抗性。有人在低氧或高二氧化碳气体浓度的条件下，对象虫(*Sitophilus* spp.)进行了 7～10 代的筛选，结果发现它们对 CO_2 的抗性水平提高到 3 倍。赤拟谷盗成虫经过 40 代低氧条件筛选，发现其抗性水平发展到 5 倍。在 35%的 CO_2、1%的 O_2，其余为 N_2 的条件下，对嗜卷书虱进行了 30 代的筛选，结果发现该虫的抗性水平提高到 5.6 倍。用 40%、65%和 90%的 CO_2 条件对米象的蛹进行了 7 代筛选，结果发现其抗性水平并没有任何提高。所有抗性品系成功的筛选都是在较高的湿度条件下进行的，而这样的条件在实际储藏中一般是不会发生。因此，在实际应用条件下害虫忍耐力和抗性水平未必会得到发展。

（三）温度的影响

温度也是影响气调防治效果的重要因素之一。一般情况下，在 5～10℃以上，储藏物害虫的致死时间随温度升高而缩短(图 10-4)。如用 98%的 N_2 防治谷象，10℃时所需暴露时间最长，约为 80 d；20℃时为 35 d；30℃时约 14 d；而 40℃时仅需 1～2 d。用 60%的 CO_2，5℃时的暴露时间最长，约为 50 d；20℃时为 21 d；30℃时 10 d 左右；而

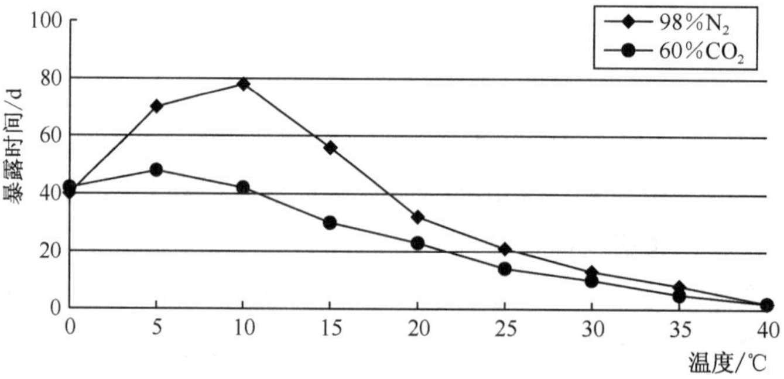

图 10-4 氮气和二氧化碳气控防治谷象不同温度下所需暴露时间

40℃时仅需 1～2 d。

与 CO_2 相比，N_2 处理防治储藏物害虫所需的致死时间更长一些。而且，O_2 含量必须低于 3%。特别是在温度较低的情况下，如低于 20℃时需要致死暴露时间比 CO_2 更长。

图 10-5 描述了用 N_2 气调，O_2 含量低于 3%，不同温度下防治常见储藏物害虫所需的暴露时间的范围。在 10℃时，防治储藏物害虫所需的暴露时间为 37～43 d；在 20℃时，需要 21～28 d；而在 30℃时，仅需 4～7 d。

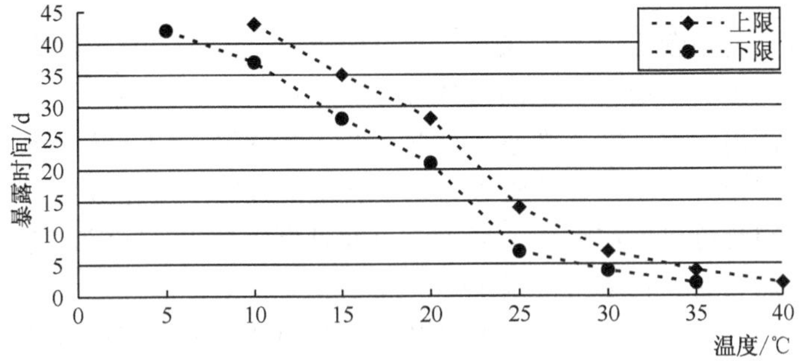

图 10-5 N_2 气控(O_2<3%)防治储藏物害虫不同温度下所需暴露时间范围

(四) 相对湿度的影响

处理环境的相对湿度对气调防治也有显著的影响。在相同的气体条件下，不同的相对湿度所需的暴露时间可能相差很大。通常相对湿度越低，防治效果越好，较低的相对湿度可以明显缩短致死害虫的暴露时间。图 10-6 描述了在不同相对湿度条件下低氧和高二氧化碳气调时对粉斑螟蛹羽化率的影响。因此，在使用气调技术防治储藏物害虫时，应尽可能降低环境中的相对湿度。

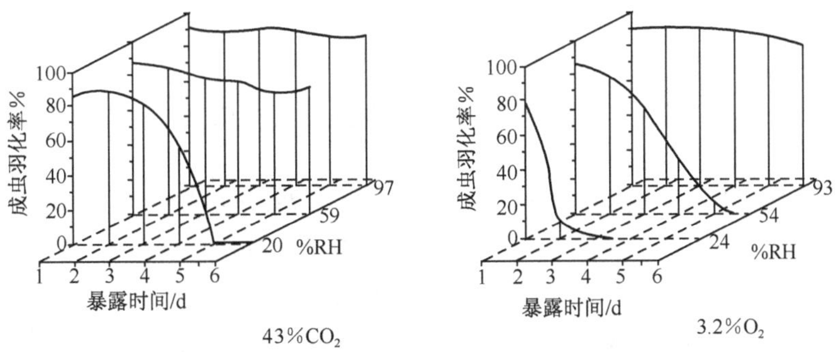

图 10-6 不同相对湿度条件下低氧和高二氧化碳气调时对粉斑螟成虫羽化率的影响(26℃)

(Navarro 和 Calderon)

第三节 器械防治

器械防治也叫机械防治，是指利用人力或动力机械设备使害虫与粮食分开，或在机械运动过程中使害虫因摩擦、撞击而损伤或致死的一项防治技术。

一、风扬和风车除虫

风扬和风车都是利用气流的作用，使害虫与粮粒分离的除虫技术。由于许多害虫与粮食籽粒在比重和形状上存在着差异，在风力的作用下，轻于粮粒的害虫和杂质被气流吹落到远处，而较重的粮粒落在近处，从而达到分离除去害虫的目的。

一般新收获后的粮食都要经过风扬，其目的主要是清除粮食中的杂质，但对于染虫的粮食也可起到除虫的作用。传统的风扬方法是使用人力，选择风力合适的天气，一锨一锨地将粮食抛洒向空中，在粮食坠落的过程中，使害虫、杂质与粮食分离。近年来，电动扬场机已被广泛应用，不仅节省人力，而且大大提高了工作效率。由于电动扬场机抛粮的高度高，而且可以连续抛撒，所以除虫效果也比较好。同时，当害虫从高空下落与粮食产生撞击后，其死亡率也会增加。

风车也是常用的一种清除虫、杂的设备，在我国的南方使用比较普遍。风车与风扬的区别在于，其风力是由风车叶轮的转动产生的，而不是借助于自然风力。因此，风车的使用比较灵活，受环境的影响小，即使在无风的天气照样可以工作。风车风力的大小取决叶轮的转速，过大或过小的气流都会影响除虫效果。一般以每分钟 110 转左右为宜。粮食流量与粮层厚度也会影响除虫效果，粮食在风车内的流量要适当，使风力尽可能作用到所有的粮粒与虫、杂。粮食的流量可用通过调节风车控制器的坡度来掌握。

经风扬或风车清除出的虫、杂要及时收集，埋掉或烧掉，以免害虫扩散。

风扬和风车除虫虽然有使用简便、安全等优点，但不适用于大批量的粮食。而且不能保证彻底除虫，特别是对粮粒内部的害虫难以奏效。

二、过筛除虫

过筛除虫是利用害虫与粮粒大小的差别及害虫本身对刺激的反应特性(如假死性)，通过合适的筛孔将粮食与虫、杂分离。

一般在粮食入库前，都要过筛清除粮食中的虫、杂，以利于安全储粮。筛子的种类很多，如圆吊筛、双人抬平筛、多层溜筛和电力振动筛等。无论采用何种型式的筛子，选择合适大小和形状的筛孔是达到除虫效果的关键。筛子的筛孔形状通常有圆形、正方形、长方形和三角形四种，都是根据害虫个体与粮粒的形状及大小而设计的。清除大于粮粒的害虫，选用便于粮粒通过的筛眼，使害虫留在筛面上；清除小于粮粒的害虫，选用便于害虫通过的筛眼，使粮粒留在筛面上；清除圆形或与粮粒宽度不同的害虫，选用圆形或三角形筛眼。长方形筛眼，则适于分离与粮粒厚度、宽度都不相同的害虫(见表 10-8)。如果粮食中既有大于粮粒的害虫，又有小于粮粒的害虫，则应采用双层或多层筛，以弥补单层筛的不足。

采用任何一种筛子(吊筛、手筛、振动平筛及溜筛等)都必须利用人力和动力，使筛里物在筛面上作连续不断的运动，达到分离害虫的目的。筛理物在圆吊筛、圆手筛中，通常作旋转式运动；在振动平筛中，常呈往复式运动。筛面上的粮层过厚，会影响筛除效果。筛子摆动幅度越大，粮食在筛面上运动距离越长，粮粒与害虫碰撞机会越多，除虫效果越好。在这种情况下，谷蠹等假死性不太明显的害虫亦能被筛除。

表 10-8 筛除不同粮食中常见储粮害虫的筛孔(孔数/2.54 cm)

虫种	虫期	蚕豆	玉米	大豆	大麦	籼稻	高粱	小麦	大米	面粉
大谷盗	幼虫		(4)				(6～7)		(8)	12～14
	成虫		(5)				(6～7)		(8)	12～14
蚕豆象	成虫	5～5.5								
拟谷盗	幼虫		5.5～6		(10～12)	(10～12)	(10～14)	(10～14)	(10～14)	(24～28)
	蛹		5.5～6		14	14	14	14	(14～19)	22
	成虫		5.5～6		12	12	12～14	(10～14)	(12～16)	22
玉米象	成虫		5.5～12		12	12	(12)	(12)	(12～16)	22
谷蠹	成虫	3.5～12	5.5～12	8～12	12～14	12～14	14	14～16	(12～16)	24
扁谷盗	幼虫				14～20	12～20	14～20	16～20	(20～22)	(24)
	蛹				14～24	12～24	14～24	16～24	24	(28)
	成虫				14～16	12～16	14～16	16	(16～22)	(28)
锯谷盗	幼虫				14～20	12～20	14～16	16～20	(20～22)	(28)
	成虫				14～18	12～18	14～18	16～18	(18)	(24～28)

注:有括号者表示适宜于虫体与粮粒不能完全分开时采用的筛孔;无括号者表示适宜于虫体与粮粒能完全分开时采用的筛孔

在处理过程中应随时注意收集虫、杂及废品，工作结束后应彻底清理现场，把清除出来的害虫及杂质深埋或烧掉。对尚有价值的残品应集中作杀虫处理。

与风力除虫一样，过筛仅可除去粮粒外部的害虫，对粮粒内部的害虫则无法除去。

三、撞击杀虫

机械侵扰如圆周运动、落体运动尤其是对带虫粮食的撞击(impact)，对储藏物昆虫都会产生十分不利影响。虽然昆虫对加速之后立即减速也十分敏感，但对撞击比加速运动更敏感。

撞击对害虫的影响程度取决于虫种和虫态，如夹杂在谷物中的锈赤扁谷盗、赤拟谷盗幼虫和成虫的死亡率，随着撞击过程中圆周运动和碰撞次数的增加而增加。而在上述处理中，象虫的死亡率却很低，但是当从 14.1 m 的高度向下坠落(落地时的速度达到 16.6 m/s)数次时，谷象和米象的死亡数量显著增大。当包装谷物向下坠落时，对其中的成虫影响更大，可能是由于落地的瞬间害虫与粮粒撞击程度更大的原因。将染虫的玉米从 10.8 m 高处坠落时(落地速度为 14.6 m/s)，可以降低象虫的羽化率 50%以上。物理的撞击作用还可以导致害虫发育时间的延迟，撞击后幼虫的蜕皮过程会受到影响。虽然一定强度的撞击可以导致粮粒外部成虫的死亡，但人们发现对撞击最敏感的虫期是卵、老熟幼虫和蛹。

撞击机是一种有效撞击杀虫设备。撞击机工作形式类似于一个离心机，其主要结构有两个圆盘，两圆盘的边缘通过众多销柱将两盘上下连接起来，圆盘的中心为转动轴，转动轴由电动机带动而使圆盘旋转(图 10-7)。

撞击机的工作过程为：物料(整粒粮食、颗粒、面粉)从入料口加入到转动的圆盘中心，物料通过与转盘的摩擦而被加速，并以高速与销柱和机器外罩撞击，然后经出料口

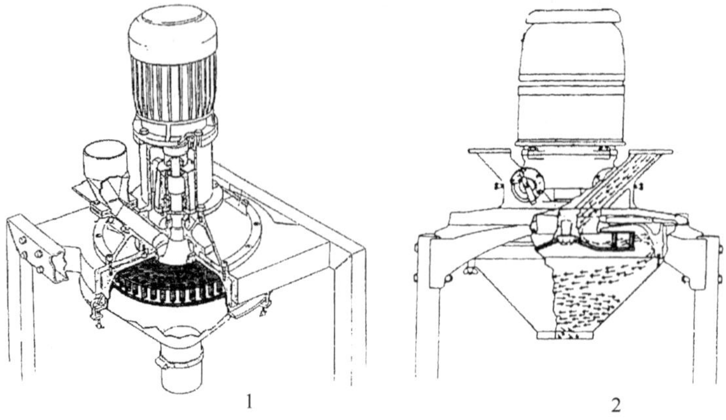

图 10-7　撞击机的结构及物料流经撞击机的途径

1. 撞击机的结构；2. 物料流经撞击机的途径

（源自 Stratil et al）

流出。

物料中的害虫通过与销柱和机壳的高速撞击，会导致触角和足的折断和身体其他部位的损伤，使其立即致死或经一段时间后死亡。

撞击机导致昆虫死亡的主要原因是昆虫与销柱和机器内壁的撞击，实验证明当把销柱去除后，转盘几乎不能杀死储藏物昆虫的各种虫态。两次撞击比一次撞击效果更好。通常，销柱排成两行或多行，外边一行与里边一行相互错落排列。物料颗粒与销柱和撞击机外罩之间撞击的强度取决于圆盘的转速，而转盘的速度与圆盘的半径及电机的转速有关。通常，昆虫的死亡率随着撞击机转速的增加而增加，但随物料产量增加而降低。

不同害虫种类和同种害虫的不同发育期对撞击的敏感性存在明显的差异。如以 25 m/s 的速度撞击带有谷象的小麦，90%的成虫可被杀死，而卵和幼虫由于在粮粒内部而得到保护，在 45 m/s 的速度撞击仍能存活下来。如果将卵和蛹从粮粒内取出，以 20 m/s 的速度撞击就可以将其杀死。以 50～65 m/s 的速度撞击粉状谷物，即便是赤拟谷盗和地中海螟的卵也会被杀死。

另外，撞击强度也与物料颗粒的质量有关，而这一影响很小，通常可以忽略。

撞击机发明于 20 世纪 40 年代，其主要用来进一步研磨物料，提高粗粒和粗粉的成粉率，以便减少研磨道数，节省能源。至今撞击机在面粉加工行业仍在普遍使用，如瑞士 Bühler 公司生产的 MJZD 型撞击机，叶轮直径 430 mm，转速 3000 r/min，产量1.5～6.5 t/h，功率 3～7.5 kW。用于面粉加工过程的松粉和杀虫。

撞击机对害虫的防治作用是在以后的使用中逐渐显现出来的。尽管撞击机可以有效地杀死害虫，但由于其对产品的最终质量会造成不良影响，在欧洲撞击机在害虫防治中的应用已经争议了几十年。

对使用撞击机的争议主要集中在对被撞击物料的损害上。Zwingerberg(1988)指出，防治面粉中害虫需要的撞击速度为 65～100 m/s，在这一速度下，撞击对面粉颗粒直径的影响是可以忽略的。但对整粒谷物撞击产生的不利影响是不容忽视的，其影响主要是增加破损率的问题。粮粒的破损与销柱的数量和撞击速度成正比，同时与小麦的品种和水分含量有很大关系。如软麦比硬麦更易破碎，14%水分的小麦比17%的更易破碎，而且产量越小导致破损更多。为了减少小麦的破损率使其利于储藏，撞击速度应控制在30～35 m/s左右。事实上，那些生活在粮粒间的成虫在20～25 m/s速度撞击下便可致死。

总之，小麦加工前或加工过程中使用撞击机来控制害虫是可行的，而且效果很好。以39 m/s的速度撞击小麦粒、以50～65 m/s的速度撞击面粉，对面粉的最终品质不会造成明显影响。撞击机防治害虫也用在储藏过程和装运过程中。

第四节　电离辐射防治

一、电离辐射防治的概念

电离辐射防治是利用高能射线或加速器产生的粒子束流照射储藏物，通过射线与物质的相互作用，达到使食品得以保鲜和杀死其中害虫的目的。

（一）研究应用概况

电离辐射(Ionizing radiation)防治储藏物害虫的研究工作，始于20世纪初。自从Runner在1916年发表烟草甲经α射线处理后产生不孕后代的报告后，几十年来，特别是20世纪50年代钴-60(Co^{60})和铯-137(Cs^{137})等放射性同位素辐射源解决后，世界各国对此项工作的研究从未间断过。电离辐射可用于粮食、农畜副产品、中草药、图书档案、烟草、工艺品等的杀虫消毒，以及商品检疫等方面。目前世界上已经有约半数国家进行了开发性的研究，截止1990年，全世界已有37个国家批准76种辐照食品投放市场，取得了明显的经济效益和社会效益。

我国利用电离辐射防治储藏物害虫的研究始于20世纪50年代末，于70年代达到研究高峰。先后对粮食、农产品、动物饲料、图书档案及工艺品进行了杀虫和灭菌研究，并取得了良好的处理效果，同时发现对被处理的储藏物品质没有不良影响。

经过40多年世界性的研究证明，电离辐射保藏食品是一种安全有效的技术。近年来国内外对辐照食品的研究和应用，步伐明显加快。前苏联是世界上第一个批准照射食品供人食用的国家，其次是加拿大，第三是美国，但荷兰后来居上，已处于世界领先地位。现在已有越来越多的国家批准辐照食品投放市场。

（二）电离辐射防治的特点

电离辐射产生的能量比非电离辐射的能量至少大两个数量级，表10-9是不同射线能量的比较。

电离辐射杀虫可采用的辐射能有X射线、γ射线和电子束。从对赤拟谷盗的辐射试验结果看，三种射线都有很好的致死效果，差异并不大。但在储藏物害虫的电离辐射杀虫中较常用的是γ射线。这是因为γ射线的穿透能力在三种射线中最强，而且γ射线也容易从同位素Co^{60}中获得，还可以将其制成固定式或移动式的辐射源装置，便于操作使用。近年来，利用电子加速器产生电子束防治储藏物害虫，在国外也得到了广泛的研究和应用。

放射性同位素 Co^{60} 的半衰期为 5.3 年，在其衰变过程中伴随着 1.17 和 1.33 MeV 双 γ 射线的释放；Cs^{137} 的半衰期为 33 年，衰变过程中放出的是单一的 γ 射线，能量为 0.662 MeV。

表 10-9　不同射线的能量比较

射线类型	典型频率(MHz)	能量 (eV)
γ 射线	3.0×10^{14}	1.24×10^{6}
X 射线	3.0×10^{13}	1.24×10^{5}
紫外线	1.0×10^{9}	4.1
可见光	6.0×10^{8}	2.5
红外线	3.0×10^{6}	0.012
微波	2450	0.0016
无线电波	1.0	4.0×10^{-9}

电离辐射的处理剂量单位通常用特殊的能量吸收或单位质量能量的吸收表示，我国的法定计量单位为戈瑞(Gy)，习惯上也有用拉德(rad)的(1 Gy=100 rad)。以前也有用照射量表示处理剂量的，法定计量单位为库仑每千克(C/kg)或伦琴(R)(1 R=2.58×10^{-4} C/kg)。

利用电离辐射防治有以下优点：

(1) 较高的剂量对各种害虫和各个虫期都有很好的致死效果；较低的剂量则能引起害虫的生理阻碍，导致不育现象。

(2) γ 射线具有很强的穿透能力，能杀死各种包装的粮食、干鲜果品中及粮粒内部的害虫。

(3) 可以连续处理大批量的粮食。

(4) 处理后的储藏物不会产生高温或较大的化学变化、变质及污染。

(5) 耗能低。

二、电离辐射对害虫的影响和处理效果

电离辐射对害虫的致死作用与传统的杀虫剂十分不同，后者是典型的胃毒剂、神经毒剂或呼吸毒剂，而电离辐射没有选择性，并且作用是瞬间的。电离辐射可损坏害虫的细胞，其细胞核的敏感性要明显大于其周围的原生质；分裂活跃的细胞，如生殖细胞对辐射的敏感性要明显大于其他组织细胞。低剂量的辐射可抑制生殖细胞的形成过程，导致害虫不育；而较高剂量的辐射处理可直接杀死害虫。电离辐射处理还可以使卵和幼虫不能发育为正常的成虫。

研究资料表明，用 3～5 kGy 的剂量照射可以立即杀死储藏物害虫；1 kGy 的剂量照射，害虫在几天内死亡；100～200 Gy 的剂量照射，害虫可在几周内死亡。以 160 Gy 的剂量照射，可使玉米象、谷象、赤拟谷盗、杂拟谷盗和谷蠹完全不育；其中玉米象、谷象和杂拟谷盗 100%死亡，其他害虫的死亡率也在 90%以上的死亡率(表 10-10)。

表 10-10　160 Gy 的辐射剂量对 6 种储藏物甲虫的影响

虫种	不育率（%）	死亡率（%）
玉米象	100.0	100.0
谷象	100.0	100.0
赤拟谷盗	100.0	90.0
杂拟谷盗	100.0	100.0
谷蠹	100.0	98.0
锯谷盗	99.9	96.0

储藏物害虫不同的虫种和虫期对电离辐射的敏感性存在一定的差异。通常蛾类比甲虫的抵抗能力更强。同一虫种蛹和成虫的抵抗力要比卵和幼虫强，如致死 99.9%的赤拟谷盗卵、幼虫、蛹和成虫的辐照剂量分别为：109 Gy、105 Gy、250 Gy 和 215 Gy。

有的昆虫经一定辐照量处理后很快死亡，而有的昆虫可延缓很长一段时间才死亡。在一般情况下，昆虫受到致死剂量照射后，活动能力明显下降，取食减少，表现出各种病态，随后慢慢死去。

不育剂量对害虫雌、雄两性的生殖细胞都有不良影响。一项研究表明，经不育剂量辐照后，象虫的种群增长在数月内一直维持较低的水平。

通常认为，电离辐射导致昆虫不育是由以下四个原因引起：一是雄虫丧失交配能力；二是精子缺乏或精子无活力；三是雌虫无产卵能力；四是射线引起细胞的致死。几百戈瑞的辐照剂量便可使储藏物害虫不育，包括蛾类害虫，而在短期内彻底杀死所有虫期的害虫辐照剂量可能要提高到 1 kGy。所以在实际防治中，使用不育剂量辐照比用致死剂量更经济和实用。

在辐照剂量一定的情况下，集中一次照射比长时间照射的效果更好。对储藏物害虫的辐照效果与环境温度无关，特别是在害虫正常发育的温度范围内。

在电离辐射防治储藏物害虫的研究中，未发现对杀虫剂产生抗药性的害虫对电离辐射产生交互抗性。

三、电离辐射的安全性

电离辐射对昆虫和其他动物包括人类都有很强的损伤作用。粮食、干鲜果品等供人和畜禽食用的食品，经辐照后是否会产生有毒物质，是否符合卫生安全标准，是人们普遍关心的问题。

1970 年联合国专门成立了辐照食品卫生安全性国际合作计划和机构(IFIP)，有 24 个国家参加，全面深入地开展辐照食品卫生安全性的研究，并由联合国粮农组织(FAO)、国际原子能机构(IAEA)、世界卫生组织(WHO)组成辐照食品卫生安全性联合专家委员会，评价辐照食品的安全性。1980 年审查了专家委员会的研究结果及各国安全性研究数据，评价了 13 种辐照食品，结论是："任何食品总体平均吸收剂量高达 10 kGy 没有毒理学危险，用此剂量辐照的食品，可以不再要求进行毒理学试验，同时在营养学和微生物学上也是安全的"。1980 年 12 月 4 日，就上述结果正式发表了公告，并递交世界食物法规委员会，获得了该委员会的认可。所谓 10 kGy 辐照剂量，就是人们通常所说的“国际安全线”。这一结论，推动了世界各国对辐照食品的研究、批准和商业化(表10-11)。

表10-11 世界一些国家批准食用辐照杀虫食品统计

食品名称	辐照剂量（kGy）	批准食用国家
谷物	0.3	前苏联、保加利亚
小麦及面粉	0.15～0.75	美国、加拿大、孟加拉国、智利
大米及其制品	0.1～1	荷兰、孟加拉国、智利
干果	1	前苏联、保加利亚
可可	0.7	荷兰、智利
香蕉脯	0.5	南非
番薯瓜	0.5～1	南非、智利、孟加拉国
压缩干燥食品	1	前苏联、保加利亚

利用电离辐射杀虫所用的剂量基本上都在10 kGy以下即可达到完全杀死害虫的目的，因此更不必要为辐射食品的安全性而担心。经辐照后的食品不会对人畜带来危害，完全可以食用。

四、电离辐射在储藏物害虫防治中的应用

（一）辐照剂量和工艺要求

中国农业科学院原子能利用研究所对建立我国谷物制品辐照杀虫工艺规范进行了研究。通过对国内外大量文献和补充试验数据的分析，确定了谷物制品辐照杀虫加工工艺规范的工艺参数和技术要求。包括辐照前处理和适宜辐照时期、杀灭害虫的最低有效剂量、不影响谷物品质的最高耐受剂量及工艺剂量，可作为参考。

1. 辐照前要求

对于成品粮及食品包装前应进行风选、筛选，使产品中无蛹和成虫期害虫，筛选后应立即包装。为保证辐照产品不受害虫的再侵染和产品的含水量不受外界环境的影响，辐照前产品必须包装。对目前小包装谷类制品使用的包装材料的调查分析认为，使用食品级聚氯乙烯复合膜包装最适宜，其密封性能好，是国家批准的可直接接触食品的包装材料，同时辐照后不会产生任何有害物质。为保证彻底杀灭储粮中的各种害虫，包括螨类，规定储藏粮食含水量为12%以下。

2. 辐照时期

在生长条件适宜的情况下老龄幼虫会很快变成蛹，为防止产品中存在蛹期害虫，包装后应立即辐照。

3. 最低有效剂量

最低有效剂量为达到杀虫目的的最低工艺剂量下限值。国内外大量资料表明，250 Gy可使鞘翅目各发育阶段的害虫和螨类、鳞翅目的卵和幼虫在几周内全部死亡。考虑到产品中剂量分布的不均匀度，确定300 Gy为杀灭卵和幼虫期的各种害虫的最低有效剂量。

4. 粮食食品最高耐受剂量

最高耐受剂量为不影响谷物食用品质和功能特性的最高工艺剂量上限值。

有关研究表明，用 1 kGy 辐照小麦面粉对其营养品质、烘烤品质均无明显影响；大于 2 kGy 辐照面粉可以增加加工面包的膨松程度。中国、日本和埃及的试验表明，辐照大米的极限剂量为 500 Gy，大于此剂量食用品质下降，表现为口感和出饭率下降。

根据我国饮食习惯，确定最高耐受剂量分别为：小麦及面粉 1.0 kGy、大米 500 Gy、玉米碴 1.0 kGy、燕麦片 800 Gy、高粱米 800 Gy、小米 800 Gy、黄米 800 Gy。

5. 工艺剂量

工艺剂量的设置原则是大于最低有效剂量，小于最高耐受剂量。故各种谷物制品的辐照工艺剂量分别定在 300 Gy 与各种谷类制品的最高耐受剂量之间。

（二）辐射杀虫技术的应用

我国对于利用电离辐射防治储藏物害虫的研究已有 40 多年的历史。但由于种种原因，电离辐射杀虫在粮食储藏过程中还未得到生产性的应用。但在其他一些领域的储藏物害虫防治中已得到了部分应用。

禽畜及实验动物的饲料，经常遭到虫害及沙门氏菌污染，用药物处理，对人、畜会造成不良后果，而用热处理又会损失大量维生素，甚至降低赖氨酸和甲硫氨酸的含量。如果采用电离辐射处理，杀虫灭菌彻底，又可降低维生素和氨基酸的分解。大量试验证明，经辐照过的饲料长期饲养的实验动物，生长良好，发育正常。因此，西欧各国从南部国家进口的骨粉、鱼粉和混合饲料，在进口港均进行辐照消毒，收到了良好的效果。

我国有不少单位曾用 Co^{60} γ 射线直接杀死板栗、枣、葡萄干、豆腐粉、烟草等的害虫进行了大量的研究，取得了很好的效果，有的已通过正式技术鉴定。经处理的板栗，蛋白质、粗脂肪、淀粉、可溶性糖的含量都无明显变化，仅维生素 C 含量略有减少。

利用电离辐射处理中药材，杀灭其虫害，是近年来取得的又一项极有前途的保存中草药的措施。用电离辐射消灭档案、图书的害虫，是一种快速、安全、彻底和行之有效的方法。世界上已有不少国家采用辐照杀虫来保全档案图书。我国四川省档案馆、四川大学图书馆、四川省科学技术情报研究所等 8 个单位，对近 30 万卷(册)生虫的图书档案进行了辐照杀虫处理，均取得了预期效果，且处理费用低于其他方法。

电离辐射用于植物检疫方面已引起世界各国的重视，它是阻止危险害虫入境的一个有效措施。它包括两方面的内容：一方面是直接杀死进出口农产品中带有的害虫，另一方面可以作为一种监测手段来检验种子和苗木中是否带有害虫。用波长 1Å～2.5Å 的 X 射线能够检查出种子和苗木内部是否侵入害虫，比用解剖的方法方便、快速、正确，而且不损坏被检的种子和苗木。采用辐照处理，消灭进出口物品中的害虫，不仅方法简便易行，灭虫彻底，而且可在原包装的情况下进行。但辐照杀虫时，要考虑被辐照包装物内部的物品种类和害虫种类，以便采用不同的照射剂量。如对一些非食用的工艺品等，可适当提高照射量。

美国和前苏联两国的粮食贸易协定中，就明确规定了接受对方经过辐照的谷物。美国加利福尼亚州的柑橘、南非的芒果、法国的香料等都考虑用辐照作为病虫害的检疫措施。

从 1980 年开始，乌克兰的 Odessa 港口一直采用一种电子束杀虫装置处理染虫的谷物。该装置是一个 20 kW×1.4 keV 的电子加速器，安装在粮食经提升机提升后下流的途中。以 200～400 Gy 的辐照剂量处理下，每小时可处理粮食 400 t，粮食流速 6 m/s，粮流厚度 7～9 mm。

在美国，Nablo 等人(1998)开发了一种电子束流动床杀虫处理装置。该装置是一个结构紧凑、具有低耗能和一定的穿透能力和自我防护的电子处理器，因此提高了它的商业应用价值。被处理粮食和香料等商品的流速可控制在 5～35 m/s，正常的杀虫处理剂量控制在 200～600 Gy，最大辐照剂量可达 1 kGy 以上，完全可以满足杀虫处理的要求。经该装置处理的粮食，其中的害虫被杀死，而种子的发芽率不受影响。

近年来，我国引进乌克兰技术，在广州新沙港储备库建立了一套电子束杀虫装置，即将投入使用。

电离辐射在处理大批量粮食的实际生产应用受到限制的原因之一是其经济性，特别是辐射源及防护装置的费用。因此，电离辐射要作为熏蒸杀虫的替代技术仍有许多研究工作要做。

思 考 题

1. 温控防治的原理是什么？
2. 昆虫在过高和过低温度下致死的原因有哪些？
3. 利用高温防治储藏物害虫的技术有哪些？各自的适用的范围和对象是什么？
4. 利用低温防治储藏物害虫的技术有哪些？各自的适用的范围和对象是什么？
5. 什么叫气调防治？试述气调防治储藏物害虫的原理。
6. 气调防治有哪些优缺点？
7. 常用的气调防治技术有哪些？
8. 试分析影响气调防治效果的因素。
9. 什么叫器械防治？器械防治的优缺点有哪些？
10. 在储藏物害虫的防治中，可采用的防治器械有哪些？
11. 利用过筛除虫时应注意哪些问题？
12. 撞击机的工作原理是什么？哪些储藏物可以采用撞击机杀虫？
13. 影响撞击机杀虫的因素有哪些？
14. 什么叫电离辐射防治？电离辐射的杀虫原理是什么？
15. 电离辐射杀虫有何特点？

主要参考文献

陈杰林. 1993. 害虫综合治理. 北京；中国农业出版社

李隆术. 2000. 储藏物昆虫和农业螨类研究——李隆术论文选. 成都：四川科学技术出版社

林音等. 2001. 建立谷物制品辐照杀虫工艺规范的研究. 北京：核农学报 15(5)

王进军，赵志模，李隆术. 2001. 嗜卷书虱抗气调品系的选育及其适合度研究. 北京：昆虫学报(1)

张宗炳，曹骥. 1990. 害虫防治：策略与方法. 北京：科学出版社

赵志模. 2001. 农产品储运保护学. 北京：中国农业出版社

郑州粮食学院. 1987. 储粮害虫防治. 北京：中国商业出版社

Annis P. S. 1987. Towards rational controlled atmosphere dosage schedules-a review of the current knowledge. Proc. 4th Intl. Working Conf. Stored-Prod，128～148

E. J. Donahaye, S. Navarro, and A. Varnava [eds]. 1997. Controlled atmosphere and Fumigation in Stored Products. *Proc. Intl. Conf*

F. Fleurat-Lessard and P. Ducom [eds]. 1991. Proc. 5th Intl. Working Conf. Stored-Prod. Prot

Fred J. Baur [eds]. 1984. Insect Management for Food Storage and Processing. AACC.

Friedlander, A. 1984. Biochemical reflections on a non-chemical control method: the effect of controlled atmosphere on the biochemical processes in stored products insects. In Proc. 3rd Intl. Working Conf. Stored-Prod, 471～480

J. Shejbal [eds]. 1980. Controlled Atmosphere Storage of Grains, An International Symposiu. Elsevier Scientific Publishing Company

Kansas State University. 1999. Heat treatment workshop. Manhattan Kansas USA

Navarro, S. and Calderon, M. 1980. Integrated approach to the use of controlled atmospheres for insect control in grain storage. In J. Shejbal [ed.]. Controlled Atmosphere Storage of Grains. An International Symposium held from 12 to 15 May 1980 at Castelgandolfo(Rome) Italy

Subramanyam Bh., and D. W. Hagstrum. 2000. Alternatives to pesticides in stored-product IPM. Kluwer Academic Publishers

第十一章　生物防治

本章提要：

- 生物防治定义与特点
- 利用捕食性和寄生性天敌昆虫防治害虫
- 利用病原体防治害虫
- 昆虫信息素的应用
- 昆虫生长调节剂的应用
- 植物性杀虫剂的应用
- 作物抗虫性简介

第一节　生物防治的概念

一、生物防治的定义

从食物链的概念出发，自然界中没有一种生物可幸免被捕食或被寄生，而其本身又可能是捕食者或寄生物，昆虫也是这样。一种昆虫的捕食者或寄生物，称为这种昆虫的天敌(natural enemy)。在害虫与其天敌之间的矛盾斗争过程中，天敌经常抑制害虫的发生。根据这个道理，人们利用害虫的天敌去防治害虫，其方法称为生物防治(biological control)。

害虫的天敌主要有天敌昆虫(捕食性及寄生性昆虫)、捕食性蛛形纲动物、寄生线虫、昆虫病原体(病毒、细菌、真菌、原生动物等)和食虫脊椎动物等。其中利用得最多的是天敌昆虫和昆虫病原体。

近 40 年来，在自然科学的不断发展中，也出现了一些新的治虫方法，如利用昆虫不育性(包括辐射不育、化学不育、遗传不育等)、昆虫激素及类似物、昆虫信息素、植物抗虫性等来防治害虫。这些新技术的防治措施，有人主张归入生物防治中来，这样一来，生物防治的领域也就进一步扩大了。所以目前的生物防治具有两种含义，即狭义的生物防治和广义的生物防治。

狭义的生物防治，或称传统的生物防治，是直接利用天敌来控制害虫；广义的生物防治，是利用生物有机体或害虫的生物学特性等来控制害虫。广义的生物防治常与其他学科相交叉，如植物抗虫性的研究属于农业防治，激素的利用可属于化学防治，辐射处理可属于物理防治等。

从生物防治的历史来看，广义的生物防治所包含的内容和涉及的范围相当广，但从最近对生物防治含义的讨论来看，又有趋向于狭义定义趋势，即用一种生物防治另一种生物。这样就使生物防治只成为综合防治的一个组成部分，两者不致混淆。

二、生物防治的特点

（一）生物防治的生态学基础

自然界中，一些动物种类始终保持着很多的个体数量，而有一些则数量较少或非常稀少。通常动物种群既非无限制地连续增长，也不会轻易绝灭。在所有环境因素作用下，使种群的数量变化维持在一定范围之内，这一过程称为自然控制。自然控制的结果是种群数量的调节，既防止种群变得过大，又会在种群变得很小时减轻某种抑制作用的影响，从而使种群在生物群落中，与其他生物成比例地维持在某个特定水平上，这种现象叫做自然平衡。

害虫的自然控制因素可以分为两类：一类是与种群密度无关的作用力，包括天气和变化莫测的气候条件；另一类是与种群密度有关的作用力，通常是由寄生昆虫、捕食者、传染性病害等。在影响害虫密度的因素中，如果进行恰当的选择，害虫的密度就可被持久地减低到无害水平。

所谓的生物防治，实质上是人为地增强了某一种或几种对害虫密度的制约因素，从而达到控制害虫的目的。因此，害虫种群的自然调节和平衡是生物防治的生态学基础。

（二）生物防治的特点

1. 生物防治的优点

生物防治是综合治理推崇的技术。以往的化学防治法只考虑当前的效果，很少注意对生态系统的影响，因而容易引起了大家所熟悉的环境污染、有害生物产生抗药性和害虫再猖獗等。而生物防治技术没有上述缺点，天敌昆虫和微生物都是自然环境的一部分，容易与系统中的“自然控制”因素互相协调，与其他控制措施相互协调，这一点正是综合治理所要求的。

生物防治是一种比较安全的技术。生物防治的安全性是明显的，因为许多天敌的寄生和捕食的专化特性只对其赖以生存的少数关系密切的害虫种类起作用。一般说来，非目标种(包括其他天敌)是不会受到影响的。而且其安全性还明显表现在对人畜和环境的意义上，它不存在残毒和对环境的污染问题。

生物防治的有效性比较持久。有效天敌只要不受到特殊因素的干扰，通常对一些害虫的发生有长期的抑制作用，天敌属于密度制约因素，它们对害虫的抑制作用随害虫密度的增加而增加。理想的天敌具有高度的繁殖能力和强大的搜索能力，可以较长时间控制害虫种群于经济受害允许水平之下。

生物防治也比较经济。因为害虫天敌种类多、分布广，是一种用之不竭的自然资源，在利用过程中便于采取因地制宜，就地取材，综合利用等办法。从已评价过的传统生物防治实施的效果来看，其经济效益很高。特别是近年来能源危机日益严重，农药的原料、生产和使用都需要能源，提倡生物防治又成为节约能源的有效措施。

一般情况下，储藏环境支持生物防治，环境条件通常适合天敌，储藏设施的相对密封性可防止天敌离开。

总之，生物防治具有有效控制害虫、不污染环境、改善生态系统、降低防治费用等多种优点，有广阔的应用前景。

2. 生物防治的缺点

当然，天敌作为生态系统中的一个生态因素，它对害虫的控制作用是有条件的，有时不能达到理想的效果。实践证明，单纯依靠生物防治，尤其是现有的生物防治技术和手段，仍有许多局限性。

天敌的专化性强。一种天敌一般只能解决某一种或一类害虫问题，要在较大范围内的生态系统中同时控制多种主要虫害是很困难的。微生物制剂的杀虫谱较窄虽是优点，但也是缺点，使用面受到限制，对经济方面不利。

捕食性和寄生性天敌的生活史，常不能与害虫生活史(危害期)相匹配，即不能同步，使得天敌昆虫因缺乏食料或寄主而种群下降，起不到控制害虫的效果。另一方面，由于天敌与害虫之间的跟随关系，有的天敌对害虫的控制作用没有农药那样有效、迅速。

因为疾病都有潜伏期，微生物中除杆状菌毒素外，一般都缺乏速效性，一旦害虫暴发，还需要借助于化学防治。

有效天敌的筛选较困难。生物防治的成功与否，依赖于对害虫及天敌的生物学、生态学知识的了解，其中包括昆虫行为(行为化学物质)、昆虫营养(人工饲养、寄生昆虫活力、品质管理等)、遗传学、毒理学、细胞生物学等知识，因此不容易筛选。而且由于生物防治对害虫密度的作用方式是受密度制约的，因此对数量预报、时间预报的准确性要求较严格。

此外，生物制剂不及化学农药那样易于成批生产(生产病毒需用活的宿主虫体才能增殖。因此不容易扩大生产)，产品质量也不及化学农药那样容易控制，使用不及化学农药简便。

天敌昆虫和病原微生物对害虫的控制效果受外界环境的影响较大。一般说来，凡能影响害虫生物学的因子均能或多或少地影响天敌昆虫的活性。对于病原微生物，则更易受外界环境如温度、光线、湿度、pH 等的影响。

表 11-1 就天敌与杀虫剂对害虫控制的不同特性进行了比较，可见生物防治作为一种害虫控制措施，既有它的优点，也有许多局限性，使用时应尽量考虑与各种防治措施进行配合、协调，取长补短，这样才能充分发挥生物防治在害虫综合治理体系中的作用。

表 11-1　天敌与杀虫剂在控制害虫方面的不同利用特性

项　目	杀虫剂	天　敌
来源	人工	自然界
残毒	有	无
抗性	容易产生	不易产生
效果	速效而容易证实	迟效而不易证实
效果的持续性	暂时性	有一定持久性
对害虫密度的作用方式	非密度制约	密度制约
选择性	非选择性	限于害虫的选择性
处理	容易	有一定局限性

第二节 利用捕食性和寄生性天敌防治害虫

一、捕食和寄生的概念

捕食性和寄生性天敌又称为捕食者(predator)和寄生物(parasite)。

捕食者通常是以比自身小或弱的动物作为食物，立即或短时间内将其杀死，一个捕食者往往需要吃掉多个捕获对象才能完成其发育过程。通常，它们专门捕食某个发育阶段的害虫。

寄生物是指在一个时期内或终身附着在其他动物(寄主)体内或体外，并以摄取寄主的营养物质来维持生存，经常能损害寄主，一个寄生物只需要一个寄主或寄主的局部肢体就可以完成其发育过程。大多数寄生物能使寄主麻痹从而抑制害虫发育，被麻痹的寄主不能继续取食和危害储藏物。

寄生性昆虫(包括螨类)的生活方式不同于其他典型的寄生物(如寄生性细菌、病毒、原虫等)，后者寄生于寄主体内，常使其寄主生病，但不一定使寄主死亡。寄生性昆虫寄生后，因取食寄主，寄主必然死亡。从这一点上讲更类似于捕食性昆虫(只是取食部位在寄主体内)，而不同于真正的内寄生虫，因此有人称此为拟寄生(parasitoid)，以表示与真正的寄生物有所区别。但一般习惯上仍称之为寄生性昆虫或寄生虫。

捕食性和寄生性天敌可用于防治粮仓内的害虫，但可能更重要的是用于食品加工厂和食品仓库，因为在这些环境中难以使用化学防治技术，或根本不允许使用化学药剂。

与化学杀虫剂和昆虫病原体不同，害虫对于捕食者和寄生物不容易产生抗性，或者说根本就没有产生抗性，因为天敌与寄主的协同进化有助于克服寄主抗性。

目前，世界上许多国家已经允许在储藏物环境中使用捕食性和寄生性天敌防治害虫。如美国从1992年起，在商品中引入寄生虫和捕食者已被环境保护组织认可。

二、捕食性天敌的利用

在自然环境中，储藏物害虫常常遭受鸟类、啮齿动物、蛛形纲动物及其他昆虫的捕食，但它们对害虫种群的影响我们却知之甚少。人们注意较多的是一些半翅目的昆虫和个别捕食性螨类。

Jay(1968)首次报道了黄色花蝽 *Xylocoris flavipes* (R.)对几种储藏物甲虫实验种群的抑制效果。发现黄色花蝽可抑制花生仁中赤拟谷盗的种群增长，并减少花生的被害率；还可抑制玉米中锯谷盗的种群增长。其后又有人证实了该虫对储藏器材中的害虫有明显的抑制效果。

姚康1980年将黄色花蝽从美国的佐治亚州引入中国，并做了大量的实验研究工作。目前已知黄色花蝽可以捕食烟草甲等15种储藏物害虫。它最喜捕食锯谷盗、赤拟谷盗、烟草甲和印度谷螟的幼虫。当赤拟谷盗各虫态都存在时，黄色花蝽多半集中捕食不能运动的卵和蛹，它只攻击少数幼虫和更少的成虫。如果用赤拟谷盗各虫态饲养黄色花蝽，则每头黄色花蝽一生平均可杀死405个卵，4头幼虫及8头蛹。黄色花蝽的增殖能力也比它的被捕食者(如锯谷盗，赤拟谷盗及粉斑螟等)都要强。

黄色花蝽在食物缺乏时有自相残杀的特性，以保持种群的延续，并且它对杀虫剂的抗药能力也比被捕食者大。该虫的主要局限性是不能捕食生活在粮粒内部的害虫，同时也不能抑制面粉中的赤拟谷盗。因此，黄色花蝽在颗粒大、孔隙度大的粮堆中捕食害虫的效果较好。

仓双环猎蝽 *Peregrinator biannulipes* M. 也是一种半翅目的捕食性昆虫。它的成虫对于赤拟谷盗、锯谷盗及长角扁谷盗等的繁殖具有一定控制的能力。有人曾用花生饲养赤拟谷盗 5 对，并加入 3 对仓双环猎蝽，100 d 后赤拟谷盗的数量即减少了 90%，花生被害率只 2.65%；对照中赤拟谷盗的数量增加了 5.1 倍，花生被害率则高达 31.34%。又在 5 对锯谷盗中加入 1 对猎蝽，经过 111 d 后，锯谷盗全部被消灭，而对照中锯谷盗的数量却增加了 14 倍。

与黄色花蝽一样，仓双环猎蝽仅能够捕食在粮粒外部生活的害虫，但对藏在粮粒内部的幼虫及蛹则无法捕食。如猎蝽能捕食在粮粒外生活的谷蠹成虫、玉米象成虫及麦蛾成虫，但不能捕食藏在粮粒内的三种害虫的幼虫和蛹。仓双环猎蝽控制印度谷螟的能力极强，由于印度谷蛾的多数幼虫在粮食表层危害，所结之茧又极薄，极易被猎蝽所捕杀。与此相反，一点谷螟幼虫藏在厚茧内，猎蝽即不能捕食。此外猎蝽由于个体较大，不易钻入粮堆内部捕食害虫，猎蝽成虫在小麦堆内只能下钻 1 cm，其低龄若虫在小麦堆内及谷粉中只能钻约 2～3 cm。总之，仓双环猎蝽仍不失为有效的防治储藏物害虫的生物防治剂。它的捕食能力极强，捕食范围广，成虫寿命又长，可以在货栈、空仓及加工厂等处用于捕杀害虫。

储藏物中的一些捕食性螨类对抑制害虫的种群也起到一定的作用。普通肉食螨(*Cheyletus eruditus*)就是一种很有价值的捕食性螨类，在储藏物中它常常和一些粉螨如粗脚粉螨、腐食酪螨、害嗜鳞螨及家食甜螨等一起发生，并以捕食这些粉螨为生。在捷克和奥地利都进行过普通肉食螨防治粉螨的研究，有人将该螨释放到空仓和粮食水分高于 14%的粮仓内，发现可明显抑制粉螨的种群增长。在释放有普通肉食螨的空仓内，粉螨的数量只有 20 头/m^2；而用甲基嘧啶硫磷处理的空仓中，粉螨的数量为 140 头/m^2；而对照空仓中粉螨的数量为 170 头/m^2。

利用黑暗阎虫 *Teretriosoma nigrescens* Lewisz 在多哥和西非防治大谷蠹 *Prostephanus truncates* (Horn)，是储藏物害虫生物防治的一次成功之作。

大谷蠹源于南美新热带区，20 世纪 70 年代末传入坦桑尼亚，随后广布于缺少天敌的非洲国家。这是一种极其危险的储藏物害虫，主要危害玉米和木薯片，也是我国的检疫性害虫之一。黑暗阎虫也源于新热带区，成虫长寿，羽化后能持续繁殖 16.5 个月，其成虫和幼虫都以大谷蠹的卵和幼虫为食。幼虫在整个发育过程中要吃掉 60 头大谷蠹的幼虫。由于该甲虫的发育期较长，繁殖率低，所以一般认为大批饲养效益不高。

根据在其原产地对其功效和特性的调查以及在实验室的测试后，黑暗阎虫被引入非洲。在严格隔离的条件下了又进行了进一步试验，然后经当地国家和国际机构许可后被释放。所有试验表明，该甲虫可明显降低大谷蠹的种群数量，也未发现对其他有益的昆虫种类造成伤害，但该甲虫在没有寄主的情况下不能繁殖。1991 年首先在多哥使用，随后是在肯尼亚、贝宁、加纳和几内亚得到应用。释放一年后，在距释放点 2～10 km

外的地方发现了该甲虫，表明黑暗阎虫被成功地引进。作为大谷蠹的天敌，黑暗阎虫还被推荐到一些发生大谷蠹的国家，从任何一个使用过的非洲国家都能获得黑暗阎虫虫种。

三、寄生性天敌的利用

1911年，在伦敦的一家面粉厂发现了一种蛾类幼虫的寄生蜂-仓蛾姬蜂 *Venturia* (=*Porizon*) *canescons* (G.)。对于寄生性天敌防治储藏物害虫的效果，较系统的研究始于20世纪20年代。Hase曾对麦蛾茧蜂 *Habrobracon* (=*Bracon*) *hebetor* (Say)防治地中海粉斑螟实际效果进行了一些研究，他还研究了寄生米象的米象金小蜂 *Lariophagus distinguendus* F.、广赤眼蜂 *Trichogramma evanescens* W. 和仓蛾姬蜂 *V. canescons* (G.)的生物学。最早大规模释放寄生蜂防治储藏物害虫是在20世纪40年代，当时在巴林和巴西向发生粉斑螟的可可仓库内释放了2万多头麦蛾茧蜂。此后，世界各国利用寄生性天敌防治储藏物害虫的研究从未间断过，到了90年代，对生物防治的研究更加深入细致，许多天敌的防治性能在实验室内和实际应用中得到广泛的研究。

储藏物害虫的寄生性天敌大多属于膜翅目昆虫。通常是一些寄生蜂，它们未成熟虫期在单个寄主体内完成发育，寄主被取食致死。成虫营自由生活，雌虫寻找适合的寄主产卵繁衍后代。大多数寄生蜂对寄主的选择有种的专一性，通常是寄生某一种或某一属的昆虫，而且寄主处于某一发育期。许多寄生蜂会自然出现在粮食仓库内，在自然条件下它们的数量随寄主种群数量的增加而增加，对害虫的种群起到一定的控制作用。但更有效地防治害虫，还需要人工释放寄生性天敌。

根据危害方式，储藏物害虫可分为两大类：即蛀食性害虫和外部取食害虫。寄生蜂对这两类害虫的不同虫期有一定的选择性。目前世界上发现可寄生储藏物害虫的寄生蜂有数十种，主要是赤眼蜂、金小蜂和茧蜂等。

多年的研究已经证实，寄生性天敌防治储藏物害虫具有明显的效果。特别是防治鳞翅目害虫的寄生蜂已经被开发，并且许多已经投入了商业应用。其中最有价值的是麦蛾茧蜂和广赤眼蜂。对于常见的储藏物蛾类害虫印度谷蛾、粉斑螟、地中海螟、烟草螟等，这两种寄生蜂都可以寄生。

麦蛾茧蜂是较常见的一种蛾类寄生蜂，在我国也有广泛的分布。它属于外寄生，即附着在寄主体表发育。雌性成虫在找到寄主幼虫以后，不仅可在寄主体表产卵，而且还可以刺破寄主的表皮吸取其体液。麦蛾茧蜂成虫可蜇死二龄以后的蛾类幼虫，寄生于三龄以后的幼虫，对吐丝结网、结茧的幼虫及袋中的幼虫均能寄生。

在美国，麦蛾茧蜂和广赤眼蜂已有商业化批量生产。可将带有广赤眼蜂卵的寄生物放在居民家中、食品加工厂和其他食品流通场所的适当位置，释放两周后，寄生蜂从纸卡内飞出寻找寄主。

寄生储藏物甲虫的寄生蜂大多属于金小蜂科(Pteromalidae)和肿腿蜂科(Bethylidae)。有研究表明这些寄生蜂释放后，能连续抑制储藏物害虫很多年。在自然条件下，很容易在储粮中发现这些寄生蜂，它们通常个体很小，只有1～2 mm。如果粮食中没有甲虫存在，它们会在5～10 d内死去。由于寄生蜂是在粮粒外生活，所以很容易在一般的清理过程中将其除去。

一些寄生性螨类也表现出防治储藏物害虫的显著作用，其中有希望的种类之一是虱状蒲螨(*Pyemotes tritici*)。有关研究表明，该螨可造成大眼锯谷盗卵、幼虫和蛹 100%的死亡率，成虫 97%的死亡率；赤拟谷盗、烟草甲低龄幼虫 100%的死亡率；粉斑螟、印度谷蛾的卵、低龄幼虫和成虫 91%～100%的死亡率。该螨的一些生物学特性很适合作为储藏物害虫的生物防治剂，它的生活周期很短(4～7 d)；雌虫可产生成熟的后代，并且 95%是雌虫；种群易于培养，便于与防治同步；而且是世界性分布，容易得到。但该螨会咬人并可引起皮炎，不过在实际应用中可能不会成为问题，因为它在缺乏寄主后 10 d 内便会死掉。

目前，国际上商业化的寄生蜂大多是用于防治食品业的鳞翅目害虫，而储粮中的重要害虫大多属于鞘翅目，因此寄生蜂真正在粮食仓库中的实际应用几乎还没有。根据以往的研究，许多寄生蜂对于防治储藏物甲虫表现出很高的潜在开发价值，并且相关的研究仍在进行。

第三节　利用病原体防治害虫

一、昆虫病原体的概念

(一) 什么是昆虫病原体

昆虫病原体(pathogens)是指可以导致昆虫生理异常的致病微生物，也称病原微生物。人们首先认识的昆虫病原体是真菌和细菌，接着是原生动物、病毒和立克次体等许多种类。寄生昆虫的线虫属多细胞动物，但习惯上也纳入病原微生物之内。

这些病原体的类群在自然界均普遍存在，自然发生的流行性昆虫病害是可以经常观察到的。自从 1835 年 Basside Lodi 最早在死蚕身上发现一种寄生真菌之后，人们陆续发现了各种病原微生物引起的昆虫疾病。人们开始从病变的昆虫体内分离、培养病原体，并用它们防治有害昆虫。

(二) 利用病原体防治害虫的优点

与化学防治相比，利用病原体防治害虫的优点，可概括为以下几点。

(1) 与化学杀虫剂不同，病原体是在自然条件下发生的，许多已经在储藏物中发现。因此，它不是人类强加给大自然的。

(2) 对脊椎动物和人类无毒害，使用者危险性很小。虽然侵染昆虫的病原体和那些脊椎动物病原体在一般类群上是相同的，但绝大多数昆虫的病原体不伤害脊椎动物。

(3) 不污染环境。由于常用的微生物杀虫剂所含有的对昆虫有效的成分对鱼类、高等动物和人类没有毒性和致病性，而且至今也没有证据表明人工施用昆虫病原微生物可以使其数量在自然状态下增加对人类造成危害的程度。所以，微生物杀虫剂不会污染环境。与许多化学农药相比，微生物杀虫剂是一种“干净”的生物农药。

(4) 很容易融入害虫综合防治体系中。

(5) 使用过程中和使用后的储藏物中无异味，这是使用其他化学保护剂难以做到的。

(6) 昆虫不易产生抗药性。到目前为止，还没有发现昆虫对于微生物杀虫剂产生抗性的确切证据。在综合了大量有关昆虫对各种病原微生物的抗性研究材料后，有人认为昆虫对于微生物的长期、多次的侵染是会发展一定的抗性的，但这种抗性的增长是极其缓慢的。如苏云金杆菌制剂，大量使用已有 30 多年，至今尚未发现因昆虫抗性增加而影响防效的事实。因此，可以认为，昆虫对于病原体的抗性即使有，也是极其微小的。

(7) 有自然传播感病的能力。有些昆虫病原微生物，在使用后可在昆虫群落中自然传播感染而造成流行病，从而可以起到长期防治的作用。有些病原微生物虽然短期的防治效果不显著，但一旦在某一生态环境中定居下来，在适合的条件下就可引起昆虫的疾病和死亡，成为经常抑制虫口密度的自然因素，这是化学杀虫剂所完全不具备的特点。

(8) 容易进行大量生产。许多昆虫病原微生物已能进行工业化的大量生产。不少类型还可以采用简单的固体发酵方法来进行生产，无需特殊的设备条件。

(三) 利用病原体防治害虫的缺点

目前人们所采用的微生物杀虫剂，绝大部分都是以当代短期目标进行的。在使用概念上与化学杀虫剂没有什么差别。虽然它们对人畜安全，不污染环境，对害虫也不易产生抗性，但微生物杀虫剂也有其缺点。

(1) 很难彻底消灭害虫。一个现实的目的是将害虫种群控制在较低的危害水平。

(2) 选择性较强。许多微生物杀虫剂对虫种和虫期有很强的选择性，对发生多种害虫或有不同发育期害虫存在时，可能需要使用不同种类的微生物杀虫剂。

(3) 与常规杀虫剂相比，防治效果较缓慢，特别是不适合用在害虫严重发生的场合。因此，常常在防治见效之前，储藏物已遭受了较大的损失。

(4) 使用后活的病原体会残存在储藏物中，但经过一些适当的物理加工过程通常可以将其除去。

(5) 使用费用可能比现行的化学防治费用要高。

(6) 微生物杀虫剂储存也是问题之一。因为长期的存放可能会导致其活力的下降或丧失，从而影响防治效果。

综合病原体防治害虫的优缺点，我们可以得出这样的结论：病原体防治不能解决所有害虫的防治问题，必要的和合理的化学防治仍然是很重要的。Waage(1997)指出：把仅是生物防治的病原体当作化学杀虫剂的类似物的观点是危险的，人们正在清楚地认识到，生物杀虫剂的主要收益是开发它们的生物学特性，而不是企图去取代化学药剂。但是，为了有效地控制害虫，保护环境，保证人畜健康，除了努力研制高效低毒的化学杀虫剂之外，还应当积极地大力发展病原微生物在害虫防治上的作用，使害虫综合防治体系更为完善和有效。

二、利用细菌防治害虫

(一) 苏云金杆菌

在众多的昆虫致病细菌中，最成功用来防治害虫的细菌之一是苏云金杆菌 *Bacillus*

thuringiensis（简称 Bt）。1911 年德国的 Berliner 首先从面粉仓库害虫地中海粉螟中分离到苏云金杆菌，并开始用于鳞翅目害虫的防治。自此，利用昆虫病原细菌来防治害虫逐渐引起了人们的注意。目前全世界至少已有 20 种 Bt 的商品制剂，产量最大、应用最广的要数美国、俄罗斯和中国。

苏云金杆菌为革兰氏阳性的芽孢杆菌，产生蛋白质伴孢晶体，并能寄生于多种昆虫体内使之致病。苏云金杆菌营养体细胞杆状，大小为(1.0～1.2)×(3.0～5.0) μm，周生鞭毛，能运动。苏云金杆菌的生活周期可分为三个阶段：芽孢休眠期、营养体时期和孢子囊时期。菌体成熟后形成芽孢和伴孢晶体，称孢子囊。孢子囊到一定时间后破裂，释放出游离的伴孢晶体和芽孢。

苏云金杆菌根据菌细胞鞭毛抗原(H 抗原)的特异性而分成不同的血清型，而后结合生理生化特性的区别特征，在血清型下再分为各个亚种(或变种)。迄今，苏云金杆菌至少有 23 个血清型 30 多个亚种。用于防治储藏物害虫的主要是 H_{3a3b}/戈尔斯德亚种。

苏云金杆菌产生的毒素主要有 α-外毒素、β-外毒素、δ-内毒素和 γ-外毒素。

α-外毒素又称卵磷酯酶或磷酸酯酶 C，是一种对昆虫肠道有破坏作用的酶；β-外毒素又称热稳定外毒素，对家蝇有特异的致病作用，故也称蝇毒素；δ-内毒素即伴孢晶体，又称晶体毒素；γ-外毒素是一种或几种未经鉴定的酶，毒力没有得到证实。在应用苏云金杆菌防治害虫中，起重要作用的主要是 δ-内毒素和 β-外毒素。

δ-内毒素主要存在于晶体内，它是一个多肽。晶体在敏感昆虫的肠道内，在碱性肠液的作用下，经肠蛋白酶的作用后释放出毒素。毒素可使昆虫肠道麻痹和中肠肠膜破裂，肠道内含物流入血腔，肠道整个透性失衡，最后导致昆虫死亡；还有一种形式，如地中海螟中毒后不表现肠道和全身麻痹病症，最后死于败血病。δ-内毒素主要是对鳞翅目幼虫具有毒杀作用，对少数鞘翅目幼虫也有毒杀作用。

β-外毒素是一种腺嘌呤核苷酸类物质，在菌体生长过程中不断积累到培养基中，当细菌生长达到最大时，毒素的产生也达最大量，芽孢开始形成时，毒素的产生也就完成。β-外毒素抑制 RNA 的生物合成，具有广谱的杀虫活性，对鳞翅目、双翅目、直翅目、鞘翅目以及膜翅目的 30 多种昆虫有不同程度的杀虫活性。

防治储藏物害虫的 Bt 制剂的剂型主要是可湿性粉剂、液剂和粉剂。Bt 的粉剂和可湿性粉剂已在美国粮仓中得到了应用，对防治蛾类害虫非常有效。这两种剂型都可减少小麦中印度谷蛾的种群 50%～60%；在大麦中超过 80%。液剂可以与粮食拌和，或仅在粮堆表面 10 cm 拌和即可达到防治害虫危害的效果。在通常条件下，可保持一年杀虫活力无显著降低，也不会因磷化氢、溴甲烷等熏蒸剂熏蒸而降低毒力。

目前 Bt 制剂主要用于防治储藏物蛾类害虫。1980 年，美国环境保护局已同意将 Bt 制剂用于储藏物害虫防治，并已有商品名为 Dipel 的 Bt 制剂注册用于储藏物蛾类害虫的防治。该产品也由英国农药安全理事会(PSD)注册，允许在英国使用。其防治对象主要是印度谷蛾、粉斑螟和烟草螟等蛾类害虫。虽然有些 Bt 的亚种对储藏物甲虫如赤拟谷盗表现出一定的抑制作用，但由于其毒力不是很高，距商业应用还有一段距离。

关于储藏物鳞翅目害虫对 Bt 的抗性问题，世界上已有报道。第一例报道是关于印度谷蛾的野外品系对 Bt 产生了抗性，抗性发展很快，而且当没有选择压力时抗性水平仍保持稳定。在美国，经一个储藏季节后，印度谷螟和粉斑螟便产生了抗性。抗性问题的出现将影响 Bt 作为防治储藏物蛾类害虫的主要手段，解决抗性问题的途径是正确地使用和筛选新的菌种。

（二）冰核活性细菌

另一种新的防治储藏物害虫的细菌是一种冰核活性(ice-nucleating activity)细菌，即丁香假单孢杆菌 *Pseudomonas syringae*，它可以提高昆虫体液的冰点温度。自从 20 世纪 70 年代丁香假单孢杆菌被分离出来以后，人们开始测定它作为生物防治剂的应用价值。储藏物昆虫的体液一般在－15～－10℃仍保持液态，许多昆虫的体液冰点可达－20℃。据报道，使用 10 mg/kg 剂量的冰核细菌处理，可使害虫的冰点温度提高 5～10℃。在稍低于 0℃的温度下，使用丁香假单孢杆菌处理 8 种储粮害虫，其死亡率有明显增加。

其他一些微生物也表现出冰核活性，如一种镰刀菌 *fusarium avenaceum* 可使锈赤扁谷盗的过冷却点提高 6℃。

三、利用真菌防治害虫

自然条件下，也有许多感染害虫的致病真菌。当真菌感染寄主后，其芽孢便会萌发，通过化学和物理作用穿过表皮达到血液中，最后可导致昆虫的死亡。

虽然人们已经发现了很多昆虫的致病真菌，但利用它们防治储藏物害虫的研究却很有限。白僵菌 *Beauveria bassianah* 和绿僵菌 *Metarhizium anisopliae* 是研究和利用最多的真菌，它们对昆虫有很强的致病能力，已知寄生的昆虫种类都在 200 种以上。许多国家都已有这两种真菌的商业制剂，用于防治农业害虫。

Searleh 和 Doberski(1984)对白僵菌抑制锯谷盗的作用进行了研究，发现环境湿度是一个关键因素。在低于 100% RH 的条件下，锯谷盗感染很小，在粮食安全水分的储藏条件下，白僵菌不可能控制锯谷盗的数量。但在低温条件下，该菌确实表现出很强的抑制能力，当将白僵菌的分生孢子与粮食混合后，锯谷盗子代幼虫和蛹的数量可减少 91%以上。有人对白僵菌和绿僵菌抑制玉米象和大豆象进行了小型的实验室研究，发现对这两种害虫均有不同程度的抑制作用，在实验条件下白僵菌优于绿僵菌。另一项研究也表明，白僵菌防治谷蠹、米象和赤拟谷盗的效果也比绿僵菌、莱氏蛾霉菌 *Nomuraea rileyi* 及蜡蚧轮枝孢 *Verticillium lecanii* 要好。在伊拉克一个非谷物的储藏物仓库内，以每立方米 30 万个白僵菌的分生孢子的剂量处理，结果使粉斑螟的死亡率达到 96%。

Adane 等(1996)分离到一个白僵菌的菌株，很低的剂量对玉米象就有很强的抑制作用，但 Moino 等(1998)所用的 61 个白僵菌菌株对玉米象只有很微弱的活性。由此可见，同一种真菌不同菌株间的活性存在着很大的差异，因此菌株的筛选显得非常重要。

直到今天，利用真菌防治储藏物害虫仍有不同的观点。有人认为，利用真菌防治储藏物害虫的缺点是影响储藏物的稳定性，因为真菌发挥其活性要求较高的湿度条件，但通常的储藏环境是干燥的。

四、利用病毒防治害虫

病毒是一类形态最小、结构最简单的微生物。它们只有一种类型的核酸(DNA 或 RNA)，无细胞结构，又称分子生物，只有在活的寄主细胞内才能复制增殖。

到 20 世纪 80 年代，世界上已记载了 800 多种寄生昆虫和螨类的病毒，1200 多种病毒病。在储藏物中感染害虫的重要病毒大多属于杆状病毒(Baculoviruses)。大多数杆状病毒可在寄主细胞内形成蛋白质结晶状的包涵体，病毒颗粒被包埋于其中，统称为包涵体病毒。包涵体病毒包括核型多角体病毒(NPV)、颗粒体病毒(GV)、质型多角体病毒(CPV)和昆虫痘病毒(FPV)，前 3 种类型的病毒所引起的昆虫疾病，占已知昆虫病毒病的一半以上。

昆虫感染病毒后，包涵体在碱性的中肠内被溶解，释放出病毒颗粒，中肠细胞被感染，接着是全身组织感染。几天内昆虫便停止取食，随着病毒颗粒渗透到全身，中肠开始萎缩，昆虫肢体分解，通常在 4～21 d 内死亡。多数杆状病毒可通过母体传给子代。

目前已经发现并分离出的储藏物昆虫病毒，主要有印度谷螟颗粒体病毒(PGV)、粉斑螟颗粒体病毒(CGV)和粉斑螟核型多角体病毒(NPV)。其中研究较多的是 PGV，用 PGV 液剂或粉剂以 1.875 mg/kg 的剂量混合处理谷物或在表面处理，可有效地防治储藏玉米和小麦中的印度谷螟。并发现 PGV 和马拉硫磷混合使用有增效作用，防治杏仁中的印度谷螟的效果比单独使用二者之一都要好。对小麦或玉米在粮堆上层 10 cm 范围内处理几乎和整仓拌和同样有效。

一项统计表明，使用病毒防治的经济花费可与熏蒸和气调相比拟。因此，利用病毒防治储藏物害虫有望在将来投入商业应用。

五、利用原生动物防治害虫

原生动物是由原生质组成的单核或多核的单细胞生物，其构造极为简单。其单细胞具有运动、摄食、消化和排泄等功能。

在储藏物昆虫中广泛发现的是簇虫、球虫和微孢子虫。原生动物通常通过消化系统或母子传递而进入寄主体内，它们能使害虫产生慢性病变而增加死亡率，降低生育力和种群增长。簇虫和球虫寄生在昆虫的脂肪体、马氏管和肠道内。微孢子虫主要发现于昆虫的脂肪体内，并通过昆虫之间的口器接触或卵期传播。

拟谷盗阿德林球虫 *Adelina tribolii* 是一种脂肪体寄生虫，可感染褐拟谷盗、杂拟谷盗和赤拟谷盗，并可以引起杂拟谷盗实验种群和自然种群的流行病。

真簇虫 Eugregarines 被认为是有潜力的昆虫病原体，一种真簇虫 *Ascogregarina bostrichidorum* 已从坦桑尼亚的大谷蠹体内分离得到，但样本种群中只有大约 2%的大谷蠹被感染。

新簇虫 Neogregarines 自然发生在鳞翅目、鞘翅目和直翅目昆虫中，如拟谷盗粉囊簇虫 *Farinocystis tribolli* 也是从大谷蠹体内分离得到的，它可以感染拟谷盗和扁谷盗等种类，在室内培养的条件下可以缓慢减少拟谷盗的数量。双孢马特簇虫 *Mattesia dis pora* 被发现可寄生于一些鞘翅目和鳞翅目的昆虫，包括蜡螟(*Galleria mellonella*)、地中海粉螟、印度谷螟、长角扁谷盗和锈赤扁谷盗等。由于它有很广泛的寄生范围，被认为是很有开发潜力的生物杀虫剂。

多数原生动物可以影响昆虫的发育和繁殖能力，对人也比较安全，而且作用持久。但它们的缺点是对害虫的控制作用比较缓慢。目前，国际利用原生动物防治储藏物害虫的研究焦点集中在利用信息素与原生动物孢子结合以引诱昆虫，并使其感染，然后将被感染的昆虫放回到栖息场所而传染同种的其他昆虫。

第四节 广义的生物防治

一、昆虫信息素的利用

(一) 信息素的生物学特性

昆虫信息素(pheromone)也称外激素或信号化合物。它是由昆虫分泌到体外能影响其他昆虫个体的生理和行为反应的微量化学物质。根据其作用方式可分成以下两类：一类是种内信息素，包括性信息素、集结信息素、告警信息素、分散信息素和示踪信息素等；另一类是种间信息素，包括利他素、利己素和互利素等。

信息素最主要的特性之一是具有很强的生物活性。环境中的微量信息素就可以引起昆虫的行为反应，如 1.3×10^{-3} μg 的信息素可引起烟草甲雄虫 100%的反应率。昆虫信息素通常是挥发性强的化学物质，雄虫的触角甚至可以感觉到空气中几个分子的存在。由于信息素的活性很强，所以虫体内的含量很少。因此，利用信息素防治害虫必须走人工合成类似物的途径，从虫体内提取分离信息素，是为了鉴定其化学成分和结构，为人工合成提供依据。

信息素另一个重要的特性是有很强的种、属专一性。通常一种昆虫的信息素只能引起同种其他个体的行为反应。但有些信息素的主要化学成分在相似种类间是相同的，如印度谷蛾和粉斑螟信息素的主要成分都是顺-9-反-12-十四碳二烯乙酸酯，同时也是拟粉斑螟、地中海螟和烟草螟的信息素的主要成分。一种昆虫信息素的化学成分是非常复杂的，每种昆虫之间都存在着差异，因此可以表现出特定种的专一性。

(二) 信息素的应用研究概况

昆虫信息素通常指的是昆虫种内信息素，其中研究较多的是性信息素和集结信息素。昆虫间的化学通讯联系很早就被发现。近三十年来，通过对储藏物昆虫信息素的分离、纯化、结构鉴定以及人工合成，其在储藏物害虫防治中的研究应用得到了飞速发展。目前，大多数主要的储藏物昆虫信息素已被鉴定和人工合成。人工合成的信息素与昆虫天然的信息素有着相同或类似的效果，通常被称为引诱剂。

自从 1966 年第一种储藏物昆虫信息素从黑毛皮蠹 *Attagenus unicolor* 体内分离并经化学鉴定以来，迄今已经鉴定出的储藏物昆虫信息素有 40 种以上，其中很多已被人工合成并作为引诱剂投入了商业应用(表 11-2)。

表 11-2　信息素化学成分已经鉴定的储藏物昆虫的种类及其引诱剂的商业应用情况

分类地位及虫名	学　名	英文虫名	商业应用情况
鞘翅目	Coleoptera	beetles	
窃蠹科	Anobiidae	deathwatch beetles	
烟草甲	*Lasioderma serricorne*	cigarette beetle	有
药材甲	*Stegobium paniceum*	drugstore beetle	有
长蠹科	Bostrichidae	grain borers	
大谷蠹	*Prostephanus truncatus*	larger grain borer	有
谷蠹	*Rhyzopertha dominica*	lesser grain borer	有
豆象科	Bruchidae	seed or bean weevils	
菜豆象(大豆象)	*Acanthoscelides obtectus*	dried bean weevil	无
鹰嘴豆象	*Callosobruchus analis*	graham bean weevil	无
绿豆象	*C. chinensis*	azuki bean weevil	无
四纹豆象	*C. maculatus*	cowpea weevil	无
扁谷盗科	Laemophloeidae	flat grain beetles	
锈赤扁谷盗	*Cryptolestes ferrugineus*	rusty grain beetle	无
长角扁谷盗	*C. pusillus*	flat grain beetle	无
土耳其扁谷盗	*C. turcicus*	flour mill beetle	无
锯谷盗科	Silvanidae		
米扁虫	*Ahasverus advena*	foreign grain beetle	无
方颈谷盗	*Cathartus quadricollis*	squarenecked grain beetle	无
大眼锯谷盗	*Oryzaephilus mercator*	merchant grain beetle	无
锯谷盗	*O. surinamensis*	sawtoothed grain beetle	无
象甲科	Curculionidae	true weevils	
谷象	*Sitophilus granarius*	granary weevil	无
米象	*S. oryzae*	rice weevil	有
玉米象	*S. zeamais*	maize weevil	有
皮蠹科	Dermestidae	carpet and warehouse beetles	
丽黄圆皮蠹	*Anthrenus flavipes*	furniture carpet beetle	有
一种圆皮蠹	*A. sarnicus*	guernsey carpet beetle	有
小圆皮蠹	*A. verbasci*	varied carpet beetle	有
暗褐毛皮蠹	*Attagenus bruneus*		无
黑毛皮蠹	*A unicolor*	black carpet beetle	有
白腹皮蠹	*Dermestes maculatus*	hide beetle	无
黑斑皮蠹	*Trogoderma glabrum*		有
谷斑皮蠹	*T. granarium*	khapra beetle	有
花斑皮蠹	*T. variabile*	warehouse beetles	有
拟步甲科	Tenebrionidae	flour beetles and meal worms	

续表

分类地位及虫名	学　名	英文虫名	商业应用情况
黄粉虫	*Tenebrio molitor*	yellow meal worm	无
赤拟谷盗	*Tribolium costaneum*	red flour beetle	有
杂拟谷盗	*T. confusum*	confused flour beetle	有
鳞翅目	Lepidoptera	moths	
麦蛾科	Gelechiidae		
麦蛾	*Sitotroga cerealella*	angoumois grain moth	有
蜡螟科	Galleriidae	wax moths	
米蛾	*Corcyra cephalonica*	rice moth	无
蜡螟	*Galleria mellonella*	greater wax moth	无
斑螟科	Phycitidae	stored-product moths	
粉斑螟	*Cadra cautella*	almond moth	有
烟草螟	*Ephestia elutella*	tobacco moth	有
拟粉斑螟	*E. figulilella*	raisin moth	有
地中海螟	*E. kuehniella*	Mediterranean flour moth	有
印度谷螟	*Plodia interpunctella*	Indian meal moth	有
谷蛾科	Tineidae	clothes moths	
幕谷蛾(幕衣蛾)	*Tineola bisselliella*	webbing clothes moth	有
袋谷蛾(袋衣蛾)	*Tinea pellionella*	case-making clothes moth	无

注：表中“有”表示该种昆虫人工合成的引诱剂已有商业产品。

虽然已有 20 多种螨类的信息素被分离鉴定出来，其中许多与储藏物螨类有关，但其还没有在商业上投入应用。

在储藏物昆虫中，性信息素通常是由斑螟科、蜡螟科的蛾类雌虫及窃蠹科、豆象科及皮蠹科的一些种类的雌虫所产生，并且只有雄虫才会对性信息素产生反应。产生性信息素的虫种与其他储藏物昆虫相比，通常成虫寿命较短(数天至数周)。而集结信息素通常是由长蠹科、扁谷盗科、象甲科、锯谷盗科及拟步甲科的雄虫所产生，这些昆虫的成虫寿命与产生性信息素的虫种相比相对较长(数周至数月)。虽然这里把产生性信息素和集结信息素的昆虫分成了两类，但事实上在一些场合许多昆虫两种信息素都会产生。

(三) 信息素在储藏物害虫防治中的应用

在储藏物害虫防治中，信息素应用方式主要有：利用信息素诱捕器监测害虫、利用信息素诱捕器大量诱杀成虫以降低虫口密度和施用大量性信息素迷漫空间，从而干扰雌雄交配。

1. 害虫监测

目前，在国外利用信息素监测食品行业及粮食仓库的害虫已是相当普遍的手段，而且被认为是最灵敏的监测方法。这里所指的信息素是商业应用的人工合成的引诱剂。

利用引诱剂监测储藏物害虫要取得良好的效果，必须使其以恒定的或接近恒定的释放速度、缓慢、持续(通常为数周或数月)地释放，以维持在监测范围内一定浓度的引诱剂。过低的浓度可能达不到昆虫反应的临界点；过高的浓度也会使一些种类的昆虫(如拟谷盗)拒绝反应。因此，引诱剂通常被制成一定形式的缓释剂型，如将引诱剂加入到橡胶或塑料中，或使其通过一种半透膜缓慢释放。

为了取得好的检测效果，引诱剂必须和诱捕器合理地结合使用。诱捕器的类型主要有粘胶式诱捕器、漏斗式诱捕器和探管(针)式诱捕器等。

利用信息素和诱捕器结合监测储藏物害虫虽然有检测灵敏的优点，但其使用起来有时比较麻烦，尤其是在大范围的储藏物环境中，放置和检查诱捕器的工作量比较大。目前在美国已经开发出电子计数的诱捕器，通过与计算机连接，可以得到不同时间内诱捕到的害虫的数量，从而大大降低了人工检查的工作量。另外，由于储藏物的环境各不相同，虫口密度分布也不均匀。因此，由诱捕数量来准确测报虫口密度是有一定困难的。

2. 控制害虫数量

利用信息素降低储藏环境中的害虫数量可通过两种途径，即诱杀害虫和干扰害虫交配以控制子代害虫的数量。

使用信息素可以将害虫诱集，使其无法逃逸或被杀虫剂杀死，从而达到减少环境中害虫数量的目的。对于集结信息素而言，它可以诱捕到雌、雄两性成虫，因而对子代数量的抑制效果较好。而对于性信息素而言，它诱集到的主要是雄虫，所以对子代的抑制效果较差。因一只雄虫可与多只雌虫交配，一般来说雄虫的诱捕率达到 95%才能达到防治效果。因此，通过诱杀来彻底防治害虫是很困难的，但也有不少的利用信息素大量诱杀蛾类成虫而减少其子代发生数量的成功报道。

还有一种方法是信息素与昆虫病原体结合应用。使诱集到的雄虫干染病原体，然后放回到环境中让其干扰其他正常的昆虫，从而达到降低害虫数量的目的。

干扰交配也是一种抑制害虫数量的方法。它是利用人为释放性引诱剂，干扰雌虫和雄虫的信息联络，使其无法交配，降低害虫子代数量从而达到防治的目的。有关试验表明，当害虫密度较低时干扰交配的效果较好，害虫密度较大时，效果较差。截至目前，干扰交配的试验都是针对于储藏物蛾类害虫进行的。

利用信息素干扰昆虫交配的作用机理，一般认为有 3 个方面：一是昆虫经常处在高浓度的性引诱剂环境中，雄虫触角感受器适应了此种环境，提高了其对信息素感应的浓度阈值，对异性昆虫散发出的性信息素不能灵敏地引起反应；二是高浓度性引诱剂的环境笼罩了空间，掩盖了昆虫释放出的性信息素气味流，使异性昆虫在寻找配偶时迷向；三是在空间释放性引诱剂或其中的某一成分，使昆虫释放出的性信息素气味流改变了性质，不能对异性昆虫起到引诱作用。前两种机理可能同时存在，而第三种机理，由于释放出的不是真正的性信息素，可能与前两种机理不同。

从以上三种机理可以看出，干扰交配防治是在高浓度性引诱剂迷漫的空间内才可见效。因此在广大空间内长期保持高浓度而成分比例相对稳定的性信息素气味时，就需要有一种适宜的缓释剂型，能在一段时间内均匀释放。目前常用的有空心纤维、塑料夹层、天然橡胶芯以及微悬胶囊剂等。目前国外已有电动控制的信息素释放装置，它可以定时、定量地向环境中喷放信息素。

二、昆虫生长调节剂的利用

（一）生长调节剂的特性

昆虫的生长发育、蜕皮和变态等一系列过程都是有激素控制的。迄今人们至少知道有三种昆虫分泌的激素与生长发育有关，如脑神经分泌细胞分泌的脑激素(BH，又称为促前胸腺激素 PTTH)、前胸腺分泌的蜕皮激素(MH)和咽侧体分泌的保幼激素(JH)。

人工合成的与昆虫激素有相同或相似作用的化学物质，称为昆虫激素的类似物。由于这些化合物可以控制和调节昆虫的生长发育，故也称为昆虫生长调节剂(insect growth regulators，IGRs)。

昆虫生长调节剂有很强的专一性，通常一种或一类昆虫有作用，因此对非目标昆虫毒性很低。同时昆虫生长调节剂对作用虫期也有选择性，通常是对幼虫产生作用，而不能杀死成虫，而是通过影响其为成熟阶段的发育以减少后代的繁殖。因此，它们通常是在储藏物中害虫不是很多时才使用。

昆虫生长调节剂除激素类似物之外，还包括几丁合成抑制剂及有些导致昆虫生长发育障碍的化合物。以昆虫生长调节剂为代表的生物杀虫剂被称为是继无机农药和有机农药之后的“第三代农药”。

（二）保幼激素类似物

天然的保幼激素是一些“倍半萜烯甲基酯类”化合物，化学结构已被鉴定的有 4 种。自从昆虫激素被提取并经化学鉴定以来，已有许多激素类似物被人工合成，其中研究最早和具代表性的是保幼激素类似物。保幼激素类似物可通过昆虫表皮或取食后致死，但作用比较缓慢。其更重要的作用是影响非成熟虫期的生长发育和变态异常，如使幼虫不能变成蛹，或蛹不能羽化为成虫，产生生理及形态上的变化，形成幼虫和蛹或蛹和成虫的中间体。这些畸形个体没有生命力或者不能繁殖，故亦有间接不育的效果。

从 20 世纪 70 年代以后，这些保幼激素类似物陆续用于储藏物害虫防治的研究和应用。国外曾用 15 种保幼激素类似物对印度谷蛾、黄粉虫、地中海螟、皮蠹类、拟谷盗、谷蠹、烟草甲和锯谷盗等 10 余种储藏物害虫进行了试验研究。其中具代表性的保幼激素类似物有蒙 512(ZR-512)、蒙 515(ZR-515)和双氧威等(图 11-1)。

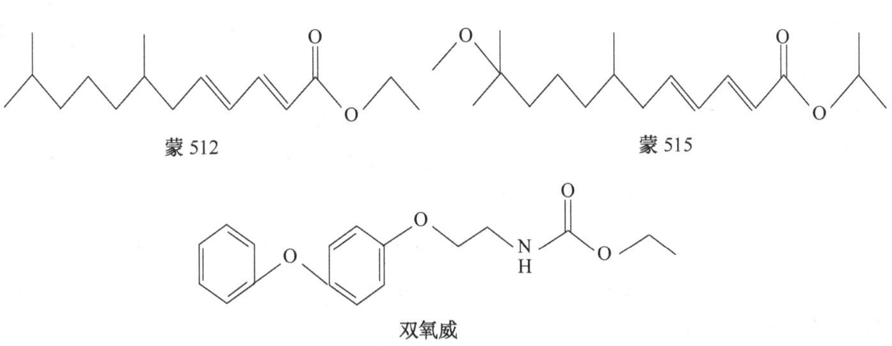

图 11-1　几种保幼激素类似物的化学结构

双氧威是一种氨基甲酸酯类杀虫剂，它与天然的保幼激素结构差别很大。由于双氧威具有与保幼激素类似的作用，通常也将其作为一种保幼激素类似物。

在现有的保幼激素类似物中，以蒙515的效果最佳。有研究表明，用5 mg/kg的剂量处理小麦，可有效地防治印度谷蛾、烟草甲、谷蠹、锯谷盗和大眼锯谷盗等多种储粮害虫；当以10 mg/kg的剂量处理储藏烟叶时，可防治烟草甲达2年之久。

在美国，保幼激素类似物已允许直接用于防治储藏烟草、花生果及粮食中的害虫。但由于其相对昂贵的价格和不能防治粮粒内部的害虫，未得到广泛的应用。在澳大利亚也已有保幼激素类似物的商业应用，用于防治小麦、大麦及稻谷中的害虫，可有效地防治对有机磷产生抗性的害虫。防治粮粒内部害虫，可与杀螟硫磷混合使用。

（三）昆虫蜕皮抑制剂

蜕皮激素是由昆虫的前胸腺分泌的一种类固醇化合物。由于其复杂的结构使得人工合成比较困难而且费用昂贵，被认为不适合用于害虫的防治。而且这些类固醇的极性特性决定了它们不能通过昆虫的表皮进入虫体，而只有通过昆虫的取食而摄入。

后来人们发现，在一些植物中存在有类固醇物质，这些来自植物的类固醇相对低廉，可以用来进行有关试验。Rohm &Haas公司的科学家(Wing等1988)的工作使得利用蜕皮激素类似物防治害虫的研究取得了重大的突破。他们发现了二苯甲肼，这是一种非类固醇的化合物，其功能可作为昆虫的蜕皮抑制剂(ecdysteroid agonists)。第一个详细研究的化合物是RH-5849，接下来是活性更高的RH-5992及最近的RH-2485。这些化合物作为谷物保护剂的可能性还没有完全被评价，但已经发现对印度谷蛾表现出活性。但这些化合物对印度谷蛾的主要影响并不是对其蜕皮过程的抑制，而是在较高的剂量及长期的处理时间内抑制了幼虫的取食，从而导致较高的死亡率。

当用保幼激素类似物印度谷蛾幼虫时，幼虫期被延长，并且幼虫可继续取食；但以蜕皮抑制剂处理时，幼虫期被缩短，其取食也减少，最终导致死亡。由此可知，蜕皮抑制剂与保幼激素类似物对害虫的作用机理是不同的。这类化合物对储藏物害虫的防治效果仍在试验研究中。

（四）几丁合成抑制剂

Post和Vincent(1973)首次报道了可以破坏昆虫几丁质合成的化合物。此后已发现许多苯甲酰脲类化合物可抑制昆虫的几丁质合成。由于脊椎动物体内不含几丁质，所以这类化合物选择性很强，对高等动物没有危害，是一类有潜力的、安全的谷物保护剂。

一般认为几丁合成抑制剂可以抑制几丁合成酶的活性，因而使形成表皮的几丁质合成减少或没有合成，破坏了昆虫的蜕皮过程，最后导致幼虫的死亡。因为它们主要对昆虫的幼虫期发挥作用，故名灭幼脲类。灭幼脲处理成虫时，有抑制产卵及使卵不孵化的作用，因此，也是一种安全的昆虫不育剂。

国外代表性的品种有灭幼脲1号(diflubenzuron，PH-6040或TH-6040，即伏虫脲)、灭幼脲2号(PH-6038或TH-6038)、伏虫隆(teflubenzuron)、杀虫隆(triflumuron)、定虫隆(chlorfluazuron)和lufeneron等(图11-2)。

大量试验表明，灭幼脲类对印度谷螟、象虫、拟谷盗、烟草甲等许多储藏物害虫都有明显的抑制作用。如用10 mg/kg剂量的灭幼脲1号能有效地抑制绿豆象的繁殖，30

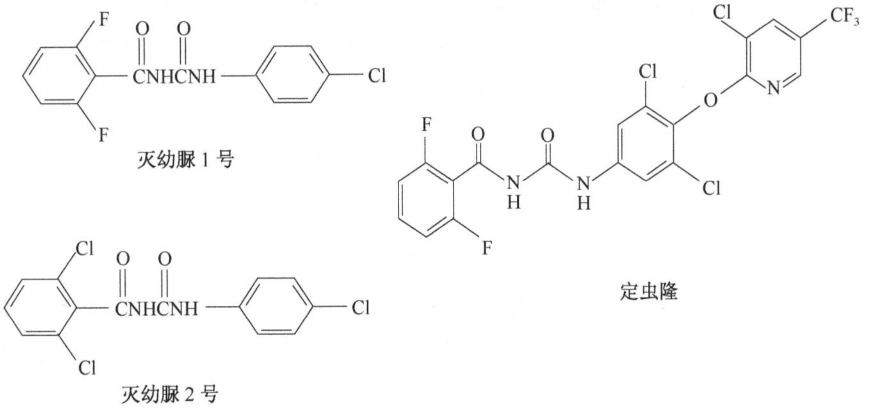

图 11-2 几种几丁合成抑制剂的化学结构

mg/kg 的剂量可完全抑制子代的发生；以 5 mg/kg 剂量处理玉米和稻谷，对谷蠹的有效防护期可达 48 周以上。其中效果最好的是定虫隆，用 0.5 mg/kg 的剂量处理 2 周，即可抑制米象、谷蠹、锯谷盗和赤拟谷盗后代的繁殖。有关试验还发现，大多数幼虫因未完成蜕皮过程而死亡，死亡的幼虫主要是第一龄和第二龄幼虫。并且有研究发现，抗马拉硫磷的赤拟谷盗品系对灭幼脲类更敏感，认为它们与有机磷杀虫剂之间存在着负交互抗性。

与蜕皮抑制剂相似，灭幼脲类不仅通过抑制早期幼虫的蜕皮减少了种群的增加，而且也减少了因幼虫取食造成的损失。因此，评价一种生长调节剂作为防护剂的潜在价值，应该包括其对害虫所有发育阶段的影响。

（五）印楝素

印楝素(Azadirachin)是从生长在印度的一种楝树种子中提取出来的一种化合物。在印度，印楝树产品作为药材和杀虫剂已经应用了几个世纪。这种有效的生物资源引起了科学家的重视，1968 年 Butterworth 等人首次从印楝树的种子中提取出了印楝素。它是一种化学结构复杂的类萜化合物(图 11-3)。

印楝素作为昆虫生长调节剂的作用，主要是引起昆虫的拒食。印楝素对害虫的作用机制还不十分清楚，一项以烟草天蛾为实验材料的研究发现，由于脑激素的分泌失败而降低了血淋巴中蜕皮素的滴定度(titer)，而对前胸腺的蜕皮激素的合成和大脑中脑激素的合成没有直接影响。通过对黄粉虫蛹的作用研究表明，印楝素可直接影响黄粉虫幼虫的正常发育，通过向黄粉虫蛹体内注射印楝素，蛹期的发育也被抑制，黄粉虫的皮层溶离和蜕皮过程遭到抑制。因此，印楝素也被认为是一种昆虫生长调节剂。

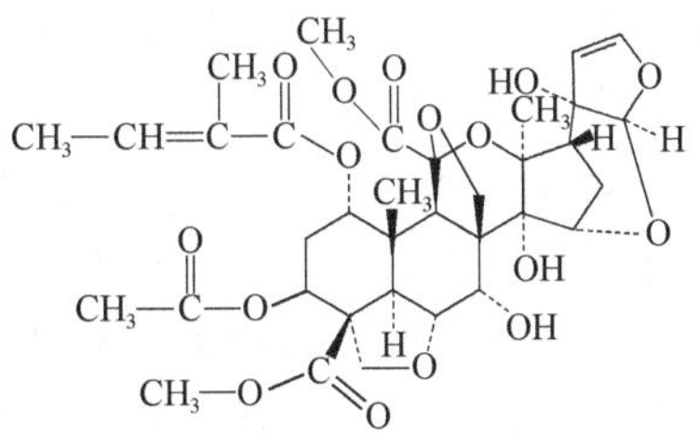

图 11-3 印楝素的化学结构

一项用印楝素防治小麦中锈赤扁谷盗、米象和赤拟谷盗的研究表明，在不同的剂量下对以上三种害虫都取得了较好的防护效果。Rahim(1998)用印楝籽的乙醇提取物处理生长中的有机小麦，结果发现经处理的小麦对谷蠹的防护期可达48周。

目前美国已有商品名为Margosan-O和Azatind的印楝素的商品制剂，并且已被美国环境保护局注册，用于食品业的害虫防治。

三、植物性杀虫剂的利用

（一）植物性杀虫剂的特性

植物性杀虫剂(botanicals)不是人工合成的化合物，而是植物有机体的全部或一部分，以及它们的提取物。植物本身含有复杂的成分，其中杀虫的有效成分只占植物体的很少部分。

植物性杀虫剂对害虫的有效成分主要可分为4类。

第一类是生物碱。也称植物碱，是一类含氮的有机盐基，如烟草中的烟碱。它们主要存在于植物的根皮中，含量约为0.2%，可用乙醚提取出来。

第二类是糖苷类。也称配糖体，是葡萄糖的分子与另一种有机化合物结合而成的复杂化合物，在虫体内经过化学作用可变为有毒物质。如巴豆苷，可溶于水。大豆中的大豆苷对米象的毒性很大。

第三类是有毒蛋白质、挥发性精油、单宁、树脂等。如蓖麻含有有毒蛋白质，对害虫有胃毒作用。山苍子、樟树叶等都含有挥发油。精油在植物的叶、果皮、花及种子中含量较多，通常不溶于水，易溶于酒精和乙醚。精油对害虫有一定的熏蒸及忌避作用。

第四类是有机酸类、酯类、酮类等。如除虫菊所含的杀虫成分为除虫菊酯，鱼藤的杀虫成分是鱼藤酮。

植物性杀虫剂对害虫的毒杀机理可归纳为4个方面。通过胃毒、触杀和熏蒸作用杀死害虫；作为拒食剂抑制害虫的取食；抑制害虫的繁殖；驱避害虫或影响害虫的行为。有时可能几种方式同时发挥作用。

植物性杀虫剂对高等动物的毒性通常比较低，有些甚至基本无毒。它们在自然界中的分解较快，一般不易残毒，不易对环境造成污染。但是并不是所有的植物性杀虫剂都是如此，如有些植物中的尼古丁及其他成分对人也有很高的毒性。利用植物性杀虫剂防治害虫，可以就地取材，自行配制，开辟了杀虫剂的新资源，减少了化学药剂的使用。特别是在发展中国家，开发新的化学杀虫剂难度很大，而且费用昂贵。植物性杀虫剂的应用研究也可为人工合成新的高效低毒的杀虫剂提供重要线索。

但是植物性杀虫剂也有其难以克服的缺点。植物性杀虫剂的实际用量通常很大，因为植物中的有效杀虫成分只占植物体的极少部分，只有大量使用才能奏效。同时植物并非取之不尽的资源，如果大量的使用也需要种植而增加费用。另外植物中的有效成分通常易挥发分解，残效期较短，不易储存。而且植物性杀虫剂受地区性、季节性的影响较大。

（二）植物性杀虫剂的研究与应用

植物性杀虫剂防治害虫的研究程序一般为：先用植物对害虫进行毒力及药效的初步试验，筛选出对害虫有活性的植物；从已筛选出的植物中提取有效成分并进行进一步的杀虫试验；分析鉴定有效成分的化学结构及其与杀虫作用的关系；最终将有效成分制成合适的剂型用于实际害虫防治，或根据有效成分的化学结构人工模拟合成新的杀虫剂。

植物性杀虫剂在应用方面主要有两种方式。

一种是直接将植物粉碎后制成粉剂与粮食拌和。这种方式往往用量比较大，有时可将几种植物混合在一起使用，制成“复方”制剂，效果往往比单独使用较好，但混合的种类不宜过多。还可以添加少量化学杀虫剂，不仅提高了杀虫效果，而且减少了用量。

另一种是利用植物的提取物。通过提取植物中的有效成分，可减少植物性杀虫剂的用量。提取方式有水提取和有机溶剂提取。水煮沸提取可提取出更多的有效成分，而对于易挥发的有效成分，则用冷浸的方法比较好。利用有机溶剂如乙醚、乙醇、正丁醇等可提取出油溶性的有效成分，将这些有效成分制成适当的剂型使用。

长期以来，关于植物性杀虫剂防治储藏物害虫方面，人们做了大量的研究开发和应用工作。据统计，世界各地用于防治储藏物害虫试验的植物种类达200种以上；供试害虫的种类30余种，几乎包括了所有重要的储藏物害虫；公开发表的研究报告和论文近千篇。这些研究包括了植物对储藏物害虫的作用效果、植物的提取物及提取方式、提取物的结构鉴定、提取物的不同剂型、杀虫机理、实验室及生产性杀虫研究等各个方面。

人类对植物性杀虫剂研究最大的收益是发现了除虫菊酯类杀虫剂。这是一类存在于除虫菊内的天然活性物质，后来被提取并鉴定了其化学结构，从20世纪70年代起，人们已经合成了多种除虫菊类杀虫剂，被称为拟除虫菊酯。其中对害虫毒力最大的是溴氰菊酯，它们已经在农业害虫和储藏物害虫的防治中发挥了巨大作用。

印楝素也是被发现的一种比较成功的植物性杀虫剂，它是一种害虫拒食剂和生长调节剂，并且已有商业剂型投入了生产应用。

另外，研究较多的植物种类还有花椒、山苍子、苦楝、植物油、女贞子、烟草、薄荷叶、金盏花、水蓼、姜黄、桂皮、柑橘皮、丹皮、蛇床子、木香薷、银杏叶、槟榔、艾叶、半夏等等。它们当中的有些有效杀虫成分已被提取和鉴定，但多数种类有效成分的化学鉴定工作还在进行中。

四、作物品种抗虫性的利用

（一）品种抗虫性的定义

作物品种的抗虫性(varitetal resistance)是指不同作物品种以各种机制防卫昆虫侵害的能力。这种能力与植物的基因型、昆虫的基因型以及植物与昆虫在不同环境条件下的相互作用有密切关系。本节讨论的内容主要是关于收获后的粮食对储藏物害虫的抗性。

在通常的储藏条件下，没有一种储藏物可免遭害虫的危害，也不会有一种害虫能危害所有的储藏物。在不同的粮食种类间及同一种粮食不同的品种(品系)间对不同害虫或同一种害虫的敏感性也存在着差别。

（二）品种抗虫机制

作物品种的抗虫机制通常是指作物抵御害虫侵害的方式。收获后粮食的抗虫机制可以归纳为物理抗虫性和化学(或生物化学)抗虫性。

1. 物理抗虫性

粮食的物理抗虫性主要表现在形态结构的抗虫性。如粮食籽粒的软硬度、光滑度、籽粒大小、有无颖壳及粮粒完好程度等。

大量的试验研究发现，小麦的硬度是抵御害虫危害的一个重要物理因素，硬小麦对米象和谷蠹等害虫具有最明显的抵抗性，而大多数软小麦对储藏物昆虫很敏感。对于麦蛾和谷蠹来讲，成虫是将卵产在粮粒外部，幼虫孵化后才蛀入粮粒危害的。因此，粮粒的完整性也是影响其危害的重要因素，对于完好、无破损的粮粒会明显增加其幼虫的死亡率，而有破损的粮粒则相反。

稻谷外面裹着一个厚厚的颖壳，稻壳里含大量的二氧化硅，约占整个粮粒二氧化硅含量的20%，加上稻壳紧密的结构，使得颖壳的强度对防止储藏物害虫的侵害起着主导作用。有关研究发现，米象对外壳完整无损的稻壳无破坏能力，同时还发现谷蠹的幼虫可以破坏任何有裂损的稻谷，即使是有极细微的裂缝。但当具有抗虫性的稻谷在脱去稻壳后，象虫和谷蠹可以在其上同样迅速的繁殖生长。因此，水稻在育种时应考虑谷壳的紧闭程度，以降低稻谷的自然开裂率；稻谷在收获、运输、储藏过程中，应尽量避免机械损伤。这样就可以消除或减少储藏过程中害虫的危害。

2. 化学抗虫性

粮食的化学抗虫性主要表现为抗生性。抗生性是指一类影响昆虫生理代谢过程的抗虫因素，包括由昆虫取食粮食后引起的暂时性或持久性的对昆虫不利的生理影响，它是作物最重要的抗虫机制。

抗生性作物通常具有下列特性之一或多种特性：存在有毒代谢产物，如生物碱、糖苷、苯醌等；缺乏某些要素或数量不适宜；营养成分比例失调；存在某些营养要素不能被昆虫利用的抗代谢物质；存在着抑制食物消化和营养利用的酶。

研究发现，象虫喜欢在麦粒的顶部产卵，尽管顶部表皮的硬度要比胚部硬10倍左右。这是因为小麦的胚对初期的玉米象的幼虫有毒害作用，因此，这些昆虫的繁殖期内粮粒的胚部能够免受侵害可能也与其化学成分有关。

小麦品种中蛋白质的含量与米象的后代数量呈负相关。随着稻谷中粗蛋白的含量增加，玉米象的存活率降低；随着直链淀粉含量的增加，玉米象的存活率增加。Ram和Singh(1996)还发现小麦的抗虫性与其脂肪含量无关，但与粗纤维的含量呈正相关。Baker等(1991)通过对30种软质麦的研究，发现α-淀粉酶抑制剂的含量与米象的发育期成正相关。Classen等(1990)和Arnason等(1997)发现，玉米对玉米象和大谷蠹的抗性与其阿魏酸(ferulic acid)的含量成正相关，可能是因为酯化的阿魏酸在细胞壁上形成一种网状结构，影响到粮粒的硬度。玉米中类脂的含量与玉米象的抗性程度有相关性，而与玉米中酚酸的含量无关。

另外，粮食中的霉菌对粮食的抗虫性有明显影响，如储藏中的玉米会因黄曲霉的感染而降低玉米对害虫的抵抗能力，霉菌不仅为害虫开通了进入粮粒内部的道路，而且还增加了玉米的水分含量。

虽然长期以来人们对粮食对害虫的抗性机理进行了多方面的研究，但粮食中具体哪一种化合物对害虫有低抗作用，其所起的作用程度有多大等，仍有许多问题需要研究。总之，在粮食对害虫的抵抗机理中，最重要的还是化学抗性。

（三）利用品种抗虫性防治的优缺点

1. 优点

首先是品种抗虫性的相容性。它与害虫综合治理的其他措施是不矛盾的，当抗虫品种不能使害虫种群维持在经济危害水平以下时，不影响其他防治措施的配合。

品种的抗虫性为人们提供了一种可以选择的防御性的防治技术，并且有助于保持粮食在储藏期间的品质。

在利用品种抗虫性时，除了品种的选择以外，不需要任何其他的投入，同时也可减少化学杀虫剂的使用。因此，不仅降低了环境污染，而且防治费用很低，经济效益明显。

品种的抗虫机制利用的是粮食本身的特性，因此持久性好。与其他防治措施相比，受环境条件的影响也较小。

品种抗虫性的专性强。受影响的昆虫通常是以粮食为食的害虫，而其他非防治对象如天敌昆虫不会受到影响。

2. 缺点

迄今的有关研究表明，抗虫机制对具体的目标害虫表现出很强的抑制作用，但对别的昆虫可能影响很小或没有影响。如对 *Zabrotes* 属豆象有毒的毒性蛋白，对 *Acanthoscelides* 属的豆象却影响甚微；四纹豆象对豆类中 α-淀粉酶抑制剂的敏感性也比绿豆象的低。目前大部分对储粮害虫的研究仅限于一种或几种，因而我们还不知道对实验昆虫有抗性的粮食品种是否对别的昆虫也有抗性作用。

品种抗虫性的第二个局限性是昆虫克服抗虫品种而产生抗性的问题。人们已经发现，巴西豆象可以逐渐适应淀粉酶抑制剂，最后变得对其不敏感。即巴西豆象出现了新的生物型。害虫生物型的出现将在时间和空间上限制某些抗虫品种的应用。尽管这个问题可以采用多基因抗虫性或培育抗多个生物型的品种来解决，但周期显然是很长的，并且也不能保证没有新的害虫生物型出现。

另外，培育强抗虫性的品种还必须考虑在农艺学上的可行性及人们可接受的安全性。除了考虑作物的产量、发芽、消费者能否接受、对田间病虫害的抵抗能力及粮食的工艺品质外，还必须考虑每种具抗虫活性的化合物对非目标生物的影响，包括对哺乳动物和人类的生物学影响。豆粒中许多对豆象有抗性的种子蛋白对加热是敏感的，也就是说通过蒸煮等加热方式可以减少或消除对人畜的不良影响。但有些化合物，如黑色籽粒作物表皮中的单宁具有热稳定性，食用后对蛋白的消化有一定的影响。豆粒和谷物在消费前一般要进行加工，因此必须考虑抗虫品种对加工过程的影响，例如稻谷紧密的外壳对抗虫是有利的，但却不利于碾磨加工。

目前，抗虫品种可以通过两种途径获得。一种是传统的杂交技术，包括辐射育种、远缘杂交和近缘杂交等。但这种方法需要大量的人力投入，不仅费工、费地，而且周期很长。随着生物技术的飞速发展，转基因技术已在作物育种中广泛应用。至今已有 30 个国家先后批准了 35 科 3000 多例田间试验，涉及的植物种类有 40 多种。转基因作物大部分种植在发达国家，其中美国的种植面积占全球的 72%，其次为加拿大。发展中国家以阿根廷和中国较多。抗虫基因主要用在棉花和玉米中。截至 2000 年，我国已有 6 种转基因植物被批准进行商业化生产，其中最具代表性及种植面积最大的是转 *Bt* 基因的抗虫棉，其他多处于制种阶段。中科院遗传研究所承担的国家“863”计划，已成功地将抗 α-淀粉酶抑制剂基因转入水稻中，并在水稻种子中表达，根据初步测定，米象成虫在转 α-淀粉酶抑制剂基因稻谷中的死亡率明显高于对照组。

虽然一些转基因粮食对储藏物害虫有抑制作用，但它们的开发主要是针对农田害虫的。目前，在国际上还没有将转基因抗虫技术用于储藏物害虫防治的应用计划，我国也还未批准用于人类食品的转基因作物的商业种植。对于转基因粮食作物许多国家持谨慎的态度，许多问题还需要继续研究和探讨。其中人们最关心的是安全性问题，转基因食品必须在天然有毒物质、营养成分、抗营养因子及过敏原等方面与自然食品实质性相同，才能是安全的。到目前为止，尽管还没有依据证实转基因食品是不安全的，但人们对其安全性的顾虑也是不会轻易消除的。而环境的安全性更为复杂，如果转基因是易发生“漂移”(genetic drift)的，那么将是很危险的，可能会迫使转基因作物开发的停止。

另外，在农业上作物育种中重要的考虑因素是粮食的产量，而很少考虑粮食在储藏期间的虫害及损失问题。因此，培育对储藏物害虫有抗性的粮食作物新品种，需要有育种学家、昆虫学家、植物病理学家以及其他有关专家的密切配合，长期合作才能成功。

思 考 题

1. 什么叫生物防治？生物防治有哪些优缺点？
2. 什么叫广义的生物防治？它通常包括哪些技术？
3. 什么叫捕食性天敌和寄生性天敌？
4. 在储藏物害虫的防治中，利用价值较高的天敌昆虫有哪些(类)？
5. 什么叫昆虫的病原体？通常包括哪些生物？
6. 对防治害虫的病原体有哪些要求？
7. 利用病原体防治害虫有哪些优缺点？
8. 苏云金杆菌制剂的杀虫原理是什么？其防治对象主要是哪些种类的害虫？
9. 什么叫昆虫信息素和引诱剂？
10. 信息素的生物学特性有哪些？
11. 昆虫信息素在储藏物害虫综合防治中有哪些应用方式？
12. 什么叫昆虫生长调节剂？其有何生物学特性？
13. 在储藏物害虫防治中，常用的昆虫生长调节剂有哪些？它们各自的防治原理是什么？
14. 什么叫植物性杀虫剂？植物性杀虫剂中对害虫有生物活性的化学成分主要有哪些物质？
15. 植物性杀虫剂在害虫防治中的应用方式有哪些？
16. 什么叫作物品种的抗虫性？
17. 试述作物品种的抗虫机制。
18. 利用品种抗虫性防治的优缺点有哪些？

主要参考文献

白旭光，曾实，常共宇. 2006. 储粮害虫生物防治技术研究与应用进展. 郑州：河南工业大学学报(自然科学版)27 (1)：82～85

陈杰林. 1993. 害虫综合治理. 北京：中国农业出版社

昆虫学名词审定委员会. 2001. 昆虫学名词. 北京：科学出版社

李隆术. 2000. 储藏物昆虫和农业螨类研究——李隆术论文选. 成都：四川科学技术出版社

林冠伦. 1988. 生物防治导论. 南京：江苏科学技术出版社

徐维良等译，H. C. 科波尔、J. W. 梅丁斯. 1983. 害虫生物抑制. 北京：中国林业出版社

姚康. 1986. 仓库害虫及益虫. 北京：中国财政经济出版社

张宏宇，邓望喜. 1993. 稻谷在储藏期对玉米象的抗虫机制研究. 北京：植物保护学报 20 (2)

张宗炳，曹骥. 1990. 害虫防治：策略与方法. 北京：科学出版社

郑州粮食学院. 1987. 储粮害虫防治. 北京：中国商业出版社

F. Fleurat-Lessard and P. Ducom [eds]. 1991. Proc. 5th Intl. Working Conf. Stored-Prod. Prot

Fred J. Baur [eds]. 1984. Insect Management for Food Storage and Processing. AACC

Heinz Schmutterer, K. R. S. Ascher. 1984. Natural pesticides from the neem tree and other tropical plants. Proceedings of the Second International Neem Conference

Subramanyam Bh. , and D. W. Hagstrum. 2000. Alternatives to pesticides in stored-product IPM. Kluwer Academic Publishers

第十二章　化学防治的基本原理

本章提要：

- 杀虫剂的基本概念及化学防治的特点
- 主要杀虫剂的杀虫机理
- 杀虫剂的理化性质与药效的关系
- 储粮害虫的耐药性和抗药性
- 环境条件与杀虫剂发挥药效的关系
- 杀虫剂的科学选用

第一节　杀虫剂及化学防治的特点

一、农药与杀虫剂的概念

（一）农药

农药(pesticide)是指用于防治危害农林作物及农林产品的害虫、螨类、病菌、杂草、线虫、鼠类等的化学物质，包括提高这些药剂效力的辅助剂、增效剂等。

随着近代农药研究制造的发展，对于调节或抑制昆虫生长发育的药剂，如保幼激素、抗保幼激素、昆虫生长调节剂或影响昆虫生殖及生物学特性的药剂，例如不育剂、驱避剂、拒食剂等，也都属于农药的范畴内。因此，农药的含义，作为毒剂，不仅从防治对象来认识，还应从对生物体产生的作用来理解，可以使开发新农药具有更广泛的理论基础和实际意义。

随着生产实际的需要，我国农药工业发展很快，新品种每年都在增加，根据农药的用途及成分、或防治对象、作用方式机理等，分类的方法也多种多样。按防治对象，农药可分为几大类：即杀虫剂、杀螨剂、杀菌剂、除草剂、杀线虫剂、杀鼠剂等。每一大类又有不同的分类方法。

（二）杀虫剂

杀虫剂(insecticide)是用来防治农、林、卫生、储粮及畜牧等方面的有害昆虫的化学物质。

按照杀虫剂的成分及来源和发展过程可分为无机杀虫剂(inorganic insecticide)和有机杀虫剂(organic insecticide)。

有机杀虫剂根据其来源又可以分为：

(1) 天然的有机杀虫剂：如植物性(除虫菊、烟草等)杀虫剂和矿物性(如石油等)杀虫剂。

(2) 人工合成的有机杀虫剂：①有机氯类杀虫剂，如六六六、滴滴涕等；②有机磷类杀虫剂，如马拉硫磷、敌百虫等；③氨基甲酸酯类杀虫剂，如西维因、呋喃丹等；

④拟除虫菊酯类，如溴氰菊酯、二氯苯醚菊酯等；⑤有机氮类杀虫剂，如杀虫脒、巴丹等；⑥有机氟类杀虫剂，如氟乙酰胺等。

按杀虫剂的作用或效应可分为：①胃毒剂，如敌百虫等；②触杀剂，如马拉硫磷等；③熏蒸剂，如溴甲烷、磷化氢等；④内吸剂，如乐果等；⑤驱避剂，如香茅油等；⑥不育剂，如替派、喜树碱等；⑦拒食剂，如印楝素等；⑧昆虫生长调节剂，如灭幼脲等；⑨增效剂，如增效醚等。

在昆虫毒理学上，可将杀虫剂按照其毒理作用而分类如下：①物理性毒剂：如油剂(矿物油)、惰性粉等；②原生质毒剂：如重金属、砷毒剂、氟毒剂等；③呼吸毒剂：如氰化氢、鱼藤酮等；④神经毒剂：如氯化烃类、植物性杀虫剂(如烟碱、除虫菊等)、有机磷酸酯类、氨基甲酸酯类等。

此外作为杀虫剂应用的还有生物杀虫剂，这一类主要是利用能使害虫致病的真菌、细菌、病毒，通过人工大量培养，用以当作农药来防治或消灭害虫，例如，苏云金杆菌、杀螟杆菌、白僵菌等。

（三）储粮化学药剂

储粮化学药剂(grain storage pesticide)是在储粮的特定要求条件下，适合用于防治危害储粮(包括食品及副产品)及其仓厂建筑、设备的害虫、螨类、鼠类和有害微生物的药物，包括用于防治储粮害虫、霉菌及储粮降尘的食品添加剂。

储粮化学药剂也有多种分类法。

按药剂的物理性状可以分为：固体杀虫剂、液体杀虫剂、气体杀虫剂三类。

按药剂进入虫体的途径可分为：胃毒剂、触杀剂、熏蒸剂等。

按药剂的化学性质及来源可分为：无机杀虫剂、有机杀虫剂、微生物杀虫剂三类。

按药剂的作用机制可分为：物理性毒剂、细胞质毒剂、呼吸毒剂、神经毒剂四种。

按药剂的防治对象可以分为：杀虫剂、杀螨剂、杀菌剂、杀鼠剂四种。

在我国储粮害虫防治工作中，人们按药剂的使用范围和防治对象通常把储粮化学药剂分为：熏蒸剂、保护剂、空仓杀虫剂(空仓消毒剂)和杀鼠剂四种。

根据我国主管部门的有关规定，我国目前允许使用的储粮杀虫剂有以下几种：

熏蒸剂(fumigant)：磷化氢、溴甲烷、氯化苦、氢氰酸、敌敌畏和二氧化碳。

保护剂(protectant)：防虫磷、杀虫松、溴氰菊脂(凯安保)、保粮安、甲基嘧啶硫磷、谷保、白油降尘剂以及保护剂的使用剂型。

空仓杀虫剂：敌敌畏、敌百虫、敌百虫烟剂、辛硫磷、杀螟松、马拉硫磷、凯安保、甲基嘧啶硫磷和增效敌敌畏(氰敌畏乳油)。

杀鼠剂：未作具体规定，常用的慢性鼠药如敌鼠钠盐、大隆等都可使用。

二、储粮化学药剂应具备的条件

目前，国内外成为商品的储粮化学药剂种类很多，但真正推广使用在储粮上的杀虫药剂却很少。作为一种理想的储粮杀虫药剂，必须具备以下条件：

药剂本身或加辅助剂、增效剂后对防治对象具有较高的药效，但对人、畜无毒或毒性较低。

在对防治对象有效剂量下，对粮食、油料和种子不产生药害。

药剂本身化学性质比较稳定，能维持较长时间的药效；不易燃烧、爆炸。

具有杀灭多种害虫的作用，并能配制多种剂型。

最好我国能大量生产，价格便宜。

使用时操作简易、省力；防护简便、有效；药剂引起中毒后有救治方法。

最好具有警戒性的颜色或气味。

事实上要求一种储粮药剂完全符合上述条件，确实是难以办到的。任何一种杀虫药剂，都不可避免的会有某些缺点，需要在生产实践中针对其缺点，采取一些有效的补充措施，就有可能改进药剂的性能，提高杀虫效力，避免或减少粮食和人、畜的毒害。

三、毒力与毒性的概念

（一）杀虫剂的生物活性与毒力

1. 杀虫剂的生物活性

所谓一种化合物的生物活性是指这个化合物能够参与到生物的生理生化过程之中，并且引起生理生化过程的改变或阻碍它的性能。

2. 杀虫剂的毒力与药效

毒力是指药剂本身对生物直接作用的性质和程度。一般是在相当严格的控制条件下，用严格的测试方法，及标准化方法培养的试虫进行测定。常用校正死亡率、致死中量(或致死中浓度)等表示毒力程度。

（1）死亡率及校正死亡率

死亡率是指用药剂处理后，在一个种群中杀死个体的数量占群体中的百分数，即：

$$死亡率(\%)=死亡个体数/供试总虫数\times 100$$

但在不用药剂处理的对照组中往往出现自然死亡的个体，因此死亡率需要校正。一般采用 Abbott 氏公式进行校正：

$校正死亡率(\%)=(X-Y)/X\times 100$

X：对照组中的生存率

Y：处理组内的生存率

这个公式的基本根据是假设自然死亡率及被药剂处理而产生的死亡率是完全独立不相关的，并且自然死亡率在 20％以下，才适用此公式，测定中将自然死亡率所给予的影响予以校正。

（2）致死中量(median lethal dose，LD_{50})或致死中浓度(median lethal concentration，LC_{50})

这个概念建立在“等毒剂量”的基础上，是一种药剂杀死昆虫(或其他试验动物)群体的一半个体所需要的剂量。若用浓度为单位，即为致死中浓度，这是一个比较精确可靠而且有代表性的指标。致死中量也称半数致死量(或半数致死浓度)。具体的测定方法见本书第十五章。

（3）相对毒力指数(relative toxicity index)

几种杀虫剂若在不同时间及不同条件下分批进行试验时，则每次都用一个标准药剂作对比，以其比值进行毒力比较。这样可以克服在一定程度上产生的差异性。例如：

A 杀虫剂的 LD_{50} 与 S 标准杀虫剂 LD_{50} 一同进行测定：

$$A_1(\text{A 的毒力指数})=\text{A 的 }LD_{50}/\text{S 的 }LD_{50}\times 100$$

B 杀虫剂的 LD_{50} 与 S 标准杀虫剂 LD_{50} 一同进行测定：

$$B_2(\text{B 的毒力指数})=\text{B 的 }LD_{50}/\text{S 的 }LD_{50}\times 100$$

此指标的优点在于消除了前后两次测定中由于环境条件、操作方法及生物等因素的影响，以标准药剂校正，使 A_1 与 B_2 的比较更为精确。

药效是指化学药剂本身及环境多种因素对害虫综合作用的结果。药效的表示方法与毒力不同，一般根据防治对象、所用的处理方法等而异。药效测定一般是指紧密结合害虫防治的生产实际进行的，其结果在害虫防治工作上具有实际意义。

毒力与药效二者的含义虽有不同，但二者又是互为联系的。

（二）农药的毒性

农药毒性(toxicity)是指对非防治对象的毒害程度，特别是对高等动物的毒性。评定农药的毒性大小，常以它引起实验动物死亡的剂量来表示。常用指标有最低致死剂量(MLD)、绝对致死量(LD_{100})和半数致死量(LD_{50})。前两种误差大，所以一般都是用 LD_{50} 表示。

1. 农药残留

农药残留(pesticide residue)是指由于施用农药后存留在环境和农产品、食品、饲料中的农药及其降解代谢产物、杂质，还包括环境背景中存有的污染物或持久性农药的残留物再次在商品中形成的残留。一般来说农药残留量是指农药本体物及其代谢物残留量的总和，并构成有不同程度的残留毒性。

2. 农药最高残留限量

在生产或保护商品过程中，按照良好的农业生产规范，直接或间接使用农药后，导致在各种食品和饲料中形成的农药残留物的最大量，此为最高残留限量(maxium residue limitation，MRL)，单位通常为 mg/kg。

按照农药的毒理学评价对所制定的最高残留量(MRL)，经测算每天从饮食中摄入的总农药残留量是否超过农药的每日允许摄入量，以此来评定最高残留量(MRL)的安全性。

制定最高残留限量的首要目的是确保安全，同时也应用于国际贸易。经国际机构和各国立法或行政部门所规定的最高残留限量，具有法规性；国际法典 MRL，具有推荐性。

3. 每日允许摄入量

每日允许摄入量(acceptable daily intake，ADI)是指人的一生中，每日摄入某一种农药一定剂量后，没有发现明显的危害，即在观察生命过程中或完结后未发现由此引起任何伤害。ADI 的单位是 mg/kg 体重，药物量以 mg 为单位，人体重量平均以 60 kg 计。

4. 临界极限

在熏蒸处理和施用熏蒸剂时，必须知道每一种熏蒸剂的浓度极限(接触超过这个极限的熏蒸剂就不安全)和最大限度的接触时间，其中包括正常工作期间的反复接触。这种浓度泛称为临界极限浓度，通常以在空气中所占的体积百万分比表示。然而，由于各人的敏感性差异很大，少部分工作人员接触一下极限甚至极限值以下浓度的一些物质，可能有所不适，还有少部分工作人员因老毛病复发或者患上职业病而受到的影响可能更为严重。临界极限是根据工业经验，关于人和动物的实验性研究，以及在可能情况下这三者的结合，所能获得的最可靠的资料确定的。这种极限应作为防止健康受威胁的指南，而不应作为安全浓度和危险浓度之间的界线。

(1) 时间加权平均值

时间加权平均值(TLV-TWA)即通常每周工作 40 h 或每工作日 8 h 的时间加权平均浓度，所有的工作人员可能日复一日地反复接触此浓度而不会受到不利影响。

(2) 短期接触极限

短期接触极限(TLV-STEL)是指工作人员在连续 15 min 的时间里可以接触的最大浓度，而又不引起足以导致事故增加，有碍于自救或大大降低工作效率的慢性的或不可逆的组织变化。但条件之一是，每天接触不得超过四次，接触间隔时间至少 60 min；条件之二是，也不超过时间加权平均值。短期接触应视作是最大容许浓度，即 15 min 接触期内任何时间也不得超过最大浓度。

5. *农药的毒性分级*

农药的毒性包括急性毒性、亚急性毒性和慢性毒性 3 种。

(1) 急性毒性

急性毒性(acute toxiticy)是在一次染毒条件下(亦有于 24 h 内多次染毒)经口、吸入或经皮肤涂敷后，以观察一定时间(24 h 或 7 d)内毒物所引起的症状、死亡情况，用以研究毒物作用特点、作用方式与特点等。单位用 LD_{50}(mg/kg)表示。

各类物质的毒性分级见表 12-1。

表 12-1 各类物质的毒性统一分级标准(大白鼠急性口投 LD_{50})

级 别	LD_{50}	相当于人的致死量 (g/人)
极毒 (特剧毒)	<1	0.05
剧毒	1～50	0.5
高毒	51～100	
中毒	101～500	5
低毒	501～5000	50
微毒 (实际无毒)	5001～15000	500
无毒	>15000	2500

(2) 亚急性毒性

亚急性毒性(subacute toxiticy)试验是在短期(3 个月左右)内进行有计划的、多次反复染毒条件下，在急性毒性试验的基础上，进一步确定毒物的主要毒性作用、靶器官和最大无作用剂量、中毒阈剂量，并从病理组织变化、生理功能改变、体液成分、某些酶活性的改变上，阐明中毒机理，找出一般性与特殊中毒指标。所以，亚急性中毒为长期多次小剂量给予供试动物引起的反应每日以 LD_{50} 值的 1/5、1/10、1/20、1/40 灌胃连续 40 d，当积累到 4 个 LD_{50} 仍无死亡被认为无明显亚急性毒性。

(3) 慢性毒性

慢性毒性(chronic toxiticy)试验是在较长期(实验动物一生的大部分时间或终生，有时连续数代，一般是 1 年至 2 年，故亦称长期毒性试验)的一定期间内连续多次反复染毒的条件下，用较小剂量(1/100～l/1000 LD_{50} 或 LC_{50})，或现场实测得的空气中毒物浓度，或现场机体污染剂量，使实验动物长期染毒，以观察毒物可能对机体的损害，并从病理组织变化、生理功能、体液成分、某些酶活性改变等方面，确定慢性阈剂量或阈浓度、最大无作用剂量等，作为制定一种毒物在环境中的最大容许限量和个人每日容许摄入量的依据。

四、化学防治的特点

利用杀虫剂防治害虫的方法称为化学防治。化学防治是害虫综合治理中的重要组成部分，采用化学防治有以下特点：

(1) 杀虫效果比较彻底

在储粮害虫防治工作中，采用清洁卫生、物理机械、生物等防治措施，都有明显的防治效果，但杀虫不易彻底。使用化学药剂则杀虫效果比较彻底，特别是熏蒸剂对储粮害虫及其各个发育阶段都具有较高的药效，能比较彻底地杀灭各种储粮害虫。

(2) 杀虫作用迅速

采用化学药剂特别是熏蒸剂处理虫粮，一般在 2～14 d 的较短时间内，可全部杀死处理环境中的害虫。

(3) 操作简便省力

储粮化学药剂在施药过程一般操作方法都比较简便，省工省力，特别是熏蒸剂不移动粮食即可较好地杀死害虫。

(4) 处理费用低

采用化学药剂处理粮食比倒仓、整晒、摊冻等方法省工、省时、劳动强度低，总体处理费用也较低。

(5) 受其他因素影响较小

由于化学药剂防治害虫显著的优点，目前仍是国内外防治储粮害虫的一种主要方法。

当然，化学药剂也是有一定的缺点，包括对人、畜有一定毒性；采用化学药剂防治，施药人员不慎违反了安全操作规程，常会发生药剂中毒，重者造成药剂中毒死亡；用药剂处理过的粮食会带有不同程度的残留药剂，若超过卫生标准，食后会影响人体健康；杀虫不彻底时，还会引起害虫的抗药性。但是，只要在运输、储存及使用等环节上加强管理，制定有效的安全操作规程，严格按照操作规程施药，人员、粮食安全还是有保障的。

第二节　主要杀虫剂的杀虫机理

一、杀虫剂达到靶标的主要途径

（一）杀虫剂对昆虫表皮的穿透

杀虫剂施于昆虫时，一般是先与昆虫表皮的护蜡层接触，由于上表皮是亲脂性的，对极性化合物有较强的抵抗作用。一般情况下，杀虫剂的脂溶性越大，则对昆虫表皮的穿透性就越强，尤其是对上表皮蜡层的穿透与脂溶性的关系更密切。但是，杀虫剂的脂溶性还不能完全决定杀虫剂真正穿透进入昆虫体，因为昆虫的内表皮很多是亲水性的，所以穿透过上表皮之后，杀虫剂还必须具有一定的水溶性才能穿透内表皮，否则，杀虫剂就可能被保留在上表皮中，而不能有效地到达作用靶标，就失去了对昆虫的毒杀作用。杀虫剂的解离程度或离子化程度与穿透成反比，即杀虫剂的离子化程度越大，则穿透性越小。容易解离的杀虫剂，对昆虫体壁的穿透性就低，触杀效果就差。杀虫剂的表面张力与穿透性也有一定的关系，一般说来，表面张力越大，接触毒性越低。另外，杀虫剂对昆虫表皮的亲和力大，对表皮的穿透性也大。

昆虫表皮结构在不同部位有一定的变异，因此对杀虫剂的穿透有不同的影响。一般情况下，触角、头部及胸部的表皮比腹部容易透入，但也可能是由于头部、触角是感觉器官集中的部位，作用靶标与杀虫剂透入部位较近，易使昆虫中毒。

在不少昆虫中，足也是杀虫剂进入的主要部位，并且有时比头部的毒效更显著。这是由于足节间膜的表皮极薄，并且着生有许多化学感受器官，这些都是杀虫剂易于穿透的部位。对于神经毒剂来说，进入虫体后的中毒程度，取决于表皮下的结构，如果表皮下有神经的，中毒就快，反之则慢。

此外，表皮上的一些特殊构造，也往往成为杀虫剂易于穿透的部位。如孔道多的表皮易被穿透，经由孔道的穿透要比经一般表皮的穿透快，如在吸血熔中就是这样。又如节间膜，由于没有坚硬的表皮，它的结构也与一般表皮有所不同，许多杀虫剂处理一般表皮时不容易穿透，但处理节间膜时则往往毒效明显。

（二）杀虫剂对昆虫消化道的穿透

昆虫取食了含有杀虫剂的食物以后，杀虫剂能否穿透肠壁被消化道吸收，这是决定胃毒剂是否有效的重要因素。在昆虫消化道中，由于前肠和后肠起源于外胚层，其肠壁结构与体壁相似，所以对杀虫剂穿运的反应也与体壁相近。而昆虫的中肠则与前肠和后肠不同，肠壁结构也有其特异性，是昆虫消化食物，吸收营养成分的主要场所。杀虫剂在昆虫消化道中的穿透和吸收是一个复杂的过程，除了被动扩散外，还有主动运输，涉及多方面的因素，其中还包括消化道中酶系对杀虫剂化学结构的改变，从而产生活化（增毒）或降解（减毒）作用。例如主要存在于昆虫消化道和马氏管内的多功能氧化酶（mixed function oxidase，MFO），能对许多类型的杀虫剂起氧化作用，包括有机磷、氨基甲酸酯、拟除虫菊酯等，从而改变这些杀虫剂的化学结构，影响其穿透力与毒性。在这些杀虫剂中，经多功能氧化酶作用后，许多被分解、破坏，而降低了毒性，但也有些杀虫剂，如对硫磷经 MFO 氧化后转变为对氧磷而增加了毒性。

（三）杀虫剂对昆虫神经膜的穿透

昆虫的神经系统是神经毒剂最明显的作用靶标，神经传递一旦被阻断或干扰，机体就会迅速出现反应，因而神经毒剂能够以极快的速度导致昆虫中毒。然而杀虫剂要进入神经系统起作用，必须穿透各种阻隔层，如血脑屏障、神经膜等。在昆虫中，许多专家都认为存在着有如哺乳动物中所存在的血脑屏障(blood brain barrier)，这个屏障位于血淋巴与神经系统之间，1953 年 Hoyle 首先在昆虫中描述了这一结构，他根据对蝗虫的研究，证实了蝗虫血淋巴中高浓度的钾离子浓度对神经系统几乎没有什么影响，说明由于血淋巴和神经系统之间存在一个阻隔层，阻止了血淋巴中的钾离子自由进入神经。由于昆虫的胆碱酯酶仅局限于神经节，所以作为抗胆碱酯酶的杀虫剂必须穿透进入神经节才能发挥它们的作用。

二、主要杀虫剂的杀虫机理

1. 有机磷的杀虫机理

有机磷杀虫剂对昆虫的中毒症状表现为异常兴奋、痉挛、麻痹、死亡 4 个阶段，是典型的神经毒剂。

有机磷的杀虫机理是抑制昆虫神经突触上的乙酰胆碱酯酶的活性，从而使昆虫死亡。如马拉硫磷进入虫体后，在氧化酶(如线粒体多功能氧化酶)的作用下，大部分被活化成对胆碱酯酶抑制活性更强的马拉氧磷，提高了杀虫活性，表现出较高的毒力。但也有少部分被羧酸酯酶和磷酸酯酶水解为无毒体。

2. 溴氰菊酯的杀虫机理

溴氰菊酯引起昆虫中毒的症状为兴奋、击倒、麻痹，直至死亡。溴氰菊酯的杀虫机理主要是物理作用，它可以抑制靶标动物的神经离子通道，使膜渗透性发生异常，传导受阻。当溴氰菊酯刺激轴突神经膜时，引起动作电流，但与正常情况比较，减少了对钠离子的活化，振幅下降，继而减少钠离子的钝化及钾离子的活化，使下降阶段延长，结果导致正相不显著、负后电势延长、振幅增加并延长了时间。当振幅增加到阈限水平，引起第二次发放，中毒症状表现为兴奋。这一阶段主要是改变外围神经及个别神经细胞生理功能。

神经膜的离子通道由于与较大量的溴氰菊酯结合，或更多地溶于脂肪层后，致使传导堵塞。溴氰菊酯的浓度越高，结合与堵塞发生得越快。这个阶段的中毒症状为击倒、麻痹。在这个阶段中，除了对外围神经作用外，其作用也涉及中枢神经系统。

死亡阶段的原因比较复杂。除了神经传导受阻外，还有其他作用，例如虫体失水、组织坏死，还可能产生神经胺或异戊胺或酪胺等神经毒素和 Ca^{2+}-ATP 酶的抑制。

3. 磷化氢的杀虫机理

磷化氢是一种呼吸毒剂，通过气门或表皮进入虫体后，在氧气的存在下，首先被活化为有毒中间体，然后与细胞内线粒体膜上的细胞色素氧化酶的铁卟啉结合，形成一种无催化能力的稳定化合物，使该酶失去活性。结果是呼吸链中细胞色素 C(还原型)无法在细胞色素氧化酶的作用下，把氢原子交给分子氧形成水，生物氧化过程中断，能量代谢无法正常进行，致使害虫窒息死亡。

磷化氢还可抑制虫体的过氧化氢酶活性，使其失去催化分解过氧化氢的能力，导致虫体内过氧化氢的积累，引起害虫生理中毒，致使害虫病变或死亡。

4. 溴甲烷的杀虫机理

溴甲烷侵入虫体后，因水解而产生麻醉性毒物和积累性中毒，故中毒症状延迟发作，中毒后难以恢复。其杀虫机理可能是使虫体内酶的巯基甲基化。如果某些酶含有半胱氨酸，在正常情况下它可能被氧化(脱氢)成为二硫键。而被溴甲烷作用时，此巯基会被甲基化，正常的酶功能被破坏。

第三节　杀虫剂的性质与药效的关系

一、粉剂的物理性状与药效的关系

粉剂一般包括杀虫药剂原药和填充性的粉剂物质。这里讲的粉剂是指直接用于保护对象的粉剂，不包括兑水后使用的可湿性粉剂。粉剂主要用于作防虫线及作为粮食保护剂直接用于储粮。

1. 有效成分的分布

粉剂由杀虫有效成分和填充物组成。填充物有两大类：一类是植物性的，如细糠、壳粉等；另一类是矿物性惰性物质，如陶土、高岭土、滑石粉等。

杀虫药剂的有效成分在填充物中的分布均匀与否，对药效的影响很大。用杀虫剂溶液浸润了填充物粉，然后加以研磨，有效成分的分布一般来说是均匀的。用直接粉碎法生产的粉剂，即将杀虫药剂与填充物按加工比例混合配料后用机械研磨，有效成分在填充物粉上的分布均匀性越好，杀虫效果越好。其均匀程度与起初所用粉粒细度、研磨时间、杀虫剂的性质、填充物的性质等有关。

2. 有效成分的含量

从粉剂物理性质的角度考虑，粉剂中有效成分应有一个最适量。在这个含量之下，药效会低，并且增加有效成分会提高药效。在这个含量之上，有效成分的增加并不增加(或极少增加)药效。这是因为有效成分是吸附在填充物粉粒上的，因此有效成分在填充物上全部覆盖的量便是这一最适量。超过这一量时，只不过会增加一些零散的有效成分的颗粒，因而药效提高不明显。

3. 粉粒大小

粉粒大小是粉剂最主要的物理性状之一，使用细粉与使用等量的粗粉比较，更能均匀地使药剂分布在保护场所。而且，细粉覆盖面大，与虫体接触机会多；细粉更易为粮食所吸附，在粮堆中使用时不易散落；细粉较容易通过害虫口器进入虫体内，且易在消化道中溶解和吸收；细粉也较容易擦伤害虫体壁，堵塞气门等。

一般讲，直径为 10～15μm 的细粉，药效较好。各国根据自己的情况，制定了粉剂技术指标。我国粉剂的粉粒细度指标为 95%通过 200 号筛目(筛孔内径 74μm)，粉粒平均直径为 30μm，水分含量小于 1.5%，pH5～9；日本粉剂的粉粒细度指标为 98%通过 300 号筛目(筛孔内径 46μm)，粉粒平均直径为 10～15μm，水分含量小于 1%，pH6～

8；美国粉剂的细度指标为98%通过325号筛目(筛孔内径44μm)，粉粒平均直径为5～12μm，水分含量小于2%，pH6～8。习惯上，能通过325号筛目(筛孔内径为44μm)的粉粒，即称为超筛目细度粉粒。

但是，粉粒越小其残效时间越短。由于有效成分比表面增加，相应地药剂分解和挥发作用也增加，因而在较短时间内失去效果。

4. 粉粒的形状

粉剂的药效与粉粒的形状也有关系。针状颗粒易黏着在虫体上，触杀效果好；不规则粉粒则内部阻力大影响流动性，施用时容易产生分离，效果稍差。一般植物性粉粒为不规则形状，矿物性填充物的形状与基种类和研磨程度有关，硅藻土一般为针状，滑石粉有片状、针状或粒状，高岭土有片状或粒状等。

5. 粉粒的黏着力

一般吸着力或黏着力强的粉剂药效好。黏着力强一是容易吸着有效成分，二是易于黏着在保护对象上，三是擦伤虫体后容易吸收虫体水分。

6. 粉粒硬度

坚硬的粉粒有擦伤虫体体壁的作用，从而引起虫体失水或促进有效成分穿过体壁。

二、液剂的物理性状与药效的关系

储藏物害虫防治中使用的液剂主要有乳浊液和悬浊液，前者是由乳油兑水而成，后者是由可湿性粉剂兑水而成。

液剂施药后液滴在防护对象表面润湿展布，水分挥发后形成药膜，起到接触杀虫和防护作用。液剂在应用中能否在保护物面上润湿展布受其表面张力的影响，降低表面张力有利于液剂润湿展布，提高药效。乳油和可湿性粉剂中都含有表面活性剂(或称为表面活动剂)，其主要作用是降低表面张力。

(一) 表面活性剂对降低液体表面张力的作用

表面活性剂对液剂性能的改善具有重要作用。它的主要作用是降低液体的表面张力(surface tension)。所谓表面张力，即液体表面分子向心收缩的力。表面张力可使液滴的表面积收缩到最小程度。表面张力越大，喷雾时形成的雾滴越大；表面张力越小，形成的雾滴越小。

为了说明表面活性剂是如何降低液体的表面张力的，首先应了解一下表面张力的来源。由图12-1可见，处在液体内部的分子A，从各方面受到相邻分子的吸引力互成平衡，作用于该分子吸引的合力等于零。所以表面层以内的各分子在液体内部可做任意移动。而液体表面分子几乎不受空气(空气分子密度较液体分子密度小得多)分子的吸引，所以作用在B分子的吸引力是指向液体内部，并与液面垂直。此为表面张力。

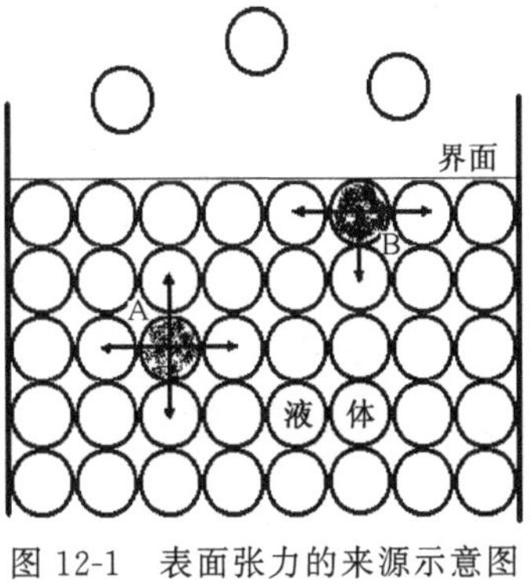

图12-1 表面张力的来源示意图

降低药液表面张力的有效方法是在其中加入降低表面张力的溶质，这类溶质多为带有极性基的有机物。由于它较水表面上水分子的表面张力为低，从而可降低水的表面张力。对降低表面张力显著的物质，称为表面活性剂(surfactant)。

（二）表面活性剂的种类

1. 离子型表面活性剂

离子型表面活性剂分为阴离子型和阳离子型两类。而农药上应用的多为阴离子型的，阴离子型表面活性剂为具有非极性的烷烃基(或环烃基)和极性的羧基(或磺酸基)等所形成的盐。如碱金属的皂类、硫酸化脂肪酸类、磺酸化合物等。阳离子表面活性剂是靠阳离子部分发生表面活性作用的，这类化合物主要为季铵盐类。它们还具有杀菌作用，目前为卫生消毒去污的重要材料。由于成本高，而不适在农药乳化剂上应用。

2. 非离子型表面活性剂

这类表面活性剂在水中不产生离子，故称为非离子型表面活性剂。它的极性基多为聚氧乙基醚、聚氧乙基酯，其非极性基多为长碳链的脂肪酸、脂肪醇、烷基酚、多芳核基团等。

非离子型表面活性剂是目前很重要的一类表面活性剂，性质稳定，能抗硬水，可与任何在酸碱中易分解的有机农药混用，具有良好的乳化、湿展、分散性能。这类表面活性剂性能良好，多用做有机磷等农药乳油的乳化剂。

3. 液体在固体表面上的湿展

当一滴液体落到受药固体表面上静止后，则可产生如图 12-2 所示的一种现象。这种现象可在液体和固体接触处作一切线，由切线和固体表面形成的角度称为接触角($\angle\theta$)，接触角的大小可出现下述三种情况：$\angle\theta>90°$、$\angle\theta=90°$或$\angle\theta<90°$。

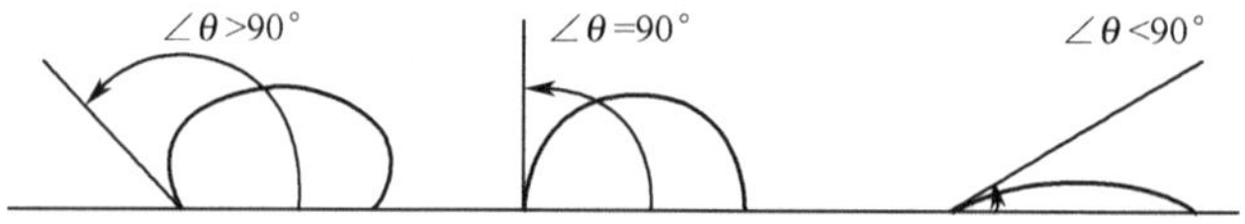

图 12-2　液体在固体表面湿润展着情况

若$\angle\theta>90°$，则液滴不能在固体表面上润湿，如果固体表面稍加倾斜，液滴必然滚落；若$\angle\theta=90°$，液体仅能润湿固体表面，但不能展布，此情况在实际上是很难存在的；若$\angle\theta<90°$，则液体不仅能润湿固体表面，并且能展布到较大面积上。当$\angle\theta<30°$左右时，说明液体对固体表面已达相当好的湿展。

液滴在固体表面上形成接触角的大小，与其表面张力有一定关系。当液滴在固体表面上湿展后达到稳定状态时所形成的接触角如(图 12-3)所示。

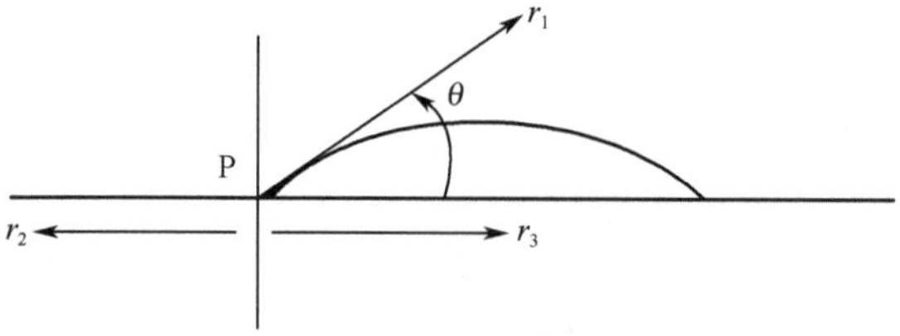

图 12-3　液滴接触角的形成

在液体、固体、空气三相交接的 P 点，有三个力发生作用。液-固界面张力(r_3)使液滴从 P 点向右移动，气-固界面张力(r_2)则使液滴从 P 点向左移动；而液-气界面张力(r_1)即液体的表面张力，则使液滴从 P 点沿液面切线方向移动。r_1在 r_3方向上的分力可用 $r_1\cos\theta$ 表示。当液滴在固体表面上稳定不再展布时，力之间达到如下平衡：

$$r_2 = r_3 + r_1\cos\theta$$

$$\cos\theta = (r_2 + r_3)/r_1$$

由以上关系可见，降低 r_1及 r_3都有助于液体的展布。表面活性剂可以降低液体的表面张力(r_1)，也可能降低液体与固体之间的界面张力(r_3)，因此有利于液体在固体表面上展着性的提高。而有的表面活性剂虽能降低液体的表面张力，但因不能有效的降低液-固界面张力，故仍然达不到理想的展着效果。这主要是受固体表面和表面活性剂化学性质影响的缘故。若是蜡质固体表面，表面活性剂的非极性基团越强大，则展着能力越大；反之，极性基团越强大，则展着能力越小。这与极性物质与极性物质或非极性物质与非极性物质的亲和力强，而极性物质与非极性物质亲和力弱有关。当药液中表面活性剂种类已定时，受药表面的性质就成为影响展着性能的主要因素。例如，蒸馏水在 24℃时，表面张力为 72 达因/ cm，在黄粉虫幼虫体壁上形成的接触角是 180°，不能展布。0.5%的油酸钠溶液的表面张力是 28 达因/ cm，在黄粉虫幼虫体壁上的接触角为 40°，能展布。

4. 乳化作用和乳浊液

将不溶于水的农药原油投入水中，经激烈振荡，虽可形成乳浊液，但稍经搁置，油与水仍然分离。若在此二相液中加少量表面活性剂，经振荡后，乳浊液就可稳定下来。这是由于表面活性剂被吸附到分散的油——水界面上，形成一层定向排列的表面活性剂的分子层，降低水的表面张力，并对油水合并起隔障作用。

乳浊液的物理状态不外两种，一种是油包水型(W/O 型)，水为分散相，油为连续相。这种乳浊液不能在作物上喷洒，一是耗药量大，再者易造成药害。另一种为农药制剂所采用的水包油型(O/W)，油为分散相，水为连续相。两种乳液的物理状态分别见(图 12-4)。

乳浊液的稳定性高低，与表面活性剂所形成吸附膜的机械强度有很大关系。吸附膜的厚度、分子排列的紧密度直接影响到吸附膜的机械强度。用离子型表面活性剂肥皂配制的乳浊液稳定性往往是不高的。主要是肥皂上的钠(钾)离子易被水中钙(镁)离子置换而形成钙(镁)肥皂。这不但减少了肥皂分子数量，降低吸附层的机械强度，而且还改变了肥皂的性质。若乳浊液中钙(镁)肥皂大量存在，还可能引起乳浊液液相的反转(图 12-5)。因此，肥皂不能与含碱土金属药剂混用。

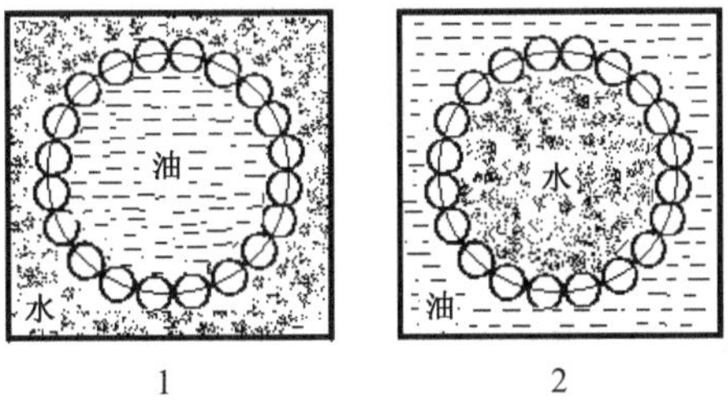

图 12-4　两种乳液的物理状态

1. 水包油型乳化剂在油珠上的吸附状态；2. 油包水型乳化剂在水珠上的吸附状态

5. 湿展作用和水悬液

可湿性粉剂中原药多为有机化合物，具有拒水性，只有在表面活性剂的存在下，降

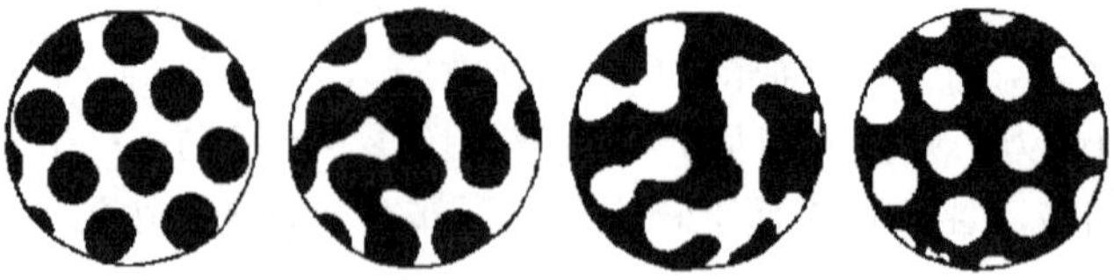

图 12-5　乳浊液液相的反转

低水的表面张力，药剂才有可能被水所湿润，形成水悬液。水悬液的稳定性高低还受其他条件影响。

在粒剂或供喷粉用的粉剂中，有的也含有少量乳化剂或湿展剂，其作用各有不同。有的是为了对易分解的农药起防解作用，有的是为了提高药剂在受药表面上的附着性和沉积量，也有的是为了提高有效成分在有水分条件下的释放速度和扩展面积。

液体杀虫剂的喷雾过程中，其喷雾凝聚液滴于害虫的液滴表皮或与被喷射物的表面能充分接触，并能形成一层极薄的液膜，就能充分发挥药剂的药效。水悬剂加工制造时，加入一定的黏着剂，使喷雾的液滴能充分的接触害虫表皮和喷射物表面，并黏着不流失，以利提高药剂的杀虫效果。乳油在储藏期间溶剂挥发或受冻，乳化剂受到破坏，乳油则会变质而浑浊，必然会降低药效。乳油加水后会缓慢分解，影响药效，使用时要随用随加水配置药液。用药量一定，喷雾的药剂液滴直径越细小，液滴个数就越多，覆盖密度就相应增大，杀虫效果也必然相应提高。

三、熏蒸剂的物理性状与药效的关系

熏蒸剂是以气体状态经害虫气门、呼吸系统进入虫体的。进一步讲，熏蒸剂是指在特定的温度和压力下，能够以足够的气态浓度致死有害生物的化学品。在熏蒸过程中，熏蒸剂在密闭环境中要以气态并保持足够的时间才可取得好的杀虫效果，这就涉及熏蒸剂的挥发性、扩散性和钻透性(或穿透性)等性状。

1. 挥发性与药效的关系

液体或固体熏蒸剂经过蒸发、升华、或化学作用转化为蒸气或气体的性能，叫熏蒸剂的挥发性。挥发性能好的熏蒸剂施入密闭环境中后，在空气中易达到有效浓度，杀虫效果会好。熏蒸剂的挥发性取决于其沸点，沸点低的熏蒸剂挥发性好，沸点高的熏蒸剂则挥发性差。液体的沸点除了熏蒸剂本身的物理性质外，还受外界压力的影响，外压高，沸点高；外压低，沸点低。在同一气压下，沸点低的药剂易于气化。如在一个大气压力下，溴甲烷的沸点为 3.6℃，氯化苦的沸点为 112℃。因此，溴甲烷的挥发性能比氯化苦好得多。所以在应用中要求的粮食最低平均温度对溴甲烷是 6℃以上，对氯化苦为 15℃以上，低于上述温度熏蒸效果会大大降低。

熏蒸剂的挥发性也与环境温度有关。一般说来，环境温度越高，熏蒸剂的蒸气压也就越高，挥发性也就越大。在实际应用中，对不同熏蒸剂提出不同的最低温度要求，也是为了保证熏蒸杀虫的效果。

熏蒸剂的挥发状况还与其在空间暴露的表面积有关。同体积的液体，表面积越大，其挥发速度也就越快。生产实践中常采用增大挥发面积的办法辅助提高熏蒸效果，如敌敌畏挂布条法等。

熏蒸剂的挥发性常用饱和蒸气压(简称蒸气压)表示。液体蒸气压的大小随温度的变化而变化，这是由气、液动态平衡决定的。温度升高，蒸气压增大，其挥发性也增强。

熏蒸剂的挥发性还可用挥发度表示，挥发度又称为蒸气饱和度，是指熏蒸剂在单位容积内气体的重量。在不同温度下，熏蒸剂有不同的挥发度(见表 12-2)。熏蒸剂对储粮害虫的有效致死浓度都低于其在常压下的挥发度。

表 12-2　几种熏蒸剂在不同温度下的挥发度(g/m^3)(在 1867 Pa 压力下测定)

种类	沸点(℃)	温度(℃)				
		15	20	25	30	35
氯化苦	112.0	1010.9	1207.2	1430.8	1740.9	2096.3
敌敌畏	120 *	0.08	0.13	0.21	0.32	0.48
磷化氢	−87.4	1435.5	1411.0	1378.4	1364.5	1342.8
溴甲烷	3.6	4008.6	3940.2	3874.1	3810.1	3748.3

* 在 184Pa 压力下测定

2. 熏蒸剂的扩散性与药效的关系

熏蒸剂经挥发成为气体后，即从分子密度大的施药部位向分子密度小的非施药部位进行热运动，或从浓度高的部位运动到浓度低的部位，称之为熏蒸剂的扩散性。熏蒸剂的扩散性能好，气体分子扩散就快，就能在密闭环境内的各个部分迅速形成杀死害虫的有效浓度，充分发挥其药效；反之，杀虫效果则会差。

熏蒸剂气体的扩散速率与其相对分子质量有关。常压下，毒气扩散的算术平均速度与其质量的算术平方根成反比。即毒气相对分子质量越小，气体扩散得越快。

3. 熏蒸剂的钻透性与药效的关系

钻透性是指熏蒸剂穿透粮堆的能力。这种能力取决于熏蒸气体被熏蒸物吸着的情况。吸着包括吸附和吸收两种现象。吸附通常是指气体附着在被熏蒸物表面的物理现象；吸收通常是指熏蒸剂分子渗入粮粒内部的化学现象。

沸点高的熏蒸气体容易被固体吸附。因为沸点高的药剂分子间引力大，容易液化，易为粮食等固体物面吸附，吸附后也不易解吸。气体被吸附后，不能再向粮堆进一步运动，因而钻透性差。

毒气比重的大小能影响其分子的分布。施药后比重大的气体一般下沉速度快，往往在(尤其是空仓内)中、下层浓度较高；比重小的气体，上浮性强，通常在粮堆上层和空间浓度较高。但毒气在粮堆内的均匀分布还受吸附等因素的影响，如敌敌畏尽管其比重大于磷化氢，但由于其易为粮堆吸着，且不易解吸，向粮堆内的钻透性特别差，只能用于空间和露面杀虫。而磷化氢虽然比重较敌敌畏小，但其沸点低，不易被粮堆吸着，向粮堆内的钻透性较好，所以一般讲其杀虫效果也比较好。

熏蒸剂被吸着程度的大小可用吸着比率表示。吸着比率是指供试昆虫在有面粉熏蒸箱中的 LD_{50} 与空熏蒸箱中的 LD_{50} 的比值。比值大，吸附大，杀虫效果差。熏蒸剂沸点越高，其吸着比率越大(见表 12-3)。

表 12-3　不同熏蒸剂的吸着比率

熏蒸剂	沸点(℃)	对赤拟谷盗的 LD_{50} 值(mg/L)		吸着比率
		无面粉	有面粉	
磷化氢	−87.5	0.020	0.023	1.15
溴甲烷	3.6	10.2	21	2
氯化苦	112	3.9	35.5	9.1

4. 燃烧性对药效的影响

燃烧性是指有些毒气在一定浓度和一定温度下，具有与空气中的氧气发生化学反应而燃烧的性能。熏蒸剂中的磷化氢就是具有燃烧性的药剂。药剂发生燃烧，不仅会降低药效，而且还可能发生火灾事故。

第四节　储藏物害虫对杀虫剂的敏感性

一、虫种、虫态、生理状况对杀虫剂的敏感性

（一）不同虫种对同一药剂的敏感性不同

储藏物害虫种类较多，由于其生物学特性、生活习性、生理机能、接受药剂的方式等各不相同，因而对药剂的敏感性(sensitivity)也不一样。如在相同条件下，谷蠹、书虱和黑毛皮蠹对溴甲烷在致死时间上有很大差别(见表 12-4)。锯谷盗对防虫磷、敌敌畏耐药力较弱，而赤拟谷盗、长角扁谷盗对防虫磷耐药力较强。

表 12-4　几种害虫在不同密闭时间时的死亡率(%)

(真空度：78.4 kPa，温度：25℃，溴甲烷浓度 50 g/m^3)

密闭时间(min)	谷　蠹	黑毛皮蠹	书　虱
27	100	87	100
40	100	90	100
60	100	96	100
90	100	100	100
135	100	100	100

（二）不同虫态和生理状态对药剂的敏感性不同

对于同一虫种来说，一般卵期和蛹期对熏蒸剂的耐药力比起成虫和幼虫期要强得多(图 12-6)。

从图 12-6 也可以看出，同一虫期的不同虫龄对熏蒸剂的耐药力变化也是较大的。对于卵期，初生卵对熏蒸剂的耐药力较大，到了发育后期其耐药力逐渐降低。幼虫的耐药力则随着虫龄的延长而增加。蛹期则出现前期和后期敏感，中期较为耐药。成虫随着虫龄的老化对药剂的敏感性增加。

害虫处于不同的生理状态，对药剂的敏感程度常有差异。如害虫在越冬期间呈休眠

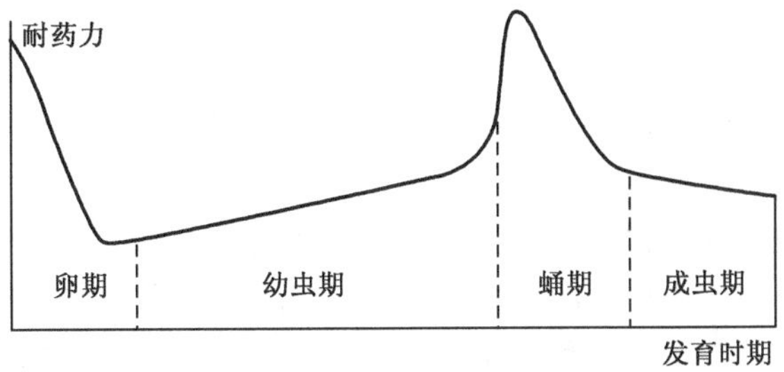

图 12-6　害虫不同发育期对熏蒸剂的敏感性

状态，其呼吸率和新陈代谢率都比较低，耐药力较强，而夏季耐药力较差。再如害虫处于饥饿状态时，体内营养物质已大量消耗掉，对药剂的抵抗力就相应下降。

通常保护剂对防治害虫的卵、蛹和隐蔽性害虫潜伏粮粒内虫态的效果最差。

二、储粮害虫的抗药性

（一）抗药性的概念

1. 耐药性与抗药性

昆虫对药剂的抵抗性有两个基本概念，即耐药性和抗药性。

（1）耐药性

耐药性(tolerance)是指害虫首次接触某种杀虫剂即表现出来的忍耐能力，也称天然抗性。由于生物的不同，或同是一个种而在不同发育阶段，不同生理状态，所处的环境条件的变化，或由于具有特殊的行为，而对药剂产生不同的耐力。不同虫种耐药性有很大差别，如黑粉虫、皮蠹科害虫对敌敌畏耐药性强，长角扁谷盗对马拉硫磷耐药性强，谷斑皮蠹对有机磷和磷化氢耐药性强，谷蠹对溴氰菊酯耐药性弱等。

（2）抗药性

由于在同一地区连续使用同一种药剂而引起昆虫对药剂抵抗力的不断提高，最终导致防治失败，防治失败的原因不是因为药剂的品质及使用方法的不当，而是由于害虫对杀虫剂的敏感性发生了遗传性的改变，这就是抗药性(resistance)。

一般来说，凡是一种害虫对某种药剂显著地具有忍耐杀死其正常种群大多数个体的药量的能力，并发展成为一个种群(品系)，就可以说这种害虫对这种农药产生了抗药性。抗药性是昆虫种群在作为一种压力的杀虫剂选择下，对杀虫剂敏感的个体被杀死，较耐药的个体保存下来，这样经过一个适应和变异过程，残存的昆虫种群对作为选择作用的那种杀虫剂表现出较大，甚至是极大的抵抗力。因此，在生产实践中不能一出现药效降低的现象，就认为是抗药性。产生药效降低的原因是多方面的，不仅要考虑抗药性的问题，而且还应考虑农药的质量问题(包括有效成分、理化性质、剂型、有机溶剂等)，使用药剂的技术问题和施药的环境条件以及害虫的虫态、龄期、生理状态等条件，只有在弄清楚上述条件的前提下，经过严格的抗药性生物测定，才能最后确定某种害虫是否产生了抗药性。

2. 抗药性的分类

(1) 专性抗性

即只对诱发其产生抗药性的药剂具有抗性，而对其他杀虫剂没有抗性。

(2) 交互抗药性

一种害虫对某种药剂产生了抗药性，而且对另外未接触过的某些药剂也产生了抗药性，这一现象称为交互抗药性(cross resistance)。例如玉米象的抗马拉硫磷品系对辛硫磷会产生交互抗药性。并不是一种害虫对各种药剂都能产生交互抗药性，一般来说，凡是作用机制相似或接近的药剂，就容易产生交互抗药性，而不同类型的药剂，由于对昆虫的毒杀机制不同，因而不易产生交互抗药性。

(3) 负交互抗药性

所谓负交互抗性(negative cross resistance)就是昆虫对一种杀虫剂产生抗药性后，反而对另一种杀虫剂表现更为敏感的现象。灭幼脲一号对一个抗马拉硫磷的赤拟谷盗品系的 LC_{50} 为 0.15 mg/kg，低于敏感品系的 0.36 mg/kg。

(4) 多交互抗药性

即一种昆虫同时对不同类型的杀虫剂产生抗药性。

(二) 害虫抗药性的形成

抗药性形成上现在有两种学说。

一种认为生物体内就存在有抗药性基因，从敏感品系到抗药性品系，只是药剂选择作用的结果。

另一种学说认为是诱发突变，而产生了抗药性。他们认为生物体内不存在抗药性基因，而是在药剂的“训练”过程中，逐渐提高了对药剂的抵抗力，在药剂的诱导下，最后发生基因突变，形成抗药性品系。

最近的看法认为抗药性的起因和发展有两个阶段：开始抗药性的产生是选择现象，即在昆虫种群中本来就有一部分带有抗药性基因的个体，在不断使用杀虫剂后，把这部分个体保留下来，然后，抗药性的提高是通过诱导作用，诱导昆虫中存在的解毒酶活性不断提高，因而抗药性的程度也随之相应提高。这一抗药性的形成过程，是依靠药剂的选择压力的作用，使对药剂敏感的个体死亡，抵抗力强的个体则生存繁殖起来，经过一个适应和变异阶段，最后形成了抗药性品系。整个形成的过程可以图 12-7 表示。

(三) 抗性机制

昆虫抗药性的机制可以分为 3 种基本情况。

一是由于昆虫的物理保护机制，其中包括表皮通透性的降低或将药剂储存在脂肪组织中的能力增加或排泄作用增强等。

二是由于昆虫体内杀虫剂解毒酶的质和量的变化，这是大多数昆虫抗药性的主要机制，以水解酶系和氧化酶系最重要。多功能氧化酶活性的提高是一个十分重要的抗药性作用机制。它可以影响到很多化学物质。它的特性是：需要氧化及还原辅酶 II(NADPH)作为电子供体，可以催化一系列氧化反应，将有机杀虫剂等非极性的亲脂化合物氧化代谢为水溶性化合物。催化反应的结果，是一个氧原子与底物结合，另一个氧原子被还原而生成水。多功能氧化酶可在很多器官组织中发挥其解毒作用。通过研究鳞翅目幼

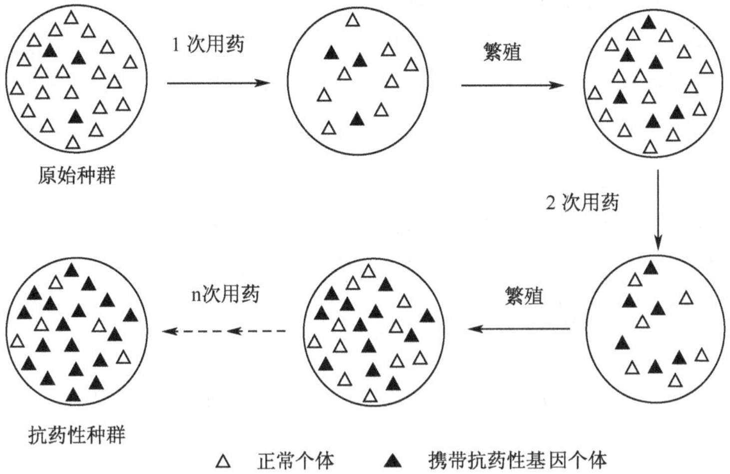

图 12-7　害虫抗药性产生过程示意图

虫取食习性与氧化酶活性之间的关系，证明了同一种幼虫体内由于取食习性的不同，其氧化酶活性是不同的，其顺序为单食性＞寡食性＞杂食性。研究发现有些昆虫品系的体内存在的细胞色素 P-450 蛋白质的含量，与其氧化能力成正比，表明抗药性可能与酶的含量增加直接相关。细胞色素 P-450 是微粒体多功能氧化酶系中的重要组成部分，在电子传递中担负着重要的作用。上述事实说明昆虫抗药性的原因之一是与多功能氧化酶活性水平的提高有关。

三是由于昆虫作用点的酶对杀虫剂敏感性的降低，例如同神经传导有关的胆碱酯酶对药剂敏感度下降，有的害虫对氨基甲酸酯类的抗药性机制就是如此。

总之，抗药性的原因是多种多样的，各种抗药性机制也是互相影响互相制约的，决不是简单的相加或相减作用的结果。昆虫抗药性的机制，至今还没有完全清楚，多数的研究表明酶系促进解毒是昆虫产生抗药性的主要因素。目前，多种昆虫解毒酶的发现，对研究抗药性机制具有很大的推动作用。

（四）害虫抗药性的确定

判断害虫是否对杀虫剂有抗药性不能凭感觉，而是要经过科学的测定。测定害虫的抗药性通常有两种方式，一种是利用抗性鉴别剂量测定；一种是测定抗性系数。

WHO 和 FAO 建议用一个单独的鉴别剂量(diagnostic dose)来进行检测抗性。所谓鉴别剂量一般是利用敏感品系的 $LD_{99.9}$(或 LD_{99})来测试害虫，对敏感的品系来说几乎是百分之百的死亡，故有时又称区分剂量，意为区分敏感个体和抗性个体的剂量。在测定条件和虫态一致时，用 $LD_{99.9}$反复处理，每次都出现有 20%存活者，表明很可能已产生抗性。此外，WHO 也曾提出用 2 倍的鉴别剂量重复处理 3 次，如连续有存活个体时，也可认为已有产生抗性的信号；若没有存活的个体，说明还未产生抗性。利用抗性鉴别剂量测定害虫的抗药性基本上是一种定性的检测。但由于简单方便，对及早检测抗性的出现是有重要意义的。

抗性系数(resistance factor)是一个害虫抗性程度的定量指标，是同一种昆虫的被测品系的 LD_{50}与敏感品系的 LD_{50}之比，其公式为：

抗性系数(Rf)＝被测品系的 LD_{50}/敏感品系的 LD_{50}

抗性系数越大，表明害虫对杀虫剂的抗性程度越高。究竟抗性指数达到多少倍才能认为是发生了抗药性呢？目前，一般认为以 5 倍为准，不过不能一概而论，应根据所用的测定方法来定。

（五）害虫抗药性的遗传与稳定性

害虫对杀虫剂的抗药性，从遗传学的角度来说，害虫体内就存在抗药性基因，抗药性的发展依赖于药剂选择作用的强度，而抗药性基因是可以传给下一代的。反过来基因能影响抗药性群体的选择速度。抗药性等位基因(resistance alleles)的频率在自然种群中原来是很低的，大约在 0.0001～0.01，这称为起始抗药性基因频率。起始频率对药剂处理后的抗药性群体大小影响很大。抗药性频率极低时，存活的个体及其群体增加的潜力大大地受到限制。

抗药性基因的表现型有显性(dominance)、不完全显性(incomplete dominance)和隐性(recessive)。在药剂选择的条件下，抗药性基因的显性程度实质上是影响抗药性群体增长的速度。当抗药性基因是隐性时，增长速度慢，显性则快。两者达到高抗药性基因频率所需的时间差异是很大的。

害虫对药剂产生抗药性，从遗传和生物化学角度考虑有如下几种情况：

单基因的突变导致害虫抗药性。有时抗药性是由于单一基因突变引起的，导致作用部位变化或增加酶的解毒能力，有的害虫由于其胆碱酯酶的变化，显著地降低了对药剂的反应。此外，还有一些害虫由于酶的变异，亦降低了对基质乙酰胆碱的水解活性。

等位基因与抗药性机制的关系。等位基因可产生酶的变异，因此导致抗药性的形成。

一种昆虫在杀虫剂的选择作用下，其抗药性品系的形成与消失的速度与 3 方面的因素有关：

药剂因子。药剂的使用剂量越大，使用次数越频繁，使用面积越大，接触的害虫群体越大，抗药性出现就越快，这也就是为何卫生害虫出现抗药性要比农业害虫快的原因之一。停止用药，抗药性可能逐步消失，但有些昆虫抗药性消失快，另一些则消失很慢。

昆虫因子。其中包括昆虫的生态特点、行为、食性以及抗药性个体的生理变化等。一般来说，生活史短，每年世代数多，群体大，接触药剂的机会就多，产生抗药性的可能性就大，抗药性种群易于形成。例如螨类是属于这种情况。有人认为抗药性的形成与迁飞地情况有关。迁移性小的，因有自然生殖隔离，抗药性的群体易于形成。但迁飞力强，又可有利于抗药性基因的扩散。据广东省粮食科研所(1976 年)在全省范围内对磷化氢的抗药性调查，发现米象对磷化氢的抗药性增加最快，在 27 个品系中有抗药性的已有 17 个(占 63%)，抗药性最高的达 63.7 倍；赤拟谷盗的抗药性增加很慢，在 28 个品系中，只有 3 个有抗药性的苗头；玉米象则多是敏感的，还没有发现有抗药性的品系。

环境因子。储藏物储存条件、害虫寄生条件的改变等都会影响害虫抗药性的形成与消失。

三、储粮害虫对保护剂的抗药性

储粮害虫对储粮保护剂的抗药性是随着保护剂的应用相应增加的。如 1970 年至少有 13 种储粮害虫对杀虫剂产生了抗药性。1978 年已知有 13 种储粮甲虫和 6 种蛾类对 65 种储粮保护剂产生了抗药性。联合国粮家组织 1976 年报道了对全球调查了 8 种储粮害虫(米象、玉米象、谷象、谷蠹、赤拟谷盗、杂拟谷盗、锯谷盗和大眼锯谷盗)，其中对马拉硫磷产生抗药性的品系达 39%。我国虽未对储粮害虫对储粮保护剂的抗药性进行全面的调查，但从少数地方的观察研究和有效防治害虫所需剂量的增高来看，在经常使用保护剂尤其是马拉硫磷的地方，害虫的抗药性也在发展中。

害虫对有机磷杀虫剂的抗性主要是由于增强了体内分解有机磷的解毒酶系，如羧酸酯酶、磷酸酯酶、谷胱甘肽(GSH)-S-转移酶、多功能氧化酶等的活性。如抗性家蝇通过磷酸酯酶能把对硫磷水解为二乙基硫代磷酸酯的无毒化合物，其速度一般比正常品系快二倍。有的抗性家蝇体内的酯酶能把杀螟松解毒，其速度比正常品系快 50%，并且有更强的脱烷基的能力(由于烷基转移酶的作用)。用电泳法分离家蝇的酯酶，证明马拉硫磷抗性品系体内萘酚酸磷酸酯水解酶含量比正常品系多。

四、储粮害虫对熏蒸剂的抗药性

Monro(1961)在研究溴甲烷筛选的谷象抗性品系的交互抗性时，第一次发现了谷象对磷化氢的抗性。从那时起联合国粮农组织(FAO)开始注意储粮害虫的抗药性，并于 1974 年在全世界范围内进行储粮害虫对化学杀虫剂抗药性的调查。从 82 个国家采集了赤拟谷盗、杂拟谷盗、锯谷盗、大眼锯谷盗、谷蠹、玉米象、米象和谷象 8 种主要的储粮害虫，共计 800 多个样品。调查结果发现从 40%的被调查国家采集到对磷化氢有抗性的样品，这些样品约占总样品数的 10%。其中在中国的上海、北京各发现一个赤拟谷盗抗性品系，在台湾基隆发现一个谷蠹抗性品系。对溴甲烷的抗药性为 5%。

储粮害虫对磷化氢的高抗性品系是于 1983 年在孟加拉国发现。孟加拉的谷蠹成虫在 FAO 标准方法的不同剂量检测中，在 0.03 mg/l 磷化氢中暴露 20 h，死亡率为零。而该剂量可杀死敏感品系的所有成虫。

Taylor(1986)所采集的样品主要来自非洲和亚洲的热带和亚热带地区。在 119 个样品中，用 FAO 推荐的磷化氢抗性鉴别剂量测定，其抗性存活率大于 10%的样品占 54%，其中存活率为 90%以上严重抗性的样品 40 个，约占抗性品系的 60%以上；存活率 100%的样品 2 个，均为谷蠹。Zettler(1989)报道了在美国的佐治亚、佛罗里达和阿尔巴马州采集的赤拟谷盗、粉斑螟和印度谷蛾对磷化氢的抗性，赤拟谷盗的 23 个品系中有 8 个品系；粉斑螟的 18 个品系；印度谷蛾的 7 个品系中有 4 个品系对磷化氢产生了弱的抗性。White(1990)报道澳大利亚昆士兰州的储粮害虫磷化氢抗药性，所调查的三种害虫谷蠹，米象和锯谷盗仅发现弱的磷化氢抗性品系。

1975 年以来，我国对储粮害虫抗性问题日渐重视，开展了有关研究。李雁生等先后就全国储粮害虫对磷化氢的抗性发展情况进行了三次考察。以敏感度小于 50%的品系(即磷化氢强抗性品系)为例，1988年以前为5个，占调查品系的1.5%；1988年为8个品系，占调查品系的5.3%；1992年为25个品系，占调查品系的17.4%。1975～1992年储粮害虫磷化氢强抗性品系的数量在逐年增加。

1988年成立了中国部分省市参加的全国抗性监测网，在我国的部分省市开展了磷化氢抗性的调查工作。梁权等报道了在广东16个县、市共29个粮管所抽测的5个虫种68个品系对磷化氢抗性，结果表明：在谷蠹13个品系中，只有3个敏感，3个偏于敏感，7个抗性品系，其中两个强抗性品系的Rf值高达606倍和1194倍。锈赤扁谷盗17个品系中无一敏感，只有一个偏于敏感；轻度和中抗性品系占94%；最高抗性水平Rf值为67倍。米象、玉米象和赤拟谷盗的品系都是敏感和偏于敏感的。

郑州工程学院1995～1997年间在全国范围的19个省、市、自治区采集玉米象、米象、谷蠹、赤拟谷盗、锈赤扁谷盗和土耳其扁谷盗6种害虫的73个品系，分别采用FAO推荐的熏蒸剂抗性测定方法和磷化氢击倒试验方法，测定了储粮害虫对磷化氢的抗药性。玉米象品系对磷化氢抗性系数均小于4，基本属于敏感品系和稍有抗性品系，这一结果与全国抗性监测网的调查结果一致。有8个米象品系是中等水平的磷化氢抗性品系。抗性系数最高的达1052倍。10个谷蠹品系中有7个品系对磷化氢有中等程度的抗性，其中有两个品系抗性系数最高达392倍。

第五节 储粮环境与杀虫剂发挥药效的关系

一、环境温度与药效的关系

(一) 温度对熏蒸效果的影响

1. 烟囱效应的影响

烟囱效应是由于温度引起的大气与仓内气体的密度不同，从而引起了气体损失而得名的。由于气体密度引起仓壁横向的压差，从而使仓壁内的压力与外界的压力形成压差，如果这一压差发生在漏气仓，则其影响就像风的作用一样导致毒气的外漏(图12-8)。由于温差以及仓内外大气组成的差别引起气体密度上的差异，进而也会产生压差，由其所产生的压差取决于熏蒸仓的高度，且气体外漏的速度与压差成正比。

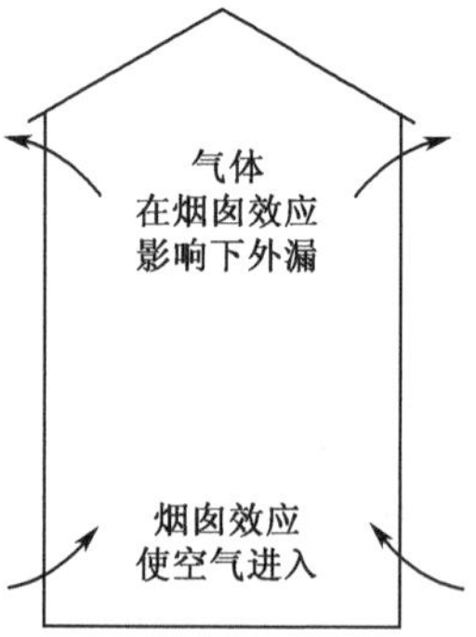

图12-8 烟囱效应对密闭环境中熏蒸剂的影响

在高型仓(仓房高度与跨度之比大于2：1)中粮堆效应影响更大，在大多数情况下由风引起的毒气损失比粮堆效应要大。也就是说，风力产生的压差一般比粮堆效应产生的压差大。

在高型仓的熏蒸中除非在无风的条件下，否则不会因粮堆效应的单独作用造成毒气的过量损失而引起熏蒸的失败。但粮堆效应可引起粮堆局部空气的进入，降低熏蒸剂的浓度甚至达到无效的程度，在这样一个局部的浓度过低部位中害虫得以存活。

2. 温度变化的影响

当仓房内的温度变化时，则压力也随之变化。如果仓房的气密性差，由于粮堆发热，压力升高时，毒气就会被压出仓外；反之，如果温度下降，则压力下降，外界空气进入仓内。

仓内空间的温度(指粮堆与仓顶之间的空间)在熏蒸期间(如昼夜)变化较大，对那些密闭时间不到一天的熏蒸来说，这一损失是可以接受的；但对于熏蒸过程要持续数天的熏蒸，特别是使用磷化氢为熏蒸剂时，毒气的损失率应降得很低(0.02/d)，且这一指标还要满足平均每日仓温变化不超过6℃。可以通过彻底地密封粮堆来最大限度地减少温度变化对熏蒸效果的影响，散装粮采用此方法后，每日的温度变化的影响是微不足道的。对于钢板仓等采用外部刷白使太阳照射热量得到反射是很有成效的。对仓房附加隔热层或在仓顶隔热处理的方法也有一定效果。在非完全密闭的系统中，在仓墙的纵向设置压力平衡装置，也可以减少由于压力变化而造成的气体损失。

3. 温度对仓内空气对流的影响

在密闭的仓房内，由于气体密度的梯度分布而产生对流，其梯度是由于温度以及不同的气体组成造成的。气体密度的形成使气体循环产生了动力，这种对流的模式在仓房的大部分区域为气体的循环，存在热核心的散装粮堆会产生很强的对流。

合理利用对流进行施药，可以取得较好的杀虫效果。以前认为将磷化铝均匀拌入粮堆中才会使磷化氢有比较均匀的分布，然而在密封的熏蒸系统中则不必要。由于自然对流，在用药一段时间后，熏蒸气体会得到很好的分布。在澳大利亚，密封的房式仓和矮胖仓(仓房高度与跨度之比小于2∶1)常将磷化铝用于粮面或走道，在土堤仓中将药剂用于PVC篷布下，2个星期后仓底即可达到有效浓度，但要至少密封20 d。对于高度与宽度比大于2∶1的仓房和船仓，不宜用粮面施药法，此时只靠对流则不行，下部气体浓度常常不足，需增加强力通风。如《粮油储藏技术规范》在关于磷化铝常规施药方法中指出：施药部位还要考虑粮堆气流状态，当平均粮温高于仓温3℃以上时，应在粮仓或粮堆下层施药；当平均粮温低于仓温3℃以上时，应在粮面施药；新入仓的粮食各部分粮温接近，应采取均匀埋藏的方法，并在仓门及四角增加施药点。此外对于筒仓，由于烟囱效应，气流状态是自下而上运动的。

4. 温度对粮食吸附的影响

温度能影响物体的吸着力。物理吸着作用与温度成反比，环境温度较低时毒气分子被吸着到固体表面的数量多，分布到粮堆内的毒气浓度就降低，熏蒸效果就比较差；反之，环境温度较高，毒气分子就不易被吸着，扩散速度就快，粮堆内的毒气浓度就较高，药效也就高，这就是为什么当温度下降时必须增大熏蒸剂剂量的原因之一。

5. 温度对药剂的影响

温度可以影响药剂的挥发性、扩散性以及被熏蒸物的吸着能力，进而影响到毒气在密闭环境中的分布。温差会使得在粮堆内形成微气流，进而对毒气的分布速度和分布状态产生影响。

6. 温度对害虫的影响

温度高，害虫生理代谢旺盛，活动量大，耗氧量也大，吸入熏蒸剂的量也相应增加，从而使杀虫速度和效果得到提高。在一般情况下，在10～35℃范围内，温度升高，磷化氢对害虫防治效果明显。一般来说，使用磷化氢防治储粮害虫温度应在 15℃以上。但也有报道，谷蠹在高温时对磷化氢的耐受力增大。

（二）温度对储粮保护剂杀虫效果的影响

1. 温度对毒力的影响

环境温度对保护剂毒力的影响是十分明显的。一般有机磷保护剂的毒力反应与温度呈正相关，即毒力随温度升高而增大，称为正温度系数杀虫剂。如防虫磷、杀虫松、甲基嘧啶磷、甲基毒死蜱等在 10℃、17.5℃、25℃三种不同温度条件下，对赤拟谷盗、锯谷盗、谷象的毒力，随着温度的降低而明显降低。为此，必须考虑在低温时加大用药以确保防治效果，而菊酯类保护剂则往往呈相反影响，随着温度的降低而毒力有提高的趋势，这种毒力随温度升高而降低的杀虫剂称为负温度系数杀虫剂。但溴氰菊酯的反应又因虫种而异，对谷象温度影响呈正相关，但赤拟谷盗和米象则相反。

2. 温度对药效的影响

评估保护剂的药效，必须考虑防护期的长短。有些保护剂，尽管毒力与温度呈正相关，然而在低温时防护期长，因此北方地区可选用，使用剂量可选用推荐剂量的中、下限。高温时防护期短，一般讲粮温超过 32℃，保护剂的药效明显变差。

温度对储粮中药剂残留的影响，也起着重要作用。一般而言，粮温每升高 10℃，防虫磷分解速度加快 1.5～2 倍；粮温每降低 8℃，杀虫松半衰期延长一倍。

环境温度对各种保护剂的影响程度也不一样，如杀虫松、防虫磷等易分解的药剂，对温度较敏感，随着外界温度的上升而加快分解速度。一些半衰期长的保护剂，如甲基嘧啶硫磷、溴氰菊酯等，温度对其影响作用则较小。

二、湿度和水分与药效的关系

（一）湿度和水分对熏蒸剂药效的影响

湿度对药剂药效的影响没有温度大，但也不可忽视。相对湿度大时，害虫的呼吸、生长、发育等生理活动较为旺盛，吸入毒气量增加，中毒死亡的速度较快。这对发挥药效是有利的。但还有不利的一面，当相对湿度大时，则会使粮食吸附能力增强，影响的毒气扩散而降低药效。另一方面，相对湿度大时，会使磷化铝分解产生磷化氢的速度加快。因此在进行熏蒸杀虫时，一定要注意环境湿度的影响。

粮食及其他物质的含水量大小、相对湿度也能影响其本身的吸着力，潮湿的粮食或其他物体不仅吸着性强，而且还不易解吸，特别是水溶性熏蒸剂，能渗入粮粒造成药害。所以，高水分粮、雨天及相对湿度过大时，不宜进行熏蒸。

（二）湿度和水分对保护剂药效的影响

粮食水分对多数保护剂的药效有明显的影响。防虫磷在粮食安全水分条件下药效较好，而粮食水分增加，特别是超过临界水分时，药剂则易分解失效。防虫磷、溴硫磷和甲基嘧啶硫磷三种药剂在 16％的高水分粮内，经 24 周后其残留量分别为原来的 15.3％、24.5％和 70.1％；而在水分 12％的安全粮内，残留量相应分别是原来的 33.1％、45.3％和 66.9％。因此，除甲基嘧啶硫磷外，防虫磷和溴硫磷对粮食水分是比较敏感的。

粮食的水分和环境湿度会影响粮食上微生物的活动，储粮微生物能引起保护剂分解。用玉米和小麦各分二组进行试验，一组接种灰绿曲霉，另一组经灭菌处理，用 10 mg/kg 剂量的防虫磷处理后，储藏在 26℃和相对湿度 60%～86%的条件下，经过 6 个月储藏，接种玉米与灭菌玉米上防虫磷含量分别为(4.0±0.4)%和(8.3±0.7)%；小麦上防虫磷含量分别为(12.9±0.1)%和(18.3±1.3)%。可见微生物可促进保护剂分解。

据浙江粮科所报道，施用保护剂的粮食对微生物有一定抑制作用。如用防虫磷 15 mg/kg、杀虫松 5 mg/kg、10 mg/kg、15 mg/kg 处理的稻谷，经立筒仓储藏 8 个月后，其粮粒内部带菌量比对照显著减少，尤其对易引起粮食发热的白曲霉抑制作用更为明显。

三、气体成分与药效的关系

（一）氧气的影响

正常情况下害虫呼吸是需要氧气的，如果环境中氧气浓度降低到一定程度，会促使害虫提高呼吸率，如此有利于熏蒸剂杀虫效果的提高。

磷化氢对害虫必须在有氧时才能表现出生物活性。磷化氢毒杀害虫若在无氧的情况下，即使气门张开，气管正常，也不能吸收磷化氢气体，更不能穿透细胞膜。相反，在正常大气中和有氧的情况下，则因为吸入磷化氢而表现出明显的毒力作用；即使气门关闭，磷化氢也可通过体壁进入虫体。换言之，昆虫呼吸是磷化氢毒理机制的中心，没有氧则无呼吸，也就没有磷化氢的毒效。

（二）二氧化碳的影响

二氧化碳可以刺激昆虫呼吸，从而有助于熏蒸气体达到虫体内的致毒部位，提高杀虫效果。在高浓度二氧化碳条件下也必须有氧才能提高磷化氢的活性，而且要求二氧化碳与磷化氢同时处理，才会起到明显的增效作用。在有些情况下，将二氧化碳混入熏蒸剂中熏蒸可以缩短暴露时间。在防治谷蠹、拟谷盗属害虫和谷斑皮蠹的某些虫态时，二氧化碳和磷化氢混合气体比单用磷化氢气体作用要快，但对这些害虫的有些虫态和象虫类的卵和蛹，则不一定更快。

一般单用二氧化碳 35%以上经过一定时间即可杀死害虫，但这需要较好的气密条件和较长的密封时间。用熏蒸剂和二氧化碳混合熏蒸则不需要太高的二氧化碳浓度，有资料建议 5%左右的二氧化碳即有明显的增效作用。如在一般的磷化氢发生器应用中，当 56%的磷化铝片剂一般剂量下用量 1 kg，所建议的用二氧化碳 25 kg 时，粮堆中二氧化碳的浓度远远达不到 5%，根据不同仓库条件二氧化碳浓度大约在 1%～2%。在这样的浓度下尽管不足以很大程度上增加害虫的呼吸率，但仍可通过提高磷化氢气体扩散和钻透、促进气体均匀分布、延长磷化氢在粮堆中的滞留时间等提高熏蒸杀虫效果。

四、仓房条件与药效的关系

在化学药剂熏蒸杀虫过程中，如果仓房(或其他储粮维护结构)密封不严密，存在微小的缝隙，毒气分子就能通过这些缝隙外逸，从而降低毒气浓度，影响杀虫效果。

目前，大多数的熏蒸仓房实际上是漏气的，风能使仓房的迎风面压力增大，同时仓房的背风面压力降低。在风的影响下，在迎风面空气进入仓内，在背风面熏蒸剂向外漏出。熏蒸剂外漏的速度与风速成正比。因此，风的影响是造成气体损失和导致熏蒸失败的主要原因。因此，提高仓房或粮堆的密闭条件，避免在大风天气熏蒸，是保持毒气有效浓度，提高熏蒸效果的有效措施。

密闭是进行熏蒸工作的前提，对于磷化氢来说，杀死害虫需要保持较长的暴露时间，为保持有效浓度，需要更好的密闭条件。

整仓熏蒸时，要特别注意门窗和仓顶的密封。通常散装粮应尽量采用单面封或多面封，包装时应根据具体情况尽量分垛进行帐幕熏蒸。一般来说，采用单面密封比较切实可行，相对费用也比较小。

在采用环流熏蒸技术时，仓房的气密性也应达到一定的要求。否则，在环流风机的正压段会出现毒气的泄漏；在负压段则会出现外界空气的进入，从而稀释熏蒸环境中的有效气体浓度，影响杀虫效果。当仓房密封条件不好又需进行熏蒸时，可采用膜下环流熏蒸或通过补充药剂的办法，以保持仓内所需的浓度。

对于熏蒸仓房气密性的要求在世界上还没有统一的标准，不同国家的应用技术资料中的提法也不一样。如有的提出对于立筒仓要求用压力衰减法测定时，1500 Pa 的正压压力半衰期应在 5 min 以上；有的建议用于气调仓 500 Pa 压力半衰期不小于 5 min；有的建议房式仓的 200 Pa 压力半衰期应在 12 min 以上；还有的专家提出对于不同的仓房规模，或同样仓房的空仓和实仓，或同样的仓房装满程度不同的压力半衰期要求应区别对待，如 250 Pa 的压力半衰期可为 3 min、6 min、10 min 等，情况不同则不一而论。

我国对于新建的国家粮食储备库磷化氢环流熏蒸的要求是应符合《磷化氢环流熏蒸技术规程》的要求。即粮仓密封后，用测压计和风机以正压测定粮仓气密性。仓内压力由 500 Pa 下降到 250 Pa 的半衰期平房仓不低于 40 s，浅圆仓、立筒仓不低于 60 s。如果粮仓气密性达不到要求，可采用塑料薄膜密封粮面，在薄膜下面设置回风道或管路，使薄膜与粮面之间形成一定空隙，进行环流熏蒸。

五、粮食与药效的关系

（一）对熏蒸剂杀虫效果的影响

熏蒸中粮食的吸着作用会影响到熏蒸环境中气体的浓度，从而对熏蒸杀虫效果产生影响。

吸着是个统称，它包括化学吸着和物理吸着。化学吸着是一种较强的结合力，常常引起气体与物品之间的化学反应，而且在通常情况下是不可逆的。而物理吸着又包括吸附和吸收这两个现象。吸附作用是指气体分子依附在一物体表面，吸收发生在气体进入固相或液相并被控制溶液性能的毛细管力束缚。如粮食的水相或多脂物质的脂肪相可以吸收气体。

粮食、仓房和器材表面都具有吸着性，这些物体若吸着能力强，毒气在扩散和钻透过程中，首先有大量的毒气被吸着，扩散到粮堆内的毒气浓度就会大为降低，从而影响到杀虫效果。

粮堆过高，在粮堆顶部施药后，毒气从上向下的扩散过程中逐渐被吸着，粮堆下层毒气浓度较低，影响药效，应采取打探管或其他措施。对于立筒仓，从仓的上部施药时，仓体的直径和高度的比例似乎应限制在一定的范围内。

在熏蒸过程中，最初的时间里粮食对熏蒸剂的吸着相当高，以后呈半对数变化。

粮食的种类和品质不同，对熏蒸剂的吸着能力也有差异。

（二）对保护剂效果的影响

试验证明，不同粮种对保护剂药效也有一定影响。有人用小麦和高粱作西维因、杀虫松对谷蠹与米象的药效比较，结果表明高粱内药效均差于小麦。另有报道，粮种不同对药剂的分解速度的影响也有差别，如防虫磷在高粱、小麦和玉米的分解速度是玉米＞小麦＞高粱。

六、密封时间与熏蒸剂药效的关系

熏蒸是在密闭的环境中进行的，一般施药后熏蒸剂浓度变化的基本过程分三个阶段，即产生毒气阶段、毒气衰减阶段、在熏蒸已经获得了必要的有效 Ct 值后，将毒气排放出去的阶段。

图 12-9 是典型的熏蒸浓度-时间曲线图。产生毒气阶段(A)持续的时间，从几分钟到几小时以至于数天；衰减阶段(B)可以是几小时或是数天；放气阶段(C)一般几小时或数天。上述各阶段持续时间的长短，主要取决于所使用的熏蒸剂、密闭程度及施药方法。

有些熏蒸剂如磷化氢和二氧化碳，其熏蒸杀虫要求比较长的密闭时间。而在许多情况下，仓房的气密性在一次施药后并不一定能或很难在密闭其内使熏蒸气体浓度一直保持有效，在必要的时候则需要补充施药以维持仓内的杀虫气体浓度。这些情况下的气体浓度变化可用图 12-10 表示。

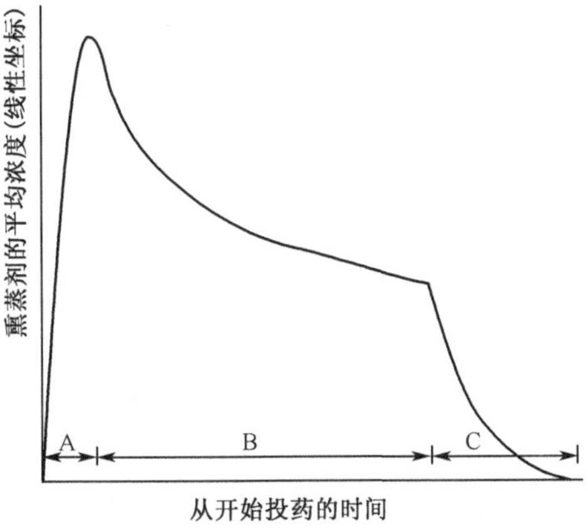

图 12-9　一般熏蒸过程中的浓度-时间曲线

熏蒸密闭时间与药效有密切的关系，多数熏蒸剂在一定浓度范围内和一定温度下，杀死某一虫种所需的密闭时间与毒气浓度成反比关系。即浓度低需要密闭的时间长，浓度高需要密闭的时间短。

密闭时间与毒气的关系可用公式 $C \times t = \mathrm{K}$ 表示。公式中 C 为浓度，t 为时间，K 为常数。单位为：h · g/m^3 或 h · mg/L。在熏蒸中，只要达到杀死某一虫种的 Ct 积，一般即可保证熏杀该虫的效果，因此 Ct 积可作为衡量有效熏蒸的指标。各种熏蒸剂有效 Ct 值是不一样的。熏蒸剂只有达到或超过了所有建议的有效 Ct 值，才能保证有效熏蒸。

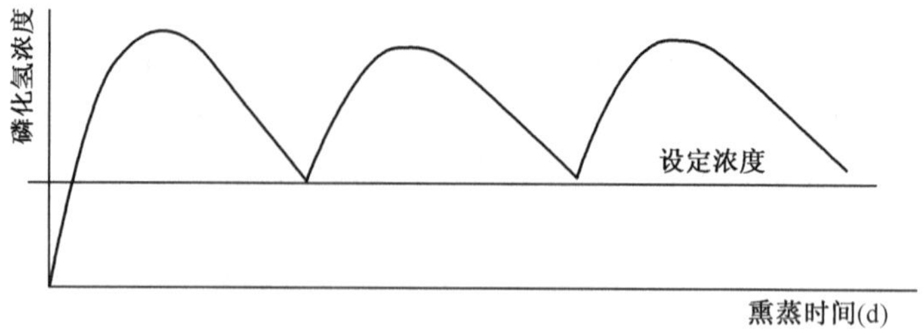

图 12-10　需要补充施药的熏蒸过程中气体浓度的变化

Ct 值的计算是用熏蒸剂浓度乘以密闭时间，*Ct* 值就是浓度与时间的乘积。然而，在实际的熏蒸期间中，药剂浓度不是恒定的，而是在随时间变化，这时的 *Ct* 值的计算方法最好用几何方法。由图 12-11 的浓度-时间曲线和熏蒸投药至放气的时间，可以计算出曲线下面的面积的积值，即 *Ct* 积。

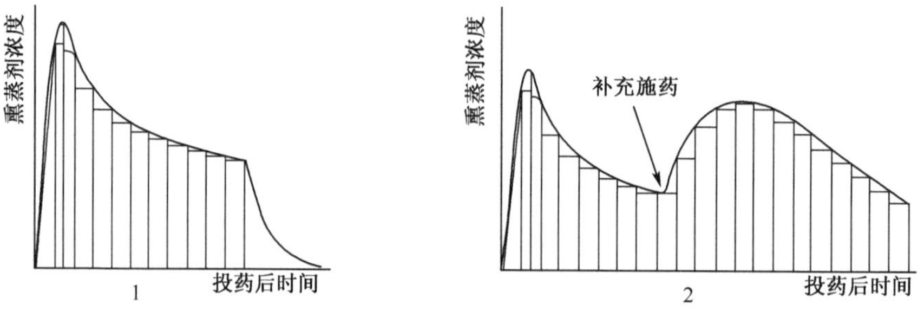

图 12-11　*Ct* 值近似算示意图

1. 一次性施药过程；2. 补充施药过程

在实际熏蒸工作中，*Ct* 值的简单近似计算方法是：施药后测定 2 h、4 h、8 h、12 h、24 h、36 h、48 h、72 h……的即时浓度，然后依次将相邻两次测得的浓度相加除以 2 后再乘以两次测定的间隔时间(*h*)。从一系列测点中所得的 *Ct* 值再相加就可计算出熏蒸累计 *Ct* 值。

由计算出来的累计 *Ct* 值与建议有效 *Ct* 比较，可初步评估熏蒸的成败。

同一药剂杀死不同虫种、不同虫态所需的 *Ct* 积不同；不同药剂所需的 *Ct* 积也不相同。在实践中，因为处理的虫粮中有若干虫种和虫期，应用时要选用对药剂抵抗力最强的虫种或虫期的 *Ct* 积，以保证防治效果。使用时必须注意温度、湿度、粮食水分的变化对 *Ct* 值的影响。

上述 *Ct* 值规则并非对所有的熏蒸剂都完全适用，其关系式也只是一种近似值。而具有普遍意义的关系是：

$$C^n \times t = K$$

指数 n 有时作为毒力指数，它是一个特殊值，代表了熏蒸剂与虫种，更确切地说包含了不同的发育阶段之间的毒力关系。

熏蒸工作的重点在于要知道所使用熏蒸剂和害虫的 n 值。例如，磷化氢的 n 值在绝大多数条件下都小于 1，一般讲浓度越高，n 值越小。这说明了使用磷化氢进行熏蒸时，熏蒸密闭时间比其浓度更重要，即磷化氢是以时间为主导因素的熏蒸剂。换句话说，对磷化氢延长熏蒸时间在防治战略上要比增加浓度更好。但是，要做到这一点，熏蒸环境必须具有良好的气密性，以便气体保持较长的时间。也可通过不断地补充熏蒸剂的方法以满足所需熏蒸时间的要求。在熏蒸过程中如能保持密闭环境中较为恒定的杀虫气体浓度，将会取得较好的熏蒸效果。

对于 n 值大于 1 的熏蒸剂，在熏蒸中增加其浓度比延长时间更有效，溴甲烷等在大多数情况下属于此类型。

密闭时间与储粮保护剂的关系不明显，但一般仓房如果密封、保温性能好的话，可以减小环境对药剂的降解，有利于延长药效。

七、施药技术与药效的关系

（一）储粮保护剂的施药技术与药效关系

储粮保护剂的防护效果主要与药剂有效成分在保护对象上的分布和药剂施用后的残效期关系紧密。施药技术对二者均有一定影响。

液剂除超低容量喷雾剂不需加水稀释而可直接喷洒外，可供液态使用的其他制剂如乳油、可湿性粉剂均需加水调成乳液、悬浮液喷洒使用。影响喷洒质量的因素包括药械对药剂的分散度。药剂的雾化是靠机械来完成的，雾滴的大小，与喷雾器性能的好坏有直接的关系。目前新开发的全自动和半自动高压喷药机械，采用了高压力处理，雾化性能相对较好，尤其适用于散粮输送过程中的施药。

国内外已发展的超低容量喷雾，可将少量的药液喷到很大的防护对象上，形成的雾滴极小(仅 15～80μm)，使单位面积上的雾滴数提高许多倍，使药液的分散度大大提高。

有一些药剂采用药液的水溶液施药后，水会加速药剂降解，影响防护效果。尤其是当水质较硬时，更会促进乳液的稳定性。

采用粉剂与对水喷雾施药相比，减少了水对药剂的影响。但药剂在载体上的分布以及粉剂在粮食上的分散度都对药效产生影响。采用砻糠载体剂是储粮保护剂的有效方法之一，药糠的大小和处理方法也影响到药效。

不论采用什么剂型，采用粮堆表层处理、或分层拌粮、或全仓施药，同样条件下，以全仓施药为最好，仅表层处理效果则较差。

（二）储粮熏蒸剂的施药技术与药效关系

熏蒸剂的杀虫效果关键是尽快使熏蒸气体挥发、扩散并有效分布到熏蒸环境各处，不同的气体施入形式、有无辅助的促进气体分布的措施都有与药效相关。

从用药形式上直接施用熏蒸气体会使气体在熏蒸环境各处达到均匀有效的速度最快，采用压缩的液化气体也有相似的功效，而采用固体如磷化铝分解产生的气体，则会使熏蒸环境内毒气分布得相对慢一些。

从熏蒸气体产生并施入仓内后是否采用辅助的促进气体分布的方法也会影响到熏蒸效果。一般完全依靠气体分子的自身运动分布较慢，采用风力促进的方法则比较快。有时对有的熏蒸剂也可通过增大挥发面积的方法提高药效，或采用减压或真空熏蒸的方式。

在促进熏蒸气体均匀而有效分布的施药技术中，以促进密闭环境中气体循环的技术(环流熏蒸)最为有效，此技术不仅可以避免因过高浓度造成的不利，也可以避免熏蒸死角(浓度过低区域)的存在，更可以取得满意的杀虫效果。

第六节　杀虫剂的科学选用

一、选用高效低毒的杀虫剂

(一) 高效低毒

杀虫剂是一类具有生物活性的物质，通常对害虫有生物活性的药剂对人或高等动物也具有活性(少数特异性杀虫剂除外)。选用高效低毒的杀虫剂意在所选用的杀虫剂被施用后，对害虫的防治效果要好，而对人则无毒或低毒。

高效是取得尽量好的防治效果。对储藏物害虫的防治效果内容和表示方法是多样的，要考虑长、短期的经济效益、环保效益和社会效益。生产实际中杀虫药剂的防治效果因药剂的类型和防治目的而不同。

对于储粮保护剂其效果主要是指其保持无虫的时间即残效期或防护期；对于熏蒸剂则可用无虫间隔期，或对害虫密度控制及恢复到用药时的害虫密度的间隔期，或用杀虫百分率评价。有的资料指出，无虫间隔期一般以害虫完成一个世代所需的时间来评价，无虫间隔期超过一个世代所需的时间即可认为熏蒸是成功的，这对于国家粮食储备粮库来说有的时候可能是要求比较低的。用现场杀虫率表示熏蒸效果，有其一定的不完善性。因为一般现场观察到的害虫很多情况下是可见的成虫，同样存在的卵、蛹和部分幼虫并不容易检查到，尤其是卵和蛹也是比较难以杀死的。所以，熏蒸后对熏蒸粮食取样培养观察是较为科学的评估熏蒸效果的方法。

在实验室中，用 LD_{50} 值评价杀虫剂毒力的大小，一般 LD_{50} 值小的药剂其毒力越大，在通常情况下其杀虫效果也是高的。

杀虫剂的毒性是指药剂对高等动物或哺乳动物的作用活性，理论上讲主要是指对人的毒性，实际上一般用药剂对试验动物的毒性间接表示。

(二) 杀虫剂的选择比

一种杀虫剂高效低毒的性能，通常用脊椎动物选择比(vertebrate selectivity ratio, VSR)来衡量，它是指一种药剂对脊椎动物与昆虫之间毒性比值。可用下式表示：

$$\text{脊椎动物选择比(VSR)}=\text{脊椎动物的 }LD_{50}/\text{昆虫的 }LD_{50}$$

式中对脊椎动物的 LD_{50} 采用对大白鼠急性口投数值，对昆虫的则采用对家蝇的点滴 LD_{50} 值。

杀虫剂的选择比因受试验动物的种类、种群等不同而有所差异，也不能反映出药剂的慢性毒性，但可以反映出杀虫剂的选择性。杀虫剂的选择比大，表示其选择性强，意味着此药剂高效低毒。

在储粮害虫防治中禁用毒性大，选择比小的杀虫剂。宜选择毒性小，选择比大的杀虫剂，也就是高效低毒的杀虫剂。有时也可选用药剂毒性中等或稍大但选择比也很大的药剂，此类药剂常常用量很低时即可起到有效的防治效果，即实际使用中用量小时仍然是安全的。杀虫剂之所以存在选择性有以下原因。

1. 杀虫剂进入生物体的途径有别

在生物体内杀虫药剂在某时间内达到一定数量后才能表现出相应的生物效应。这涉及杀虫剂能否以较快的速率经适当途径进入生物体并积累到一定数量。对保护剂来说，杀虫剂经人的皮肤或经昆虫体壁进入，由于人和昆虫皮肤和表皮结构性能不同，药剂穿透就会有速率上的差别；对熏蒸剂由于人和昆虫的呼吸机制有所不同，生物效应也应有差别。但相比来说，熏蒸剂的选择比是很小的，几乎对储藏物害虫有效的熏蒸剂，对人都是剧毒气体。

2. 杀虫剂在生物体内代谢有差别

杀虫剂进入虫体后，一部分以原来的结构式排出体外，有相当一部分则代谢为其他化合物。如果在人体内主要代谢途径是降活，而在昆虫体内主要代谢途径是增活，这种杀虫剂具有高度选择性。

马拉硫磷进入哺乳动物体内后，较快地在羧酸酯酶的作用下降解为对胆碱酯酶活性抑制能力小得多的马拉硫磷酸。在昆虫体内主要途径是在微粒体多功能氧化酶系的作用下激活为抑制胆碱酯酶活性更强的氧化马拉硫磷，从而表现出明显的选择性。

3. 生物体靶标酶的差别

杀虫剂进入生物体后，并不是对所有生物器官、组织和生理过程都具有生物活性，只是对某种或某些酶起作用。这种(类)酶称为杀虫剂的靶标酶。有些杀虫剂的靶标酶只存在于虫体内，而高等动物体内根本就不存在，所以这类杀虫剂选择性特别强。有些靶标酶虽然高等动物和昆虫体内都存在，但其结构上存在着差异，这些差异也会表现出选择性。如乙酰胆碱酯酶在人体和虫体内都存在，在人体中这种酶的阴离子与酯动部位的距离为 0.43～0.47 nm，而在虫体内阴离子与酯动部位的距离为 0.50～0.55 nm。杀螟硫磷苯基上甲基与磷原子的距离为 0.52～0.62 nm，与虫体内阴离子与酯动部位的距离接近，杀螟硫磷易于附着于昆虫的乙酰胆碱酯酶上，表现出较大的生物活性。

二、选用高纯度的杀虫剂

杀虫剂在生产制造中除生成杀虫所需的活性成分(或称有效成分)外，还有一些不能或不易去除的杂质，杀虫剂原药中活性成分的百分比含量称之为纯度。杂质对害虫毒力很小，甚至没有毒力，有时它还带有异味，如马拉硫磷等有机磷杀虫剂的蒜臭味。这些异味主要都是由杂质造成的。不但如此，有些杂质对哺乳动物的毒性甚至超过了有效成分。因此，在防治储粮害虫时，应选用由高纯度原药配制的杀虫剂。

马拉硫磷是一种应用比较广泛的储粮保护剂。其原药中的杂质主要是一些磷酸酯的类似物。这些杂质对大白鼠急性口投 LD_{50} 值比马拉硫磷小，纯度为 92.2%的马拉硫磷，大白鼠口投 LD_{50} 值为 1580 mg/kg，表现出较大的毒性。而纯度高(98.2%)的马拉硫磷，大白鼠口投 LD_{50} 值为 8000 mg/kg，毒性小。而为了保证杀虫效果和非防治对象的安全，规定选用高纯度马拉硫磷作为粮食保护剂。

三、选用适宜残效期的杀虫剂

粮食保护剂施入粮堆后，将逐渐降解。其降解速率，常以半衰期表示。半衰期即杀虫剂的量降解一半所需的时间。

药剂在粮食中的半衰期，由于不受日光直接照射等原因的直接影响，半衰期要长一些，在低温、低水分储粮上更长一些。据澳大利亚资料介绍，一储粮保护剂在储粮上的半衰期如表 12-5 所示。

表 12-5　几种储粮保护剂在粮食上的半衰期(粮食温度 30℃，相对湿度 50%)

药剂种类	半衰期(周)	药剂种类	半衰期(周)
马拉硫磷	8	右反灭虫菊酯	38
杀螟硫磷	14	苯醚菊酯	38
甲基毒死蜱	19	苯醚菊酯	40
甲基嘧啶硫磷	70	除虫菊酯	34
右反灭虫菊酯	24		

如何选用适宜半衰期的杀虫剂作为粮食保护剂，从防护效果看，半衰期越长，效果越好，因为半衰期长，表明不易降解，残效期长，能长期保持对害虫的有效浓度。然而，正因为不易降解，必然较长期的保留在粮食中，容易造成粮食污染。因此，应该根据粮食储存期限、粮食中最高残留极限要求及拌入粮堆的剂量要求，选用适宜半衰期的杀虫剂。

四、杀虫剂的混合应用

不同杀虫剂混用后，有些是互不干扰，各自发挥其杀虫作用，这种现象叫独立作用；有些是相互抵消一部分杀虫作用，这种现象叫颉抗作用；有些混用后杀虫效果超过了各自单独使用时杀虫使用的总和，这种现象叫增效作用。

一种对昆虫毒力很小，甚至没有毒力的化合物，当与另一种杀虫剂混用后，其毒力较两者单独作用时各自作用的和还要高，前者称为后者的增效剂。如增效醚(又叫氧化胡椒基丁醚)是除虫菊及拟除虫菊酯的增效剂。

一些杀虫剂混用后不仅可以起到增效作用，而且还可以针对不同的防护对象发挥各自的特点。如谷蠹对防虫磷耐受力较强，而凯安保(以溴氰菊酯为有效成分)则对谷蠹效果好，二者混用后防虫谱就加大了，目前我国用于储粮保护的保粮安即依此原理得到应用。再一个成功混合应用的药剂例子是保粮磷。

思　考　题

1. 储粮化药剂应具有哪些特点?
2. 影响粉剂药效的因素有哪些?
3. 液剂的哪些性质影响药效的发挥?

4. 影响熏蒸剂药效的物理性质有哪些？
5. 试述储粮害虫对储粮化学药剂的抗药性，并试分析说明抗性的成因。
6. 温度对药效的影响表现在哪些方面？
7. 说明环境中气体成分与熏蒸剂药效的关系？
8. 仓房条件对储粮保护剂和熏蒸剂的应用效果是如何影响的？
9. 从哪些方面通过改进施药技术提高化学防治效果？
10. 说明科学使用储粮化学药剂的途径。

主要参考文献

国家粮食局行政管理司. 2001. 储粮新技术教程. 北京：中国商业出版社
华南农学院. 1980. 植物化学保护. 北京：中国农业出版社
黄伯俊. 1993. 农药毒理——毒性手册. 北京：人民卫生出版社
农业部农药检定所. 1991. 新编农药手册. 北京：中国农业出版社
钱普等. 1984. 联合国粮农组织关于储粮害虫对农药的敏感性的全球调查报告. 北京：中国对外翻译出版公司
芮昌辉等译. 1995. 害虫的抗药性. 北京：化学工业出版社
王殿轩等. 1999. 磷化氢熏蒸杀虫技术. 成都：成都科技大学出版社
王佩祥. 1997. 储粮化学药剂应用. 北京：中国商业出版社
吴泽宜. 1981. 农药词汇. 北京：科学出版社
张宗炳. 1965. 昆虫毒理学(上册). 北京：科学出版社
郑州粮食学院. 1987. 储粮害虫防治. 北京：中国商业出版社
Bhadriraju Subramanyam and David W. 1995. Hagstrum Integrated Management of Insects in Stored Products. Marcel Dekker，Inc
Wayland J. Hayes 著，陈炎磐等译. 1990. 农药毒理学各论. 北京：化学工业出版社

第十三章 储粮保护剂及其应用

本章提要：

- 我国允许使用的储粮保护剂种类
- 常用储粮保护剂的理化性质、杀虫机理、毒力、药效、毒性
- 硅藻土的物理性质、杀虫机理、毒性、应用。
- 空仓杀虫剂的种类及其应用。
- 储粮保护剂的使用原则与应用技术。

第一节 储粮保护剂的种类与特性

储粮保护剂(grain protectant)也叫谷物保护剂或储粮防护剂，是一类残效期比较长的杀虫剂。从药剂进入害虫体内的途径来说，主要是触杀作用和胃毒作用。

目前我国批准使用的储粮保护剂有防虫磷、杀虫松、保安定、凯安保、保粮安、保粮磷等。

一、防虫磷

防虫磷是马拉硫磷(Malathion)专用于储粮的商品名称。这主要是为了避免将纯度较低的农用马拉硫磷误用于储粮，特将原药纯度达到97%(化学分析法)以上的优质马拉硫磷的商品名称改称为“防虫磷”。

马拉硫磷的化学名称是：O，O-二甲基-S-[1，2-双(乙氧羰基)乙基]二硫代硫酸酯。其结构式为：

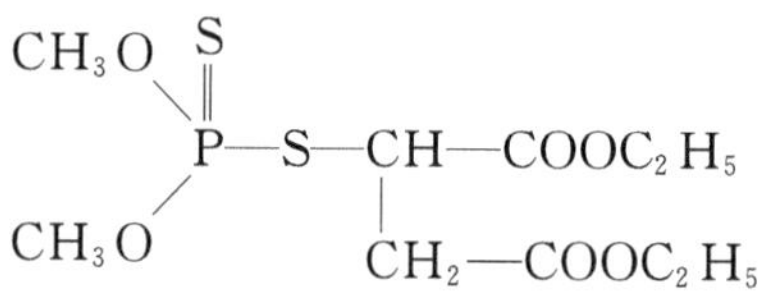

防虫磷是世界上第一个作为储粮保护剂在储粮上应用的药剂。自1961年开始应用，至今已有40多年的历史。我国于1981年批准使用防虫磷，至今已有20多年的应用历史。

(一) 理化性质

分子式：$C_{10}H_{19}O_6PS_2$

相对分子质量：330.4

马拉硫磷的纯品为浅黄色略带有酯类气味的油状液体。熔点2.58℃；密度1.23(25℃)；折光率1.4985(25℃)；在93.3 Pa下，沸点156～157℃；30℃时，蒸汽压为5.33×10^{-3} Pa；挥发度20℃为2.26 mg/m^3，30℃时为5.6 mg/m^3。25℃时，马拉硫磷

的黏度为 36.78×10^{-3} Pa·s。工业品纯度在97%以上，脱除蒜臭味的淡棕色液体，微溶于水(溶解度为145 mg/L)，能与多种有机溶剂如甲苯、二甲苯、丙酮、乙醚、乙醇、乙酸乙酯等混溶，但在矿物油中溶解度不大，在石油醚中可溶解35%左右。对光稳定性好，对热稳定性差。在中性条件下稳定，在pH 7以上或pH 5以下即迅速分解。其水解速度与温度和酸碱度有关，遇活性炭、铁、锡、铅、铜、铝等物均能促进分解。

马拉硫磷对铁有腐蚀性，因此应储存在玻璃容器或内涂聚氯乙烯或合成树脂的金属包装物中。用硝酸或其他氧化剂氧化时，可生成马拉氧磷(亦称氧化马拉硫磷 Malaoxon)，毒力增加，稳定性降低。在马拉氧磷的工业品中加入0.01%～0.1%有机氧化物可增加其稳定性。马拉硫磷在水中或长期置于潮湿空气中能缓慢水解。

（二）杀虫机理、毒力、药效

马拉硫磷是一种有机磷杀虫剂，其杀虫机理是抑制昆虫神经突触上乙酰胆碱酯酶的活性，从而使昆虫死亡。马拉硫磷进入虫体后，在氧化酶(如线粒体多功能氧化酶)的作用下，大部分被活化成对胆碱酯酶抑制活性更强的马拉氧磷，只有少部分降解，因此提高了杀虫活性，表现出较高的毒力。

马拉硫磷是一种高效、低毒、广谱性杀虫剂，对昆虫具有较强的杀虫活性，作用途径主要是触杀和胃毒，也有微弱的熏蒸作用。储粮害虫接触该杀虫剂后一般1～2 d即可死亡，但由于杀虫剂主要附着在粮粒表面，故对潜伏在粮粒内部的钻蛀性害虫的卵、幼虫和蛹均无杀伤作用。

马拉硫磷对锯谷盗、大眼锯谷盗、谷斑皮蠹、烟草甲的防治效果好，对米象、玉米象、赤拟谷盗、杂拟谷盗、锈赤扁谷盗、白腹皮蠹成虫有较好的防治效果，对印度谷螟与粉斑螟的幼虫、小圆皮蠹、四纹豆象、小菌虫的防治效果较差，对谷蠹、澳洲蛛甲、白腹皮蠹幼虫、粗足粉螨效果很差。虫口密度过大，马拉硫磷的防治效果较差。

粮食的水分含量越高酶的活性越高，黏附在粮粒上的药剂分解越快，药效也下降得越快。例如，用防虫磷以5 mg/kg、10 mg/kg、15 mg/kg三个剂量分别处理含水量为12%、14%、16%的小麦，经118 d储藏后，对玉米象的药效分别为100%、90%以上和17%以下。保护剂在粮食上的沉积量达不到致死浓度时，不但起不到杀虫作用，甚至还会筛选出抗药性。

不同种类的粮食对马拉硫磷的分解影响也有一定差异的。对高粱、小麦、玉米三种储粮进行比较，在高粱中分解最快，小麦次之，在玉米中分解最慢。因此，在使用时要根据不同的地区、储存期和粮种等因素决定用药量。

马拉硫磷是世界上应用较广泛的储粮保护剂。在有些国家如澳大利亚由于长期使用这种杀虫剂，已发现赤拟谷盗的抗马拉硫磷品系。抗药性品系可分为两类，一类为专性抗性品系，抗性发生的主要原因是在虫体内主要代谢途径发生了变化，即马拉硫磷在羧酸酯酶作用下，代谢为抑制胆碱酯酶活性较弱的马拉硫磷酸。对这类抗药性品系的害虫，可在马拉硫磷中加入磷酸三苯酯(TPP)。这样，磷酸三苯酯可与虫体内的羧酸酯酶结合，削弱酯酶对马拉硫磷的作用，对药剂起到了增效作用。

另一类为抗有机磷杀虫剂品系，即除了对马拉硫磷产生抗药性外，同时也对多种有机磷杀虫剂产生了抗药性。产生这种抗药性的原因比较复杂，在马拉硫磷中加入磷酸三苯酯后其增效作用不明显。据报道，国内使用马拉硫磷较多较早的地方，也发现了储粮害虫的抗马拉硫磷品系。初步试验结果表明，增效磷(SV_1)对马拉硫磷也有增效作用。

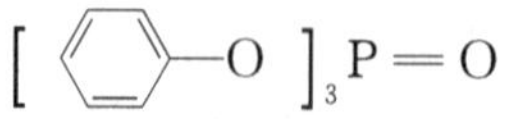

磷酸三苯酯（TPP）的结构式

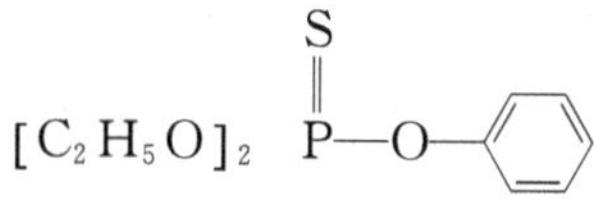

增效磷（SV_1）的结构

（三）毒性

马拉硫磷对哺乳动物的毒性较低，亚急性毒性很小，90 d最大无作用剂量为1000 mg/kg；慢性试验证明，用含1000 mg/kg马拉硫磷工业品的饲料饲喂大白鼠92周，大白鼠体重增加正常。但马拉硫磷对蜜蜂和鱼类的毒性很强，对低等水生生物和鸟类的毒性中等；在全世界，经过40多年的生产性应用，尚未见有对陆生和水生生态系统不良影响的报道。

马拉硫磷经口进入人和哺乳动物体内后，在羧酸酯酶的作用下，大部分被酶降解为无毒的马拉硫磷单酸，继而被降解为马拉硫磷双酸。

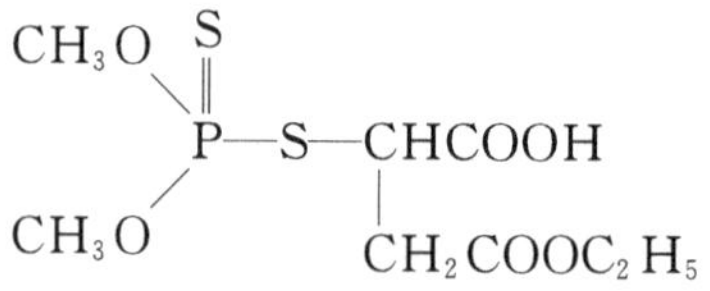

马拉硫磷单酸结构式

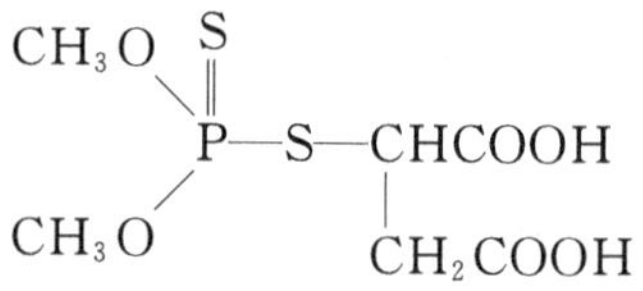

马拉硫磷双酸结构式

同时，在磷酸酯酶的作用下，还会发生P—S—C键断裂，形成一些毒性较小的降解物。马拉硫磷在哺乳动物体内的降解速度很快。马拉硫磷在哺乳动物体内的另一条代谢途径与在昆虫体内的代谢途径相似，即氧化为马拉氧磷，使马拉硫磷的毒性增高。但这条代谢途径是次要途径，因此马拉硫磷对哺乳动物的毒性较小。

马拉硫磷对高等动物的毒性主要是由杂质引起的。纯度越高，杂质越少，毒性越低。不同纯度的马拉硫磷对高等动物的毒性见表13-1。为了保证杀虫效果，保障对人和高等动物安全，用于配制储粮保护剂的马拉硫磷原药纯度必须在97%以上。

表13-1　马拉硫磷不同原药纯度的对大白鼠和小白鼠的口投LD_{50}值（mg/kg）

原药纯度(%)	大白鼠	小白鼠
85	1054	—
95	1574	1850
97	5696	—
99.3	9500	3000
99.7	12500	3600

（四）使用范围

防虫磷在规定的使用剂量范围内不会对种子的发芽力产生不良影响，也不会对植株的生长、发育以至最终产量产生不良影响，因此，作为储粮保护剂，防虫磷可用于各种原粮、种子粮的防虫，也可用作空仓和器材杀虫，但不得在成品粮中使用。

（五）使用剂量

防虫磷用于各种原粮的使用剂量一般为10～20 mg/kg，即折合原油10～

21 mg/kg，或用 70%乳油 14.3～28.6 mg/kg。用于种子粮防虫，或用于防治谷蠹的感染时，需要适当提高用药量，一般为 20～30 mg/kg，即折合原油 21～31 mg/kg，或用 70%乳油 29～43 mg/kg。选用的原则是南方地区选高限，北方地区选低限；粮食保护期长的选高限，保护期短的选低限；储粮条件差的(如农户)选高限，储粮条件好的选低限。

防虫磷也可以用于包装粮防治害虫或空仓和器材杀虫，用药量按 100%有效成分计算为 0.5～1.0 g/m^2。折合用 70%乳油 0.72～1.5 g/m^2。

（六）残留动态及卫生标准

储粮上喷洒过保护剂后，随着时间的推移，残留在粮食上的药量会越来越低，因而可根据各种农药毒性的高低制定出最后一次施药与加工使用之间的安全间隔期。所谓安全间隔期就是指在粮食上最后一次施药后需要多长时间才能进行加工或食用的时间间隔。

防虫磷在原粮中的残留卫生标准我国定为 8 mg/kg，与联合国粮农组织和世界卫生组织推荐的标准一致。

马拉硫磷在温度较高时其稳定性降低。在一般情况下，粮温每升高 10℃马拉硫磷的分解速度增加 1.5～2 倍。因此，南方储粮中使用防虫磷时用药量要适当增加。

防虫磷在粮食中降解较快，在正常的粮情和储藏条件下，半衰期为 2～3 个月。一般情况下，用 21 mg/kg 以下剂量处理的粮食，经过 3 个月以上的储存期；或以 30 mg/kg 以下剂量处理的粮食，经过 4 个月以上的储存期，其残留量均可达到卫生标准。如果采用砻糠载体法(后面介绍)施药，药剂主要集中在砻糠上，施过药的粮食只要经风吹或过筛去除砻糠等杂质后，即可加工食用，这样，就不必考虑安全间隔期。

二、杀虫松

杀虫松(Fenitrothion)是原药纯度 93%以上，专门作为储粮保护剂的优质杀螟硫磷。

杀螟硫磷的化学名称是：O,O-二甲基-O-(3-甲基-4-硝基苯基)硫代磷酸酯。其结构式为：

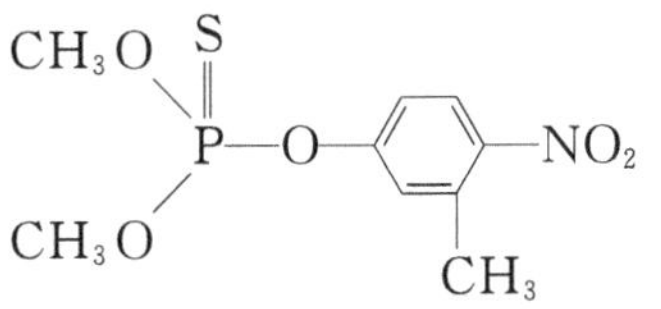

杀螟硫磷于 1958 年由捷克首先研制成功。我国于 1962 年试制，1968 年开始投产，1992 年 7 月 8 日由原商业部发文在储粮中推广使用。为避免将纯度较低的农用杀螟硫磷误用于储粮，特将优质杀螟硫磷的商品名称改为“杀虫松”。

（一）理化性质

分子式：$C_9H_{12}O_5NPS$

相对分子质量：227.24

杀螟硫磷原药为棕黄色油状液体，略有蒜臭味。沸点为140～150℃/13.3Pa。在20℃时，蒸汽压为7.998×10^{-4} Pa，相对密度1.3227(25℃)，折光率1.5528(25℃)。不溶于水，在脂肪烃中溶解度不大，可溶于苯、二甲苯、乙醇、丙酮等有机溶剂。杀螟硫磷在常温下对日光稳定，在中性介质和弱酸介质中稳定，遇碱易分解失效，遇铁、铜、铅、锡也易引起分解。因此不能用金属容器盛装。蒸馏时可引起异构化，使药效降低。

（二）杀虫机理、毒力、药效

杀螟硫磷也是一种有机磷杀虫剂，具有触杀和胃毒作用。杀螟硫磷的杀虫机理与马拉硫磷一样，能抑制昆虫神经突触上的乙酰胆碱酯酶活性，从而使昆虫死亡。

杀虫松药效优于防虫磷。在小麦中用杀虫松防治玉米象，其LD_{50}和LD_{95}分别为0.14 mg/kg 和 0.21 mg/kg，而防虫磷的LD_{50}和LD_{95}分别为0.33 mg/kg 和0.52 mg/kg。由此可见，杀虫松防治玉米象的药效是防虫磷的2倍以上。杀虫松对其他储粮害虫的击倒率也比防虫磷高(表13-2)。

表13-2　杀虫松和防虫磷不同剂量对几种储粮害虫成虫的击倒率(%)(用药膜法试验的结果)

虫　种	杀虫松			防虫磷		
	0.01%	0.1%	1.0%	0.01%	0.1%	1.0%
玉米象	100	100	100	1.9	95.3	100
赤拟谷盗	100	100	100	25.7	98	100
锯谷盗	100	100	100	3.8	100	100
长角扁谷盗	100	100	100	100	100	100

试验结果表明，杀虫松对谷象、锯谷盗、锈赤扁谷盗的防治效果最好，最低有效剂量为0.25～0.5 mg/kg；对玉米象的最低有效剂量为0.5～0.75 mg/kg；对米象和赤拟谷盗的最低有效剂量为1～2 mg/kg；而对谷蠹的最低有效剂量则为15～20 mg/kg。

粮食水分的含量对杀虫松药效的影响与防虫磷基本一样，即水分含量越高，杀虫剂越容易分解。试验结果表明，经过一段时间的储存后，虽然杀虫松的防治效果也随着储粮水分的增大而减弱，但在含水量12%、14%、16%的小麦上，分别用5 mg/kg、10 mg/kg、15 mg/kg的剂量，杀虫松对玉米象和赤拟谷盗的防治效果都优于防虫磷。

高温高湿环境对杀虫松药效的稳定性影响较防虫磷大。因而在温湿度高的地区，杀虫松的用药量应适当加大。

（三）毒性

国产杀虫松原药的纯度为93%(气相色谱分析法)，对试验动物的口服毒性：雌雄小白鼠的LD_{50}分别为1080 mg/kg和794 mg/kg；雌雄大白鼠LD_{50}分别为584 mg/kg和501 mg/kg，由此可见，杀虫松属于低毒农药。

杀虫松中的杂质一杀螟氧磷的毒性很高，该杂质主要是杀虫松在储藏过程中产生的氧化产物，但杀螟氧磷不稳定，易分解。其他杂质的毒性不大，数量也不多，对人和高等动物不会产生不良影响。

用国产杀虫松对小白鼠皮试LD_{50}小于3000 mg/kg，无致畸、致癌、致突变作用，亦无迟发性神经毒性。毒性试验和杂质分析结果表明，国产杀虫松与国外产品基本一致。

（四）使用范围

杀虫松可作为储粮保护剂，用于小麦、稻谷、玉米等各种原粮和种子粮防虫，也可用于空仓杀虫、器材杀虫和打防虫线，但不得用于各种成品粮。

（五）使用剂量

作为粮食保护剂，在各种原粮上的使用剂量一般为 5～15 mg/kg，折合 65％杀虫松乳油 7.7～23 mg/kg。用于防治谷蠹时，其用药量应提高到 20 mg/kg，折合 65％杀虫松乳油 31 mg/kg。用于空仓杀虫时，其用药量为 0.5 g/m^2，折合 65％杀虫松乳油 0.8 g/m^2。

（六）残留动态及卫生标准

杀虫松在粮食中的降解也比较快，但比防虫磷稍稳定。

杀螟硫磷在原粮上的残留标准我国定为 5 mg/kg。联合国粮农组织和世界卫生组织推荐的残留标准为：原粮 10 mg/kg，面粉 3 mg/kg，大米 1 mg/kg，糠麸 20 mg/kg。

三、保安定

保安定是甲基嘧啶硫磷(pirimiphos-methyl)的商品名称。

甲基嘧啶硫磷又名甲基嘧啶磷、虫螨磷、安得利。其化学名称为 O，O-二甲基-O-(2-二乙胺基-6-甲基嘧啶-4-基)硫代磷酸酯。其结构式是

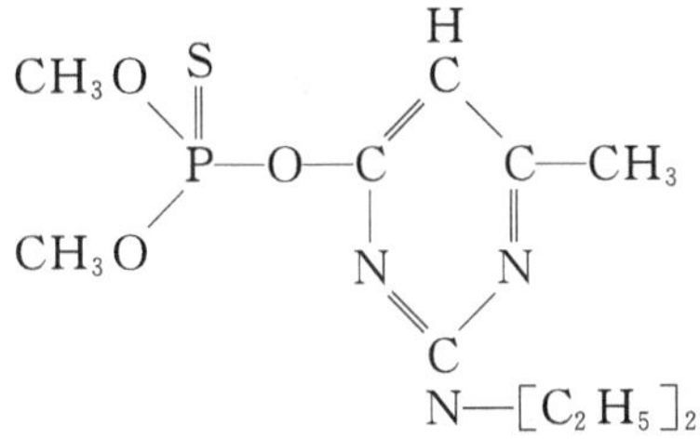

甲基嘧啶硫磷是英国卜内门公司研制生产的一种有机磷杀虫剂，已被联合国粮农组织和世界卫生组织推荐为储粮保护剂。英国捷利康(后改为先正达)公司开始在我国农业部以“安得利”为商品名正式登记，1996 年又将安得利改名为“保安定”在我国农业部重新登记。卫生部也制定了甲基嘧啶硫磷在储粮上的残留标准。国家粮食储备局于 1996 年 1 月 22 日发文批准使用。

（一）理化性质

分子式：$C_{11}H_{20}N_3O_3PS$

相对分子质量：305.3

纯甲基嘧啶硫磷为棕褐色液体，在 25℃时，蒸汽压为 1.33×10^{-2} Pa，密度为 1.520，折光率为 1.527。熔点 15℃，水中溶解度 30℃时约 3 mg/L，可与醇、酮、酯、芳香烃等大多数有机溶剂混溶。在常温下稳定，50℃时半衰期约 3 个月，超过 100℃时很快分解。在强酸和强碱中水解，不腐蚀黄铜、不锈钢、尼龙、聚乙烯和铝，稍腐蚀裸

露钢铁和马口铁。

（二）杀虫机理、毒力、药效

甲基嘧啶硫磷是一种有机磷杀虫剂，其杀虫机理是抑制昆虫神经突触上乙酰胆碱酯酶的活性，从而使昆虫死亡。甲基嘧啶硫磷具有触杀、胃毒和一定的熏蒸作用，是一种广谱性杀虫剂。甲基嘧啶硫磷对甲虫和蛾类都有较好的防治效果，对螨类的防治效果更好，故名“虫螨磷”。

甲基嘧啶硫磷的残效期较长，用25%乳油以 4 mg/kg 的剂量拌入小麦、大麦，经过 1 个月、2 个月、3 个月后其残留量分别为 3.19 mg/kg、2.74 mg/kg 和2.63 mg/kg。到第 6 个月时，取出粮食，投入赤拟谷盗、锯谷盗、谷象、锈赤扁谷盗四种试虫，在粮食中暴露 4 d 后上述 4 种储粮害虫的死亡率分别达到 100%、99%、100%和 100%。

甲基嘧啶硫磷与几种常见杀虫剂对储粮害虫的最低有效剂量见表 13-3。

表 13-3　甲基嘧啶硫磷与几种有机磷杀虫剂对储粮害虫的最低有效剂量(mg/kg)

虫种	甲基嘧啶硫磷	防虫磷	杀虫松	敌敌畏
谷象	0.25～0.5	1～3	0.25～0.5	2～3
米象	0.5～0.75	2～3	1～2	3～4
玉米象	0.25～0.5	1～2	0.5～0.75	1～2
锯谷盗	0.1～0.25	<0.5	0.25～0.5	1～2
锈赤扁谷盗	0.25～0.5	2～3	0.25～0.5	>3
谷蠹	<7.5	>20	12.5～15	5～7.5
赤拟谷盗	0.5～0.75	4～5	1～2	3～4

从表 13-3 中可以看到，甲基嘧啶硫磷用于防治谷象和锈赤扁谷盗的最低使用剂量与杀虫松一样，但用于防治其他储粮害虫的最低剂量比杀虫松都低；甲基嘧啶硫磷的杀虫效果明显优于防虫磷和敌敌畏。

粮食水分的高低对甲基嘧啶硫磷的药效也有一定的影响，其影响规律也和其他有机磷一样，粮食水分增高时其降解速度较快，但与防虫磷相比影响较小。

在我国不同地区不同气候条件下的实仓实验结果表明，甲基嘧啶硫磷对储粮害虫的药效受温度影响比杀虫松和防虫磷都小。

（三）毒性

甲基嘧啶硫磷对哺乳动物的毒性较小。对雌豚鼠、雄兔、雌猫和雄狗的口服急性毒性 LD_{50} 值分别为 1000～2000 mg/kg、1150～2300 mg/kg、575～1150 mg/kg 和 1500 mg/kg。对鸟类的毒性较大，如对黄雀、鹌鹑和母鸡的口服急性毒性 LD_{50} 分别为 200～400 mg/kg、140 mg/kg 和 30～60 mg/kg。对大白鼠和小白鼠的口服急性毒性 LD_{50} 都在 1000 mg/kg 以上。

甲基嘧啶硫磷对哺乳动物的慢性毒性较小。饲料中 90 d 无作用剂量：大白鼠为 8 mg/kg，狗为 20 mg/kg。将狗置于甲基嘧啶硫磷饱和蒸汽中 3 周，每周接触 5 d，每天接触 6 h，未发现有害影响。

甲基嘧啶硫磷的工业品中含有多种杂质，但动物试验表明，所有杂质的毒性都低于甲基嘧啶硫磷，故对甲基嘧啶硫磷的应用无不良影响。

（四）使用范围

甲基嘧啶硫磷可作为储粮保护剂，用于小麦、稻谷、玉米等各种原粮和种子粮的防虫，也可用于空仓杀虫、器材杀虫或打防虫线，但不得用于各种成品粮。

用甲基嘧啶硫磷处理过的种子粮，对发芽率无不良影响。田间调查的结果也表明，甲基嘧啶硫磷对种用品质无不良影响。

（五）使用剂量

作为储粮保护剂，甲基嘧啶硫磷的用药量一般为5～10 mg/kg，折合50%保安定乳油10～20 mg/kg；空仓和器材杀虫一般为0.5 g/m^2。农户应用时剂量可再提高50%。

（六）残留动态及卫生标准

甲基嘧啶硫磷在谷物上的最大残留标准我国定为5 mg/kg。

甲基嘧啶硫磷在粮食中的残留非常稳定。以20 mg/kg处理稻谷，在30℃实验室条件下，经过5个月的储藏试验，测得其半衰期为3.7个月。

甲基嘧啶硫磷在原粮中残留期虽长，但经加工蒸煮后残留可以去除殆尽。实验结果表明，经加工后，大米中残留可去除掉95%，做成米饭后完全分解；小麦加工后面粉中的残留稍高，但已去除80%以上。由此可见，用保安定处理的储粮在熟食中不会有甲基嘧啶硫磷残留，食用是安全的。

四、凯安保

凯安保(K-obiol)是溴氰菊酯用作粮食保护剂的一种剂型，1992年7月8日由原商业部发文推广使用。

溴氰菊酯(Deltamethrin)是一种拟除虫菊酯杀虫剂，英国M. Elliott等在1974年首先合成的，随后法国罗素·优克福公司在工业上合成了溴氰菊酯，并以敌杀死、凯素灵、凯安保等剂型供应市场。敌杀死和凯素灵分别用于农业和卫生害虫的防治，凯安保用于储粮害虫的防治。

溴氰菊酯的化学名称是：(S)-α-氰基-3-苯氧基苄基-(1R，3R)-3-(2,2-二溴乙烯基)2,2-二甲基环丙烷羧酸酯。其结构式是：

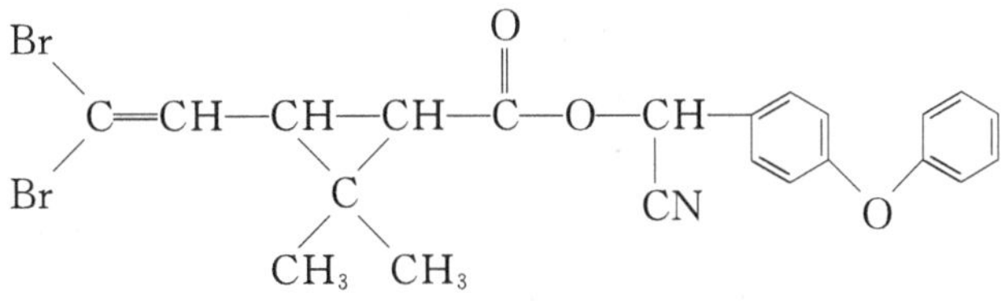

（一）理化性质

分子式：$C_{22}H_{19}Br_2NO_3$

相对分子质量：505.2

溴氰菊酯的纯品为白色无味斜方形针状结晶体，熔点98～101℃，在25℃时蒸汽压为 1.99×10^{-6} Pa。水中溶解度极低，在 20℃的水中溶解度为 0.002 mg/L。易溶于丙酮、乙醇、苯、二甲苯、环己酮、二噁烷、四氢呋喃等有机溶剂。在酸性及中性溶液中比较稳定，在无机酸存在的条件下加热，短时间内看不到溴氰菊酯有水解现象发生；在碱性溶液或漂白粉溶液中很容易分解失效。对热和光极为稳定，放在玻璃瓶中暴露在光和空气中，在 40℃下储存 2 年无降解现象，因而有“光稳定菊酯”之称。

（二）杀虫机理、毒力、药效

溴氰菊酯是目前杀虫活性最高的拟除虫菊酯杀虫剂，它具有杀虫谱广、用药量少、作用速度快、药效持续时间长等特点。溴氰菊酯对害虫以触杀为主。

溴氰菊酯引起昆虫中毒的症状为兴奋、击倒、麻痹，直至死亡。溴氰菊酯的杀虫机理主要是物理作用，它可以抑制靶标动物的神经离子通道，使膜渗透性发生异常，传导受阻。

死亡阶段的原因比较复杂。除了神经传导受阻外，还有其他作用，例如虫体失水、组织坏死，还可能产生神经胺或异戊胺或酪胺等神经毒素和 Ca^{2+}-ATP 酶的抑制。

溴氰菊酯是一种毒力很强的拟除虫菊酯杀虫剂，与其他拟除虫菊酯及马拉硫磷相比，其毒力很强，尤其是对谷蠹有特效(表 13-4)。

表 13-4　几种杀虫剂对谷蠹和玉米象 KD_{50} 的相对毒力比较(滤纸药膜法测定)

药　剂	相对毒力*	
	谷　蠹	玉　米　象
溴氰菊酯	3144.3	46.4
杀灭菊酯	145	1.5
生物苄呋菊酯	118	1
二氯苯醚菊酯	137	0.9
生物苯醚菊酯	52	0.4
右旋反灭菊酯	118.4	0.98
西　维　因	11	<0.1
杀　虫　松	4.4	9.8
甲基嘧啶硫磷	3.9	5.3
防　虫　磷	1	1

* 相对毒力＝防虫磷 KD_{50}/测定药剂 KD_{50}

凯安保的有效杀虫成分是溴氰菊酯，凯安保乳油的主要成分及含量是：溴氰菊酯 2.5%、增效醚 25%，其余为乳化剂和溶剂。溴氰菊酯加入一定量的增效醚对害虫的防治具有明显的增效作用。

商品凯安保的有效剂量是用溴氰菊酯的有效剂量来表示的。凯安保配方中的增效醚对高等动物的毒性很小。虽然凯安保和凯素灵、敌杀死中的有效成分都是溴氰菊酯，三种商品中的溴氰菊酯含量都是 2.5%，但凯安保中配有对人和高等动物毒性很小的增效醚，其中的乳化剂和溶剂质量也高，因而，凯安保可作为粮食保护剂；市场上销售的凯素灵和敌杀死中的乳化剂和溶剂都是低质量的，决不能作为粮食保护剂，只能作为卫生用杀虫剂和农业用杀虫剂。

凯安保对谷蠹的防治有特效，试验表明，保持 8～12 个月无虫水平所需要的用药量谷蠹只需要 0.1 mg/kg 的剂量，但玉米象需要用 1 mg/kg 的剂量，米象、赤拟谷盗、谷斑皮蠹需要 0.9 mg/kg 的剂量，杂拟谷盗成虫需要 1.5 mg/kg 的剂量。凯安保规定用药量对螨类和书虱的防治效果不明显(图 13-1)。

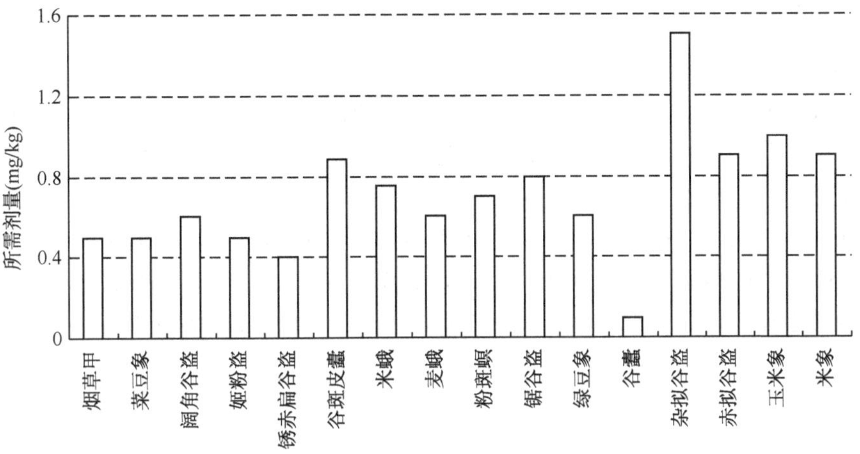

图 13-1　使害虫 100%死亡并保持 8～12 个月所需溴氰菊酯的使用剂量

（三）毒性

根据世界卫生组织毒性剂量分级，溴氰菊酯属于中等毒性。

用芝麻油作为溶剂的纯品溴氰菊酯，对雌雄大白鼠的急性口投 LD_{50} 分别为 138.7 mg/kg 和 128.5 mg/kg。用芝麻油作为溶剂的溴氰菊酯工业品对雌雄大白鼠的急性口投 LD_{50} 分别为 139 mg/kg 和 129 mg/kg；对雌雄小白鼠的急性口投 LD_{50} 分别为 34 mg/kg 和 33 mg/kg；大白兔急性经皮 LD_{50} 大于 2000 mg/kg。2.5%乳油对大白鼠急性口服 LD_{50} 为 537.3 mg/kg，对大白兔急性经皮 LD_{50} 为 1782 mg/kg。

溴氰菊酯原药与制剂对眼睛、皮肤等有轻微至中度刺激作用。

用溴氰菊酯工业品对大白鼠进行亚急性吸入毒性试验，在 430 mg/m^3 的浓度中无死亡现象出现；用 25 g/L 的溴氰菊酯乳油进行试验，其最小致死浓度为13 980 mg/m^3。

用大白鼠、小白鼠和狗进行 2 年的慢性试验结果表明，溴氰菊酯的无作用剂量分别为 100 mg/kg、50 mg/kg 和 40 mg/kg。经过多年的实验室试验和生产应用，未见溴氰菊酯对动物致畸、致癌、致突变的报道。

溴氰菊酯对家蚕、蜜蜂、鱼类的毒性大，但在池塘、水田等富含有机质的水域中，易被有机胶粒吸附，因此对鱼类及其他水生生物的实际毒性大为降低。溴氰菊酯对鸟类毒性低，野鸡口服 LD_{50} 为 4640 mg/kg。

（四）使用范围

溴氰菊酯可配制成为 2.5%的凯安保乳油，用作储粮保护剂。凯安保可用于小麦、稻谷、玉米等各种原粮防治储粮害虫，也可用于空仓杀虫、器材杀虫和打防虫线，但不得用于各种成品粮。目前的试验还未发现凯安保对种子粮的种用品质有任何不良影响。

（五）使用剂量

凯安保的用药量以有效成分溴氰菊酯进行计算，各种原粮的用药量一般为0.4～0.75 mg/kg，折合2.5%凯安保乳油16～30 mL/t粮，最高不超过1 mg/kg，折合2.5%凯安保乳油40 mL/t粮。

对空仓和麻袋表面杀虫，使用剂量为2.5%凯安保乳油0.4～0.8 mL/m^2。

（六）残留动态及卫生标准

用药量为0.75 mg/kg以下者，其安全保护期应在3个月以上；用药量为0.75～1 mg/kg者，其安全保护期应在8个月以上。超过安全间隔期以后才能加工供应。

世界卫生组织和联合国粮农组织核定，溴氰菊酯每天每人最高摄入量(ADI)不得超过0.01 mg/kg·d，在这一剂量以下进入人体的溴氰菊酯很快被排出体外。根据这一剂量折算，原粮中的残留标准定为1 mg/kg，麸皮为5 mg/kg，面粉为0.1 mg/kg。

我国卫生标准定为：溴氰菊酯≤0.5 mg/kg(以原粮计)，增效醚≤10 mg/kg(以原粮计)。

五、保粮安

保粮安(也称溴马合剂)是防虫磷和凯安保配合剂的商品名称，其主要成分为：防虫磷69.3%、溴氰菊酯0.7%、增效醚7%，其余的为乳化剂和溶剂。由于防虫磷和溴氰菊酯两种有效成分之和为70%，因此将这种混配而成的杀虫剂称为70%保粮安。保粮安1992年7月8日由原商业部发文推广使用。

因为谷蠹和玉米象是我国储粮中常见的主要害虫，防虫磷对谷蠹防治效果很差，对玉米象的防治效果较好；而溴氰菊酯防治谷蠹有特效，对玉米象防治效果一般，因此，将防虫磷和凯安保混配制成保粮安，可以充分发挥这两种杀虫剂的药效。

（一）理化性质

保粮安是由防虫磷和凯安保混配而成，两种药剂之间没有发生化学反应，其理化性质就是这两种药剂各自的理化性质。

（二）杀虫机理、药效

杀虫机理就是这两种药剂各自的杀虫机理。

两种药剂混配后，充分发挥了两种药剂的优点，提高了防治各种害虫的效果，降低了药剂的使用剂量，减少了单一药剂在粮食上的残留量，解决了防虫磷和凯安保单独使用时对谷蠹和玉米象防治效果差的问题。

（三）毒性

经有关单位对大白鼠和小白鼠的毒性试验结果表明，防虫磷和凯安保混配成保粮安对哺乳动物无增毒作用。

（四）使用范围

保粮安可用于小麦、稻谷、玉米等各种原粮防治储粮害虫，也可用于空仓杀虫、器材杀虫和打防虫线，但不得用于各种成品粮。目前，未发现保粮安对种子粮种用品质有任何不良影响。

（五）使用剂量

保粮安的用药量为 10～20 mg/kg，折合 70%保粮安乳油 14.3～28.6 mg/kg。用于包装粮表面和空仓杀虫一般用药量为 0.5 g/m^2，折合 70%保粮安乳油 0.7 g/m^2。

（六）残留动态及卫生标准

用药量为 10 mg/kg 以下者，其安全间隔期应在 3 个月以上；用药量为 10～15 mg/kg者，其安全间隔期应在 6 个月以上；用药量为 15～20 mg/kg 者，其安全间隔期应在 8 个月以上。必要时也可按规定进行残留分析，达到规定标准后方可食用。

卫生残留标准见各自药剂的标准。

六、保粮磷

保粮磷（亦称杀溴合剂）主要杀虫活性成分是杀虫松和溴氰菊酯，通过微胶囊化技术运用高分子材料将杀虫有效成分包成几十微米的微胶囊体。1997 年 1 月 2 日由原国家粮食储备局储运管理司发文推广使用。

保粮磷的配方是：杀虫松 1%、溴氰菊酯 0.01%，其余为填充剂。由于两种有效成分占 1.01%，因此称为 1.01%保粮磷。

（一）理化性质

保粮磷是由杀虫松和溴氰菊酯混配而成，两种药剂之间没有发生化学反应，其理化性质就是这两种药剂各自的理化性质。

（二）杀虫机理、药效

杀虫机理就是这两种药剂各自的杀虫机理。

通过试验和生产应用表明，将杀虫松通过微胶化技术处理加工而成的储粮保护剂，其微粒约 10～50μm，原油被囊壁包裹，异味被屏蔽，并具有缓释持效等功能。两种药剂混配后，充分发挥了两种药剂的各自优点，提高了防治各种害虫的效果，降低了用药量，减少了单一药剂在粮食上的残留。

表 13-5　杀虫松（喷雾法）、杀虫松微胶囊与 1.01%保粮磷微胶囊的药效比较（害虫死亡率%）

试　虫	杀虫松（喷雾法） 10 mg/kg（12 个月）	杀虫松微胶囊 8 mg/kg（14 个月）	保粮磷微胶囊 2.5 mg/kg（12 个月）	保粮磷微胶囊 5 mg/kg（12 个月）
玉米象	100	100	100	100
赤拟谷盗	—	—	94	100
杂拟谷盗	19	75	—	—
谷蠹		50	100	100

大量的试验结果证明，杀虫松微胶囊化后的效果比未胶囊化的杀虫松药效好；而用 1.01%保粮磷微胶囊又优于杀虫松微胶囊。从表 13-5 中可以看出，1.01%保粮磷以 2.5 mg/kg 的剂量拌入小麦，在 1 年期间对玉米象、赤拟谷盗和谷蠹能分别达到 100%、

94%和 100%的杀虫效果，以 5 mg/kg 的剂量拌入小麦，在 1 年期间对玉米象、赤拟谷盗和谷蠹都能达到 100%的杀虫效果。

（三）毒性

经有关单位进行的毒性试验结果表明，用杀虫松和溴氰菊酯混配而成的保粮磷对高等动物无增毒作用。杀虫松和溴氰菊酯的毒性见有关部分。

（四）使用范围

保粮磷可用于小麦、稻谷、玉米等各种原粮和种子粮防治储粮害虫，也可用于空仓杀虫、器材杀虫和打防虫线，但不得用于各种成品粮。

（五）使用剂量

1.01%保粮磷为粉剂，规格有 10 kg/袋和 100 g/袋两种，前者适用于国库，后者适用于农户。使用时将保粮磷按 400 g/t 粮的剂量拌入粮食，此剂量折合杀虫松 4 g/t 粮和溴氰菊酯 0.04 g/t 粮，防治有效期可达 1 年以上。

（六）残留动态及卫生标准

保粮磷粉剂容易在粮食加工过程中清除，因此不存在安全间隔期问题。

卫生残留标准见各自药剂的标准。

七、谷虫净

（一）主要特点

谷虫净是以多种亚热带天然植物性物质为主，加入少量的溴氰菊酯混配制成的粗粉状剂型，它集植物性药剂和化学药剂的优点于一体。

该剂型是将植物性药剂与化学药剂按一定的比例进行合理混配，提高了药效，降低了化学药剂的用量，减少了薰蒸剂的使用次数，降低了害虫抗药性选择压。

对人畜毒性低，使用安全。

具有芳香的气味，用后对储粮的品质无任何影响，不会出现令人难以接受的异味。

对害虫具有触杀、胃毒、拒食和驱避作用。杀虫谱广，作用迅速，防治效果好，尤其是对谷蠹的防治效果更佳。

对储粮的防护期长。

（二）使用范围

谷虫净可用于小麦、稻谷、玉米等各种原粮和种子粮防治储粮害虫，可直拌入粮食中，特别适用于农户或小批量储粮的使用；但不得用于成品粮。

（三）使用剂量

按 1～1.5 g/kg 的剂量直接拌入粮食中，其药效可达 10～12 个月。

（四）残留动态及卫生标准

安全间隔期为 30 d，溴氰菊酯残留量远低于国标规定的最高允许的残留量。

八、硅藻土

硅藻土(diatomaceous earth，DE)是新生代生活的藻类植物沉积的化石，其主要成分是无定型的二氧化硅。活的藻类植物是微小的单细胞生物，生长在海水、淡水、污水、泥浆中。活的植物分泌氧化硅，死后腐烂成为硅藻土保留下来。

许多种类的硅藻土都已大量商业化地应用在发达国家和发展中国家，作为储藏物害虫及螨类的防护剂，或者配合熏蒸剂使用来提高杀虫效果。

（一）物理特性

在多数硅藻土中，包含着形状和大小的不同种类(图 13-2)。海水硅藻土包含平形硅藻类，淡水硅藻土包含扁平形和圆形硅藻类。硅藻土的毒力与其来源无关，而与硅藻类形态学等物理特性密切相关。

图 13-2　一种硅藻土颗粒的扫描电子显微镜照片

硅藻土是一种很好的吸收剂，但不同种类的硅藻土对油的吸收能力是有差异的。如淡水中的硅藻土 Dicalite IG 3 对油的吸收能力是 1.4～1.6 g/g；而 Insecto 的吸收能力为 1.75 g/g，Harper Valley 硅藻土的吸收能力为 1.5 g/g。

硅藻土也能从麦粒的表皮吸收油脂，因此，硅藻土微粒吸收害虫表皮的蜡质层的能力会降低，硅藻土的效果有所下降。McGaught(1972)发现预先暴露在磨碎的或者糙米中的 Perma Guard 惰性粉对于米象成虫的效果有些下降，也证明了这一点。此外，在经过磨房加工的糙米中用过的 Perma Guard 硅藻土比没用过的效果差。这些观察直接证明了硅藻土对油的吸收能力是影响杀虫效果的重要因素。

（二）杀虫机理、毒力、药效

硅藻土的杀虫机理有以下几种解释：①惰性粉堵塞呼吸孔致使昆虫窒息死亡；②黏附在表皮上的粉粒摩擦表皮，增大失水量；③惰性粉吸收昆虫表皮的水分；④昆虫和螨死于摄取粉粒；⑤惰性粉吸收节肢动物上表皮层的类脂，致使表皮过度失水，即过度的失水或脱水导致节肢动物死亡。

但最容易被接受的解释是第 5 种，即通过除去或吸收上表皮的类脂层，致使表皮层过多的失水而杀死害虫。

硅藻土对储藏物害虫烟草甲、药材甲、谷蠹、长角扁谷盗、锯谷盗、黑粉虫、谷象、米象、赤拟谷盗、杂拟谷盗、皮蠹属、斑皮蠹属、麦蛾、地中海粉螟和印度谷螟等种类都有一定的毒杀作用。

硅藻土还具有杀卵作用，当它被用于处理粮食表面、粮仓的表面时，这种作用就可以显现出来。例如，把赤拟谷盗、米象、谷蠹的卵暴露在 0.5 g/kg 硅藻土粉处理过的粮食中，其孵化率降低，未处理害虫卵的孵化率在 94%～100%，处理过的卵孵化率为 0～52%。

不同种类的害虫对硅藻土的敏感性也不相同。例如：谷蠹和杂拟谷盗成虫与其他种类害虫相比对硅藻土不敏感。在 26.7℃和 65%～75% RH 的条件下，用 1 g/kg 的淡水硅藻土处理的含水量 12%～13%的小麦中，测定杀死害虫 90%所需时间(LT_{90})，锈赤扁谷盗、锯谷盗、米象、杂拟谷盗和谷蠹的 LT_{90} 分别为 2.5，6.1，3.5，13.2，和 63.1 d。在 25.6℃、65%～75%RH 条件下，使用 HarperVallex 硅藻土处理含水量 13%～14%的小麦，7 d 杀死锈赤扁谷盗、米象、杂拟谷盗和谷蠹 90%个体所需的剂量(LD_{90})分别为 0.73、0.33、0.72、2.35 和 8.14 g/kg。印度谷螟的 1 龄幼虫暴露在 HarperVallex 硅藻土中 90%的抑制剂量为 0.41 g/kg。对难杀的种类，如杂拟谷盗和谷蠹暴露 14 d，可以使 LC_{90} 值分别降到 0.92 和 3.91 g/kg。如果暴露时间延长到 21 d 或更多，特别是对谷蠹，LC_{90} 值还可再降低。

另外，通过近年来国内使用硅藻土的试验结果来看，对书虱的防治效果不太理想。

（三）毒性与残留

大多数硅藻土含有的晶体 SiO_2 成分都小于 1%～4%，因为晶体 SiO_2 已鉴定为人类的致癌物质，所以几种硅藻土的生产商都已转产几乎不含或无晶体 SiO_2 的硅藻土。因此，使用者应该知道硅藻土的致病特性，要求厂家提供有关的确切信息。

新型硅藻土对哺乳动物低毒(白兔口投 LD_{50}＞5000 mg/kg 体重)，其稳定性很好，防护期较长。与有机磷防护剂不同，它不会留下任何毒性残留，昆虫一般不会对惰性粉产生抗性。谷物用惰性粉处理后，在加工之前的清理过程中大部分颗粒能被除去。新型硅藻土制剂不会影响制粉、烘焙、发酵特性。硅藻土主要由无定形的 SiO_2 构成，不会对人或动物有致癌的作用。

（四）使用范围

硅藻土粉既能够用于粮食防护剂，也能用于空仓杀虫和仓储器材、设施的杀虫。一些杀虫剂与惰性粉混合使用，对昆虫会产生协同作用。惰性粉尤其是硅藻土添加到谷物中，不会改变粮食的水分。而且，硅藻土也可以配合通风、熏蒸使用。

（五）硅藻土作为保护剂的问题

对于粮食加工业，使用硅藻土存在一些缺陷。主要包括：①降低了粮食的散落性；②降低了谷物的容重；③产生了粉状环境；④粮粒表面粘有惰性粉颗粒；⑤在加工厂清理时，对除尘设施不好，将在厂区产生粉尘环境。

减小惰性粉应用的负面效应的方法之一，就是在有效防护害虫的同时，以最小的剂量施用。另外，单独使用低剂量的惰性粉也是有效的，例如，处理粮堆的表层或底部，而不应该用于整仓处理粮食。

第二节　空仓及器材用杀虫剂

空仓杀虫剂，习惯上也称空仓消毒剂。主要是指用于对空仓、包装器材、运输工具、铺垫物、装具、粮油加工厂及其车间等杀虫、防虫和喷布防虫线的化学药剂。空仓杀虫是粮食仓储工作的重要环节。长期的实践经验证明，粮食入仓前对空仓杀虫处理认真者，害虫感染率明显降低，否则，害虫的感染率明显增加。

对空仓杀虫剂的毒性要求没有保护剂高，因此，除了批准用于储粮保护剂的化学药剂和熏蒸剂可用作空仓杀虫剂外，敌百虫、敌百虫烟剂、敌敌畏、增效敌敌畏、辛硫磷等也可用于空仓杀虫剂。

常用的储粮保护剂和下面介绍的空仓杀虫剂都属于高效低毒或中毒杀虫剂，加之空仓杀虫剂不直接与储粮接触，施药时按介绍的方法进行，就不会对粮食形成污染，因而，其残留可以不予考虑。

储粮保护剂的一些特性前面已经做了介绍，此处只介绍敌百虫和辛硫磷。

一、敌百虫

敌百虫(Trichlorphon)，其化学名称是：O，O-二甲基-2，2，2-三氯-1-羟基膦酸酯。结构式为：

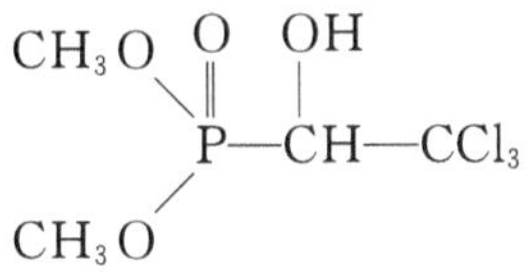

(一) 理化性质

分子式：$C_4H_8PCl_3O_4$

相对分子质量：257.45(实际为双分子，理论相对分子质量为514.9)

敌百虫纯品为白色结晶粉末，熔点83～84℃，沸点100℃/13.33 Pa，20℃时，蒸汽压为1.04×10^{-3} Pa，挥发度为0.11 g/m^3，密度为1.73 g/cm^3(20℃)，折光率为1.3439(10%水溶液，20℃)。工业产品有氯醛味。25℃时在下列各种溶剂中的溶解度分别为：水中为154 g/L，三氯乙烷中为750 g/L，乙醚中为170 g/L，苯中为152 g/L，微溶于二乙醚和四氯化碳，不溶于石油醚。

敌百虫在室温下稳定，高温下遇水分解。在酸性介质中稳定，如在35℃、pH 6.0介质中，转变50%敌百虫需要89 h。酸式水解发生去甲基反应转化为去甲基敌百虫。

在碱性溶液中可迅速脱去氯化氢而转化为毒性更大的敌敌畏，并由于不稳定而很快分解失效。在pH 8的介质中，50%转化为敌敌畏需要63 min，在70℃、pH 8条件下，30 min就可以转变为敌敌畏(54%)及其降解物(46%)。因此，敌百虫应该随用随配，不要以溶液的形式储存，以免失效。

（二）杀虫机理、药效

敌百虫是一种具有胃毒和触杀作用的广谱性有机磷杀虫剂，其作用机制是抑制神经突触上的胆碱酯酶，其生物活性不强，但进入虫体后，可转变为生物活性很强的敌敌畏，表现出较高的毒力。

敌百虫对锯谷盗、米象、拟谷盗、蛾类均有较高的毒力，如浓度为0.001%时在72 h内能有效地防治锯谷盗。

（三）毒性

敌百虫在哺乳动物体内很快被吸收，并被较快地代谢为低毒性及无毒性化合物，随尿排出体外。试验证明，以25 mg/kg的剂量饲喂母牛，24 h后血液中几乎检测不到敌百虫。

从对哺乳动物急性试验、亚急性试验的结果来看，敌百虫属于毒性较低的杀虫剂。敌百虫对雌雄大白鼠的口投急性LD_{50}分别为640 mg/kg和354 mg/kg，对狗的口投急性LD_{50}为420 mg/kg；但对家禽的毒性较大。在慢性试验中发现，用敌百虫以100 mg/kg、200 mg/kg和400 mg/kg的剂量饲养大白鼠1年半，100 mg/kg雌大白鼠组、200 mg/kg雄大白鼠组血清和红血球的胆碱酯酶活力有轻微抑制；400 mg/kg组胆碱酯酶活力被明显抑制，且雄大白鼠脾和肝重量比对照组轻，雌大白鼠卵巢和乳腺有病变。

（四）应用

敌百虫有50%、80%乳油，2.5%粉剂，20%的烟剂，块状固体等剂型。

敌百虫可用于空仓、运输工具、包装器材和垫糠的杀虫。使用剂量和方法是：用0.5%～1%水溶液每千克喷10～20 m^2。也可制成2%的烟剂。制成的烟剂点燃时要求只冒白色烟云，不能产生黑烟，使白色仓壁变色。

二、辛硫磷

辛硫磷（phoxim）也叫肟硫磷、腈肟磷、倍腈松。化学名称为O,O-二乙基（α-氰基苯甲醛肟基）硫逐磷酸酯或O,O-二乙基（苯乙腈酮肟基）硫逐磷酸酯。

结构式为：

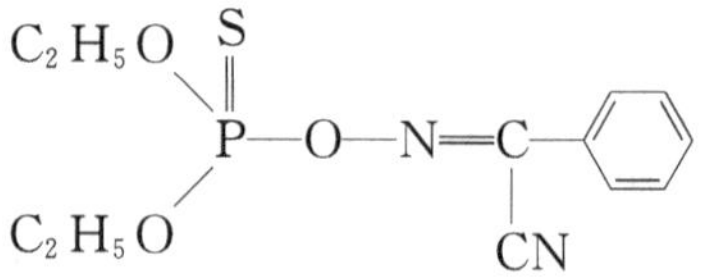

（一）理化性质

纯品为浅黄色油状液体，密度为1.176 g/mL（20℃）。沸点120℃，熔点5～6℃。20℃时溶解度：水中7 mg/L，二氯甲烷中＞500 g/kg，异丙烷中＞600 g/kg，难溶于石油醚。室温下工业品为浅红色油状物，在中性或酸性介质中稳定，在碱性介质中容易分解。高温下易分解，光解速度快。

（二）杀虫机理和毒力

辛硫磷是一种具有触杀和胃毒作用的有机磷广谱性杀虫剂，具有抑制胆碱酯酶的生物活性。在虫体内可转变为生物活性更高的氧化辛硫磷。辛硫磷和氧化辛硫磷在虫体内不易降解，因此，对害虫的毒力很大。

据实验报道，以 5 mg/kg、10 mg/kg、20 mg/kg 的剂量拌入稻谷、玉米、小麦和高粱中，就可以有效地防治锯谷盗、长角扁谷盗、脊胸露尾甲、咖啡豆象的成幼虫及蛾类幼虫。

（三）毒性

辛硫磷对大白鼠的最大无作用剂量为 25 mg/kg。

辛硫磷的亚急性毒性也较小。试验结果表明，用含 500 mg/kg 辛硫磷的饲料饲喂大白鼠 3～6 个月，受试大白鼠与对照组比较，生化指标和组织病理检查均无显著差异。

辛硫磷的急性毒性也很小。辛硫磷对小白鼠的口投 LD_{50}：雄性为 1470～1935 mg/kg，雌性为 2370 mg/kg；对大白鼠的口投 LD_{50}：雄性为 2170～5110 mg/kg，雌性为 1976 mg/kg。对雌性猫和狗的口投 LD_{50} 为 250～500 mg/kg。对雌性大白兔的口投 LD_{50} 为 250～375 mg/kg。

（四）应用

辛硫磷可用于空仓、加工厂、器材和运输工具的杀虫。辛硫磷有 40%和 50%乳油，使用前将辛硫磷乳油配制成 0.2%的乳液，每千克可喷洒 20～40 m^2。对于木质或多孔性表面，可适当增加喷洒剂量。

第三节　储粮保护剂的应用技术

一、保护剂的使用原则

储粮保护剂的应用剂型很多，有的是乳油，有的是超低剂量喷雾剂，有的是粉剂或可湿性粉剂。如何使用好储粮保护剂，达到用药量少、残效期长、残留量低、防护效果好，是我们用药的根本宗旨，因而使用储粮保护剂过程中应该符合以下原则。

（一）保护剂的使用不应该影响粮食的安全储藏

储粮保护剂大体可分为液剂和粉剂两大类。

粉剂一般可根据保护剂的使用说明要求的剂量或自己的具体情况直接拌入粮食。粉剂的拌入量大小可影响粮食的一些物理特性，如增大粮食的静止角、降低粮食的散落性、降低谷物的容重等，加工时需要进行清理，因而，在保证能有效预防害虫发生的原则下，应尽量减少使用剂量。

液剂可采用机械喷雾法或超低剂量喷雾法。后者使用剂量特别低，不存在加水量过多的问题。前者在使用过程中要加入一定量的水，在操作过程中要谨慎。对于所用的喷雾器来说，加水量越大在粮食中越容易喷洒均匀，但加水量过大会影响粮食的储藏安全。因此，一般情况下保护剂的加水量不能超过粮食重量的 1‰。

（二）使用保护剂的储粮必须是安全水分粮和基本无虫粮

储粮保护剂在高水分粮中降解较快，残效期会大大缩短，所以使用保护剂的储粮必须符合安全水分的要求。

储粮保护剂是用来预防储粮害虫发生和从外部侵入的，在害虫大量发生的情况下难以奏效，因此使用保护剂的储粮必须是基本无虫粮。在储粮害虫大量发生时必须用熏蒸剂杀虫后，才能用保护剂进行保护。

（三）要根据发生害虫的种类选用保护剂

不同种类的保护剂其防护的对象也有所不同。例如，防虫磷对锯谷盗、大眼锯谷盗、谷斑皮蠹、烟草甲的防治效果好，对米象、玉米象、赤拟谷盗、杂拟谷盗、锈赤扁谷盗、白腹皮蠹成虫的防治效果较好，对谷蠹、粗足粉螨效果很差。而凯安保对谷蠹的防治有特效，对玉米象、米象、赤拟谷盗、谷斑皮蠹、杂拟谷盗效果较差；对螨类和书虱的防治效果不明显。因而，要根据当地发生的主要虫种合理选择保护剂。

（四）要根据地区和粮食保护期合理选用保护剂

保护剂的降解速度和粮食的温度密切相关。一般情况下，温度越高降解的速度越快，因此，在选择用药量时，其原则是高温高湿地区选择高限剂量，低温低湿地区选低限剂量。

随着时间的推移，粮食中的保护剂会逐渐降解，使用者应该根据粮食需要保护的时间长短和所使用保护剂的半衰期合理选择用药量。其原则是储存期长的粮食选择高限剂量，储存期短的粮食选择低限剂量，

另外，要根据仓房或储粮的环境选择用药量，储粮条件差的(如农户)选高限，储粮条件好的选低限。

二、保护剂的施药方法

（一）机械喷雾法

具有入库机械化装置的大型粮库，可在皮带或刮板式输送机上安装专用的喷雾设备——电动喷雾机，入库时可边入粮边喷施药液。喷雾机的喷药量要与粮食的流量相匹配，喷雾量应控制在加水稀释后药液总量不超过粮食重量的0.1%。喷头应设置在背风并靠近输送机带上的粮流面上，以便减少药液被风吹造成的损失。

对于已入库的粮堆也可以用喷雾法进行表面施药，然后人工搅拌。

（二）超低剂量喷雾法

使用超低剂量喷雾器将药液不加稀释或加少量水直接喷洒。这种方法适合于无机械化入仓条件的仓房，或已入仓粮堆的表层施药。这种施药方法不增加粮食水分或很少增加粮食水分，有利于粮食的安全储藏。另外，无水高浓度的保护剂性能稳定，其药效维持的时间也较长。在施药过程中如果应用的喷雾器质量好，喷出的雾滴很细，还有利于在粮食或其他被防护物上均匀分布。

（三）砻糠载体法

砻糠载体法是以砻糠作为载体，把储粮保护剂喷洒在砻糠中，然后将载有杀虫剂的砻糠拌入准备好的储粮中，对储粮进行保护的一种施药方法。

砻糠载体法的特点之一是药效持久。粮粒内的酶有促进保护剂降解的作用。由于砻糠本身是无生命体，采用砻糠载体法施药，可减少酶对药剂的分解作用。同时，药剂集中分布在药糠上，抑制了微生物的繁殖，减少了微生物对药剂的分解作用。这样，可以使保护剂能在较长的时间内发挥作用。

减轻保护剂对粮食的污染。药剂主要附着在载体上，不直接与粮食接触，采用此法施药，黏附到粮食上的药剂量很少，使消费者食用更安全。不必要考虑安全间隔期，只要将粮食过风过筛或在加工过程中清理杂质时将药糠除去，随时都可以供加工供食用。采用这种施药方法，药剂不会像直接喷雾或喷粉时因计算有误而产生过量，也不会因施药操作失误使药剂分布不均匀形成局部残留过高而污染粮食。

砻糠载体法的特点之二是操作安全、方便。采用载体法施药时，由于药剂附着在载体上，只要戴手套将药糠均匀地撒到粮堆中就可以了，不需要购置其他很高级的施药工具。施药过程中药剂也不会像喷雾或喷粉那样有雾滴或粉尘飞扬，对操作人员安全。

操作方法：选用干燥洁净的砻糠，按粮食重量 0.1%的比例，在施药前几天将砻糠薄摊在室内地面，用超低剂量喷雾器就整堆粮食所需要的总药剂量喷洒到砻糠上去(不要加水)，阴干后备用。使用时可根据具体情况进行表面拌粮、隔层拌粮、回字形拌粮或进行底层铺垫等。

砻糠载体的粒度大小对杀虫剂的降解有一定影响。从有利于延长保护期和缩小药糠体积考虑，以选用粒度为 2 mm 左右的药糠为好。

药糠储藏稳定性较差，配好的药糠长期储存后药效会降低，应随用随配，用多少配多少。

（四）粉剂拌粮法

有些保护剂可先配制成不同含量的粉剂，然后将粉剂拌入储粮或用于打防虫线。

粉剂的常见制作方法有直接粉碎法、母粉法和浸渍法。

直接粉碎法是按配制粉剂所需要的浓度，将原药和填充料混合后，用机器粉碎到一定的细度，达到非常均匀的程度即为成品。常用的填充物料有陶土、滑石粉等。使用的填充料必须是洁净的、粒度大小适当的。

母粉法即先配制成高浓度的母粉，运到使用地区后再与一定细度的填充料混合均匀，即成为需要浓度的粉剂。用此方法配制粉剂，既能保证细度又能减少药剂的运费，更重要的是高浓度的母粉降解速度慢、失效慢，容易保存较长的时间。

浸渍法即将原药溶解于溶剂中，与一定细度的填充料搅拌均匀，待有机溶剂挥发后，即可使用。此法配制成的粉剂称为浸渍粉剂或孕粉，常用于实验室的少量加工。

粉剂质量的高低与粉剂的制作方法、粉剂中原药的分布状况、填充料的理化性质、粉粒中药粒的细度等有关。

粉剂配好后，可在专用的场地将粉剂均匀地拌入粮食中，也可边入仓边撒药。使用时可根据具体情况进行表面覆盖拌粮、隔层拌粮、回字形拌粮或进行底层铺垫等。

另外，保粮磷和谷虫净也是厂家已经配好的粉剂，使用方法同上。

三、保护剂的施药方式

保护剂的施药方式可分为表面施药法、隔层施药法、回字形施药法、底层施药法和打防虫线等。

（一）表层施药

表层施药法也称为表面覆盖法，是指按粮堆表面30 cm厚的量计算用药量，将保护剂均匀喷洒在粮食的表面，并将粮堆表层30 cm的粮食搅拌均匀。适用于已经入仓储藏期间的粮食。

先将药剂拌入粮食中，然后将拌有保护剂的粮食在粮堆表面覆盖30 cm。用这种方法的原因是由于保护剂只对储粮起保护作用，在虫口密度高时只能用熏蒸剂进行处理。用熏蒸剂处理以后，害虫的侵入一般是从上部进行的。同时在粮食存放一段时间，特别是气温比较高时，害虫主要活动在粮层表面约30 cm的部位。因此，用此法既可保护储粮不感染害虫，也可减少药剂的用量，同时也减少了药剂对粮食和环境的污染。

（二）隔层施药

隔层施药法是指粮食入库时，将保护剂每隔一定的高度，喷洒(撒)一层保护剂，最后在表面也喷洒(撒)一层保护剂。一般施药间隔可控制在每30 cm施一层保护剂。此法比表面施药法用药量大，但比全仓拌药法用药量要少。它适用于条件较差的仓房。

（三）回字形施药

回字形施药法是指将保护剂施在粮堆的表层、底层和四周，对整个粮堆的六个面进行保护。它适用于条件较差的仓房和农户。

（四）底层施药法

底层施药法是指将保护剂施在粮堆的底部，预防储粮害虫从底部发生。这种施药方法对仓房底部不好、裂缝多的仓房更为重要。

对于条件特别差的仓房和农户，也可采用全仓施药法。

（五）打防虫线

为了预防储粮害虫从仓房的门窗或其他明显的孔洞进入仓房，在上述部位喷洒(撒)一些保护剂的方法，称为打防虫线。通常采用的方法是将保护剂喷洒在可吸附药剂的材料(如海绵)上，然后将其放置在仓房门口。为了延长保护剂的防护期，也可将砻糠载体装入布袋中，放置在上述部位。

四、硅藻土的应用技术

（一）空仓处理

处理空仓(如仓库，货栈，立筒仓和房式仓)，首先应该计算需要处理的全部表面(如：地面、墙、顶棚)，硅藻土推荐剂量为5 g/m^2。

（二）粮仓设备和运输工具表面处理

处理粮食的设备包括运输工具都应用除尘器、吹风机或喷枪喷施硅藻土处理杀虫。硅藻土也可应用于出粮绞笼、提升机、输送带和进出粮口。

（三）粮食的处理

硅藻土可用不同技术处理水分含量在12%～13%的粮食。最简单的使用是粮食进行小堆分配，通常每堆20～100 kg。把这些粮食堆积在干净平整的地面，测出直接处理粮食的剂量，然后，将硅藻土撒在粮堆的表面，可使用金属、尼龙或布筛(网孔大小大于60μm)把硅藻土撒在粮食表面，而后用铁锹和铲子把硅藻土和粮食混合均匀。

一些使用说明建议，处理粮面60 cm厚粮层，而不是整个粮堆。有些杀虫粉说明书建议处理粮仓表面和底层各10%的粮食，并指出建议使用剂量。处理整个粮堆将影响粮食的散落性、容重，并且卸粮比较困难。一般讲，硅藻土以兑水喷雾的方式使用，可以减少粉尘对工人的危害，但是与喷粉相比会降低使用效果至少2～3倍。

也可通过调整粮食流量，在进入刮板输送机和皮带输送机之前加入硅藻土。

粮面可用喷粉机或随入仓输送机施用硅藻土。

五、保护剂施药注意事项

在配药和喷雾时，要戴防毒口罩和橡皮手套，穿长袖衣服。预防药液沾染皮肤或吸入呼吸道。

撒药糠时要戴纱布口罩和手套。

在仓内施药时要敞开仓库的门窗，每一人次在仓内连续操作不宜超过2 h，每天不宜超过2次。

操作前后切勿饮酒，尽量少吸烟。

休息和施药完毕后，要用肥皂将手、脸彻底洗净，才能吸烟、喝水、吃饭。

防护用品用完后，要及时认真清洗，妥善保管。

当发现中毒时应立即采取急救措施，中毒人员应立即离开现场，至空气新鲜处，脱去药剂污染的衣物，用肥皂洗去皮肤上的药液。情况严重时，应及时送医院治疗。

保护剂的残液或载体不得倒入河流、池塘或下水道中，以免污染环境。

思　考　题

1. 什么是储粮保护剂？理想的储粮保护剂应该具备哪些特点？
2. 我国已批准使用的储粮保护剂有哪些种类？按照杀虫剂的化学成分，各属于什么类型的杀虫剂？
3. 什么是防虫磷？其杀虫机理是什么？
4. 什么是杀虫松？其杀虫机理是什么？
5. 什么是保安定？其杀虫机理是什么？
6. 什么是凯安保？它与溴氰菊酯有何区别？其杀虫机理是什么？与敌杀死和凯素灵有何区别？
7. 保粮安的配方是什么？它有何使用特点？
8. 保粮磷的配方是什么？它有何使用特点？
9. 什么是储粮保护剂的安全间隔期？

10. 什么是砻糠载体施药法？这种施药法的特点是什么？
11. 常用的空仓杀虫剂有哪些？
12. 什么是表面施药法、隔层施药法、回字形施药法、底层施药法？各有何特点？
13. 硅藻土杀虫剂作用机理是什么？
14. 硅藻土作为储粮防护剂的优缺点？
15. 简述保护剂的使用原则。

主要参考文献

华南农学院. 1983. 植物化学保护. 北京：中国农业出版社
李希平，任翠珠. 1993. 杀虫剂. 北京：化学工业出版社
农业部农药检定所. 1998. 新编农药手册(续集)
王佩祥. 1997. 储粮化学药剂应用. 北京：中国商业出版社
郑州粮食学院. 1987. 储粮害虫防治. 北京：中国商业出版社
周继汤. 1999. 新编农药使用手册. 哈尔滨：黑龙江科学技术出版社
Subramanyam Bh., and D. W. Hagstrum. 2000. Alternatives to pesticides in stored-product IPM. Kluwer Academic Publishers

第十四章　储粮熏蒸剂及其应用

本章提要：

- 常用储粮熏蒸剂磷化氢、溴甲烷、敌敌畏、氯化苦及二氧化碳的性质与特点
- 熏蒸剂对害虫的药效及对人的毒性
- 常用熏蒸剂的应用技术及安全防护
- 研究开发中的熏蒸剂简介。

第一节　常用熏蒸剂的种类与特性

使用熏蒸剂熏蒸储藏物可以在不移动商品的情况下，达到消除及控制害虫的目的。进行储粮熏蒸杀虫有时甚至不需专门的设备、电力或人力等，通常是最经济、简便、有效的方法。常用磷化氢、溴甲烷、敌敌畏、氯化苦和二氧化碳。

一、磷化氢

（一）主要理化性质

磷化氢(phosphine)分子式为 PH_3，相对分子质量 34，沸点－87.5℃，气体比重 1.184，蒸汽压 30℃时为 42×10^6 Pa，在 1 个大气压 30℃时由 1 g/m^{3}换算为百万分浓度(mL/m^3)的换算系数为 730。

1. 气味

纯净的磷化氢是无色无味的剧毒气体，但在伴随金属磷化物释放磷化氢气体的同时往往带有乙炔味或大蒜味的气体，使其暂时有一定的警戒作用。在许多情况下，当其浓度低于 0.3 mL/m^{3}的卫生标准时，这种气味也可成为检查磷化氢存在的参考指标。在某些熏蒸条件下，空间仍有磷化氢的有效浓度时这种特殊的气味也可能消失。因此，很可能这种气味是由某种比磷化氢本身更快更易被吸收的杂质造成。这就提示人们一点，即没有特殊气味不一定没有磷化氢存在，这在常规熏蒸开仓放气和清渣时尤其值得注意。

2. 溶解性

磷化氢微溶于冷水，不溶于热水，在水中的溶解度为 0.26。易溶于酒精和乙醚。所以，在使用磷化氢前后操作人员应忌酒和忌食油腻食物。

3. 燃爆性

纯品磷化氢在常压下比较稳定。在空气中，当磷化氢的浓度超过 1.7%或 26 g/m^{3}时就形成了燃爆混合比，加之双膦(P_2H_4)的存在即可自燃，产生白色烟雾(五氧化二磷)，其反应式如下：

$$PH_3 + O_2 \rightarrow P_2O_5 + H_2O$$

$$PH_3 + O_2 \rightarrow P_2O_5 + H_2O + Q\text{(发火)}$$

$$P_2O_5 + H_2O \rightarrow H_3PO_4\text{(烟雾)}$$

Norrish 和 Qldershaw(1961)提出了光解氧化磷化氢反应系统的反应机理，与其他的研究人员一致的推测为磷化氢的氧化机理为游离基链锁反应，具体步骤如下。

链增长阶段：

$$O_2 + PH_2 \rightarrow HPO + OH$$

$$OH + PH_3 \rightarrow PH_2 + H_2O$$

$$O_2 + PH_2 \rightarrow PH + HO_2$$

$$O_2 + PH \rightarrow HPO + O$$

分支阶段：

$$O + PH_3 \rightarrow PH_2 + OH$$

终止阶段：

$$O + O_2 + M \rightarrow O_3 + M$$

$$\text{游离基} + \text{屏蔽基团} \rightarrow \text{化合物}$$

次级反应：

$$HPO + O_2 \rightarrow HPO_3$$

$$HPO_3 + H_2O \rightarrow H_3PO_4$$

在降低压力且温度超过 100 ℃时，磷化氢会自发地燃烧，特别是在干燥的空气中更易发生。磷化氢的燃爆受其浓度、气体成分、气体流速、光线、温度、压力、火源等因素影响。实验证明，磷化氢因紫外线、原子辐射或有机原子团的作用而转化为 PH_2 原子团。该原子团与烯类化合物形成有机磷化氢，并与磷化氢在空气中的爆炸有关。上述反应是连续的，在没有有效的终止作用时，只要有起始的少量的 PH_2，即可连续进行。

据报道，磷化氢燃爆的下限浓度在 1 个大气压、含水汽 0.39％的条件下，随温度升高而降低。在 20℃、30℃和 40℃条件下分别为 31.0 g/m^3、30.1 g/m^{3}和29.1 g/m^3。在影响磷化氢燃爆的复杂因素中起主要作用的是火源、气体成分和气体流速；在静止状态下，磷化氢与任何比例的空气混合在自然压力、45℃以下的阳光直射以及在 50℃以下的温度环境中是安全的；在有火源存在的情况下，磷化氢最低燃爆极限浓度为 0.28％。在试验的气体流速为 10～15 m/s 时，磷化铝水解自然产生的磷化氢混合气不燃爆。如果与空气以 1∶1 到 1∶5 的比例混合时发生燃爆，当比值增到 1∶8 时则不发生燃爆。因此，在使用磷化氢熏蒸时，一定要控制磷化铝的反应速度，使产生的磷化氢气体迅速扩散，避免局部浓度过高。

一般认为磷化氢不能用于减压熏蒸，但近几年的研究有所突破。实验证明，当大气压为 1470 Pa，它的最低燃爆浓度是占大气体积的 1.67％，相当于 25 g/L 左右。这个浓度远远超过在防治实践中所用浓度；如果在环流熏蒸中因风扇或气泵的运转而使大气压力降低到 1470 Pa，引起磷化氢燃爆的危险性不大。

4. 腐蚀性

磷化氢对一般金属的腐蚀性较小，容易与铜或铜合金如青铜等金属作用，这种作用导致金属被腐蚀，在金属表面留下明显痕迹，如：

$$2PH_3 + 3Cu \rightarrow Cu_3P_2(\text{黑色}) \downarrow + 3H_2 \uparrow$$

在有氨存在的情况下，这种反应会更加强烈(有时氨可由所用药剂配方如磷化铝片剂中的某些成分分解释放出，这在仓外投药水法发生时因氨易溶于水可避免)。同时也发现在邻近沿海地区，空气中含有水和盐分也会进一步增强这种反应。因此，使用磷化氢熏蒸加工厂、仓库时，应将铜质机械部件、仪表等采用移出或涂油、罩塑料薄膜密封等措施保护起来。

另外发现磷化氢腐蚀性因相对湿度、磷化氢的浓度、空气中氧的含量和温度的增加，以及磷化氢处理的次数而加剧。将重铬酸钾饱和溶液涂在金属表面，能够很有效地延缓腐蚀速度。

5. 磷化氢与硝酸银的显色反应

磷化氢能与硝酸银作用，生成黑色磷化银的显色反应，反应式如下：

$$PH_3 + 3AgNO_3 \rightarrow Ag_3P \downarrow$$

这种显色反应可用于磷化氢气体的检测。用醮有硝酸银溶液的试纸检测熏蒸环境或粮堆中有无磷化氢的存在。如采用 5%～10%的硝酸银溶液的滤纸条醮后置入空间，5～7 s 内由黄变为黑色，表示磷化氢的浓度大约为 0.007 g/m^3。或者用硝酸银溶液处理过的硅胶粉制成检测管，用以测定粮堆内的磷化氢气体浓度。

需要说明的是在有硫化氢存在时，含有硝酸银溶液的试纸也会变色，在进行磷化氢检测时应注意其干扰。

6. 磷化氢的分解

熏蒸后通风散气，磷化氢进入大气后降解，在紫外线的照射下在水气中与氧作用生成磷的低氧酸。溶于水中的少量磷化氢可逐渐降解为磷、氢和磷的低氧化合物。

(二) 磷化氢对被熏蒸物的影响

磷化氢在大多数种类的粮食上只有轻微的吸附，且吸附的大部分在通风散气后很容易除去。据报道，磷化氢对农产品的反应残留物都是无害残留。由于粮食是植物的种子，它也是一种生命体，是一种代谢水平微弱的生化封闭系统，因此磷化氢熏杀害虫的同时，也会对粮食有一定的影响，但是这方面的研究较少。一般认为在常规剂量和安全水分下磷化氢对种子的发芽没有实质上的影响，但可能会稍微减小发芽势。有明显的迹象说明，对高水分粮磷化氢可能会降低其发芽的能力。磷化氢一般对食品食用品质无不良影响，对种用品质无药害，对一种杂交白玉米不影响发芽力，但影响其产量。

磷化氢抑制谷粒的呼吸，被抑制的程度因含水量的高低而异，在较低水分(小于18%)时影响较小。在呼吸受抑制的过程中，过氧化氢酶和呼吸酶都受到影响。对于种子，如果水分高于 25%，则磷化氢将使种子失去发芽力。

经磷化氢熏蒸处理发现，其呼吸抑制率随磷化氢剂量的增加而增大，随处理时间的延长而增大，随种子含水量增加而增大。进一步的研究发现磷化氢对种子呼吸的抑制与种子的含水量呈正相关，即种子含水量越高对磷化氢的吸收量越大。可见水是磷化氢被吸收和进行抑制反应的介质。

在实际磷化氢熏蒸中，处于安全水分以下的粮食，磷化氢不会影响粮食的发芽。但是粮食水分高于 17%时，不宜用磷化氢熏蒸，一般情况下还应避免高浓度磷化氢的长时间熏蒸。尽管磷化氢熏蒸在防止粮食品质劣变方面有一定的作用，但是这一方面还需进一步的深入研究，完善有关理论和技术。

（三）磷化氢对人的毒性

磷化氢是剧毒气体，对人的毒性主要作用于神经系统，抑制神经中枢，刺激肺部，引起肺水肿和心脏扩大。其中，以神经系统受害最早且最严重，还会影响到呼吸系统、心血管系统和肝脏。也有报道，长期接触磷化氢，会出现人体染色体重排，移位先出现在G环淋巴细胞，造血系统癌症明显增多。

磷化氢主要是由呼吸道吸入中毒，不能通过皮肤进行吸收。吸入磷化氢气体或误服或吸入磷化物粉末亦可引起中毒，如长期和低浓度的磷化氢接触可引起慢性中毒。磷化氢对高等动物有积累毒性。

吸入磷化氢后可引起的中毒症状有：

轻度中毒：头痛、失眠、乏力、鼻干、咽干、胸闷、咳嗽、恶心、呕吐、食欲减退、腹痛、腹胀、窦性心动过缓、低热等。

中度中毒：除以上表现外，伴有下列情况之一者，即嗜睡、抽搐、肌肉震颤、呼吸困难、肝脏损害或轻度心肌损害等。

重度中毒：除以上表现外，并出现昏迷、惊厥、肺水肿、呼吸衰竭、明显心肌损害、严重肝损害等。由于积水引起的胸痛(肺水肿)可引起人死亡。在浓度为2.8 mg/L (2000 mL/m^3)的空气中非常短的时间内人就可死亡。

磷化氢中毒有一定的潜伏期，一般在24 h内；偶有长达2～3 d的，在此期间应密切观察。

磷化氢在工作环境空气中的允许浓度最高为0.3 mL/m^3。这一标准是基于每天工作8 h，每周工作5 d而确定的(德国为0.1 mL/m^3)。尽管这里所说的是平均浓度，但也是上限浓度。在操作中的目标应是将其视为可接受的最大程度。

美国和其他一些国家规定了接触磷化氢的短期最低接触值(TLV-STEL：Threshold Limit Value-Short Term Exposure Limit)，每天不超过4次暴露，且两次接触时间间隔在60 min以上的浓度是1 mL/m^3(0.0013 g/m^3)。

（四）磷化氢的应用

1. 磷化氢的使用范围

磷化氢适于熏蒸长期储存的干燥物品，主要用于实仓熏蒸，可熏蒸各种粮食、油料和成品粮。磷化氢也可用于熏蒸器材、空仓和加工厂等。

熏蒸种子粮时，水分不得超过以下规定：

粳稻	14%	大麦	13.5%	玉米	13.5%	大豆	13%		
籼稻	12.5%	小麦	12.5%	高粱	12.5%	荞麦	12.5%		
绿豆	12.5%	棉籽	11%	花生仁	9%	菜籽	8%	芝麻	7.5%。

国外有的资料报道，磷化氢熏蒸粮食时对粮食安全水分(在通常条件下适于长期储存的水分)的要求是：

大豆	15.0%	可可豆	7.0%	棉籽	10.0%
花生仁	7.0%	玉米	13.5%	稻谷	15.0%
大米	13.0%	高粱	13.5%	小麦	13.5%
豇豆	15.0%	粟	16.0%	棕果	13.5%

2. 磷化氢的应用浓度

采用磷化氢作为熏蒸剂熏蒸粮食时掌握合理的气体浓度是至关重要的，在实际生产中，对于每一仓、每一时间、每一虫种、每一害虫品系等，杀死害虫的有效浓度实际上都会有所差异。一般而言，会因密闭条件、环境温度、害虫发生情况等而有所变化。

在许多情况下，由于仓房气密性等原因，施药后仓内气体浓度开始阶段较高，但很快会在未能达到密闭时间前就已经降到了有效浓度之下，这样的磷化氢熏蒸过程会导致熏蒸失败。正确的浓度变化应当是浓度不一定要多么高，但能在较长的密闭时间内保持在有效浓度范围内(如图 14-1)。

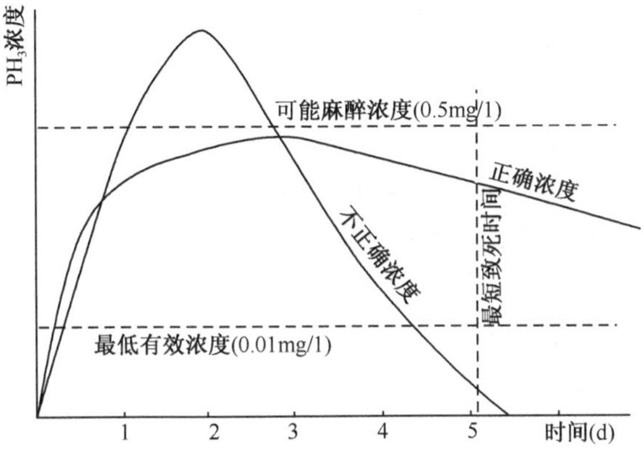

图 14-1　磷化氢熏蒸应掌握的浓度原则

从目前的有关资料来看，磷化氢杀死害虫的剂量直接与暴露时间、环境温度、害虫发生的种类与品系等有关。如在 25℃以上的温度下，采用 1 mg/L 的磷化氢浓度 7 d 即可杀死抗性较强的谷蠹，而 0.3 mg/L 的浓度 10 d 却不能将害虫完全杀死，此浓度下至少要 14 d 以上的维持时间，才能全部杀死害虫。

在磷化氢熏蒸技术规程中要求的熏蒸杀虫的浓度根据不同的粮温、害虫发生的种类、害虫抗药性等采用适当的磷化氢浓度和密闭时间(见表 14-1)。

表 14-1　不同温度下不同虫种要求的密闭时间和磷化氢浓度(mL/m³)

代表性害虫的属或种	温度*(℃)	密闭 14 d 以上时	密闭 21 d 以上时	密闭 28 d 以上时
敏感害虫：玉米象、长头谷盗、杂拟谷盗及其他敏感害虫	>25	200	150	100
	20～25	250	200	150
	15～20	—	250	200
耐药性害虫：扁谷盗(属)、蛾类、谷蠹、米象、书虱、螨类、赤拟谷盗、米扁虫及其他抗性虫种	>25	300	250	200
	20～25	350	300	250
	15～20	—	350	300

*　温度：害虫发生部位的最低粮温。

3. 使用磷化氢时的安全防护

处在有磷化氢气体的环境中有可能吸入过量毒气的人员必须戴防毒面具，现今大多数国家对磷化氢毒气浓度的卫生要求为 0.3 mL/m³(V/V)，在超过这个标准的环境中工作时必须戴预防性防毒面具。

4. 磷化氢中毒急救

在磷化氢操作中如发生人员中毒，应及时抢救。首先要将中毒人员转移到新鲜空气处，脱掉污染衣服，清洗皮肤特别是暴露部分，注意保暖。

误服中毒者用1∶5000高锰酸钾溶液洗胃，无洗胃条件时，可用硫酸铜催吐，即每5～10 min饮1%硫酸铜溶液一汤匙，至呕吐为止；或饮用大量水后再刺激咽喉引吐。

可用50%葡萄糖静脉注射或用10%葡萄糖缓慢静脉注射，输液量不宜过大；可服用硫酸镁泻剂，忌食油脂类食物或蓖麻油泻剂。咳嗽、胸闷时可内服镇咳药物及氨茶碱。肺水肿、抽搐、呼吸衰竭等要进行对症治疗，禁用吗啡类药物。

如中毒较重时，要及时住院治疗，治疗可参照GB7797-87职业性急性磷化氢中毒诊断标准及处理原则。

5. 磷化氢气体浓度检测

为了保证杀虫效果，尤其在长期密闭的中后期，应做好对磷化氢气体的浓度检测工作，以保证粮堆各部位总是维持有效的磷化氢杀虫浓度。这对于避免熏蒸失败和避免害虫对磷化氢抗药性的发展具有更重要的意义。为保障施药人员的人身安全，在熏蒸密闭期内应对仓房(堆垛)周围进行有无漏气的检测。特别是用塑料薄膜密闭的仓内上部空间，因为这关系到操作人员进仓查粮时是否安全。在开仓放气后进仓清渣前也应对仓内的磷化氢气体进行检测。

(1) 硝酸银试纸显色检查法

用干净的白色滤纸条，放在5%的硝酸银溶液中浸湿，在需要检查的处所挥动，如在5～7 s内滤纸出现黄色，表明空间的磷化氢浓度在0.007 mg/L。随着磷化氢浓度的升高，滤纸的颜色会由黄色棕褐色以致变为黑色。此法只适于作定性检查。

(2) 磷化氢气体硅胶检测管

硅胶检测管是一根两端密封的细长玻璃管，上面标有刻度(可测定范围0.01～1.8 mg/L)，管内装有指示剂层和保护剂层。

指示剂可用硅胶做载体浸润硝酸银和硫酸铜溶液，干燥后装入玻璃管中。保护剂为少量玻璃粉和棉花，用以固定指示剂的位置。

取气工具是用50 mL的玻璃(或不锈钢)注射器，如取粮堆内气体，在注射器嘴上套接一个三通开关即可。取气的方法是：三通开关的三个开口，一个接注射器，一个连接预先置入粮堆的橡胶管或塑料管(进气口)，另一个为排气口。取气时，把排气口关闭进行抽气，把进气口关闭进行排气，如此反复数次，待把原有空气完全排除后，再准确地抽取粮堆内气体50 mL，把三通关闭。

测定时，先把硅胶管两端锯断，将管上有箭头一端插入橡胶管口内，以200 s的时间将50 mL气体均匀地注入硅胶管中。指示剂与磷化氢气体作用，产生黑色的变色柱段，变色柱端的刻度即为磷化氢气体浓度。

可以用一种手动泵代替注射器抽取气体。有时也有用注射器直接连接采气口取气的。

(3) 磷化氢气体电子检测仪

磷化氢气体电子检测仪是采用对磷化氢气体敏感的传感器，感知磷化氢气体的浓度值，并以电流的形式输出相应的电流值，把此微弱信号放大，转换成数字信号，由液晶显示其即为磷化氢气体浓度值。

磷化氢气体检测仪的特点是携带方便，可连续工作，分次使用费用低，快速准确，操作简便等。

（4）红外分析仪

可根据磷化氢气体对红外线产生的效应，测定气体浓度。吸收量与受气体浓度影响的红外线的路径长度成正比。可在实地用来进行现场分析，分析磷化氢所用的波长为 10.1μm，可分析的最低浓度为 1.0 mL/m^3，最大浓度近似值为 1000 mL/m^3。

在磷化氢浓度测定时也可用气相色谱法进行，即将从待测环境中取得的气样注入气相色谱仪中测定分析磷化氢浓度。

6. 磷化氢的残留动态、残留标准及分析方法

磷化氢熏蒸粮食后，会有一部分残留在粮粒上，这些残留物有两类。一类为挥发性残留，主要是由粮食的物理吸附作用造成，这些残留物经过熏蒸后的通风散气，即可明显下降。商品对磷化氢的吸附，绝大部分是物理吸附。

非化学吸着的磷化氢其残留和降解与多种因素有关。残留量的高低与用药量和处理时间呈正相关，二者比较，则用药量的影响更大。处理时间短、用药量低、温度较高、残留少。其残留有一个高峰期。熏蒸期间在浓度增加过程中的降解速度比浓度下降过程中造成的残留多。在熏蒸剂的分布基本均匀后，最高残留量是在出现最高浓度后，磷化氢的降解速度与温度呈正相关，只有在温度低于－18℃时，在大豆和小麦中残留的磷化氢才接近稳定。此外，Noak 等通过实验证明了一个值得注意的结果是：磷化氢的降解速度不受通风的影响。可行的是在熏蒸后延长散气的时间。

另一类为非挥发性残留，如用放射性磷元素之磷化氢处理小麦、小麦粉、油菜籽和亚麻籽后，证明有一部分磷化氢已转变成非挥发性残留物。非挥发性残留物主要是磷的低氧酸盐，即次磷酸盐。另外，还有可能与粮食化学成分结合的非水溶性化合物。

在室温下，经推算中间产物可能是膦化氧(PH_3O)，或者是羟胺类似物 PH_2OH。磷化氢甚至在－115℃的温度下，也可分解为聚合氢化物［$(PH)_X$］。磷化氢的氧化明显地要在水溶液中进行。在适当的条件下，磷化氢可使某些有机化合物还原，特别是芳香族的硝基化合物。

非挥发性残留是由化学吸附作用造成，不会随通风时间的延长而降低。这些残留物主要分布在粮粒的外层组织(麸皮、米糠)中。据檀先昌等报道，用磷化氢熏蒸粮食，随着熏蒸次数的增多，非挥发性残留积累也越多。在接近生产的试验条件下，第一次熏蒸的粮食中的非挥发性残留最高。

我国规定磷化氢在粮食中的残留标准，以磷化氢计为不大于 0.5 mg/kg 粮，即重量比为 0.5 mg/kg(以原粮计)。

磷化氢在粮食中的残留分析方法，按国家标准 GB5009.36-1996《粮食卫生标准的分析方法》中“磷化物”的分析法进行。

（五）产生磷化氢的药剂

1. 磷化铝

磷化铝制剂有很多优点，在我国自 20 世纪 60 年代初期应用以来，一直是储粮害虫

化学防治中最主要的熏蒸剂。磷化铝的分子式为 AlP，相对分子质量 58，是由赤磷与铝粉在高温下合成。磷化铝原粉是一种浅灰绿色粉末，暴露在空气中能吸收空气中的水蒸气，或与水反应，分解产生磷化氢气体，其化学反应式如下：

$$AlP + 3H_2O \rightarrow Al(OH)_3 + PH_3\uparrow$$

磷化铝的剂型主要有以下几种。

(1) 粉剂

商品粉剂其实就是磷化铝原粉，它含真正的磷化铝为 80%～90%，其余为杂质 10%～20%。有的还含有氨基甲酸铵，氨基甲酸铵有极强的吸湿分解能力，在空气中分解生成二氧化碳和氨气，对产品有稳定作用，可以减缓磷化铝的反应速度，并能防止磷化氢燃爆。二氧化碳可以刺激昆虫呼吸，提高杀虫效果。其化学反应式为：

$$AlP + NH_4COONH_2 + 3H_2O \rightarrow Al(OH)_3 + PH_3\uparrow + CO_2\uparrow + 2NH_3\uparrow$$

(2) 片剂

片剂是把磷化铝原粉加进助剂压制而成，一般是直径为 20 mm，厚度为 5 mm 的圆形片。因为加进了助剂，磷化铝的含量相对下降。片剂中磷化铝的含量为 56%～57%，杂质(氧化铝等)为 8.5%～9.5%。助剂有三种：氨基甲酸铵 28%，石蜡 4%，硬脂酸镁 2.5%。氨基甲酸铵的作用同在粉剂中一样；石蜡和硬脂酸镁是黏合剂，便于压片成型和脱模。片剂每片重 3 g 或略重于 3 g，即含磷化铝 1.68 g，完全反应可释放磷化氢气体约 1 g。

(3) 丸剂

丸剂的组成成分同片剂，只是每丸重量为 0.6 g。

(4) 缓释剂

将磷化铝片剂装入用聚乙烯薄膜制成的包装袋中，利用聚乙烯薄膜对磷化氢气体和水汽的阻隔与通透性控制磷化铝的分解速度，使磷化氢气体缓慢释放出。可以根据粮食水分、空气相对湿度、环境温度等情况选择所用聚乙烯薄膜的厚度和产品种类，以使密闭环境中的磷化氢浓度在所要求的时间内保持有效。

利用阻气性较好的铝箔对磷化铝制剂进行密封小包装，使之在存放期间磷化铝不能吸收水分而放出磷化氢气体。在使用时，可用针刺小孔，使水汽进入和磷化氢气体放出。此方法尤其适用于小包装的货物的分别熏蒸处理。

在袋装磷化铝中加入比磷化铝吸水性强的物质，后者可以在磷化铝吸水分解之前将水分吸收，使得制剂在储存、运输和施药开始等过程中不致有太多的磷化氢气体放出，从而有利于操作安全。如在磷化铝制剂中加入沸石，可以使磷化铝释放磷化氢的时间延迟 30 min 左右。

有的地方为了提高磷化铝在密封条件可能不太好的农家储粮熏蒸使用时的安全性，控制磷化铝释放磷化氢的速度，以取得预期的效果，在磷化铝片剂外再附一层石蜡，更有利于熏蒸的方便性。

将磷化铝粉装入用透气的塑料非编织物制成的袋囊中，使用时直接将其放入粮堆表面或内部。由于其形式类似于香囊，也有人称之为香囊剂。我国有的厂家生产的袋装粉剂每袋重 34 g 左右，可产生 10 g 磷化氢气体。

国外有将磷化铝粉剂药袋连在一起使用的。每块袋毯剂由透气的塑料非编织物组成，长达 5 m，内装两排共 100 个 Detia Gas-Ex-B 熏蒸袋，可释放 1.13 kg 磷化氢。每张袋毯剂卷成卷放在气密性金属罐中，操作时只需将熏蒸毯取出，在粮面上铺开即可，药剂吸收空气和粮食中的水分释放出磷化氢。这种技术已成功地用于船舱、钢板仓、立筒水泥仓、散装房仓和用塑料蓬布覆盖的地下仓。用药剂量为每吨粮食 0.5 g 磷化氢(地下仓，澳大利亚)和 28 g(散装袋，德国)之间。

2. 磷化锌

磷化锌的分子式为 Zn_3P_2，相对分子质量 258.1，是由赤磷和锌粉在高温下合成。

磷化锌为灰色有光泽的粉末，其性质比较稳定，不溶于水，不燃烧。在空气中也能吸收水蒸气而释放出磷化氢气体，但是反应慢且不完全。在酸性和碱性溶液中则反应快，分解产生磷化氢气体。其反应式如下：

$$Zn_3P_2 + 3H_2SO_4 \rightarrow 3ZnSO_4 + 2PH_3\uparrow$$

$$Zn_3P_2 + 3CaO + 9H_2O \rightarrow 3Ca\,[Zn(OH)_4] + 2PH_3\uparrow$$

磷化锌与生石灰反应速度缓慢，而且反应也不完全，主要是石灰的碱性较弱，所以要加少量的纯碱(碳酸钠)，以加快其反应速度。反应式如下：

$$Zn_3P_2 + 3Ca(OH)_2 + 3Na_2CO_3 \rightarrow 3Na_2ZnO_2 + 3CaCO_3 + 2PH_3\uparrow$$

国产的磷化锌有两种规格，一级品含磷化锌 90%，二级品含磷化锌 80%以上。

3. 磷化钙

磷化钙的分子式为 Ca_3P_2，相对分子质量 182。遇空气中水分能产生磷化氢气体，反应式如下：

$$Ca_3P_2 + 6H_2O \rightarrow 3Ca(OH)_2 + 2PH_3\uparrow$$

磷化钙成品是一种块状物，其颜色因纯度高低不同，有棕褐色、紫褐色、灰色等之分。工业品中往往含有硫化钙、氟化钙和砷化钙等物质，遇水汽也能发生反应，反应式如下：

$$CaS + 2H_2O \rightarrow Ca(OH)_2 + H_2S\uparrow$$

$$CaF_2 + 2H_2O \rightarrow Ca(OH)_2 + 2HF\uparrow$$

$$Ca_3As_2 + 6H_2O \rightarrow 3Ca(OH)_2 + 2H_3As\uparrow$$

砷化氢等气体也有杀虫作用。但这些毒气残留在粮食中，对人的影响尚不清楚。因此，磷化钙只用于熏蒸原粮，不用于成品粮。

磷化钙的施药方法与磷化铝基本相同，即粮面施药法和小布袋埋藏法等。由于其成品纯度不一，用药剂量应具体计算。用纯度 18%～25%的产品，剂量为：粮堆 15～22 g/m^3，空间 7～12 g/m^3，密闭 7～10 d；如果熏蒸器材等时，剂量为 10～15 g/m^3，密闭 7～10 d。

有人比较了磷化钙自然潮解法、水投法和湿基潮解法，认为自然潮解法最不好，分解慢且不完全，有人试验，自然潮解法投药 10 d 后仍有 38%～46%的磷化钙未反应。

水投法中磷化钙、水、碳酸氢铵的比例为 1∶2.5～3∶0.8，水投法的反应速度要比自然潮解法快，所得磷化氢的浓度要比自然潮解法高近 20 倍。

湿基潮解法是把磷化钙放在湿沙上，反应也较好。也可将磷化钙和湿沙放在反应桶内进行仓外投药。

4. 磷化镁

分子式 Mg_3P_2，相对分子质量 134.9。

据国外资料报道，通过对商用磷化镁片剂和磷化铝片剂的水解情况对比，磷化镁片剂比磷化铝片剂的水解速度快，水解作用更完全。在相同熏蒸条件下，应用磷化镁经 30 h 可达到用磷化铝时 60 h 后的浓度水平。国外有商品名为 Degesch FUMI-STRIP™ 的磷化镁片剂，每片可释放出 33 g 磷化氢气体，其特点是释放磷化氢的速度比磷化铝片剂快，此剂型在 30℃、50％相对湿度条件下，7 h 可达 100 mL/m^3 的磷化氢浓度，而磷化铝片剂在同样条件下则需要 11 h。

国内磷化镁的试制及初步试验结果，用金属镁粉与赤磷直接烧制，镁粉与赤磷的比例为 1.2∶1 或 1∶1，可得草绿色结晶产品磷化镁。在烧制中为了降低成本，可加一些氧化镁以减少镁粉的用量。该产品吸收水分后释放出的磷化氢气体也带有蒜臭味。

5. 使用金属磷化物应注意事项

（1）禁止在夜间或大风大雨天气进行熏蒸或放气。用磷化铝熏蒸要严防粮仓漏雨或帐幕内结露，以免水滴滴入药内引起火灾。

（2）用磷化铝或磷化锌熏蒸前应切断仓内电源，进仓人员不准穿带铁钉的鞋，使用的金属器皿要严防撞击，以免产生火花，引起燃烧爆炸。

（3）熏蒸粮油种子时，要注意水分以及气温的影响。粮油种子的水分应在安全水分以内，如果气温超过 28℃，熏蒸时间不宜过长，否则会影响种子发芽率。

（4）使用磷化锌进行帐幕熏蒸时，反应缸的上方必须留一定的空间，以利气体扩散，反应缸(或容器)四周不准有易燃物品，以防事故发生。

（5）磷化锌要全部浸入酸液中，禁止散投。反应缸内要保留二倍左右的空间体积。

（6）装磷化铝或磷化锌的容器应在室外开启。开启磷化铝药瓶盖时，有时会出现燃爆情况。此时，只要轻轻摇动药瓶，火即熄灭。熏蒸操作时，严禁水滴或汗滴滴入药剂中。磷化铝熏蒸发生燃烧时，应用干沙灭火，或用二氧化碳灭火机灭火，紧急时可用散粮压盖灭火，严禁用水浇灭火；如粮食、器材在施药后数小时内发生燃烧时，应立即打开门窗，戴好防毒面具进仓抢救。如在施药数天后发生燃烧，要注意仓内缺氧。磷化锌熏蒸发生冒火时，可用水或小苏打灭火。

（7）用磷化锌酸式投药法投药时，应将硫酸慢慢倒入水中，并不断搅拌，严禁将水往硫酸中倒。且只有当酸液温度降到 35℃以下，再投放磷化锌药包，气温超过 37℃时，应停止使用磷化锌，以防燃爆。

（8）熏蒸放气后，应将盛药器皿搬出，运到距水源 50 m 外的偏僻处，将药渣、残液深埋。

（9）熏蒸后的粮食、油料必须经充分通风散气后，才能出仓。

（10）熏蒸施药后应检查仓房或熏蒸场所是否有磷化氢漏气现象，如有漏气时，应进行必要的补救工作。

二、溴甲烷

溴甲烷(methyl bromide，bromomethane)，又名溴代甲烷、甲基溴。

自1932年在法国开始应用以来，世界各国都已广泛应用。我国是50年代开始应用的，由于溴甲烷必须采用钢瓶包装及价格较高等原因，至今在使用范围上受到限制。目前我国生产的溴甲烷在国内主要用于进出口货物的熏蒸杀虫，在国际上溴甲烷应用最多的是土壤熏蒸，用于储藏物熏蒸处理的量所占比例比较小。

溴甲烷由于对大气平流层中的臭氧层有破坏而影响到地球的人类生存环境，现已被联合国环境署列为大气臭氧层枯竭物质而限制和取消使用。具体时间表为按1991年的用量水平减少，全球用量到2001年减少50%，2003年减少70%，2005年在发达国家取消使用，2015年在发展中国家取消使用。目前，一些欧洲国家已经取消其使用。我国政府决定：2006年年底我国粮食仓储系统全面停止使用溴甲烷。

根据国际公约《蒙特利尔议定书》，溴甲烷的使用在一些特殊情况下的熏蒸处理如货物装船前的处理和植物检疫处理、2005年后一些紧急的农产品处理等情况下属于豁免使用。

（一）主要理化性质

溴甲烷的分子式为CH_3Br，相对分子质量为94.95。

溴甲烷在常温下为无色气体，少量时无味，浓度较高时微带香甜如乙醚或氯仿气味，是一种没有警戒性的熏蒸剂，嗅阈为80～4000 mg/m^3，因个体而异。一般都压缩成液体，装在钢瓶中。液体溴甲烷纯度在99.5%时为无色，纯度低于99%时略带微黄色。液体溴甲烷比重在0℃时为1.732，气体比重为3.27，沸点4.5℃/760 mmHg，蒸汽压力在10℃时为1.4 kg/ cm^2，汽化潜热为61.52卡/g。封闭状态下25℃时在水中的溶解度为1.34 g/100 g；敞开状态下为0.1 g/100 g。易溶于酒精、乙醚、氯仿、二硫化碳、苯等有机溶剂和油类、脂肪、橡胶、树脂等物质。

液态的溴甲烷易将脂肪、树脂、橡胶等物质溶解，熏蒸施药时要防止把药液直接喷在塑料或橡胶帐幕上。气态的溴甲烷对金属、棉、丝毛织品和木材等都没有影响。溴甲烷的化学性质比较稳定，不易被酸碱物质所分解，但在酒精溶液中能被分解。

由于溴甲烷沸点低，蒸汽压高，因此，它向粮堆内的扩散性强，粮食吸附力小，熏蒸以后，散放毒气比较容易，低温(6℃以上)条件下也可使用。

在一般熏蒸所用浓度下不燃烧、不爆炸，但在空气中含溴甲烷13.5%～14.5%(容积比)即535～570 g/m^3时，遇火花或火焰时可以燃烧。在400℃时可以热分解。液态溴甲烷能和铝反应生成甲基溴化铝，也能对镁、锌及其合金造成腐蚀。曾有溴甲烷与铝以及二硫化亚砜接触爆炸的报道，所以不能用铝罐储存溴甲烷，也不能在施用溴甲烷时使用铝管。溴甲烷在水溶液中可分解为甲醇和溴化氢，水解速率取决于pH。可与含胺和硫的物质作用。对多数金属稳定，但可与锌、锡、铝和镁在有杂质如乙醇或水分时起表面反应。可渗透许多物质，如水泥、橡胶、某些塑料、皮革、砖、木墙等，如较容易渗透低密度的聚乙烯，渗透高密度的聚乙烯要比渗透低密度取乙烯慢5～8倍，不能渗透金属和聚氯乙烯。

（二）药效

溴甲烷对各种储粮害虫及其各个发育阶段都有较强的药效。对螨类的药效比其他熏蒸剂好。

溴甲烷对害虫的药效，因虫种而异，即使同一种，其不同虫态对溴甲烷的敏感性也有差异。据试验，小麦含水量14%，温度26.6℃，相对湿度70%，密闭24 h，对米象不同虫态95%死亡率所需剂量分别为：卵18.5 g/m^3，幼虫10.1 g/m^3，蛹22.2 g/m^3，成虫13.5 g/m^3。

溴甲烷是一种强烈的神经毒剂和作用较弱的麻醉剂，同时也影响害虫的呼吸作用，抑制其呼吸酶，引起呼吸代谢率的降低而致死。

（三）溴甲烷对人的毒性

溴甲烷是一种强烈的神经毒剂和作用较弱的麻醉剂。除从呼吸器官吸入外，还可从皮肤进入人体。溴甲烷是无警戒性的毒气，具有缓滞的神经麻醉性，损失神经系统、肾脏、肺。溴甲烷进入人体后，分解为甲醇及溴化氢，甲醇可生成甲醛，可以引起神经系统积累性中毒。有的资料介绍溴甲烷对琥珀酸脱氢酶有抑制作用，引起脑机能的障碍。

溴甲烷中毒具有潜伏期和积累的特点，使用时必须高度注意安全。中毒后的潜伏期长短，因人体质不同而异。急性中毒症状短的可在4～6 h，长的要2～3 d才能发生，慢性中毒需数周或数月才能有反应。

溴甲烷在空气中不同浓度下使人中毒情况为：浓度为50～17 mL/m^3轻微中毒；2000～4000 mL/m^3呼吸30～60 min，严重中毒以致死亡；20000 mL/m^3立即死亡。

联合国粮农组织和世界卫生组织估计溴甲烷的日允许摄入量为1.0 mg/kg体重。

（四）应用范围和剂量

溴甲烷可熏蒸各种原粮、成品粮、油料和薯干等，但不宜熏蒸蛋白质含量高的豆类。特别重要的是在植物检疫中用于水果和蔬菜等的熏蒸。

熏蒸种子粮时，用药量按整个仓房计算，每立方米用15～20 g，密闭36 h。熏蒸种子粮的水分要求：玉米、大麦12%，小麦、荞麦、绿豆12.5%，籼稻13.5%，粳稻14.5%，芝麻7%，棉籽14%。超过以上水分要求，会对种子的发芽率有明显影响。

溴甲烷的用药量每立方米粮堆体积20～38 g，密封24 h；空间体积15～20 g，密闭2～7 d。

（五）安全注意事项

（1）熏蒸时必须做好安全防护措施，施药人员应佩带完好的防毒面具。

（2）施药后应在仓房四周用测溴灯检查有无漏气现象，发现漏气立即密封。

（3）散放毒气后经用测溴灯检查，低于安全浓度时，方可进仓工作。

（4）施药时，如发生钢瓶喷嘴因药液凝固阻塞，可用热水淋浇喷嘴，严禁用火烘烤。

（5）种子粮在熏蒸前后，必须检验发芽率。

（6）药剂必须存放在阴凉场所，严禁在烈日下暴晒。

（六）残留动态

货物熏蒸以后，大部分溴甲烷迅速解吸和消散。在正常情况下，溴甲烷气体的残留问题不大。但是，由于熏蒸剂和所熏蒸材料中的某些成分之间发生化学反应，通常有少量的永久的残留存在。其反应物是一般容易检出的无机溴。

熏蒸后食品中的有机态溴，经过散气，在4 d之后几乎完全消失，但是溴总量在

1 d之后就表现出一定的恒量值，由于熏蒸，被吸收的溴甲烷和食品中的成分进行化学反应，发生分解，而无机态溴就残留下来，因此，溴甲烷的残留量分析，一般不进行有机态溴和无机态溴的区分，都是以溴总量来表示。

各种粮食中溴甲烷的残留量参见表 14-2，从表中可见，经 3 d 散气后，除大豆外，其余的各种粮食都能降到 50 mg/kg 以下。经大量试验证明溴甲烷不能熏蒸蛋白质含量高的豆类，因其残留量高。

表 14-2 溴甲烷熏蒸的粮食中溴的残留量（mL/m^3）（用药量 40 g/m^3，熏蒸 24 h）

粮种	散气天数		
	3	7	10
大 麦	3.6	2.1	1.6
小 麦	15.2	13.7	13.0
玉 米	17.6	16.6	13.8
糙米（缅甸产）	42.0	37.0	34.8
大 豆	174	156	144
小扁豆	11.2	10.3	9.0
花 生	46	38	29.0
烟 草	65	26.4	24.0

蛋白质含量多的小麦品种中溴残留量就比蛋白质含量低的小麦品种高，而溴大部分是含在麦麸里，在小麦中各部分的溴含量与蛋白质、脂肪含量有明显的正比关系。溴甲烷主要是与小麦中蛋白质起反应，经测定面筋中溴含量多，占总量的 87%。

据报道，施药量增加、熏蒸时间延长，会使残留量成正比例地增加，而且在高温高湿情况下进行熏蒸，也会使残留量急剧增加。

溴甲烷在植物中的残留受多种因素的影响，如熏蒸时间、剂量、通风情况、植物的理化性质等。在叶菜中残留量会大一些。特别是一些植物如康及馨、柑橘籽、棉花、胡椒、洋葱、芹菜对溴甲烷敏感。

三、敌敌畏

敌敌畏（dichlorvos，DDVP），化学名称：O，O-二甲基-O-（2，2-二氯乙烯基）磷酸酯。结构式为：

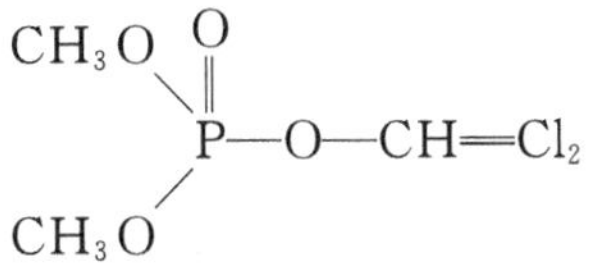

（一）主要理化性质

分子式：$C_4H_7O_4PCl_2$，相对分子质量：220.98

敌敌畏的纯品为无色油状液体，工业品为棕黄色液体，略带芳香味。比重 1.415（25℃），沸点 74℃（1 mmHg），挥发性较强，在不同温度下，其挥发度见表 14-3。

表 14-3 敌敌畏在不同温度下的蒸汽压和挥发度

温度(℃)	蒸汽压(mmHg)	挥发度(mg/m^3)
10	4.5×10^{-2}	56.5
20	1.2×10^{-2}	145
30	3.0×10^{-2}	350
40	7.0×10^{-2}	800

敌敌畏难溶于水，在水中的溶解度为1%，能溶于多种有机溶剂中，如苯、甲苯等。

敌敌畏乳油较稳定，有水则极易水解。当敌敌畏溶液呈酸性时，水解还不很快，在中性半衰期只有半小时，在碱性介质中水解更快。高温能加快敌敌畏分解，温度越高，水解越快，在沸腾状态下，经 1 h 完全分解。水解产物为无毒的磷酸二甲酯和二氯乙醛，无杀虫作用。

（二）药效

敌敌畏具有较好的熏蒸作用，也有触杀和胃毒作用。它对某些昆虫的触杀毒力比敌百虫大 7 倍多，作用特点是迅速、击倒力强，但残效期短。

据广东省粮科所报道，用 80%乳油，每立方米空间用量为 250 mg，在 20℃时，经 12 h 密闭，可杀死玉米象、谷象、赤拟谷盗、黑菌虫、长角谷盗、锯谷盗、麦蛾、地中海螟等害虫，效果可达 100%。

（三）对人的毒性

敌敌畏对高等动物的毒性要大于敌百虫，对白鼠口服 LD_{50} 为 56～80 mg/kg，大白鼠经皮 LD_{50} 为 75～107 mg/kg，属中毒农药。它可以通过呼吸道、皮肤和口腔引起中毒，对血液中胆碱酯酶活性有抑制作用。

联合国粮农组织与世界卫生组织规定：敌敌畏对人每日允许摄入量为 0.004 mg/kg 体重。我国卫生部规定车间空气中敌敌畏的最高允许浓度为 0.3 mg/m^3。

（四）使用范围

敌敌畏适用于空仓、加工厂、包装器材、铺垫材料等的杀虫处理，也可以用于实仓空间熏蒸。

用药量：实仓熏蒸用 80%乳油，0.3～0.4 g/m^3；空仓、器材等杀虫为 0.2～0.3 g/m^3。施药后密闭 2～5 d。

敌敌畏向粮堆内的扩散性差，又易被粮食吸附，实仓只用粮面熏蒸。

（五）注意事项

(1) 施药时，必须穿工作服，戴风镜、橡胶手套及有机磷防毒口罩，或用双层纱布口罩，在中间加浸有 5%～10%小苏打溶液的纱布，以防中毒。

(2) 施药过程中，发现头痛、头晕、呕吐等症状，必须立即离开现场，注意休息。

(3) 如药液沾染皮肤，立即用水冲洗。施药后，用肥皂洗手、洗脸。

(4) 不得与碱性物质混合，以防分解失效。使用时应随配随用，不可放置过久。

四、氯化苦

氯化苦(choropicrin)1918年在法国首先作为熏蒸剂使用，从50年代起，我国开始使用氯化苦，并成为我国主要储粮熏蒸剂之一，但该药剂存在施药时工作量大，毒气向粮堆内的扩散性差，散气慢等缺点，目前应用量在逐渐减少。

(一) 理化性质

氯化苦化学名称：三氯硝基甲烷，分子式为 CCl_3NO_2，相对分子质量为164.39。

氯化苦为储存于压力或非压力液罐的杀虫剂，纯品是无色油状液体，工业品纯度为98%，无色或浅黄色液体。低纯度产品则因含杂质和受光作用而呈浅黄色，在空气中能挥发成气体，但挥发速度较慢，有刺激性气味，在极低浓度下，人眼粘膜也易感到强刺激而致催泪，故有警戒作用。

氯化苦沸点为112.4℃，蒸汽压在25℃时为23.9 mmHg。氯化苦的蒸汽压与挥发度见表14-4。氯化苦的蒸发速率为20～23℃时挥发2.5 $g/min.m^3$；30℃时挥发5.5 $g/min\cdot m^3$；45℃时挥发7.6 $g/min\cdot m^3$。

表14-4　氯化苦的蒸汽压和挥发度

温　度(℃)	蒸汽压(mmHg)	挥发度(g/m^3)
0	5.91	57.4
10	10.87	104.0
20	16.91	184.0
30	30.50	295.0

氯化苦液体比重，20℃时为1.657。蒸汽比重为5.67，比空气重4.67倍。由于氯化苦的相对分子质量大、沸点高、蒸汽压低、挥发性、扩散性都较差，易被粮食、器材等吸附。如温度较低时，毒气约一个月才能散尽。采用常用剂量熏蒸时，一般仅能渗入粮堆0.75～1 m左右。散装粮堆如超过1 m以上，熏蒸必须打探管，以利毒气向粮堆深处扩散。

氯化苦几乎不溶于水，在水中的溶解度随温度升高而降低。氯化苦在100 g水中溶解量在0℃时为0.2272 g，25℃时为0.1621 g，75℃时为0.141 g，但溶于苯、乙醇、乙醚、煤油等有机溶剂中，还能溶解于脂肪中。氯化苦气体在有水时对铁有腐蚀：

$$CCl_3NO_2+4Fe+7H_2O=CH_3NH_2+3Fe(OH)_3+FeCl_3$$

氯化苦的化学性质比较稳定，不燃烧，不爆炸，但它与热的水蒸气和金属相接触时，便分解成光气(碳酰氯)和亚硝酰氯，反应如下：

$$CCl_3NO_2\rightarrow COCl_2+NOCl$$

碳酰氯($COCl_2$)又名光气，是剧毒窒息性毒气。亚硝酰氯(NOCl)对呼吸道有刺激作用，能引起肺出血。

氯化苦不易与酸、碱起作用，但能被多硫化物的水溶液所分解，因此可用这些化合物处理氯化苦的容器。

在光的作用下，氯化苦在水中能很快的水解。其反应如下：

$$CCl_3NO_2+2H_2O \rightarrow 3HCl+HNO_2+CO_2\uparrow$$

盐酸等酸性产物，对金属有腐蚀作用，并对动、植物亦有损害作用。因此，高水分粮、种用粮及成品粮和相对湿度较大时，不宜用氯化苦熏蒸。

氯化苦对金属如铁、铜、铝、锌等有腐蚀作用，因此，在熏蒸时，金属设备和机器应搬移、拆除或涂油、用塑料薄膜密封隔离等方法加以保护。对麻袋纤维虽损害不大，但在温度较大时，能降低棉、丝织品的坚固性。氯化苦对高水分粮有破坏作用，不宜使用氯化苦熏蒸，已用氯化苦熏蒸过的粮食和高水分粮，不能用它熏蒸成品粮、种子粮、花生仁、芝麻。目前国外有一些国家已禁止使用氯化苦熏蒸粮食，所以在有些情况下不能用氯化苦熏蒸出口粮。

（二）药效及灭菌作用

1. 对害虫的药效

氯化苦毒气极易由害虫体壁、气管侵入虫体组织，在虫体内生成强酸性物质，是细胞肿胀、破裂、腐烂，还能使细胞脱水及蛋白质沉淀，使虫体组织机能被破坏死亡。氯化苦毒气对常见仓库害虫都可致死，但对螨类的卵和休眠体效果较差。储藏物害虫中对氯化苦抵抗力最强者为米象、谷象，其次为拟谷盗。对于印度谷蛾的幼虫特别有效。

氯化苦的杀虫效果，除与密闭时间、毒气的有效浓度有密切的关系以外，还与熏蒸环境温度、湿度及虫种、虫态有关。

（1）温湿度对药效的影响

氯化苦的药效与熏蒸环境温度有密切关系，通常是温度越高，害虫的死亡率越大，死亡速度越快，所以氯化苦熏蒸时要求最低平均粮温在15℃以上。氯化苦的药效与熏蒸环境湿度有关，通常是湿度越大，害虫的致死速度就越快。在氯化苦浓度一定时，相对湿度大，杀死害虫所需的时间就短。

（2）使用剂量、密闭时间与药效的关系

氯化苦杀虫效果与药剂的浓度和时间均有关系，当温度一定时，在一定的范围内，延长密闭时间可以减少药剂的用量，或提高用药量可以减少密闭时间，均能达到同样的效果。据生产性试验，在仓温32～34℃，用药量25 g/m^3，密闭5 d，或用药量40 g/m^3，密闭3 d，都能杀死粮堆中的米象、赤拟谷盗、锯谷盗、长角谷盗等成虫。熏蒸后的粮样，经室内培养3个月后，用药量25 g/m^3、40 g/m^3、55 g/m^3、70 g/m^3，密闭3 d或5 d的，均有螨类发生，而25 g/m^3和40 g/m^3，密闭5 d的均有长角谷盗幼虫1～2头/kg。由此认为，氯化苦对甲虫类害虫的致死剂量不低于40 g/m^3，对螨类的卵，即使70 g/m^3，亦不能全部杀死。

（3）粮食对氯化苦的吸附

氯化苦很容易被粮食吸附，毒气在往粮堆内的扩散过程中，由于吸附作用，毒气浓度就逐渐降低，扩散速度放慢，从而影响了药效，所以粮层厚度超过1 m，要采用探管法。

2. 灭菌作用

氯化苦有一定的杀菌作用。据报道，氯化苦的杀菌剂量为20～30 mg/L，能抑制酵母菌繁殖；12.8 g/m^3的剂量能够杀死伤寒和鼠疫杆菌；杀灭葡萄球菌的剂量须提高到20～30 g/m^3。

另外，用氯化苦杀死老鼠效果很好，每个鼠洞用药3～5 g，经过一定时间的密闭即可全部杀死洞中老鼠。

（三）对人的毒性

氯化苦是一种毒性很强的毒气，具有催泪及窒息作用，我国目前规定车间空气的允许浓度为1 mg/m^3。氯化苦对哺乳动物毒性见表14-5。

表14-5　氯化苦对哺乳动物的急性中毒实验

动　物	处理方法	药　量	致死时间
兔	腹腔注射	500 mg/kg	20～120 min
豚鼠	吸入	11 mL/m^3	熏蒸20 min，2 d内死亡
兔	吸入	100 mL/m^3	熏蒸20 min，3 d内死亡
兔	吸入	742 mL/m^3	连续熏蒸30 min死亡
猫	吸入	110 mL/m^3	连续熏蒸20 min，14 d内死亡
狗	吸入	120 mL/m^3	熏蒸30 min 50%死亡

关于氯化苦对细胞的阻碍作用是SH基酶的强力阻碍剂，对琥珀酸脱氢酶有阻碍作用。氯化苦的中毒者由呼吸困难直至意识不清。氯化苦的浓度在每立方米空气中达到1 g左右能使人致死。实际熏蒸杀虫的用药量远远超过这个浓度，因此必须注意安全。联合国环境保护署提出的氯化苦的安全接触浓度为0.1 mL/m^3。

（四）使用范围和注意事项

氯化苦除不准熏蒸成品粮、花生仁、芝麻、棉籽、（水分在安全标准以内的豆类除外）和发芽用的大麦外，其他粮食均可使用，也可用于加工厂熏蒸，但地下仓不宜采用氯化苦熏蒸。

氯化苦不准熏蒸成品粮，是因为成品粮对氯化苦吸附能力较强，残留量较高，并对食用品质又有影响。如面粉经氯化苦熏蒸后，发酵不良，大米经氯化苦熏蒸后，色泽易变黄，质地变脆。

种子胚部对氯化苦的吸附力较强，能破坏胚芽，严重影响其发芽率。因此，不宜熏种子粮。

氯化苦熏蒸的温度应在15℃以上，但在实际使用时最好在20℃以上进行。

氯化苦具有很强的吸附性能，熏蒸结束后，必须延长通风散气时间，使毒气散尽后才能搬运或供应。

（五）残留动态、标准与分析方法

1. 氯化苦残留情况

氯化苦容易被物体所吸附，因此对熏蒸后的谷物中的残留要注意。氯化苦在正常熏蒸条件下，在熏蒸后的食物中的残留仅限于未起变化的氯化苦气体。但有人认为，氯化苦具有三氯硝基甲（CCl_3NO_2）的结构，在食物中发生化学反应后也可产生无机亚硝酸盐和亚硝铵（联合国粮农组织和世界卫生组织1965）。

2. 残留标准和分析方法

我国有关粮食卫生标准规定，氯化苦在粮食中的残留标准为≤2 mg/kg(原粮)。

按国家标准 GB5009·36-85《粮食卫生标准的分析方法》中“氯化苦”的分析法。

（六） 安全防护

施药人员必须按照前述有关要求，进行熏蒸施药。如发生人员中毒，应及时救护。

1. 中毒症状

氯化苦中毒最初症状是眼睛刺痛、流泪、流鼻涕、咳嗽、头晕；浓度大时，引起恶心、呕吐、腹痛、呼吸困难、气喘、全身无力；严重时，引起肺水肿。皮肤沾到氯化苦药液会发生红斑，继而溃烂。

2. 急救方法

(1) 开始感到流泪时，迅速离开现场。严重者应立即到空气流通的上风方向，摘去防毒面具，脱去工作服休息。

(2) 眼受到刺激时，用2%硼酸水洗眼；上呼吸道有刺激症状者，可吸入苏打蒸汽(苏打一茶匙溶于一杯水内)。

(3) 药剂触及皮肤时，应及时用肥皂洗涤。

(4) 如呼吸困难或呈现窒息时可输氧，或在皮下注射强心剂(咖啡因、樟脑、山梗莱素)，严禁对患者进行人工呼吸。

五、二氧化碳

二氧化碳(carbon dioxide)作为熏蒸剂已在不少国家开始应用。二氧化碳最大的优点是对储粮可以杀虫、防虫、抑菌、防霉，延续粮食品质劣变，处理过的粮食无残毒，所以有人称氧化碳为无残毒的熏蒸剂。

（一） 主要理化性质

二氧化碳分子式为 CO_2，相对分子质量 44，是一种无色、无味、不可燃的气体。二氧化碳气源可为液体(维持其自身的蒸汽压，即在 30℃时蒸汽压力为 58.3 kg/ cm^2)，或温度降到零下 78.5℃以下而为固体“干冰”。沸点−78.5℃，气体比重 1.51，液体比重 0.96，在水中的溶解度为每 100 mL（25℃）水中溶解 0.145 g；60℃水中溶解0.058 g。

（二） 熏蒸效果

1. 杀虫效果

储粮害虫在其生长发育、繁殖后代的生命活动中，需要吸入大量的氧气和排出二氧化碳气体，因此，二氧化碳是对害虫生命活动不利的气体。二氧化碳浓度升高，会直接影响害虫的生理代谢和生命，二氧化碳含量达到一定程度，可以抑制和杀灭储粮害虫。二氧化碳具有一定生物活性，其浓度达到一定程度时，即使氧浓度较高也能使害虫中毒死亡。

有资料报道，当二氧化碳浓度达到 15%时，对储粮害虫已有防治效果。当二氧化碳在熏蒸设施内的各部位浓度都达到 35%以上，环境温度在 25℃以上，密闭时间在

15 d以上，可杀死全部害虫。

2. 保质效果

二氧化碳对处理的粮食有一定保质作用，保质效果与二氧化碳浓度、粮食品种、粮食水分和储粮温度有关。二氧化碳浓度越高，保质效果越好，特别是二氧化碳浓度大于98%，效果最为显著。

3. 抑菌效果

二氧化碳对粮食中主要霉菌有较好的抑制作用，但不能致死。二氧化碳的抑菌效果与其浓度、粮食品种、粮食原始带菌量、菌相、粮食含水量和储粮温度等有关。二氧化碳浓度越高，抑菌效果越好；在相同的二氧化碳浓度下，水分越高，抑菌效果越差；环境湿度越低，抑菌效果越好；原粮的抑菌效果比成品粮好。二氧化碳适合处理安全水分的粮食，不然启封后不易再长期保管。

（三）对人和粮食的有害影响

1. 对人的影响

二氧化碳正常情况下空气中的浓度为0.03%，许多国家的安全标准是0.5%以下（含0.5%）。二氧化碳的浓度达2%～5%时，人可感觉到呼吸次数增加；浓度达到5%～10%时，感到呼吸费力；浓度在10%时，可以忍耐数分钟；如在12%～15%的浓度中会引起昏迷；如浓度达到25%以上，数小时内可导致死亡。

从暴露在高浓度二氧化碳中抢救过来的人员，一般会完全恢复健康，不会有后遗症。

2. 对粮食品质的影响

目前国内外就二氧化碳熏蒸的干燥谷物，熏蒸后对粮食质量无不良影响的报道较多，还未有二氧化碳熏蒸会影响质量的报道。但对植物种子来说，因影响种用品质的因素较多，如二氧化碳、氧气的浓度、粮食水分、密闭时间等，要谨慎使用。

（四）使用范围

二氧化碳除种用粮和发芽用粮外，可用于原粮、成品粮、油料和粮油副产品的熏蒸杀虫。

在下列条件下，可选择应用二氧化碳熏蒸杀虫：①谷物市场不接受用磷化氢、氯化苦和溴甲烷等化学药剂熏蒸过的粮食；②要求杀虫处理后粮食无农药残留；③熏蒸环境与作业区和居民区邻近。

用二氧化碳熏蒸必须符合下列条件：①该批粮食储存期在15 d以上，即要保持15 d以上的密闭期；②非种用粮和发芽用粮。

二氧化碳熏蒸其最低浓度要保持在35%以上，环境温度25℃以上，密闭时间15 d以上。提高二氧化碳的浓度，可缩短杀死成虫、幼虫时间，要杀死各虫期害虫，必须延长密闭时间。二氧化碳浓度达100%时，在一定时间内对害虫的致死率反而降低。这是由于在高浓度下，害虫会立即处于昏迷状态，关闭气门，二氧化碳吸入量少的缘故，但随着时间的延长，害虫还会中毒死亡。

粮食对二氧化碳有吸附作用。有些粮种吸附量很大，要注意保持粮堆内各部位的有效浓度。一般二氧化碳熏蒸有效浓度保持在40%以上。二氧化碳的使用量一般是2～

3.5 kg/t 粮。

（五）安全防护

二氧化碳与其他药剂不同，要做好下列防护：

(1) 二氧化碳漏气在自由空间一般不会达到危险的浓度，但与熏蒸设施联通的地下室或低洼处二氧化碳可能会达到危险浓度，要特别注意。

(2) 进入高二氧化碳环境，不能戴一般防毒面具，应戴生氧面具或供氧装置。

(3) 装二氧化碳的罐、钢瓶和输送管道，在充气时温度非常低，接触皮肤会导致"冷灼伤"，所以接触冷源时要戴手套。

(4) 二氧化碳熏蒸放气后，由于粮食的解吸作用，在一段时间内仓内二氧化碳浓度一直较高，应引起注意，避免意外。

(5) 所有作业过程，都必须是多人完成，不得少于 2 人。

六、研究开发中的储藏物熏蒸剂

（一）甲酸乙酯($HCOOC_2H_5$)

甲酸乙酯(ethyl formate，EtF)多年来用于干果的熏蒸。在许多植物中自然存在，有些食品(干果)中亦有。实验室研究发现甲酸乙酯杀虫效果快，在谷物中可快速降解。但在粮食中吸附量也很大。甲酸乙酯是一种老熏蒸剂，作为溴甲烷的替代物而被重新研究。以前多用于熏蒸干果。它所需熏蒸时间短(<2 d)，被登记作为食品添加剂，在一些食品中自然存在的浓度为 0.05～1.0 mg/m^3，它在熏蒸后通常被降解而不是解吸，其降解产物也是食品中自然存在的物质，所以甲酸乙酯对粮食品质和发芽无不良影响。

甲酸乙酯的杀虫效果随温度、相对湿度或二氧化碳水平升高而增加，水汽和二氧化碳可以作为甲酸乙酯的增效物质，这样也可降低剂量、降低燃烧性和降低残留。

25℃，30%～50% 相对湿度条件下，杀死米象末龄幼虫和早期蛹的 *Ct* 值为 660 mg·h/L。

在一个装 52 kg 小麦的 75 L 的聚氯乙烯桶中，应用 5 mL(剂量 80 mg/L，刚好低于 84 mg/L 的燃烧极限)，不论从顶部用药还是从底部用药，甲酸乙酯在未能运动到另一头时就已经被粮食吸附和降解。在同样的装置中进行环流，每小时换气 1 次，10 min 即可均匀分布于整个熏蒸装置。但由于粮食吸附，不能完全杀死在装置中的试虫。为了增大 *Ct* 值，采用加倍用药或同剂量下二次施药或在环流条件下控制气体施入(10 mL 药剂用 4 个小时)，所有受试害虫在 48 h 完全死亡。甲酸乙酯的残留也均匀分布于试验装置中，且衰减到了小于 0.5 mg/kg。

已对密闭不是太好的仓进行的实仓熏蒸表明，甲酸乙酯效果不太理想，但对设备和器材的熏蒸效果很好。使用剂量达 90 g/t，采用 4%的水溶液处理，密封 24 h 可有效杀死米象、赤拟谷盗和谷蠹。

70 g/m^3 甲酸乙酯与 50%二氧化碳混用可在 30 min 快速杀死 3 种受试甲虫和 3 种书虱。另有试验甲酸乙酯剂量 12 g/m^3，24 h 在空仓中可 100%致死米象。实仓中因降解和吸附使用剂量较高，如浓度达 270 g/m^3，48 h 可杀死各虫态 99%以上。

（二）氧硫化碳(COS)

氧硫化碳(carbonyl sulfide)已于1993年在一些国家注册专利用于熏蒸储藏物中的害虫和螨类。此药剂有较好的钻透性和对许多害虫有较好的毒杀作用。用氧硫化碳处理大麦用量17 g/m^3，油籽15 g/m^3。用后气体分布均匀，6 h后浓度变化8%。7 d后处理的大麦仓中平均浓度13 g/m^3，油籽仓中12 g/m^3。熏蒸7d，试验的6种甲虫、3种书虱、1种蛾类幼虫和1种皮蠹幼虫全部被杀死。

Plarre(2000)报道用氧硫化碳18 g/m^3，熏蒸120 h或用量32 g/m^{3}熏蒸72 h，可防治各虫态谷象和镰刀菌。

氧硫化碳是大气中自然存在的化学物质，是地球硫循环的重要部分，一般浓度在0.5(± 0.05)×10^{-9}g/m^3，也就是说，人类总是暴露在低浓度的氧硫化碳气体中。氧硫化碳在粮食中的存在浓度为0.05～0.1 mg/kg。

50 g/m^{3}以内密闭1～5 d可以有效杀死多种害虫，通常采用剂量20 g/m^{3}以内密闭5 d较好。在熏蒸后散气用0.4 kW风机通风2～4 h，可使粮食中氧硫化碳低于澳大利亚规定的最高残留标准0.2 mg/kg，实仓熏蒸表明用氧硫化碳处理的粮食中的残留与没有用氧硫化碳熏蒸的对照仓无明显区别。

用氧硫化碳处理过的粮食对制作的面包、面条、糕点没有影响，对大麦发芽、麦芽汁、啤酒、油、粕残留均不超标。氧硫化碳在硫化氢(浓度在0.1%以上)存在时会对铜有腐蚀作用，对钢、铁、塑料、纸等有破坏作用。

（三）硫酰氟

1. 硫氟酰的主要理化性质

分子式为SO_2F_2，相对分子质量102.06，无色，无味，不纯产品微带硫磺气味；熔点－120℃，沸点－55.2℃，气态比重（空气＝1)2.88。在空气中不燃烧，蒸发潜热169.9 kJ/kg，在水中溶解度：0.078 g/100 g(25℃)。对酸性稳定，在水中缓慢分解，遇pH 7.5的碱性溶液会迅速分解，遇热稳定，40℃以上分解。

2. 硫氟酰的药效

硫酰氟是广谱性的熏蒸杀虫剂，也是杀鼠剂。在较低的温度(－6～0℃)下仍能发挥良好的杀虫作用。对赤拟谷盗、黑皮蠹、烟草甲、谷象、麦蛾、粉蠹等害虫有良好效果。在美国硫酰氟作为防治白蚁的特效熏蒸剂。尤其是对昆虫胚后期虫态，杀虫时间比溴甲烷短，用药量较溴甲烷溴低，散气时间比溴甲烷快。

硫酰氟化学性质稳定，可安全地用于室内一般物料的熏蒸处理。在温度26.7℃下，剂量48 g/m^{3}时对以下材料无腐蚀、无残留气味、无色泽影响，如黄铜、不锈钢、铝、锌、银、尼龙、涤纶、人造丝、羊毛、棉花、毛料、彩色纸样、小羊皮革、照相机、工艺品等。50～150 g/m^{3}的硫酰氟对纸张、棉布、软缎等熏蒸处理3 d，经有关单位测定，对强度、白度、色泽等指标均无影响。分别对大豆、绿豆、黑豆、黄瓜、茄子、大白菜等十余种种籽，以硫酰氟70 g/m^{3}及100 g/m^{3}的剂量，熏蒸处理3 d，证实硫酰氟对上述种籽发芽率没有影响。此外，对紫穗槐、洋槐等林木种籽，硫酰氟熏蒸处理3～5 d，发芽率也无影响。叶炳元和栗克森(1997)报道，硫酰氟对葡萄苗的叶片易产生药害。在20～60 g/m^{3}的处理中，葡萄苗叶片均全部干枯，但葡萄芽耐药性较强。

3. 硫酰氟的熏蒸应用范围

由于硫酰氟具有扩散渗透性强、广谱杀虫、用药量省、残留量低、杀虫速度快、散气时间短、低温使用方便、对发芽率没有影响和毒性较低等特点，越来越广泛地应用于仓库、货船、集装箱和建筑物、水库堤坝、白蚁防治以及园林越冬害虫、活树蛀干性害虫的防治。对木材、棉花、烟草、中药材、竹木器、工艺品、杂货、衣料、图书资料、文物档案等类害虫均有良好的防治效果，硫酰氟是植物检疫、卫生检疫、农林仓储、建筑等行业使用溴甲烷的重要替代品之一。

（四）甲基磷化氢

Chaudry(2000)对甲基磷化氢(CH_3PH_2)的杀虫进行了研究，试验发现甲基磷化氢可杀死锯谷盗、赤拟谷盗、米象和锈赤扁谷盗等。与敏感的害虫相比，甲基磷化氢对于抗磷化氢的害虫会有更大的害虫死亡率，毒力比敏感害虫高近 7 倍。认为分子中的甲基对抗性害虫虫体的解毒酶起了作用。甲基磷化氢比空气重 1.5 倍，可与磷化氢(1.5 g/m^3)结合使用以杀敏感害虫和抗磷化氢害虫。甲基磷化氢的检测可用带火焰检测器的气相色谱仪进行。

第二节　熏蒸剂的应用技术

一、熏蒸剂的使用剂量与浓度的概念

在熏蒸剂的应用中，施药和计算用药剂量时通常是以单位体积熏蒸容积或单位重量的商品体积(或数量)内熏蒸剂的施用量，而在熏蒸密闭期间杀虫气体的状态和水平则是以浓度表示的。

用药剂量一般以单位熏蒸环境的重量表示，熏蒸期间对浓度的检测一般用体积份数表示。受密封、吸附等因素的影响，所用药量与仓内实际浓度常常不能一一对等，但设定了目标浓度后，还是要确定一定的用药量。通过简单的计算求出有用的近似值，浓度值可以从单位体积重量换算成容积百万分比(如 mL/m^3)，反之也是这样。

就所有的气体来说，在温度 0℃和 760 mmHg 压力下，1 摩尔物质的重量所占体积为 22.414 L。如果需要求出其他温度和压力下的精确值，通常的方法是对绝对温度和压力进行校正。

把每立方米克数(g/m^3)或每升毫克数(mg/L)换算成体积百万分比(mL/m^3)的换算过程为：

用气体相对分子质量除给定的值，再乘以 22.4，结果得到的数字就是每升空气中气体的容积数。

用 1 000 乘得到的这个数字就是容积百万分比值。

例：换算 1 g 磷化氢的气体$=1\times22.4/34=0.659$ L

1 g/m^{3}的磷化氢体积比浓度$=0.659\times10^3=659$(mL/m^3)

即所谓的百万分浓度(ppm)

在一个大气压，温度为 t℃时 1 g/m^{3}的磷化氢容积比浓度则为：

$$[(273+t)/273] \times 22.4/34 \times 10^3 (mL/m^3)$$

把气体容积的百万分比(mL/m^3或ppm)换算成每立方米克数(g/m^3)或每升毫克数(mg/L)的换算过程为：

用1000除百万分比，得出每升空气中气体立方厘米数。

用该气体的相对分子质量乘这个数字，然后除以22.4。

例：换算百万分之400的溴甲烷(即400 mL/m^3或ppm)(溴甲烷相对分子质量94.95≈95)

$$400\ mL/m^3 = 0.4\ L/m^3$$

$$0.4 \times 95/22.4 = 1.7\ g/m^3 (或\ mg/L)$$

二、静态熏蒸技术

静态熏蒸技术即将一定剂型、剂量的药剂施入熏蒸环境后，不采用任何辅助措施，完全靠熏蒸气体的自身分子热运动进行扩散分布的熏蒸方式。所采用的药剂可以是经一定反应后生成的气体，也可以是由固体或液体挥发的气体，也可用直接施入的气体。

(一) 磷化氢静态熏蒸技术

1. 间歇施药熏蒸

在低剂量用药的范围内，将总的用药量在熏蒸处理期内分两次或两次以上并间隔一定时间施入密闭环境的熏蒸过程，称为间歇施药熏蒸。

采用磷化铝产生磷化氢熏蒸时，开始施入适量的药剂，以使粮堆内保持一定的磷化氢浓度，杀死比较敏感的成虫和幼虫。对于难于杀死的卵和蛹，则待其孵化为幼虫和羽化为成虫后再将其杀死，可以收到杀虫彻底的效果。在此过程中要进行长时间密闭。如Howe(1973)指出，由于某些害虫的虫态具有较强的耐药力，使用磷化氢熏蒸害虫时，至少要熏蒸5d或更长时间，以使耐用药虫态变为较为敏感的虫态。当初次投入的磷化铝产生的磷化氢浓度将要降至有效浓度之下时，要进行第二次投药。具体的操作方法是：第一次施入一定剂量的磷化铝片剂，检测磷化氢浓度将到有效浓度或设定浓度下限时，再第二次施药；如害虫没能完全杀死，再经上述间隔后施药。

比较科学的间歇投药熏蒸应该是在磷化氢浓度指导下进行，即保证熏蒸环境内的磷化氢气体浓度不低100 mL/m^3(约0.14 g/m^3)，在此基础上密封时间在15～20 d以上。对于处理具有比较高抗性的害虫时，密闭时间有必要时还要进一步延长或适当提高浓度。在磷化氢浓度指导下进行间歇熏蒸，可以避免在仓房密封性能不太好时仅凭时间间隔投药的盲目性。因为对于密封性较好的仓，凭经验上的间隔时间投药可能会保证熏蒸期间磷化氢浓度始终有效；但对于气密性不太好的仓房，很可能会在第一次投药后不久、第二次投药前的一段时间，仓内的磷化氢浓度已经下降到不能有效杀死害虫的浓度。

间歇施药熏蒸时，应对粮堆实施有效密封，以利于低浓度磷化氢气体的保持。进仓施药时，尤其第二次、第三次施药时要特别注意安全防护。从对操作人员安全的角度和磷化氢的作用特性来说，不宜进入已施过药但尚未通风散气的熏蒸环境中，尤其是进入粮面密闭的仓房空间进行作业。在进行间歇投药熏蒸时，如条件具备的话，以进行仓外投药为好。

仓外投药时，可用磷化铝或磷化锌气体发生器向仓内施药；也可借助仓房已有的通风道(及风机)施药；或在仓内布置可以进行仓外投药的施药管道；使用钢瓶装的磷化氢和二气体碳进行间歇投药熏蒸有很大的方便性；利用仓外混合熏蒸机进行仓外发生磷化氢和二氧化碳混合输送气体入仓熏蒸效果更佳。

2. 缓释熏蒸

利用物理或化学的手段，控制熏蒸剂的挥发速度，使杀虫气体缓慢释放以达到防治害虫之目的的熏蒸方法，叫缓释熏蒸。

通常采用聚乙烯塑料薄膜缓释熏蒸。利用聚乙烯等对水汽和磷化氢气体的通透与阻隔作用，控制磷化铝的分解反应速度和磷化氢的释放速度，使磷化氢气体在粮堆内得以长时间保持以得到较好杀虫效果的一种方法。由于延缓了磷化铝制剂的分解，可以长时间在粮堆内保持有效的磷化氢浓度，不仅可杀死较易杀死的成虫和幼虫，而且也可待卵和蛹变为相应的幼虫和成虫后，再将其杀死。同时在操作过程中，由于薄膜袋内的氧气含量相对少，磷化氢浓度也不致过高，也避免了磷化氢的燃爆问题。

聚乙烯薄膜缓释熏蒸的具体的操作方法是：将磷化铝 4～6 片装入厚度 0.04～0.07 mm的聚乙烯塑料薄膜袋(规格 8 cm×10 cm)内，扎紧袋口，然后将药袋埋入粮堆，埋入深度为 0.2～0.3 m。施药点距离为散装粮间隔 1.5～2 m，包装粮间距为 3～4 m。施药量一般散装粮用磷化铝片剂每立方米 2～3 g，包装粮每立方米 1～2 g。

所选用聚乙烯薄膜的厚度可根据粮食的水分和粮食的保管时期等而定。粮食水分高或保管时间长时应选厚一些的薄膜，水分低或保管时间短时可用薄的薄膜。如稻谷水分 13.5%以上时用 0.06～0.08 mm 厚的薄膜；水分在 13.5%以下时可用 0.04 mm 或 0.02 mm 厚的薄膜。

聚乙烯薄膜缓释熏蒸应在具有很好的气密性熏蒸环境中进行，一般包装粮要用聚氯乙烯薄膜六面封，散装粮至少要进行单面封。由于聚氯乙烯薄膜对磷化氢有较大的阻隔性，不能用它来制作薄膜缓释袋。

3. “双低”熏蒸

“双低”熏蒸是低氧(或高二氧化碳)与低剂量相结合的综合防治措施。是根据一定程度的低氧或一定浓度范围的二氧化碳对磷化氢熏蒸杀虫有增效作用而设计的。

低剂量应用磷化氢熏蒸，对粮食生理有一定的调节作用。如采用每万斤粮食 10～20 g 磷化铝剂量熏蒸时，在稻谷和大米生理效应上能抑制粮食、粮食中微生物及仓库害虫的呼吸，这种抑制作用几乎是同步发生的。因而，在促使害虫死亡的同时，也延缓了粮食的品质变化过程，使储粮处于稳定状态。

Kashi 等(1975)报道了二氧化碳对磷化氢的增效作用，发现当空气中的二氧化碳浓度上升到 4%时，可加大害虫对磷化氢的吸收量，提高杀虫效果。在试验的磷化氢的浓度下，空气中含二氧化碳 4%～19%时，可使谷象对磷化氢的吸收量增加 22.5%～66.5%；杂拟谷盗增加 31.3%～110.4%，使杀虫效果增加 3 倍左右或更多。研究发现只有当二氧化碳与磷化氢同时存在于害虫的生存环境中时，增效作用才可表现出来，如果在用磷化氢处理前或处理后，提高二氧化碳的浓度，则增效作用不明显。

梁权等(1980)研究了气调对磷化氢熏蒸杀虫的增效作用，通过较好地密封粮堆，经自然缺氧可以降低大气中的氧浓度，使二氧化碳的浓度相对升高，并可达到对磷化氢增效的浓度范围，对磷化氢熏蒸杀虫起到增效作用。并指出低氧的显著增效起始氧气浓度为 12%，二氧化碳的最佳增效浓度范围是 4%～8%。

双低熏蒸时的药效与剂量及密封性能的好坏，与密闭时间的长短、粮食水分、相对湿度、温度、气体组分、害虫虫种、虫口密度等都有很大关系。其中，双低储粮时密闭时间一般情况下都是比较长的，通常在一个月以上。如果夏季粮食高温入库，立即进行密闭，粮堆中氧气浓度降到 5%以下，也可不再施药，只要保持密闭和足够长的时间，低氧也可达到防治害虫的目的。

双低熏蒸的具体操作方法是：先将粮堆用薄膜严格密封，检测粮堆中的氧气或二氧化碳浓度，当氧气浓度降到 12%以下或二氧化碳浓度升到 4%以上时，再开始施药。磷化铝用量按粮堆内用片剂每立方米 1～2 g 计算。粮温高，害虫密度大，氧气浓度高，剂量应大一些；二氧化碳浓度高时，剂量可相对小一些。如当温度为 31～35℃，粮食水分 11%～12%，氧气浓度在 10%～12%，二氧化碳浓度为 5%～6%，磷化铝片剂用量 0.5～1 g/m^3；或氧气浓度 18%～20%，二氧化碳浓度 5%～6%，磷化铝用量 1.5 g/m^3，小麦、玉米等粮食中的害虫均可被有效防治。

磷化铝可用小布袋分装，每袋药量片剂 15～20 g，将药袋均匀施放在密闭粮堆的上层表面或埋入粮堆。深层粮堆要借助探管施药。较好的施药方法是通过导气管进行仓外投药，这样可以更好地保持粮堆的低氧或低温状态。

双低储粮磷化氢熏蒸要求比较好的气密性。对于散装粮，至少要一面密封，或进行五面或六面密封。密封前要将粮面平整，再在粮面上铺一层麻袋等以防结露，然后再密封。在密闭和熏蒸过程中，要经常检查粮堆内的气体浓度、温度、害虫发生情况、查漏及防止薄膜内发生结露，必要时要测定粮堆内的磷化氢浓度。

采用双低熏蒸，尽可能在粮食入库后害虫尚未大量发生以前及时进行，操作中剂量要合理，施药要均匀，密封要严格，使磷化氢较好地均匀分布到粮堆的各部位并保持足够的密闭时间，力求将粮堆内害虫一次性全部杀死。否则粮堆内的某些耐药虫种或虫态就可能残存下来。残存的害虫如继续与不能致死但仍然存在的磷化氢气体长时间接触，就会使害虫对磷化氢的适应能力增加，进一步使害虫对磷化氢的抗性得到发展。

4. *磷化铝施药技术*

1）表面施药

(1) 器皿施药法：在房式仓熏蒸中，粮堆高度在 3 m 以下时可在粮面施药。药剂要放在不能燃烧的器皿内，如铁盘、铝盘或瓷盘等。器皿间距 1.3 m 左右，每点片剂、丸剂不超过 150 g，粉剂不超过 100 g。片剂、丸剂不得重叠堆积；粉剂要均匀薄摊，厚度不超过 0.5 cm。

粮面施药操作比较方便，但由于这种方法是把药剂放在粮面上，在磷化铝分解释放出磷化氢这一放热反应的微小上升气流和仓内温度不均的作用下，使得粮堆上方磷化氢浓度高，容易漏出仓房；由于磷化氢向粮堆运动相对量小，气体钻透到粮堆下部的时间过长，从而粮堆中、下部磷化氢浓度较低，有时达不到有效杀虫浓度，杀虫效果差。

（2）小药袋施药法：在熏蒸包装粮时，可以将磷化铝用萱纸、布袋等透气性材料分装，分别投放在粮垛上和堆垛的侧面包缝上，并系上一段细绳以便清渣时操作。如此尤其是放在侧面包缝的药包，可以避免或减少磷化铝吸水蒸气之放热反应后形成上升气流的影响，从而使更多的磷化氢气体有利于向粮堆中运动。熏蒸散装粮时，可用钩杆将小药袋埋入粮食表层内，以利于磷化氢气体向粮堆中运动。

（3）袋毯剂表面施药：在国外，对于矮胖仓有时是将磷化铝袋毯剂施于粮面，利用粮堆和仓内的气体对流使磷化氢得以分布全仓。

对于高的筒仓，将袋毯剂施于粮面后，可借助小型风机进行仓内气流的循环，促使在表面产生的磷化氢气体向粮堆运动和分布。

国外有在筒仓外部的上部和底部之间安装一涂黑的管道，利用太阳能促进外接管道和仓内气体的对流或流动，促使表面袋毯剂中释放出的磷化氢气体分布到粮堆中。

粮面上施药磷化铝后再辅以二氧化碳从顶部施入，借助二氧化碳的下沉运动使磷化氢向粮堆分布。此法有时可能不理想，但以色列的 Carmi 等(1994)报道了在高度达 40 m的水泥筒仓中，在粮面施入磷化铝后，以干冰辅助磷化氢气体扩散的例子。在此试验中，磷化氢和二氧化碳均得到了较好的分布。

2）埋藏施药

（1）小布袋埋藏法：粮堆高度超过 2 m，一般应采取埋藏施药方法，将粉剂装入小布袋内埋入粮堆，埋入深度为 50～80 cm。每点片剂、丸剂不超过 30 g，粉剂不超过 20 g。小布袋的大小为长 18 cm，宽 10 cm 左右。药袋埋入时袋口绳头应露出粮面，以便熏蒸后取出药袋。

（2）探管施药法：在磷化铝熏蒸中使用探管可以提高磷化氢的钻透和扩散范围和速度，对磷化氢的利用率可提高 30%～50%。据测定，3 m 高的粮堆采用探管辅助熏蒸，粮堆底部检出磷化氢的时间比不用探管时可延长有效浓度 3～5 d，这也说明熏蒸中使用探管可以延长磷化氢气体在粮堆中的滞留时间。

利用探管熏蒸时，磷化氢的水平扩散性能大于垂直钻透性能。如使用 2 m 探管进行磷化铝施药时，在仓底检出磷化氢有效气体需 8～12 h，水平方向检出仅需 3～5 h。目前应用中，磷化铝施药探管的间距一般在 1～1.5 m，密度较大，同时工作量也比较大。有人提出，使用探管施药时，探管之间的间距可等同粮堆高度。

3）仓外施药法

仓外投药熏蒸就是在投药过程中施药人员不需进入仓房或密闭环境内，即可完成熏蒸投药作业。目前可实现仓外投药熏蒸的方法也很多，主要有仓外磷化氢发生器发生磷化氢熏蒸、仓外混合熏蒸机进行磷化氢与二氧化碳混合熏蒸、利用钢瓶磷化氢和二氧化碳熏蒸、利用通风系统投药熏蒸、在仓内预置投药管道，从仓外经此管道投药熏蒸等。

（1）预置投药管道施药：底层预埋横向投药管道，使磷化氢源自粮堆底层，在磷化氢自身的扩散和微气流的作用下，由发生部位向中、上部扩散运动，以解决表层施药时的中、下部熏蒸气体不易达到所需浓度的问题。也可以根据粮堆温度情况设置投药管道的位置，如对于中心部位粮温较低时可将投药管道设在粮堆上部，利用粮堆内的气流使磷化氢更好地分布。如在粮堆高度 3 m，粮面薄膜覆盖的小麦仓中，仓温 30℃，粮堆上、中、下粮温分别为 25、19、18℃的环境中，在粮堆顶部横设投药管道，用药量 1.1 g/m^3 时，120 h 后磷化氢在仓内粮堆各处基本分布均匀。也可以根据具体情况灵活运用，如采用底层预埋和表层投药结合使用。横向管道可以采用镀锌铁管或硬质塑料管。

（2）通风口施药：在有地下通风道的仓房，可以利用轴流风机经通风道抽风，形成负压后，在粮堆表层和通风道施药，促进磷化氢气体向粮堆的扩散和穿透。

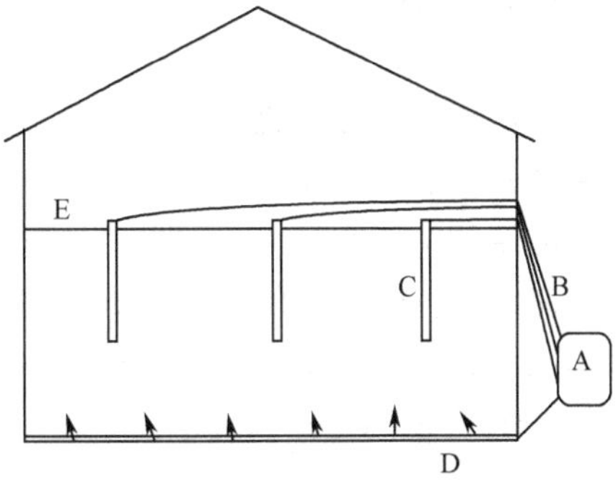

图 14-2　利用磷化氢发生器或钢瓶装气体静态熏蒸示意图
A. 仓外施药装置；B. 导气管；C. 探管；D. 通风地槽；E. 密封薄膜

利用仓外磷化氢发生器、钢瓶装磷化氢和二氧化碳混合气熏蒸等仓外投药方法可参照图 14-2。

（二）溴甲烷静态施药技术

国内生产的溴甲烷因钢瓶开关构造不同，分成Ⅰ型和Ⅱ型两种，Ⅰ型瓶内螺旋开关下设中心管，施药时须将筒身倒置成 45°倾斜，药剂才能喷出。Ⅱ型瓶内有中心管直通瓶底，应用时将瓶竖立，药液即能全部喷出。

溴甲烷都应在仓外施药。施药前要在粮面铺上麻袋或席子，防止药液直接洒到粮食上。仓房要预先封糊严密，仅留几个施药孔，孔的直径约 5 cm。如采用帐幕熏蒸，也要把帐幕预先盖严夹紧，密闭粮堆，留好施药孔。将瓶上的喷药口连接一根橡皮管，由施药孔导入。施药时，工作人员必须佩戴防毒面具，把钢瓶上的螺旋开关向逆时针方向慢慢旋松，药剂即可迅速喷出，喷药时应注意均匀。为了控制施药量，在施药前，将盛有药剂的钢瓶放在磅秤上，先称出总重量，减去所需重量(在关闭钢瓶过程中，还能多喷出 0.25 kg 左右，要在所需重量中减除)，然后把游锤固定在标尺上。施药时，需有专人掌握磅秤和开、闭瓶等工作。在标尺开始下降时，立即将开关按顺时针方向旋紧关闭，稍停 1～2 min，使管内药液全部抽出，立即将施药孔严密封糊或夹紧。施药工作全部结束，应用测溴灯检查有无毒气出来，如漏气，要立即封糊。用过的橡皮管应放置于阴凉通风处，使残余毒气迅速挥发干净，并用水洗净备用。

（三）敌敌畏的静态熏蒸方法

1. 悬挂法

在仓房或厂房的高处(约 3 m 高)拉起绳索，行距 1.5 m，尔后将浸有敌敌畏原油的布条或纸条，均匀地悬挂在绳索上。实仓熏蒸，施药前在挂有药条的绳子下面铺一层破麻袋、草帘或席子，以防污染粮食。

2. 喷雾法

用 80％的乳油，加水 100～200 倍稀释后，搅拌均匀，用喷雾器进行喷洒，然后密闭 3d，放气 24 h，再进行清扫。器材铺垫物料消毒，可用 80％乳油加水 10～20 倍稀释后进行喷洒处理。

3. 缓释法

(1) 敌虫块缓释法

敌虫块是用敌敌畏和塑料树脂等原料制成的缓释剂型，有效成分为20%～24%。与一般的敌敌畏施药方法相比，敌虫块除具有熏蒸作用外，还具有较好的触杀作用，敌敌块可使其中的有效成分缓慢释放到空间，可以延长杀虫残效期。

使用时将敌虫块的包装打开，将其悬挂于仓(室)内空间离地面2 m(或离顶0.5～1 m)处，或平放在储藏物表面(要有隔垫物)，大约20 min即可开始挥发，药效可保持3～6个月。使用范围和方法见表14-6。

表 14-6　敌虫块的使用范围和方法

适用范围	防治对象	使用剂量	使用方法
粮仓上部空间、加工厂、棉仓	象甲类、蛾类、螨类	每200 m^3空间用60 g 每30 m^3空间用60 g	仓库里的四周墙附近从2 m高度吊下，间隔约3 m，部分平放在熏蒸物上面的盘或碟内，熏杀时间要72 h以上
农户及家庭储、粮及食品器具(存量500 kg以内)	象甲类、蛾类	每1 m^3空间用8～10 g	悬挂在空间或平放在物品表面的盘或碟内
衣橱、衣箱、被柜、抽屉	蟑螂、皮蠹、衣蛾	每5～10 m^3空间用60 g	悬挂在容器的空间中

(2) 造型块埋藏法

本法是将敌敌畏造型块埋入粮堆中杀虫的方法。这种方法可以提高粮食中敌敌畏浓度。造型块是以1∶1∶4比例的50%敌敌畏乳油、清水、微量酸和熟石膏均匀拌和而成。亦可用玉米芯、碎砖块、粉笔等直接吸收敌敌畏作为石膏造型块的代用品。造型块用纱布扎好后埋入粮堆，以便粮食出仓时取出。

(四) 氯化苦的静态施药技术

1. 用药量

氯化苦的用药量，因施药方法和环境条件不同而异，实仓熏蒸粮堆一般为35～70 g/m^3。器材加工厂熏蒸一般为20～30 g/m^3。氯化苦的使用范围、方法及剂量见表14-7。

表 14-7　氯化苦的使用范围、方法及剂量

使用方法	堆装形式	熏蒸对象及要求	用药量(g/m^3)		施药方法	密闭时间(h)
			空间	粮堆		
整仓熏蒸	包装堆高不超过3 m 散装堆高在1 m以下散装堆高1～3 m	全部粮食生虫仓房有密闭条件	20～30	35～70	喷洒法	72
帐幕熏蒸	围垛	露天堆、垛及仓内有个别堆垛生虫	帐幕按整个体积计算35～70		木槽法	72

续表

使用方法	堆装形式	熏蒸对象及要求	用药量(g/m^3)		施药方法	密闭时间(h)
			空间	粮堆		
面层熏蒸	散装	发生喜在粮堆上层活动的害虫，空间体积太大、仓房没有密闭条件	按粮面积 1 m 深体积计算		喷洒法施药后，粮面严密覆盖塑料薄膜或帐幕	72
器材熏蒸	麻袋、面袋、席子堆高不宜超过 2 m，其他松散器材不限堆高	器材需先经清理，麻袋、面袋不能打捆，应一叠叠堆放	按整个仓房计算，20～30		喷洒法或挂袋法	72
加工厂	厂房、机器	具有密闭条件，机器要涂油	30		挂袋法	48～72

2. *主要施药方法*

(1) 喷药法

此法适用于包装、散装粮、器材等熏蒸。散装粮堆熏蒸堆高不超过 1 m 者，可不用探管。粮堆须先整理平坦，粮面严密铺盖麻袋 2～3 层，以作为吸收药液之用。熏蒸前，须先在仓外将药液装入喷壶提进仓内，放在施药点附近。指挥人员全部检查妥当后，发出施药信号后开始喷洒。施药人员须自内而外随喷洒随走向出口处。喷洒时要求均匀、全面，喷完后把空壶携出仓外放在下风方向，以便把残留药剂挥发干净。

(2) 挂袋法

此法适用于包装、散装、帐幕、器材以及加工厂熏蒸等。施药前在熏蒸仓、厂内离地面或整理好的粮堆上方约 1.8 m 的高度，拉好若干条绳索(绳与墙壁间距离约 0.5～3.0 m)，以备施药时悬挂麻袋。在绳索下用席子或麻袋、草垫铺好，并将施药用的麻袋放在上面，每点施药用麻袋数量按实际数量决定。施药时每千克药液均匀地撒在 4～5 条麻袋上(必须防止药液渗入粮堆)，然后将麻袋均匀挂在绳上。

为了缩短施药时间，可采用滑轮挂袋法。粮堆表面仍应铺垫麻袋皮或苫单，每根绳索的一端固定在墙上或横梁上；其另一端通过墙上或横梁上的滑轮，在绳索的中间(两端范围以内)事先结扎好麻袋，将绳和麻袋平铺在粮面上，当绳索上的全部麻袋喷洒药液后，就将绳索拉紧、扣死，喷药的麻袋就悬挂在上空。

(3) 探管法

此法适用于熏蒸堆高在 1 m 以上的散装粮。探管可用塑料管或竹筒制成，内径约 2.5 cm 左右，长度根据需要而定，管壁四周钻孔数行，行与行间的小孔排成梅花形。钻孔部位距管口约 15 cm，下距管约 10 cm，孔眼直径以粮粒不会进入为准。下端成圆锥体，利于插入粮堆。如采用竹制探管，各节需打通，以利毒气扩散到粮堆底层。

探管按等边三角形排列，探管与四周墙壁的距离为 0.5 m，探管与探管间距为1 m，下端与地面距离约为 0.5 m，上端应露出粮面 15～20 cm。

使用探管的主要作用是引导毒气向粮堆底层四面扩散，也就是分割粮堆整体，扩大毒气的接触面积。根据此原理，探管法宜与喷洒、挂袋法结合使用，才能发挥其药剂效能。

(4) 木槽(或竹槽)法

此法适用于帐幕熏蒸。首先在粮堆上面铺盖 2～3 层麻袋，并放置一些垫仓板或木料等，以便支撑幕套，使粮堆上部保持一定的空间，以利毒气扩散，然后在粮堆上部架设木槽(或竹槽)，槽下垫一部分麻袋，使之成屋脊形，以便药液向两侧流散，此后即可用幕套将整个粮堆严密封盖，仅在木槽上面留出适当大小的施药口。幕套与地面接触处则用沙或土压实。施药时，将药剂从施药口倒入槽内，并立即将施药口封闭。

木槽是用两块长方形木板和两块小三角板制成，两块长方木板的连接处就为槽底，槽底钻一列小孔，以便药液漏出。竹槽是把大竹劈成两半，两头留下竹节，中间各节都打通，在竹槽的底部钻一列小孔。无论是木槽或竹槽，钻的小孔以直径 2 mm、孔距 2～3 cm为宜。

(5) 仓外投药法

此法系通过仓外投药器，将氯化苦药液喷入仓内，适用于包装、散装、器材及加工厂熏蒸，具有比较安全、操作简便等特点，仓外投药器也可作为喷洒空仓消毒药液之用。

三、强力熏蒸技术

强力熏蒸是借助气压或风压促使药剂在密闭环境尤其是储藏物中快速均匀运动分布的熏蒸方式。利用气压的方式有高压熏蒸和减压熏蒸(或真空熏蒸)，利用风压的方式是借助风扇或风机促使气体运动和分布。

(一) 溴甲烷的减压熏蒸

在把熏蒸剂施入熏蒸空间前，须将其中的绝大部分空气排出。因此，需要一个特制的熏蒸室，通常是钢制的，能够经受一个大气压力的外界压力。这个装置还包括 1 台抽气机，能够在较短时间(10～15 min)内抽出熏蒸室里的空气，还装有阀门和导管，用于导入和排出熏蒸剂。

减压熏蒸的主要目的是加快和增进熏蒸剂穿入所处理的物品。真空熏蒸最初是在氢氰酸(氰化氢)作主要熏蒸剂使用时为防治害虫而研创的方法。溴甲烷和磷化氢问世后，由于它们对许多物质都有更强的渗透力，就使得减压熏蒸对处理某些商品不那么重要了。今天，这项技术主要用于植物检疫工作，用于熏蒸烟叶及其他物品。

由于减压熏蒸处理可在几个小时内完成，而在大气压力下熏蒸则需 12～24 h，所以在货物需要迅速周转(例如在一个繁忙的海港)的情况下，可推荐采用这种方法。

有两种主要的减压熏蒸方法，即持续不断的真空熏蒸和将近完全恢复压力的方法。选择哪一种方法，在一定程度上取决于要处理的物资。例如，水果、蔬菜和生长中的植物，如果在低于 250 mmHg 的压力下超过几分钟，通常会完全毁坏。种子、谷物、杂粮和干植物产品，一般经得住这些低压。

装满物品的熏蒸室内的压力，降到 25～150 mmHg 之间，然后导入熏蒸剂，通常只引起压力稍微上升。不再改变装置内的压力，直到熏蒸完毕。熏蒸过程可能持续 1.5～4 h，熏蒸完毕即让空气进入，恢复大气压力。然后把熏蒸剂和空气混合气体排出。空气导入和排出的操作过程可反复若干次，这个过程称为“空气洗涤”，直到认为安全时才开门卸货。这个方法在全世界广泛用于熏蒸烟叶、谷物、面粉和粗粉。甚至在采取这种真空熏蒸法时，气体分布也可能不完全均匀，因此，一些熏蒸室装配循环系统；另一些则安装风扇。

（二）二氧化碳强力熏蒸技术

采用二氧化碳熏蒸的仓房或粮堆气密性要好。充二氧化碳的主要设备为真空泵或风机、钢瓶或二氧化碳发生器等。

把密封粮堆下部的进气管与二氧化碳钢瓶气源连接，顶部的排气管与真空泵或风机连接。开始先开动真空泵或风机，将粮堆抽为负压后，再打开二氧化碳钢瓶，慢慢向粮堆注气，及时打开粮堆顶部的排气口。由于二氧化碳的比重大，下部注入的二氧化碳便由下往上把空气从顶部排气孔排出。当仓(堆)内二氧化碳浓度达到 75%～90%时可停止充气。

（三）利用风扇强制气体均匀扩散分布

在熏蒸一些大型结构时，有的熏蒸剂由于其比空气重，施用后会出现分层现象，此时可采用风扇强制熏蒸气体分布均匀。如施用溴甲烷时，当用风扇吹动空气，以防止这种较重的气体分层并保证均匀的分布。一般每 1400 m^3 的空间通常要一台 40 cm 的风扇。风扇开关应安装在建筑物外面。

在溴甲烷熏蒸开始前，应把风扇开动 15～30 min。扩散均匀后，溴甲烷混合气体分层则较慢。一旦经气体检测发现分布不均匀时，或在熏蒸期间补充了药剂，就要再次启动风扇，开动时间视情况而定。

在仓内施用溴甲烷时，可开动鼓风机从仓顶施药，这样药剂可从仓顶压到底部；或在底部鼓风时把药剂压到表面。此时，需要检测仓内气体是否达到仓底或仓顶。

四、环流熏蒸技术

环流熏蒸杀虫技术的研究与应用始于 20 世纪初期。1927 年 Moffett 研究氢氰酸气体的环流熏蒸并获得专利。二三十年代，美国、法国等用溴甲烷进行环流熏蒸杀虫。Phillips 在 1955 年、1957 年进一步改进了环流方法，使之更具有商业应用价值。南美许多国家和地区大量使用环流熏蒸方法进行杀虫。1953 年 Shedd 等提供了有关粮堆中气流的准确测定方法和环流熏蒸系统的设计资料，从而促进了环流熏蒸理论和应用的研究。70 年代后期，Cook 利用低风量的风机和通风管道系统进行使用磷化氢的商业熏蒸，1980 年申请了专利。

以往国内外用于环流熏蒸的杀虫药剂主要有溴甲烷、氯化苦、氢氰酸、二氯乙烯、二硫化碳、四氯化碳、磷化氢等。其中以溴甲烷环流熏蒸应用较多，由于熏蒸剂之间性质的差异，它们与磷化氢环流熏蒸的技术参数不同。磷化氢气体在一定的流动状态下，气体紊流容易导致燃爆，具有一定的危险性。Monro(1969)指出磷化氢气体有爆炸的危险而不能用风机进行环流，国内的有关教科书以及 FAO 选编的有关文集中也都明确写明：产生磷化氢气体的药剂，都不能进行环流或经受强力分布，或采用循环熏蒸或用机械通风方法处理，强调了用磷化氢气体进行环流处理的危险性。后来有人对磷化氢气体的燃爆性重新进行了研究，明确指出在一定的安全防护条件下，磷化氢熏蒸可以进行环流处理。其中包括：①采用极低的环流速度，如每天的气体交换次数不超过两次；②小功率的风机，其风扇边缘的线速小于 40 m/s 和管道作业的压力降小于 1000 Pa。

Cook、Boland 等(1984)还叙述了筒仓磷化氢环流熏蒸的方法。进入七十年代后，我国一些地方也进行了以磷化氢为熏蒸药剂的小风量环流熏蒸方式的探索，取得了良好的进展，但由于当时检测手段不配套，试验结果没有进一步研究、总结和推广。但这些研究和应用证明了采用磷化氢环流熏蒸在一定条件下是可行的。

（一）磷化氢环流熏蒸

1. 磷化氢环流熏蒸的系统组成

环流熏蒸(closed loop fumigation，recirculation fumigation)是指在仓外或仓内配置环流导气管，通过环流管道把风机、毒气扩散部分(粮堆和仓房)连接成一个闭合环流熏蒸回路，熏蒸药剂在气封闭的状态下借助环流风机所产生的动力，促使熏蒸毒气在粮堆内循环，强行使毒气快速分布，达到分布均匀完全杀死害虫的目的(图 14-3)。

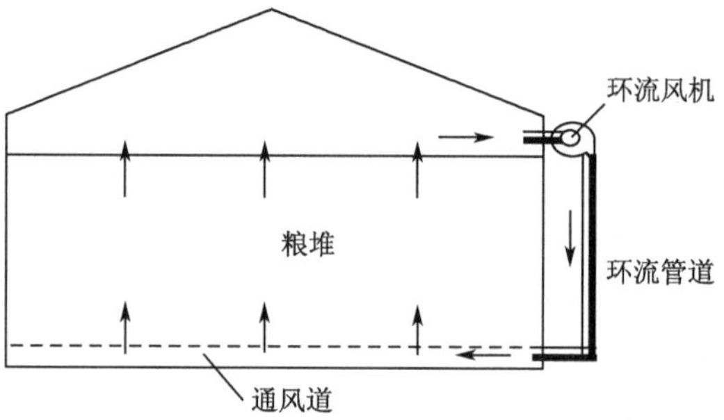

图 14-3　环流熏蒸示意图

磷化氢环流熏蒸从环流管道安装位置和形式可有仓外环流固定管道、仓外环流移动式管道、仓内膜下环流几种形式。

(1) 环流管道

仓外环流管道主要是环流熏蒸系统中的管道和风机安装在仓房外的形式。根据风机和管道布置的形式又可进一步分为固定式环流管道和移动式环流管道和风机。

固定式环流管道(和风机)是环流管道固定在仓外墙壁上，风机位于环流管道的主管(回流管外)，从由风机出口的主管分别通过支管与仓房的通风地槽或通风道相连，在各分支管上分别设有风量检测孔和风量调节阀，用以调节平衡各分支管道中的气体流量。

移动式环流管道是指环流管道的一部分安装在仓墙上，而大部分管道和风机则为移动式，为即用即安装的工作方式，可以做到一机多用，节省设备投资。移动式环流熏蒸中所用的风机通常为增加了一定附加功能的环流分配器，该环流分配器除了设于其中的环流风机外，还有便于气体分配的机箱体、气体分配器，便于流量调节与控制的流量计(有的用压力表)和配套阀门，以及施药孔和自动控制系统等。

仓内环流管道是指环流管道的一部分安装在仓内，而环流风机一般设在仓外的设置形式。这种形式中所设的环流管道固定在仓内，装粮后出粮前一般不能再行移动，比较适合于房式仓的膜下环流熏蒸。而实行膜下环流熏蒸后，对仓房上部的气密要求也相对宽松一些。

(2) 环流风机

在磷化氢环流熏蒸中，风机是促使仓内熏蒸气体强烈运动进而均匀分布的动力源，为了防止磷化氢气体燃爆问题，必须采用小风量环流，这是安全进行环流熏蒸的一个关键。

用于磷化氢环流熏蒸的风机单位通风量根据国内环流熏蒸经验，单位通风量为 0.40～0.46 $m^3/h \cdot t$，足以维持毒气的均匀分布。对于特大型立筒仓来说，由于截面较小，单位通风量取小值，则气流穿过粮层的表观风速并不小，因此该值可取至 0.2 $m^3/h \cdot t$，仍能维持毒气环流与均匀分布；否则环流管要选粗，以免管内风速超标。

配置小功率防爆风机是安全进行环流熏蒸的一个关键。国内以前一些试验的环流风机参数为：风量 300 m^3/h，风压 980 Pa，功率 0.25 kW 或 0.37 kW；风量 800 m^3/h，风压 500 Pa，功率 0.37 kW；风量 250 m^3/h，风压 1765 Pa，功率 0.37 kW；风量 150 m^3/h，风压 600 Pa，功率 0.25 kW。风量 180 m^3/h，风压 490 Pa，功率 0.35 kW；

为避免形成高浓度和低压力的情况，风机工作方式应使熏蒸气体能在仓内分布速度快、在尽量短的时间内分布均匀、仓内各部位都能达到和保持有效等。风机安装的部位要使熏蒸气体先进入粮堆，然后再经过风机环流。严防磷化氢气体浓度过高而引起燃爆。

总之，采用小风量、低剂量环流熏蒸和风机正确的工作方式，对防止磷化氢燃爆、促进气体有效均匀分布具有重要作用，在具体操作时应给予足够的重视。

GB/T17913-1999《粮食仓库磷化氢环流熏蒸装备》中要求，环流熏蒸中的风机要采用具有防泄漏、防爆(不含电机)和抗磷化氢腐蚀性能的粮食熏蒸专用离心风机。环流风机的主要规格参数应满足如下条件：① 功率≤1kW；风压≤1000 Pa；风量≤1000 m^3/h；②环流风机应保证粮堆气体交换次数：2～10 次/日；③环流风机叶片边缘线速度<40 m/s；④环流风机与固定环流管路配套使用时，其电机应采取防雨、防晒措施。

(3) 施药装置

磷化氢环流熏蒸装备中的施药装置是将磷化氢液化熏蒸剂或仓外直接产生的磷化氢熏蒸剂输送到环流管路的装置。

采用磷化氢环流熏蒸时，所用气体可以使用在仓外已备好或发生好的气体，也可使用磷化铝片剂在仓内或环流管道内或通风口处潮解发生，或将磷化铝施于粮堆表面。在我国新建大型房式仓和浅圆仓的熏蒸工艺要求中，所设计的磷化氢来源为磷化氢发生器发生磷化氢再混合以二氧化碳气体，或者采用钢瓶装磷化氢和二氧化碳气体，以及与之相配套使用的辅助仪表和连接管道，也可以在保证安全使用的前提下采用其他施药方式。

(4) 检测装置

检测熏蒸过程中粮堆和施药环境中磷化氢气体浓度的装置。该装置由气体取样装置、浓度检测仪和报警仪组成。

2. 环流熏蒸及施药方式

磷化氢环流熏蒸及施药的方式要根据储粮情况、设施配套情况、仓房及其环境情况来确定。如采用仓外磷化氢发生器施药，整仓环流或膜下环流熏蒸，或磷化氢钢瓶施药装置，整仓环流或膜下环流熏蒸；粮面上磷化铝或粮堆埋藏磷化铝施药，整仓环流或膜下环流熏蒸(粮面施药时不宜进行膜下环流熏蒸)；或采用其他施药方法进行磷化氢环流熏蒸，但要确保熏蒸操作和熏蒸环境的安全。

初次用药剂量可考虑粮堆吸附、仓房泄漏等因素按表 14-8 选定。

表 14-8 环流熏蒸初次磷化铝片剂(或丸剂)用药剂量

设定浓度(mL/m^3)	粮种	用药剂量(g/m^3)
100～150	小麦	1～2
	玉米	1.5～2.5
	稻谷	2～3
150～300	小麦	2～3.5
	玉米	2.5～3.5
	稻谷	3～5

采用磷化氢的其他剂型或药剂形式时，可参考表 14-8 计算用药量。需要补充施药时，所需提高的浓度对应的用药剂量参照表 14-8。

初次用药总量为熏蒸环境内体积乘以初次用药剂量。

3. 磷化氢环流熏蒸的基本要求

(1) 气密性要求

我国对于新建的中央直属粮库磷化氢环流熏蒸的要求是用测压计及通风机以正压测定粮仓气密性。仓内压力由 500 Pa 下降到 250 Pa 的半衰期平房仓不低于 40 s，浅圆仓、立筒仓不低于 60 s。如果粮仓气密性达不到要求，可采用塑料薄膜密封粮面，在薄膜下面设置回风道或管路，使薄膜与粮面之间形成一定空隙，进行环流熏蒸。

(2) 安全性要求

磷化氢环流熏蒸的安全要求主要是防燃爆。在环流熏蒸操作中为了防止磷化氢的燃爆，风机叶片的线速度不得大于 40 m/s，风机及环流管道中的压力及其变化不能大于 1000 Pa。在一般条件下，磷化氢燃爆的下限浓度为 26 g/m^3，因此毒气进入风机的临界浓度不得超过 1.7%。为了防止燃爆，GB17913-1999《粮食仓库磷化氢环流熏蒸装备》规定来源于磷化氢发生器和钢瓶装磷化氢与二氧化碳混合气的气源中，磷化氢所占的比例不大于 2%(1%～2%或 2∶98)。

(3) 剂量、浓度和密闭时间的要求

在密闭期间环境内磷化氢气体浓度得到有效的保持，杀虫效果才会好。如果投药后在还未达到预定的密闭时间毒气浓度已降到了有效浓度以下，熏蒸杀虫效果肯定不佳。在此情况下应及时检查仓房漏气情况并加以补救，进而补充熏蒸气体。所以，磷化氢环流熏蒸中所用的药剂量或剂量不应是一个固定值，而受仓房密闭条件、粮食品质与种类、害虫情况等而不同。

(4) 均匀性要求

常规熏蒸仓内表面投药时，由于磷化氢气体容易向空间扩散，常导致空间浓度过高，而粮堆内有的部位浓度过于偏低，使得仓内最高最低浓度相差甚大，即气体分布的均匀性特别不好。即使在使用磷化铝熏蒸中采用探管或埋藏法，粮堆中的气体分布也不容易达到较好的均匀性。在这样的熏蒸过程中，仓内磷化氢最低与最高浓度的比值不应小于 0.25，这就要求在熏蒸过程中对仓内可能会出现最高和最低浓度的部位都要进行浓度检测。这里用 0.25 的临界比值确定大致的分布均匀性，暗示着在密闭环境中没有浓度过高的(药剂无效利用的)区域，也没有可能使害虫存活的浓度过低的区域。

在环流熏蒸中，在投药剂量充分的前提下，仓内最低、最高浓度比值小于或接近 0.6 时，应及时开动环流风机进行强力环流以促使气体分布均匀。根据目前新建粮库的实际环流熏蒸的应用情况看，一般当仓内磷化氢气体环流均匀后，最高最低浓度的差别也是很小的。如山东宁阳国家粮食储备库进行了平房仓散装小麦的磷化氢环流熏蒸试验，结果表明粮堆内磷化氢浓度在投药开机 18 h 后趋于均匀。最低浓度与最高浓度比为 0.75；25 h 后，比值为 0.57，这些均高于国外资料推荐的一般熏蒸中所指出的浓度均匀性标准，即大于 0.25。43 h 以后的浓度测定结果也高于该值。可见磷化氢环流熏蒸系统促进磷化氢气体在粮堆内的分布效果良好。

(5) 工况要求

环流熏蒸一般是在系统中由一部分借助机械通风管道来进行的，所以熏蒸系统应能够与机械通风系统相匹配。在工作状态下，系统不得有毒气泄漏，在管道的负压段也不应有外界空气的进入。

(6) 防腐蚀要求

磷化氢环流熏蒸系统设备应防磷化氢腐蚀，如选用抗磷化氢腐蚀的离心风机、耐磷化氢腐蚀的减压释放装置(减压表)等。

(二) 溴甲烷环流熏蒸

溴甲烷环流熏蒸可以用于具备一定密闭条件的仓房，其环流熏蒸系统固定装置如图 14-4。

1. 系统组成

溴甲烷也可采用移动式的环流熏蒸装置，只要设法使通过粮食的空气返回一台鼓风机里以便继续循环，就能实现环流熏蒸。如在已有的筒仓通风系统中，环流熏蒸可用下述方式实现：

(1) 准备可移动的软导管，用一根特制导管把软导管在末端连接锥斗内通风管并联结顶端。特制导管穿过人孔或其他开口到仓的顶端。可移动导管和上面导管可移至需处理的任何仓内。

(2) 在用几座邻接仓的情况下，可将一条金属导管作回路，通过顶部和底部的支管联结需处理任何仓。

(3) 一间空仓如果适当地同邻接受虫害的仓相连，可起回路管道的作用。但是利用这间

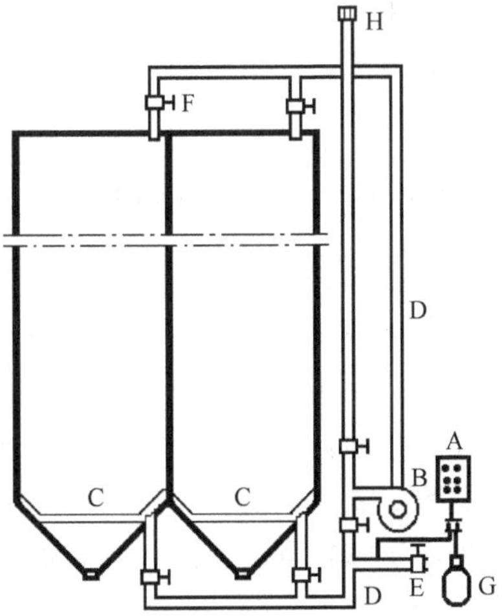

图 14-4　筒仓中溴甲烷的固定环流熏蒸装置

A. 控制箱；B. 环流风机；C. 仓底环形风道；D. 环流管；E. 新鲜空气入口；F. 阀门；G. 药源；H. 排气管

空仓，就需要另外增加熏蒸剂的量，以使整个系统中都保持足够的浓度。

（4）两间装满粮食受虫害的仓可相连同时处理，可把熏蒸剂引下去通过一间仓，然后再引上去通过另一间仓。

在没有现成的通风装置时，可用一面多孔板代替卸料口的门，一根导管从这面多孔板通到鼓风机，一根导管或软管通到仓的顶端，这样就形成了循环。这种结构的静压很可能高，但是可以准备一个有足够功率的可移动的鼓风机。

气态熏蒸剂可透过谷物向上或向下再循环，这要看怎样做方便，或当时的流动方向如何而定。

2. 影响系统设计的因素

有四个基本因素影响这样系统的设计：

（1）透过谷物足以使熏蒸剂循环并使粮食散热的气流速率是每50L粮食谷物每分钟1L空气。

（2）透过粮堆的气流量因粮食种类和状况的不同而异。

（3）导管对气流造成阻力。在有关手册中，可以找到供计算各种通风管道内摩擦损耗的数据。

（4）有必要特别注意在仓底配备一个设计良好的配气系统，否则在此处压力可能损耗过多。即要有良好的系统可以使用大型配气锥形管、抗减压装置或多孔栅，仓底进气口的压力损耗，可能大于仓其他部位压力的减弱程度。这是由于此处的空气流动速度比仓内较高处高一些。在仓内较高处，气流比较均匀地分散在截面上。

根据这四个系数计算，就可以确定一台鼓风机，是否能在一定的仓和附设管道组成的系统中，引起所需的气流。

（三）其他熏蒸剂的环流熏蒸

除磷化氢、溴甲烷外，其他一些在环流条件下使用安全的熏蒸剂也可进行适当条件下的环流熏蒸，如氢氰酸、二硫化碳等。

五、熏蒸剂的混合应用技术

混合熏蒸是使用两种或两种以上的熏蒸剂进行的熏蒸，其目的在于充分发挥不同熏蒸剂的杀虫特点，或弥补其中一药剂的某些性能方面的不足，如毒理机制不同的药剂可以避免单一应用时害虫已有的耐药力，降低易燃物质潜在的燃爆危险，增加毒气钻透性，提高药剂在粮堆内的分布均匀性和延长滞留时间，提高杀虫效果并降低残留量等。磷化氢和二氧化碳混合熏蒸具有上述特点，且二者混合使用后可以克服各自的一些缺点和不足，发挥各自的优点，是有重要价值的混合应用技术。

（一）磷化氢和二氧化碳混合熏蒸

1. 增效机理

一位印度学者(1991)报道：对1～2日龄赤拟谷盗的蛹处理24 h，单用二氧化碳10％的浓度，害虫死亡率不到11％；单用磷化氢浓度为0.01 mg/L，害虫死亡率也只有19％；用上述两气体各自剂量不变的情况下混合处理24 h，害虫的死亡率可达72％。

可见，磷化氢和二氧化碳混合气体对害虫的生物作用，不是各自原来效果的简单相加，而是有明显的增效作用。

二氧化碳对磷化氢的增效机理，从物理原因讲是二氧化碳刺激昆虫呼吸，提高了熏蒸剂进入虫体的量。

磷化氢和二氧化碳混合熏蒸增效的生理原因尚未有满意的解释。可能磷化氢通过虫体内微粒体多功能氧化酶的作用，氧化为磷的低氧酸，生物活性下降。这个酶系除了细胞色素 P-450 外，还通过脱氢酶供给电子。二氧化碳影响生物氧化过程，影响电子传递，从而影响磷化氢氧化，二氧化碳对磷化氢起增效作用。

磷化氢与二氧化碳混合熏蒸时，有助于磷化氢气体向粮堆的钻透，提高钻透扩散的范围和速度，使得毒气能在较短的时间内在粮堆内均匀分布，并可延长有毒气体在粮堆内的滞留时间。

综上所述，二氧化碳和磷化氢混合熏蒸可以提高药效的主要原因可概括为：

（1）二氧化碳的应用增大了磷化氢在粮堆中的扩散范围和钻透深度，更有利于杀虫气体的均匀分布。

（2）二氧化碳的混用也促进了磷化氢在粮堆中的扩散速度加快，可以使磷化氢气体在较短的时间内达到有效杀虫浓度。

（3）二氧化碳的伴入可刺激害虫呼吸，增大磷化氢进入害虫虫体的量，同样也提高了害虫死亡的速度。

（4）二氧化碳的介入可相对减少粮食等对磷化氢的吸着，从而有更多的磷化氢气体存在于空间，有利于杀虫。同时，磷化氢在粮堆中保持有效浓度的滞留时间也得到延长。

2. 磷化氢与二氧化碳混合熏蒸的应用

1）应用范围及有关要求

磷化氢与二氧化碳气体混合熏蒸主要用于实仓熏蒸，也可熏蒸空仓、器材和加工厂。可熏蒸各种粮食、油料及其加工产品。

对被熏蒸物水分的要求同磷化氢单独熏蒸。常规(粮堆)熏蒸时，磷化铝片剂用药量每立方米 1.5 g 左右，二氧化碳浓度 5%～8%，密闭时间在 7 d 以上，最低粮温应高于 10℃。长期密闭(粮堆)混合熏蒸磷化铝片剂用药剂量 0.8～1.2 g/m^3，二氧化碳浓度 5%～8%，施药后密闭时间应在 45 d 以上，最低粮温应在 10℃以上。无论常规熏蒸还是长期密闭熏蒸，由于磷化氢的用药量都大为降低，熏蒸后放气时间也可相应缩短。

2）熏蒸操作注意的问题

进行仓外发生磷化氢并使用钢瓶装二氧化碳混合熏蒸时，要解决以下两个关键问题。

（1）同步进仓：磷化氢与二氧化碳混合熏蒸时，要求两种气体同步混合进仓。两种气体同步混合进仓不仅有助于消除磷化氢着火燃爆的危险，而且能提高杀虫效果。

（2）防止结露：在混合熏蒸操作过程中要防止粮堆表面结露。进行混合熏时所采用的施药方式一般为仓外投药，如使用钢瓶装二氧化碳气源或磷化氢和二氧化碳混合钢瓶气源。由于压缩气体本身具有潜热，当它们由液态变为气态的过程中要吸收热量，使气态气体温度比较低。低温气体进仓后会造成出气口处局部粮温降低，产生温差而导致结露。因此，仓外施药混合熏蒸时，要求混合气体出气口的温度与粮温温差不超过 5℃，尤其导气管出气口与粮堆直接接触或相近时更要注意控制。

（二）其他药剂的混合熏蒸

在生产实际中，其他熏蒸剂也可以混合使用，以针对不同害虫虫种或不同作用时间来更加有效地杀虫，如敌敌畏和氯化苦混合法。

敌敌畏很不容易钻透粮堆，因此，对粮堆中的甲虫，几乎没有防治效果，但对空间部位的害虫防治效果很好。氯化苦钻透粮堆的能力亦不强，但可用探管法(见氯化苦使用法)使其深入粮层。因此，可同时使用上述两种药剂熏蒸实仓。具体方法是先在粮堆中插入直径为 30～60 mm、长为 350～500 mm 的短探管(管内可加些麻袋片)，然后将氯化苦倒入探管中，立即用泥封住管口，接着，在粮仓空间部位施用敌敌畏(用挂带法或喷雾法施药)。剂量为粮堆：每立方米氯化苦 35～20 g，空间：每立方米敌敌畏 0.4～0.6 g。

六、熏蒸中的安全防护

（一）使用药剂人员的安全防护措施

(1) 熏蒸工作必须经单位负责人员批准。由技术熟练、有组织能力的技术人员负责指挥，由经过训练，了解药剂性能，掌握熏蒸技术和防毒面具使用方法的人员参加操作。大型熏蒸前，应通知当地卫生、消防部门做好应急准备。

(2) 经常参加熏蒸工作人员，每年应定期进行健康检查。凡有心脏病、肝炎、肺病、贫血、精神不正常、神经过敏、高血压、皮肤病、皮肤破伤风者，怀孕期、哺乳期、月经期的妇女，未满 18 岁的少年，以及戴上防毒面具不能工作，经医生诊断认为不适应接触毒气工作的人员，均不得参加施药或接触毒气工作。

(3) 除二氧化碳熏蒸外，熏蒸人员在分药、投药、放气和处理残渣等过程中，都必须佩戴具有良好防毒性能、型号合适的防毒面具，穿工作服，戴手套。工作完毕后应将滤毒罐使用人姓名、使用日期、毒气的名称和在毒气中停留时间等详细记录。分装氯化苦、硫酸的人员要穿工作服、胶鞋和戴胶手套。施药时，药液沾染皮肤，应及时用清水、肥皂洗去(如沾染敌敌畏，应先用清水冲洗后再用肥皂洗涤)。

(4) 熏蒸过程中接触毒气的时间，每次不得超过 30 min，每人每天累计一般不超过 1 h。工作完了应适当休息。施药人员在工作中如有头昏、刺眼、流泪、咳嗽闻到药味和其他不适感觉时，应立即停止工作，并适当休息。不要在有毒气的粮仓内勉强操作。

(5) 熏蒸施药时，必须有专人负责清点进出仓人数，要确实查明进仓人员已全部出仓后，方可封门。

(6) 分药、施药、检查、处理残渣和开仓散毒等与药剂接触工作，要两人以上操作。

(7) 粮仓(囤、垛)熏蒸密闭后到彻底散气前，无特殊情况，不允许人员进入。人员必须进入时，一定要采取必要的防护措施，防止发生中毒或缺氧窒息事故。

(8) 参加发放药剂、熏蒸施药、处理残渣和开仓放气等与毒气接触的人员，要按规定发给保健食品、津贴，以保障工作人员身体健康。熏蒸前后禁止饮酒。磷化氢熏蒸后，禁止吃牛奶、鸡蛋及其他含油脂食物。

(9) 接触毒气人员在工作完毕后应洗澡，更换衣服及鞋袜。换下的污染衣物应送到空旷无人的地方散发毒气后，方可携入室内。

(10) 发生人员中毒时，应立即送医院诊治。

(二) 使用药剂时对环境的安全防护措施

(1) 在粮食仓库院内不得制造化学药剂。

(2) 被熏蒸的粮仓(包括露天储粮囤、垛)，必须严格密闭，防止毒气外漏。楼房仓上下及仓外四周，必须保留一定的安全距离：氢氰酸、氯化苦安全距离为 30 m；溴甲烷、磷化氢为 20 m。在此范围内从施药到彻底放气前，不能住人及饲养家禽家畜。熏蒸前要会同有关部门动员居民暂离现场，并把家禽、家畜一同带走。不具备熏蒸条件的粮仓，一律不要熏蒸。

(3) 常规熏蒸从施药开始到处理完残渣残液为止，要在距粮仓 10～20 m 左右的四周设警戒线，立明显标志牌，阻止行人靠近，并在投药后 24 h 内有专人值班放哨，注意检测观察有无漏毒、冒烟、燃爆等现象。放哨人员必须熟悉业务并备有完好防毒面具、消防器材报警联络讯号。

(4) 熏蒸放气后，应将残渣立即运到离水源较远(至少 100 m 以外)的僻静地方，挖坑深埋，熏蒸用器材及装药布袋等应清洗干净后妥善保存备用，不得改作他用。

(三) 药剂的收发、运输、储存及管理

(1) 熏蒸剂应统一存放在县级粮食局指定的单位。储存药剂要有专用库房，库房应建在离办公、居住区和其他建筑较远的地方，并要坚固、干燥、不漏雨、能通风，备有消防器材。要建立定期检查盘点、经常通风、禁止在药库内吸烟、饮食和存放其他物品等管理制度。

(2) 领用熏蒸药剂，必须严格批准手续。领用和保管药剂，必须选派工作认真负责，了解药剂性能的人员。药剂进库要及时登记，做到收有账，付有据，药、账相符。用剩下的熏蒸剂如使用单位无专用药库，应退回原发药单位保管，严禁随意乱放。

(3) 装卸、运输、储存药剂时，药箱、药桶、药瓶不要倒放，药轻拿轻放，防止滚动、撞击。发现装具破漏，要及时采取措施，妥善处理。运输药剂要选派了解药剂性能人员携带有效防毒面具押运，途中押运人员不能远离药剂，以防丢失和破漏，并要防止药剂遭受水湿、雨淋和阳光直射。

(四) 防毒面具

防毒面具是化学药剂熏蒸工作中的主要安全防护用具，能够预防有毒气体从呼吸道进入人体内和刺激眼睛。

防毒面具一般分为过滤式和隔绝式两种。过滤式防毒面具，主要靠滤罐将有毒物质吸附或分解，进而使人员得到安全防护。隔绝式防毒面具，也叫氧气面具，它是用氧气瓶代替滤毒罐，能直接向人员供应氧气，使人员呼吸可与外界有毒气体隔离。

过滤式防毒面具面罩有头盔式和绷带式之分。在使用前，要检查面具的严密性，其

方法为：带面罩，接好导气管和滤毒罐，用手或橡皮塞堵住进气孔，然后深呼吸，如无空气渗入面罩和导气管，则证明严密完好。吸气产生负压使面罩贴在脸上的时间达 15 s 以上为良好。

面罩要经常保持干燥，用毕后用酒精或 0.5%的高锰酸钾溶液擦洗，然后放阴凉处晾干，橡皮面罩要用滑石粉保养。

在选择面罩大小及型号时，要先量取准确的尺寸。其方法是：先量由头顶沿下颚一线之长度，而后量取沿上额通过眉毛上沿至两耳一线之长度，将两长度相加，即可根据尺寸选择合适的面罩型号(见表 14-9)。

表 14-9　面罩大小及型号选择

量取尺寸(cm)	面罩型号
＜93	0
93～95	1
95～99	2
99～103	3
＞103	4

过滤式防毒面具环纹导管是软橡皮管。用前首先检查上下接头是否完好，有无连接不严而发生漏气，管壁上有无破损。也有的是将滤毒罐直接连在头盔下，而不用环纹导气管。

过滤式防毒面具的关键是滤毒罐，滤毒罐是用活性炭、化学吸收层、棉花层等构成。由于化学吸收层所含的解毒药品不同，因此各种滤毒罐的防毒范围也不一样，使用前应根椐熏蒸剂的种类选择相应型号的滤毒罐。

滤毒罐的使用和维护由主要熏蒸人员负责。滤毒罐在其自身寿命到期或已达到推荐使用的期限就必须进行更换。滤毒罐在维护时应存放在低温、干燥、通风良好且远离可能沾染任何熏蒸剂的地方，并注意以下事项：

滤毒罐在一定时间内可以充分防御按容积计算在空气中的浓度不超过 2%的毒气(磷化氢为 0.5%，最大浓度 200 mL/m^3)。

滤毒罐每当打开封盖时就应记录使用时间，在两次使用之间应使用原来的密封端盖密封。

在低浓度熏蒸剂中暴露时间的延长以及意外地暴露在高浓度熏蒸剂中，都应立即弃掉滤毒罐。

据国外资料介绍，作为一项规定，在常规熏蒸中暴露 1 h 就应弃掉滤毒罐，只有当熏蒸剂浓度很低时才可以延长到 2 h。要留有较宽的安全暴露时间，因为滤毒罐的价值与人员的健康相比就微不足道了。

当弃掉滤毒罐时，应先将其进气口或其他部分弄残，如可用钳子弄坏与环纹导气管的连接口，以免下次误用。

隔离式防毒面具防护性能较好，但是，目前国内生产的隔绝式面具还不理想，一是体积大而笨重，二是使用时面具内温度太高(40～60℃)，三是成本高，四是防护时间短。使用防毒面具时，应严格按照产品说明书介绍的操作使用方法进行。

思　考　题

1. 说明与磷化氢熏蒸杀虫应用有关的主要性质。
2. 影响磷化氢毒力的因素有哪些？
3. 如何控制磷化氢有效熏蒸杀虫的主要条件？
4. 磷化氢的杀虫机理是什么？
5. 采用磷化氢或磷化氢发生物熏蒸时要注意哪些安全条件？
6. 说明溴甲烷的主要应用特性和使用前景。
7. 氯化苦熏蒸时要注意哪些问题？
8. 试比较分析本书中所介绍熏蒸技术的各自特点。
9. 试说明环流熏蒸的特点。
10. 何谓混合熏蒸？其特点是什么？

主要参考文献

国家粮食局行政管理司．2001．储粮新技术教程．北京：中国商业出版社

华南农学院．1980．植物化学保护．北京：中国农业出版社

黄伯俊．1993．农药毒理毒性手册．北京：人民卫生出版社

联合国粮农组织．1988．植物保护生产与保护文集(54)防治害虫熏蒸法手册．北京：中国农业科技出版社

农业部农药检定所．1991．新编农药手册．北京：中国农业出版社

钱普等．1984．联合国粮农组织关于储粮害虫对农药的敏感性的全球调查报告．北京：中国对外翻译出版公司

芮昌辉等译．1995．害虫的抗药性．北京：化学工业出版社

王殿轩等．1999．磷化氢熏蒸杀虫技术．成都：成都科技大学出版社

王佩祥．1997．储粮化学药剂．北京：中国商业出版社

吴泽宜．1981．农药词汇．北京：科学出版社

张宗炳．1965．昆虫毒理学(上册)．北京：科学出版社

郑州粮食学院．1987．储粮害虫防治．北京：中国商业出版社

Bhadriraju Subramanyam and David W. 1995. Hagstrum Integrated Management of Insects in Stored Products. Marcel Dekker，Inc

H. A. 门罗．1975．熏蒸防治害虫手册．意大利罗马：联合国粮农组织

Wayland J. Hayes 著，陈炎磐等译．1990．农药毒理学各论．北京：化学工业出版社

第十五章　杀虫剂的毒力与药效测定

本章提要

- 杀虫剂的毒力与药效测定的概念
- 杀虫剂毒力测定的一般方法
- FAO 推荐的储粮熏蒸剂及保护剂的毒力测定方法
- 储粮害虫抗药性的测定
- 储粮熏蒸剂与保护剂的药效测定及实例

第一节　杀虫剂的毒力与药效测定的基本概念

一、杀虫剂毒力测定的意义

化学杀虫剂的毒力测定就是利用生物对药剂的反应，来判断或鉴别一类化合物或某种化学杀虫剂的生物活性。即对昆虫或高等动物的毒性、作用的方式、作用的程度，用于比较毒力。药效测定是测定一种杀虫剂在实际应用中的杀虫效果，用于确定一种杀虫剂的实际应用剂量、合适剂型、施用技术等。

（一）常规的杀虫剂毒性筛选测定

为了不断探索新化学杀虫剂，需要合成大量化合物，在成千上万种的化合物中筛选出有生物活性的，及活性很高的化合物。即用敏感性的生物进行测定。多在室内培养标准化的虫种，通过筛选试验(Screening test)，淘汰无活性或活性很低的化合物。

（二）实地药效试验

这是为化学杀虫剂的生产与应用推广服务的。任何一种化合物，无论在室内试验中杀虫活性如何高，如果经不起大规模实地使用的考验，绝不能作为一种好化学杀虫剂。以储粮药剂为例，在筛选基础上，为了判断其应用的可行性，必须进入粮仓的药效试验阶段，尤其在示范推广之前，这是不可缺少的步骤。

综上所述，毒力与药效测定的范围很广，不仅包括对储粮害虫的毒力与药效测定，同时对高等动物的毒性，如急性、亚急性及慢性毒性的测定，对鱼、鸟类的毒性，对蜜蜂、天敌也包括之。此外在生物体内的生理生化、代谢、转化、解毒机理与药理的研究和残留动态的分析等等，都必须提供基础数据，因此农药研制单位及国外农药公司日益健全筛选机构、改进各程序的筛选技术，模拟环境加强实验室设备，增设药效试验网，及培养提高专门技术人员，以促进农药的创新发展。

二、毒力测定的基本概念

（一）剂量-死亡率之间的关系

1. 毒力测定中的量度与代表数值

测定某杀虫剂对一个群体的毒力时，通常用两个代表数值：均数和标准差（又称标准误 standard error，SE）。前者代表集中的趋势，即是一个群体的代表数字，表示其共同的表现，后者代表分散的程度，也即代表各个观察值与均数间的差异程度。

集中性的表示法常用的有 3 种，算术平均数（arithmetic mean）、中数（medium）和众数（mode）。

算术平均数：各变数之总和除以变数的个数。又称平均数或均数。

中数：各变数值从小到大依次排列，其中间一数值即为中数。

众数：在所有变数值中，次数最多的变数称为众数。

在毒力测定中要用中数，而不用平均数和众数。因变数个数较少，一般不用众数。均数虽然是最常用的集中性代表值，具有较全面的代表性，任何一个数改变时，它就随之改变。但变数中的极端值（即极大和极小值）对于均数有显著影响。例如有一组值为：1，3，5，7，12，其均数为 5.6，而中数为 5。由此可见，中数对于全部数值的代表性不如均数，但中数却有一个优点，即极端值（极大和极小值）改变时，对它的影响不大。若用一个群体对杀虫剂的忍受分配曲线来表示，则更为清楚。其忍受分配曲线呈常态分布曲线时，均数、中数、众数三者密合见图 15-1A。

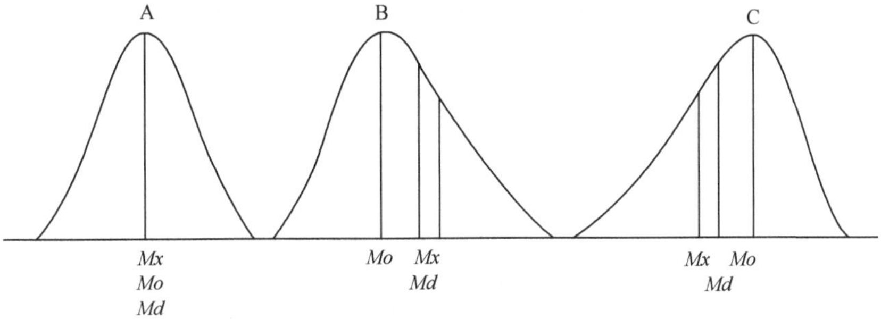

图 15-1　三种集中性量值的关系

Mx：均数；*Mo*：众数；*Md*：中数

若是偏右山形，则众数最小，均数最大，中数居中（图 15-1 B）。若是偏左山形时，则众数最大，均数最小，中数居中（图 15-1 C）。由此可见，其分配曲线不论是偏左或偏右山形对中数影响不大。因此，我们在表示或比较杀虫剂的毒力和毒力程度时，通常用半数致死量（即中数）比较，而不用最低或最高致死量。

另外通过剂量转换成对数，使偏常态分布变成常态分布（详见下节）。此时的中数与均数十分接近，故使求得的半数致死量不仅具有中数的稳定可靠性，而且又可具有均数那样的代表性（在极端值不考虑或少考虑时）。

2. 剂量-死亡率的关系

昆虫对杀虫剂的耐药力分布曲线，并非是真正的常态分布，而是一个有一定偏度的近似常态分布(即具有抗药力较大的个体)如图 15-2 所示。它的累积死亡率与浓度的关系是一条不对称的 S 形曲线如图 15-3。

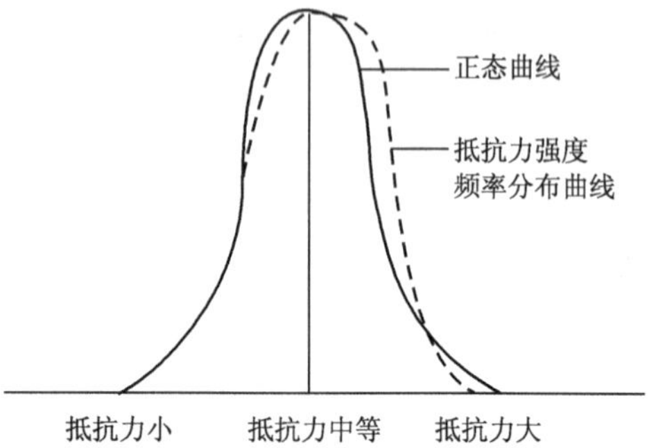

图 15-2　昆虫对杀虫剂的抵抗分布

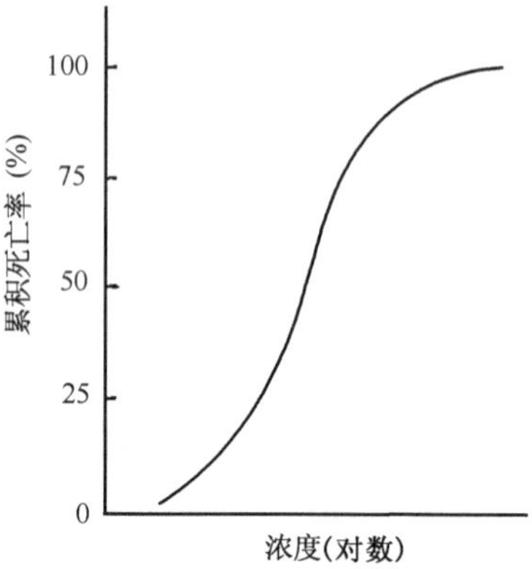

图 15-3　不对称 S 形曲线

这个偏度使得以后的计算出现困难。至于产生这个偏度的原因，主要由于效应的增加不是与剂量的增加成比例，而是与剂量增加的比例成比例的。也就是说，剂量以几何级数增加时，效应则以算术级数增加，这就是生理学上的 Weber-Fenchner 定律。如果把剂量转换为对数，则就可以把原来的几何级数增加规律变为算术级数，于是偏常态分布变为正常态分布(一般称常态分布或正态分布 normal distribution)。不对称的 S 形累积死亡率-浓度曲线，可因剂量改为对数而使图 15-3 右端的平坦部分缩短，变为图 15-4 的对称的 S 形累积曲线。

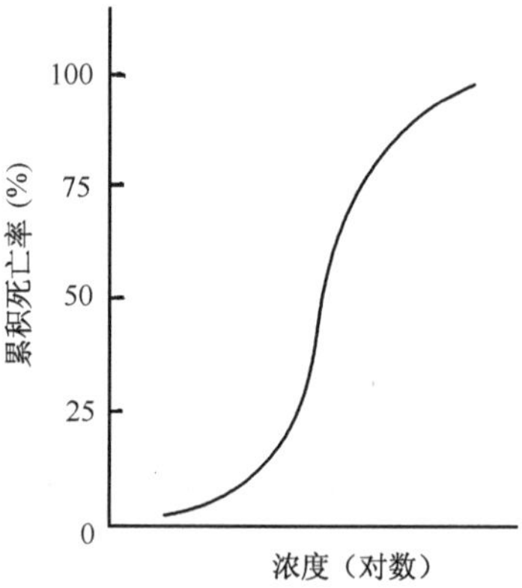

图 15-4　对称 S 形曲线

在进行毒力测定时，一般只用 5～6 个不同的浓度进行处理，用这样几个浓度来作一条 S 形曲线是不够准确的。如果将此 S 形曲线化成直线则就既准确又方便。如把 S 形曲线再通过几率值转变(probit transformation)，就可将 S 形曲线“拉”成直线了。这样，我们就可以用直线回归式来代表这条直线。

什么叫做几率值转换呢？假定常态分布曲线所包含的面积代表死亡率，整个面积为 100%，投射在底线常态等差点上的各个常态等差就代表不同的死亡率。这样就可以把死亡率的曲线用常态等差来计算，从而化成直线。所谓常态等差(normal equivalent deviation)是：

$$常态等差(N.\ E.\ D.) = [变值(x) - 平均数(\bar{x})]\ /标准差(s)$$

如果变值小于平均数，它的常态等差就为负数，大于平均数则为正数。常态等差有正负，计算起来很不方便。于是 Bliss 提出用几率值(probit)来代换常态曲线的常态等差。即以均数改为 5，也就是常态等差再加上 5，即为几率值。这样原来的 1 就成为 6；

－1 就成为 4，其余以此类推，如图 15-5 所示。常态等差由－4～4 相当于几率值的 1～9。根据上述的意义，几率值也可以用下式来表示：

$$P(\text{几率值})=5+(x-\bar{x})/s$$

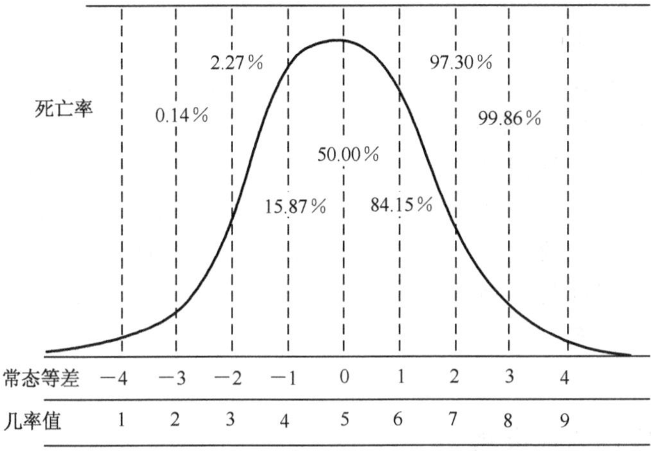

图 15-5　死亡率、常态等差、几率值三者之间的关系

这样就可消除正负之别。因此，死亡几率值就是把死亡率用横座标上的数值来表示。例如 50％的死亡率，其几率值是 5；60％的死亡率，其几率值是 5.25。Bliss 把死亡率和几率值制成“死亡几率值转换表”见表 15-1。我们只要求得死亡率，即可从此表查得其几率值。

表 15-1　死亡百分率-几率值转化表

死亡率(％)	0	1	2	3	4	5	6	7	8	9
00	—	2.67	2.95	3.12	3.25	3.36	3.45	3.52	3.59	3.66
10	3.72	3.77	3.82	3.87	3.92	3.96	4.01	4.05	4.08	4.12
20	4.16	4.19	4.23	4.26	4.29	4.33	4.36	4.39	4.42	4.45
30	4.48	4.50	4.53	4.56	4.59	4.61	4.64	4.67	4.69	4.72
40	4.75	4.77	4.80	4.82	4.85	4.87	4.90	4.92	4.95	4.97
50	5.00	5.03	5.05	5.08	5.10	5.13	5.15	5.18	5.20	5.23
60	5.25	5.28	5.31	5.33	5.36	5.39	5.41	5.44	5.47	5.50
70	5.52	5.55	5.58	5.61	5.64	5.67	5.71	5.74	5.77	5.81
80	5.84	5.88	5.92	5.95	5.99	6.04	6.08	6.13	6.18	6.23
90	6.28	6.34	6.41	6.48	6.55	6.64	6.75	6.88	7.05	7.33

综上所述，把药剂浓度变成对数，即可将不对称的 S 形曲线转变成对称的 S 形曲线，再把死亡率转换成几率值，则可将 S 形曲线化成直线；于是此直线可用回归式 $y=a+bx$ 来表示。其中 y 为死亡几率值，x 为剂量(对数)。

3. 半数致死量

半数致死量(median lethal dosage，即 LD_{50})是指一种杀虫剂杀死昆虫群体中一半个体所需要的剂量。若用浓度表示则为致死中浓度(median lethal concentration，即 LC_{50})。若用击倒半数个体所需要的量来表示，则为半数击倒量(median knock-down dosage，即 KD_{50})。还有用击倒，或杀死半数个体所需要的时间来表示，则为半数击倒时间(median knock-down time，即 KT_{50})或为半数致死时间(median lethal times，即 LT_{50})。其求法基本相同。

为什么不用最低致死量或最高致死量，而用致死中量呢？理由也很简单，因为在一百个个体中(或一个种群中)对药剂的反应是有差异的，假如碰巧有一个个体对药剂的耐药性极大，那么最高致死剂量就因为这一个个体而大为提高；相反的，也可能其中有一个个体敏感性极大，因而极低剂量的药剂就可以把它杀死，这样，由于这一个个体而使最低致死量大为降低。故在最高、最低两个极端，遇有特殊情况发生时，其指标的数值都受影响，且随取样的改变而改变的可能性比较大，所以用致死中量最稳定、最可靠。

三、毒力测定条件的标准化

外界环境和供试昆虫的内在条件都能影响杀虫剂的毒力，环境条件的变化，如温度、湿度、光照等对杀虫剂的理化性状和昆虫的生理状态都有影响。而杀虫剂理化性能的变化，能影响对昆虫的毒力；昆虫的生理状态如发育期、生长期、雌雄等不同对杀虫剂的耐药力也不同。而我们在毒力测定或抗性测定中，只涉及两个变数，剂量(或浓度)和死亡率。前者是自变量(x)，后者是应变量死亡率(y)。y 是杀虫剂剂量(或浓度)(x)的函数，可用 $y=f(x)$ 表示，而其他因素应尽可能保持稳定一致。不然我们测得的死亡率(y)不只是由杀虫剂剂量(x)的改变而引起，还会因上述的测试昆虫的大小、老幼、强弱、雌雄不一，或发育阶段和环境条件不一、或处理方法不一等许多变量(x_1，x_2，x_3，$\cdots x_n$)而造成。于是我们测得的剂量对数-死亡几率值的关系就不是 $y=a+bx$，而变成 $y=a+b_1x_1+b_2x_2+b_3x_3+\cdots+b_nx_n$ 的复杂的偏回归式。因此，测定抗药性的条件必须划一，才能获得比较稳定可靠的结果。这些条件应包括：

(1) 试虫的发育阶段一致。如用以测定的幼虫或若虫应该用同一龄期，而且体重也应基本一致。因为在一般情况下耐药量随体重增加而增加。如用成虫，应日龄基本一致，一般来讲刚羽化的成虫较敏感，应取羽化后 3～5d 的为好，寿命较长的种类可取羽化后 5 周以内的成虫。

(2) 试虫的性别一致。所用成虫应雌雄一致，许多测定表明，雄的比雌的敏感，而雄的寿命较短，一般都用雌虫来测定。

(3) 试虫的营养一致。为了达到营养条件一致，应该在室内的标准条件下饲养一代，至少也应采集低龄幼虫(或若虫)饲养一段时间，然后用高龄幼虫(或若虫)进行测试，或采集高龄幼虫(或若虫)或蛹羽化后测成虫。尽量避免直接采集成虫作为测定材料。

(4) 温度一致。因为温度对测试昆虫的活动性、代谢率、体内的生理生化的变化，以及对杀虫剂的穿透性、转化率等都有较大影响。如有机磷杀虫剂对储粮害虫的毒力均是正温度系数，即毒力随温度升高而提高。因此，测定前温度和处理后恢复时的温度要一致是极为重要的，一般都在 25℃左右。

（5）试虫的世代一致。野外采集来的昆虫，常因世代数不同而呈现不同的敏感度。所以，不能用一年中初代的测试结果与末代相比。

（6）溶剂一致。因为不同的溶剂对昆虫表皮的穿透率是不同的，单位时间内进入体内的药剂量也不同，在体内的代谢速率也不同，最后到达作用部位的药剂也就不同，故测得的结果会有差异。

（7）药剂有效成分的含量要一致。测试用的杀虫剂要符合质量要求，避免因药剂的规格不一，影响测定结果。有些杀虫剂不稳定，应置于冰箱中。而且不能放置过久。杀虫剂有效成分的含量正确与否直接影响到所得数据的正确性，一般要求其纯度为 95%以上。

（8）药剂处理的部位要一致。如点滴法，可因点滴部位不同，出现不同的毒性；点滴处理的毒性，一般离作用部位远则毒性下降。点滴于足或腹部的末端效果最低。一般点滴于中胸背面或腹面为宜。

此外，湿度、光照、虫口密度的影响虽然没有上述几方面大，但也要注意差别不要太大。

第二节　储粮害虫杀虫剂的毒力测定

杀虫剂毒力测定就是在标准条件下，利用生物（昆虫、高等动物）对杀虫剂的反应，来判断或鉴别杀虫剂的毒力和效能的基本方法。其目的是为了精确地测出各种杀虫剂对生物的毒性、作用方式和程度，以便定性和定量地分析毒力的大小和抗药性的程度。

一、半数致死量和回归式的求法

半数致死量和回归方程式（regression equation）的求法目前常用的有三种：目测法、最小二乘法（method of least squares）和几率值分析法（method of probit analysis）。现分别简述如下，并逐一举例。有关统计的一般知识在此不再复述，请参阅有关生物统计专著。

（一）目测法

1. 半数致死量

（1）药剂剂量（或浓度）的设计

用从低到高一系列剂量处理昆虫，剂量等级一般不少于 4 个。理想的等级是最低浓度的死亡率不要低于 10%，最高浓度不要超过 90%。因为极端值常不可靠，能影响正确性。浓度的设置可根据杀虫剂的性质采取等差的 1，2，3，4，…或等比的 1，2，4，8，16，…比例。并设置仅以溶剂处理的对照组，对照组死亡率不能高于 20%，否则整个实验要重做。

（2）用对照组死亡率进行校正

如果对照组有死亡，则必须用 Abbott 公式校正处理组的死亡率：

校正死亡率（%）＝［(处理组死亡率（%）－对照组死亡率（%))/(1－对照组死亡率（%))］×100

一般来说，对照组死亡率若低于5%可不必校正。

(3) 求剂量对数-几率值回归直线(LD-p line)

把校正死亡率换算成几率值(查表15-1)，再把剂量或浓度换算成对数(查对数表)。然后以几率值为纵坐标，剂量对数为横坐标，把各个剂量及其相应的校正死亡率的各点绘于坐标纸上，然后在各点间通过目测画出一条与各点的距离最为相近(垂直方向相近)的直线。这条直线叫做剂量对数死亡几率值回归直线(log dosage-probit line)，或称毒力回归线，简称LD-p线。

由于此线是从目测而得来，需经统计处理，测定是否符合实际情况，故又称此线为临时毒力回归线(provisional line)。从几率值5处(即死亡率50%)作一条与横坐标平行的直线，它与回归直线相交的剂量即为半数致死量。为了简化求回归直线的过程，根据上述原理可绘制浓度对数-死亡几率值如图15-6，把所求各点直接绘于此纸上，不必再查对数表和几率值表了。

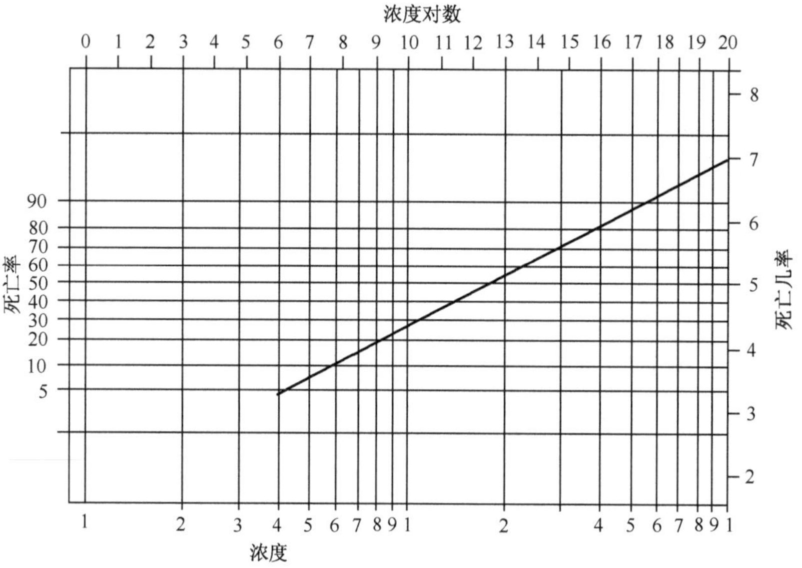

图15-6　浓度对数-死亡率几率值与赤拟谷盗对马拉硫磷的毒力回归线

2. *求毒力回归方程式*

毒力回归线可用 $y=a+bx$ 来表示，对比较抗药性甚为重要，其中 a 值是截距，b 值是回归直线的坡度(slope)。

毒力回归方程式的求法：从 LD_{50} 处计算回归线的坡度值，即剂量对数增加某单位与死亡率(几率值)增加的比例，其回归式的公式即为：

$$(y-a)/(x-LD_{50})=\Delta 几率值/\Delta 对数剂量$$

例如，赤拟谷盗对马拉硫磷的敏感度(结果列于表15-2)的回归方程式求法如下：

表 15-2　赤拟谷盗对马拉硫磷的敏感度测定结果(点滴法)

测定浓度(%)	死亡虫数(头)	供试虫数(头)	死亡率(%)	校正死亡率(%)
0.00625	11	68	16.2	14.1
0.01250	29	75	38.6	37.0
0.02500	58	93	62.3	61.3
0.0500	76	87	87.4	87.1
0.1000	84	86	97.7	97.6
对照	2	80	2.5	—

(1) 按上述结果在几率值对数纸上作 LD-p 线(见图 15-6),求得 LC_{50} 为 0.0181%,点滴器的容量为 0.5 μl。其受药量(μg/虫)=药液浓度(%)×点滴容量(μl)×1000 即 $LD_{50}=0.000181\times0.5\times1000=0.0905$μg/虫。

(2) 在 LD-p 线上任意取二点(x_1、y_1;x_2、y_2),x 为对数浓度,y 为几率值。

求 b 和 a 值若　$y_1=5$,　$x_1=1.2553$

$y_2=6.13$,　$x_2=1.6990$

$b=(y_2-y_1)/(x_2-x_1)=1.13/0.4437=2.55$

$a=y_1-bx_1=1.80$

(3) 分别将 a、b 值代入 $y=a+bx$,即得 LD-p 线的回归方程式为 $y=1.80+2.55x$。

3. 求卡方(*Chi squared* ,即 χ^2)值

这条 LD-p 线是用目测主观决定的,是否符合实际情况,尚不清楚,必须经卡方(χ^2)测定后才能肯定,这种测定叫做卡方(χ^2)适合性测定或卡方检验。仍以表 15-2 的测定结果为例,计算步骤如下:

(1) 把所用的各个测定浓度 x(对数)代入求得的回归方程式 $y=1.80+2.55x$,可求出其相应的几率值 y(计算值或估计值)。

(2) 根据不同的 y 值从死亡几率值表(表 15-1)查出其计算死亡率 p。

(3) 求各浓度的计算死亡数 np[供试虫数(n)×计算死亡率(p]。

(4) 求出各浓度的实际死亡数(r)与计算死亡数(np)之差,即 $r-np$。

(5) 求各浓度的 $k=(r-nP)^2/[np(1-P)]$

(6) 将各浓度 k 值相加$\left(\sum\right)$,和即为卡方(χ^2)值见表 15-3。

表 15-3　卡方 χ^2 值计算例表*

测定浓度(%)	浓度对数(+3)(x)	计算几率值(y)	计算死亡率(p)	供试虫数(n)	测定死亡数(r)	计算死亡数(np)	相差($r-np$)	$\frac{(r-np)^2}{np(1-p)}$
0.00625	0.7959	3.8300	12	68	11	8.16	2.8	1.09
0.01250	1.0969	4.5971	34	75	29	25.5	3.5	0.73
0.02500	1.3979	5.3646	64	93	58	59.5	−1.5	0.11
0.05000	1.6990	6.1325	87	87	76	75.7	0.3	<0.01
0.10000	2.0000	6.9000	98	86	84	84.3	−0.3	<0.01
								$\chi^2=1.93$

* 测定结果见表 15-2

求本例的 χ^2 值为 1.93,在自由度为 $n-2$ 时,此值小于 χ^2 分布表(表 15-4)中 $p=$

0.05 水平的χ^2值 7.82，故证明此 LD-p 线是符合实际情况的。

表 15-4 当几率(p)为 0.05 时的 t 与χ^2值

自由度	t	χ^2	自由度	t	χ^2
1	12.7	3.84	8	2.31	15.5
2	4.3	5.99	9	2.26	16.9
3	3.18	7.82	10	2.23	18.3
4	2.78	9.49	.	.	.
5	2.57	11.1	.	.	.
6	2.45	12.6	.	.	.
7	2.36	14.1	∞	1.96	

4. *求 LD_{50} 标准误差及可靠程度*

我们求得的半数致死量(LD_{50})是通过取样来测得的，故并不能完全代表整个群体的真正情况。在本章开头就指出，一个群体的计量值通常有二个代表数值：一是表示代表性的均数(或中数)，在此即是 LD_{50}；另一个是代表其差异程度的标准误差。因此只求出其 LD_{50} 值是不够的。还必须计算出 LD_{50} 的标准误差及其可能实际包含的范围，即可信限(fiduciallimit)。

现仍以上例说明如下：

(1) 根据几率值查得其相应的权重系数。如前所述，几率值是从常态曲线转化而来的，几率值的方差(variance of probit)在 LD_{50} 时最小，而在趋近于 0 或 100 时最大。故在计算回归线式时应用权重系数(weight coefficient)来校正。不同的几率值有不同的权重系数，根据期望几率值(expected probit)可从表 15-5 查得其相应的权重系数(w)。

表 15-5 计算工作几率值系数和权重系数

期望机值 Y	工作机值系数		权重系数	期望机值 Y	工作机值系数		权重系数
	y_0	k			y_0	k	
1.6	1.33	8.115	0.005	2.7	2.32	0.3530	0.076
1.7	1.42	5.805	0.006	2.8	2.41	0.2819	0.092
1.8	1.51	4.194	0.008	2.9	2.49	0.2274	0.110
1.9	1.60	3.061	0.011	3.0	2.58	0.1852	0.131
2.0	1.70	2.256	0.015	3.1	2.66	0.1524	0.154
2.1	1.79	0.6800	0.019	3.2	2.74	0.1267	0.180
2.2	1.88	1.2634	0.025	3.3	2.83	0.1063	0.208
2.3	1.97	0.9596	0.031	3.4	2.91	0.0902	0.238
2.4	2.06	0.7362	0.040	3.5	2.98	0.0772	0.269
2.5	2.15	0.5705	0.050	3.6	3.06	0.0668	0.302
2.6	2.23	0.4465	0.062	3.7	3.14	0.0584	0.336

续表

期望机值 Y	工作机值系数		权重系数	期望机值 Y	工作机值系数		权重系数
	y_0	k			y_0	k	
3.8	3.21	0.0515	0.370	6.2	1.64	0.0515	0.370
3.9	3.28	0.0459	0.405	6.3	1.03	0.0584	0.336
4.0	3.34	0.0413	0.439	6.4	0.26	0.0668	0.302
4.1	3.41	0.0376	0.471	6.5	−0.71	0.0772	0.269
4.2	3.47	0.0345	0.503	6.6	−1.92	0.0902	0.238
4.3	3.53	0.0320	0.532	6.7	−3.46	0.1063	0.208
4.4	3.58	0.0300	0.558	6.8	−5.41	0.1267	0.180
4.5	3.62	0.0284	0.581	6.9	−7.90	0.1524	0.154
4.6	3.66	0.0272	0.601	7.0	−11.10	0.0852	0.131
4.7	3.70	0.0262	0.616	7.1	−15.23	0.2274	0.110
4.8	3.72	0.0256	0.627	7.2	−20.60	0.2819	0.092
4.9	3.74	0.0252	0.634	7.3	−27.62	0.3530	0.076
5.0	3.75	0.0251	0.637	7.4	−36.89	0.4465	0.062
5.1	3.74	0.0252	0.634	7.5	−49.20	0.5705	0.050
5.2	3.72	0.0256	0.627	7.6	−65.68	0.7362	0.040
5.3	3.68	0.0262	0.616	7.7	−87.93	0.9596	0.031
5.4	3.62	0.0272	0.601	7.8	−118.22	1.2634	0.025
5.5	3.54	0.0284	0.581	7.9	−159.79	0.6800	0.019
5.6	3.42	0.0300	0.558	8.0	−217.3	2.256	0.015
5.7	3.27	0.0320	0.532	8.1	−297.7	3.061	0.011
5.8	3.08	0.0345	0.503	8.2	−410.9	4.194	0.008
5.9	2.83	0.0376	0.471	8.3	−571.9	5.805	0.006
6.0	2.52	0.0413	0.439	8.4	−802.8	8.115	0.005
6.1	2.13	0.0459	0.405				

根据公式 $y=y_0+kp$ 求工作机值，其中 p 为死亡百分率

(2) 供试虫数(n)×权重系数(w)为权重(nw)求得

$\sum nw = 176.987$(见表 15-6)。

(3) 求 LD_{50} 的标准误差(Sm)。由于经上述的卡方(χ^2)测定证明：

回归方程式 $y=1.80+2.55x$ 与实际相符，可用以下公式来求 LD_{50} 的标准误差：

$$Sm = 1/B\left(\sum nw\right)^2 \quad （也有人用公式\ Sm = 1/b\ 计算）$$

表 15-6　几率值分析法计算例表 *

浓度	供试虫数	死亡虫数	死亡率	校正死亡率	浓度对数（+3）	死亡几率	期望几率	工作几率	权重系数				
%			%	%	*X*		*Y*	*y*	*w*	*nw*	*nwx*	*nwy*	*Y′*
0. 00625	68	11	16. 2	14. 1	0. 7959	3. 92	3. 89	3. 920	0. 405	27. 540	21. 9191	107. 9568	0. 01
0. 0125	75	29	38. 6	37. 0	1. 0969	4. 67	4. 60	4. 669	0. 601	45. 075	49. 4428	210. 4552	0. 03
0. 025	93	58	62. 3	61. 3	1. 3979	5. 28	5. 37	5. 277	0. 601	55. 893	78. 1328	294. 9474	0. 00
0. 05	87	76	87. 4	87. 1	1. 6990	6. 13	6. 13	6. 126	0. 405	35. 235	59. 8643	215. 8496	0. 01
0. 1	86	84	97. 7	97. 6	2. 0000	7. 05	6. 90	7. 033	0. 154	13. 244	26. 4880	93. 1455	0. 03
对照	80	2	2. 5							$\sum = 176.987$	$\sum = 235.8470$	$\sum = 922.3545$	

* 测定结果见表 11-2

$\sum nwyx = 1282.0965$

$\sum nwx^2 = 335.5865$

$\sum nwy^2 = 4939.6270$

将上述各项值代入时

$$Sm = 1/2.55(176.987)^2 = 0.02943$$

即　$LD_{50}=0.0905\pm0.02948\mu g$/虫

(4) 求 LD_{50} 的 95%可信限。

根据 t 测法

查 t 分布表(见表 15-4)，$P=0.05$，自由度为无穷大(∞)时，$t_{0.05}=1.96$。故

$$\begin{aligned} LC_{50}\text{ 的 95\% 可信限 } &= LC_{50} \pm 1.96 \times Sm \\ &= 1.2577 \pm 1.96 \times 0.02948 \\ &= 1.1992 \sim 1.3155 \end{aligned}$$

查反对数，并换算成 LD_{50}。

LD_{50} 的可信限$=0.07905\sim0.1034\mu g$/雌虫。

(二) 最小二乘法

因为实际测得的数值与计算值不可能完全一致，往往有出入。为了使两者尽可能接近，可用最小二乘法的原理来求出最合适的能代表两个变数关系的直线方程式，即求 a 与 b 值时应以 $\sum(y-Y)^2$ 最小为原则。最小二乘法的回归式通过计算获得，较为精确。按下面的公式求 $y=a+bx$ 中的 a 和 b 值。

$$b=\left(\sum xy-\bar{y}\bar{x}\cdot n\right)/\sum x^2-n\cdot\bar{x}^2$$

其中

$$\bar{x}=\sum x/N \quad \bar{y}=\sum y/N$$

$$a=\bar{y}-b\bar{x}$$

其中 N 为所用的测定浓度数，x 为浓度对数，y 为死亡率几率值。

将 $\bar{x}$,$\bar{y}$,$\sum x^2$ 和 $\sum xy$,分别代入下面的公式,即可求得 a 和 b。

$$\begin{aligned} b &= \left(\sum xg-n\cdot\bar{x}\cdot\bar{y}\right)/\left(\sum x^2-n\cdot\bar{x}^2\right) \\ &= (40.1382-5\times1.3979\times5.41)/(10.6774-511.3979)^2 \\ &= 2.56 \end{aligned}$$

$$\begin{aligned} a &= \bar{y}-b\bar{x} = 5.41-2.56\cdot1.3925 \\ &= 1.83 \end{aligned}$$

以上述数据为例，计算见例表 15-7。

表 15-7　最小二乘法计算例表*

死亡几率值(y)	对数浓度+3(x)	x^2	y^2	xy
3.92	0.7959	0.6335	15.3664	3.1199
4.67	1.0969	1.2032	21.8089	5.1225
5.28	1.3979	1.9541	27.8784	7.3809
6.13	1.6990	2.8866	37.5769	10.4149
7.05	2.000	4.0000	49.7025	14.1000
$\sum y=27.05$	$\sum x=6.9897$	$\sum x^2=10.6774$	$\sum y^2=152.3331$	$\sum xy=40.1382$

* 测定结果见表 15-2

将 a 和 b 值代入回归方程式 $y=a+bx$，即得回归方程式，$y=1.83+2.56x$。将不同的 x 值代入，可得相应的 y 值。

然后用同样的方法进行卡方(χ^2)适合性测定，求 LD_{50} 及 95%可信限。

(三) 几率值分析法

最小二乘法虽然比目测法精确，但由于 LD-p 线是由常态曲线转化而来的一个近似的直线，故不完全相同于一般的回归直线。从 LD-p 线上读出的期望几率值(Y)与实际测得的死亡几率值之间往往是不同的。那么按照期望几率值求出的 LD_{50} 及 LD-p 线的回归式，并不完全符合于实际观察情况。为此，对于直接由 LD-p 线上读出的期望几率值必须加以校正。也就是说，先求出其校正几率值(corrected probit)，或称工作几率值(working probit)。工作几率值可根据以下的公式求出，

$$y = y_0 + \mathrm{k}p$$

y=工作几率值，p=死亡百分率，

y_0 和 k 为工作几率值系数(factors for working probit)从表 15-5 根据期望几率值(Y)查得。

几率值分析法在毒力测定和抗性测定中是最为常用的方法，详见 Fenney(1952)的《几率值分析》一书。现仍以上例的测定数据为例，将求半数致死量、回归方程式、卡方(χ^2)值和可信限等统计步骤归纳如下。

(1) 将剂量转换成常用对数(x)，为了计算方便可用对数+1 或+2……来避免负值。

(2) 对照如有死亡，则以 Abbott 公式对各死亡率进行校正。

(3) 根据校正死亡率通过查死亡几率值转换表(即表 15-1)转换成几率值。

(4) 根据对数剂量和死亡几率值作出一条适合于各点的临时毒力回归线。

(5) 从临时毒力回归线读出各 x 值的期望几率值(Y)(精确到 0.1)。

(6) 根据 $y=y_0+\mathrm{k}p$ 求得相应的工作几率值。

(7) 从表 11-5 查得各期望几率值的权重系数(w)，乘以各组的供试昆虫数(n)，即为权重(nw)。

将上述各数据分别填入表 15-6 各栏。然后依次进行计算。

(8) 计算 $\sum nw = 176.987, \sum nwx = 235.847, \sum nwy = 922.3545$

$$X = \sum nwx / \sum nw = 235.847/176.987 = 1.3326$$

$$Y(m) = \sum nwy / \sum nw = 922.3545/176.987 = 5.2114$$

(9) 计算回归式的 b 值。

$$\sum nwyx = 1282.0965, \sum nwx^2 = 335.5865$$

$$b = \left(\sum nwyx - X\sum nwy\right)\Big/\left[\sum nwx^2 - X\sum nwx\right]$$

$$= (1282.0965 - 1.3326 \times 922.3545)/(335.5865 - 1.3326 \times 235.847)$$

$$= 2.4871$$

(10) 根据 $y=Y(m)+b(x-X)$，或 $y=[Y(m)-bX]+bx$ 求得回归方程式为 $y=$

$1.90+2.49x$。

(11) 将 x 值代入 $y=1.90+2.49x$，求得其相应的 y'(精确到 0.1)，并与期望几率值(Y)相比较，若差异小于 0.2，则可以认为该直线是适合的。若差异大于 0.2，则要把 y 值作为调整期望几率值(improved expected probit)，然后再根据步骤 (6) 重新进行计算。

(12) 求半数致死量(LD_{50})

在 $x=LC_{50}$ 时　　$y=5$

故 $m=X+[5-Y(m)/b]=1.2476$(在此 m 即为 LC_{50})

查反对数，并转换成 $LD_{50}=0.0884\mu g$/雌虫。

接下去计算 LD_{50} 的精确程度(accuracy)。

(13) 求 m 的变量(variance，即 V_m)。

$$V_m=1/b^2\left(1/\sum nw+(m-X)^2/\left[\sum nwx^2-\left(\sum nwx^2\Big/\sum nw\right)\right]\right)=0.00097$$

(14) 根据下面的公式进行卡方(χ^2)测定。

计算 $\sum nwy^2=4939.6270$

$$\chi^2=\left[\sum nwy^2-y(m)\sum nwy\right]-b\left(\sum nwy-X\sum nwy\right)$$
$$=(4939.6270-5.2114\times922.3545)-2.4871\times(1282.0965-1.3326\times922.3545)$$
$$=1.1348$$

从 χ^2 分布表(表 15-4)中查出 $\chi^2_{0.05}=7.8$

由于 $1.1348<7.8$，即 $\chi^2<\chi^2_{0.05}$，故表示测定数据的同质性(homogeneity)。若所求的 χ^2 值大于 $p=0.05$ 水平的 χ^2 值(即 $\chi^2>\chi^2_{0.05}$)，则表示测定的数据有异质性(heterogeneity)。

如果是异质的话，由 $\chi^2/(n-2)$ 计算调整系数(adjustment factor)，并用这一调整系数乘以变最(V_m)。其中 χ^2 为卡方值，n 为测定时所用的浓度数目，$n-2$ 即为自由度(degree of freedom)。

(15) 求半数致死量的可靠程度

$$m_1=m+1.96\times(V_m)^{-2}=1.2476+1.96\times0.00097^{-2}$$
$$=1.3086(m_1 \text{ 为 } LC_{50} \text{ 的上限})$$
$$m_2=m-1.96\times(V_m)^{-2}=1.2476-1.96\times0.00097^{-2}$$
$$=1.1866(m_2 \text{ 为 } LC_{50} \text{ 的下限})$$

分别查反对数，并换算成 LD_{50}，则其可信限为 $0.07685\sim0.10175\mu g$/雌虫。

若有异质性，则其 95%置信限$=m\pm(\chi^2/n-2)\times V$

把上述三种方法测得的 LD_{50}、回归方程式、95%可信限和 χ^2 值汇总于表 15-8，加以比较。从中可以看出，(1)由于测得的数据较为稳定可靠，故三种统计方法所得的结果较为一致。由此可见，正确地掌握毒力测定技术是最重要的。(2) 由于毒力回归线是由不对称的 S 形曲线通过一系列转换“拉”成直线的，故不同于一般回归直线。从其卡方(χ^2)值也证明了这一点。虽然三者的 χ^2 值都小于 χ^2 分布表中的 $\chi^2_{0.05}$ 值，但几率值分

析法求得的 χ^2 值(1.13)小于最小二乘法求得的 $\chi^{2'}$ 值(2.97)，表示更为精确。所以几率值分析法为广大毒理学工作者广泛采用。几率值分析法原来计算比较麻烦，花费时间长。而现在可采用电子计算机快速地处理大量试验数据，既方便又精确。

表 15-8 三种统计方法的比较

统计方法	LD_{50}(μg/雌)	回归式 $y=$	95%可信限	χ^2
目测法	0.0905	$1.80+2.55x$	0.0788～0.1028	1.93
最小二乘法	0.0886	$1.83+2.56x$	0.07585～0.09875	2.97
几率值分析法	0.0884	$1.90+2.49x$	0.07685～0.10175	1.13

二、熏蒸剂的毒力测定（FAO 推荐方法）

本方法的内容为检查和测定米象、玉米象、谷象、谷蠹、赤拟谷盗、杂拟谷盗、锯谷盗和大眼锯谷盗等储粮害虫对溴甲烷和磷化氢等熏蒸剂的毒力和抗药性。

本方法的基础是将害虫的成虫暴露在与大气隔开含有熏蒸剂的气体中。在溴甲烷中的熏蒸时间为 5 h，在磷化氢中的熏蒸时间为 20 h，结束熏蒸后 14d 检查确定结果。用已知的敏感品系做参考来确定基线，该敏感品系可通过观察甲虫对阈限剂量的选择来确定抗药性。在这个试验中存活的害虫是抗性的象征，接下来要做进一步的试验以确定目前抗性的程度。

（一）设备和材料

1. 养虫室

应有可实现培养虫子所需 25℃和 30℃以及 70% RH 的设备。还应有一个大的培养箱，它可以通过引入或在敞开的盘中充入硝酸钠、氯化锶饱和溶液调节湿度。

2. 试虫饲料

试虫饲料应在加热密闭的容器中，升温到 60℃，持续一个小时进行消毒。装饲料的容器可以是小的瓶子或广口瓶用滤纸密封并用石蜡黏接(以防止螨类入内)。饲养容器应放在含有石蜡油的盘内以进一步防止感染螨类。

所有的储粮害虫在试验室培养中都会感染一些疾病。拟谷盗属的害虫对寄生生物 *Farinocystis tribolii* 特别敏感。所有用于存放试虫和饲料的设施都应在 110～120℃的高温烘箱中消毒。平时就应将这些物品放在烘箱中存放。消毒时间应在 0.5～1 h，以确保消灭原生物的孢子，这里用的所有塑料制品应是不受高温影响的聚丙烯尼龙或聚酯类。

提供聚四氟乙烯水悬液，有助于防止除拟谷盗属和谷蠹外的虫种成虫从容器中爬出。在培养容器的内壁顶部 2 cm 高的范围内涂聚四氟乙烯以防止虫子集中在密封滤纸上钻透滤纸外逃，所有的容器都应如此处理。

3. 实验室

实验室应有常规的照明设备和维持 25℃的温度，且应将相对湿度控制在 70%，并在熏蒸试验开始前，熏蒸瓶内有空气也应符合这个条件。熏蒸瓶内的气体可先在培养室内进行准备。

4. 熏蒸剂

推荐作用纯净的溴甲烷(包括氯化苦)可作用的熏蒸剂来源包括市售的安培瓶和筒装的商品。市售的磷化铝或磷化锌的各剂型是合适的磷化氢来源。

5. 玻璃器皿

(1) 熏蒸用干燥器

用 20 cm 直径的干燥器，将其固定在一个不锈钢板或其他化学性质不活泼的材料上，并配有一个带圆插座和顶塞与底塞相匹配的盖子。在干燥器顶塞上应设有锥形螺纹口。在螺帽下放置一硅橡胶片，用于密封。硅橡胶片可由 3.2 mm 的打孔器在大的硅橡胶片上打成，干燥器凸缘的圆形表面要抹医用凡士林(不用锥形螺纹口时，只要采用的方法能确保干燥器顶塞的气密性和满足具有表面化学惰性即可)。

(2) 熏蒸笼

用直径 30 mm、高 25 mm 的衬有试纸(直径 35～42.5 mm)的玻璃培养皿作为在熏蒸时装虫子的容器。在熏蒸笼上放一块不锈钢丝网以防止熏蒸时试虫飞出。

(3) 气密性注射器

应准备一套气密性注射器(如 Hamilton gas-tight syringe)。按熏蒸瓶的体积确定所选注射器的刻度范围，最好为 50、100、250 mL 的注射器。

(4) 磁性搅拌器

在熏蒸瓶内建议使用磁性搅拌器来混合气体。为此目的，在每个熏蒸瓶的底部应放置一个长 45 mm 磁子，在工作时可通过一个小电动机的轴上装一块合适的磁铁做成一磁性搅拌器。它的速度控制不是很重要的。

(二) 样品的收集与培养

正确的对虫种进行分类是极其重要的，并在试验开始的工作中就应对虫种进行分类，特别是那些实际熏蒸没有杀死的害虫，且如果对这些样品的分类有任何的怀疑都应将虫样交有关专家核实。

1. 磷化氢气源的准备

所有关于磷化氢的操作都应在通风柜内进行，磷化氢的最大允许浓度(MAC)为 0.3 ppm。

在实验室内获得磷化氢较为方便，市售磷化铝片剂中磷化氢的含量为 0.2 g/片，因此推荐用于磷化氢的气源是最合适的。

发生磷化氢的装置包括充气瓶、集气管、残渣管和水(图 15-7)。应排出集气管中的空气。气瓶中的水用虹吸管吸出一半后用 10%(V/V)的硫酸溶液进行补充。应彻底搅动气瓶及集气管中的液体。集气瓶内的混合作用可由推动控制残渣管的注射器搅动液体实现，如此过程需进行几分钟。在气瓶内投入一片磷化铝，然后用带有不锈钢丝的漏斗将药盖住，几乎立即就可产生磷化氢(也可用 3～5 g 的磷化锌粉剂与 10%的硫酸反应，得到磷化氢气体，方法同上)。

在反应过程中由于产生气体在集气瓶中取代的液体可由虹吸管吸出，从而可维持气瓶内液体的水平面并使集气管内保持正压。当集气管内充满气体后，在管壁上会留有残渣，此时用残渣管吸出残渣，这一步不是绝对必要的。滞留在集气瓶颈上的残渣可由残

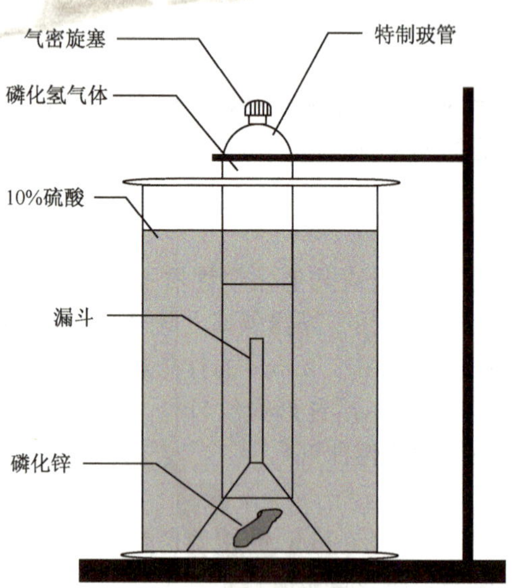

图 15-7 用磷化铝或磷化锌发生磷化氢的装置
需始终保证大液缸内液面高于特制玻管内液面

渣管将其清除。

这样所得的混合气体中磷化氢的含量接近 86%且足够使用几个星期。含有硫酸液体的气瓶和集气管内会吸附少量的氨，防止产生自燃的双膦。

2. 干燥器体积的测定

必须对每个干燥器的体积进行测定才能计算出用药的剂量。每个干燥器应在集中且条件相同的条件下进行测定，测定的方法为充水称重，因此要掌握正确的水温，以确保测定体积值的正确性。水在 25℃时占有 1.003 mL/g 的体积。

3. 熏蒸前的准备

(1) 对虫笼进行预熏蒸

用胶水将圆滤纸固定在培养皿的底部，放在烘箱中干燥。选用滤纸的尺寸要与皿底一致。害虫可在皿内正常地爬行。

如果试虫能在玻璃表面纵向爬行，应在皿上部 5 mm 高的范围内涂聚四氟乙烯，有必要时在皿盖上开孔以进行空气交换。

(2) 害虫的准备

一个完整的试验应有两个重复，每个选 50 头害虫，并做 5 个浓度，另加两个平行试验。如 600 头害虫放在 12 个器皿内作为一组试验。甲虫的成虫应取 12 批，每批 50 头放在小瓶内或直接放在器皿内，并随机分配到 6 个干燥器中并另加一个对照。

供试害虫能飞时，应用不锈钢丝网盖住器皿的上口。所有的丝网为方形，在盖时其四角应超过器皿直径。

准备的供试害虫应先在干燥器内保存一夜，移走干燥器盖保持在 25℃和 70% RH 的环境下。

(3) 确定体积计量

应选择 5 组浓度值，表 15-9 给出了一些敏感害虫品系的大致范围浓度以供参考。应选择阈限剂量作为最高剂量试验。浓度选择后就要计算体积剂量(如气体的体积)。

(三) 熏蒸过程

1. 熏蒸试验方法

将在 25℃和 70% RH 条件下保存了一夜的敞开干燥器的盖盖好，并在同样条件下进行试验。用气密注射器从熏蒸剂气源中取出一定体积的气体，首先用注射器取出少量磷化氢气体，以冲洗注射器并将其在通风柜内排出；抽取磷化氢时要慢慢移动柱塞，突然降低压力会引起磷化氢自燃。另外，要注意在气瓶中保持一定的液体水平，以使集气瓶中的气体保持正压状态。不允许对注射器加热和升温，避免用手直握；再准确抽取一定体积的气体，向干燥器注入药剂时应记录时间，并立即启动磁性搅拌器 1～2 min，以混合干燥器内的空气。施药后应将干燥器放在 25℃的温度环境中进行一段时间的熏蒸，一般时间为 5 h(溴甲烷)或 20 h(磷化氢)，并严格保持试验条件。

在取样的间歇期内，其针头应用硅橡胶块密封。

抽取磷化氢后的注射器应用氮气体冲洗。

2. 熏蒸后工作

(1) 结束熏蒸

在达到要求的熏蒸时间后，应移去干燥器的盖，取出虫笼并对干燥器进行通风。所有的虫样都应移到装有饲料(碎小麦)的小培养器中(如具盖的塑料胶卷盒)并保持在 25℃和 70% RH 的培养室内。

(2) 检查死亡率

在结束熏蒸暴露后 14 d 检查死亡率。处理后所保持 14 d 是为了使处理样品达到终点死亡率。

记录死虫数量。死虫判断标准为针刺时只有轻微性肢体抽动按死亡计算。如果对照组也有死亡，则应由 Abbots 公式与其他的试验组进行校正。如果对照组死亡率大于 10%则重新进行试验。

(3) 分析、计算和报告

用死亡率的数字在对数坐标纸上作图可通过观察或适当的计算而得剂量-死亡率的关系。LD_{50}和 $LD_{99.9}$的值就是在这条线上确定的(具体计算方法见本节一)。这些值表示了熏蒸剂的浓度(mg/L)或浓度与时间的乘积($C\times t$)用 mg·h/L 表示。在报告时最好用两种表示法表示，这是因为在整个试验中试验的剂量是固定的，所以熏蒸时的情况具有代表性。

用以上步骤可确立参考性敏感品系的基本数据，用这种方法已经获得的一些结果在表 15-9 中给出。用前述的方法也可对现场品系进行试验。但在试验现场品系时应包括一系列的参考性敏感品系的试验。这样就没有必要进行对气体浓度的化学测定了。在试验期间不正常的气体浓度参考品系将显出不正常的反应。此外，要在虫种耐药性增加方面做出详细的评估，就需要测定气体浓度。

表 15-9　溴甲烷和磷化氢的敏感性害虫的毒力测定数据和抗性鉴别浓度(mg/L)

	LC_{50}	$LC_{99.9}$	抗性鉴别浓度
溴甲烷(熏蒸5 h)			
米象	3.6	4.8	6
玉米象	3.2	5.4	6
谷象	5.1	7.5	9
谷蠹	4.0	7.4	7
赤拟谷盗	8.4	11.7	12
杂拟谷盗	8.6	11.2	13
锯谷盗	5.8	8.5	9
大眼锯谷盗	5.8	8.5	9
磷化氢(熏蒸20 h)			
米象	0.011	0.049	0.04
玉米象	0.007	0.013	0.04

续表

	LC_{50}	$LC_{99.9}$	抗性鉴别浓度
谷象	0.013	0.041	0.07
谷蠹	0.008	0.028	0.03
赤拟谷盗	0.009	0.028	0.04
杂拟谷盗	0.011	0.029	0.05
锯谷盗	0.012	0.036	0.05
大眼锯谷盗	0.011	0.034	0.05

（四）抗性品系试验

确定抗性品系的 LD_{50} 和 $LD_{99.9}$ 值与上述过程相似。为获得同样的反应有必要增加剂量。对于磷化氢的抗性品系应增加暴露时间，如从 20 h 增加到 48 h，但使用的剂量不变。磷化氢在高浓度下会产生麻醉，其结果为非线性值，受其影响敏感品系会表现出抗性，而抗性品系的抗性会被进一步夸大。

1. *抗性监测*

对常规性监测在实仓情况下出现的害虫抗性，可使用抗性鉴别浓度(或鉴别剂量)，在这一浓度下可杀死所有敏感的害虫。抗性鉴别浓度的制定是以比 $LC_{99.9}$ 值稍高的浓度为依据的。在表 15-9 中给出了一些抗性鉴别浓度值。

当使用抗性鉴别浓度进行熏蒸剂试验时，为防止试验意外，可同时使用 3 个接近的浓度，一个是抗性鉴别浓度，一个是小于抗性鉴别浓度而大于 LC_{90} 的浓度，另一个是大于抗性鉴别浓度 1.5～2 倍的浓度。

在对害虫的常规监测中，最理想的情况是很快检出种群种存在的一小部分抗性个体。为此目的至少要选 100 头害虫分两批每批 50 头为虫样。有限的害虫数量不足以确定较低程度的抗性。因此，如果可能的话，应增加供试的虫样。但是，对于严重的抗性(如由熏蒸失败引起)有怀疑，就是选用少量(10～20 个)害虫进行试验，对于及早得到有关抗性的参考数据也是有意义的。

将害虫暴露到抗性鉴别浓度中一段时间，散气处理后，再培养一段时间，检查时如发现所有的害虫都被杀死，则这批样品可定为“无抗性检出”；如有未被杀死的害虫，就证明害虫可能产生了抗药性，需要做进一步的研究。检查结束后，培养这批害虫的饲料和死活害虫应放到烘箱内处理，以消灭被培养的害虫。

2. *当有少量害虫存活时的确定抗性方法*

当在对害虫进行抗性鉴别浓度试验时，有少量害虫存活时应进行以下工作，以确定害虫的抗药性。

(1) 用同样的实际粮仓内的害虫样进行重复试验。如果还有存活个体出现，就要注意抗性问题。

(2) 将存活个体保留下来并进一步繁殖，则可发现，如果害虫真正产生了抗性，它们的后代中大部分对抗性鉴别浓度无反应。

三、保护剂的毒力测定（FAO推荐方法）

本方法描述了米象、玉米象、谷象、谷蠹、赤拟谷盗、杂拟谷盗、锯谷盗和大眼锯谷盗等储粮害虫对马拉硫磷和林丹等粮食防护剂的毒力和抗性检测方法。这些方法在原理上是一致的，FAO的详细的基本资料已经用赤拟谷盗进行实验时列出了。

这种方法依赖于害虫的成虫暴露在充满杀虫剂的滤纸上，反应时间是5～6 h或者24 h要根据杀虫剂的毒性速率来决定。

用已知的敏感品系得出基线数据，然后才可能选择鉴别剂量来筛选甲虫的抗性品系。如果在鉴别剂量下有活的成虫，这是一个危险的信号，需要更详细的实验来确定害虫的抗性水平。

（一）设备和材料

1. 昆虫饲养

在25℃和70% RH条件下饲养害虫，可以用大的能够控制湿度的饲养室，其湿度通过一个开口的盛饱和$CaCl_2$溶液的培养皿来控制。

2. 饲料

饲料可以放在一个密闭的容器中进行加热消毒1 h，温度在60℃左右。

饲养容器用滤纸和石蜡封口的小罐和广口瓶是适宜的。在孵卵器中的容器应该被放置在放有白油或液体石蜡油的盘子内，其作用是用于防止螨类的感染。

所有的储粮害虫在试验室培养中都会感染一些疾病。拟谷盗属的害虫对寄生生物*Farinocystis tribolii*特别敏感。所有用于存放试虫和饲料的设施都应在110～120℃的高温烘箱中消毒。平时就应将这些物品放在烘箱中存放。消毒时间应在0.5～1 h，以确保消灭原生动物的孢子，这里用的所有塑料制品应是不受高温影响的聚丙烯尼龙或聚酯类。

使用聚四氟乙烯水悬液，有助于防止除拟谷盗属和谷蠹外的虫种成虫从容器中爬出。在培养容器的内壁顶部2 cm高的范围内涂聚四氟乙烯以防止虫子集中在密封滤纸上钻透滤纸外逃，所有的容器都应如此处理。

3. 实验室

保持在25℃和70% RH以及有正常的光线。

4. 试剂

挥发性的杀虫剂溶剂(或稀释剂)由石油醚和丙酮以3∶1混合组成。应用时溶剂要求浸透整个滤纸。

测试用杀虫剂的纯度应在95%以上。

1号的瓦特曼滤纸(7 cm直径)

10 mL的注射器和1 mL玻璃移液管用于移取溶液和杀虫剂。

玻璃环或磨光的金属环(大约5 cm直径，2.5 cm高)被用来限制害虫行动，使其都在药膜上活动。用铁丝网来限制一些能飞的害虫是必要的。当测试象虫和锯谷盗成虫时，这些环的内侧必须涂聚四氟乙烯。

（二）试虫样本的采集和培养

害虫种类的正确鉴别是非常重要的。在完成了鉴定之后才允许进行测试。所有鉴定物被核查是必须的，尤其是残存物，如果对一个样品有任何的疑问应该请专家鉴定。

1. 样本的采集

害虫成虫的样本应该从每种不同的农副产品和被检测到的害虫侵染的栖息地采集。样本必须被分开且贴上标签。通常一种样品要有 100 头虫。直径大约 3 cm，高 8 cm 的聚碳酸酯的塑料玻璃瓶，并配有打过孔的盖子，用于盛装害虫样品。

害虫可用以下方法收集：①用合适的筛子筛农副产品；②从房顶、墙或袋子的表面刷害虫；③用小匙选择少量的产品或残留物；④用吸虫器。

害虫应该被分离出来并且加入以 3∶3∶1 的整粒麦、全麦粉和碎麦粒作为饲料，并加入波纹纸一起放入容器中。这些样品不允许放置在太阳下或暴露在其他极端的环境中，并尽可能快地送到检测中心。

2. 害虫侵害的记录资料

所有的涉及害虫危害的有意义的数据是非常重要的。这些数据从害虫被收集开始记录，包括详细的危害食物的情况，仓库的类型，地理位置和在防治害虫期间所用的杀虫剂。

3. 样品的接受

随农产品一起来的害虫样品应在实验室分离，再饲养于容器中，其培养方法和饲料见表 15-10。饲料量按 2 g/每头害虫左右投放到培养瓶中，再将害虫样品放入培养瓶中在适宜的温度(参见表 15-10)和 70% RH，至少饲养 4 d，才可以用来做抗性检测和试验。

表 15-10　害虫种群发展的培养温度、饲料和大约时间

虫种	培养温度(℃)	培养饲料	时间(d)		
			第一头羽化	羽化高峰	第二代
米象	25	小麦	35	36～43	63
玉米象	25	小麦	35	36～43	63
谷象	25	小麦	34	3～43	63
谷蠹	30	小麦＋碎麦(3∶1)	35	36～43	63
赤拟谷盗	30	全麦粉＋酵母(12∶1)	23	26～30	42
杂拟谷盗	30	全麦粉＋酵母(12∶1)	27	29～32	42
锯谷盗	25	碎麦＋燕麦片＋酵母(5∶5∶1)	26	28～32	42
大眼锯谷盗	25	碎麦＋燕麦片＋酵母(5∶5∶1)	26	28～32	42

在一系列浓度下做试验需要 600 头害虫。检测抗性至少 80 头，也可用较少数量的害虫来初步检测一下抗性情况。

4. 饲养试虫

如果可用来做实验的害虫数量不够，应在实验室培养，用下一代试虫来做实验。甲虫的成虫在饲料中最初放置 4 d，便可以获得充足的卵，以供培养。

下一代成虫的出现时间参见表 15-10，所有的后代在测试前将在 25℃下保持 2 周。供试成虫龄期应为 3～5 周。

（三）准备工作

1. 杀虫剂准备

杀虫剂被溶解在溶剂中，这种溶剂可以使主要的有机化合物溶解。所要求的最高剂量见表 15-11。然后用 1/2 倍的系数来对其连续稀释，这些溶液放于冰箱中保存并保持黑暗以减少马拉硫磷的分解。为了使杀虫剂均匀分布在滤纸上，挥发溶剂的量应为 0.5 mL以上。

2. 滤纸药膜的制备

做药膜的滤纸先用铅笔标号，然后将滤纸架在三个细的尖物或小的玻璃杯上，用 1 mL移液管吸 0.5 mL 稀释的杀虫剂，从滤纸的中心开始用逐渐螺旋形的方法使移液管中的药液均匀分布于滤纸上，干燥 1 min 后，放在玻璃盘子的底部，放置在冰箱内以备试验用。每一次实验时应做新的药膜。没有用完的纸必须丢掉。

（四）毒力测定暴露在处理过的滤纸上并记录其反应

整个试验包括 5 个浓度组的 3 个重复和一个空白对照组 3 个重复。共需 720～900 头害虫。每个重复用 40～50 头害虫，数 40 头害虫成虫放入每个玻璃瓶中，共 18 组。在所有玻璃瓶一次最多数 10 头害虫，然后重复这个过程，直到每个瓶中放入所要求的数目为止。这样做是为了减少它们之间的差异，尤其是对抗性。害虫随后放入 25℃和 70%RH 的环境中，让其饥饿 1 h。18 组害虫随机地分布在实验的滤纸上，滤纸用玻璃或金属圈围住，害虫经暴露时间(见表 15-11)之后检查，并且记录总数和击倒数。

表 15-11　马拉硫磷的敏感甲虫实验数据以及抗性检测的鉴别剂量

虫种	暴露时间(h)	有效剂量(%)			鉴别剂量(%)
		KD_{50}	KD_{99}	$KD_{99.9}$	
米象	6	0.89	1.38	1.60	1.5
玉米象	6	0.35	0.69	0.85	1.5
谷象	6	0.63	1.25	1.57	1.5
谷蠹	24	0.41	1.42	2.15	2.5
赤拟谷盗	5	0.15	1.32	0.41	0.5
杂拟谷盗	6	0.24	0.43	0.52	0.5
锯谷盗	5	0.28	0.62	0.80	1.0
大眼锯谷盗	5	0.10	0.66	1.20	1.0

击倒标准是指用镊子轻轻的去推每一个虫子，不能站立或行走的为击倒。如果在对照组中有被击倒的害虫，则用 Abbott 的公式来计算校正击倒率(或死亡率)。如果在对照组中击倒率超过 10%，需要重新测试。

（五）分析、计算和报道

用死亡率的数字在对数坐标纸上作图可通过观察或适当的计算而得剂量-死亡率的

关系。LD_{50}和$LD_{99.9}$的值就是在这条线上确定的。这些值表示了杀虫剂在滤纸上的浓度。

用以上步骤可确立参考性敏感品系的基本数据，用这种方法已经获得的一些结果在表 15-12 中给出。由此方法，可以测出抗性种群的KD_{50}和$KD_{99.9}$等值。这样可以比较抗性种群和敏感种群的值便可以获得抗性系数。

（六）抗性检测

为了检测出野外的储粮害虫是否具有抗性，用一个能击倒所有敏感种群的剂量来鉴别是非常方便的。浓度的选择是敏感种群回归线上 99.9％击倒率所对应的剂量。对于马拉硫磷抗性的鉴别剂量见表 15-11。

在通常的抗性检测中，通常只有一小部分个体呈现抗性，为此试虫数量不少于 80 头，分两组，每组 40 头。

对于低抗性的害虫，这样有限的数量是不够多的，因此，如果可能应再增加一些害虫，然而如果害虫种群具有高抗性，例如：从处理失败的地方得到的害虫，测定少量的害虫 10～20 头或更小，就能得出有用的信息。

（七）抗性的确定以及进一步的研究

1. 抗性的确定

未被击倒的害虫的出现可能是因为抗性的缘故或耐药性增大。假定暴露的环境、害虫的生理状态以及实验纸都是在一致的前提下，一头害虫(共 80 头)未被击倒的几率是 0.08。因此弄清楚原因是反应不完全还是真实的抗性的出现是非常重要的。这可以用下面的方法检测：

(1) 通过用新的滤纸药膜对从同一地点收集害虫进行试验，那么偶尔反应不完全的几率在后续实验中将逐渐减小(0.0064、0.00052、0.00004)。两头或更多的害虫因为反应不完全而未被击倒的几率将会更小。因此连续出现一部分未被击倒的个体，可以认为是具有抗性。

(2) 在鉴别实验中未被击倒的害虫可以保留下来以繁殖后代，如果真的具有抗性，那么，它们后代在鉴别剂量下未被击倒的数量会更多。

2. 进一步研究

(1) 定量研究

所有的杀虫剂和害虫品系，应该做进一步检验，而所有的剂量应该在推荐剂量以上的合理范围内，以此种方法得出的回归直线的形状和斜率，能显示出对种群的抗性水平，全面发展的抗性大小会被剂量范围显示出来。

(2) 定性研究

抗马拉硫磷的赤拟谷盗。

两种抗马拉硫磷的赤拟谷盗已经广为分布于世界各地。一种是只对马拉硫磷具有抗性，另一种是对其他有机磷杀虫剂产生了交互抗性。

在有抗性的地方，搞清楚是哪种类型的抗性是非常重要的。这可以通过下面的方法确定：只对马拉硫磷产生抗性的赤拟谷盗会被添加三苯磷酸酯的马拉硫磷所杀死，而另一抗性类型的害虫则不能。为了确定赤拟谷盗品系是哪种抗性类型，用涂有马拉硫磷和三苯磷酸酯的混合物(1∶5)的滤纸药膜，在鉴别剂量的水平上处理它们，对这种混合药剂没有反应的赤拟谷盗，则产生了交互抗性。交互抗性的虫子对某一杀虫剂的抗性程度只有用此种物质进一步的实验才能知道。

如果需要同时检测抗性和其类型，可将一组害虫暴露在马拉硫磷中，另一组暴露在混有三苯磷酸酯的马拉硫磷中，进行测定。如果这样做，可以检测出抗性，抗性类型也能同时得到。在处理失败而怀疑有抗性的害虫特别适合于此种方法。

四、储粮害虫抗药性的测定

（一）抗药性检测的敏感度基数和抗性系数

单求得一个地区的半数致死量是无从推知抗性是否发生的。最好应以该地区用药第一年的测定结果作比较，但事实不可能。因此，用其他从未用过该种杀虫剂地区的测定结果，或用室内饲养多年未接触药剂的敏感品系的数据都可作为比较。这些数据称为“敏感度基数”（baseline data）。研究害虫的抗药性，了解其敏感度，基数是极为重要的。

抗性系数(resistance factor)即抗性昆虫的半数致死量与敏感昆虫的半数致死量(亦即敏感度基数)之比，其公式为：

抗性系数＝抗性昆虫的半数致死量/敏感昆虫的半数致死量

但也有人主张用 90％致死量之比来表示。

一般来说，虽然测试条件应尽量保持一致，但不可避免仍会存在有一定的变化和技术上的差异，即使同一品系的多次测定结果也会有误差。究竟抗性指数达到多少倍才能认为是发生了抗药性呢？目前，一般认为以 5 倍为准，不过不能一概而论，应根据所用的测定方法来定。

（二）LD-p 回归方程 b 值的意义

仅以半数致死量来比较抗性程度，还不能全面反映两个群体的差异。还必须求得 b 值。b 值是分散程度的代表数值。因为 $b=1/S$(S 为标准差)，所以 b 值又是 LD-p 线的坡度。坡度越大(b 值越大，S 越小)，则分散程度越小，也即这一群体对杀虫剂的反应较为均匀。反过来，坡度越小(b 值越小，S 越大)，即分散程度越大，也就是说这一群体有更大的异质性，其抗药性之间的差异较大如图 15-8 所示。

尽管半数致死量相同，而通过它的 LD-p 线可以有许多条，每条直线的坡度(b 值)却不同，坡度平的(图 15-8 中 B)其杀死 90％虫口的剂量必远大于坡度陡的(图 15-8 中 A)。从遗传学观点来看，也就是群体中含有更多的抗性个体。因此其抗性也必高于后者。所以在分析抗性时，必须考虑 LD-p 线的坡度变化。根据这个原理，有人主张用抗性昆虫的 90％致死量与敏感品系的 90％致死量之比来表示抗性指数更好。因为，有的研究结果表明当抗性上升时 LD_{95} 的增加比例大于 LD_{50}，因此，他们认为在表示抗性时，LD_{95} 比 LD_{50} 更为重要。也有研究结果与之不符者，所以，他们则认为不能只看 LD_{95} 而更重要的是要分析毒力回归线的变化情况。

由此可见，抗性的形成可分为两个阶段；第一阶段系出现抗性杂合子(heterozy-

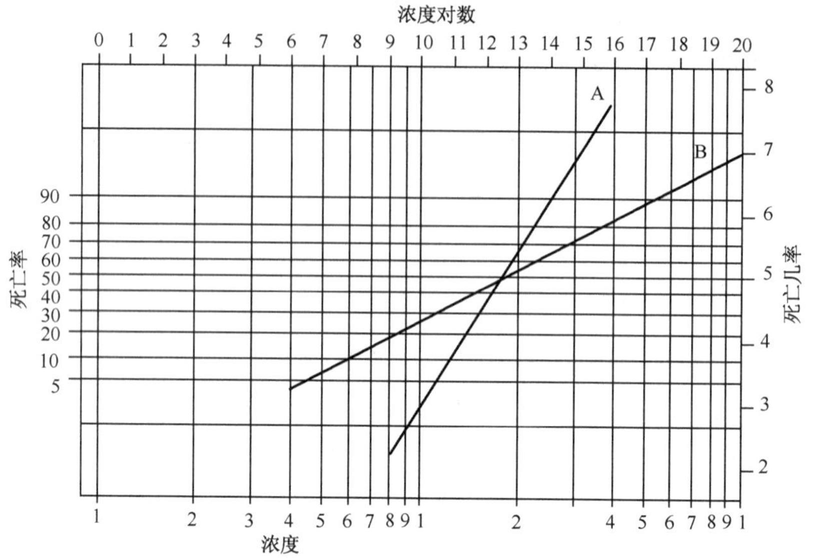

图 15-8　坡度变化示意图：LD_{50}相同，坡度不同

gotes)，并不断增多，毒力回归线坡度则逐渐变平，其 LD_{50} 与敏感群体 LD_{50} 的差数小于 LD_{95} 的差数。第二阶段由杂合子变为抗性纯合子(homozygotes)并不断增多，毒力回归线坡度又逐步变陡，并向右移，以至近似平行于敏感群体的毒力回归线，其 LD_{50} 与第一阶段(即杂合子阶段)的 LD_{50} 的差数则大于 LD_{95} 的差异。

(三) 抗性监测

1. 抗性监测和检测

在进行抗性监测(resistance monitoring)时必须区分抗性确证(resistance documentation)和抗性检测(resistance detection)这两个不同的概念。前者是指确定田间防治失效是由抗性引起的，还是由用药不当或其他因子引起的，或了解产生抗性的时间和地区，以便及时换药，即为我们通常所称的抗性测定；后者是指田间防治失效前就要了解害虫群体中是否已出现抗性个体及其变化的情况。因此抗性检测的精确性应比抗性确证来得高。抗性检测的水平应在 1%，即群体中的抗性个体频率在 1%就应检测出来。

这样，假如用通常的抗性测定方法就无法检测抗性。因为根据前述的抗性测定原理，测得的 LD-p 线是通过数学方法处理把偏常态分布变成常态分布，即通过把浓度转换成对数，把非对称的剂量-反应曲线变成对称曲线，再把死亡率转换成几率值，才把对称的 S 形曲线“拉”成直线。在这个过程中对死亡率 25%～75%这部分考虑得较多，结果往往把 1%抗性频率这部分忽略掉。而抗性检测的重点却就是通常抗性测定时被忽略的这一部分。

田间群体之间，或田间与室内群体之间，或室内品系之间的 LD_{50} 或 LC_{50} 以及 LD-p 线的 b 值比较对抗性测定是一种合适的方法，但对早期的抗性检测也是不合适的。因为当抗性被证实时，其群体内的抗性频率已是很高了。

2. 抗性鉴别剂量

用鉴别测定(diagnostic test)也许比用剂量-反应回归的方法更为有效，因为只有在种群为敏感纯合子时，其 LD-p 线才真正呈直线关系。假如我们能获得某个敏感纯合子的昆虫种群对某种杀虫剂的 LD-p 线，则把此 LD-p 线称为敏感度基线(baseline data)。

WHO 和 FAO 建议用一个单独的鉴别剂量(discriminating dose 或 diagnostic dose)来进行检测抗性(也要设置对照)。所谓鉴别剂量即是将敏感度基线延长到死亡率 99.9%(或 99%)的几率值处，划一垂直线与底线相交处的剂量。这两个剂量(即 $LD_{99.9}$ 和 LD_{99})对敏感的虫种来说几乎是百分之百的死亡，故有时又称区分剂量，意为区分敏感(SS)个体和抗性杂合子(RS)个体的剂量。但监测抗性时的条件或虫态不同，则会出现“抗性”的假象。因此，Brown(1980)在《害虫抗药性测定的推荐方法》(*Recommended Methods for Measurement of Pest Resistance to Pesticides*)一书中提出，在测定条件和虫态一致时，用 $LD_{99.9}$ 反复处理时，每次都出现有 20%存活者，这构成一个危险的信号，表明很可能已产生抗性。此外，WHO 也曾提出用 2 倍的鉴别剂量重复处理 3 次，如连续有存活个体时，也可认为已有产生抗性的信号。经检测测定有存活的个体，则应作进一步的测定，求出其半数致死量，计算抗性系数。若没有存活的个体，说明还未产生抗性，此杀虫剂仍可继续使用。这种检测测定虽然不能像一系列剂量处理那样获得完整的数据和求出半数致死量，但由于简单方便，对及早检测抗性的出现是有重要意义的。不过首先要求获得昆虫对各种杀虫剂的敏感基数后才能应用。

3. 抗药性的测定方法

储粮害虫抗药性的测定方法与毒力测定方法完全相同，开展这方面工作可参见本章第二节熏蒸剂的毒力测定和防护剂的毒力测定有关内容。

第三节　储粮杀虫剂的药效测定

一、药效测定的内容

杀虫药剂的药效试验就是在储粮仓库或加工厂等实际条件下，对新药剂使用、新方法应用进行各种效应的测定。同时，也是鉴别实际防治效果和评价某药剂能否在生产上使用与推广的重要步骤。

药效试验的主要内容包括：

(1) 对新研制的杀虫药剂进行不同品种间的对比试验，以便评价新老品种之间的差异程度。

(2) 研究新杀虫药剂理化性质及加工剂型与药效的关系。

(3) 探索和改进药剂的应用技术，特别是新药剂在大规模推广使用之前，需要对其施药剂量(或浓度)、施药次数、施药方法进行对比试验。了解实际中各种物理因素对新药剂、新技术的防治效果的影响。以求获得充分发挥药效的最合理用药量和使用方法。

(4) 了解新药剂对保护对象(粮食、油料、器材等)可能产生的影响因素。

(5) 对于被处理谷物进行残留量的检测，以便为谷物制定最大残留允许量提供可靠依据。

在药效试验中，必须围绕害虫、药剂和环境三个基本因素来考虑设计试验项目，试验前应有一个较详细的实施方案，根据不同试验目的，可以从药剂、虫种、粮种、仓型、处理方法与时间等方面列出具体的试验内容。例如，用同一种药剂对同一批虫粮进行不同剂量，或施药方法的对比试验的比较；也可用同一药剂对不同药剂进行杀虫效果的试验，等等。根据室内毒力测定所提供的用药剂型、剂量和施药方法先在一个或几个小范围内进行初试，然后逐步扩展到中试，甚至大规模试验、推广。

二、药效试验的步骤和要求

（1）选择不同类型的粮食仓、厂或塑料囤垛作为药效试验场所。试验时，要有重复组和对照组。

（2）确定药剂种类、用药量、施药方法和处理时间等。

（3）从室内培养的大批昆虫中，随机抽取生理条件一致的昆虫。作为供试对象，再将试虫放于试虫笼中，每个虫笼中的试虫不少于 30 头。虫笼可用棉布袋或两端开口的塑料管、铁管和钢管，端口用棉布或筛绢封好，使试虫不能逃脱为原则。或者用仓内粮食中的害虫作为试验对象，但必须事先检查其虫口密度(头/kg 粮食)。

（4）对仓温、粮温、粮食水分、发芽率等项目应事先予以测定。待一切准备工作就绪，即可在温湿度合适条件下进行施药。

（5）经药剂处理后的谷物或油料，在一定时间以后除了检查杀虫效果外(死亡率)，还应对某品质的主要生化指标进行检测。

（6）根据试验项目要求，应详细列表，做好试验记录，事后再进行数据处理和资料的整理分析。

三、保护剂和熏蒸剂的药效测定

储粮防护剂的药效测定试验的方案设计原则与熏蒸剂的试验基本一致，除了考虑各种各样的因素以外，还应重点检测长期的防虫效果，例如 1～2 年的防虫情况。

熏蒸剂的药效测定须考虑很多因素，根据实际情况，如粮食的种类、产地、水分、杂质、数量、用途、储藏时间、堆放形式、粮温、仓温、气温、仓内湿度和大气湿度；害虫的种类、密度、发生部位和抗性情况；仓房类型、结构、密闭性能、相关配套设施情况；仓房周围环境和天气情况等。制订熏蒸试验方案。由于我国地域辽阔，气候条件多样，储粮品种不同，实际中开展的熏蒸剂药效测定试验会遇到各种各样的问题，因此，应根据本地情况开展试验。

思　考　题

在 25℃，70% RH 条件下，用磷化氢气体处理某嗜虫书虱品系 20 h，在一系列的浓度下，成虫死亡情况见表 15-12。请用求出 LC_{50} 和 $LC_{99.9}$ 的值。